科学技术学术著作丛书

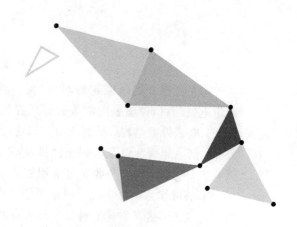

电磁超材料与超表面

李龙　史琰　崔铁军　编著

U0378913

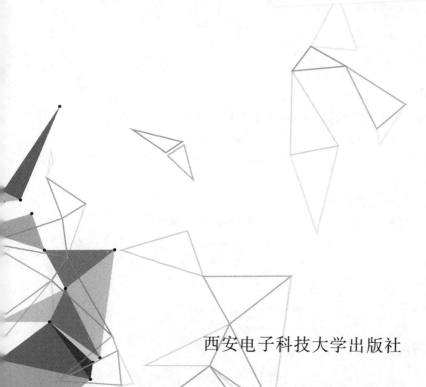

西安电子科技大学出版社

内 容 简 介

本书主要介绍电磁超材料/超表面的基本概念与原理、设计方法和工程应用，涵盖电磁超材料/超表面的等效媒质提取方法、等效电路分析方法、全波快速仿真算法，电磁带隙结构，平面反射阵与透射阵，可重构超表面，数字超表面，可编程超表面，信息超表面以及电磁超材料/超表面在天线、散射、电磁兼容、轨道角动量涡旋波、无线能量传输与收集等应用领域中对电磁波的调控设计。

本书可作为高等学校工科电子信息类、通信类专业本科生和研究生的教材，也可作为相关专业的教师、科研工作人员的参考资料。

图书在版编目（CIP）数据

电磁超材料与超表面 / 李龙，史琰，崔铁军编著. -- 西安：西安电子科技大学出版社，2024. 10. --ISBN 978-7-5606-7386-8

Ⅰ. TM271

中国国家版本馆 CIP 数据核字第 20243YG892 号

策　　划　陈　婷
责任编辑　汪　飞
出版发行　西安电子科技大学出版社（西安市太白南路 2 号）
电　　话　(029) 88202421　88201467　　邮　　编　710071
网　　址　www. xduph. com　　　　　　　电子邮箱　xdupfxb001@163. com
经　　销　新华书店
印刷单位　陕西博文印务有限责任公司
版　　次　2024 年 10 月第 1 版　　　　2024 年 10 月第 1 次印刷
开　　本　787 毫米×1092 毫米　1/16　　印张　27.5
字　　数　656 千字
定　　价　96.00 元
ISBN 978-7-5606-7386-8
XDUP 7687001-1

＊＊＊如有印装问题可调换＊＊＊

前　言

　　能源、材料、信息是现代科学技术的三大支柱。其中材料更是科学技术发展的物质基础和技术先导。在人类发展的漫长历史中，人类从未停止过对新材料的探索与追求。几千年以前，人类就发明了合金以提升金属的力学性质。硅的导电性能可以通过掺杂的方式得到显著提升，这推动了半导体器件和集成电路工业的发展。21世纪的纳米技术在纳米尺度的范围内直接操作原子、分子来构造新的物质。所有这些有关材料的变革都推动了人类文明和科技的进步。

　　在过去的二十年里，超材料提供了一种全新的设计理念。人们可以按照自身的需求制备材料。超材料是将具有特定几何形状的亚波长尺度单元按照周期性或非周期性排布的人造复合材料，其物理性质不是由材料的本征性质决定的，而是取决于人造结构。因此，通过设计单元参数和单元的排列方式，超材料可以实现传统材料与传统技术无法实现的超常媒质参数和奇异的物理性质。基于超材料的设计理念，人们可以实现对电磁场和电磁波的灵活调控，相关研究成果四次入选 *Science* 杂志所评选的年度"十大科学进展"和21世纪前十年的"十大科学突破"。超材料所展现的特殊物理性质成为世界各国争相研究的热点。美国国防部将超材料列为"六大颠覆性基础研究领域"之首，日本将超材料列入"基础科学先导研究"七个重大项目之一，欧洲部分国家也相继实施了超材料的重大研究计划，2017年我国启动"变革性技术"研究项目，超材料位列第一批项目之中。超材料涉及电磁学、光学、声学、力学、热学等多学科的交叉型研究领域，引发了信息技术、国防工业、微纳加工等领域的重大变革。

　　我们课题组自2003年开始从事超材料的研究，是国内较早开展电磁超材料领域研究的团队之一，在电磁带隙结构、左手媒质、反透射超表面、数字超表面、可编程超表面等方向均开展了相关的理论研究，并开展了将超材料用于天线、隐身吸波、电磁兼容、雷达散射截面减缩、轨道角动量涡旋波、无线能量传输与收集等领域的设计。在以创新引领发展的动力驱动下，超材料技术正在如火如荼地发展，各种超材料相关的新产业、新业态层出不穷，我们深感有必要将课题组之前在超材料/超表面方面的工作总结成书，以期帮助广大读者深入了解超材料。

　　本书共11章。第1章简述了电磁超材料/超表面的概念、特征、分类和发展简史。第2章讨论了电磁超材料/超表面的理论模型，包括左手媒质中的电动力学、广义斯涅耳定律，数字编码超材料/超表面、超材料群论。第3章给出了超材料/超表面的分析和设计方法。第4章重点介绍了电磁带隙超表面的分析及其在天线、高速电路噪声抑制方面的应用。第5章介绍了几种基于石墨烯的超材料吸波器。第6章讨论了频率域和空间域中的可重构超表面。第7章探讨了反射和透射超表面设计，特别是在产生轨道角动量涡旋波方面的应用。第8章讨论了超材料/超表面在隐身和雷达散射截面缩减中的的应用。第9章和第10章分别给出了超表面在无线能量传输和无线能量收集方面的设计。第 11 章介绍了信息超材料的概念和设计。（注：本书矢量的字母符号格式依照国际标准。）

我们长期与相关领域的老师、同事和学生合作开展电磁超材料/超表面方面的研究工作。本书的内容也包含了他们的工作成果。他们是空军工程大学的曹祥玉教授、李思佳副教授，贵州大学的余世星副教授、寇娜副教授，玉林师范学院的巫钊副教授，东南大学的罗章杰副研究员，西安电子科技大学的吴边教授、史凌峰教授、刘海霞副教授、崔志伟副教授、党晓杰讲师、陈曦讲师、韩家奇讲师、冯强讲师，西安邮电大学张轩铭讲师，中国电子科技集团公司第二十八研究所张沛博士等，在此对他们的支持表示由衷感谢。

本书由李龙、史琰、崔铁军共同编著。由于作者水平有限，书中难免存在一些不妥之处，殷切希望广大读者对本书提出宝贵意见。

作　者
2023 年 11 月

目　录

第1章　电磁超材料/超表面简介

1.1　引　言

众所周知，几乎所有的电磁现象都归因于电磁波与材料之间的相互作用，因此，可以通过调控材料中电磁波的行为来实现电磁功能。天然材料是由许多原子或分子组成的，晶体材料的原子以规则的周期模式排列，而非晶体材料的原子则是以随机方式排列组成的。当具有固定波长的光束以一定角度照射晶体时，相长干涉效应导致反射光增强，这称为布拉格反射。布拉格反射是晶体中 X 射线衍射的基础。

超材料是人造复合结构材料，其电磁特性超越了自然界中天然材料所具有的电磁特性。超材料这个术语是由 R. M. Walser 提出的。类比于天然材料，超材料通常由周期性或非周期性排列的亚波长"人造原子"组成。根据需要合理设计人造原子并对其进行灵活的布阵，形成的三维超材料不仅可以实现已知材料的性质，还可以获得新的、物理上可实现的性质，例如负介电常数、磁导率、零折射率等。此外，超表面作为二维的超材料具有损耗小、易于制造等优点，通过对超表面进行设计可以实现对电磁波的调控，例如电磁波的波前变换、极化转换等。超材料和超表面有望在新型微波/光学器件设计、宽带/小型化天线设计、高分辨率成像、新型传感器、开关和调制器、隐身衣和吸波材料等领域取得重大的技术突破。

自从超材料/超表面的概念被提出以来，超材料/超表面的研究已遍布众多领域，如电磁学、声学、光学、力学、热学、材料学、量子学等。此外，根据工作频率的不同，超材料/超表面也可以应用于微波、太赫兹、可见光等频段。由超材料/超表面所带来的全新材料构建范式，突破了自然界中常规材料的性能极限，其表征出的各种奇异功能衍生了众多颠覆性的技术。由于本书不可能涵盖超材料/超表面的方方面面，故仅考虑了电子、无线通信和雷达等领域的实际需求，除了介绍超材料/超表面的基本概念、理论模型、分析与建模方法，还总结了超材料/超表面在这些领域的一些新进展，包括超材料/超表面在天线、高速电路噪声抑制、轨道角动量涡旋波、电磁波的吸收、隐身与雷达散射截面缩减、无线能量传输和收集、智能超表面等方面的设计与工程应用。

1.2　电磁超材料/超表面的概念、特征和分类

类似于天然材料，三维超材料的电磁特性可以通过等效媒质参数，即等效介电常数 ε

和磁导率 μ(或折射率 n 和阻抗 η)来加以表征,如图 1-1 所示。包括天然材料和超材料在内的所有材料均可以根据材料参数域中的等效介电常数和磁导率进行分类,如图 1-2 所示。在材料参数域中,空气/自由空间的介电常数和磁导率分别为 ε_0 和 μ_0。天然材料,例如 FR4、F4B 等印刷电路板(PCB)材料,其介电常数和磁导率位于参数域的第一象限,即 $\varepsilon>0$ 且 $\mu>0$。此外,对于非磁性的天然材料而言,它们的材料参数位于参数域第一象限中 $\mu=\mu_0$ 的直线上。

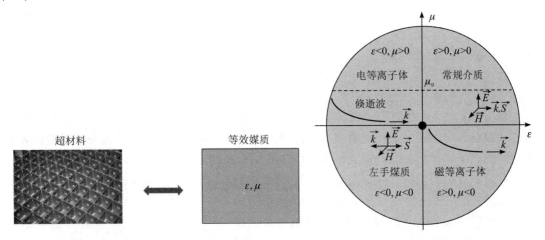

图 1-1　等效媒质参数表征三维超材料　　　　图 1-2　ε-μ 参数域中各种均匀材料分类

在参数域的第二象限中,材料的参数为 $\varepsilon<0$,$\mu>0$,此象限的材料是电等离子体,单负(ε、μ 二者之一小于 0)的材料参数会导致倏逝波的产生。类似地,第四象限的材料是磁等离子体,$\varepsilon>0$,$\mu<0$ 同样会形成倏逝波。第三象限中的材料是 $\varepsilon<0$ 且 $\mu<0$ 的左手材料(LHM,或称左手媒质)。双负的材料参数会产生后向波、负折射等物理现象。在 $\mu=0$ 或 $\varepsilon=0$ 附近的材料称为 μ 或 ε 近零材料。在坐标原点处,材料的参数满足 $\mu=0$ 且 $\varepsilon=0$,这可以实现完美的隧穿效应。需要指出的是,通过对人造原子的精巧设计和合理排列,所得到的超材料在理论上可以在材料参数域中实现任意的材料属性。

超表面是通过将一组人造原子按照一定的排列方式组成的二维(2D)平面结构。与三维超材料相比,超表面由于具有亚波长厚度,因此其剖面低并且损耗较小。类似于三维超材料,超表面自然可以被视为具有等效材料参数的均匀薄板。考虑其电厚度很小,为了简化,进一步将它近似视为零厚度的表面。在这种情况下,电磁波与超表面之间的相互作用可以通过表面的边界条件加以建模,如图 1-3 所示。具体而言,表面的边界条件可以描述为

$$\begin{cases} Z\vec{J}=\hat{n}\times\vec{E}_{\mathrm{av}} \\ Y\vec{K}=\hat{n}\times\vec{H}_{\mathrm{av}} \end{cases} \quad (1-1)$$

图 1-3　表面边界条件表征的超表面

式中,Z 和 Y 分别是表面的等效电阻抗和磁导纳,$\vec{J}$ 和 $\vec{K}$ 分别是表面的等效电流密度和磁流密度,$\vec{E}_{\mathrm{av}}$ 和 $\vec{H}_{\mathrm{av}}$ 分别表示表面的平均电场和磁场,$\hat{n}$ 为表面的外法方向单位矢量。假设

薄板的厚度为 d，相应的波数为 k，$\vec{E}_{av}$ 和 $\vec{H}_{av}$ 可以用薄板两侧的电场和磁场切向分量近似表示为

$$
\begin{cases}
\vec{E}_{av} \approx \dfrac{\vec{E}_t^+ + \vec{E}_t^-}{kd} \tan\left(\dfrac{kd}{2}\right) \\[3mm]
\vec{H}_{av} \approx \dfrac{\vec{H}_t^+ + \vec{H}_t^-}{kd} \tan\left(\dfrac{kd}{2}\right)
\end{cases}
\tag{1-2}
$$

其中上标"＋"和"－"分别表示薄板的上侧和下侧。当 kd 趋于零时，式(1-2)可简化为

$$
\begin{cases}
\vec{E}_{av} \approx \dfrac{\vec{E}_t^+ + \vec{E}_t^-}{2} \\[3mm]
\vec{H}_{av} \approx \dfrac{\vec{H}_t^+ + \vec{H}_t^-}{2}
\end{cases}
\tag{1-3}
$$

根据式(1-1)可以知道，在对超表面进行建模时，可以近似地将其看作零厚度的表面。超表面的存在使电场和磁场在表面处不连续，这种场的不连续性可以分别用等效阻抗和磁导纳加以描述。值得注意的是，式(1-1)的边界条件表征的是各向同性的超表面。对于更为一般的双各向异性的超表面，所对应的边界条件可以通过在式(1-1)中引入等效电阻抗张量、磁导纳张量、电磁耦合张量和磁电耦合张量推广获得。

1.3　电磁超材料/超表面的发展简史

近年来，超材料/超表面因具有灵活调控电磁波的能力，成为电磁学和光学中发展较快的领域之一。到目前为止，国内外文献中已经报道了各种超材料/超表面的应用实例。但事实上，在"超材料/超表面"这一术语出现之前，研究人员已经使用人工周期结构来实现对电磁波的频率、振幅、相位和极化的调控。这种调控是采用结构尺寸与工作波长相比拟的单元来实现的，例如频率选择表面(FSS)、电磁带隙(EBG)结构[1-5]和透射阵列(TA)/反射阵列(RA)等。因此，从超材料/超表面的研究历史来看，我们可以将其划分为两个不同的时间阶段。具体来说，一个是在建立超材料/超表面概念之前对人造电磁介质的研究阶段，另一个是超材料/超表面概念建立之后的发展阶段。考虑超材料/超表面的研究层出不穷，我们很难对其进行完整的综述，为此这里仅给出超材料/超表面的部分主要进展。更多关于超材料/超表面的研究进展可以参考目前已公开发表的文献和书籍，例如文献[6]～[11]。

利用人工介质调控电磁波的设计可以追溯到几百年前，人们尝试通过周期的平面线阵列，即所谓的电感格栅结构[12-13]来控制电磁波的反射和透射。在微波到光波的频段范围中，最经典的平面周期阵列的代表之一就是具有空间滤波特性的频率选择表面(FSS)[14-16]，如图1-4所示。历史上，对FSS物理机理的理解是从对衍射光栅的研究演变而来的。利用发丝制成等间距的光栅可以将白光分解成单色光[17-18]。基于这种简单的频率滤波过程，各种FSS结构被提出并广泛应用于微波、红外乃至可见光波段。通过精巧的形状和精确的尺寸设计，由具有自谐振效应的周期单元组成的平面阵列可以表现出带通或带阻的滤波性能。

常用的自谐振单元结构包括偶极子型的"耶路撒冷十字"[19]和孔径型的"缝隙"[20]等。由于传统的 FSS 单元是基于半波长尺寸设计的，且电磁波与 FSS 阵列的相互作用取决于 Floquet-Bloch 模式，因此很难将其归类为"狭义"上的亚波长结构的超表面范畴。然而，随着 FSS 的不断发展，一些学者提出了基于亚波长单元的 FSS 实现方案[21-25]，且阵列呈现的响应不仅依赖于阵列布局，而且也与单元的谐振特性息息相关[26]，这推动了 FSS 向广义超表面领域的融合。

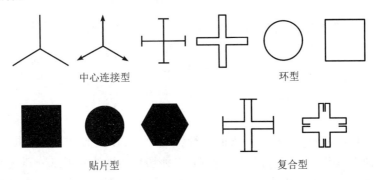

图 1-4 典型的 FSS 的单元类型

除了 FSS 的周期阵列呈现对频率的滤波特性以外，光子晶体（PBG）结构通过将不同折射率的介质周期排列，使某一频率的区域内光子态密度为零（光子在此区域内不能传输），从而呈现了光子带隙的特性。瑞利（Lord Rayleigh）于 1887 年就开始研究一维晶体，他发现了一维禁带的特性[27]。而 PBG 这个名词则是由 E. Yablonovitch[5] 和 S. John[28] 于 1987 在 *Physical Review Letters* 上提出的。事实上，自然界中存在许多天然的光子晶体，例如蝴蝶翅膀、孔雀翎羽、甲虫外壳等。它们闪烁的彩色金属光泽，往往都是光子晶体特殊的周期性纳米结构对于特定波长选择性反射而产生的色彩，如图 1-5 所示。

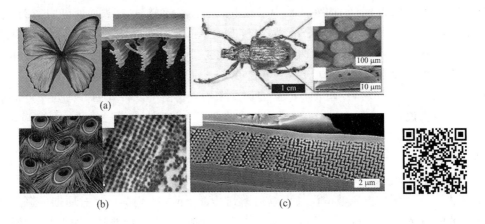

图 1-5 蓝闪蝶、孔雀以及象鼻虫及其表面扫描电子显微镜图

自 PBG 的概念提出以来，光子晶体产生了众多新奇的物理现象，但由于制作光学尺寸的光子晶体的难度太大，早期的研究更多聚焦在尺寸为厘米级的微波光子晶体上，即电磁带隙（EBG）结构。1991 年，E. Yablonovitch 在微波频段制作了第一个三维光子晶体结构[4]。该光子晶体结构通过在介质上覆盖一层具有三角形孔阵列的掩膜，并在孔的位置上

利用活性粒子束对介质穿孔而成，如图 1－6 所示。另一种实用的三维光子晶体实现方案就是由 K. M. Ho 等人所提出的多层堆叠介质棒结构[29]，如图 1－7 所示。

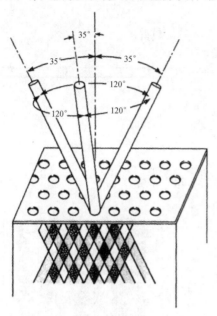

图 1－6　第一个三维光子晶体结构　　　图 1－7　堆叠的三维光子晶体结构

　　按照结构排列方式的不同，光子晶体可以分为一维、二维和三维的光子晶体，如图 1－8 所示。三维光子晶体结构的制备工艺相对复杂，这使得三维光子晶体结构的应用受到了限制。相对比，二维光子晶体结构更容易制备，特别是随着 PCB 加工工艺的不断成熟，各种二维 EBG 结构被设计并广泛应用在天线和微波电路等结构的设计之中。1999 年，D. Sievenpiper 设计了二维 EBG 结构，该结构是由包含短路探针的亚波长方形贴片阵列组成的[30]，如图 1－9 所示。这种结构形状类似于蘑菇，故也被称为"蘑菇状"EBG 结构。二维 EBG 结构在一定频带内呈现高阻抗和同相反射的性能[30-36]，因此 EBG 结构也被称为高阻抗表面（HIS）或人工磁导体（AMC）结构。由于 EBG 结构具有电磁带隙的特性，因此能够用于解决高速电路设计中遇到的信号完整性和电源完整性问题。当将 EBG 结构作为天线的背板应用于天线设计时，高阻抗的特性可以显著降低天线的剖面。此外，利用同相反射的特性，EBG 结构也能用于降低目标的雷达散射截面（RCS）。1999 年 12 月 17 日，国际权威杂志 *Science* 将光子晶体方面的研究列为当年的十大科学进展之一。

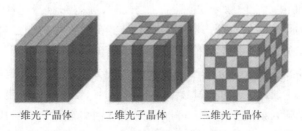

一维光子晶体　　　二维光子晶体　　　三维光子晶体

图 1－8　光子晶体的分类

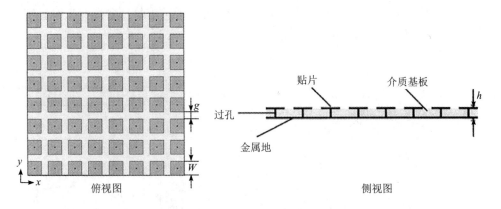

图 1-9 蘑菇状 EBG 结构

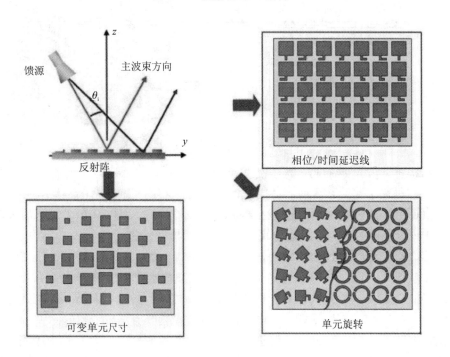

图 1-10 平面反射阵

除了对电磁波频率响应进行调控以外，通过调整电磁波的相位可以实现对反射、折射、聚焦等电磁波前的重构[37]。一般来说，空间波程差会导致相位差，为此，实现波束控制的关键就在于对相位的延迟进行补偿。事实上，人们早在数百年前就已经掌握了光会聚和发散的方法，但是受加工工艺的限制，很难制备小型化和平面化的功能器件。借助 PCB 的加工工艺，各种基于半波长谐振单元的平面反射阵（RA）[38-40]和透射阵（TA）[41-42]相继实现，如图 1-10 和图 1-11 所示。通过合理设计单元的尺寸、延迟线的长度、单元的旋转角度等参数，每个单元在受到入射波照射后，可以反射或透射电磁波，并形成某种波前所需的相位延迟。当 RA/TA 的厚度和单元尺寸达到亚波长水平时，可以将其等效为非均匀的电流、磁流层，从而可以实现超表面的理论表征[43]。从单波束到多波束[44-45]，单频到双频/多频[46-47]，常规波束到近场聚焦波束[48-49]、准无衍射波束（如贝塞尔波束）[50-52]，被动到主动可重构波束[53-55]等，各种功能的 RA/TA 都得到了深入的研究。从广义上讲，基于单元的自谐振特性实现电磁波调控的 RA/TA 也可以看成一类超表面结构。

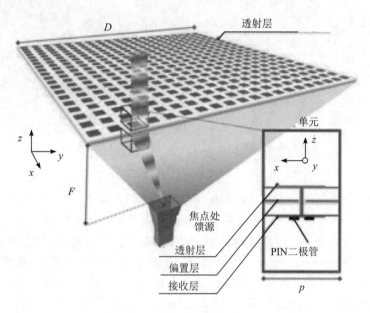

图 1-11　平面透射阵

通常，对超材料的系统理论分析被认为起源于 20 世纪 60 年代的苏联物理学家 V. G. Veselago 的研究[56]。他提出当电磁波在介电常数和磁导率同时为负的媒质中传播时，电场 $\vec{E}$、磁场 $\vec{H}$、波矢量 $\vec{k}$ 遵循左手法则，与天然材料中电磁波满足的右手法则相反，因此这种介电常数和磁导率同时为负的媒质称为左手材料（LHM）或者双负材料（DNG）。根据左手法则，LHM 中电磁波的相速度与群速度相反，从而导致在 LHM 中传播的电磁波相位是超前的，即产生后向波效应。事实上，早在一百多年以前，有学者在机械波领域提出了后向波的概念[57-58]。此外，当平面波照射到 LHM 与天然材料的交界面时，会发生负折射的现象，这是由于同时为负的介电常数和磁导率会导致媒质的折射率小于零。LHM 还具有逆多普勒效应、逆切伦科夫辐射等众多新奇的电磁特性，但是由于现实中没有这样的材料，相关研究仅停留在理论层面上。

20 世纪末，J. B. Pendry 等人提出采用金属线（Wire）周期阵列结构和分裂环谐振器（SRR）周期阵列结构来分别实现负介电常数和负磁导率[59-60]。21 世纪初，D. R. Smith 团队通过将金属线结构和 SRR 结构结合[61-62]，首次实现了在一定频率下的负折射现象，该研究成果被 *Science* 杂志评为 2003 年十大科学突破之一，如图 1-12 所示。然而，超材料的研究并非一帆风顺，也产生了很大的争议。原因是一些研究人员认为 LHM 的性质违反了群速度不能超过光速的条件和因果定律。2004 年，崔铁军和孔金瓯（J. A. Kong）从理论上证明了在 LHM 中的能量守恒定律和因果定律[63-64]。最终经过众多学者的讨论和分析，证明了 LHM 负折射性能的真实存在性。

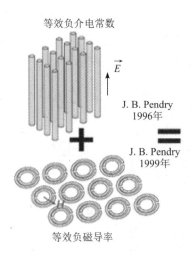

图 1-12 左手材料的实现

超材料（Metamaterial）一词是由美国德克萨斯大学奥斯汀分校 R. M. Walser 教授于 1999 年提出的，用来描述自然界不存在的、人工制造的、三维的、具有周期性结构的复合材料。迄今为止，对 metamaterial 一词还没有一个严格的、权威的定义，各种不同的文献上给出的定义也各不相同。维基百科（Wikipedia）上对 metamaterial 的解释如下：

A **metamaterial** (from the Greek word μετά *meta*, meaning "beyond", and the Latin word *materia*, meaning "matter" or "material") is any material engineered to have a property that is not found in naturally occurring materials. They are made from assemblies of multiple elements fashioned from composite materials such as metals and plastics. The materials are usually arranged in repeating patterns, at scales that are smaller than the wavelengths of the phenomena they influence. Metamaterials derive their properties not from the properties of the base materials，but from their newly designed structures.

因此，人们将自然材料所不具备的超常物理性质的人工复合结构和复合材料看成超材料。LHM、EBG、FSS 等均可以看成超材料。

虽然 LHM 的实现令人兴奋，但其带宽窄和损耗高的固有缺点使其难以在实际中加以应用[65]。2005 年，利用具有梯度折射率的介质实现电磁波弯曲的研究掀起了超材料研究的新浪潮[66]。随后，2006 年，*Science* 杂志上同期连续出版了两篇里程碑式的论文，它们分别是 U. Leonhardt 发表的题为"Optical conformal mapping"的论文[67]和 J. B. Pendry 发表的题为"Controlling electromagnetic fields"的论文[68]。这两篇论文分别从光学保角变换和坐标变换两种途径揭示了如何设计隐身斗篷。同年，D. Schurig 等人利用 SRR 结构首次实现了微波频段的二维柱状结构的隐身衣设计[69]，如图 1-13 所示。因此，超材料再次被 *Science* 评为 2006 年十大科学进步之一。变换光学因具有可自由调控电磁场的能力吸引了众多学者的广泛关注，基于变换光学理论的各种功能器件也相继被设计[70-73]。2009 年，崔铁军团队和 D. R. Smith 团队合作实现了二维地毯式隐身衣的设计[74]。次年，三维隐身地毯被提出[75-76]，从而使隐身衣走进了真实的三维空间，如图 1-14 所示。同年，崔铁军团队提出了"电磁黑洞"的概念[77]，通过超材料控制电磁波的传播轨迹来类比物质在引力场下弯曲空间中的运动轨迹，该成果也入选了 2010 年度"中国科学十大进展"。

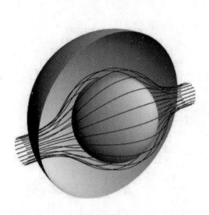

图 1-13　光学变换与球形斗篷

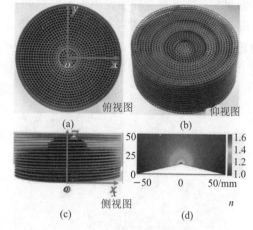

俯视图　仰视图

(a)　　(b)

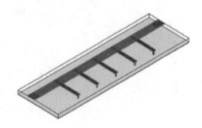

侧视图

(c)　　(d)

图 1-14　三维隐身地毯

　　超材料对空间波调控的概念还可以扩展到导波上，进而形成了复合左右手传输线（CRLH-TL）理论[78]，如图 1-15 所示。借助传输线的分析和设计方法，CRLH-TL 呈现了相位超前、相速与群速反向、非线性色散等特性，从而进一步衍生了各种宽带、小型化、结构新颖的功能器件设计[79-81]。在 21 世纪的前十年，超材料的引入为新的天线和微波器件的设计[82]、雷达幻觉[83]、超分辨率成像[84]等领域均提供了新的解决方案。随着应用要求的不

图 1-15　复合左右手传输线

断提高，电子设备和产品正朝着小型化、低剖面、集成化的趋势发展，因此，研究人员开始关注平面化的人工介质——超表面。

　　超表面的概念源于 2011 年哈佛大学的 Capasso 等人在 *Science* 上发表的研究工作[85]。他们在研究中提出了广义斯涅耳定律，阐明了电磁超表面的概念，实现了基于平面人工介质的异常折射和反射现象，如图 1-16 所示。通过调控电磁波的振幅、相位、极化等电磁波物理特征的局部突变特性，超表面能够灵活地改变电磁波在空间中的传播与分布。自超表面的概念提出以来，学者们利用超表面实现了各种新颖的电磁波调控功能，如实现轨道角动量（OAM）涡旋波[86]、空间波-表面波转换[87]、极化转换[88-89]、全息成像[90-91]、完美反射[92-93]、无线能量收集与传输[94-95]、RCS 减缩[96-97]等。同时，为了应对电磁系统向高集成度与小型化的趋势发展，人们试图将多个电磁功能集成在同一超表面上，以达到多功能的复用，如角度复用多功能超表面[98-99]、极化复用多功能超表面[100-101]、频率复用多功能超表面[102-103]等。近年来，为了能够实现对电磁波更高自由度的调控，人们将可调的器件或者材料引入超表面之中，实现有源超表面的设计。在电、磁、激光、压力、温度和化学等外部的激励下，有源超表面的响应随着可调部件特性的改变而改变，从而达到对电磁波特性的实时调控[104-108]。此外，传统的物理层表征方法使超表面难以与信息理论及数字信号处理方法相融合。2014 年，美国宾夕法尼亚大学的 Engheta 和东南大学的崔铁军分别独立提出了数字超材料的概念。Engheta 工作的核心是用数字位的手段来描述等效媒质，其仍属于等效媒质超材料的范畴[109]，而崔铁军摒弃了等效媒质的表征方法，提出用数字编码来表征超

材料的新思想,通过改变数字编码单元的空间排布来控制电磁波,进而实现了可编程超材料,如图 1-17 所示[110]。数字编码表征方法搭建了信息世界与物理世界的桥梁,促进了超材料物理与信息理论、信号处理方法以及智能算法的有机结合,进而推动了超材料向信息化[111]、智能化[112-113]的发展趋势。

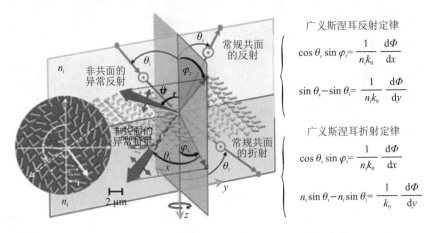

广义斯涅耳反射定律
$$\cos\theta_r\sin\varphi_r=\frac{1}{n_i k_0}\frac{\mathrm{d}\Phi}{\mathrm{d}x}$$
$$\sin\theta_r-\sin\theta_i=\frac{1}{n_i k_0}\frac{\mathrm{d}\Phi}{\mathrm{d}y}$$

广义斯涅耳折射定律
$$\cos\theta_t\sin\varphi_t=\frac{1}{n_t k_0}\frac{\mathrm{d}\Phi}{\mathrm{d}x}$$
$$n_t\sin\theta_t-n_i\sin\theta_i=\frac{1}{k_0}\frac{\mathrm{d}\Phi}{\mathrm{d}y}$$

图 1-16 基于广义斯涅耳定律的超表面示意图[114]

注:φ 表示表面处的切向相位,θ_i 表示入射角,θ_r 表示反射角,θ_t 表示折射角,n_i 表示入射区域的折射率,n_t 表示折射区域的折射率,k_0 表示自由空间中的波数,Φ 表示相位偏移量。

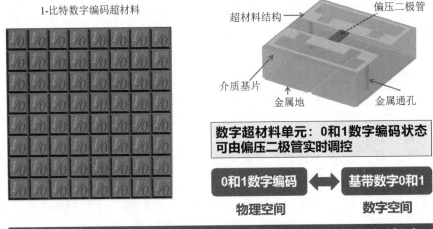

图 1-17 数字编码超材料示意图[110]

超材料/超表面的发展速度超乎了人们的想象,在过去二十年里迅速成为电磁学和光学领域最重要的分支之一。它的发展经历了从最初的人工电磁介质,如 EBG、FSS 到 LHM,再到现在的各种非线性超表面[8]、全息超表面[9,115]和可重构超表面[116-119],从理论假设到实验验证,再到表征模型和电磁计算的阶段。从超表面的构成方面来看,越来越多的新型材料被用于设计超表面进而提升其性能,如石墨烯[120-123]、VO_2、GaAs 等。借助 3D

打印和微纳处理技术，如激光蚀刻、电子束/离子束曝光技术，具有更高工作频带（即太赫兹超表面[124-126]，近红外超表面[127]和可见光超表面[114, 128-129]等）、更复杂的结构和更小尺度的超表面正在从理论走向实际。未来，超表面也将在多学科系统化、结构功能多样化、产品实用化方向上快速发展。诺贝尔物理学奖得主李政道先生在 2022 年上海交通大学李政道科学与艺术讲座基金系列活动的开幕式上，专门指出了"真"是科学的追求，"美"是艺术的目标，超材料非常有想象力，可以有很多跨界领域的成果，它们给我们带来了感官上的赏心悦目和思想上的绚丽火花，用艺术来展现超材料，以科艺交流碰撞出的火花照亮更远的探索之路。

　　超材料领域日新月异发展的同时，进一步推动了以超材料技术为核心的战略性新兴产业的发展。在我国全面建设社会主义现代化国家的新征程上，始终坚持科技是第一生产力、人才是第一资源、创新是第一动力，深入实施科教兴国战略、人才强国战略、创新驱动发展战略。面向我国国民经济和社会发展的重大战略需求，智能超表面（RIS）被认为是第六代（6G）通信的颠覆性技术之一，有望替代传统的相控阵天线，以低成本、低能耗和易部署的特性，通过大量超表面单元的无线响应信号的互相叠加，实现灵活可控的赋形波束。我国IMT-2030（6G）推进组无线技术组专门成立了"RIS 任务组"，同时国内外大专院校、科研机构、学术团体、标准化组织以及设备制造企业等 80 多家单位联合成立了智能超表面技术联盟（RISTA），以反映整个 RIS 生态系统，推进 RIS 相关技术研究、标准化及产业方面的探讨。这预示了信息超材料技术在未来无线通信中具有广泛应用前景。

本 章 小 结

　　本章阐述了电磁超材料和超表面的概念、特征以及分类，并在此基础之上，以超材料和超表面的概念的提出时间为节点，梳理了电磁超材料/超表面的发展简史，着重介绍了电磁超材料和超表面发展历史中的里程碑的理论、设计与应用，且对电磁超材料和超表面的未来发展进行了简要展望。

参 考 文 献

[1]　MAYSTRE D. Electromagnetic study of photonic band gaps[J]. Pure and Applied Optics：Journal of the European Optical Society Part A，1994，3(6)：975 - 993.

[2]　YABLONOVITCH E. Photonic band-gap crystals［J］. Journal of Physics：Condensed Matter，1993，5(16)：2443 - 2460.

[3]　SOUKOULIS C M，Photonic band gap materials[M]. Springer Science & Business Media，2012.

[4]　YABLONOVITCH E，GMITTER T J，LEUNG K M. Photonic band structure：

The face-centered-cubic case employing nonspherical atoms[J]. Physical Review Letters, 1991, 67(17): 2295 – 2298.

[5] YABLONOVITCH E. Inhibited spontaneous emission in solid-state physics and electronics[J]. Physical Review Letters, 1987, 58(20): 2059 – 2062.

[6] HOLLOWAY C L, KUESTER E F, GORDON J A, et al. An overview of the theory and applications of metasurfaces: The two-dimensional equivalents of metamaterials[J]. IEEE Antennas and Propagation Magazine, 2012, 54(2): 10 – 35.

[7] WALIA S, SHAH C M, GUTRUF P, et al. Flexible metasurfaces and metamaterials: A review of materials and fabrication processes at micro-and nano-scales[J]. Applied Physics Reviews, 2015, 2(1).

[8] MINOVICH A E, MIROSHNICHENKO A E, BYKOV A Y, et al. Functional and nonlinear optical metasurfaces[J]. Laser & Photonics Reviews, 2015, 9(2): 195 – 213.

[9] GENEVETP, CAPASSO F. Holographic optical metasurfaces: a review of current progress[J]. Reports on Progress in Physics, 2015, 78(2): 024401.

[10] KILDISHEV A V, BOLTASSEVA A, SHALAEV V M. Planar photonics with metasurfaces[J]. Science, 2013, 339(6125): 1232009.

[11] YU N, CAPASSO F. Flat optics with designer metasurfaces[J]. Nature Materials, 2014, 13(2): 139 – 150.

[12] MACFARLANE G G. Surface impedance of an infinite parallel-wire grid at oblique angles of incidence[J]. Journal of the Institution of Electrical Engineers-Part IIIA: Radiolocation, 1946, 93(10): 1523 – 1527.

[13] LAMB H. On the reflection and transmission of electric waves by a metallic grating [J]. Proceedings of the London Mathematical Society, 1897, 1(1): 523 – 546.

[14] MITTRA R, CHAN C H, CWIK T. Techniques for analyzing frequency selective surfaces-a review[J]. Proceedings of the IEEE, 1988, 76(12): 1593 – 1615.

[15] MUNK B A, Frequency selective surface and grid array [M]. New York: Wiley, 1995.

[16] MUNK B A. Frequency selective surfaces: theory and design[M]. John Wiley & Sons, 2005.

[17] HOPKINSON F, RITTENHOUSE D. An optical problem, proposed by Mr. Hopkinson, and solved by Mr. Rittenhouse[J]. Transactions of the American Philosophical Society, 1786, 2: 201 – 206.

[18] MARCONI G, FRANKLIN C S. Reflector for use in wireless telegraphy and telephony: U. S. Patent 1,301,473[P]. 1919 – 4 – 22.

[19] ANDERSON I. On the theory of self-resonant grids[J]. The Bell System Technical Journal, 1975, 54(10): 1725 – 1731.

[20] AL-JOUMAYLY M, BEHDAD N. A new technique for design of low-profile, second-order, bandpass frequency selective surfaces[J]. IEEE Transactions on

Antennas and Propagation, 2009, 57(2): 452 - 459.

[21] AL-JOUMAYLY M, BEHDAD N. A generalized method for synthesizing low-profile, band-pass frequency selective surfaces with non-resonant constituting elements[J]. IEEE Transactions on Antennas and Propagation, 2010, 58(12): 4033 - 4041.

[22] SUN Q H, CHENG Q, XU H S, et al. A new type of band-pass FSS based on metamaterial structures [C]//2008 International Workshop on Metamaterials. IEEE, 2008: 267 - 269.

[23] BAYATPUR F, SARABANDI K. Single-layer high-order miniaturized-element frequency-selective surfaces[J]. IEEE Transactions on Microwave Theory and Techniques, 2008, 56(4): 774 - 781.

[24] SARABANDI K, BEHDAD N. A frequency selective surface with miniaturized elements[J]. IEEE Transactions on Antennas and propagation, 2007, 55(5): 1239 - 1245.

[25] SHI Y, CHU P P, MENG Z K. Ultra-wideband hybrid polarization conversion-absorption metasurface with a transmission window and narrow transition bands [J]. Journal of Physics D: Applied Physics, 2023, 56(9): 095102.

[26] WU X, PEI Z B, QU S B, et al. Design of metamaterial frequency selective surface with polarization selectivity[J]. Acta Physica Sinica, 2011, 60(11): 271 - 275.

[27] RAYLEIGH L. XXVI. On the remarkable phenomenon of crystalline reflexion described by Prof. Stokes[J]. The London, Edinburgh, and Dublin Philosophical Magazine and Journal of Science, 1888, 26(160): 256 - 265.

[28] JOHN S. Strong localization of photons in certain disordered dielectric superlattices [J]. Physical Review Letters, 1987, 58(23): 2486 - 2489.

[29] HO K M, CHAN C T, SOUKOULIS C M, et al. Photonic band gaps in three dimensions: New layer-by-layer periodic structures [J]. Solid State Communications, 1994, 89(5): 413 - 416.

[30] SIEVENPIPER D, ZHANG L, BROAS R F J, et al. High-impedance electromagnetic surfaces with a forbidden frequency band[J]. IEEE Transactions on Microwave Theory and techniques, 1999, 47(11): 2059 - 2074.

[31] FOROOZESH A, SHAFAI L. Application of combined electric-and magnetic-conductor ground planes for antenna performance enhancement [J]. Canadian Journal of Electrical and Computer Engineering, 2008, 33(2): 87 - 98.

[32] RAJO-IGLESIAS E, QUEVEDO-TERUEL O, INCLAN-SANCHEZ L. Mutual coupling reduction in patch antenna arrays by using a planar EBG structure and a multilayer dielectric substrate [J]. IEEE Transactions on Antennas and Propagation, 2008, 56(6): 1648 - 1655.

[33] YANG F, RAHMAT-SAMII Y. Microstrip antennas integrated with electromagnetic band-gap (EBG) structures: A low mutual coupling design for array applications[J].

IEEE Transactions on Antennas and Propagation, 2003, 51(10): 2936 – 2946.

[34] HIRANANDANI M A, YAKOVLEV A B, KISHK A A. Artificial magnetic conductors realised by frequency-selective surfaces on a grounded dielectric slab for antenna applications[J]. IEE Proceedings-Microwaves, Antennas and Propagation, 2006, 153(5): 487 – 493.

[35] FERESIDIS A P, GOUSSETIS G, WANGS, et al. Artificial magnetic conductor surfaces and their application to low-profile high-gain planar antennas[J]. IEEE Transactions on Antennas and Propagation, 2005, 53(1): 209 – 215.

[36] COSTA F, GENOVESI S, MONORCHIO A. On the bandwidth of high-impedance frequency selective surfaces [J]. IEEE Antennas and Wireless Propagation Letters, 2009, 8: 1341 – 1344.

[37] SHERMAN J. Properties of focused apertures in the Fresnel region[J]. IRE Transactions on Antennas and Propagation, 1962, 10(4): 399 – 408.

[38] HUANG J, ENCINAR J A. Reflectarray antennas[M]. John Wiley & Sons, 2007.

[39] BERRY D, MALECH R, KENNEDY W. The reflectarray antenna[J]. IEEE Transactions on Antennas and Propagation, 1963, 11(6): 645 – 651.

[40] JAVOR R D, WU X D, CHANG K. Design and performance of a microstrip reflectarray antenna[J]. IEEE Transactions on Antennas and Propagation, 1995, 43(9): 932 – 939.

[41] ABDELRAHMAN A H, ELSHERBENI A Z, YANG F. Transmission phase limit of multilayer frequency-selective surfaces for transmitarray designs [J]. IEEE Transactions on Antennas and Propagation, 2013, 62(2): 690 – 697.

[42] ABDELRAHMAN A H, YANG F, ELSHERBENI A Z, et al. Analysis and design of transmitarray antennas [M]. San Francisco, CA, USA: Morgan & Claypool, 2017.

[43] GLYBOVSKI S B, TRETYAKOV S A, BELOV P A, et al. Metasurfaces: From microwaves to visible[J]. Physics Reports, 2016, 634: 1 – 72.

[44] NAYERI P, YANG F, ELSHERBENI A Z. Design and experiment of a single-feed quad-beam reflectarray antenna [J]. IEEE Transactions on Antennas and Propagation, 2011, 60(2): 1166 – 1171.

[45] ABDELRAHMAN A H, NAYERI P, ELSHERBENI A Z, et al. Design of single-feed multi-beam transmitarray antennas[C]//2014 IEEE Antennas and Propagation Society International Symposium (APSURSI). IEEE, 2014: 1264 – 1265.

[46] BAGHERI M O, HASSANI H R, RAHMATI B. Dual-band, dual-polarised metallic slot transmitarray antenna [J]. IET Microwaves, Antennas & Propagation, 2016, 11(3): 402 – 409.

[47] HAN C, HUANG J, CHANG K. A high efficiency offset-fed X/Ka-dual-band reflectarray using thin membranes [J]. IEEE Transactions on Antennas and Propagation, 2005, 53(9): 2792 – 2798.

［48］ ZHANG P, LI L, ZHANG X，et al. Design，measurement and analysis of near-field focusing reflective metasurface for dual-polarization and multi-focus wireless power transfer[J]. IEEE Access, 2019, 7: 110387 - 110399.

［49］ YU S, LIU H, LI L. Design of near-field focused metasurface for high-efficient wireless power transfer with multifocus characteristics[J]. IEEE Transactions on Industrial Electronics，2018，66(5): 3993 - 4002.

［50］ YU S, LI L, SHI G, et al. Design, fabrication, and measurement of reflective metasurface for orbital angular momentum vortex wave in radio frequency domain [J]. Applied Physics Letters, 2016, 108(12): 121903.

［51］ YU S, LI L, SHI G, et al. Generating multiple orbital angular momentum vortex beams using a metasurface in radio frequency domain[J]. Applied Physics Letters, 2016, 108(24): 241901.

［52］ KOU N, YU S, LI L. Generation of high-order Bessel vortex beam carrying orbital angular momentum using multilayer amplitude-phase-modulated surfaces in radiofrequency domain[J]. Applied Physics Express, 2016, 10(1): 016701.

［53］ KAMODA H, IWASAKI T, TSUMOCHI J, et al. 60 - GHz electrically reconfigurable reflectarray using p-i-n diode[C]//2009 IEEE MTT-S International Microwave Symposium Digest. IEEE, 2009: 1177 - 1180.

［54］ GIANVITTORIO J P, RAHMAT-SAMII Y. Reconfigurable patch antennas for steerable reflectarray applications [J]. IEEE Transactions on Antennas and Propagation, 2006, 54(5): 1388 - 1392.

［55］ LAU J Y, HUM S V. Reconfigurable transmitarray design approaches for beamforming applications[J]. IEEE Transactions on Antennas and Propagation, 2012, 60(12): 5679 - 5689.

［56］ VESELAGO V G. The electrodynamics of substances with simultaneously negative values of ε and μ[J]. Physics-Uspekhi, 1968, 10(4): 509 - 514.

［57］ LAMB H. On group-velocity[J]. Proceedings of the London Mathematical Society, 1904, 2(1): 473 - 479.

［58］ MALYUZHINETS G D. A note on the radiation principle [J]. Zhurnal Technicheskoi Fiziki, 1951, 21(8): 940 - 942.

［59］ PENDRY J B, HOLDEN A J, STEWART WJ, et al. Extremely low frequency plasmons in metallic mesostructures [J]. Physical Review Letters, 1996, 76 (25): 4773.

［60］ PENDRY J B, HOLDEN A J, ROBBINS D J, et al. Magnetism from conductors and enhanced nonlinear phenomena[J]. IEEE Transactions on Microwave Theory and Techniques, 1999, 47(11): 2075 - 2084.

［61］ SHELBY R A, SMITH D R, SCHULTZ S. Experimental verification of a negative index of refraction[J]. Science, 2001, 292(5514): 77 - 79.

［62］ SMITH D R, KROLL N. Negative refractive index in left-handed materials[J].

Physical Review Letters, 2000, 85(14): 2933 – 2936.

[63] CUI T J, KONG J A. Time-domain electromagnetic energy in a frequency-dispersive left-handed medium[J]. Physical Review B, 2004, 70(20): 205106.

[64] CUI T J, KONG J A. Causality in the propagation of transient electromagnetic waves in a left-handed medium[J]. Physical Review B, 2004, 70(16): 165113.

[65] SMITH D R, SCHURIG D, ROSENBLUTH M, et al. Limitations on subdiffraction imaging with a negative refractive index slab[J]. Applied Physics Letters, 2003, 82(10): 1506 – 1508.

[66] SMITH D R, MOCK J J, STARR A F, et al. Gradient index metamaterials[J]. Physical Review E, 2005, 71(3): 036609.

[67] LEONHARDT U. Optical conformal mapping[J]. Science, 2006, 312 (5781): 1777 – 1780.

[68] PENDRY J B, SCHURIG D, SMITH D R. Controlling electromagnetic fields[J]. Science, 2006, 312(5781): 1780 – 1782.

[69] SCHURIG D, MOCK J J, JUSTICE B J, et al. Metamaterial electromagnetic cloak at microwave frequencies[J]. Science, 2006, 314(5801): 977 – 980.

[70] JIANG W X, CUI T J, MA H F, et al. Cylindrical-to-plane-wave conversion via embedded optical transformation [J]. Applied Physics Letters, 2008, 92 (26): 261903.

[71] JIANG W X, CUI T J, CHENG Q, et al. Design of arbitrarily shaped concentrators based on conformally optical transformation of nonuniform rational B-spline surfaces[J]. Applied Physics Letters, 2008, 92(26): 264101.

[72] JIANG W X, CUI T J, ZHOU X Y, et al. Arbitrary bending of electromagnetic waves using realizable inhomogeneous and anisotropic materials [J]. Physical Review E, 2008, 78(6): 066607.

[73] RAHM M, SCHURIG D, ROBERTS D A, et al. Design of electromagnetic cloaks and concentrators using form-invariant coordinate transformations of Maxwell's equations[J]. Photonics and Nanostructures-Fundamentals and Applications, 2008, 6(1): 87 – 95.

[74] LIU R, JI C, MOCK J J, et al. Broadband ground-plane cloak[J]. Science, 2009, 323(5912): 366 – 369.

[75] MA H F, CUI T J. Three-dimensional broadband ground-plane cloak made of metamaterials[J]. Nature Communications, 2010, 1(1): 21.

[76] ERGIN T, STENGER N, BRENNER P, et al. Three-dimensional invisibility cloak at optical wavelengths[J]. Science, 2010, 328(5976): 337 – 339.

[77] CHENG Q, CUI T J, JIANG W X, et al. An omnidirectional electromagnetic absorber made of metamaterials[J]. New Journal of Physics, 2010, 12(6): 063006.

[78] LAI A, ITOH T, CALOZ C. Composite right/left-handed transmission line metamaterials[J]. IEEE microwave magazine, 2004, 5(3): 34 – 50.

[79] CALOZ C, ITOH T, RENNINGS A. CRLH metamaterial leaky-wave and resonant antennas[J]. IEEE Antennas and Propagation Magazine, 2008, 50(5): 25 - 39.

[80] CALOZ C, ITOHT. A novel mixed conventional microstrip and composite right/left-handed backward-wave directional coupler with broadband and tight coupling characteristics[J]. IEEE Microwave and Wireless Components Letters, 2004, 14(1): 31 - 33.

[81] LIM S, CALOZ C, ITOH T. Electronically scanned composite right/left handed microstrip leaky-wave antenna [J]. IEEE Microwave and Wireless Components Letters, 2004, 14(6): 277 - 279.

[82] LI L, JIA Z, HUO F, et al. A novel compact multiband antenna employing dual-band CRLH-TL for smart mobile phone application [J]. IEEE Antennas and Wireless Propagation Letters, 2013, 12: 1688 - 1691.

[83] JIANG W X, CUI T J. Radar illusion via metamaterials[J]. Physical Review E, 2011, 83(2): 026601.

[84] CASSE B D F, LU W T, HUANG Y J, et al. Super-resolution imaging using a three-dimensional metamaterials nanolens[J]. Applied Physics Letters, 2010, 96(2): 023114.

[85] YU N, GENEVET P, KATS M A, et al. Light propagation with phase discontinuities: generalized laws of reflection and refraction[J]. Science, 2011, 334(6054): 333 - 337.

[86] MA Q, SHI C B, BAI G D, et al. Beam-editing coding metasurfaces based on polarization bit and orbital-angular-momentum-mode bit [J]. Advanced Optical Materials, 2017, 5(23): 1700548.

[87] SUN S, HE Q, XIAO S, et al. Gradient-index meta-surfaces as a bridge linking propagating waves and surface waves [J]. Nature Materials, 2012, 11 (5): 426 - 431.

[88] ZHU H L, CHEUNG S W, CHUNG KL, et al. Linear-to-circular polarization conversion using metasurface[J]. IEEE transactions on antennas and propagation, 2013, 61(9): 4615 - 4623.

[89] XU P, WANG G C, CAI X, et al. Design and optimization of high-efficiency meta-devices based on the equivalent circuit model and theory of electromagnetic power energy storage[J]. Journal of Physics D: Applied Physics, 2022, 55(19): 195303.

[90] WANG Z, DING X, ZHANG K, et al. Huygens metasurface holograms with the modulation of focal energy distribution[J]. Advanced Optical Materials, 2018, 6(12): 1800121.

[91] ZHENG G, MüHLENBERND H, KENNEY M, et al. Metasurface holograms reaching 80% efficiency[J]. Nature Nanotechnology, 2015, 10(4): 308 - 312.

[92] ESTAKHRI N M, ALU A. Wave-front transformation with gradient metasurfaces [J]. Physical Review X, 2016, 6(4): 041008.

[93] ASADCHY V S, ALBOOYEH M, TCVETKOVA S N, et al. Perfect control of reflection and refraction using spatially dispersive metasurfaces[J]. Physical Review B, 2016, 94(7): 075142.

[94] ZHOU J, ZHANG P, HAN J, et al. Metamaterials and metasurfaces for wireless power transfer and energy harvesting[J]. Proceedings of the IEEE, 2021, 110(1): 31 – 55.

[95] LI L, ZHANG X, SONG C, et al. Compact dual-band, wide-angle, polarization-angle-independent rectifying metasurface for ambient energy harvesting and wireless power transfer [J]. IEEE Transactions on Microwave Theory and Techniques, 2021, 69(3): 1518 – 1528.

[96] SHI Y, MENG H X, WANG H J. Polarization conversion metasurface design based on characteristic mode rotation and its application into wideband and miniature antennas with a low radar cross section[J]. Optics Express, 2021, 29 (5): 6794 – 6809.

[97] SHI Y, MENG Z K, WEI W Y, et al. Characteristic mode cancellation method and its application for antenna RCS reduction [J]. IEEE Antennas and Wireless Propagation Letters, 2019, 18(9): 1784 – 1788.

[98] ZHANG X, LI Q, LIU F, et al. Controlling angular dispersions in optical metasurfaces[J]. Light: Science & Applications, 2020, 9(1): 76.

[99] LI M, SHEN L, JING L, et al. Origami metawall: Mechanically controlled absorption and deflection of light[J]. Advanced Science, 2019, 6(23): 1901434.

[100] SUN Q, ZHANG Z, HUANG Y, et al. Asymmetric transmission and wavefront manipulation toward dual-frequency meta-holograms[J]. ACS Photonics, 2019, 6 (6): 1541 – 1546.

[101] ZHANG X G, YU Q, JIANG W X, et al. Polarization-controlled dual-programmable metasurfaces[J]. Advanced Science, 2020, 7(11): 1903382.

[102] AVAYU O, ALMEIDA E, PRIOR Y, et al. Composite functional metasurfaces for multispectral achromatic optics [J]. Nature Communications, 2017, 8 (1): 14992.

[103] BAI G D, MA Q, IQBAL S, et al. Multitasking shared aperture enabled with multiband digital coding metasurface[J]. Advanced Optical Materials, 2018, 6 (21): 1800657.

[104] HASHEMI M R M, YANG S H, WANG T, et al. Electronically-controlled beam-steering through vanadium dioxide metasurfaces [J]. Scientific Reports, 2016, 6(1): 35439.

[105] SCHERGER B, REUTER M, SCHELLER M, et al. Discrete terahertz beam steering with an electrically controlled liquid crystal device[J]. Journal of Infrared, Millimeter, and Terahertz Waves, 2012, 33: 1117 – 1122.

[106] SMITH B C, WHITAKER J F, RAND S C. Steerable THz pulses from thin

emitters via optical pulse-front tilt［J］. Optics Express，2016，24（18）：20755 - 20762.

[107] MONNAI Y, ALTMANN K，JANSEN C，et al. Terahertz beam steering and variable focusing using programmable diffraction gratings［J］. Optics Express，2013，21(2)：2347 - 2354.

[108] SHREKENHAMER D, MONTOYA J，KRISHNA S，et al. Four-color Metamaterial absorber THz spatial light modulator［J］. Advanced Optical Materials，2013，1(12)：905 - 909.

[109] GIOVAMPAOLA C D, ENGHETA N. Digital metamaterials［J］. Nature Materials，2014，13(12)：1115 - 1121.

[110] CUI T J, QI M Q, WAN X，et al. Coding metamaterials，digital metamaterials and programmable metamaterials［J］. Light：Science & Applications，2014，3 (10)：e218 - e218.

[111] CUI T J, LIU S, ZHANG·L. Information metamaterials and metasurfaces［J］. Journal of Materials Chemistry C，2017，5(15)：3644 - 3668.

[112] MA Q, BAI G D, JING H B，et al. Smart metasurface with self-adaptively reprogrammable functions[J]. Light：Science & Applications，2019，8(1)：98.

[113] ZHANG X G, SUN Y L, YU Q，et al. Smart doppler cloak operating in broad band and full polarizations[J]. Advanced Materials，2021，33(17)：2007966.

[114] AIETA F, GENEVET P, YU N，et al. Out-of-plane reflection and refraction of light by anisotropic optical antenna metasurfaces with phase discontinuities［J］. Nano Letters，2012，12(3)：1702 - 1706.

[115] NI X, KILDISHEV A V, SHALAEV V M. Metasurface holograms for visible light［J］. Nature Communications，2013，4(1)：2807.

[116] CHEN K, FENG Y, MONTICONE F，et al. A reconfigurable active Huygens' metalens[J]. Advanced Materials，2017，29(17)：1606422.

[117] WU H, LIU S, WAN X，et al. Controlling energy radiations of electromagnetic waves via frequency coding metamaterials［J］. Advanced Science，2017，4 (9)：1700098.

[118] WU H T, WANG D, FU X，et al. Space-frequency-domain gradient metamaterials[J]. Advanced Optical Materials，2018，6(23)：1801086.

[119] ZHANG L, CHEN X Q, LIU S，et al. Space-time-coding digital metasurfaces[J]. Nature Communications，2018，9(1)：4334.

[120] LAU J Y, HUM S V. A wideband reconfigurable transmitarray element[J]. IEEE Transactions on Antennas and Propagation，2011，60(3)：1303 - 1311.

[121] CHEN P Y, SORIC J, PADOORU Y R，et al. Nanostructured graphene metasurface for tunable terahertz cloaking[J]. New Journal of Physics，2013，15 (12)：123029.

[122] PADOORU Y R, YAKOVLEV A B, KAIPA C S R，et al. Dual capacitive-

inductive nature of graphene metasurface: Transmission characteristics at low-terahertz frequencies [C]//2013 IEEE Antennas and Propagation Society International Symposium (APSURSI). IEEE, 2013: 1598 - 1599.

[123]　CARRASCO E, PERRUISSEAU-CARRIER J. Reflectarray antenna at terahertz using graphene[J]. IEEE Antennas and Wireless Propagation Letters, 2013, 12: 253 - 256.

[124]　PADILLA W J, ARONSSON M T, HIGHSTRETE C, et al. Electrically resonant terahertz metamaterials: Theoretical and experimental investigations[J]. Physical Review B, 2007, 75(4): 041102.

[125]　CHEN H T, O'HARA J F, TAYLOR A J, et al. Complementary planar terahertz metamaterials[J]. Optics Express, 2007, 15(3): 1084 - 1095.

[126]　JANSEN C, AL-NAIB I A I, BORN N, ET Al. Terahertz metasurfaces with high Q-factors[J]. Applied Physics Letters, 2011, 98(5): 051109.

[127]　FARMAHINI-FARAHANI M, MOSALLAEI H. Birefringent reflectarray metasurface for beam engineering in infrared[J]. Optics Letters, 2013, 38(4): 462 - 464.

[128]　QIN F, DING L, ZHANG L, et al. Hybrid bilayer plasmonic metasurface efficiently manipulates visible light[J]. Science Advances, 2016, 2(1): e1501168.

[129]　SELL D, YANG J, DOSHAY S, et al. Visible light metasurfaces based on single-crystal silicon[J]. Acs Photonics, 2016, 3(10): 1919 - 1925.

2.1 引　言

超材料是一种由亚波长的人工单元所构成的复合材料或者复合结构,可以用等效媒质参数加以表征。经典的超材料之一就是左手材料(LHM),它是由细金属柱和金属分裂环谐振器组成的阵列,在微波频段呈现同时为负的等效介电常数和磁导率。这种双负的材料参数会产生诸多异常的电磁现象,如负折射、后向波传播、逆多普勒效应等。

此外,将数字编码的概念引入超材料中,使其反射波或透射波的参数被加以量化(如反射或透射相位),将量化后的超材料/超表面单元组阵,则构成了数字超材料/超表面。数字编码方法的引入为实时调控电磁波提供了切实可行的方法。

大多数超材料/超表面都是对称结构。群论是描述对称性的一种有效的数学方法。群论的经典应用领域包括抽象数学和量子力学。最近,学者们开始在电磁的研究中应用群论,例如,电场和磁场的对称性,天线综合和巴比涅原理等。与量子力学不同,电磁超材料对称性的研究不仅在几何学领域,而且还结合了麦克斯韦方程组固有的对称性。

在本章中,我们首先回顾 LHM 的电动力学性质,然后阐述广义斯涅耳定律,并对理想的透射与反射现象加以讨论,随后介绍数字编码超表面的概念,最后,基于群论的基本原理对超材料/超表面的特性加以讨论。

2.2 左手媒质中的电动力学

众所周知,自然界中的材料是由众多微观粒子组成的,如原子和分子。对于固体材料而言,可分为晶体材料和非晶体材料。晶体材料是由粒子周期排列而成的,而非晶体材料中粒子是随机排列的。

我们在经典物理学的框架下考虑电磁波与人造晶体材料之间的相互作用。假设人造晶体材料是由排列在规则晶格中的小颗粒组成的,晶格的周期为 d。考虑波长为 λ 的一个平面波照射到晶体材料上。当 d 与 λ 可比拟,即 $d \approx \lambda$ 时,平面波与晶格上的粒子相互作用而出现相长干涉,即产生布拉格效应。若 d 远小于 λ,即 $d \ll \lambda$,则粒子的散射就变得微不足道。此时,晶体材料对平面波产生的影响就来源于材料的宏观特性。在这种情况下,基于晶格的人造晶体材料可以被认为是均匀、连续的材料。

超材料就是由人造单元周期或非周期排列构成的。类比于人造晶体材料,当人造单元的电尺寸为亚波长时,超材料可以被近似地看成连续材料。通过巧妙地设计人造单元拓扑结构并进行合理的布阵可以定制任意的等效介电常数和磁导率。最经典的超材料之一就是等效介电常数和磁导率同时为负的左手媒质。

为了研究左手媒质的电磁特性,我们考虑一个电磁波在 $\varepsilon < 0$ 且 $\mu < 0$ 的媒质中传输。在各向同性的介质中,麦克斯韦方程组可以写为如下的微分形式:

$$\begin{cases} \nabla \times \vec{H} = \vec{J} + \dfrac{\partial \vec{D}}{\partial t} \\[2mm] \nabla \times \vec{E} = -\dfrac{\partial \vec{B}}{\partial t} \\[2mm] \nabla \cdot \vec{D} = \rho \\[2mm] \nabla \cdot \vec{B} = 0 \end{cases} \tag{2-1}$$

其中,$\vec{E}$ 是电场强度,$\vec{B}$ 是磁通量密度,$\vec{H}$ 是磁场强度,$\vec{D}$ 是电通量密度。电流密度 $\vec{J}$ 和电荷密度 ρ 是电磁场的激励源。由线性各向同性媒质的本构关系可得

$$\begin{cases} \vec{B} = \mu \vec{H} = \mu_0 \mu_r \vec{H} \\[2mm] \vec{D} = \varepsilon \vec{E} = \varepsilon_0 \varepsilon_r \vec{E} \end{cases} \tag{2-2}$$

式中,ε_0 是自由空间的介电常数,μ_0 是自由空间的磁导率,ε、μ、ε_r、μ_r 分别为媒质的介电常数、磁导率、相对介电常数和相对磁导率。

考虑一个时谐因子为 $e^{j\omega t}$ 的平面电磁波,当它在均匀的、线性各向同性的媒质中传播时,麦克斯韦方程组(式(2-1))可以简化为

$$\begin{cases} \vec{k} \times \vec{E} = \mu \omega \vec{H} \\[2mm] \vec{k} \times \vec{H} = -\varepsilon \omega \vec{E} \end{cases} \tag{2-3}$$

式中 $\vec{k} = k\hat{k}$,其中 k 为波数,单位矢量 $\hat{k}$ 为波的传播方向。为简单起见,这里仅考虑无耗的媒质。如果 $\varepsilon < 0$ 且 $\mu < 0$,则由式(2-3)可以看出 $\vec{E}$、$\vec{H}$ 和 $\vec{k}$ 形成左手螺旋关系。这就是 $\varepsilon < 0$ 且 $\mu < 0$ 的媒质被称为左手媒质的原因。进一步,平面电磁波的相速度和平均的坡印廷矢量可分别表示为

$$\vec{v}_p = \frac{\omega}{k}\hat{k} \tag{2-4}$$

$$\vec{S}_{av} = \frac{1}{2}\text{Re}(\vec{E} \times \vec{H}^*) \tag{2-5}$$

这里相速度 $\vec{v}_p$ 的方向与 $\vec{k}$ 的方向一致,平均的坡印廷矢量 $\vec{S}_{av}$ 的方向就是能量传播的方向。由式(2-4)和式(2-5)可知,$\vec{v}_p$ 的方向与 $\vec{S}_{av}$ 的方向相反,这意味着在 LHM 中相速度与能量传播的速度的传输方向相反,传输波的相位是超前于源的相位的。此外,色散介质中的时间平均能量密度可写为

$$W = \frac{1}{4}\left\{ \frac{\partial(\omega \varepsilon)}{\omega}|\vec{E}|^2 + \frac{\partial(\omega \mu)}{\omega}|\vec{H}|^2 \right\} \tag{2-6}$$

值得注意的是，除真空以外的任何介质都必须是色散的。$W > 0$ 意味着

$$\frac{\partial(\omega\varepsilon)}{\omega} > 0, \frac{\partial(\omega\mu)}{\omega} > 0 \tag{2-7}$$

即 ε 和 μ 必须是频率的函数，也即 LHM 是色散媒质。此外，群速度 v_g 为

$$v_g = \frac{\partial\omega}{\partial k} \tag{2-8}$$

考虑相速度与群速度之间的关系，即

$$\frac{\partial k^2}{\partial\omega} = \frac{2}{v_p v_g} \tag{2-9}$$

以及

$$\frac{\partial k^2}{\partial\omega} = \frac{\partial(\omega\varepsilon \cdot \omega\mu)}{\partial\omega} = \omega\varepsilon\frac{\partial(\omega\mu)}{\partial\omega} + \omega\mu\frac{\partial(\omega\varepsilon)}{\partial\omega} < 0 \tag{2-10}$$

可知，相速度与群速度的方向是相反的。

此外，在均匀、各向同性的 LHM 介质中，波数 k 可以用折射率 n 进行表示，即

$$k = n\frac{\omega}{c} \tag{2-11}$$

从式 (2-11) 可以看出，k 与 n 同为负，即

$$n = -\sqrt{\varepsilon_r\mu_r} \tag{2-12}$$

因此，在 LHM 和右手介质之间的分界面上，例如 LHM-空气分界面会出现负折射的现象。除此之外，LHM 还具有很多异常的电磁特性，例如逆多普勒效应和逆切伦科夫辐射（快速移动的粒子在穿过媒质时会产生辐射）等。式 (2-7) 清楚地表明，ε 和 μ 可以同时为负，但 ε 和 μ 必须是与频率相关的，因此，左手材料必须是色散的。此外根据因果关系可知，介电常数的实部和虚部能够通过 Kramers-Kronig 关系进行相互表示。由于色散介质中介电常数、磁导率和折射率的虚部始终与它们的实部相关，因此左手材料也必须是有损耗的。

2.3　广义斯涅耳定律

超表面是一种二维超材料，因此不宜采用描述体介质的参数去表征超表面，例如介电常数、磁导率等。相比之下，采用超表面的等效表面阻抗更合适来研究其产生的异常反射和透射现象。一个平面波斜入射到两个媒质 (ε_1, μ_1) 和 (ε_2, μ_2) 的分界面 $(z=0)$ 上。若在分界面上放置了一个超表面，该超表面对于分界面处的反射波和透射波分别引入了一个额外的相位偏移，即 $\Phi_r(x, y)$ 和 $\Phi_t(x, y)$。需要注意的是，相位偏移是与位置相关的函数。不失一般性，考虑如图 2-1 所示的横电（TE）波以入射角 θ_i 倾斜入射到超表面上，入射波的横向电场为 $\vec{E}_i$。假设反射波的横向电场为 $\vec{E}_r$、反射角为 θ_r，透射波的横向电场为 $\vec{E}_t$、透射角为 θ_t。另外，假设入射波、反射波和透射波均位于 xoz 平面内。此时，对于时谐因子为 $e^{j\omega t}$ 的入射波，其电场和磁场可以分别表示为

$$\vec{E}_i = \hat{y}E_i e^{-jk_1(\sin\theta_i x + \cos\theta_i z)} \tag{2-13}$$

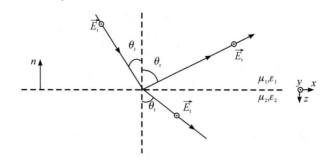

图 2-1　广义斯涅耳定律的横电波(TE)情况

$$\vec{H}_i = \frac{(\sin\theta_i \hat{x} + \cos\theta_i \hat{z})}{\eta_1} \times \left[\hat{y} E_i e^{-jk_1(\sin\theta_i x + \cos\theta_i z)} \right]$$

$$= (\hat{z} \sin\theta_i - \hat{x} \cos\theta_i) \frac{E_i}{\eta_1} e^{-jk_1(\sin\theta_i x + \cos\theta_i z)} \tag{2-14}$$

其中，$k_1 = \omega\sqrt{\varepsilon_1\mu_1}$，$\eta_1 = \sqrt{\mu_1/\varepsilon_1}$。反射波和透射波的电场、磁场可以分别写为

$$\vec{E}_r = \hat{y} E_r e^{-jk_1(\sin\theta_r x - \cos\theta_r z) + j\Phi_r} \tag{2-15}$$

$$\vec{H}_r = \frac{(\sin\theta_r \hat{x} - \cos\theta_r \hat{z})}{\eta_1} \times \left[\hat{y} E_r e^{-jk_1(\sin\theta_r x - \cos\theta_r z) + j\Phi_r} \right]$$

$$= (\hat{z} \sin\theta_r + \hat{x} \cos\theta_r) \frac{E_r}{\eta_1} e^{-jk_1(\sin\theta_r x - \cos\theta_r z) + j\Phi_r} \tag{2-16}$$

$$\vec{E}_t = \hat{y} E_t e^{-jk_2(\sin\theta_t x + \cos\theta_t z) + j\Phi_t} \tag{2-17}$$

$$\vec{H}_t = \frac{(\sin\theta_t \hat{x} + \cos\theta_t \hat{z})}{\eta_2} \times \left[\hat{y} E_t e^{-jk_2(\sin\theta_t x + \cos\theta_t z) + j\Phi_t} \right]$$

$$= (\hat{z} \sin\theta_t - \hat{x} \cos\theta_t) \frac{E_t}{\eta_2} e^{-jk_2(\sin\theta_t x + \cos\theta_t z) + j\Phi_t} \tag{2-18}$$

这里 $k_2 = \omega\sqrt{\varepsilon_2\mu_2}$，$\eta_2 = \sqrt{\mu_2/\varepsilon_2}$。

根据在分界面 $z=0$ 处电磁场切向分量的连续性，可得

$$E_i e^{-jk_1\sin\theta_i x} + E_r e^{-jk_1\sin\theta_r x + j\Phi_r} = E_t e^{-jk_2\sin\theta_t x + j\Phi_t} \tag{2-19}$$

$$-\cos\theta_i \frac{E_i}{\eta_1} e^{-jk_1\sin\theta_i x} + \cos\theta_r \frac{E_r}{\eta_1} e^{-jk_1\sin\theta_r x + j\Phi_r} = -\cos\theta_t \frac{E_t}{\eta_2} e^{-jk_2\sin\theta_t x + j\Phi_t} \tag{2-20}$$

为了保证式(2-19)和式(2-20)成立，两式中的每个指数项必须相等，从而可得

$$k_1\sin\theta_r x - k_1\sin\theta_i x = \Phi_r \tag{2-21}$$

$$k_2\sin\theta_t x - k_1\sin\theta_i x = \Phi_t \tag{2-22}$$

从式(2-21)和式(2-22)可以看出，只要 $\sin\theta_r \neq \sin\theta_i$ 或 $k_1\sin\theta_i \neq k_2\sin\theta_t$，$\Phi_r$ 或 Φ_t 在分界面上就不是恒定的。

分别对式(2-21)和式(2-22)中的 x 求导，可以得到

$$k_1\sin\theta_r - k_1\sin\theta_i = \frac{\partial\Phi_r}{\partial x} \tag{2-23}$$

$$k_2\sin\theta_t - k_1\sin\theta_i = \frac{\partial\Phi_t}{\partial x} \tag{2-24}$$

进一步，反射角和透射角可以表示为

$$\theta_r = \arcsin\left[\sin\theta_i + \frac{\lambda_1}{2\pi}\frac{\partial\Phi_r}{\partial x}\right] \tag{2-25}$$

$$\theta_t = \arcsin\left[\frac{\lambda_2}{\lambda_1}\sin\theta_i + \frac{\lambda_2}{2\pi}\frac{\partial\Phi_t}{\partial x}\right] \tag{2-26}$$

其中 $\lambda_1 = 2\pi/k_1$，$\lambda_2 = 2\pi/k_2$。式(2-25)和式(2-26)被称为广义斯涅耳反射定律和广义斯涅耳折射定律。当分界面上存在相位梯度变化时，反射波和透射波可以沿着任意方向传播。若分界面上没有相位变化，则式(2-25)和式(2-26)就退化为传统的斯涅耳反射与折射定律，即

$$\theta_r = \theta_i \tag{2-27}$$

$$\theta_t = \arcsin\left[\frac{\lambda_2}{\lambda_1}\sin\theta_i\right] \tag{2-28}$$

上述讨论是基于横电(TE)情况，类似的结论也适用于横磁(TM)的情况。

另一方面，将式(2-21)和式(2-22)代入式(2-19)和式(2-20)，有

$$E_i + E_r = E_t \tag{2-29}$$

$$-\cos\theta_i\frac{E_i}{\eta_1} + \cos\theta_r\frac{E_r}{\eta_1} = -\cos\theta_t\frac{E_t}{\eta_2} \tag{2-30}$$

因此，反射波和透射波的电场可用入射波的电场加以表示，即

$$E_r = \frac{\eta_2\cos\theta_i - \eta_1\cos\theta_t}{\eta_2\cos\theta_r + \eta_1\cos\theta_t}E_i \tag{2-31}$$

$$E_t = \frac{\eta_2\cos\theta_i + \eta_2\cos\theta_r}{\eta_2\cos\theta_r + \eta_1\cos\theta_t}E_i \tag{2-32}$$

进一步对式(2-21)和式(2-22)开展更详细的讨论。假设分界面上的超表面是周期为 D 的阵列。因此，超表面上的相位满足

$$\Phi_r(x+D) = \Phi_r(x) \pm 2\pi \tag{2-33}$$

$$\Phi_t(x+D) = \Phi_t(x) \pm 2\pi \tag{2-34}$$

将式(2-33)代入式(2-21)可得

$$D = \frac{\lambda_1}{|\sin\theta_r - \sin\theta_i|} \tag{2-35}$$

同样地，将式(2-34)代入式(2-22)，有

$$D = \frac{1}{\left|\dfrac{\sin\theta_t}{\lambda_2} - \dfrac{\sin\theta_i}{\lambda_1}\right|} \tag{2-36}$$

从式(2-35)和式(2-36)可以看出，超表面的周期与异常反射和折射的方向紧密相关。

上述的分析是基于入射波、反射波和透射波均位于 xoz 平面中的假设。一般情况下，假设入射波的入射方向为 (θ_i, φ_i)，反射波和透射波的方向分别为 (θ_r, φ_r) 和 (θ_t, φ_t)，广义斯涅耳反射和透射定律可以表示为

$$\begin{cases} \sin\theta_r\cos\varphi_r - \sin\theta_i\cos\varphi_i = \dfrac{\lambda_1}{2\pi}\dfrac{\partial\Phi_r}{\partial x} \\[2mm] \sin\theta_r\sin\varphi_r - \sin\theta_i\sin\varphi_i = \dfrac{\lambda_1}{2\pi}\dfrac{\partial\Phi_r}{\partial y} \end{cases} \tag{2-37}$$

$$\begin{cases} \dfrac{2\pi}{\lambda_1}\sin\theta_i\cos\varphi_i - \dfrac{2\pi}{\lambda_2}\sin\theta_t\cos\varphi_t = \dfrac{\partial\Phi_t}{\partial x} \\[3mm] \dfrac{2\pi}{\lambda_1}\sin\theta_i\sin\varphi_i - \dfrac{2\pi}{\lambda_2}\sin\theta_t\sin\varphi_t = \dfrac{\partial\Phi_t}{\partial y} \end{cases} \qquad (2-38)$$

即入射波、反射波以及透射波可以不位于同一个平面之中。

对于上述广义斯涅耳定律，我们重点讨论两种特殊情况，即具有零反射的理想透射情况和具有零透射的理想反射情况，前者对应的超表面称为惠更斯表面，后者对应的超表面称为超镜面。

1. 零反射的理想透射情况

假设分界面上的超表面是无损耗的。此时，零反射的理想透射就意味着入射功率全部穿过超表面。在这种情况下，根据式(2-31)，我们有

$$\eta_2\cos\theta_i = \eta_1\cos\theta_t \qquad (2-39)$$

这与式(2-24)给出的结果相矛盾。换句话说，仅仅采用透射相位设计的超表面是无法保证透射波以100%的效率向任意方向传输的。这是因为它没有考虑入射波和透射波在不同方向上的阻抗匹配，因此不可避免地会产生一些寄生的反射。这个问题可以通过设计超表面的阻抗以补偿分界面上场的不连续性来加以解决。超表面两侧的切向电场和磁场分量可以采用阻抗矩阵表示为

$$\begin{bmatrix} \vec{E}_1^t \\ \vec{E}_2^t \end{bmatrix} = \begin{bmatrix} Z_{11} & Z_{12} \\ Z_{21} & Z_{22} \end{bmatrix} \begin{bmatrix} \hat{n}\times\vec{H}_1^t \\ -\hat{n}\times\vec{H}_2^t \end{bmatrix} \qquad (2-40)$$

这里的上标"t"表示切向分量，下标 i（$i=1,2$）表示超表面的一侧。阻抗参数 Z_{ij} 取决于超表面单元的拓扑结构。将式(2-13)、式(2-14)、式(2-17)和式(2-18)代入式(2-40)，我们可以得到

$$e^{-jk_1\sin\theta_i x} = Z_{11}\frac{\cos\theta_i}{\eta_1}e^{-jk_1\sin\theta_i x} - Z_{12}\frac{\cos\theta_t}{\eta_2}\frac{E_t}{E_i}e^{-jk_2\sin\theta_t x+j\Phi_t} \qquad (2-41)$$

$$e^{-jk_2\sin\theta_t x+j\Phi_t} = Z_{21}\frac{\cos\theta_i}{\eta_1}\frac{E_i}{E_t}e^{-jk_1\sin\theta_i x} - Z_{22}\frac{\cos\theta_t}{\eta_2}e^{-jk_2\sin\theta_t x+j\Phi_t} \qquad (2-42)$$

另一方面，对于理想的传输情况，有

$$\mathrm{Re}\left[\frac{1}{2}\vec{E}_1^t\times\vec{H}_1^{t*}\right] = \mathrm{Re}\left[\frac{1}{2}\vec{E}_2^t\times\vec{H}_2^{t*}\right] \qquad (2-43)$$

因此，可以获得

$$E_t = E_i\sqrt{\frac{\cos\theta_i}{\cos\theta_t}}\sqrt{\frac{\eta_2}{\eta_1}} \qquad (2-44)$$

把式(2-44)代入式(2-41)和式(2-42)，分别得到

$$e^{-jk_1\sin\theta_i x} = Z_{11}\frac{\cos\theta_i}{\eta_1}e^{-jk_1\sin\theta_i x} - Z_{12}\frac{\sqrt{\cos\theta_t\cos\theta_i}}{\sqrt{\eta_1\eta_2}}e^{-jk_2\sin\theta_t x+j\Phi_t} \qquad (2-45)$$

$$e^{-jk_2\sin\theta_t x+j\Phi_t} = Z_{21}\frac{\sqrt{\cos\theta_i\cos\theta_t}}{\sqrt{\eta_1\eta_2}}e^{-jk_1\sin\theta_i x} - Z_{22}\frac{\cos\theta_t}{\eta_2}e^{-jk_2\sin\theta_t x+j\Phi_t} \qquad (2-46)$$

从式(2-45)和式(2-46)可知，满足这两个方程的 Z 参数的解有很多。考虑无损耗的

超表面条件，所有的 Z 参数都必须是纯虚数，即 $Z_{ij} = \mathrm{j}X_{ij}$。因此，式（2-45）和式（2-46）可以重写为

$$\mathrm{e}^{-\mathrm{j}k_1\sin\theta_i x} = \mathrm{j}X_{11}\frac{\cos\theta_i}{\eta_1}\mathrm{e}^{-\mathrm{j}k_1\sin\theta_i x} - \mathrm{j}X_{12}\frac{\sqrt{\cos\theta_t\cos\theta_i}}{\sqrt{\eta_1\eta_2}}\mathrm{e}^{-\mathrm{j}k_2\sin\theta_t x + \mathrm{j}\Phi_t} \tag{2-47}$$

$$\mathrm{e}^{-\mathrm{j}k_2\sin\theta_t x + \mathrm{j}\Phi_t} = \mathrm{j}X_{21}\frac{\sqrt{\cos\theta_i\cos\theta_t}}{\sqrt{\eta_1\eta_2}}\mathrm{e}^{-\mathrm{j}k_1\sin\theta_i x} - \mathrm{j}X_{22}\frac{\cos\theta_t}{\eta_2}\mathrm{e}^{-\mathrm{j}k_2\sin\theta_t x + \mathrm{j}\Phi_t} \tag{2-48}$$

由式（2-47）和式（2-48）可得，X_{ij} 的解为

$$\begin{cases} X_{11} = \dfrac{\eta_1}{\cos\theta_i}\cot\Psi_t \\[2mm] X_{22} = \dfrac{\eta_2}{\cos\theta_t}\cot\Psi_t \\[2mm] X_{12} = X_{21} = \dfrac{\sqrt{\eta_1\eta_2}}{\sqrt{\cos\theta_i\cos\theta_t}}\dfrac{1}{\sin\Psi_t} \end{cases} \tag{2-49}$$

其中

$$\Psi_t = -k_2\sin\theta_t x + \Phi_t + k_1\sin\theta_i x \tag{2-50}$$

由 $X_{12} = X_{21}$ 可知，超表面是互易的。又由于 $X_{11} \neq X_{22}$，则超表面是非对称的。满足式（2-49）的超表面的形式有分裂环谐振器阵列、双贴片阵列和内嵌的 Ω 形金属条带阵列等。

2. 零透射的理想反射情况

与理想透射的情况类似，在超表面所在的分界面上坡印廷矢量的法向分量为

$$P_n = \frac{1}{2}\mathrm{Re}(\vec{E}_1^t \times \vec{H}_1^{t*}) \tag{2-51}$$

需要注意的是分界面上的场分布是入射场和反射场的叠加。在无损耗的超表面的情况下，理想的反射会导致能量周期性地进入超表面内并被反射回入射区域。将式（2-13）至式（2-16）代入式（2-51）时，有

$$E_r = E_i\sqrt{\frac{\cos\theta_i}{\cos\theta_r}} \tag{2-52}$$

引入输入阻抗 Z_{11}，则切向电场与切向磁场之间的关系可以表示为

$$\vec{E}_1^t = Z_{11}\hat{n} \times \vec{H}_1^t \tag{2-53}$$

进一步，输入阻抗 Z_{11} 为

$$Z_{11} = \frac{\eta_1}{\sqrt{\cos\theta_i\cos\theta_r}}\frac{\sqrt{\cos\theta_r} + \sqrt{\cos\theta_i}\,\mathrm{e}^{\mathrm{j}\Psi_r}}{\sqrt{\cos\theta_i} - \sqrt{\cos\theta_r}\,\mathrm{e}^{\mathrm{j}\Psi_r}} \tag{2-54}$$

其中

$$\Psi_r = -k_1\sin\theta_r x + \Phi_r + k_1\sin\theta_i x \tag{2-55}$$

从式（2-54）中可以看出，输入阻抗的实部周期地为正（损耗）和负（有源）值。这意味着通过"有耗"区域表面的功率不会被吸收，而是被"有源"的区域重新辐射。在表面处的平均净功率为零。

2.4 数字编码超材料/超表面

超材料和超表面的重要能力之一就是通过实现任意的等效电磁参数(例如介电常数、磁导率、表面阻抗)来灵活调控电磁波。根据等效参数的连续性或离散化,超材料/超表面可以分为模拟超材料/超表面和数字超材料/超表面。与模拟超材料/超表面相比,数字超材料/超表面的使用为电磁波的实时调控提供了可能性。

为了更好地理解超材料/超表面的数字编码过程,这里以超表面的电磁散射问题为例进行介绍。不失一般性,假设超表面结构是由尺寸为 D 的 $N \times N$ 个超单元组成。这里每个超单元都由一个 $M \times M$ 个单元组阵构成,使得超单元的相位响应与单元在无限周期条件下获得的相位响应类似。第 (m, n) 个超单元的散射相位为 φ_{mn}($m=1, 2, \cdots, N$,$n=1, 2, \cdots, N$),如图 2-2 所示。一个自由空间中的平面波垂直入射到超表面上,其散射场可表示为

$$f(\theta, \varphi) = f_e(\theta, \varphi) \cdot \sum_{m=1}^{N} \sum_{n=1}^{N} e^{-j[\varphi_{mn} + k(m-0.5)D\sin\theta\cos\varphi + k(n-0.5)D\sin\theta\sin\varphi]} \tag{2-56}$$

其中 k 是自由空间中的波数,$f_e(\theta, \varphi)$ 表示超单元的散射方向图。这里假设每个超单元的散射相位不同,但散射方向图均相同。

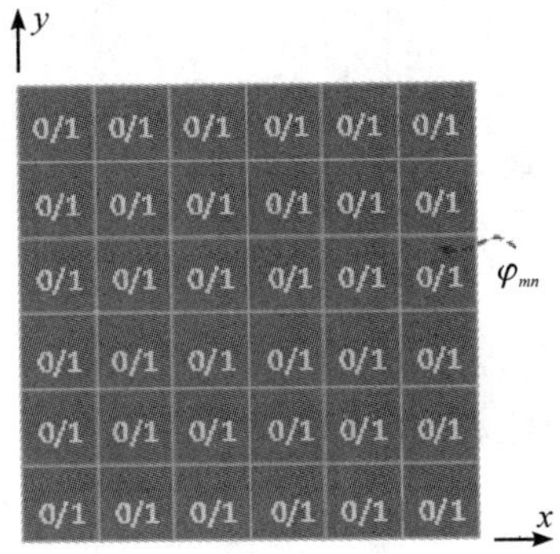

图 2-2 由 $N \times N$ 个超单元组成的 1-比特超表面

1. 1-比特编码超材料/超表面

1-比特编码超表面是由两种超单元组成的,它们的反射相位分别定义为 φ_1 和 φ_2,反射相位差约为 180°,即 $\varphi_2 - \varphi_1 \approx 180°$。因此,具有相位响应为 φ_1 的超单元称为"0"比特单元,而具有相位响应为 φ_2 的超单元称为"1"比特单元。"0"和"1"比特单元的一个简单示例就是理想磁导体(PMC)和理想电导体(PEC)。理想磁导体的反射相位为 $\varphi_1 = 0°$,而理想电导体的反射相位是 $\varphi_2 = 180°$。这里需要指出的是,"0"比特单元的反射相位并不一定为 0°,"1"比特单元的反射相位也并不一定为 180°,它们之间的相位差为 180° 即可。编码超表面通过"0"和"1"比特单元的不同编码序列来调控电磁波。为了便于描述,这里考虑 $\varphi_1 = 0°$ 和 $\varphi_2 = 180°$,则第 (m, n) 个超单元的散射相位为

$$\varphi_{mn} = \begin{cases} 0 & 0 \text{ 比特单元} \\ \pi & 1 \text{ 比特单元} \end{cases} \tag{2-57}$$

不失一般性，假定超表面由 2×2 个超单元组成，且忽略超单元的散射方向图。进一步假设超单元的尺寸小于半波长，即 $D \leqslant \lambda/2$，式 $(2-56)$ 可重写为

$$f(\theta, \varphi) = e^{-j[\varphi_{11}+k0.5D\sin\theta\cos\varphi+k0.5D\sin\theta\sin\varphi]} + e^{-j[\varphi_{12}+k0.5D\sin\theta\cos\varphi+k1.5D\sin\theta\sin\varphi]} +$$

$$e^{-j[\varphi_{21}+k1.5D\sin\theta\cos\varphi+k0.5D\sin\theta\sin\varphi]} + e^{-j[\varphi_{22}+k1.5D\sin\theta\cos\varphi+k1.5D\sin\theta\sin\varphi]} \qquad (2-58)$$

当所有的超单元都使用"0"或"1"比特单元时，式 $(2-58)$ 可以写为

$$|f(\theta, \varphi)| = 4 \cdot |\cos\Psi_1\cos\Psi_2| \qquad (2-59)$$

其中

$$\Psi_1 = \frac{kD\sin\theta\cos\varphi}{2} \qquad (2-60)$$

$$\Psi_2 = \frac{kD\sin\theta\sin\varphi}{2} \qquad (2-61)$$

这里考虑上半空间的散射场。由式 $(2-59)$ 可知，在后向 $(\theta = 0°)$ 上，有一个最大的散射波束，最大值为 $|f(\theta, \varphi)| = 4$。

当超单元的序列被选为"0101"时，式 $(2-58)$ 被简化为

$$|f(\theta, \varphi)| = 4 \cdot |\cos\Psi_1\sin\Psi_2| \qquad (2-62)$$

在这种情况下，最大的散射波束出现在 $\theta = \arcsin(\pi/kD)$，$\varphi = \pi/2$ 和 $\varphi = -\pi/2$ 两个方向上。

当超单元序列被选为"0110"时，式 $(2-58)$ 可以被改写为

$$|f(\theta, \varphi)| = 4 \cdot |\sin\Psi_1\sin\Psi_2| \qquad (2-63)$$

在 $\theta = \arcsin(\sqrt{2}\pi/kD)$，$\varphi = \pi/4$、$\varphi = -\pi/4$、$\varphi = 3\pi/4$ 和 $\varphi = -3\pi/4$ 四个方向存在最大的散射场。

因此，我们可以发现，用不同的编码序列，可以灵活地控制最大的散射方向。

2. n-比特编码超材料/超表面

n-比特编码概念可以通过扩展 1-比特编码来获得。在 n-比特编码情况下，有 2^n 个超单元，超单元的相位间隔变为 $2\pi/2^n$。例如，2-比特编码下有 4 个超单元，分别定义为"00""01""10""11"比特单元，若"00"比特单元的反射相位为 φ_1，则"01""10""11"比特单元的反射相位分别为 $\varphi_1+\pi/2$，$\varphi_1+\pi$，$\varphi_1+3\pi/2$。与 1-比特编码相比，2-比特编码可以实现更多的序列，从而为设计超表面结构提供更大的自由度，并且能够更加精确地调控电磁波。值得指出的是，随着比特位数的增加，超表面设计过程也会相应地变得更加复杂。

2.5　超材料群论

超材料/超表面通常由具有亚波长单元的周期性结构组成，因此超材料/超表面具有一定的对称性，而群论可以用来研究超材料/超表面的对称性。

2.5.1　二维光子晶体的周期性

从对称性的角度来看，任何光子晶体都是周期性结构，即具有离散平移对称性。换句

话说，当以固定步长的整倍数进行平移时晶体具有结构的不变性。除此之外，对称性还包括介质单元的几何对称性、材料的对称性（例如各向异性材料）、晶胞的几何对称性等。

1850 年，Bravais 提出了用空间点阵理论来表征晶体结构。他把晶体中每一个原子或原子团用处在该位置处的几何点来代替，这样可以得到一个与晶体几何性质有关的点的集合，其称为晶格或者空间点阵，如图 2-3 所示。晶格中的每个点都与晶体中的一个原子或者原子团相对应，这些点称为格点。由于晶格中所有的格点都是相同的，因此三维晶格包含 14 种，分属 7 个晶系，而二维晶格包括 5 种，分属 4 个晶系。类比于二维晶体中原子排列的周期性，对周期的光子晶体结构也能用空间点阵理论加以描述。

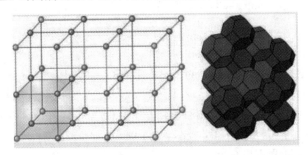

图 2-3　晶体与空间点阵

将点阵中任一点选为坐标原点，平面光子晶体周期结构就可以通过将原点平移至任意点阵位置获得。应该指出的是，原点位置可以任意选择，但得到的点阵是相同的。点阵平移的矢量 $\vec{R}$ 可以通过两个基矢量 $\vec{a}_1$ 和 $\vec{a}_2$ 的组合表示：$\vec{R}=m_1\vec{a}_1+m_2\vec{a}_2$，这里 m_1 和 m_2 是整数。由 $\vec{a}_1$ 和 $\vec{a}_2$ 所构成的图形称为初基晶胞或原胞，它包含了周期结构中的最小的重复单元。故 $\vec{a}_1$ 和 $\vec{a}_2$ 称为初基平移矢量，$\vec{R}$ 称为晶格矢量。在周期结构中，任一点的位置矢量 $\vec{r}'$ 可以写为

$$\vec{r}'=\vec{r}+m_1\vec{a}_1+m_2\vec{a}_2=\vec{r}+\vec{R} \tag{2-64}$$

其中 $\vec{r}$ 是初基晶胞中对应的位置矢量。

如图 2-4 所示，由于初基平移矢量的选择不是唯一的，因此初基晶胞也不是唯一的，只要它是晶体的最小重复单元即可。但无论如何选择，初基晶胞都有相同的面积，每个初基晶胞只包含一个格点。维格纳-塞茨（Wigner-Seitz）晶胞是一种最常见的初基晶胞，其与初基平移矢量的选择无关，具体构造过程如下：首先，选择一个格点作为原点；然后，绘制直线以连接原点及其最近的格点；接下来，从这些直线的中点开始绘制新的垂直直线，由相交的垂直线包围的区域称为维格纳-塞茨晶胞，如图 2-5 所示。

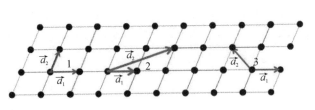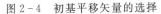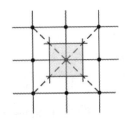

图 2-4　初基平移矢量的选择　　　　图 2-5　构建维格纳-塞茨晶胞的过程示意图

　　维格纳-塞茨晶胞与晶格具有相同的对称性，其所包围的区域囊括了所有点，这些点相对于其他格点而言更靠近晶格原点。维格纳-塞茨晶胞在下一节中的互易空间中将具有特殊的意义。

　　对于如图 2-6 所示的蜂窝状格子而言，P 点和 Q 点的周围环境是等价的，但是 P 点和 R 点是不同的，因此蜂窝状格子并不是 Bravais 晶格。这里六边形和平行四边形都能用于描述蜂窝状格子。六边形表征了蜂窝状格子实际的对称性，但它不是初基晶胞。相对比，平行四边形是初基晶胞，它包含了一个格点。

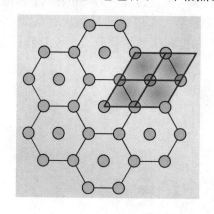 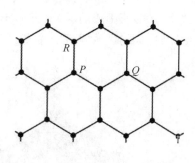

图 2-6　蜂窝状格子

2.5.2　互易空间

　　晶格描述了单元在物理上的排列方式。互易晶格（reciprocal lattice）的概念出现在许多固体物理教科书中。根据晶体的周期性，我们可以将晶体结构变换至傅里叶域。对于一个描述晶格的周期函数 f，其傅里叶分解可以表示为

$$f(\vec{r}) = \sum_{\vec{G}} f(\vec{G}) \mathrm{e}^{\mathrm{j}\vec{G} \cdot \vec{r}} \tag{2-65}$$

其中 $\vec{G}$ 是描述空间频率的 k 空间中的无限矢量集。因此，傅里叶分解就是一种平面波的展开形式。根据晶体的周期性，式（2-65）必须满足

$$f(\vec{r} + \vec{R}) = \sum_{\vec{G}} f(\vec{G}) \mathrm{e}^{\mathrm{j}\vec{G} \cdot \vec{r}} \mathrm{e}^{\mathrm{j}\vec{G} \cdot \vec{R}} = f(\vec{r}) \tag{2-66}$$

　　为了满足上述等式，$\mathrm{e}^{\mathrm{j}\vec{G} \cdot \vec{R}} = 1$，并且 $\vec{G} \cdot \vec{R} = 2m\pi$，其中 m 是整数。根据初基平移矢量 $\vec{a}_1$ 和 $\vec{a}_2$，可以定义矢量 $\vec{b}_1$ 和 $\vec{b}_2$：

$$\vec{G} = n_1 \vec{b}_1 + n_2 \vec{b}_2 \tag{2-67}$$

$$\vec{b}_i \cdot \vec{a}_j = 2\pi \delta_{ij} \tag{2-68}$$

其中 $i, j = 1, 2$ 且 δ_{ij} 是 Kronecker 函数，即

$$\delta_{ij} = \begin{cases} 1 & i = j \\ 0 & i \neq j \end{cases} \tag{2-69}$$

　　这里 k 空间称为倒易空间，$\vec{b}_1$、$\vec{b}_2$ 视为 k 空间中晶格的基本矢量。在真实空间中的每个晶格在倒易空间中都有一个对应的倒易晶格。人们可以构造维格纳-塞茨晶胞，该晶胞在

倒易空间中称为第一布里渊区。与在真实空间中一样，引入第一布里渊区可以简化光子晶体的分析。

2.5.3 布里渊区

正如我们所知，真实空间中的每个晶格在倒易空间中都有其相应的倒易晶格。在倒易空间中，以任意一个倒格点为原点，作原点和其他所有倒格点连线的中垂面（或中垂线），这些中垂面（或中垂线）将倒易空间分割成许多区域，这些区域称为布里渊区，如图 2-7 所示。第一布里渊区是指围绕原点的最小闭合区域。第二布里渊区是指从原点出发只跨过 1 个中垂面（或中垂线）所围成的区域。第 $n+1$ 个布里渊区是指从原点出发只跨过 n 个中垂面（或中垂线）所围成的区域（n 为正整数）。

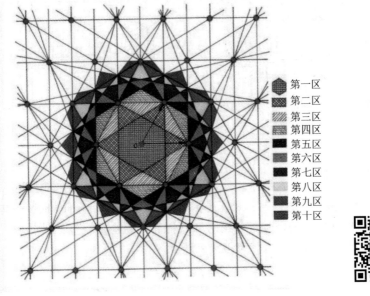

第一区
第二区
第三区
第四区
第五区
第六区
第七区
第八区
第九区
第十区

图 2-7 布里渊区

根据 Bloch 定理可知，在 k 空间中模式频率是具有周期性的。这就将 k 的计算限制在一个有限的范围之内。通常，k 的取值限制在第一布里渊区中。在倒易空间中的维格纳-塞茨晶胞与 Bloch 定理中 k 的第一布里渊区相同。

2.5.4 二维光子晶体的对称性

对称性操作可用群的概念加以描述。在晶体上采取的任何保持晶体结构不变的操作都是该晶体的对称群。在对称操作过程中至少有一点保持不动的操作称为点对称操作。点对称操作主要分为绕轴旋转、中心反演、反映、旋转反演四种基本的操作。

（1）绕轴旋转。如果晶体绕固定轴 u 旋转角度 $\theta=2\pi/n$ 后，能与自身重合，则此对称操作称为旋转，轴 u 称为 n 度旋转对称轴，记作 C_n。受周期性的约束，不存在 5 度旋转对称轴，也不存在 7 度以及 7 度以上的旋转对称轴，即只能有 C_1、C_2、C_3、C_4、C_6。

（2）中心反演。如果晶体中存在一个固定点 O，当以 O 为坐标原点，并将晶体中任一

点 (x, y, z) 变换为 $(-x, -y, -z)$，晶体能与自身重合，则该对称操作称为中心反演，点 O 为反演中心，记作 i。

（3）反映。如果晶体中存在一个平面，当以它作为 xoy 面，并将晶体中任一点 (x, y, z) 变为 $(x, y, -z)$ 时，晶体能与自身重合，则该对称操作称为反映，该平面称为晶体的反映面，记作 σ。

（4）旋转反演。如果晶体绕某固定轴 u 旋转角度 $\theta = 2\pi/n$ 后，再通过某点 O 进行中心反演，且能与自身重合，则此操作称为旋转反演。轴 u 称为 n 度旋转反演对称轴，记为 C_n^{-1}。类似地，不存在 5 度旋转反演对称轴，也不存在 7 度以及 7 度以上的旋转反演对称轴，因而仅有 C_1^{-1}、C_2^{-1}、C_3^{-1}、C_4^{-1}、C_6^{-1}。

此外，如果存在 C_n 和 i，则必有 C_n^{-1}；但如果存在 C_n^{-1}，则未必有 C_n 和 i。除了 C_4^{-1} 以外，$C_n^{-1}(n=1, 2, 3, 6)$ 都不是独立的对称操作。具体而言，$C_1^{-1}=i$，$C_2^{-1}=\sigma$，$C_3^{-1}=C_3+i$，$C_6^{-1}=C_3+\sigma$。因此只有 8 种基本的点对称操作，即 C_1、C_2、C_3、C_4、C_6、i、σ、C_4^{-1}。这些基本操作和它们的组合一共可形成 32 种点对称操作，从而构成 32 个点群。

从数学上看，群代表一组元素的集合 $G=\{E, A, B, C, D, \cdots\}$，这些元素被赋予一定的乘法规则，满足下列性质：

（1）若 A、B 满足 G，则 $AB=C \in G$，这是群的闭合性。

（2）存在单位元素 E，使所有元素满足 $AE=A$。

（3）任意元素 A，存在逆元素 $AA^{-1}=E$。

（4）元素间满足结合律，即 $A(BC)=(AB)C$。

一个物体全部对称操作的集合构成了对称操作群。在对称操作中保持不动的轴、面或点称为对称操作群的对称元素，例如旋转对称轴、反演中心、反映面。运算法则是连续操作，不动操作是单位元素。群中元素的数目称为群的阶。在这里，我们将主要讨论二维晶体的点群。

1. 旋转对称性

正方形晶格具有旋转对称性 C_4。我们可以用矩阵来描述它的旋转对称性，即

$$\boldsymbol{R}_{C_4} = \begin{bmatrix} \cos 2\pi/4 & -\sin 2\pi/4 \\ \sin 2\pi/4 & \cos 2\pi/4 \end{bmatrix} = \begin{bmatrix} 0 & -1 \\ 1 & 0 \end{bmatrix} \tag{2-70}$$

旋转变换前的点 (x, y) 与旋转变换后的点 (x', y') 的关系可写为

$$\begin{bmatrix} x' \\ y' \end{bmatrix} = \boldsymbol{R}_{C_4} \begin{bmatrix} x \\ y \end{bmatrix} \tag{2-71}$$

对于六边形晶格，它具有旋转对称性 C_6，也可以用矩阵表示为

$$\boldsymbol{R}_{C_6} = \begin{bmatrix} \cos 2\pi/6 & -\sin 2\pi/6 \\ \sin 2\pi/6 & \cos 2\pi/6 \end{bmatrix} = \begin{bmatrix} 1/2 & -\sqrt{3}/2 \\ \sqrt{3}/2 & 1/2 \end{bmatrix} \tag{2-72}$$

2. 反映对称性

正方形晶格中有两种反映对称性，如图 2-8(a) 所示，σ_x 和 σ_y 分别是关于 x 轴和 y 轴的反映对称，σ_d' 和 σ_d'' 是关于两条对角线的反映对称。相应的矩阵为

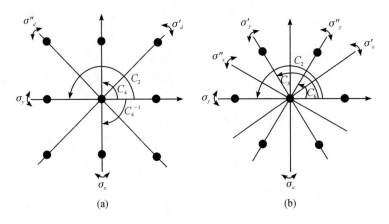

图 2-8 对称性
（a）正方形晶格；（b）六边形晶格

$$\begin{cases} \boldsymbol{R}_{\sigma_x} = \begin{bmatrix} -1 & 0 \\ 0 & -1 \end{bmatrix} \\ \boldsymbol{R}_{\sigma_y} = \begin{bmatrix} 1 & 0 \\ 0 & -1 \end{bmatrix} \end{cases} \tag{2-73}$$

$$\begin{cases} \boldsymbol{R}_{\sigma_d'} = \begin{bmatrix} 0 & 1 \\ 1 & 0 \end{bmatrix} \\ \boldsymbol{R}_{\sigma_d''} = \begin{bmatrix} 0 & -1 \\ -1 & 0 \end{bmatrix} \end{cases} \tag{2-74}$$

根据旋转对称性和反映对称性，所得到的正方形晶格的对称群是 C_{4v} 点群，其包含以下八个元素：

$$C_{4v} = \{E, C_4, C_4^{-1}, C_2, \sigma_x, \sigma_y, \sigma_d', \sigma_d''\} \tag{2-75}$$

C_{4v} 点群的乘法规则如表 2-1 所示，其中 E 是单位元素，C_2 是围绕 z 轴旋转 π，C_4 和 C_4^{-1} 分别是旋转 $\pi/2$ 和 $-\pi/2$。

表 2-1 C_{4v} 的乘法规则

C_{4v}	E	C_4	C_4^{-1}	C_2	σ_x	σ_y	σ_d'	σ_d''
E	E	C_4	C_4^{-1}	C_2	σ_x	σ_y	σ_d'	σ_d''
C_4	C_4	C_2	E	C_4^{-1}	σ_d''	σ_d'	σ_x	σ_y
C_4^{-1}	C_4^{-1}	E	C_2	C_4	σ_d'	σ_d''	σ_y	σ_x
C_2	C_2	C_4^{-1}	C_4	E	σ_y	σ_x	σ_d''	σ_d'
σ_x	σ_x	σ_d'	σ_d''	σ_y	E	C_2	C_4	C_4^{-1}
σ_y	σ_y	σ_d''	σ_d'	σ_x	C_2	E	C_4^{-1}	C_4
σ_d'	σ_d'	σ_y	σ_x	σ_d''	C_4^{-1}	C_4	E	C_2
σ_d''	σ_d''	σ_x	σ_y	σ_d'	C_4	C_4^{-1}	C_2	E

如图 2-8(b)所示，六边形晶格的对称群是 C_{6v} 点群，它包含以下十二个元素：

$$C_{6v} = \{E,\ C_6,\ C_6^{-1},\ C_3,\ C_3^{-1},\ C_2,\ \sigma_x,\ \sigma_x',\ \sigma_x'',\ \sigma_y,\ \sigma_y',\ \sigma_y''\} \qquad (2-76)$$

C_{6v} 点群的乘法规则如表 2-2 所示，其中 E 是单位元素，C_6 和 C_6^{-1} 分别是旋转 $\pi/3$ 和 $-\pi/3$。

光子晶体中还有其他不同类型的二维晶格，它们对应于不同的点群，例如，矩形晶格、中心矩形晶格和倾斜晶格等。

表 2-2　C_{6v} 的乘法规则

C_{6v}	E	C_6	C_6^{-1}	C_3	C_3^{-1}	C_2	σ_x	σ_x'	σ_x''	σ_y	σ_y'	σ_y''
E	E	C_6	C_6^{-1}	C_3	C_3^{-1}	C_2	σ_x	σ_x'	σ_x''	σ_y	σ_y'	σ_y''
C_6	C_6	C_3	E	C_2	C_6^{-1}	C_3^{-1}	σ_y''	σ_y	σ_y'	σ_x''	σ_x	σ_x'
C_6^{-1}	C_6^{-1}	E	C_3^{-1}	C_6	C_2	C_3	σ_y'	σ_y''	σ_y	σ_x'	σ_x''	σ_x
C_3	C_3	C_2	C_6	C_3^{-1}	E	C_6^{-1}	σ_x'	σ_x''	σ_x	σ_y'	σ_y''	σ_y
C_3^{-1}	C_3^{-1}	C_6^{-1}	C_2	E	C_3	C_6	σ_x''	σ_x	σ_x'	σ_y''	σ_y	σ_y'
C_2	C_2	C_3^{-1}	C_3	C_6^{-1}	C_6	E	σ_y	σ_y'	σ_y''	σ_x	σ_x'	σ_x''
σ_x	σ_x	σ_y'	σ_y''	σ_x''	σ_x'	σ_y	E	C_3^{-1}	C_3	C_2	C_6	C_6^{-1}
σ_x'	σ_x'	σ_y''	σ_y	σ_x	σ_x''	σ_y'	C_3	E	C_3^{-1}	C_6^{-1}	C_2	C_6
σ_x''	σ_x''	σ_y	σ_y'	σ_x'	σ_x	σ_y''	C_3^{-1}	C_3	E	C_6	C_6^{-1}	C_2
σ_y	σ_y	σ_x'	σ_x''	σ_y''	σ_y'	σ_x	C_2	C_6	C_6^{-1}	E	C_3^{-1}	C_3
σ_y'	σ_y'	σ_x''	σ_x	σ_y	σ_y''	σ_x'	C_6^{-1}	C_2	C_6	C_3	E	C_3^{-1}
σ_y''	σ_y''	σ_x	σ_x'	σ_y'	σ_y	σ_x''	C_6	C_6^{-1}	C_2	C_3^{-1}	C_3	E

对于图 2-9 所示的矩形晶格和中心矩形晶格，为了获得它们的对称群，采用初基平移矢量作为它们的基矢量。

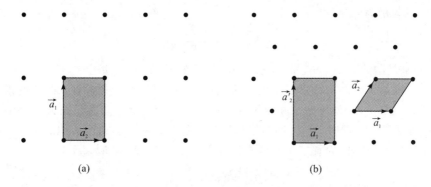

图 2-9　晶胞

(a)矩形晶胞；(b)中心矩形晶胞

正如图 2-9(a)所示，矩形晶格的初基平移矢量 $|\vec{a_1}| \neq |\vec{a_2}|$，但 $\vec{a_1} \perp \vec{a_2}$。由此得到的矩形晶格对称群是 C_{2v} 点群，它包含以下四个元素：

$$C_{2v} = \{E, C_2, \sigma_x, \sigma_y\} \qquad (2-77)$$

C_{2v} 点群的乘法规则如表 2-3 所示。

表 2-3　C_{2v} 的乘法规则

C_{2v}	E	C_2	σ_x	σ_y
E	E	C_2	σ_x	σ_y
C_2	C_4	E	σ_y	σ_x
σ_x	σ_x	σ_y	E	C_2
σ_y	σ_y	σ_x	C_2	E

然而，对于图 2-9(b)中所给出的中心矩形晶格，其初基平移矢量 $|\vec{a}_1| \neq |\vec{a}_2|$ 且 $|\vec{a}_1 \cdot \vec{a}_2| = |\vec{a}_1|^2/2$。由于 $\vec{a}_1$ 和 $\vec{a}_2$ 不垂直，因此所得的对称群无法很好地描述这种晶格的对称性，为此可以选择另一种基矢量 $\vec{a}_1$ 和 $\vec{a}_2'$。由于 $\vec{a}_1 \perp \vec{a}_2'$，因此得到的对称群仍然是 C_{2v}。

从中心矩形晶格的例子可以看出，有时初基晶胞，即最小的周期单元不能很好地反映晶格的对称性。基于此，在晶体学中定义了传统晶胞的概念。为了反映晶体的对称性，可以选择较大的单元作为传统晶胞。在某些情况下，传统晶胞就是初基晶胞，而在某些情况下两者不同。在晶体学中，关于如何选择不同类型的 Bravais 晶格的传统晶胞有统一的规则。例如，根据规则选择矢量 $\vec{a}_1$ 和 $\vec{a}_2'$ 作为中心矩形晶格的基矢量，从而所得的对称群能够反映晶格的对称性。

2.5.5　不可约布里渊区

由第一布里渊区的对称性和周期性，我们可以给出第一布里渊区的最小区域，它称为不可约(irreducible)布里渊区。第一布里渊区内的所有点都可以通过对称操作映射到不可约布里渊区内。因此，我们并不需要考虑第一布里渊区中的所有的 k 点。不可约布里渊区是简化晶体分析的一种有效的方法。很明显，不可约布里渊区与晶体的对称性密切相关。这种关系可以表示为

$$S_{IBZ} = \frac{4\pi^2}{S|P|} \qquad (2-78)$$

其中 S 是初基晶胞的面积，S_{IBZ} 是不可约布里渊区的面积，$|P|$ 是点群 P 的阶。

图 2-10 描绘了一个正方形晶格的真实晶格、倒易晶格和布里渊区。在布里渊区里，阴影区域就是由式(2-78)所确定的正方形晶格的不可约布里渊区。由于正方形晶格具有 C_{4v} 对称性，因此 P 为 8。此时，不可约布里渊区的面积是第一布里渊区面积的 1/8。需要注意的是，在不可约布里渊区内有三个高度对称的点，即点 Γ、X 和 M，且

$$\begin{cases} \Gamma: \dfrac{2\pi}{a}[0, 0] \\[2mm] X: \dfrac{2\pi}{a}\left[\dfrac{1}{2}, 0\right] \\[2mm] M: \dfrac{2\pi}{a}\left[\dfrac{1}{2}, \dfrac{1}{2}\right] \end{cases}$$

Γ 表示第一布里渊区的中心，X 表示布里渊区边界线的中点，M 表示布里渊区的角顶点，沿 Γ 到 X 的连线记为 Δ，沿 Γ 到 M 的连线记为 Σ。

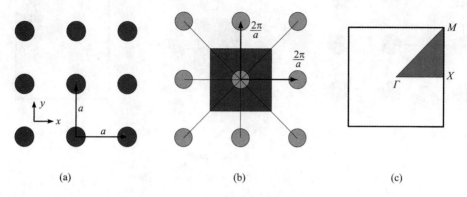

图 2 - 10　正方形晶格

（a）真实晶格；（b）倒易晶格；（c）布里渊区

　　图 2 - 11 描绘了六边形晶格的真实晶格、倒易晶格和布里渊区。在布里渊区中，阴影区域是六边形晶格的不可约布里渊区。由于六边形晶格具有 C_{6v} 对称性，因此 P 为 12。此时不可约布里渊区的面积是第一布里渊区面积的 1/12。与正方形晶格不同，在不可约布里渊区内有三个高度对称的点，即点 Γ（中心点）、X（角顶点）和 M（边界线的中点），且

$$\begin{cases} \Gamma: \dfrac{2\pi}{a}[0,\ 0] \\[2mm] X: \dfrac{2\pi}{a}\left[\dfrac{2}{3},\ 0\right] \\[2mm] M: \dfrac{2\pi}{a}\left[\dfrac{1}{2},\ \dfrac{\sqrt{3}}{6}\right] \end{cases}$$

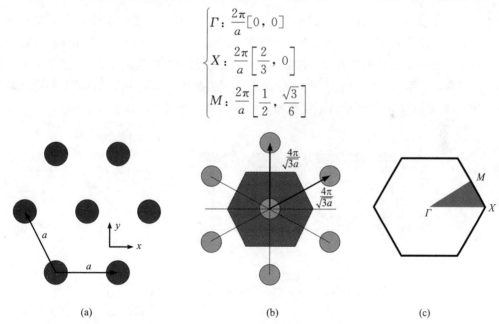

图 2 - 11　六边形晶格

（a）真实晶格；（b）倒易晶格；（c）布里渊区

　　此外，图 2 - 12 显示了矩形晶格的真实晶格、倒易晶格和布里渊区。布里渊区中阴影区域表示不可约布里渊区。由于矩形晶格具有 C_{2v} 对称性，因此 P 为 4。此时不可约布里渊区的面积是第一布里渊区面积的 1/4。在不可约布里渊区内有四个高度对称的点，即点 Γ（中心点）、X（边界线的中点）、M（角顶点）和 Y（边界线的中点），且

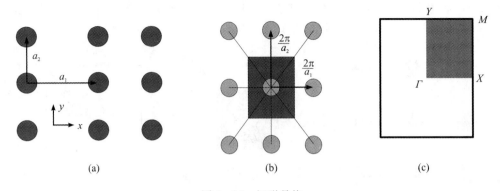

(a)　　　　　　　　　　(b)　　　　　　　　　　(c)

图 2-12　矩形晶格

(a) 真实晶格；(b) 倒易晶格；(c) 布里渊区

$$\begin{cases} \Gamma: [0, 0] \\[2mm] X: \left[\dfrac{\pi}{a_1}, 0\right] \\[2mm] M: \left[\dfrac{\pi}{a_1}, \dfrac{\pi}{a_2}\right] \\[2mm] Y: \left[0, \dfrac{\pi}{a_2}\right] \end{cases}$$

表征一个晶体除了晶格以外还需要基元。因此讨论晶体的对称性必须同时考虑晶格和基元的对称性。而基元的存在可能导致对称性降低。图 2-13(a) 描述了一种电磁带隙结构，它是由基元以方形晶格排列而成的。我们知道，方形晶格的对称性是 C_{4v}，但基元结构仅具有 C_{2v} 的对称性。图 2-13(b) 显示了 EBG 结构在倒易晶格中的第一布里渊区，阴影区域是不可约布里渊区。C_{2v} 对称性使得不可约布里渊区占第一布里渊区面积的 1/4。

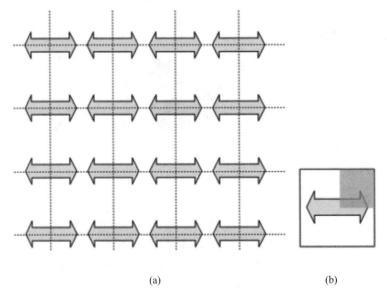

(a)　　　　　　　　　　　(b)

图 2-13　一种电磁带隙结构

(a) 真实空间；(b) 布里渊区的基元组成的方形晶格

大多数电磁带隙（EBG）超材料被设计为具有与晶格相同的对称性，从而使整个结构更加对称。但是，在某些条件下，人们会有意设计比晶格对称性更小的基元。对称性的破坏会产生一些新的性质，其中之一就是极化相关性。以图 2-13 所示的 EBG 为例，当入射平面波具有不同的极化状态时，将得到 EBG 的不同反射相位。利用这个性质，我们可以将 EBG 用作极化转换器。当入射波为圆极化时，两个主极化之间的反射相位差决定了反射波的极化。散射波可以保持圆极化，也可以根据反射相位差转换为线极化。同样，对于极化相关的 EBG 而言，表面波带隙只能存在于 k 的某个方向上，而不能存在于整个第一布里渊区中。

2.5.6　EBG 超材料的不可约布里渊区

EBG 超材料是一类新型的人造材料，能够控制电磁（EM）波的传播。通过适当地结构设计，EBG 超材料可以控制光/电磁波的传播，例如抑制光/电磁波的传播、允许光/电磁波沿特定的方向传播、限制光/电磁波在特定区域之中。因此，EBG 凭借其新颖的特性而被广泛应用在众多领域之中。EBG 结构可以采用电介质或/和金属材料构造，可以是一维、二维和三维（1D、2D 和 3D）的结构。

以下是一些广泛用于天线、滤波器等领域的二维 EBG 结构。图 2-14 描述了所谓的蘑菇状 EBG 结构。金属贴片印制在介质基板的上表面，介质基板的背面是金属地，金属通孔将上层的贴片与下层的金属地相连。

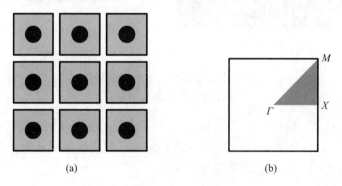

图 2-14　正方形蘑菇状 EBG 结构

（a）结构；（b）布里渊区

显然，这种 EBG 结构的周期性晶格是正方形晶格（C_{4v} 对称），基元也具有 C_{4v} 的对称性。整体结构满足对称性 C_{4v}。在倒易空间中，其不可约布里渊区如图 2-14(b) 的阴影区域所示。另一种蘑菇状 EBG 结构如图 2-15 所示。它的周期性晶格是六边形晶格，具有 C_{6v} 对称性。此外，基元也展现了 C_{6v} 对称性。如图 2-15(b) 所示，不可约布里渊区占第一布里渊区面积的 1/12。

从图 2-14 可以看出，金属通孔使蘑菇状 EBG 的制造变得复杂。为了简化制造过程，可以去除通孔，此时产生一种新型的 EBG 结构，如图 2-16 所示。由于这种结构存在于完整平面上，因此被称为单平面 EBG（UC-EBG）。根据上面的讨论，这种结构的晶胞在真实空间中由正方形晶格排列而成。晶格和基元都满足 C_{4v} 对称性。由此产生的不可约布里渊区如图 2-16(b) 的阴影区域所示。

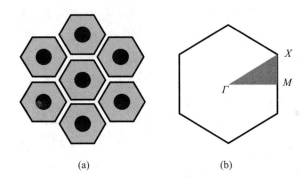

（a）　　　　　　　　（b）

图 2-15　六边形蘑菇状 EBG 结构

（a）结构；（b）布里渊区

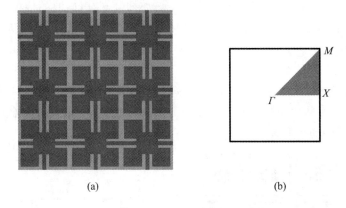

（a）　　　　　　　　（b）

图 2-16　单平面 EBG(UC-EBG)结构

（a）结构；（b）布里渊区

此外，图 2-17 给出了另一种 UC-EBG 结构。晶格是矩形晶格，基元的对称性仅仅是 C_{2v}。该结构的整体对称性是 C_{2v}，因此不可约布里渊区的面积是第一布里渊区面积的 1/4，而不是 1/8，如图 2-17(b)中的阴影区域所示。

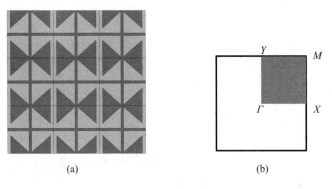

（a）　　　　　　　　（b）

图 2-17　单平面 EBG(UC-EBG)结构

（a）结构；（b）布里渊区

2.5.7　表面波与对称性

传统上，"表面波"是用于描述在分界面上的波，其场强沿表面的垂直方向以指数方式衰减。这些波的特征是其切向波数大于自由空间中平面波的波数，因此它们的相速度小于光速，故也称为慢波。当讨论沿着 EBG 结构表面传播的表面波时，利用色散图是一种有效方式。色散图就是波数随频率变化的图形。

在色散图中，通常有一条称为光线的直线，由如下关系表示

$$k_0 = \frac{2\pi f}{c} \tag{2-79}$$

其中 f 是频率，c 是光速。光线将色散图分为慢波和快波两部分。

EBG 结构的表面波通常用色散图表示。对于这样的结构，不可约布里渊区定义了表面波计算中必须覆盖的波数范围。沿着 EBG 结构表面传播的表面波的完整表征需要通过对称操作将不可约布里渊区的每个点映射到第一布里渊区中。带隙就是指不存在任何实波数解的频带。

尽管完整的色散特性需要绘制不可约布里渊区中的所有波数，但我们只需求解包围不可约布里渊区轮廓的色散曲线即可，如图 2-18 所示。不可约布里渊区的轮廓则是由连接高度对称点的直线所构成的。

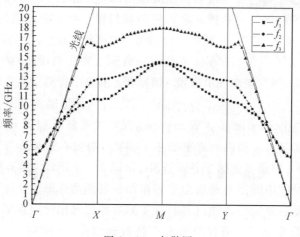

图 2-18　色散图

如上所述，对于无限大周期性结构，所有可能的波数都可以简化为不可约布里渊区内的值。根据定义，任何周期性结构都可由单元无限排列组成。波在周期结构中传播的特性可以采用弗洛凯（Floquet）定理加以描述。不失一般性，考虑一个在 z 方向上的一维周期结构，Floquet 定理可概括为除了传播因子 $\mathrm{e}^{-\mathrm{j}\beta nd}$ 之外，电磁场在周期的单元中是重复的，其中 d 是周期，β 为传播常数，具体表示为

$$\vec{E}(x, y, z \pm nd) = \mathrm{e}^{\mp \mathrm{j}\beta nd}\vec{E}(x, y, z) \tag{2-80}$$

$$\vec{E}(x, y, z) = \vec{E}_\mathrm{p}(x, y, z) \tag{2-81}$$

其中，$\vec{E}_\mathrm{p}$ 是在 z 方向以 d 为周期的周期函数，即

$$\vec{E}_\mathrm{p}(x, y, z + nd) = \vec{E}_\mathrm{p}(x, y, z) \tag{2-82}$$

这里 n 是任意整数。根据傅里叶级数，我们可以得到

$$\vec{E}_{\mathrm{p}}(x, y, z) = \sum_{n=-\infty}^{\infty} \vec{E}_{\mathrm{p}n}(x, y) \mathrm{e}^{-\mathrm{j}\beta_n z} \tag{2-83}$$

其中

$$\beta_n = 2n\pi / d \tag{2-84}$$

对于一维情况而言，式(2-83)代表了以 d 为周期的布里渊区所产生的所有可能的波数值。因此，在整个周期结构中的所有传播模式的波数都可以简化为布里渊区内的值，如式(2-84)所示。换句话说，布里渊区包含无限周期结构的所有物理上的波数。

周期结构关于 z 轴的对称性表明，在保持所有物理有用信息的同时，布里渊区还可以进一步缩小，沿 $+z$ 或 $-z$ 方向传播的波（波数 $\pm\beta$）除了传播方向不同以外具有相同的特性。因此，布里渊区 $[-\pi/d, \pi/d]$ 中包含的所有物理信息都可以归纳在 $\beta \in [0, \pi/d]$ 的范围内。不可约布里渊区被定义为由所有可能的对称性化简后的布里渊区。

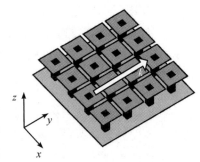

图 2-19 EBG 及其表面波的波矢量

在晶体学中，二维光子晶体具有对称性，电磁波可以分为两种类型：TE 波和 TM 波。同样，我们将对称性引入二维 EBG 结构的表面波分析中。以图 2-19 所示的 EBG 结构为例，我们可以分析表面波与结构对称性的关系。由于 EBG 结构在 z 轴上不是无限的，因此它不再满足二维光子晶体的对称性，即平面 xoy 的镜像对称性。但是，对于 Γ-X 方向（图 2-19 中的 y 方向）的波矢量 $\vec{k}$，EBG 结构满足平面 yoz 的镜像对称性。因此，可以获得

$$\begin{cases} \mathrm{M}_x \widetilde{H}(\vec{r}) = \widetilde{H}(\vec{r}) & \text{偶模} \\ \mathrm{M}_x \widetilde{H}(\vec{r}) = -\widetilde{H}(\vec{r}) & \text{奇模} \end{cases} \tag{2-85}$$

其中，M_x 是镜像运算符，下标 x 代表将 $\hat{x}$ 映射为 $-\hat{x}$，并保持 $\hat{y}$ 和 $\hat{z}$ 不变的镜像操作。因此，TE 表面波中仅存在 E_x、H_y 和 H_z，其场分量 E_x 垂直于波矢量 $\vec{k}$。类似地，TM 表面波中仅存在 H_x、E_y 和 E_z，其场分量 H_x 垂直于波矢量 $\vec{k}$。显然，表面波分类的方式类似于波导等传输系统中常用的分类方法。从上面的分析可以看出，EBG 中的 TE 和 TM 这两种表面波，本质上是由结构的对称性产生的。这表明对称性在 EBG 超材料分析中具有重要作用。

本 章 小 结

在本章中，我们回顾了超材料和超表面的发展。针对超材料，讨论了左手媒质的电动力学性质，包括后向波传播和负折射率。此外针对超表面，阐述了广义斯涅耳定律，同时，讨论了超材料/超表面的数字编码方法。最后，引入群论来分析超材料/超表面的对称性，提出了不可约布里渊区与点群的关系，从群论的角度对不可约布里渊区进行了讨论，且给出了几种典型的电磁带隙超材料的布里渊区。

习　题

//////////////////////

1. 根据时谐的 Maxwell 方程组的平面波，推导式(2-3)。

2. 利用全波仿真软件在频率为 30 GHz 的平行板波导中仿真后向波特性。（这里假设媒质的相对介电常数为 $\varepsilon_r = 1 - \omega_{pe}^2/(\omega^2 - j\zeta\omega)$，相对磁导率为 $\mu_r = 1 - \omega_{pm}^2/(\omega^2 - j\zeta\omega)$。其中 $\omega_{pe} = 5 \times 10^{11}$ rad/s，为电等离子体频率；$\omega_{pm} = 5 \times 10^{11}$ rad/s，为磁等离子体频率；$\zeta = 10^8$ rad/s，为碰撞频率）

3. 试推导色散媒质中的时间平均能量密度式表达式，即式(2-6)。

4. 推导对于 TM 极化波斜入射到两个媒质$(\varepsilon_1，\mu_1)$和$(\varepsilon_2，\mu_2)$的分界面$(z=0)$上的广义斯涅耳定律的表达式。假设在分界面上放置了一个超表面对反射波和透射波分别引入了一个额外的相位偏移 $\Phi_r(x，y)$ 和 $\Phi_t(x，y)$，且入射波、反射波和透射波均位于 xoz 平面内。

5. 费马原理是由法国数学家皮埃尔·德·费马提出的，其表述为光传播的路径是光程取极值的路径。利用费马定理推导广义斯涅耳反射定律和折射定律，即式(2-37)和式(2-38)。

6. 在空气和媒质$(\varepsilon=4\varepsilon_0，\mu_2=\mu_0)$的分界面上$(z=0)$放置了一个超表面结构。一个 TE 波从空气以入射角 $\theta=45°$，$\varphi=90°$向媒质入射，透射波的透射角为 $\theta=30°$，$\varphi=90°$。若要实现理想的透射，则超表面的表面阻抗应满足什么条件？

7. 推导 2-比特数字相位编码超表面按照 01230123 编码下的散射场表达式。其中 00 比特单元、01 比特单元、10 比特单元、11 比特单元的相位分别为 $0°$、$90°$、$180°$、$270°$，且超表面的每个超单元的尺寸为 $D \times D$（忽略超单元的散射方向图的影响）。

8. 推导 1-比特数字振幅编码超表面按照 0101 编码下的散射场表达式，其中 0 比特单元、1 比特单元的相位分别为 $-45°$ 和 $135°$，超表面的每个超单元的尺寸为 $D \times D$（忽略超单元的散射方向图的影响）。

9. 对于二维方形晶格，初基平移矢量为 $\vec{a}_1 = a\hat{x}，\vec{a}_2 = a\hat{y}，\vec{a}_3 = \hat{z}$，求解倒易空间中晶格的基本矢量 $\vec{b}_1$ 和 $\vec{b}_2$，并画出第一布里渊区和不可约布里渊区。

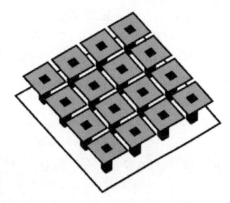

10. 采用全波仿真软件计算图 2-20 所示电磁带隙结构的色散图，其中周期为 2.4 mm，相邻金属贴片间的间隙宽度为 0.15 mm，金属通孔宽度为 0.36 mm，介质基板的相对介电常数和厚度分别为 3.6 mm 和 1.6 mm，介质基板背面为金属地。

图 2-20　电磁带隙结构

参考文献

[1] ELEFTHERIADES G V, BALMAIN K G. Negative-refraction metamaterials: fundamental principles and applications[M]. John Wiley & Sons, 2005.

[2] CALOZ C, ITOH T. Electromagnetic metamaterials: transmission line theory and microwave applications[M]. John Wiley & Sons, 2005.

[3] MARQUéS R, MARTIN F, SOROLLA M. Metamaterials with negative parameters: theory, design, and microwave applications[M]. John Wiley & Sons, 2011.

[4] SOLYMAR L, SHAMONINA E. Waves in metamaterials[M]. Oxford University Press, 2009.

[5] CUI T, SMITH D, LIU R, Metamaterials theory, design, and applications[M], New York: Springer, 2010.

[6] CUI T J, TANG W X, YANG X M, et al. Metamaterials: beyond crystals, noncrystals, and quasicrystals[M]. CRC Press, 2017.

[7] LAMB H. On group-velocity[J]. Proceedings of the London Mathematical Society, 1904, 2(1): 473 – 479.

[8] SCHUSTER A. An introduction to the theory of optics[M]. E. Arnold, 1904.

[9] MANDELSHTAM L I. Group velocity in crystalline arrays[J]. Zh. Eksp. Teor. Fiz, 1945, 15: 475 – 478.

[10] SIVUKHIN D V. The energy of electromagnetic waves in dispersive media[J]. Optika i Spektroskopiya, 1957, 3(4): 308 – 312.

[11] PAFOMOV V E. Transition radiation and Cerenkov radiation[J]. Soviet. Phys. JETP, 1959, 9: 1321.

[12] VESELAGO V G. Electrodynamics of substances with simultaneously negative ε and μ[J]. Uspekhi Fizicheskikh Nauk, 1967, 92(7): 517.

[13] PENDRY J B, HOLDEN A J, ROBBINS D J, et al. Low frequency plasmons in thin-wire structures [J]. Journal of Physics: Condensed Matter, 1998, 10 (22): 4785.

[14] PENDRY J B, HOLDEN A J, ROBBINS D J, et al. Magnetism from conductors and enhanced nonlinear phenomena[J]. IEEE Transactions on Microwave Theory and Techniques, 1999, 47(11): 2075 – 2084.

[15] SHELBY R A, SMITH D R, SCHULTZ S. Experimental verification of a negative index of refraction[J]. Science, 2001, 292(5514): 77 – 79.

[16] PENDRY J B, SCHURIG D, SMITH D R. Controlling electromagnetic fields[J]. Science, 2006, 312(5781): 1780 – 1782.

[17] LEONHARDT U. Optical conformal mapping[J]. Science, 2006, 312 (5781):

1777 - 1780.

[18]　SCHURIG D, MOCK J J, JUSTICE B J, et al. Metamaterial electromagnetic cloak at microwave frequencies[J]. Science, 2006, 314(5801): 977 - 980.

[19]　LIU R, JI C, MOCK J J, et al. Broadband ground-plane cloak[J]. Science, 2009, 323(5912): 366 - 369.

[20]　ZHANG L, SHI Y, LIANG C H. Achieving illusion and invisibility of inhomogeneous cylinders and spheres[J]. Journal of Optics, 2016, 18(8): 085101.

[21]　ZHANG L, SHI Y, LIANG C H. Optimal illusion and invisibility of multilayered anisotropic cylinders and spheres[J]. Optics Express, 2016, 24(20): 23333 - 23352.

[22]　SHI Y, TANG W, LI L, et al. Three-dimensional complementary invisibility cloak with arbitrary shapes[J]. IEEE Antennas and Wireless Propagation Letters, 2015, 14: 1550 - 1553.

[23]　SHI Y, ZHANG L, TANG W, et al. Design of a minimized complementary illusion cloak with arbitrary position[J]. International Journal of Antennas and Propagation, 2015, 2015: 7.

[24]　SHI Y, TANG W, LIANG C H. A minimized invisibility complementary cloak with a composite shape[J]. IEEE Antennas and Wireless Propagation Letters, 2014, 13: 1800 - 1803.

[25]　ZHANG L, SHI Y. Bifunctional arbitrarily-shaped cloak for thermal and electric manipulations[J]. Optical Materials Express, 2018, 8(9): 2600 - 2613.

[26]　SHI Y, ZHANG L. Cloaking design for arbitrarily shape objects based on characteristic mode method[J]. Optics Express, 2017, 25(26): 32263 - 32279.

[27]　LI L, DANG X J, LI B, et al. Analysis and design of waveguide slot antenna array integrated with electromagnetic band-gap structures [J]. IEEE Antennas and Wireless Propagation Letters, 2006, 5: 111 - 115.

[28]　LI L, JIA Z, HUO F, et al. A novel compact multiband antenna employing dual-band CRLH-TL for smart mobile phone application [J]. IEEE Antennas and Wireless Propagation Letters, 2013, 12: 1688 - 1691.

[29]　LI L, HUO F, JIA Z, et al. Dual zeroth-order resonance antennas with low mutual coupling for MIMO communications[J]. IEEE Antennas and Wireless Propagation Letters, 2013, 12: 1692 - 1695.

[30]　XING J, LI L, ZHANG L, et al. Compact multiband antenna with CRLH-TL ZOR for wireless USB dongle applications [J]. Microwave and Optical Technology Letters, 2014, 56(5): 1133 - 1138.

[31]　SHI Y, ZHANG L, LIANG C H. Dual zeroth-order resonant USB dongle antennas for 4G MIMO wireless communications[J]. International Journal of Antennas and Propagation, 2015, 2015.

[32]　LI G, ZHAI H, LI L, et al. AMC-loaded wideband base station antenna for indoor access point in MIMO system [J]. IEEE Transactions on Antennas and

Propagation，2014，63（2）：525－533.

[33] SHI Y，LI K，WANG J，et al. An etched planar metasurface half Maxwell fish-eye lens antenna[J]. IEEE Transactions on Antennas and Propagation，2015，63（8）：3742－3747.

[34] YAN S，LI Y C. Design of broadband leaky-wave antenna based on permeability-negative transmission line[J]. Microwave and Optical Technology Letters，2018，60（3）：699－704.

[35] PAQUAY M，IRIARTE J C，EDERRA I，et al. Thin AMC structure for radar cross-section reduction[J]. IEEE Transactions on Antennas and Propagation，2007，55（12）：3630－3638.

[36] CHEN W，BALANIS C A，BIRTCHER C R. Checkerboard EBG surfaces for wideband radar cross section reduction[J]. IEEE Transactions on Antennas and Propagation，2015，63（6）：2636－2645.

[37] SHI Y，MENG Z K，WEI W Y，et al. Characteristic mode cancellation method and its application for antenna RCS reduction [J]. IEEE Antennas and Wireless Propagation Letters，2019，18（9）：1784－1788.

[38] ZHANG H，LU Y，SU J，et al. Coding diffusion metasurface for ultra-wideband RCS reduction[J]. Electronics Letters，2017，53（3）：187－189.

[39] HAN J，CAO X，GAO J，et al. Broadband radar cross section reduction using dual-circular polarization diffusion metasurface [J]. IEEE Antennas and Wireless Propagation Letters，2018，17（6）：969－973.

[40] ZAKER R，SADEGHZADEH A. A low-profile design of polarization rotation reflective surface for wideband RCS reduction[J]. IEEE Antennas and Wireless Propagation Letters，2019，18（9）：1794－1798.

[41] LU Y，SU J，LIU J，et al. Ultrawideband monostatic and bistatic RCS reductions for both copolarization and cross polarization based on polarization conversion and destructive interference[J]. IEEE Transactions on Antennas and Propagation，2019，67（7）：4936－4941.

[42] SHI Y，ZHANG X F，MENG Z K，et al. Design of low-RCS antenna using antenna array[J]. IEEE Transactions on Antennas and Propagation，2019，67（10）：6484－6493.

[43] MENG Z K，SHI Y，WEI W Y，et al. Multifunctional scattering antenna array design for orbital angular momentum vortex wave and RCS reduction[J]. IEEE Access，2020，8：109289－109296.

[44] SHI Y，MENG H X，WANG H J. Polarization conversion metasurface design based on characteristic mode rotation and its application into wideband and miniature antennas with a low radar cross section[J]. Optics Express，2021，29（5）：6794－6809.

[45] YU N，GENEVET P，KATS M A，et al. Light propagation with phase discontinuities：

generalized laws of reflection and refraction[J]. Science, 2011, 334(6054): 333 – 337.

[46] HOLLOWAY C L, KUESTER E F, GORDON J A, et al. An overview of the theory and applications of metasurfaces: The two-dimensional equivalents of metamaterials[J]. IEEE Antennas and Propagation Magazine, 2012, 54 (2): 10 – 35.

[47] SUN S, YANG K Y, WANG C M, et al. High-efficiency broadband anomalous reflection by gradient meta-surfaces[J]. Nano Letters, 2012, 12(12): 6223 – 6229.

[48] PORS A, NIELSEN M G, ERIKSEN R L, et al. Broadband focusing flat mirrors based on plasmonic gradient metasurfaces [J]. Nano Letters, 2013, 13 (2): 829 – 834.

[49] PORS A, BOZHEVOLNYI SI. Plasmonic metasurfaces for efficient phase control in reflection[J]. Optics Express, 2013, 21(22): 27438 – 27451.

[50] Farmahini-Farahani M, Mosallaei H. Birefringent reflectarray metasurface for beam engineering in infrared[J]. Optics Letters, 2013, 38(4): 462 – 464.

[51] KIM M, WONG A M H, ELEFTHERIADES G V. Optical Huygens' metasurfaces with independent control of the magnitude and phase of the local reflection coefficients[J]. Physical Review X, 2014, 4(4): 041042.

[52] ESTAKHRI N M, ALU A. Wave-front transformation with gradient metasurfaces [J]. Physical Review X, 2016, 6(4): 041008.

[53] ASADCHY V S, ALBOOYEH M, TCVETKOVA S N, et al. Perfect control of reflection and refraction using spatially dispersive metasurfaces[J]. Physical Review B, 2016, 94(7): 075142.

[54] DÍAZ-RUBIO A, ASADCHY V S, ELSAKKA A, et al. From the generalized reflection law to the realization of perfect anomalous reflectors [J]. Science Advances, 2017, 3(8): e1602714.

[55] LANDY N I, SAJUYIGBE S, MOCK JJ, et al. Perfect metamaterial absorber[J]. Physical Review Letters, 2008, 100(20): 207402.

[56] LI L, YANG Y, LIANG C. A wide-angle polarization-insensitive ultra-thin metamaterial absorber with three resonant modes[J]. Journal of Applied Physics, 2011, 110(6):063702.

[57] SHI Y, YANG J, SHEN H, et al. Design of broadband metamaterial-based ferromagnetic absorber [J]. Materials Science: Advanced Composite Materials, 2018, 2(2): 1 – 7.

[58] ZHANG Y, SHI Y, LIANG C H. Broadband tunable graphene-based metamaterial absorber[J]. Optical Materials Express, 2016, 6(9): 3036 – 3044.

[59] SHI Y, LI Y C, HAO T, et al. A design of ultra-broadband metamaterial absorber [J]. Waves in Random and Complex Media, 2017, 27(2): 381 – 391.

[60] LI L, XI R, LIU H, et al. Broadband polarization-independent and low-profile optically transparent metamaterial absorber[J]. Applied Physics Express, 2018, 11

(5)：052001.

[61] ZHANG L，SHI Y，YANG J X，et al. Broadband transparent absorber based on indium tin oxide-polyethylene terephthalate film[J]. IEEE Access，2019，7：137848 – 137855.

[62] YU S，LI L，SHI G，et al. Design，fabrication，and measurement of reflective metasurface for orbital angular momentum vortex wave in radio frequency domain [J]. Applied Physics Letters，2016，108(12)：121904.

[63] YU S，LI L，SHI G，et al. Generating multiple orbital angular momentum vortex beams using a metasurface in radio frequency domain[J]. Applied Physics Letters，2016，108(24)：241901.

[64] YU S，LI L，SHI G. Dual-polarization and dual-mode orbital angular momentum radio vortex beam generated by using reflective metasurface[J]. Applied Physics Express，2016，9(8)：082202.

[65] YU S，LI L，KOU N. Generation，reception and separation of mixed-state orbital angular momentum vortex beams using metasurfaces [J]. Optical Materials Express，2017，7(9)：3312 – 3321.

[66] KOU N，YU S，LI L. Generation of high-order Bessel vortex beam carrying orbital angular momentum using multilayer amplitude-phase-modulated surfaces in radiofrequency domain[J]. Applied Physics Express，2016，10(1)：016701.

[67] SHI Y，ZHANG Y. Generation of wideband tunable orbital angular momentum vortex waves using graphene metamaterial reflectarray[J]. IEEE Access，2017，6：5341 – 5347.

[68] MENG Z K，SHI Y，WEI W Y，et al. Graphene-based metamaterial transmitarray antenna design for the generation of tunable orbital angular momentum vortex electromagnetic waves[J]. Optical Materials Express，2019，9(9)：3709 3716.

[69] WANG B，TEO K H，NISHINO T，et al. Experiments on wireless power transfer with metamaterials[J]. Applied Physics Letters，2011，98(25)：254101.

[70] LI L，FAN Y，YU S，et al. Design，fabrication，and measurement of highly sub-wavelength double negative metamaterials at high frequencies [J]. Journal of Applied Physics，2013，113(21)：271372.

[71] RAJAGOPALAN A，RAMRAKHYANI A K，SCHURIG D，et al. Improving power transfer efficiency of a short-range telemetry system using compact metamaterials[J]. IEEE Transactions on Microwave Theory and Techniques，2014，62(4)：947 – 955.

[72] LIPWORTH G，ENSWORTH J，SEETHARAM K，et al. Magnetic metamaterial superlens for increased range wireless power transfer[J]. Scientific Reports，2014，4(1)：3642.

[73] CHO Y，KIM J J，KIM D H，et al. Thin PCB-type metamaterials for improved efficiency and reduced EMF leakage in wireless power transfer systems[J]. IEEE

Transactions on Microwave Theory and Techniques，2016，64(2)：353 – 364.

[74] LI L，LIU H，ZHANG H，et al. Efficient wireless power transfer system integrating with metasurface for biological applications[J]. IEEE Transactions on Industrial Electronics，2017，65(4)：3230 – 3239.

[75] YU S，LIU H，LI L. Design of near-field focused metasurface for high-efficient wireless power transfer with multifocus characteristics[J]. IEEE Transactions on Industrial Electronics，2018，66(5)：3993 – 4002.

[76] LEE W，YOON Y K. Wireless power transfer systems using metamaterials：A review[J]. IEEE Access，2020，8：147930 – 147947.

[77] CUI T J，QI M Q，WAN X，et al. Coding metamaterials, digital metamaterials and programmable metamaterials[J]. Light：Science & Applications，2014，3(10)：e218 – e218.

[78] LIU S，CUI T J. Concepts, working principles, and applications of coding and programmable metamaterials [J]. Advanced Optical Materials，2017，5 (22)：1700624.

第3章　超材料和超表面的分析与设计方法

3.1　引　言

自从 1968 年 Viktor Veselago 对同时具有负介电常数和磁导率的材料开展电磁理论研究以来[1]，电磁超材料因其独特的电磁特性引起了人们极大的关注。电磁超材料的范畴[2-6]要比双负介质(DNM)或左手材料(LHM)广泛得多，其被定义为具有自然界中的材料所不具备的特殊性质的人工复合结构。

随着单元拓扑结构的多样化，电磁超材料的种类也越来越多。电磁带隙(EBG)结构或高阻抗电磁表面(HIS)具有表面波抑制特性和同相反射相位特性等优良的性能，为此受到了越来越多学者的关注[7-10]。在表面波频率带隙内，HIS 可用于阻断表面波的传播。当将其集成到天线上时，可以实现天线增益的增强、后向辐射的减少、天线之间互耦的降低以及工作带宽的增加。此外，HIS 具有同相反射相位特性，因此可以将其等效看成理想磁性表面。它可用作天线的接地板，在保证良好的回波损耗特性的同时降低天线的剖面，也可以用来增加天线的输入阻抗带宽。新型超薄雷达吸波材料(RAM)就可以采用 HIS 加以实现[11-12]。

在长波长范围内，超材料可以用等效媒质理论加以表征。不同的超材料模型可以采用不同的等效方式[13]，例如外部等效、色散等效、单模等效和双模等效等。其中广泛采用的一种等效方式是利用模拟或测量的散射参数来反演超材料等效的本构参数，包括波阻抗、折射率、介电常数和磁导率，从而保证所反演出的散射参数与超材料的散射参数一致。目前，国内外已经报道了各种超材料结构包括各向同性超材料、双各向异性超材料、手性超材料、均匀超材料、非均匀超材料、电薄的超材料和中等厚度的超材料等的等效媒质参数的反演方法[14-32]。通过获取超材料的等效媒质参数，可以在超材料结构和功能器件设计之间架起一座桥梁，从而实现新颖的器件设计，如完美透镜设计[33]、隐形斗篷设计[34-42]、吸波器设计[43-47]、天线设计[48-53]等。

近年来，超表面引起了人们广泛的关注，产生了大量新兴的应用，如超薄平面透镜、涡旋波束发生器、全息超表面等。而最常用的超表面分析方法就是全波数值仿真方法，例如矩量法(MoM)、有限元法(FEM)和时域有限差分法(FDTD)等。尽管全波求解对任意超表面模型具有强大、灵活的计算能力，但通常会消耗大量的计算时间和计算资源。相对比，等效电路方法作为一种替代方案可以实现快速的分析和设计。为此，提取包括频率选择表面(FSS)在内的超表面结构的等效电路模型对超表面的分析与设计至关重要。

本章将阐述采用四种方法对超材料/超表面进行建模，即针对电磁带隙结构的物理特性，建立局部谐振腔单元(LRCC)分析模型；基于等效媒质理论，采用三种等效媒质参数提取方法进行建模；针对超表面，建立等效电路模型；针对周期的超材料阵列，采用一种全波快速仿真算法——多层格林函数插值方法(MLGFIM)来进行建模。

3.2　EBG 结构的局部谐振腔单元建模

在光学领域，一类广泛研究的超材料就是光子晶体[54]。光子晶体具有光子带隙的周期性结构，存在波无法通过的阻带。在微波和毫米波领域，光子晶体也被称为电磁带隙(EBG)结构[8-12]或高阻抗电磁表面(HIS)[7]。本节重点介绍 EBG 结构的局部谐振效应，及针对蘑菇状 EBG 结构提出的一种局部谐振腔单元(LRCC)模型[55]。基于该模型人们可以深入了解 EBG 结构的物理机制以及电磁波与 EBG 结构的相互作用机理。

3.2.1　局部谐振腔单元模型

图 3-1 所示为蘑菇状 EBG 结构，该结构由方形金属贴片按照二维正方形晶格排列组成。每个金属贴片通过垂直金属柱(或金属化通孔)与地相连。与工作波长相比，每个金属贴片单元的尺寸都是亚波长尺寸。Sievenpiper[7]指出，该结构的电磁特性可以用集总电路元件(电容和电感)来进行描述，其响应类似于一个具有并联 LC 谐振网络的二维滤波器，可以阻止电流沿方形贴片流动。当 EBG 结构与电磁波相互作用时，上层的金属贴片上会感应出电流。平行于贴片表面施加的电压会导致电荷聚集在贴片的末端，从而产生电容效应。当电荷来回移动时，它们沿着通孔和接地板(或称金属地)的路径流动。这些电流所产生的磁场产生了电感效应。电容和电感的产生过程如图 3-2(a)所示。该结构可以等效为 LC 并联谐振电路，如图 3-2(b)所示。这些等效电容和电感的值取决于单元的拓扑形式以及它们的组阵方式。

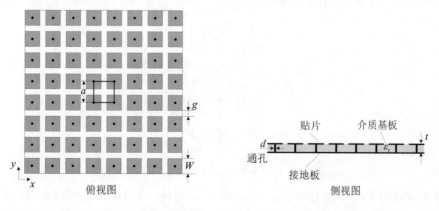

图 3-1　蘑菇状 EBG 结构[55](d 为通孔直径，t 为介质基板厚度)

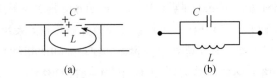

图 3-2 EBG 结构的等效并联谐振电路[55]

(a) 等效电路元件；(b) LC 并联谐振电路

电感 L 和电容 C 的值可以采用以下公式近似求解：

$$C = \frac{\varepsilon_0(1+\varepsilon_r)W}{\pi}\mathrm{arcosh}\left(\frac{a}{g}\right) \tag{3-1}$$

$$L = \mu_0 t \tag{3-2}$$

其中：a 为 EBG 结构的周期，即 $a = W+g$；W 为贴片宽度，g 为带隙宽度；μ_0 和 ε_0 分别为自由空间的磁导率和介电常数；ε_r 为介质基板的相对介电常数。局部谐振频率和有效表面阻抗可以表示为

$$\omega_0 = \frac{1}{\sqrt{LC}} \tag{3-3}$$

$$Z = \frac{j\omega L}{1-\omega^2 LC} \tag{3-4}$$

根据式(3-4)可以看出，在低频段，表面阻抗为感性阻抗，支持 TM 表面波；在高频段，表面阻抗为容性阻抗，支持 TE 表面波。在谐振频率附近，表面阻抗趋于无穷大，TM 波形成驻波，每一列金属贴片上具有相反的电荷分布。相反地，TE 波不受表面约束，它们很容易以漏波的形式辐射到周围的空间中，因此，在谐振频率范围内没有表面波沿 EBG 结构流动，形成了表面波抑制带隙。谐振频率决定了表面波抑制带隙的中心位置。上述这些公式简单而且定性地描述了 EBG 结构的局部谐振机制。然而，这些公式是在准静态假设的前提下提出的，因此计算的结果不够精确，特别是式(3-1)和式(3-2)中无法考虑通孔半径的影响。下面的实验和数值仿真结果将表明通孔半径对带隙特性会产生严重的影响。

基于 EBG 结构的局部谐振理论，我们根据 EBG 结构的周期性分布提取出局部谐振腔单元(LRCC)模型。对于图 3-1 所示的蘑菇状 EBG 结构，构建如图 3-3 所示的 LRCC 模型。

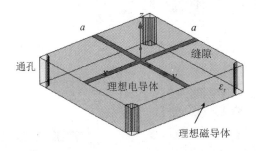

图 3-3 方形 EBG 结构的局部谐振腔单元(LRCC)模型[55]

假设在理想的 LRCC 模型中不存在介质和导体损耗。等效腔体的顶壁和底壁是理想电导体(PEC)，顶壁上开有一个十字槽，以提供与外部空间的电磁耦合。不包括四个角的侧壁是理想磁导体(PMC)。等效腔体的每个角由四分之一的金属柱或通孔组成，腔体中填充具有

一定介电常数的介质，如图 3-3 所示。由图可以看出，LRCC 是槽-腔-柱的联合谐振模型，包含了 EBG 结构的所有特征参数，即贴片宽度 W、带隙宽度 g、介质基板厚度 t 和相对介电常数 ε_r 以及金属化通孔的半径 r。需要指出的是，LRCC 模型中四个侧壁处的 PMC 边界是基于以下假设的：① 顶部金属贴片中的感应电流沿着通孔和接地板的路径流动，腔体的四个侧壁与电流线平行，即侧壁处不存在法向电流和切向磁场；② 与工作波长相比，EBG 结构的厚度要小得多（$t \ll \lambda_0$)，因此电磁场在 z 方向上是恒定的，这与微带电路和贴片天线分析中的假设保持一致；③ 根据 EBG 结构的对称性，十字槽内的切向电场应保持连续。

　　通过对 LRCC 模型进行本征模分析，可以探讨 LRCC 中的本征模与 EBG 结构电磁特性的关系，包括表面波抑制带隙和反射相位特性。等效谐振腔不同于准静态 LC 谐振电路，理论上可以有无限种不同振荡频率的自由振荡模式，即微波腔的多谐振特性。通过对 LRCC 模型的本征模分析，我们可以发现 EBG 结构存在两种主要谐振模式。一种是单极化（MP）模式，它在原理上相当于 Sievenpiper 等人[7]所提出的 LC 并联谐振电路。MP 模式的振荡频率对应于 LC 谐振频率（$\omega_0 = 1/\sqrt{LC}$)，但 LRCC 模型比 LC 并联谐振电路模型更为精确。另一种是交叉耦合极化（CCP）模式，它表现出一些特殊而有趣的谐振现象。但由于 CCP 模式的场分布复杂，激励模式特殊，因此 CCP 模式一直没有得到足够的重视。为了简单明了地呈现这两种模式，我们采用 LRCC 模型的顶壁（包括金属片和十字槽）处的电场矢量分布来区分和定义这两种谐振模式，如图 3-4 所示。图中的箭头表示十字槽处的电场方向，金属贴片中的圆圈表示电场朝纸内方向，黑点表示电场朝纸外方向。

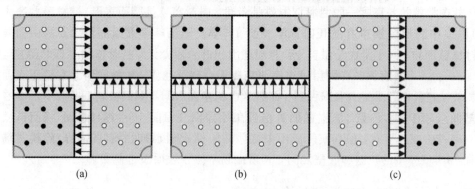

(a)　　　　　　　　　　　(b)　　　　　　　　　　　(c)

图 3-4　LRCC 模型的两种谐振模式的模式图
(a) 模式 1：CCP 模式；(b) 模式 2：MP 模式 1；(c) 模式 3：MP 模式 2

　　由图 3-4(b) 和 (c) 可以观察到模式 2 和模式 3 是简并的，即它们具有相同的谐振频率。当电磁波与 EBG 结构相互作用时，外部源可以激发不同的谐振模式，从而导致 EBG 结构具有不同的电磁特性。当 CCP 模式被激发时，EBG 结构（或部分单元）的表面将形成图 3-5(a) 所示的电场分布。值得注意的是，电场分布是通过应用 LRCC 模型的 PMC 镜像对称性获得的。由图 3-5(a) 可以看出，在 EBG 表面的 x 和 y 方向上同时存在缝隙电场耦合，因此将这种模式称为交叉耦合极化模式。当 MP 模式被激发时，EBG 结构表面的电场分布如图 3-5(b) 所示。由图可以看出，MP 模式场具有 LC 并联谐振电路的特性。在谐振频率下，每一列金属贴片都具有相反的电荷或电场，沿 EBG 表面传播的表面波将被捕获在腔体内形成驻波，从而产生表面波抑制带隙，但有功功率将从缝隙中耦合出来，形成漏波辐射。

　　值得指出的是，CCP 模式和 MP 模式都是 LRCC 模型的主要谐振模式，即它们的谐振

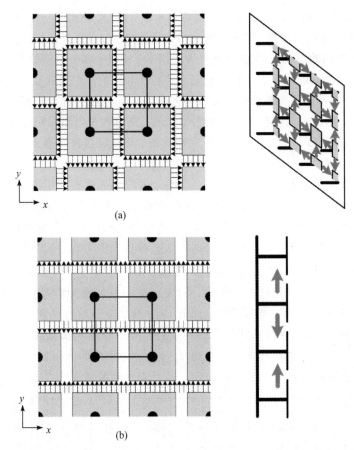

图 3-5　蘑菇状 EBG 结构两种谐振模式的电场分布特征[55]

(a) 谐振模式 1：CCP 模式；(b) 谐振模式 2：MP 模式

频率最低。它们的本征模式场主要集中在 EBG 结构上表面的十字槽缝隙处。此外，LRCC 模型具有高阶振荡模式，但在实际应用中这些高阶模式很难被激发。这些高阶模式场主要分布在 LRCC 模型的顶壁和底壁之间，其谐振频率位于表面波抑制带隙之外。

3.2.2　两种谐振模式的数值仿真与实验

对 EBG 结构建立 LRCC 模型需要考虑两个方面的特性：一是 EBG 结构的局部谐振特性；二是 EBG 结构存在的两种与表面波抑制带隙和反射相位特性密切相关的谐振模式。下面将通过数值仿真和实验对一些典型的 EBG 结构进行分析，以验证 LRCC 模型的正确性，并以此讨论 CCP 模式和 MP 模式的特性。首先考虑蘑菇状 EBG 结构，其几何拓扑如图 3-1 所示，具体的参数为 $W=7.0\ \mathrm{mm}$，$g=0.35\ \mathrm{mm}$，$t=2.5\ \mathrm{mm}$，$\varepsilon_\mathrm{r}=2.65$，$r=d/2=0.5\ \mathrm{mm}$。对于 EBG 结构，可以根据周期性阵列排布构建一个方形 LRCC 模型，如图 3-3 所示。利用 HFSS 本征模求解器，在 0.1% 的收敛精度下，可以获得 LRCC 模型的四种低阶本征模式和对应的谐振频率。基于有限元法（FEM）的 LRCC 模型的网格图如图 3-6(a)所示。图 3-6(b)至(e)分别显示了四种本征模在腔表面的归一化电场和十字槽处的矢量电场。从图 3-6 中可知，模式 1 是交叉耦合极化模式，本征频率最低为 4.412 GHz。模式 2 和模式 3 是具有相同本征频率(5.205 GHz)的单极化模式及其简并模式。模式 4 是本征频率为 8.220 GHz 的高阶模式。

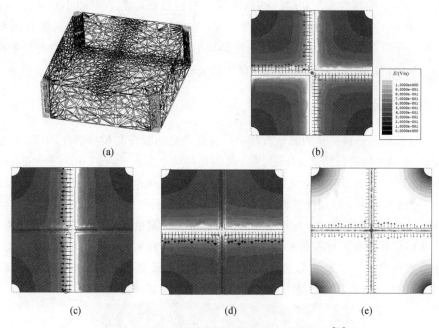

图 3-6　LRCC 模型的网格图及四种本征模式[55]

（a）有限元法的网格图；（b）模式 1（CCP）：$f_1 = 4.412$ GHz；（c）模式 2（MP）：$f_2 = 5.205$ GHz；（d）模式 3（MP）：$f_3 = 5.205$ GHz；（e）模式 4（高阶）：$f_4 = 8.220$ GHz

为了清楚地理解这些本征模式，我们进一步计算了腔体中的归一化三维电场分布，结果如图 3-7（a）至（d）所示。由图可以看出，模式 1、模式 2 和模式 3 的电场集中在十字槽区

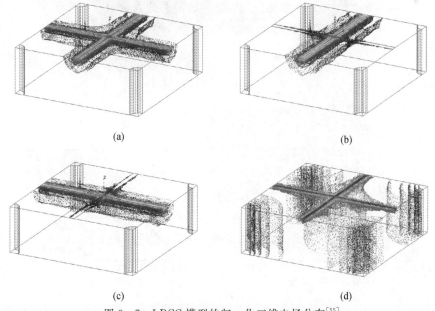

图 3-7　LRCC 模型的归一化三维电场分布[55]

（a）模式 1：CCP 模式；（b）模式 2：MP 模式；（c）模式 3：MP 模式；（d）模式 4：高阶模式

域，高阶模式(模式 4)的电场分布在腔体的顶壁和底壁之间。值得注意的是，模式 4 和更高阶的模式在实际中很难被激发，即这些高阶模式对电磁带隙的贡献较小。因此，我们仅关注两个主要模式(CCP 和 MP 模式)的谐振效应，它们决定了表面波抑制带隙和同相反射相位特性。我们开展了两种不同的实验：一种是利用波导探针测量 EBG 结构的反射特性，即测量 S_{11}，另一种是利用一对同轴探针测量表面波耦合特性，即测量 S_{21}。

3.2.3　波导探针实验

　　波导探针测量是一种简单的测量方法，只要有合适的波导和校准套件即可。这里采用 C 波段 WR187 矩形波导进行测试，其长、宽、高的几何尺寸为 $a=47.55$ mm，$b=22.149$ mm 和 $t=1.5$ mm。这里使用相对介电常数为 2.65 的聚四氟乙烯玻璃纤维层压板制作 EBG 结构，如图 3-8(a)所示。在波导探针实验中，通过两种测试方式来观察 EBG 结构在两种主模工作下的电磁特性，分别如图 3-8(b)和(c)所示。第一种测量方案是将整个 20×20 EBG 结构作为负载牢牢固定在波导探针终端上，实验和数值仿真表明，在这种情况下，CCP 模式可以有效地被激发。第二种测量方案是在波导探针中设置与波导孔径大小相同的 3×6 EBG 结构作为终端负载，结果表明在这种情况下 MP 模式被激发。

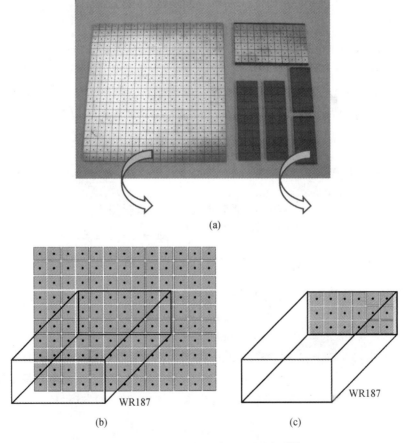

(a)

(b)　　　　　　　　　　　　　　　　(c)

图 3-8　EBG 结构的波导探针测量[55]

(a)实际制备的 EBG 材料；(b)第一种测量方案；(c)第二种测量方案

使用 Agilent 8719ES 矢量网络分析仪测量 EBG 结构作为终端时的端口反射系数 S_{11}。两种情况下测得的反射系数幅度 $|S_{11}|$ 和反射相位分别如图 3-9(a) 和 (b) 所示。此外，为了便于比较，在图 3-9(a) 和 (b) 中也采用三角形符号标出了 LRCC 的模式谐振频率所在的位置。结果表明，EBG 结构在两种实验中表现出不同的谐振现象。图 3-8(b) 所示的测量方案可以有效地激发 CCP 模式，该模式在 4.412 GHz 处谐振，但带宽很窄。由图 3-9(a) 还可以看出，在 CCP 模式的谐振频率处可以获得良好的回波损耗，这意味着入射波能够很好地耦合到 EBG 结构的内部，并向各个方向传播。从反射相位与频率的关系曲线中可以看出，虽然 LRCC 模型的 CCP 模式带宽较窄，但可以在该模式附近获得同相反射特性。图 3-8(c) 所示的测量方案激励 MP 模式，其有效带宽比 CCP 模式宽得多。图 3-9(a) 虚线显示了小的回波损耗，它们是由测量中的介质损耗、导体损耗以及 EBG 样品安装在波导孔径处的误差所致。由图可以看出，在这种情况下，EBG 表面的反射相位随频率从 $+180°$ 到 $-180°$ 连续变化，同相反射区域（$+90°\sim-90°$）跨越较大的频带。值得指出的是，EBG 结构的反射相位通常取决于平面波的入射角和极化形式。波导探针实验中的反射场与 TE 波斜入射相对应。因此，在模式谐振频率下测得的反射相位并不严格等于零。由于 WR187 矩形波导的主模受限，这里仅仅测量了 $4.0\sim6.0$ GHz 的频带范围。

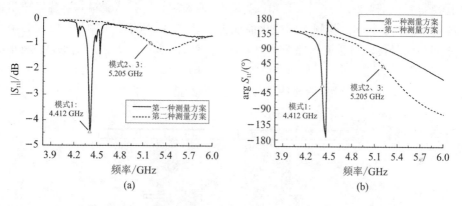

图 3-9 在第一种和第二种测量方案中分别测量 EBG 结构的反射系数幅度和反射相位结果[55]

(a) 反射系数幅度；(b) 反射相位

为了深入了解激发两种谐振模式的原因，我们通过 HFSS 仿真分析了波导端口与 EBG 结构表面的交界面处的电场特性。对于第一种测量方案，从图 3-10(a) 和 (b) 中可以观察到

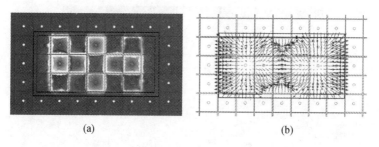

图 3-10 第一种测量方案在谐振频率 4.412 GHz 时，波导孔径与

EBG 结构表面交界面处的电场分布[55]

(a) 电场幅度；(b) 电场矢量分布

界面处电场分布非常复杂，这正是 CCP 模式的特点。对于第二种测量方案，界面附近的电场分布始终在 y 方向上占优势，这会激发 MP 模式，如图 3-11(a) 和 (b) 所示。

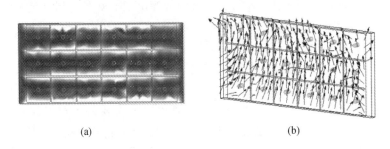

(a)　　　　　　　　　　(b)

图 3-11　第二种测量方案在谐振频率为 5.205 GHz 时，波导孔径与
EBG 结构表面交界面处的电场分布[55]
(a) 电场幅度；(b) 电场矢量分布

下面我们通过实验进一步验证 CCP 模式及其谐振现象。设置两个相同的波导探针，间距为 60.0 mm，分别在波导探针上放置如图 3-8(a) 所示 20×20 EBG 结构和一块金属板，将波导孔径紧紧包围，如图 3-12(a) 和 (b) 所示。假设端口 1 是激励端口，端口 2 是接收端口，测量传输特性参数 S_{21} 随频率的变化曲线，如图 3-13 所示。由图 3-13 可以看出，两个端口之间的信号传输被金属板完全隔离，即 S_{21} 只有 −95 dB 的信号电平，这极小的信号电平主要来自噪声。另一方面，当两个波导探针被 EBG 结构覆盖时，可以在 CCP 模式的谐振频率为 4.412 GHz 处测量到明显的信号传输。虽然信号电平约为 −70 dB，但这并不是噪

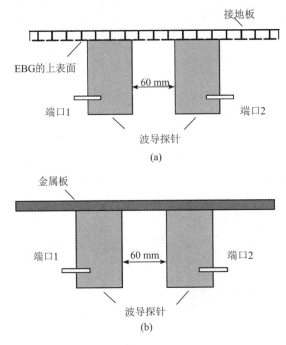

图 3-12　波导探针传输的实验模型[55]
(a) EBG 结构覆盖；(b) 金属板覆盖

声，而是 CCP 模式谐振现象。在其他频率范围，EBG 结构的传输特性与金属板的传输特性相同。注意此时 MP 模式并没有被激发。值得指出的是，端口 1 的反射特性与图 3-9 所示的测量方案的结果相同。

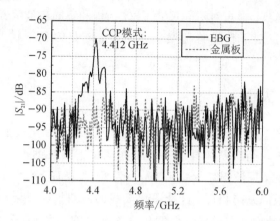

图 3-13　对 EBG 结构和金属板覆盖的两种波导探针的传输特性的比较[55]

3.2.4　同轴探针实验

我们通过使用一对同轴探针测量传输特性参数 S_{21} 来探讨表面波抑制带隙。类似于 Sievenpiper 在文献[7]中使用的方法，同轴探针分别垂直和平行于表面，以便分别耦合 TM 和 TE 表面波。图 3-14(a) 给出了采用 HFSS 数值仿真分析在 EBG 结构中传播的表面模式的色散图。第一个（主要）表面模式为 TM_0 模式，该模式没有截止频率，第二个表面模式为 TE_1 模式。我们可以在 $4.64 \sim 6.18$ GHz 的频带内观察到第一模式 TM_0 和第二模式 TE_1 之间的完整阻带。在该图中，Γ、X 和 M 代表不可约布里渊区中的对称点。Γ-X 分支表示 $\beta_y = 0$ 时的 $\beta_x a / \pi$，X-M 分支表示 $\beta_x = a / \pi$ 时的 $\beta_y a / \pi$，M-Γ 分支表示 $\beta_x = \beta_y$ 时的 $\beta_x a / \pi$。

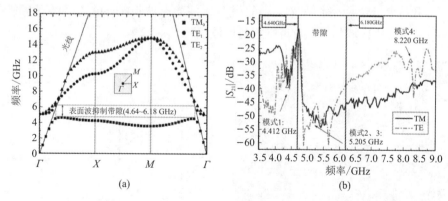

(a)　　　　　　　　　　　(b)

图 3-14　EBG 结构表面波抑制带隙的测量与仿真[55]

(a) EBG 结构表面波抑制带隙的仿真结果；(b) EBG 结构的 TM 和 TE 表面波抑制带隙测量结果

图 3-14(b) 为 Agilent 8719ES 矢量网络分析仪测量得到的传输系数 S_{21} 的频率响应。由图可以看出，表面波抑制带隙的范围与仿真结果吻合较好。图 3-14(b) 所示曲线图上的

三角形标出了 CCP 和 MP 模式的谐振频率。有趣的是，LRCC 模型的 MP 谐振模，即简并模，非常接近带隙中心，这与之前的理论分析是一致的。通过分析 LRCC 模型的本征模，可以快速准确地预测 EBG 结构表面波抑制带隙的位置。在 CCP 模式频率附近可以观察到传输衰减的另一个重要现象。通过对不同尺寸 EBG 结构和不同测量位置的多次实验表明，在表面波抑制带隙附近发现了传输特性微小下降，这不是多径干扰，而是 CCP 模式谐振现象。

3.2.5　低剖面倒 L 天线

EBG 结构由于具有特殊的反射相位特性，可以作为低剖面天线的一种新型接地面[7-8]。低剖面设计通常是指天线结构整体高度小于工作频率下波长的十分之一。若倒 L 天线以 PEC 表面作为接地面时，回波损耗较差，这是因为 PEC 表面会产生 180°的反射相位，感应电流的方向与原始天线的方向相反，这会恶化天线的回波损耗。为了改善回波损耗，需要在倒 L 天线与 PEC 接地面之间设置一个四分之一波长的间距，但这样的结构会大大增加天线的剖面高度。

当采用 EBG 结构作为低剖面天线的接地面时，天线的反射相位会随着频率从 +180°到 −180°发生变化，从而可以在表面波抑制带隙频率附近获得良好的回波损耗。但人们很少关注到模式 1（CCP 模式）发生的谐振现象。事实上，当模式 1 被激励时，天线也可以在模式 1 附近获得良好的回波损耗。图 3-15 展示了放置在蘑菇状 EBG 结构上方 1.5 mm 处的倒 L 天线，EBG 结构的参数为：$W=6.0$ mm，$g=1.0$ mm，$t=2.0$ mm，$r=0.75$ mm。对于模式 1 而言，能量沿水平的各个方向辐射，每个方向上所对应的相位响应都是基于电磁波法向入射时的反射相位。该 EBG 结构的 LRCC 模型的 CCP 模谐振频率为 8.292 GHz，简并模式（MP 模）的谐振频率为 9.190 GHz，高阶模式的谐振频率为 11.580 GHz。图 3-16 为 EBG 结构的表面波带隙结果测量，图 3-17(a) 和 (b) 分别示出了天线长度从 $0.73\lambda_{8GHz}$ 到 $1.0\lambda_{8GHz}$ 和从 $0.33\lambda_{8GHz}$ 到 $0.67\lambda_{8GHz}$ 的倒 L 天线的回波损耗，由图可以观察到在 CCP 模式区域和 MP 模式区域都可以获得良好的回波损耗。

图 3-15　蘑菇状 EBG 表面上的
低剖面倒 L 天线[55]

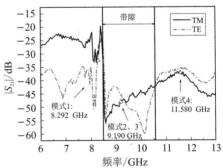

图 3-16　EBG 结构的表面波
抑制带隙测量结果[55]

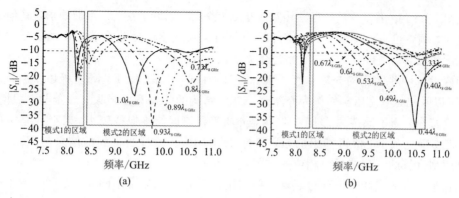

图 3-17　倒 L 天线的回波损耗[55]

（a）天线长度从 $0.73\lambda_{8\,GHz}$ 到 $1.0\lambda_{8\,GHz}$；（b）天线长度从 $0.33\lambda_{8\,GHz}$ 到 $0.67\lambda_{8\,GHz}$

3.3　各种 EBG 结构的 LRCC 模型分析

3.3.1　LRCC 模型的参数分析

蘑菇状 EBG 结构的表面波抑制带隙和反射相位主要由 5 个参数决定，如图 3-1 所示，即贴片宽度（W）、带隙宽度（g）、介质基板厚度（t）和相对介电常数（ε_r）以及通孔半径（r）。下面，我们将利用 LRCC 模型逐一讨论这些参数的影响，以指导 EBG 结构的工程设计。需要指出的是，现有模型中忽略了通孔半径对表面波抑制带隙的重要影响[8, 56-57]。但从表面波模式的能带仿真和实验结果来看，通孔半径对带隙频率的确定起着重要的作用。在 LRCC 模型中，可以有效而准确地考虑通孔半径对本征模的影响，因此 LRCC 模型的分析结果与仿真和实验结果吻合较好。图 3-18 给出了贴片宽度（$0.08\lambda_{6\,GHz}\sim0.20\lambda_{6\,GHz}$）、带隙宽度（$0.002\lambda_{6\,GHz}\sim0.26\lambda_{6\,GHz}$）、介质基板厚度（$0.01\lambda_{6\,GHz}\sim0.07\lambda_{6\,GHz}$）和相对介电常数（$1.0\sim10.2$）的变化对简并 MP 模式的影响，这与表面波抑制带隙的位置紧密相关。其中 EBG 结构的初始设计参数如下：$W=0.14\lambda_{6\,GHz}$，$g=0.006\lambda_{6\,GHz}$，$t=0.03\lambda_{6\,GHz}$，$r=0.01\lambda_{6\,GHz}$，$\varepsilon_r=2.65$。其中 $\lambda_{6\,GHz}$ 为 6 GHz 频率下自由空间的波长。

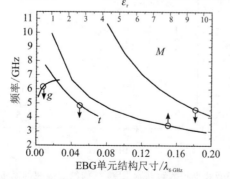

图 3-18　LRCC 模型参数对 MP 模式的影响[55]

从图 3-18 中可以看出，当贴片宽度从 $0.08\lambda_{6\,GHz}$ 到 $0.20\lambda_{6\,GHz}$ 逐渐增加，其他参数保持不变时，频带位置将降低。带隙宽度的变化与贴片宽度的变化有着相反的影响，即随着带隙宽度的增加，频带位置升高。相对介电常数(ε_r)是用于控制频带的另一个有效参数。这里我们探讨了一些常用的介质基板材料，如 RT/Duroid 基板、TMM 基板以及空气。从图 3-18 可以看出，当使用空气作为介质时，EBG 结构的频带宽度最大。当介电常数增大时，频带宽度减小。为了保持薄的 EBG 结构，介质基板厚度始终保持较小。若介质基板厚度增加，频带将随之减小。值得指出的是，通过分析 LRCC 模型所得到的结果与 Yang[8] 通过 FDTD 模型计算的平面波反射相位的结果是一致的。

通孔半径在确定频带方面也起着重要作用。表 3-1 列出了不同通孔半径下的不同模式的谐振频率。由表可以看出，当通孔半径设置为零时，即没有通孔，LRCC 模型的振荡频率不再位于表面波抑制带隙的位置。事实上，这种情况下 LRCC 模型的本征态不再具有产生表面波抑制带隙的特征，也就是说，没有通孔的结构不是电磁带隙结构。

另外，由表 3-1 可以看出，当通孔半径增大时，频带位置升高，这与介质基板厚度的影响相反。为了验证这一结论，我们制作了半径分别为 $r=0.005\lambda_{6\,GHz}$、$0.010\lambda_{6\,GHz}$ 和 $0.015\lambda_{6\,GHz}$ 的 3 款 EBG 结构，并分别测量了 TE 情况下的表面波抑制带隙，结果如图3-19所示。值得指出的是，LRCC 模型的计算结果与实测结果吻合较好，且在不同通孔半径下也可以观察到模式 1 的谐振现象。

表 3-1　通孔半径对不同模式谐振频率的影响[55]

半径/$\lambda_{6\,GHz}$	模式 1/GHz	模式 2、3/GHz	模式 4/GHz
0	18.240	18.510	20.960
0.002	3.970	4.557	5.816
0.005	4.654	5.344	6.903
0.010	5.452	6.272	8.302
0.015	6.158	7.082	9.594
0.020	6.810	7.828	10.920
0.025	7.640	8.727	12.360
0.030	8.462	9.606	13.960

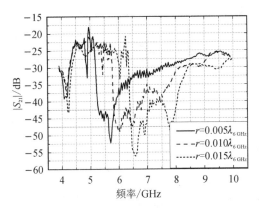

图 3-19　不同通孔半径的蘑菇状 EBG 结构的表面波抑制带隙测量结果[55]

3.3.2　三角形贴片组成的六边形阵列的 EBG 结构

图 3-20(a)给出了由三角形贴片组成的六边形阵列的 EBG 结构，其几何参数为 $W=$ 11.0 mm，$g=0.9$ mm，$t=1.5$ mm，$\varepsilon_r=2.65$，$r=d/2=0.5$ mm。根据该 EBG 结构周期性分布可以建立如图 3-20(b)所示的六边形 LRCC 模型。这里利用 HFSS 本征模求解器，计算 LRCC 模型的 5 个低阶本征模。值得指出的是，该模型的本征模与方形 EBG 结构的本征模不同，模式 2 和模式 3 以及模式 4 和模式 5 由于对称性而分别简并。图 3-21(a)～(c)分别显示了各模在腔体表面的电场幅度分布和"＊"形槽内矢量电场分布。图 3-22 显示了使用 Agilent 8719ES 矢量网络分析仪，用一对单极探针测量的传输系数 S_{21} 的频率响应。由图 3-22 可以看出，表面波抑制带隙位于 5.94 GHz 到 7.40 GHz 之间。LRCC 模型的不同模式的谐振频率在图 3-22 中也用三角形标出了。可以注意到 LRCC 的第 2 简并模出现在非常靠近带隙中心的位置。这进一步表明，通过简单分析 LRCC 模型的本征模，可以通过简并本征模的谐振频率快速准确地预测 EBG 结构表面波抑制带隙的位置。

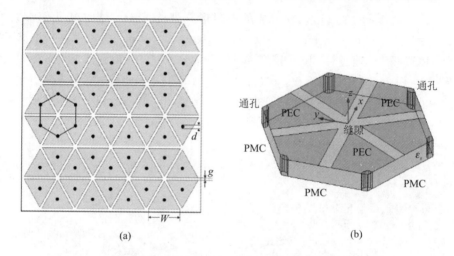

(a)　　　　　　　　　　　　(b)

图 3-20　三角形贴片组成的六边形阵列 EBG 结构及其 LRCC 模型[55]

(a) EBG 几何结构；(b) LRCC 模型

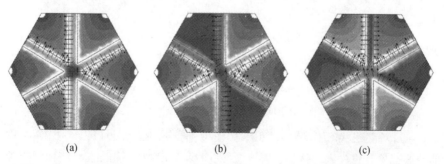

(a)　　　　　　　(b)　　　　　　　(c)

图 3-21　三角形贴片组成的六边形阵列 EBG 结构的 LRCC 模型的本征模[55]

(a) 模式 1：5.778 GHz；(b) 模式 2 和 3：5.992 GHz(简并)；(c)模式 4 和 5：6.566 GHz(简并)

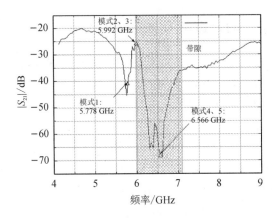

图 3-22 三角形贴片组成的六边形阵列 EBG 结构的表面波抑制带隙测量结果[55]

3.3.3 六边形贴片组成的三角形阵列的 EBG 结构

图 3-23(a)所示为六边形贴片组成的三角形阵列的 EBG 结构，其几何参数为 $W=$ 3.7 mm，$g=1.0$ mm，$t=1.5$ mm，$\varepsilon_r=2.65$，$r=d/2=0.5$ mm。图 3-23(b)给出了所构建的三角形 LRCC 模型。通过对 LRCC 模型进行本征模分析，可以得到前 3 个谐振模式，如图 3-24 所示。从图 3-25 中可以看出，在这种情况下 LRCC 的最低模式恰好是简并的，这对应于带隙的中心。这一结果进一步验证了 EBG 结构存在局部谐振现象以及 LRCC 模型的本征模与 EBG 结构的表面波抑制带隙和反射相位特性间存在密切关系。

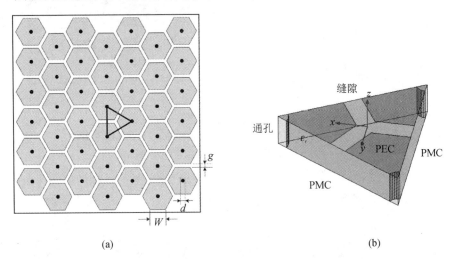

(a)   (b)

图 3-23 六边形贴片组成的三角形阵列 EBG 结构及其 LRCC 模型[55]

(a) EBG 几何结构；(b) LRCC 模型

综上，通过对蘑菇状 EBG 结构的 LRCC 模型进行分析，我们可以对 EBG 结构的带隙特性和局部谐振现象有更深入的认识。从结果可以看出，EBG 结构的表面波抑制带隙和同相反射现象均可由 LRCC 模型的本征模表征。在 LRCC 模型中存在两种主要的谐振模式：一种是单极化模式，它仅决定表面波抑制带隙的中心位置，其谐振与基于准静态假设下的 LC 并联谐振电路等效；另一种是交叉耦合极化模式，它也表现出显著的谐振现象。值得指出的是，

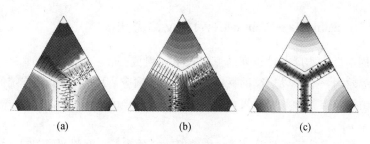

图 3 - 24　六边形贴片组成的三角形阵列 EBG 结构的 LRCC 模型的本征模[55]
(a) 模式 1：7.862 GHz；(b) 模式 2：7.862 GHz；(c) 模式 3：9.487 GHz

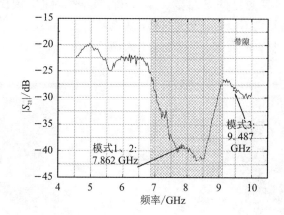

图 3 - 25　六边形贴片组成的三角形阵列的 EBG 结构的表面波抑制带隙测量结果[55]

LRCC 模型揭示了 EBG 结构的本征特性，它与入射波的激励和极化无关。在实际应用中，如低剖面 EBG 天线或 EBG 微波器件，确定电磁波与 EBG 结构相互作用时哪种模式是主要激发模式是非常重要的。

　　需要指出的是，LRCC 模型可以准确地确定带隙位置，但由于其是单元模型，所以它无法估计带隙宽度。可以将复频率理论引入 EBG 结构中，因为 LRCC 模型的复固有谐振模式可包含谐振频率和与带隙宽度相关的漏波辐射的品质因数 Q。通过对 LRCC 模型的复固有谐振模式进行分析，可以同时获取带隙位置和带隙的宽度。

3.4　超材料的等效媒质理论

　　天然媒质的宏观电磁参数可以从原子或分子结构理论中推导出来。由于超材料使用亚波长的超原子来模拟天然媒质，因此，我们可以借助等效媒质理论对超材料进行表征。具体而言，超材料对电磁波的响应可以等效为一个假设连续的材料对电磁波的响应。针对不同的超材料响应，所得到的等效模型也不同。广泛使用的等效就是基于外部响应的等效，即针对外部的散射参数来提取超材料的等效媒质参数，包括介电常数、磁导率、折射率、阻抗。本节将介绍几种提取超材料等效媒质参数的方法。

3.4.1 基于 Nicolson-Ross-Weir (NRW)的反演方法

超材料由周期性或非周期性排列的亚波长单元组成。根据等效媒质理论，超材料对电磁波的响应可以等效为一个假设连续的材料对电磁波的响应。因此，类似于传统的材料，超材料的特性也可以由等效媒质参数加以表征，具体为相对介电常数 ε_r、相对磁导率 μ_r、归一化波阻抗 η 和折射率 n。

如图 3-26 所示，为了提取超材料结构的等效媒质参数，假设平面波入射到厚度为 d 的对称超材料结构上，这里考虑时间因子 $e^{j\omega t}$。在这种情况下，可以通过全波仿真或测量获得超材料结构在 M 个不同频率点处的 S 参数。由于超材料结构对称，因此我们可以得到 $S_{11} = S_{22}$。此外，假设超材料结构不包含非互易材料，从而可知 $S_{21} = S_{12}$。这里需要注意的是，S 参数的参考面被置于超材料的表面上，以避免引入额外相位。

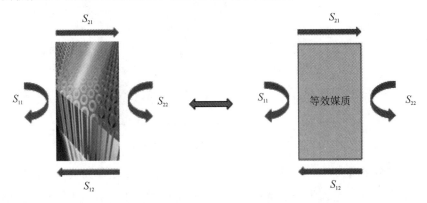

图 3-26　超材料及其等效媒质

根据电磁场理论可知，一层厚度为 d 的均匀材料的散射参数和材料参数之间满足如下关系[14-15]：

$$S_{11} = \frac{(\eta^2 - 1)(1 - Z^2)}{(\eta + 1)^2 - (\eta - 1)^2 Z^2} \tag{3-5}$$

$$S_{21} = \frac{4\eta Z}{(\eta + 1)^2 - (\eta - 1)^2 Z^2} \tag{3-6}$$

其中，

$$Z = e^{-jk_0 nd} \tag{3-7}$$

这里 k_0 是自由空间中的波数。若进一步定义三个中间变量，即

$$V_1 = S_{21} + S_{11} \tag{3-8}$$

$$V_2 = S_{21} - S_{11} \tag{3-9}$$

$$\Gamma = \frac{\eta - 1}{\eta + 1} \tag{3-10}$$

则式(3-5)和式(3-6)可以改写为

$$Z = \frac{1 + V_1 V_2}{V_1 + V_2} \pm \sqrt{\left(\frac{1 + V_1 V_2}{V_1 + V_2}\right)^2 - 1} \tag{3-11}$$

$$\Gamma = \frac{1 - V_1 V_2}{V_1 - V_2} \pm \sqrt{\left(\frac{1 - V_1 V_2}{V_1 - V_2}\right)^2 - 1} \tag{3-12}$$

式(3-11)和式(3-12)中符号的选取需要满足 $|Z| \leqslant 1$ 和 $|\Gamma| \leqslant 1$ 的条件。一旦确定了 Γ，就可以根据式(3-10)求解归一化波阻抗 η。为了利用 Z 求解折射率 n，我们将式(3-7)改写为

$$Z = \left[e^{-j \frac{k_0 nd + 2m\pi}{N}} \right]^N \quad (m = 0, \pm 1, \pm 2 \cdots) \tag{3-13}$$

其中 N 和 m 为整数，m 表示由复指数函数引起的分支数。当考虑电薄的超材料，即超材料的厚度为电小尺寸，在式(3-13)中有 $m=0$。如果 N 选择为一个足够大整数，式(3-13)可以根据泰勒级数近似为

$$Z = \left(1 - j \frac{k_0 nd}{N} \right)^N \tag{3-14}$$

求式(3-14)的 N 次方根，折射率 n 的实部和虚部可以分别表示为

$$n' = -\frac{N \cdot \text{Im}(Z^{\frac{1}{N}})}{k_0 d} \tag{3-15}$$

$$n'' = N \cdot \frac{\text{Re}(Z^{\frac{1}{N}}) - 1}{k_0 d} \tag{3-16}$$

其中 n' 和 n'' 分别是折射率的实部和虚部。Z 的 N 次方根为

$$Z^{\frac{1}{N}} = |Z|^{\frac{1}{N}} e^{j \frac{\varphi + 2(l-1)\pi}{N}} \quad (l = 1, 2, \cdots, N) \tag{3-17}$$

其中，φ 是 Z 的辐角。需要指出的是，Z 的 N 次方根有 N 个解。根据式(3-17)可知，l 应为一个整数，以保持 Z 的 N 次方根最接近于正实轴。

得到了 n 和 η 后，相对介电常数和磁导率可按下式求解：

$$\varepsilon_r = n/\eta \tag{3-18}$$

$$\mu_r = n\eta \tag{3-19}$$

图 3-27 给出了一个渔网状超材料单元的示意图。这里分别考虑了 0.1 mm 和 0.2 mm 两种厚度的超材料单元。由于在所关心的频带范围 10～18 GHz 中，该结构的厚度为电小尺寸，因此式(3-13)中的分支数 m 等于零。这里采用 NRW 方法提取渔网状超材料的等效参数，所得的折射率如图 3-27 所示，图中还将 NRW 方法与文献[19]中的 Smith 方法进行了比较。由图可以看出，当 N 选择较大整数时，例如 $N=1000$，NRW 方法得到的反演结果与文献[19]中的 Smith 方法获得的结果一致。然而，$N=1$ 时的反演结果的准确性比 $N=1000$ 时的反演结果的准确性差，这是因为泰勒级数展开的精度随着 N 的增加而提高。

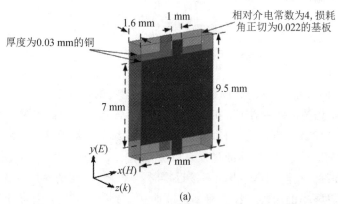

(a)

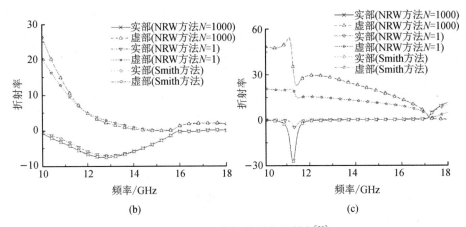

图 3-27　渔网状超材料的折射率[26]

（a）超材料单元；（b）厚度为 0.1 mm 的超材料的折射率；
（c）厚度为 0.2 mm 的超材料的折射率

3.4.2　基于相位解卷绕的提取方法

　　根据前面的讨论，我们知道当均匀超材料结构的厚度很小时，分支数 m 等于零。然而，随着厚度的增加，分支数不再为零，这是由复指数函数的周期性所致。此时，需要确定中等电厚度的超材料结构的分支数 m。我们重新求解式（3-5）和式（3-6），则有

$$Z = \mathrm{e}^{-jnk_0d} = \frac{S_{21}}{1 - S_{11}\Gamma} \qquad (3-20)$$

　　考虑分支数 m 为非零的情况，式（3-20）中的 Z 就可以写成

$$\mathrm{e}^{-jnk_0d} = A\,\mathrm{e}^{\mathrm{j}(\varphi + 2m\pi)} \qquad (3-21)$$

其中，

$$A = \left| \frac{S_{21}}{1 - S_{11}R} \right| \qquad (3-22)$$

$$\phi = \arg\left(\frac{S_{21}}{1 - S_{11}R} \right) \qquad (3-23)$$

其中 R 为反射系数，$\arg(\cdot)$ 是求复函数的辐角。在这种情况下，我们有 $\phi \in (-\pi, \pi]$。根据式（3-21）求解折射率的实部和虚部，可得

$$n'' = \frac{\ln A}{k_0 d} \qquad (3-24)$$

$$n' = -\frac{\phi + 2m\pi}{k_0 d} \qquad (3-25)$$

　　由式（3-24）可知，折射率的虚部是与分支数 m 无关的，因此可以唯一确定。但折射率的实部与分支数 m 相关。另一方面，折射率 n 在复平面的上半平面上是一个连续变化的函数[58]。因此，式（3-25）中的相位 $\phi + 2m\pi$ 也必须是连续的。基于这一性质，可以使用相位解卷绕方法来确定分支数 m。具体的过程是就将位于 $-\pi$ 到 π 区间的不连续相位曲线段连接成一条连续的曲线。我们知道，当频率接近零时，超材料结构的厚度变为电小尺寸，因此分支数 $m = 0$。随着频率的增加，若 ϕ 将不连续地从 π 到 $-\pi$ 变化，则将分支设置为 1 以保

持折射率的相位是连续的。若 ϕ 不连续地从 $-\pi$ 变为 π，则选择 $m=-1$。相位解卷绕过程在整个工作频带中反复使用，直到整条相位曲线保持连续的变化。

图 3-28 显示了一个由两个分裂环谐振器(SRR)和四个电容加载条(CLS)组成的超材料单元，该结构被印制在相对介电常数为 2.2，厚度约为 2.5 mm 的非磁性介质基板两侧。采用相位解卷绕方法提取超材料单元的折射率，并与基于 Kramers-Kronig(K-K)关系方法[22] 求得的结果进行对比。K-K 关系是折射率实部与虚部之间的关系。折射率的虚部可以通过一个积分关系求解折射率的实部，即

$$n'(\omega_0) = 1 + \frac{2}{\pi} P \int_0^\infty \frac{\omega n''(\omega)}{\omega^2 - \omega_0^2} d\omega \qquad (3-26)$$

其中 P 代表着主值积分。从式(3-26)中可知，K-K 积分的上下限分别是 ∞ 和 0。如果已知从 0 到 ∞ 的频率范围内折射率的虚部，则任一点频率处的折射率的实部就可以通过式(3-26)加以确定。考虑在实际情况下，整个无穷大频段中的折射率的虚部是无法得到的，因此只能将积分的上限进行截断，将其近似为一个有限的积分，而积分上限的选择就影响了近似的精度。随着积分上限的增加，近似精度变得越来越高。从图 3-28(b)中可以看出，当 K-K 积分的上限逐渐增加到 16 GHz 时，相位解卷绕方法和 K-K 关系法求解的折射率趋于

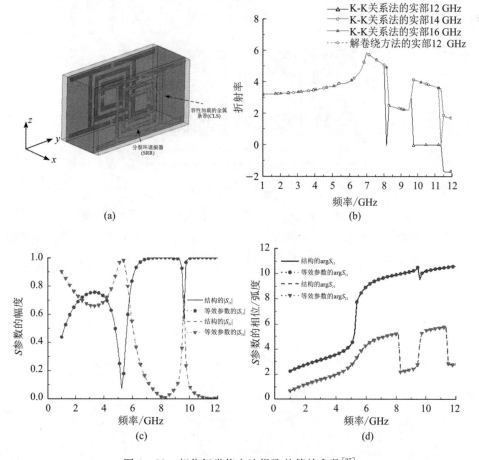

图 3-28　相位解卷绕方法提取的等效参数[27]

(a) 超材料单元；(b) 折射率；(c) S 参数的幅度；(d) S 参数的相位

一致。这意味着为了求解 12 GHz 处的折射率，K-K 关系法中的积分上限需要截断到 16 GHz，这也就意味着需要 16 GHz 以下的 S 参数来精确计算折射率的虚部和实部。相对比，相位解卷绕方法仅仅使用 12 GHz 以下的 S 参数来精确计算折射率的虚部和实部。因此，与 K-K 关系法相比，相位解卷绕方法更有效。图 3-28(c) 和 (d) 给出了超材料单元结构全波仿真的 S 参数和基于等效媒质参数求解的 S 参数的对比图，可以看出两个结果保持一致。

3.4.3　非均匀超材料的提取方法

由于均匀超材料结构对称，因此前面讨论的反演方法可行(前面讨论的反演方法仅在 $S_{11}=S_{22}$ 的条件下成立)。然而，当超材料结构不均匀时，此时 $S_{11} \neq S_{22}$。为了实现等效参数的提取，我们采用多层方法，即将非均匀超材料结构划分为许多薄层，每个薄层可以近似看成均匀的，如图 3-29 所示。假设将非均匀超材料结构分成 m 层，第 i 层的厚度为 $d_i (i=1, 2, \cdots, m)$，对应的等效折射率和归一化波阻抗分别为 n_i 和 η_i。通过全波仿真或测量，可以获得非均匀超材料结构的四个 S 参数，即 S_{11}、S_{12}、S_{21} 和 S_{22}。考虑互易性，我们有 $S_{12}=S_{21}$。为了求解每一层对应的散射参数，这里提出了一种基于电磁场递归的求解方法[32]。

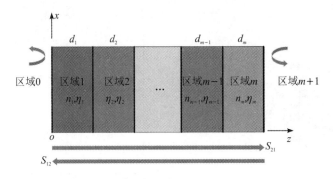

图 3-29　m 层非均匀超材料结构

不失一般性，考虑一个电场平行于 $+x$ 轴方向的入射波，沿着 $+z$ 轴垂直入射到 m 层结构上。假设在区域 l 和区域 $l+1$ 间的交界面左侧处的入射波和反射波的复振幅分别为 E_{l-1}^i 和 E_{l-1}^r，如图 3-30(a) 所示。根据区域 l 和区域 $l+1$ 交界面处的边界条件，我们有

$$\begin{cases} 2E_l^i \cdot e^{-jn_l k_0 d_l} = \left[1 + \dfrac{\eta_l}{\eta_{l-1}}\right] \cdot E_{l-1}^i + \left[1 - \dfrac{\eta_l}{\eta_{l-1}}\right] \cdot E_{l-1}^r \\ 2E_l^r \cdot e^{jn_l k_0 d_l} = \left[1 - \dfrac{\eta_l}{\eta_{l-1}}\right] \cdot E_{l-1}^i + \left[1 + \dfrac{\eta_l}{\eta_{l-1}}\right] \cdot E_{l-1}^r \end{cases} \tag{3-27}$$

由于区域 $m+1$ 中不存在反射波，因此在区域 m 与区域 $m+1$ 交界面处有

$$\begin{cases} 2E_m^i = \left[1 + \dfrac{\eta_m}{\eta_0}\right] \cdot E_{m+1}^i \\ 2E_m^r = \left[1 - \dfrac{\eta_m}{\eta_0}\right] \cdot E_{m+1}^i \end{cases} \tag{3-28}$$

在这种情况下，我们可以分别将区域 $l-1$ 与区域 l 间交界面处的反射系数 $S_{11}^{(l-1)}$ 和从区域 $l-1$ 到区域 $m+1$ 的透射系数 $S_{21}^{(l-1)}$ 表示为

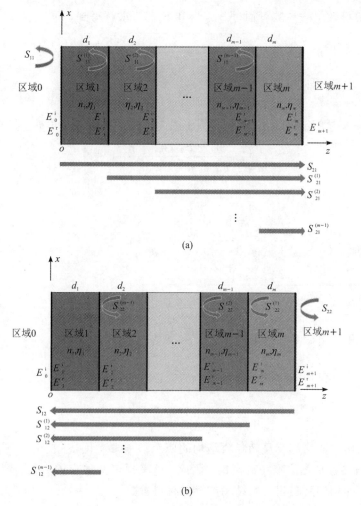

图 3 - 30 S 参数递归表示[32]

(a) S_{11} 和 S_{21}；(b) S_{12} 和 S_{22}

$$
\begin{cases}
S_{11}^{(l-1)} = \dfrac{E_{l-1}^{\mathrm{r}}}{E_{l-1}^{\mathrm{i}}} \\[3mm]
S_{21}^{(l-1)} = \dfrac{E_{m+1}^{\mathrm{i}}}{E_{l-1}^{\mathrm{i}}}
\end{cases}
\tag{3-29}
$$

合并式(3-27)至式(3-29)，我们可以得到如下散射参数的递归关系：

$$
\begin{cases}
S_{11}^{(1)} = \dfrac{\eta_1 - \eta_0 - S_{11}(\eta_1 + \eta_0)}{S_{11}(\eta_1 - \eta_0) - \eta_1 - \eta_0} \mathrm{e}^{-\mathrm{j}2n_1 k_0 d_1} \\[3mm]
S_{21}^{(1)} = \dfrac{2\eta_0 S_{21}}{\eta_0 + \eta_1 + S_{11}(\eta_0 - \eta_1)} \mathrm{e}^{-\mathrm{j}n_1 k_0 d_1}
\end{cases}
\tag{3-30}
$$

$$
\begin{cases}
S_{11}^{(l)} = \dfrac{\eta_l - \eta_{l-1} - S_{11}^{(l-1)}(\eta_l + \eta_{l-1})}{S_{11}^{(l-1)}(\eta_l - \eta_{l-1}) - \eta_l - \eta_{l-1}} \mathrm{e}^{-\mathrm{j}2n_l k_0 d_l} \\[3mm]
S_{21}^{(l)} = \dfrac{2\eta_{l-1} S_{21}^{(l-1)}}{\eta_{l-1} + \eta_l + S_{11}^{(l-1)}(\eta_{l-1} - \eta_l)} \mathrm{e}^{-\mathrm{j}n_l k_0 d_l}
\end{cases}
\quad (l = 2,\ 3,\ \cdots,\ m-1)
\tag{3-31}
$$

因此，区域 m 的等效电磁参数可通过 $S_{11}^{(m-1)}$ 和 $S_{21}^{(m-1)}$ 求解得到，即

$$\begin{cases} \eta_m = \eta_0 \eta_{m-1} \sqrt{\dfrac{(1+S_{11}^{(m-1)})^2 - (S_{21}^{(m-1)})^2}{[\eta_0(1-S_{11}^{(m-1)})]^2 - (\eta_{m-1}S_{21}^{(m-1)})^2}} \\ \mathrm{e}^{-jn_mk_0d_m} = \dfrac{\eta_0}{\eta_{m-1}} \dfrac{S_{11}^{(m-1)}(\eta_{m-1}-\eta_m)+\eta_{m-1}+\eta_m}{S_{21}^{(m-1)}(\eta_m+\eta_0)} \end{cases} \qquad (3-32)$$

类似地，对于入射波沿 $-z$ 轴传输的情况，如图 3-30(b) 所示，散射参数递归关系可以表示为

$$\begin{cases} S_{22}^{(1)} = \dfrac{\eta_m-\eta_0-S_{22}(\eta_m+\eta_0)}{S_{22}(\eta_m-\eta_0)-\eta_m-\eta_0} \mathrm{e}^{-j2n_mk_0d_m} \\ S_{12}^{(1)} = \dfrac{2\eta_0 S_{12}}{\eta_0+\eta_m+S_{22}(\eta_0-\eta_m)} \mathrm{e}^{-jn_mk_0d_m} \end{cases} \qquad (3-33)$$

$$\begin{cases} S_{22}^{(l)} = \dfrac{\eta_{m+1-l}-\eta_{m+2-l}-S_{22}^{(l-1)}(\eta_{m+1-l}+\eta_{m+2-l})}{S_{22}^{(l-1)}(\eta_{m+1-l}-\eta_{m+2-l})-\eta_{m+1-l}-\eta_{m+2-l}} \mathrm{e}^{-j2n_lk_0d_l} \\ S_{12}^{(l)} = \dfrac{2\eta_{m+2-l}S_{12}^{(l-1)}}{\eta_{m+2-l}+\eta_{m+1-l}+S_{22}^{(l-1)}(\eta_{m+2-l}-\eta_{m+1-l})} \mathrm{e}^{-jn_lk_0d_l} \end{cases} \quad (l=2,3,\cdots,m-1)$$

$$(3-34)$$

因此，区域 1 的等效电磁参数可通过 $S_{22}^{(m-1)}$ 和 $S_{12}^{(m-1)}$ 求解得到，即

$$\begin{cases} \eta_1 = \eta_0 \eta_2 \sqrt{\dfrac{(1+S_{22}^{(m-1)})^2 - (S_{12}^{(m-1)})^2}{[\eta_0(1-S_{22}^{(m-1)})]^2 - (\eta_2 S_{12}^{(m-1)})^2}} \\ \mathrm{e}^{-jn_1k_0d_1} = \dfrac{\eta_0}{\eta_2} \dfrac{S_{22}^{(m-1)}(\eta_2-\eta_1)+\eta_2+\eta_1}{S_{12}^{(m-1)}(\eta_1+\eta_0)} \end{cases} \qquad (3-35)$$

事实上，仅给定非均匀互易超材料结构的四个 S 参数，即 S_{11}、S_{12}、S_{21} 和 S_{22}，m 层结构的等效材料参数是无法唯一确定的。因此，这里提出两种求解方法，即迭代解法和直接解法，来确定非均匀互易超材料结构的等效材料参数。

1. 迭代解法

迭代解法的求解步骤如下：

步骤 1：确定等效材料参数 $n_i^{(0)}$ 和 $\eta_i^{(0)}$ （$i=1,2,\cdots,m-1$）。这里，单独仿真或测量第 i 层中超材料结构的 S 参数。考虑每一层材料是均匀的，可以使用前面介绍的反演方法提取相应的等效材料参数 $n_i^{(0)}$ 和 $\eta_i^{(0)}$。

步骤 2：将 $n_i^{(0)}$ 和 $\eta_i^{(0)}$ 代入式（3-30）、式（3-31）中递归求解散射参数，进而利用式（3-32）解得 $n_m^{(0)}$ 和 $\eta_m^{(0)}$。这样的求解方式意味着非均匀超材料结构是采用 m 层等效材料参数为 $n_i^{(0)}$ 和 $\eta_i^{(0)}$ 的结构所替代的。由于在求解过程中仅仅使用了散射参数 S_{21} 和 S_{11}，因此，m 层均匀结构的 S_{21} 和 S_{11} 与非均匀超材料结构的 S_{21} 和 S_{11} 保持一致，但两者的 S_{22} 并不相等。

步骤 3：将获得的 $n_i^{(0)}$ 和 $\eta_i^{(0)}$ （$i=2,3,\cdots,m$）代入式（3-33）、式（3-34）中递归求解散射参数，并利用式（3-35）求解第一层的等效材料参数 $n_1^{(1)}$ 和 $\eta_1^{(1)}$，因此，计算得到 $n_1^{(1)}$、$\eta_1^{(1)}$、$n_i^{(0)}$ 和 $\eta_i^{(0)}$ （$i=2,3,\cdots,m$）。在这种情况下，m 层结构的 S_{21} 和 S_{22} 与非均匀超材料结构的 S_{21} 和 S_{22} 保持一致，但两者的 S_{11} 并不一致。

步骤 4：重复步骤 2 和步骤 3 直到解得的等效材料参数可以产生与超材料结构相同的四个 S 参数。

2. 直接解法

直接解法的求解步骤如下：

步骤1：执行迭代解法中步骤1至步骤3，以求解等效材料参数 $n_i^{(0)}$ 和 $\eta_i^{(0)}(i=1, 2, \cdots, m)$。

步骤2：将等效材料参数为 $n_i^{(0)}$ 和 $\eta_i^{(0)}(i=2, \cdots, m-1)$ 的中间 $m-2$ 层材料看成已知的，从式(3-32)和式(3-35)的非线性方程组中以初始解 $n_1^{(0)}$、$\eta_1^{(0)}$、$n_m^{(0)}$ 和 $\eta_m^{(0)}$ 求解第一层和最后一层材料的等效材料参数。这里值得指出的是，可以任意将其中的 $m-2$ 层的电磁参数看成已知的，用非线性方程直接求解剩余两层的媒质参数。

图3-31(a)显示了一个由四层均匀材料和一层SRR-Wire结构组成的五层结构。四层非磁性材料分别为相对介电常数为5.7的云母材料、相对介电常数为8.3的大理石材料、相对介电常数为5.5的玻璃材料和相对介电常数为4.4的FR4材料。在SRR-Wire结构中，内环和外环在介质基板的同一侧，而线在介质基板的另一侧。SRR-Wire结构的单元是一个边长为2.5 mm的立方体单元。SRR-Wire结构中使用0.25mm厚的FR4基板。Wire的宽度为0.14 mm，其长度为一个单元的长度。SRR的外环长度为2.2 mm，两个环的线宽均为0.2 mm。每个环的间隙为0.3 mm，内环和外环之间的间隙为0.15 mm。首先分别单独提取四层材料的本构参数，并利用迭代解法来反演SRR-Wire结构的等效参数，如图3-31(b)和(c)所示。从图中可以观察到，使用多层方法反演得到的等效参数与使用传统NRW方法单独提取SRR-Wire结构的等效参数不同。图3-31(d)～(i)对比了非均匀结构模型全波计算的 S 参数和利用等效参数模型计算的 S 参数，两个结果吻合良好。对比之下，根据传统NRW方法单独提取的等效参数计算得到的 S 参数与非均匀结构模型的 S 参数不一致。值得指出的是，这里单独提取的四层材料的本构参数是完全准确的。

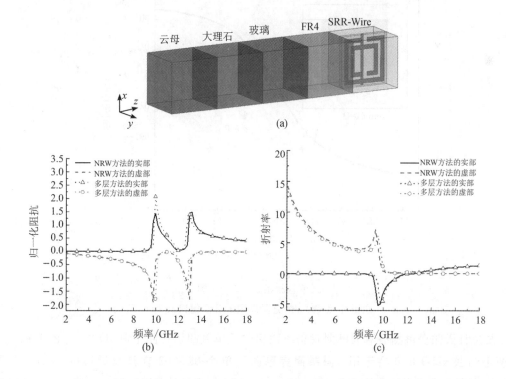

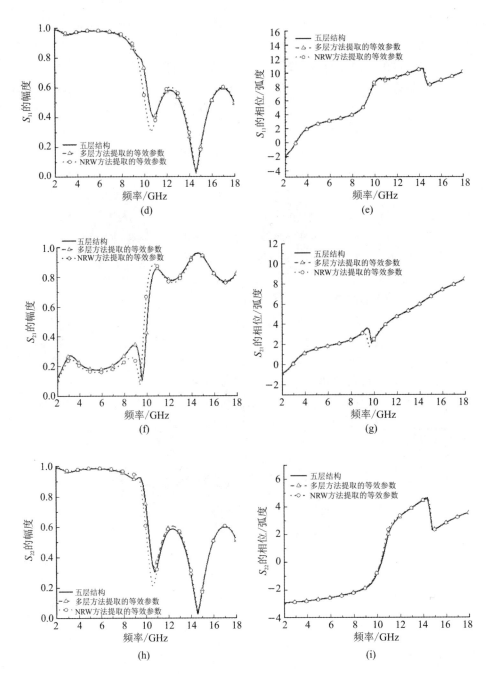

图 3-31 由 FR4、大理石、云母、玻璃和 SRR-Wire 结构组成的五层结构[32]

(a) 几何结构；(b) 归一化阻抗；(c) 折射率；(d) S_{11} 的幅度；(e) S_{11} 的相位；

(f) S_{21} 的幅度；(g) S_{21} 的相位；(h) S_{22} 的幅度；(i) S_{22} 的相位

　　图 3-32(a)给出了一个三层超材料结构。第一层由印制在基板两侧的两个环组成,第三层由印制在基板两侧的两个贴片组成,第二层是 FR4 材料。每层的单元尺寸为 2.5 mm×2.5 mm×2.5 mm。单独提取第二层的材料参数,并使用直接解法同时提取第一层和第三层中的等效电磁参数。提取得到的折射率和归一化阻抗如图 3-32(c)和(d)所示。图 3-32(e)~(g)给出了非均匀结构模型和等效媒质模型之间的 S 参数比较,可以看出两者结果吻合良好。

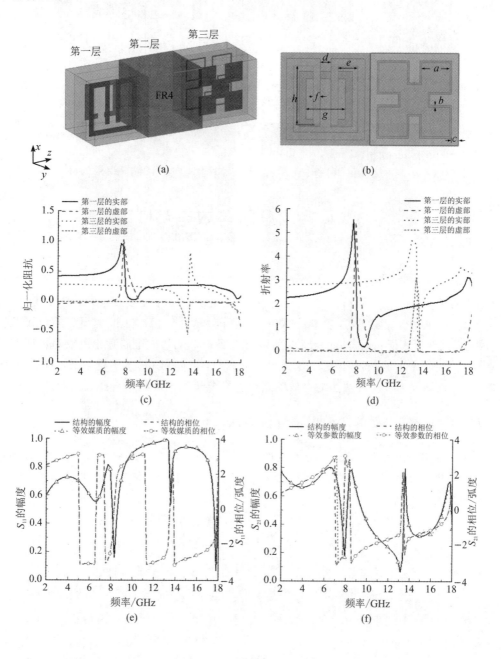

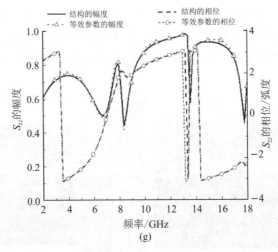

图 3-32 三层板结构（$a=0.8$ mm，$b=0.05$ mm，$c=0.25$ mm，$d=0.3$ mm，$e=0.55$ mm，$f=0.2$ mm，$g=1.1$ mm，$h=1.8$ mm）[32]

（a）几何结构；（b）第一层和第三层的正面；（c）归一化阻抗；（d）折射率；（e）S_{11}；（f）S_{21}；（g）S_{22}

3.5 超表面的等效电路模型

超表面是由亚波长尺寸单元构成的超薄平面阵列，可以灵活地调控电磁波。对于由周期阵列组成的超表面而言，其分析方法可分为三类：在阵列周期远小于波长的低频区域，可以利用均匀化理论来分析周期阵列；在谐振区域，尽管阵列周期小于波长，但超表面单元发生谐振，因此无法获得表征它们响应的经验近似公式，此时利用等效电路理论可以对周期阵列进行建模；在阵列周期与波长相当的 Floquet-Bloch 区域，可以利用多模式网络来表征周期阵列。在本节中，我们提出了一种快速的等效电路模型来分析和设计频率选择表面的结构。

3.5.1 频率选择表面的等效电路分析方法

通常，频率选择表面（FSS）可分为两类：带阻型频率选择表面和带通型频率选择表面，分别为贴片式和孔径式，如图 3-33 和图 3-34 所示。可以分别使用 LC 带阻和带通网络来作为 FSS 的等效电路。

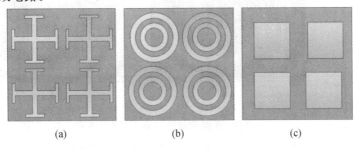

图 3-33 贴片式的带阻 FSS

（a）耶路撒冷十字贴片；（b）双环贴片；（c）方形贴片

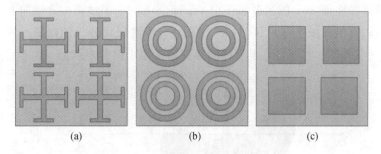

图 3-34　孔径式的带通 FSS

（a）耶路撒冷十字缝隙；（b）双环缝隙；（c）线网格缝隙

3.5.2　双谐振带通和带阻 *LC* 电路模型

对于双谐振的带通和带阻的 FSS 而言，其等效电路可以将低通原型通过频率变换[59]获得。常用的双谐振的带通和带阻的 FSS 有三种等效电路模型，即非对称网络、对称 T 形网络和对称 π 型网络，如图 3-35 至图 3-37 所示。值得注意的是，带通电路与带阻电路是对偶的，即将串/并联谐振变换为并/串联电路，从而可以将带通电路转变为带阻电路，反之亦然。为了确定等效电路模型中的电路参数，需要通过全波仿真或者测量的方式获得 FSS 在一个频带范围内几个频点上的 *S* 参数。这里利用三种电路与它们的 *S* 参数响应之间的关联，采用曲线拟合的方式求解电路中的集总参数。

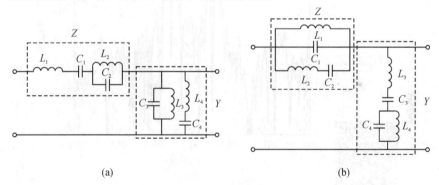

图 3-35　双谐振非对称网络等效 *LC* 电路

（a）带通等效 *LC* 电路；（b）带阻等效 *LC* 电路

1. 双谐振带通等效 *LC* 电路中集总元件的提取

根据等效电路拓扑结构，*ABCD* 参数可以用串联阻抗 *Z* 和并联导纳 *Y* 表示。具体而言，对于图 3-35 中的非对称网络，我们有

$$\begin{bmatrix} A & B \\ C & D \end{bmatrix} = \begin{bmatrix} 1+ZY & Z \\ Y & 1 \end{bmatrix} \tag{3-36}$$

进一步，采用 *S* 参数表示 *ABCD* 参数，可得

$$A = \frac{(1+S_{11})(1-S_{22})+S_{12}S_{21}}{2S_{21}} \tag{3-37}$$

$$B = Z_0 \frac{(1+S_{11})(1+S_{22})-S_{12}S_{21}}{2S_{21}} \tag{3-38}$$

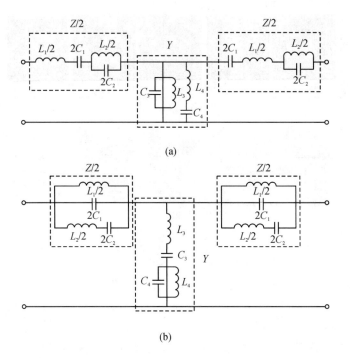

(a)

(b)

图 3-36 双谐振对称 T 形网络等效 LC 电路

（a）带通等效 LC 电路；（b）带阻等效 LC 电路

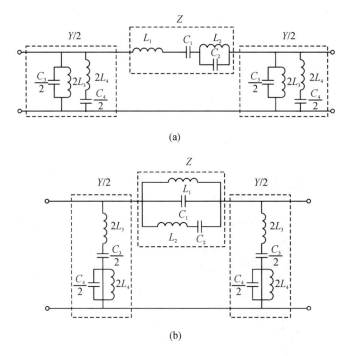

(a)

(b)

图 3-37 双谐振对称 π 形网络等效 LC 电路

（a）带通等效 LC 电路；（b）带阻等效 LC 电路

$$C = \frac{(1 - S_{11})(1 - S_{22}) - S_{12}S_{21}}{2Z_0 S_{21}} \tag{3-39}$$

$$D = \frac{(1 + S_{11})(1 + S_{22}) + S_{12}S_{21}}{2S_{21}} \tag{3-40}$$

因而，S 参数与阻抗 Z 和导纳 Y 之间的关系可表示为

$$S_{11} = \frac{ZY + Z + Y}{2 + ZY + Z + Y} \tag{3-41}$$

$$S_{12} = S_{21} = \frac{2}{2 + ZY + Z + Y} \tag{3-42}$$

$$S_{22} = \frac{Z - Y - ZY}{2 + ZY + Z + Y} \tag{3-43}$$

类似地，对于图 3-36 中的对称 T 形网络，其 $ABCD$ 参数为

$$\begin{bmatrix} A & B \\ C & D \end{bmatrix} = \begin{bmatrix} 1 + \dfrac{ZY}{2} & Z\left(1 + \dfrac{ZY}{4}\right) \\ Y & 1 + \dfrac{ZY}{2} \end{bmatrix} \tag{3-44}$$

将式(3-44)代入式(3-37)至式(3-40)，S 参数可以由阻抗 Z 和导纳 Y 表示为

$$S_{11} = S_{22} = \frac{Z + (Z^2 Y/4) - Y}{2 + ZY + Z + Y + (Z^2 Y/4)} \tag{3-45}$$

$$S_{12} = S_{21} = \frac{2}{2 + ZY + Z + Y + (Z^2 Y/4)} \tag{3-46}$$

同理，对于图 3-37 中的对称 π 形网络，其 $ABCD$ 参数为

$$\begin{bmatrix} A & B \\ C & D \end{bmatrix} = \begin{bmatrix} 1 + \dfrac{ZY}{2} & Z \\ Y\left(1 + \dfrac{ZY}{4}\right) & 1 + \dfrac{ZY}{2} \end{bmatrix} \tag{3-47}$$

将式(3-47)代入式(3-37)至式(3-40)，可以得到对称 π 形网络的 S 参数如下：

$$S_{11} = S_{22} = \frac{Z - (ZY^2/4) - Y}{2 + ZY + Z + Y + (ZY^2/4)} \tag{3-48}$$

$$S_{12} = S_{21} = \frac{2}{2 + ZY + Z + Y + (ZY^2/4)} \tag{3-49}$$

注意，对于三种类型的等效电路，S 参数与阻抗 Z 和导纳 Y 之间的关系是不同的。下面通过 $ABCD$ 参数来确定带通 LC 网络的具体集总元件值。对于三种类型的等效电路，$\text{Im}(Z)$ 和 $\text{Im}(Y)$（Im 表示复数的虚部）可以用电容和电感表示如下：

$$\text{Im}(Z) = \omega L_1 - \frac{1}{\omega C_1} + \frac{1}{(1/\omega L_2) - \omega C_2} \tag{3-50}$$

$$\text{Im}(Y) = \omega C_3 - \frac{1}{\omega L_3} + \frac{1}{(1/\omega C_4) - \omega L_4} \tag{3-51}$$

其中 ω 是角频率。为了获得 L_1、C_1、L_2、C_2、L_3、C_3、L_4、C_4 的值，可以通过基于双平方原理的曲线拟合技术来求解非线性方程式(3-50)和式(3-51)。曲线拟合的目的是为数据 (ω_i, y_i) 找到函数类 Φ 中的函数 $f(\omega)$，其中 $i = 1, 2, \cdots, n-1$。函数 $f(\omega)$ 使权重 w 下的

误差最小。误差是数据样本与 $f(\omega)$ 之间的距离，误差越小说明数据样本与 $f(\omega)$ 就越吻合。在几何学中，曲线拟合是拟合数据 (ω_i, y_i) 的曲线 $y = f(\omega)$，其中 $i = 1, 2, \cdots, n-1$。这里我们考虑的频率范围为 $0.1 \sim 30$ GHz，即 ω 从 $2\pi \times 0.1 \times 10^9$ rad/s 到 $2\pi \times 30 \times 10^9$ rad/s。

为了利用曲线拟合技术，需要在频率范围内选择一些关键的频率点来确定集总元件。换言之，对一个频带而言，希望利用尽可能少的几个频率点上的 S 参数来求解集总元件参数。这里对于图 3-35 至图 3-37 所示的三种网络模型，在 0.1 GHz 到 30 GHz 的频率范围内，仅需要 8 个频率点足以提取所需的等效电路参数。基于双平方原理迭代搜索最优集总元件参数使下述误差最小：

$$\frac{1}{N} \sum_{i=1}^{N} w_i \left| \omega_i L_1 - \frac{1}{\omega_i C_1} + \frac{1}{(1/\omega_i L_2) - \omega_i C_2} - \mathrm{Im}[Z(\omega_i)] \right| \qquad (3-52)$$

$$\frac{1}{N} \sum_{i=1}^{N} w_i \left| \omega_i C_3 - \frac{1}{\omega_i L_3} + \frac{1}{(1/\omega_i C_4) - \omega_i L_2} - \mathrm{Im}[Y(\omega_i)] \right| \qquad (3-53)$$

其中 w_i 为权重。双平方原理的详细信息可以参考文献[60]。图 3-38 给出了全波仿真得到的阻抗 Z 和导纳 Y 与基于双平方原理求解的拟合结果的对比。黑点代表的是用于计算等效电路参数的采样点。这里，阻抗 Z 和导纳 Y 是根据图 3-39 中一阶多层 FSS 的无限周期阵列的 S 参数获得的。从图 3-38 中可以看出，在超宽频带中，仅采用 8 个频率点得到的拟合结果与全波仿真结果吻合良好。

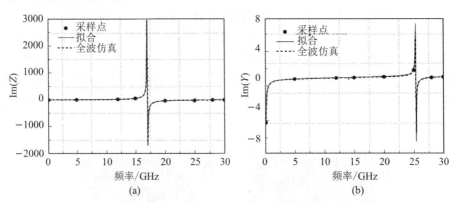

图 3-38　原始数据、拟合数据和全波仿真中的阻抗、导纳比较
(a) 阻抗虚部比较；(b) 导纳虚部比较

2. 超表面实例

这里给出了一些双带通 FSS 超表面的实例，以证明所提出的 FSS 等效电路提取方法有效。第一个例子为文献[61]中给出的非谐振元件组成的低剖面带通 FSS。该 FSS 是一阶多层结构，其中三个金属层通过两个相对介电常数为 2.65 的薄电介质基板相互分离，如图 3-39(a)所示。如图 3-39(b)所示，第一和第三层为亚波长电容性贴片组成的二维周期阵列，第二层为亚波长线网格组成的二维周期阵列。在 $0.1 \sim 30$ GHz 的频率范围内，采用 8 个频率点(0.1 GHz、5 GHz、12 GHz、15 GHz、20 GHz、25 GHz、28 GHz 和 30 GHz)提取 FSS 结构的等效电路。需要注意的是，在该频带中，FSS 有两个通带，第二个通带是谐波频带，如图 3-40(a)所示。考虑 FSS 结构的对称性以及 S 参数与阻抗 Z 和导纳 Y 之间的关系，这里选择图 3-37(a)所示的对称 π 形网络作为等效电路。按照所提出的集总元

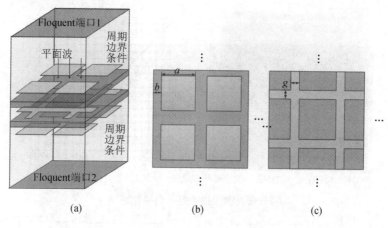

图 3 - 39　多层 FSS 结构

（a）三维模型；（b）FSS 第一层与第三层结构；（c）FSS 第二层结构

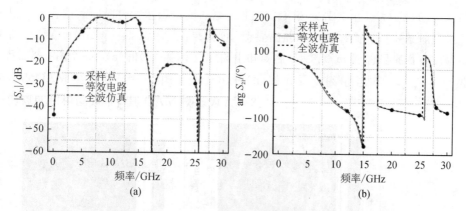

图 3 - 40　多层 FSS 的全波仿真与等效电路的 S 参数比较

（a）S_{21} 的幅度；（b）S_{21} 的相位

件求解方法，我们可以获得如下所有元件参数：$L_1 = 0.080\,18$ nH、$L_2 = 0.117$ nH、$L_3 = 0.3057$ nH、$L_4 = 0.2597$ nH、$C_1 = 100$ pF、$C_2 = 0.7458$ pF、$C_3 = 1.256$ pF、$C_4 = 0.1472$ pF。图 3 - 40 显示了 FSS 的全波仿真 S 参数和计算的等效电路 S 参数的对比结果。从图中可以看出，在较宽的频带范围内，π 形网络的 S_{21} 在幅度和相位上均与 FSS 结构的 S_{21} 相一致。

第二个例子是图 3 - 41 所示的具有双带通特性的双环结构。该结构是由印刷在相对介电常数为 2.65 的介质基板上的同心环缝隙构成[61]，这两个环分别产生两个通带。由于该结构不对称，因此选择图 3 - 35(a)所示的非对称网络作为该结构的等效电路。根据所提出的参数提取步骤，在 0.1～20 GHz 的频率范围内，用 7 个频率点（0.1 GHz、5 GHz、9 GHz、10 GHz、12 GHz、15 GHz 和 20 GHz）提取 FSS 结构的等效电路，得到的集总元件参数如下：$L_1 = 0.1738$ nH、$L_2 = 0$ nH、$L_3 = 0.2169$ nH、$L_4 = 0.7176$ nH、$C_1 = 100$ pF、$C_2 = 500$ pF、$C_3 = 1.339$ pF、$C_4 = 0.3768$ pF。图 3 - 42 为 FSS 的全波仿真 S 参数和等效电路 S 参数之间的对比结果，可以看出两个结果吻合较好。从上述数值计算可以看出，利用所提出的方法可以有效地得到 FSS 等效电路。通过反演等效电路，可以很容易地实现 FSS 超表面的结构设计。

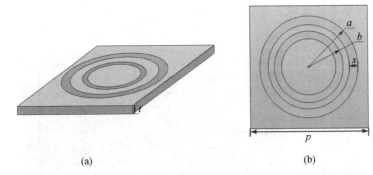

(a)   (b)

图 3-41　双环缝隙的 FSS 结构

(a) 三维模型；(b) FSS 的俯视图和结构参数

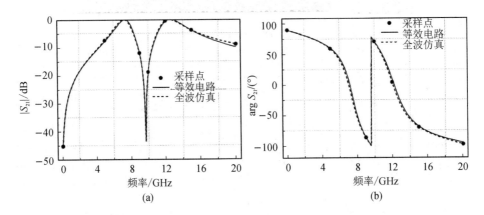

(a)   (b)

图 3-42　双环缝隙的 FSS 全波仿真与等效电路的 S 参数比较

(a) S_{21} 的幅度；(b) S_{21} 的相位

3.5.3　三谐振带通和带阻 LC 电路模型

上一节给出了双谐振带通和带阻 LC 电路模型，而具有更多谐振的带通和带阻电路模型，都可以通过频率变换技术对低通 LC 网络进行变换获得。图 3-43 至图 3-45 给出了三谐振的带通和带阻 FSS 的等效电路模型。

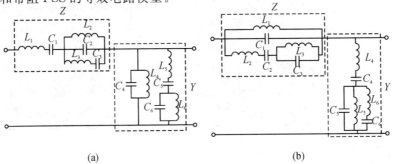

(a)   (b)

图 3-43　三谐振非对称网络等效 LC 电路

(a) 带通等效 LC 电路；(b) 带阻等效 LC 电路

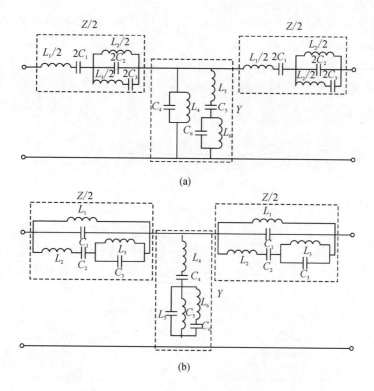

图 3 - 44 三谐振对称 T 形网络等效 LC 电路

(a) 带通等效 LC 电路；(b) 带阻等效 LC 电路

LC 等效电路中集总元件的提取步骤与 3.5.2 节相同。然而，为了确定三谐振带阻 LC 等效电路中集总元件的具体参数，图 3-43 至图 3-45 中的电容和电感可以表示为

$$\mathrm{Im}\left[\frac{1}{Z}\right]=-\omega C_1+\frac{1}{\omega L_1}-\frac{1}{(1/\omega C_2)-\omega L_2+1/(\omega C_3-(1/\omega L_3))} \qquad (3-54)$$

$$\mathrm{Im}\left[\frac{1}{Y}\right]=-\omega L_4+\frac{1}{\omega C_4}-\frac{1}{(1/\omega L_5)-\omega C_5+1/(\omega L_6-(1/\omega C_6))} \qquad (3-55)$$

在工作频带范围内，选取了几个关键频率点来确定式(3-54)和式(3-55)中的集总元件。基于双平方原理迭代搜索最优集总元件参数以最小化以下误差：

$$\frac{1}{N}\sum_{i=1}^{N}w_i\left|\omega_i C_1-\frac{1}{\omega_i L_1}+\frac{1}{(1/\omega_i C_2)-\omega_i L_2+1/(\omega_i C_3-(1/\omega_i L_3))}+\mathrm{Im}\left[\frac{1}{Z(\omega_i)}\right]\right|$$

$$(3-56)$$

$$\frac{1}{N}\sum_{i=1}^{N}w_i\left|\omega_i L_4-\frac{1}{\omega_i C_4}+\frac{1}{(1/\omega_i L_5)-\omega_i C_5+1/(\omega_i L_6-(1/\omega_i C_6))}+\mathrm{Im}\left[\frac{1}{Y(\omega_i)}\right]\right|$$

$$(3-57)$$

根据式(3-56)和式(3-57)可知，有 6 个待解的未知数。因此，求解该问题至少需要 6 个采样点，即 6 个或更多采样点就足以提取等效电路的集总元件。此外，当一个 FSS 的频率响应存在 3 个以上的谐振时，可以使用更高阶的谐振等效电路来进行表征。

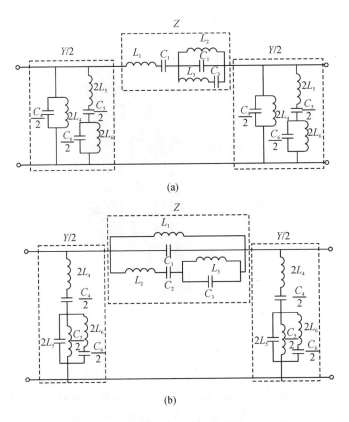

图 3-45　三谐振对称 π 形网络等效 LC 电路
（a）带通等效 LC 电路；（b）带阻等效 LC 电路

3.6　超材料/超表面全波快速仿真算法

除了等效媒质理论和等效电路方法外，全波仿真方法是分析和设计超材料和超表面的一种通用的方法。超材料/超表面通常是由金属和介质材料组成的周期阵列。由于超材料/超表面结构复杂，采用全波仿真方法分析这类结构时很容易产生巨大的未知量，所以快速算法是求解它们电磁响应的一个很好的选择。在本节中，我们使用一种与积分核无关的快速仿真算法——多层格林函数插值方法（MLGFIM）[62-68]来高效分析二维周期阵列。

3.6.1　周期阵列的体-面积分方程

考虑一个平面波以入射角 (θ_i, φ_i) 入射到图 3-46 所示的二维周期结构上。不失一般性，假设阵列在 xoy 平面上周期排布，并且具有由初基矢量 $\vec{\rho}_a$ 和 $\vec{\rho}_b$ 定义的倾斜晶格。阵列中 (m, n) 单元可以通过平移 $(0, 0)$ 单元获得，对应的晶格矢量为

$$\vec{\rho}_{mn} = m\vec{\rho}_a + n\vec{\rho}_b \tag{3-58}$$

根据等效原理，任意无限周期结构的总散射电场 $\vec{E}^s$ 总是可以表示为导体表面等效电

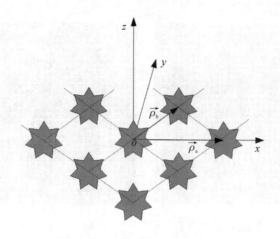

图 3-46　二维周期结构[68]

流辐射的电场 $\vec{E}_S^s$ 和非磁性的各向同性介质中等效体电流辐射的电场 $\vec{E}_V^s$ 之和，即

$$\vec{E}^s(\vec{r}) = \vec{E}_S^s(\vec{r}) + \vec{E}_V^s(\vec{r}) \tag{3-59}$$

其中，电场可以由辅助位加以表示为

$$\vec{E}_\alpha^s(\vec{r}) = -j\omega\vec{A}_\alpha(\vec{r}) - \nabla\varphi_\alpha(\vec{r}) \quad (\alpha = S, V) \tag{3-60}$$

根据源场关系，磁矢位和电标位为

$$\vec{A}_\alpha(\vec{r}) = \mu_0 \int_\alpha G(\vec{r}, \vec{r}') \vec{J}_\alpha(\vec{r}') \, d\alpha' \tag{3-61}$$

$$\varphi_\alpha(\vec{r}) = -\frac{1}{j\omega\varepsilon_0} \int_\alpha G(\vec{r}, \vec{r}') \nabla' \cdot \vec{J}_\alpha(\vec{r}') \, d\alpha' \tag{3-62}$$

其中自由空间的格林函数为

$$G(\vec{r}, \vec{r}') = \frac{e^{-jk_0 |\vec{r}-\vec{r}'|}}{4\pi |\vec{r}-\vec{r}'|} \quad (k_0 = \omega\sqrt{\mu_0\varepsilon_0}) \tag{3-63}$$

由导体上的边界条件可知，导体表面处的切向电场为零，即

$$\hat{n} \times [\vec{E}^i(\vec{r}) + \vec{E}^s(\vec{r})] = 0 \quad (\vec{r} \in S) \tag{3-64}$$

将式(3-60)至式(3-62)代入式(3-64)，可以得到导体表面上的电场积分方程(EFIE)，即

$$\hat{n} \times \vec{E}^i = -\hat{n} \times \left\{ \frac{\nabla\nabla \cdot \vec{A}_S + k^2\vec{A}_S}{j\omega\mu_0\varepsilon_0} + \frac{\nabla\nabla \cdot \vec{A}_V + k^2\vec{A}_V}{j\omega\mu_0\varepsilon_0} \right\} \quad (\vec{r} \in S) \tag{3-65}$$

另一方面，根据式(3-59)可以建立介质区域内部的电场积分方程，即

$$\frac{\vec{J}_V}{j\omega\varepsilon_0(\tilde{\varepsilon}_r - 1)} - \left\{ \frac{\nabla\nabla \cdot \vec{A}_S + k^2\vec{A}_S}{j\omega\mu_0\varepsilon_0} + \frac{\nabla\nabla \cdot \vec{A}_V + k^2\vec{A}_V}{j\omega\mu_0\varepsilon_0} \right\} = \vec{E}^i \quad (\vec{r} \in V) \tag{3-66}$$

其中 $\tilde{\varepsilon}(\vec{r})$ 为介质的复介电常数，V 为介质的体积，S 为导体表面积。

根据 Floquet 定理，导体上的表面电流和介质中的体电流满足如下关系

$$\vec{J}_S(\vec{r} + \vec{\rho}_{mn}) = \vec{J}_S(\vec{r}) \, e^{-j\vec{k}_{t00} \cdot \vec{\rho}_{mn}} \tag{3-67}$$

$$\vec{J}_V(\vec{r} + \vec{\rho}_{mn}) = \vec{J}_V(\vec{r}) \, e^{-j\vec{k}_{t00} \cdot \vec{\rho}_{mn}} \tag{3-68}$$

其中

$$\vec{k}_{t00} = k_0 \hat{k}_{t00} \tag{3-69}$$

$$\hat{k}_{t00} = -\sin\theta_i\cos\varphi_i\hat{x} - \sin\theta_i\sin\varphi_i\hat{y} \tag{3-70}$$

从式(3-67)和式(3-68)可知，只要将式(3-65)和式(3-66)中自由空间的格林函数替换为周期格林函数，就可以通过求解一个单元中的体积/表面积分方程来实现对周期阵列的分析。由 Floquet 定理，周期格林函数 $G_p(\vec{r}, \vec{r}')$ 可以表示为

$$G_p(\vec{r}, \vec{r}') = \sum_{m=-\infty}^{\infty} \sum_{n=-\infty}^{\infty} e^{-j\vec{k}_{t00} \cdot \vec{\rho}_{mn}} \frac{e^{-jk_0 R_{mn}}}{4\pi R_{mn}} \tag{3-71}$$

其中

$$R_{mn} = |\vec{r} - \vec{r}' - \vec{\rho}_{mn}| \tag{3-72}$$

3.6.2　周期边界条件

在利用基于矩量法(MoM)的快速算法求解周期阵列时，需要将其中的介质体采用四面体单元加以离散，导体表面采用三角形单元进行离散。在四面体单元和三角形单元上分别定义 SWG(Schaubert-Wilton-Glisson)基函数和 RWG(Rao-Wilton-Glisson)基函数来展开未知的体电流和表面电流。考虑到求解过程是在周期结构的单个单元中进行的，在单元的侧壁上定义的基函数需要满足式(3-67)和式(3-68)。通常，一个 SWG 基函数是定义在两个具有公共面的四面体单元上，而一个 RWG 其函数是定义在两个具有公共边的三角形单元上。在这种情况下，需要在单元的侧壁处定义半个 SWG 基函数和半个 RWG 基函数。图 3-47 给出了 SWG 的两个半基函数，即 $\vec{f}_f$ 和 $\vec{f}_b$。根据周期边界条件式(3-67)式(3-68)可知，$\vec{f}_f$ 和 $\vec{f}_b$ 满足如下的关系

$$\vec{f}_f = \vec{f}_b e^{-j\vec{k}_{t00} \cdot \vec{\rho}_a} \tag{3-73}$$

对于 RWG 基函数而言，定义在单元侧壁上的两个半基函数也满足式(3-73)。

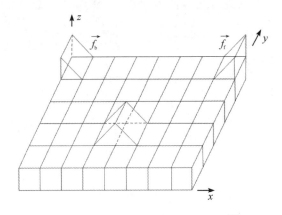

图 3-47　六面体单元和四边形单元[68]

3.6.3　周期的八叉树

MLGFIM 方法是一种多层算法，为了实现它，就需要建立一种基于八叉树的数据结构。具体来说，整个结构被一个大的立方体所包围，该立方体又被分为八个较小的子立方体。每个子立方体递归地细分为更小的立方体，直到最小的立方体满足终止条件为止。在八叉树的数据结构中，最大的立方体称为根立方体，它位于第 0 层。从第 0 层开始，每递归进行一次 1 分 8 的立方体细分操作，就形成了新的一层。在每一层中，每一个立方体分成了 8 个小的子立方体，这就形成了一种父子关系，该立方体称为父立方体，而细分得到的小立方体称为子立方体。若一个立方体 j 与立方体 i 相邻，且立方体 j 的父立方体与立方体 i 的父立方体相邻，则立方体 j 称为立方体 i 在该层中的邻居。如果一个立方体 j 与立方体 i 不相邻，但立方体 j 的父立方体与立方体 i 的父立方体相邻，则立方体 j 称为立方体 i 在该层中的相互作用列表。在 MLGFIM 中，立方体 i 与其邻居之间的相互作用是通过直接计算获得的，而立方体 i 与其相互作用列表之间的相互作用是通过插值近似快速求解得到的。根据周期边界条件，我们可以知道位于周期边界上的立方体之间存在关联。因此，应该重新定义邻居和相互作用列表。这里定义了镜像立方体，如图 3-48 所示。当立方体 A 与立方体 B 或立方体 B 的镜像立方体相邻(不相邻)，并且立方体 A 的父立方体与立方体 B 的父立方体或立方体 B 的父立方体的镜像立方体相邻时，立方体 A 被定义为立方体 B 的邻居(相互作用列表)。

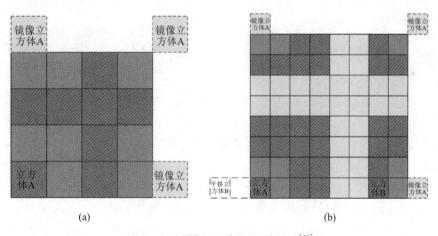

(a)　　　　　　　　　　　　(b)

图 3-48　周期八叉树的二维图示[68]

(a) 八叉树中的第二层；(b) 八叉树中的第三层

3.6.4　多层格林函数插值法

在 MLGFIM 方法中，邻居之间的近场相互作用是直接计算得到的，而远场相互作用则是采用格林函数插值法近似快速求解获得的。具体而言，矩阵与向量的乘法可分为两部分之和，即

$$\boldsymbol{AJ} = \boldsymbol{A}_{\text{near}}\boldsymbol{J} + \boldsymbol{A}_{\text{far}}\boldsymbol{J} \tag{3-74}$$

这里我们以与导体磁矢位相关的阻抗矩阵为例。通过伽辽金法测试，该阻抗矩阵元素可写为

$$Z_{mn} = -jk_0\eta_0 \int_{S_m} ds \int_{S_n} ds' G(\vec{r}, \vec{r}') \vec{f}_m(\vec{r}) \cdot \vec{f}_n(\vec{r}')$$

$$= \sum_{\xi=x, y, z} -jk_0\eta_0 \int_{S_m} ds \int_{S_n} ds' G(\vec{r}, \vec{r}') f_{m\xi}(\vec{r}) \cdot f_{n\xi}(\vec{r}') \qquad (3-75)$$

此处 $\vec{f}_m$ 和 $\vec{f}_n$ 分别是定义在导体表面 S_m 和 S_n 上的测试函数和基函数，并且 $f_{m\xi}$ 是 $\vec{f}_m$ 的 ξ 分量。这里 S_m 和 S_n 分别是第 m 和 n 个三角形对。测试函数的三角形对位于场立方体 G_u 中，基函数的三角形对位于源立方体 G_v 中，场立方体是源立方体的相互作用列表。在这种情况下，选择合适的插值函数去近似 $G(\vec{r}, \vec{r}')$，即

$$G(\vec{r}, \vec{r}') = \sum_{p=1}^{N} \sum_{q=1}^{N} w_{m, p}(\vec{r}) w_{n, q}(\vec{r}') G(\vec{r}_p, \vec{r}'_q) \qquad (3-76)$$

其中插值函数 $w_{m, p}(\vec{r})$ 和 $w_{n, q}(\vec{r}')$ 分别是定义在场立方体 G_u 和源立方体 G_v 中的插值函数，$\vec{r}_p$ 和 $\vec{r}'_q$ 分别是场立方体和源立方体中对应的插值点。将式(3-76)代入式(3-75)，则有

$$Z_{mn}^{(\xi)} = \left[\int_{S_m} ds f_{m\xi}(\vec{r}) \mathbf{w}_u^T(\vec{r}) \right] \mathbf{G} \left[\int_{S_n} ds' f_{n\xi}(\vec{r}') \vec{w}_v(\vec{r}') \right] = \mathbf{v}_{u, m}^T \cdot \mathbf{G} \cdot \mathbf{v}_{v, n} \quad (3-77)$$

其中 $\mathbf{w}_v(\vec{r}')$ 为由 $w_{n, q}(\vec{r}')$ 构成的插值函数向量，$\mathbf{w}_u(\vec{r})$ 为由 $w_{m, p}(\vec{r})$ 构成的插值函数向量，$\mathbf{G}$ 是由 $G(\vec{r}_p, \vec{r}'_q)$ 构成的格林函数矩阵，上标 T 表示转置操作。因此，场立方 G_u 和源立方 G_v 之间的阻抗子矩阵 $\mathbf{A}_{uv}$ 可以表示为

$$\mathbf{A}_{uv} = \begin{bmatrix} [\mathbf{v}_{u, 1}]^T \\ [\mathbf{v}_{u, 2}]^T \\ \vdots \\ [\mathbf{v}_{u, M_m}]^T \end{bmatrix} \cdot \mathbf{G} \cdot \begin{bmatrix} \mathbf{v}_{v, 1} & \mathbf{v}_{v, 2} & \cdots & \mathbf{v}_{v, N_n} \end{bmatrix}$$

$$= [\mathbf{W}(\mathbf{v})_u]^T \cdot \mathbf{G} \cdot \mathbf{W}(\mathbf{v})_v \qquad (3-78)$$

这里 M_m 和 N_n 是 G_u 和 G_v 中的未知数的数量。阻抗子矩阵 $\mathbf{A}_{uv}$ 与未知向量 $\mathbf{x}_v$ 之间的矩阵矢量乘法可以写为

$$\mathbf{A}_{uv}\mathbf{x}_v = [\mathbf{W}(\mathbf{v})_u]^T \cdot \mathbf{G} \cdot \mathbf{W}(\mathbf{v})_v \cdot \mathbf{x}_v \qquad (3-79)$$

式(3-79)给出 MLGFIM 中矩阵与向量之间的乘法操作，即通过三次矩阵矢量的乘法操作加以实现。为了使用八叉树的多层数据结构，阻抗矩阵与未知向量间的矩阵矢量操作包括三个步骤：

（1）使用第 $l+1$ 层到第 l 层的插值矩阵 $\mathbf{C}_{n_l, l; n_{l+1}, l+1}$ 依次从最底层 L 向最顶层 l_t 进行向上插值操作；

（2）在立方体 $G_{m_{l_t}, l_t}$ 及其相互列表 $G_{n_{l_t}, l_t}$ 之间使用格林函数矩阵在顶层 l_t 进行转移操作；

（3）使用格林函数矩阵和第 l 层到第 $l+1$ 层的插值矩阵依次从顶层 l_t 向最底层 L 进行向下插值操作。这里顶层 l_t 设为第二层。图3-49给出了计算式(3-74)中第二项的详细求解步骤。

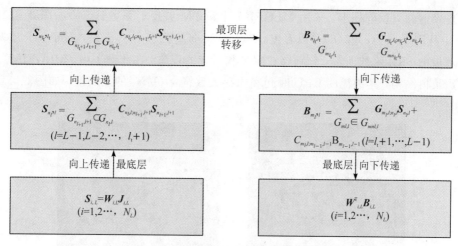

图 3-49　MLGFIM 的远场相互作用[68]

3.6.5　数值举例

首先考虑嵌有周期介质块的一个电介质板，如图 3-50(a)所示。一个 TM 波以入射角度 $\theta = 0°$，$\varphi = 0°$ 照射到介质板上。利用 MLGFIM 计算其镜面反射系数，并与文献[69]和[70]中的结果进行比较，如图 3-50(b)所示。利用 MLGFIM 计算得到的全波仿真结果与有限元-边界积分(FEM-BI)的计算结果[70]吻合良好，与体积分方程(VIE)的计算结果[69]相比在谱域上有略微的频率偏移。

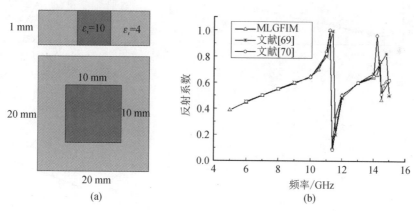

图 3-50　嵌入周期介质块的介质板[68]

(a) 单元几何结构；(b) TM 波功率反射系数

第二个实例如图 3-51(a)和(b)所示，分别求解有无介质基板的分裂环谐振器(SRR)[71]的二维晶格。在该结构中，导线宽度、间隙和长度分别为 0.33 mm、0.33 mm 和 3 mm。介质基板的厚度为 0.33 mm，相对介电常数为 4。结构在 x 方向和 y 方向的周期均为 3.66 mm。这里我们考虑三种情况：第一种是仅包含平行于 xoy 平面的单 SRR 阵列；第二种是同时包含平行于 xoy 平面和 xoz 平面的双 SRR 阵列；第三种是包含平行于 xoy 平面、xoz 平面和 yoz 平面的三 SRR 阵列，如图 3-51(a)所示。考虑一个电场平行于 x 轴的均匀平面波垂直入射到周期阵列上，采用 MLGFIM 计算 TM 波反射系数，结果如图 3-51(c) 和 (d) 所示。从图 3-51(c) 和 (d) 可以看出，当入射波垂直于 SRR 阵列时，对于无介质基板和有介质基板的 SRR 阵列而言，分别存在阻带和通带的现象。在此例子中，MLGFIM 采用了四层的八叉树结构，其消耗的 CPU 时间和内存大致符合 $O(N)$ 的复杂度，如图 3-51(e) 和 (f) 所示。

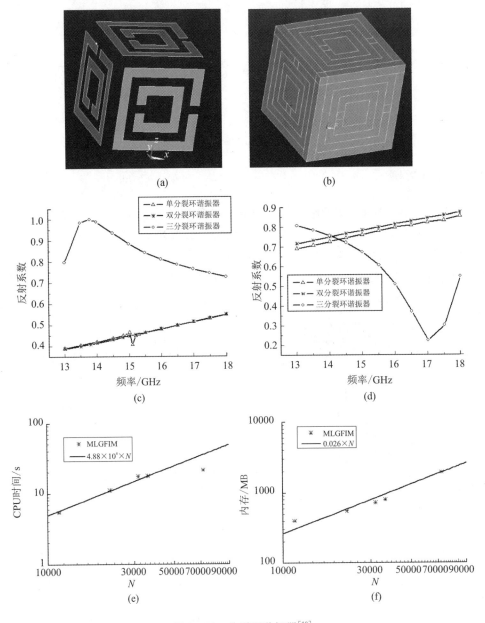

图 3-51   分裂环谐振器[68]

(a) 无介质基板的周期 SRR 阵列；(b) 有介质基板的周期 SRR 阵列；

(c) 无介质基板的周期 SRR 阵列的反射；(d) 有介质基板的周期 SRR 阵列的反射；

(e) 计算时间的复杂度；(f) 内存消耗的复杂性

本 章 小 结

　　本章介绍了超材料和超表面的四种分析方法。首先提出用局部谐振腔单元(LRCC)模型来分析电磁带隙结构，阐述了表面波抑制带隙与同相反射相位之间的关系。其次，根据等效媒质理论，采用基于 NRW 的反演方法和相位解卷绕方法，分别对电薄和电厚超材料进行建模。接着为了表征非均匀超材料结构，引入了分段均匀各向同性介质的平面多层模型，通过迭代解法或直接解法提取非均匀超材料结构的等效参数。此外，本章还介绍了一种基于多谐振等效电路的超表面分析方法。将曲线拟合技术与滤波电路模型和全波快速仿真结果相结合，实现了在较宽的频带范围内对超表面的建模。最后，提出了一种全波快速仿真算法，即多层格林函数插值方法，用于快速求解周期阵列，通过周期的树形数据结构和快速的插值过程，高效率地实现了对周期结构的精确仿真。

习　　题

　　1. 采用 HFSS 本征求解器仿真图 3 - 3 中方形 EBG 结构的谐振模式，EBG 的几何尺寸如下：$W=6.0$ mm，$g=1.0$ mm，$t=2.0$ mm，$r=0.75$ mm。

　　2. 针对习题 1 中的 EBG 结构，利用 HFSS 全波仿真软件，仿真该 EBG 结构在波导探针测量的两种方案(如图 3 - 8(b)和(c))下的反射系数的幅度和相位。这里采用 WR90 波导(22.86 mm×10.16 mm)，在第一种测量方案中 EBG 阵列为 5×5，在第二种测量方案中 EBG 阵列为 3×1。

　　3. 采用 HFSS 仿真两个相同的低剖面倒 L 天线间的隔离度在不同的天线间距 d 下随频率变化的曲线。这里 $d=7.5$ mm，22.5 mm，37.5 mm，频率范围为 7.5～11 GHz。低剖面倒 L 天线的结构如图 3 - 15 所示，EBG 的几何参数与习题 1 一致。低剖面倒 L 天线长度为 22.5 mm，距 EBG 结构为 1.5 mm。

　　4. 试推导式(3 - 11)和式(3 - 12)的表达式。

　　5. 试推导式(3 - 32)和式(3 - 35)的表达式。

　　6. 对于厚度分别为 d_1 和 d_2 的两层超材料结构，第一层的折射率和归一化阻抗分别为 n_1、η_1，第二层的折射率和归一化阻抗分别为 n_2、η_2，试写出两层超材料结构的 S_{11}、S_{21} 和 S_{22} 的表达式。

　　7. 写出双谐振带阻等效 LC 电路的非对称网络、T 形网络、π 形网络的 $ABCD$ 参数。

　　8. 写出三谐振带阻等效 LC 电路的非对称网络、T 形网络、π 形网络的串联阻抗 Z 和并联导纳 Y 的表达式。

　　9. 假设一个电场为 $\vec{E}^i$ 的平面波从自由空间入射到表面积为 S 的理想导体上，推导理想导体表面上的电场积分方程的表达式。这里自由空间中的格林函数为 $G(\vec{r}, \vec{r}') =$

$\exp(-jk_0|\vec{r}-\vec{r}'|)/(4\pi|\vec{r}-\vec{r}'|)$。

10. 假设一个电场为 $\vec{E}^i$ 的平面波从自由空间入射到一个介电常数为 ε 的非磁性介质上（介质的表面积为 S，体积为 V），推导介质中的电场积分方程的表达式。这里自由空间中的格林函数为 $G(\vec{r},\vec{r}')=\exp(-jk_0|\vec{r}-\vec{r}'|)/(4\pi|\vec{r}-\vec{r}'|)$。

参 考 文 献

[1] VESELAGO V G. The electrodynamics of substances with simultaneously negative values of ε and μ[J]. Physics-Uspekhi, 1968, 10(4): 509 - 514.

[2] ENGHETA N, ZIOLKOWSKI R. Metamaterials: physics and engineering explorations[M]. John Wiley & Sons, 2006.

[3] CALOZ C, ITOH T. Electromagnetic metamaterials: transmission line theory and microwave applications[M]. John Wiley & Sons, 2005.

[4] CUI T J, SMITH D R, LIU R P, Metamaterials theory, design, and applications [M]. New York: Springer, 2010.

[5] WERNER D, KWON D. Transformation electromagnetics and metamaterials[M]. London, UK: Springer, 2013.

[6] WERNER D H. Broadband metamaterials in electromagnetics: technology and applications[M]. CRC Press, 2017.

[7] SIEVENPIPER D, ZHANG L, BROAS R F J, et al. High-impedance electromagnetic surfaces with a forbidden frequency band[J]. IEEE Transactions on Microwave Theory and Techniques, 1999, 47(11): 2059 - 2074.

[8] YANG F, RAHMAT-SAMII Y. Reflection phase characterizations of the EBG ground plane for low profile wire antenna applications[J]. IEEE Transactions on Antennas and Propagation, 2003, 51(10): 2691 - 2703.

[9] YANG F, RAHMAT-SAMII Y. Microstrip antennas integrated with electromagnetic band-gap (EBG) structures: A low mutual coupling design for array applications[J]. IEEE Transactions on Antennas and Propagation, 2003, 51(10): 2936 - 2946.

[10] LI L, CHEN Q, YUAN Q, et al. Surface-wave suppression band gap and plane-wave reflection phase band of mushroomlike photonic band gap structures[J]. Journal of Applied Physics, 2008, 103(2): 023513.

[11] LI Y Q, ZHANG H, FU Y Q, et al. RCS reduction of ridged waveguide slot antenna array using EBG radar absorbing material[J]. IEEE Antennas and Wireless Propagation Letters, 2008, 7: 473 - 476.

[12]　CHEN X，LI L，LIANG C H，et al. Locally resonant cavity cell model for meandering slotted electromagnetic band gap structure[J]. IEEE Antennas and Wireless Propagation Letters，2010，9：3 – 7.

[13]　MARTINI E，SARDI G M，MACI S. Homogenization processes and retrieval of equivalent constitutive parameters for multisurface-metamaterials [J]. IEEE Transactions on Antennas and Propagation，2014，62(4)：2081 – 2092.

[14]　NICOLSON A M，ROSS G F. Measurement of the intrinsic properties of materials by time-domain techniques [J]. IEEE Transactions on Instrumentation and Measurement，1970，19(4)：377 – 382.

[15]　WEIR W B. Automatic measurement of complex dielectric constant and permeability at microwave frequencies[J]. Proceedings of the IEEE，1974，62(1)：33 – 36.

[16]　BAKER-JARVIS J，VANZURA E J，KISSICK W A. Improved technique for determining complex permittivity with the transmission/reflection method[J]. IEEE Transactions on Microwave Theory and Techniques，1990，38 (8)：1096 – 1103.

[17]　BOUGHRIET A H，LEGRAND C，CHAPOTONA. Noniterative stable transmission/reflection method for low-loss material complex permittivity determination[J]. IEEE Transactions on Microwave Theory and Techniques，1997，45(1)：52 – 57.

[18]　CHEN X，GRZEGORCZYK T M，WU B I，et al. Robust method to retrieve the constitutive effective parameters of metamaterials[J]. Physical Review E，2004，70 (1)：016608.

[19]　SMITH D R，VIER D C，KOSCHNY T，et al. Electromagnetic parameter retrieval from inhomogeneous metamaterials[J]. Physical Review E，2005，71(3)：036617.

[20]　VARADAN VV，RO R. Unique retrieval of complex permittivity and permeability of dispersive materials from reflection and transmitted fields by enforcing causality [J]. IEEE transactions on Microwave Theory and Techniques，2007，55 (10)：2224 – 2230.

[21]　CHALAPAT K，SARVALA K，LI J，et al. Wideband reference-plane invariant method for measuring electromagnetic parameters of materials [J]. IEEE Transactions on Microwave Theory and Techniques，2009，57(9)：2257 – 2267.

[22]　SZABO Z，PARK G H，HEDGE R，et al. A unique extraction of metamaterial parameters based on Kramers-Kronig relationship [J]. IEEE Transactions on Microwave Theory and Techniques，2010，58(10)：2646 – 2653.

[23]　LUUKKONEN O，MASLOVSKI S I，TRETYAKOVS A. A stepwise Nicolson-Ross-Weir-based material parameter extraction method[J]. IEEE Antennas and

Wireless Propagation Letters，2011，10：1295 - 1298.

[24] BARROSO JJ，HASAR U C. Resolving phase ambiguity in the inverse problem of transmission/reflection measurement methods[J]. Journal of Infrared，Millimeter，and Terahertz Waves，2011，32：857 - 866.

[25] BARROSO JJ，HASAR U C. Constitutive parameters of a metamaterial slab retrieved by the phase unwrapping method[J]. Journal of Infrared，Millimeter，and Terahertz Waves，2012，33：237 - 244.

[26] SHI Y，HAO T，LI L，et al. An improved NRW method to extract electromagnetic parameters of metamaterials [J]. Microwave and Optical Technology Letters，2016，58(3)：647 - 652.

[27] SHI Y，LI Z Y，LI L，et al. An electromagnetic parameters extraction method for metamaterials based on phase unwrapping technique[J]. Waves in Random and Complex Media，2016，26(4)：417 - 433.

[28] LI Z，AYDIN K，OZBAY E. Determination of the effective constitutive parameters of bianisotropic metamaterials from reflection and transmission coefficients[J]. Physical Review E，2009，79(2)：026610.

[29] JIANG Z H，BOSSARD J A，WANG X，et al. Synthesizing metamaterials with angularly independent effective medium properties based on an anisotropic parameter retrieval technique coupled with a genetic algorithm[J]. Journal of Applied Physics，2011，109(1)：013515.

[30] LI Z，ZHAO R，KOSCHNY T，et al. Chiral metamaterials with negative refractive index based on four "U" split ring resonators[J]. Applied Physics Letters，2010，97(8)：081901.

[31] BAGINSKI M E，FAIRCLOTH D L，DESHPANDE MD. Comparison of two optimization techniques for the estimation of complex permittivities of multilayered structures using waveguide measurements[J]. IEEE Transactions on Microwave Theory and Techniques，2005，53(10)：3251 - 3259.

[32] SHI Y，LI Z Y，LIK，et al. A retrieval method of effective electromagnetic parameters for inhomogeneous metamaterials[J]. IEEE Transactions on Microwave Theory and Techniques，2017，65(4)：1160 - 1178.

[33] PENDRY J B. Negative refraction makes a perfect lens[J]. Physical Review Letters，2000，85(18)：3966.

[34] LAI Y，CHEN H，ZHANG Z Q，et al. Complementary media invisibility cloak that cloaks objects at a distance outside the cloaking shell[J]. Physical Review Letters，2009，102(9)：093901.

[35] JIANG W X，CUI T J. Radar illusion via metamaterials[J]. Physical Review E，2011，83(2)：026601.

[36]　SHI Y, TANG W, LIANG C H. A minimized invisibility complementary cloak with a composite shape[J]. IEEE Antennas and Wireless Propagation Letters, 2014, 13: 1800 − 1803.

[37]　HUO F F, LI L, LI T, et al. External invisibility cloak for multiobjects with arbitrary geometries[J]. IEEE Antennas and Wireless Propagation Letters, 2014, 13: 273 − 276.

[38]　SHI Y, TANG W, LI L, et al. Three-dimensional complementary invisibility cloak with arbitrary shapes[J]. IEEE Antennas and Wireless Propagation Letters, 2015, 14: 1550 − 1553.

[39]　SHI Y, ZHANG L, TANG W, et al. Design of a minimized complementary illusion cloak with arbitrary position[J]. International Journal of Antennas and Propagation, 2015.

[40]　ZHANG L, SHI Y, LIANG C H. Achieving illusion and invisibility of inhomogeneous cylinders and spheres[J]. Journal of Optics, 2016, 18(8): 085101.

[41]　ZHANG L, SHI Y, LIANG C H. Optimal illusion and invisibility of multilayered anisotropic cylinders and spheres[J]. Optics Express, 2016, 24(20): 23333 − 23352.

[42]　SHI Y, ZHANGL. Cloaking design for arbitrarily shape objects based on characteristic mode method[J]. Optics Express, 2017, 25(26): 32263 − 32279.

[43]　LANDY N I, SAJUYIGBE S, MOCK J J, et al. Perfect metamaterial absorber[J]. Physical Review Letters, 2008, 100(20): 207402.

[44]　LI L, YANG Y, LIANG C. A wide-angle polarization-insensitive ultra-thin metamaterial absorber with three resonant modes[J]. Journal of Applied Physics, 2011, 110(6): 063702.

[45]　ZHANG Y, SHI Y, LIANG C H. Broadband tunable graphene-based metamaterial absorber[J]. Optical Materials Express, 2016, 6(9): 3036 − 3044.

[46]　SHI Y, LI Y C, HAO T, et al. A design of ultra-broadband metamaterial absorber [J]. Waves in Random and Complex Media, 2017, 27(2): 381 − 391.

[47]　ZHANG L, SHI Y, YANG J X, et al. Broadband transparent absorber based on indium tin oxide-polyethylene terephthalate film[J]. IEEE Access, 2019, 7: 137848 − 137855.

[48]　SHI Y, LI K, WANG J, et al. An etched planar metasurface half Maxwell fish-eye lens antenna[J]. IEEE Transactions on Antennas and Propagation, 2015, 63(8): 3742 − 3747.

[49]　YU S, LI L, SHI G, et al. Design, fabrication, and measurement of reflective metasurface for orbital angular momentum vortex wave in radio frequency domain [J]. Applied Physics Letters, 2016, 108(12): 121904.

[50]　YU S, LI L, SHI G, et al. Generating multiple orbital angular momentum vortex

beams using a metasurface in radio frequency domain[J]. Applied Physics Letters, 2016, 108(24): 241901.

[51] SHI Y, ZHANG Y. Generation of wideband tunable orbital angular momentum vortex waves using graphene metamaterial reflectarray[J]. IEEE Access, 2017, 6: 5341 – 5347.

[52] YAN S, LI Y C. Design of broadband leaky-wave antenna based on permeability-negative transmission line[J]. Microwave and Optical Technology Letters, 2018, 60(3): 699 – 704.

[53] MENG Z K, SHI Y, WEI W Y, et al. Multifunctional scattering antenna array design for orbital angular momentum vortex wave and RCS reduction[J]. IEEE Access, 2020, 8: 109289 – 109296.

[54] JOANNOPOULOS J, MEADE R D, WINN J. Photonic crystals-princeton[M]. NJ: Princeton, 1995.

[55] Li L, Li B, Liu H X, et al. Locally resonant cavity cell model for electromagnetic band gap structures[J]. IEEE Transactions on Antennas and Propagation, 2006, 54 (1): 90 – 100.

[56] SIEVENPIPER D F. High-impedance electromagnetic surfaces[M]. Los Angeles University of California: 1999.

[57] DIAZ R E, ABERLE J T, MCKINZIE W E. TM mode analysis of a Sievenpiper high-impedance reactive surface [C]//IEEE Antennas and Propagation Society International Symposium. Transmitting Waves of Progress to the Next Millennium. 2000 Digest. Held in conjunction with: USNC/URSI National Radio Science Meeting IEEE, 2000, 1: 327 – 330.

[58] LUCARINI V, SAARINEN JJ, PEIPONEN K E, et al. Kramers-Kronig relations in optical materials research[M]. Springer Science & Business Media, 2005.

[59] POZAR D M. Microwave engineering[M]. John Wiley & Sons, 2011.

[60] http://www. ni. com/white-paper/6954/en/.

[61] PARKER E A, HAMDY S M A, LANGLEY R J. Arrays of concentric rings as frequency selective surfaces[J]. Electronics Letters, 1981, 17: 880.

[62] WANG H G, CHAN C H, TSANG L. A new multilevel Green's function interpolation method for large-scale low-frequency EM simulations [J]. IEEE Transactions on Computer-Aided Design of Integrated Circuits and Systems, 2005, 24(9): 1427 – 1443.

[63] WANG H G, CHAN C H. The implementation of multilevel Green's function interpolation method for full-wave electromagnetic problems [J]. IEEE Transactions on Antennas and Propagation, 2007, 55(5): 1348 – 1358.

[64] LI L, WANG H G, CHAN C H. An improved multilevel Green's function

interpolation method with adaptive phase compensation[J]. IEEE Transactions on Antennas and Propagation，2008，56(5)：1381－1393.

[65]　SHI Y，WANG H G，LI L，et al. Multilevel Green's function interpolation method for scattering from composite metallic and dielectric objects[J]. JOSA A，2008，25 (10)：2535－2548.

[66]　SHI Y，CHAN C H. An OpenMP parallelized multilevel Green's function interpolation method accelerated by fast Fourier transform technique[J]. IEEE Transactions on antennas and propagation，2012，60(7)：3305－3313.

[67]　SHI Y，CHAN C H. Comparison of interpolating functions and interpolating points in full-wave multilevel Green's function interpolation method [J]. IEEE Transactions on Antennas and Propagation，2010，58(8)：2691－2699.

[68]　SHI Y，CHAN C H. Multilevel Green's function interpolation method for analysis of 3－D frequency selective structures using volume/surface integral equation[J]. JOSA A，2010，27(2)：308－318.

[69]　YANG H Y D，DIAZ R，ALEXOPOULOS N G. Reflection and transmission of waves from multilayer structures with planar-implanted periodic material blocks [J]. JOSA B，1997，14(10)：2513－2521.

[70]　EIBERT T F，VOLAKIS J L，WILTON D R，et al. Hybrid FE/BI modeling of 3－D doubly periodic structures utilizing triangular prismatic elements and an MPIE formulation accelerated by the Ewald transformation[J]. IEEE Transactions on Antennas and Propagation，1999，47(5)：843－850.

[71]　KOSCHNY T，MARKOŠ P，SMITH D R，et al. Resonant and antiresonant frequency dependence of the effective parameters of metamaterials[J]. Physical Review E，2003，68(6)：065602.

第4章 电磁带隙超表面的分析与应用

4.1 引　言

人造电磁材料，如光子带隙结构[1-2]、频率选择表面[3]和左手材料[4-6]等，被归类为超材料范畴，通常使用二维或三维周期性金属和介质结构[7-9]加工而成。近年来，由于其特殊的电磁特性，引起了人们的广泛关注，进而被融入各类电磁器件的设计之中。

EBG具有表面波抑制带隙和同相反射相位带隙两种新颖的电磁特性，因此已被应用于高速电路、天线和微波等领域。表面波抑制带隙可用于抑制功率噪声的传播，改善信号完整性，也可用于降低天线间的相互耦合，提升天线与微波器件的性能。而同相反射相位带隙可用于低剖面天线设计、天线隐身设计等方面。

本章将从理论上阐述EBG的两个特性，即表面波抑制带隙特性和同相反射特性，并阐明了它们之间的关系，此外还将进一步介绍EBG在各种实际工程的应用，包括高速电路噪声抑制、天线基板和覆层设计等。

4.2　电磁带隙和高阻抗理论

由 D. Sievenpiper 提出的蘑菇状 EBG 结构具有紧凑性、平面性、低损耗和宽频阻带[8-9]等特性，因而能够广泛应用于通信天线和阵列设计之中。传统的二维蘑菇状 EBG 结构是由在电介质基板上的平面周期性方形贴片组成的，并通过垂直金属柱或金属通孔接地，如图 4-1 所示。

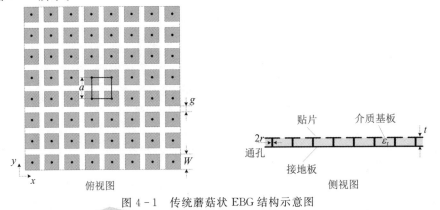

图 4-1　传统蘑菇状 EBG 结构示意图

　　值得指出的是，在蘑菇状 EBG 结构中，金属贴片可以有任意的形状，相应的阵列排列也可以是任意的，如矩形排列、六边形排列、三角形排列等。蘑菇状 EBG 结构的物理机制可以从 LC 并联谐振电路的角度加以解释。

　　当电磁波照射到 EBG 结构上时，两种感应电荷在相邻金属贴片之间聚积，从而导致它们之间产生了电位差，这可以等效为电容效应，如图 4-2 所示。另一方面，产生的电位差通过金属通孔形成电流回路，这等效为电感效应。电容 C 可以采用基于共形映射的准静态近似方法求得[10]，即

$$C = \frac{\varepsilon_0 (1 + \varepsilon_r) W}{\pi} \mathrm{arcosh}\left(\frac{a}{g}\right) \tag{4-1}$$

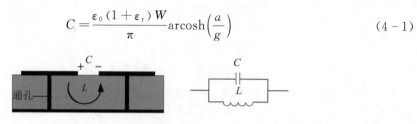

图 4-2　等效电路结构模型

其中，W 是金属贴片宽度，g 是贴片之间的带隙宽度，a 表示 EBG 结构的周期，ε_r 为介质基板的相对介电常数，ε_0 是自由空间的介电常数。

　　除了准静态近似方法以外，电容 C 也可以采用低频的传输线方法求解[11]，即

$$C = \frac{\varepsilon_0 (1 + \varepsilon_r) a}{\pi} \log\left(\frac{2a}{\pi g}\right) \tag{4-2}$$

基于螺线管的模型，电感 L 可以近似计算为

$$L = \mu_0 t \tag{4-3}$$

其中，t 表示介质基板厚度，μ_0 是自由空间的磁导率。

　　等效 LC 并联谐振电路的谐振频率和带隙宽度可以采用如下公式获得：

$$\omega_0 = \frac{1}{\sqrt{LC}} \tag{4-4}$$

$$\mathrm{BW} = \frac{\Delta\omega}{\omega_0} = \frac{1}{\eta}\sqrt{\frac{L}{C}} \tag{4-5}$$

这里，η 是自由空间的波阻抗，即 $\eta = 120\pi$。阻抗可以用电感 L 和电容 C 加以表示

$$Z = \frac{\mathrm{j}\omega L}{1 - \omega^2 LC} \tag{4-6}$$

　　在谐振频率下，LC 谐振电路的阻抗往往趋于无限大，图 4-3 显示了阻抗随频率的变化曲线。由图可以观察到，EBG 结构在谐振频率附近表现出高阻抗特性。等效谐振电路在谐振频率以下为感性，在谐振频率以上为容性。因此，在谐振频率附近的频带中，谐振电路近似等效为开路，从而抑制了表面波的传播，产生了表面波抑制带隙。同时，由于频带中的高表面阻抗特性，实现了同相反射相位带隙，这也意味着当平面波入射到 EBG 表面时，在同相反射相位带隙中，反射波与入射波的相位相同[9]。

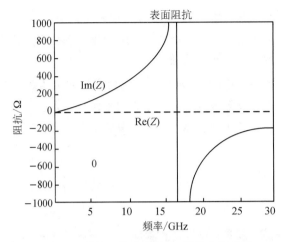

图 4-3　等效电路中的频率-阻抗变化曲线

4.2.1　表面波抑制带隙

　　沿介质与空气交界面传播的波称为表面波。EBG 结构可以抑制表面波的传播。为了阐明这一现象，分别考虑横磁（transverse magnetic，TM）和横电（transverse electric，TE）波的表面阻抗和色散公式，具体如下：

$$Z_{\text{TM}} = \frac{\mathrm{j}\alpha}{\omega\varepsilon} \tag{4-7}$$

$$k_{\text{TM}} = \frac{\omega}{c}\sqrt{1 - \frac{Z_{\text{TM}}^2}{\eta^2}} \tag{4-8}$$

$$Z_{\text{TE}} = \frac{-\mathrm{j}\omega\mu}{\alpha} \tag{4-9}$$

$$k_{\text{TE}} = \frac{\omega}{c}\sqrt{1 - \frac{\eta^2}{Z_{\text{TE}}^2}} \tag{4-10}$$

其中 α 和 k 分别为衰减因子和传输因子，c 为光速。将等效电路的阻抗（式（4-6））代入色散公式，即式（4-8）和式（4-10）之中，即可绘出表面波色散曲线，如图 4-4 所示。

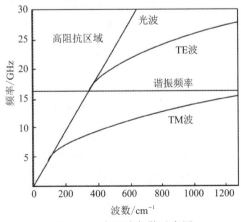

图 4-4　表面波色散示意图

从图 4-4 中可以看出，TM 波和 TE 波在低频区域重叠，但它们分别覆盖不同的频段范围。其中，TM 波主要在小于谐振频率的频带内传播，而 TE 波主要在大于谐振频率的频带内传播。在谐振频率附近，TM 波和 TE 波都不能传播，从而形成表面波抑制带隙。

4.2.2　EBG 反射相位带隙

除了具有表面波抑制带隙特性外，EBG 结构的同相反射相位带隙也是一个独特的特性。当一个平面波垂直照射到两个媒质的交界面上时，会产生反射波。假设入射波的电场幅度为 E_i、磁场幅度为 H_i，反射波的电场幅度为 E_r、磁场幅度为 H_r，交界面位于 $x=0$ 处，入射区域的波阻抗为 η，如图 4-5 所示。若交界面为各向同性的界面，入射区域中的总场可以表示为

$$E(x) = E_i e^{jkx} + E_r e^{jkx} \tag{4-11}$$

$$H(x) = H_i e^{jkx} + H_r e^{jkx} \tag{4-12}$$

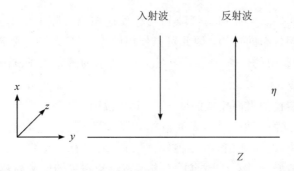

图 4-5　平面波垂直入射到交界面的示意图

在 $x=0$ 处的阻抗表面的等效阻抗可以表示为

$$Z = \frac{E(x=0)}{H(x=0)} \tag{4-13}$$

交界面处的反射系数为

$$\Gamma = \frac{Z - \eta}{Z + \eta} \tag{4-14}$$

此外，反射相位可以推导如下：

$$\Phi = \mathrm{Im}\left\{ \ln\left(\frac{Z-\eta}{Z+\eta}\right) \right\} \tag{4-15}$$

式(4-15)给出了阻抗和反射相位之间的关系[10]。由此可以看出，当阻抗无穷大时(对应于理想磁导体)，反射系数为 1，反射相位为 0。当阻抗为 0 时(对应于理想电导体)，反射系数为 -1，反射相位为 π。将等效电路给出的 EBG 阻抗，即式(4-6)代入式(4-14)，可得反射相位随频率的变化曲线，如图 4-6 所示。由图可以看出，EBG 的反射相位在 -180° ~ +180° 的范围内周期性变化。与 180° 的金属反射相位相比，EBG 的一个突出特点是存在 0° 的反射相位，即存在同相反射相位。同相反射相位带隙指相位范围为 -90° ~ +90° 的频带[9-10]。

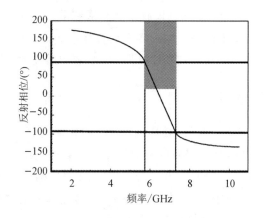

图 4-6　反射相位随频率的变化

4.2.3　表面波抑制带隙与平面波同相反射相位带隙的关系

　　蘑菇状 EBG 结构的表面波抑制带隙和同相反射相位带隙主要由其几何参数决定。考虑到 EBG 结构是周期排布的结构，因此可以使用图 4-7 所示的无限周期结构模型分别分析其几何参数对两个带隙的影响[12]。对于图 4-1 所示的蘑菇状 EBG 结构，其几何参数如下：$W=0.14\lambda_{6\,\text{GHz}}$，$g=0.006\lambda_{6\,\text{GHz}}$，$t=0.03\lambda_{6\,\text{GHz}}$，$r=0.01\lambda_{6\,\text{GHz}}$，$\varepsilon_r=2.65$。图 4-8(a)显示了该 EBG 结构中传播的表面模式的 k-β 仿真色散图。这里的 $k=\omega/c$ 为自由空间波数，β 为表面波传播常数。第一种(主模)表面波模式是 TM 模式，它没有截止频率；第二种是 TE 模式。在第一种模式 TM_0 和第二种模式 TE_1 之间有一个完整的阻带，频带范围为 5.771～8.45 GHz。在此图中，Γ、X 和 M 表示不可约布里渊区的对称点。Γ-X 分支表示 $\beta_y=0$ 时 $\beta_x a/\pi$ 随频率的变化，X-M 分支表示 $\beta_x=\pi/a$ 时 $\beta_y a/\pi$ 随频率的变化，M-Γ 分支表示 $\beta_x=\beta_y$ 时 $\beta_x a/\pi$ 随频率的变化。通过 Γ-X 分支、X-M 分支和 M-Γ 分支，我们遍历了 x 方向和 45°方向上所有可能的波矢量及其他方向上的两个特殊点，即最小和最大的波矢量。在这个不可约布里渊区内进行计算可提供足够的表面波抑制带隙信息。图 4-8(b)显示了传输系数 S_{21} 的频率响应，其中 TM 和 TE 表面波分别通过使用一对垂直于 EBG 表

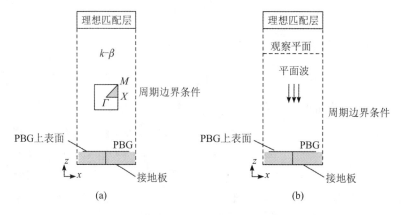

图 4-7　蘑菇状 EBG 结构的无限周期模型

(a) 不可约布里渊区色散图模型；(b) 平面波在垂直入射时的反射相位模型

面(TM 模式)的小单极子天线和一对平行于 EBG 表面(TE 模式)的小环形天线进行测量。从图中可以看出，仿真的表面波抑制带隙与实测结果保持一致[13]。

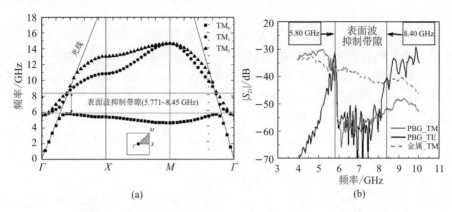

(a)　　　　　　　　　　　　　(b)

图 4 - 8　EBG 结构表面波抑制带隙的测量与仿真结果

(a) 仿真 $k - \beta$ 色散图；(b) 实测 EBG 结构的 TM 和 TE 表面波传输系数

反射相位带隙通常不仅取决于 EBG 结构本身，还取决于平面波的入射角和极化。对于垂直入射而言，反射相位是与极化无关的，在这种情况下更易于识别表面波带隙的特征。图 4 - 7(b)给出了用于计算平面波在垂直入射下的反射相位的模型，观察平面在 EBG 表面的远场区域。在观察平面后方放置一个理想匹配层(PML)来吸收产生的反射波。记录观察平面上的散射电场 E_{EBG}^{S}，并使用以下公式计算观察平面上平均的反射相位

$$\varphi_{\text{EBG}}' = \frac{\int_{s} \text{Phase}(E_{\text{EBG}}^{S})\,\text{d}s}{\int_{s} \hat{s} \cdot \vec{\text{d}}s} \qquad (4 - 16)$$

其中，Phase( )表示取相位，S 是观测平面，$\hat{s}$ 是观测平面的法向单位矢量。作为参考，利用下式计算理想导体(PEC)表面产生的反射电场的平均反射相位：

$$\varphi_{\text{PEC}}' = \frac{\int_{s} \text{Phase}(E_{\text{PEC}}^{S})\,\text{d}s}{\int_{s} \hat{s} \cdot \vec{\text{d}}s} - \pi \qquad (4 - 17)$$

由于 PEC 表面与 EBG 上表面重合，而观察平面保持不变，因此为了补偿理想导体表面所产生的 180°的相移在式(4 - 17)中减去了 π 因子。

最终得到 EBG 的反射相位为

$$\varphi_{\text{EBG}} = \varphi_{\text{EBG}}' - \varphi_{\text{PEC}}' \qquad (4 - 18)$$

下面分析 EBG 结构参数对两个频带的影响以及两个带隙之间的关系。图 4 - 9(a)～(e)分别显示了在不同的贴片宽度、带隙宽度、介质基板厚度、介质基板相对介电常数和通孔半径下，EBG 的表面波抑制带隙和反射相位带隙随频率的变化曲线。图 4 - 9 中每条曲线上两个圆点之间的频率间隔表示相应 EBG 结构的表面波抑制带隙的范围，该带隙位置可以通过色散图仿真计算得出。通过对这些结果进行分析，将两个带隙的电磁特性和两个带隙之间的关系总结如下[13]：

(1) 表面波抑制带隙不一定与同相反射相位带隙有关。两个带隙之间的对应关系随几何参数的变化而变化，特别是对于 TM 波的带隙边缘随参数值的变化而显著变化。

（2）这两个带隙的特性随几何参数的变化几乎相同，这意味着我们可以利用 EBG 参数对同相反射相位带隙的位置和斜率的影响来预测 EBG 参数对表面波抑制带隙的位置和带宽的影响。

（3）金属通孔在确定表面波抑制带隙方面起着重要作用。如图 4-9(e) 和 (f) 所示，虽然无通孔结构不存在表面波抑制带隙，但仍然存在同相反射相位带隙，并且当通孔半径远小于贴片宽度时，同相反射相位带隙几乎没有变化，而随着通孔半径的增加，金属通孔与相邻贴片间的间隙之间产生耦合，从而造成反射相位带隙向高频移动，带宽减小。此外，TM 表面波抑制带隙的边缘随着通孔半径的增加逐渐接近 90° 反射相位的频率点。

（4）在保持金属通孔半径 r 较小的情况下，两个带隙之间的对应关系可以通过改变 EBG 周期与介质基板厚度的比值 a/t 来有效调整。数值仿真结果表明，当 $a/t<2$ 时，表面波带隙位于垂直入射时的反射相位 $\pm90°$ 的频率之间。

当介质基板厚度 t 与 EBG 结构的周期 a 相比较大时，即使 t 和 a 与工作波长相比很小，金属贴片与接地板之间的相互作用仍然可以被看作远场相互作用[11]。这意味着只需要考虑金属贴片阵列和接地板之间的主模平面波，利用传输线理论就可以获得 EBG 结构的等效电容 C，如式(4-2)所示。但是，当 t 小于 a 时，必须考虑接地板反射的高阶倏逝模式的影响。此时，EBG 表面处的等效阻抗 Z 为

$$\frac{1}{Z}=\frac{\sqrt{\varepsilon_r}}{j\eta\tan(\omega\sqrt{\varepsilon_r}t/c)}+\frac{1}{Z_{\text{patch}}} \tag{4-19}$$

其中无介质基板的金属贴片阵列的阻抗为

$$Z_{\text{patch}}=-j\frac{\eta}{2(\kappa+\gamma)} \tag{4-20}$$

这里网格参数 κ 为

$$\kappa=\frac{ka}{\pi}\log\left(\frac{2a}{\pi g}\right) \tag{4-21}$$

高阶模式的影响因子 γ 为

$$\gamma=\begin{cases}\dfrac{2a}{\lambda}\log(1-e^{-\frac{4\pi t}{a}})<0 & \text{满足 } a\leqslant\lambda^{[14]}\\[3mm]\dfrac{2a}{\lambda}\sum_{m=1}^{\infty}\left(\dfrac{1-e^{-4\pi\frac{t}{a}\sqrt{m^2-(a/\lambda)^2}}}{\sqrt{m^2-(a/\lambda)^2}}-\dfrac{1}{m}\right) & \text{不满足 } a\leqslant\lambda^{[15]}\end{cases} \tag{4-22}$$

由此可以看出，对于 $t\approx a/2$，高阶倏逝模式的影响可以忽略不计，这与我们的仿真数值结果一致。当 $a/t<2$ 时，平面波同相反射带隙通常对应于表面波抑制带隙。回顾由 Sievenpiper 所提出的六边形贴片按三角形阵列组成的 EBG 结构[8]，对于 $a/t=2.54/1.55\approx1.639$，表面波抑制带隙边缘出现在反射相位等于 $\pm90°$ 的位置。当 a/t 增大（>2）时，TM 表面波抑制带隙的边缘逐渐偏离反射相位为 90° 的频率点，并逐渐进入反相的反射相位区域，如图 4-9(a) 和 (d) 所示。文献[16]中提出的方形 EBG 结构具有 $a/t=0.14/0.04=3.5$，TM 表面波抑制带隙边缘大约位于 138.1° 的反射相位频率点。这个结果表明，不同蘑菇状 EBG 结构的特性差异主要取决于所产生的两个带隙间的对应关系的差异。

（5）如图 4-9(c) 所示，EBG 结构中揭介质基板的相对介电常数对两个带隙的对应关系的影响较小。

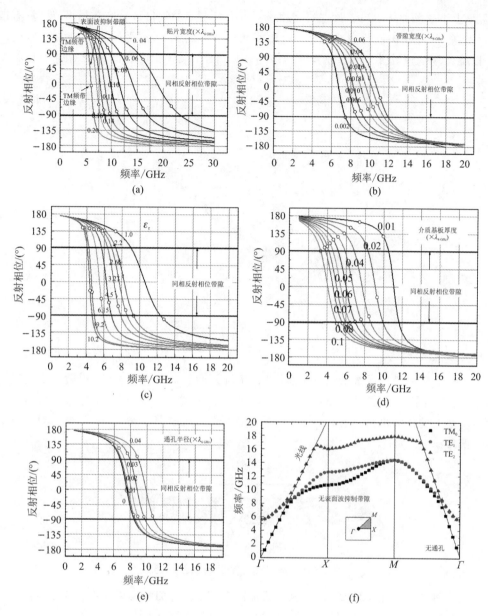

图 4-9　EBG 结构的两个带隙之间的参数分析和对应关系

（每条曲线上两个圆之间的频率区域表示相应 EBG 结构的表面波抑制带隙的位置）[12]

4.2.4　表面波抑制带隙的仿真模型与测量

为了验证上述分析，需要采用仿真软件对 EBG 结构开展仿真验证。下面主要介绍将 HFSS 软件应用于表面波抑制带隙的两种仿真方法。

1. 波导传输法

波导传输法就是利用矩形波导腔计算波导两个端口之间的传输特性。该方法可以用于表征 EBG 结构的表面波抑制特性[17]。如图 4-10 所示，在矩形波导空气腔中构建相应的仿

真模型，上下表面是 PEC 边界，左右表面是 PMC 边界。波端口放置在前后两端。具有四个以上晶胞的 EBG 结构放置在波导中。值得指出的是，EBG 结构距波导端口的距离至少为 $\lambda/8$，以确保场的连续性。仿真计算该结构的 S_{21}，$|S_{21}| \leqslant -10\ \mathrm{dB}$ 的频带对应于表面波抑制带隙。

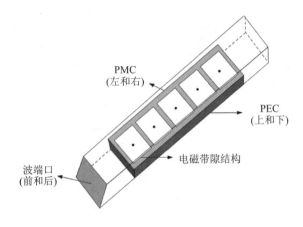

图 4 - 10　基于波导的仿真模型

2. 悬浮微带线法

图 4 - 11 显示了悬浮微带线的 EBG 结构仿真模型。在该模型中，悬浮微带线的基底与 EBG 的基底相同，微带线位于 EBG 上方[18]。集总激励端口放置于微带线的两端，对 EBG 结构上表面波的传播进行仿真，进而获得传输系数 S_{21}。$|S_{21}| \leqslant -10\ \mathrm{dB}$ 的频带对应于表面波抑制带隙。

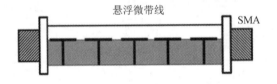

图 4 - 11　基于悬浮微带线的仿真模型

以上两种方法常用于仿真 EBG 表面波抑制带隙，但它们各有优缺点。波导传输法实现简单，仿真时间相对较短。悬浮微带线法方便，通常与实际测量和加工的模型更为接近。然而，这两种方法都不能精确地获得两个端口之间的表面波传输特性。为了获得准确的结果，可以采用色散模式方法。

3. 表面波抑制带隙的测量

如图 4 - 12 所示，将两个同轴探头作为接收器和发射器分别放置在 EBG 结构的两侧，以测量在 EBG 结构影响下两个同轴探头之间的传输系数 S_{21}。应该注意的是，需要分别激发 TM 波和 TE 波两种模式来测量表面波抑制带隙。如图 4 - 12 所示，垂直放置的同轴探头的激励模式为 TM 模式，而水平放置的同轴探头的激励模式对应于 TE 模式[9]。

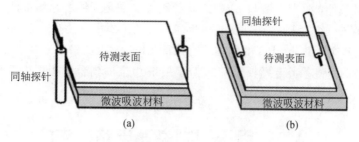

图 4-12　表面波抑制带隙实际测量装置示意图

（a）TM 表面波；（b）TE 表面波

4.2.5　反射相位带隙的仿真与测量

1. 无限周期模型

广泛使用的 EBG 反射相位带隙仿真模型是使用 Floquet 端口的无限周期模型，如图 4-13 所示。设置从边界包围 EBG 的晶胞。计算该结构的 S_{11}，将 S_{11} 的相位处于 $-90°\sim +90°$ 的频带定义为同相反射相位带隙[13]。

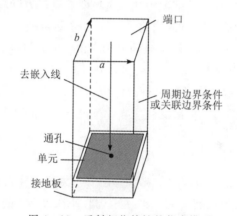

图 4-13　反射相位特性的仿真模型

2. 反射相位特性测量

图 4-14 显示了反射相位带隙的测量原理图。整个测量环境在微波暗室进行，以减小周围环境所造成的电磁散射的影响。在暗室的一侧，使用两个喇叭天线分别作为收发天线，并在天线之间放置吸波材料以减少它们之间的相互耦合。在另一侧，放置待测表面。为了

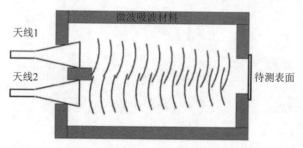

图 4-14　测量 EBG 结构反射相位特性

保证平面波入射条件,收发天线与 EBG 之间的距离应满足天线的远场条件。整个测量需要分两步完成。首先,选择具有与 EBG 结构相同尺寸的金属板作为参考,以测量接收天线所接收到的相位。其次,测量 EBG 的相位。通过从 EBG 的测量相位中减去金属板的测量相位得到合成相位,并将参考金属板引起的 180°反射相位加到合成相位中即可得到 EBG 的反射相位[9]。

4.3 用于抑制高速电路噪声的 EBG 电源/接地层

随着混合信号系统集成的发展趋势,需要将高速微处理器、射频(radio frequency,RF)电路、存储器、传感器和光学器件等集成到一个整合的模块中,从而实现一个基本完整的功能,这称为系统级封装。电源/接地层的地弹噪声(ground bounce noise,GBN)[19],也称为同步开关噪声(simultaneous switching noise,SSN),正成为多层印制电路板(PCB)高速电路设计的主要瓶颈之一。当系统朝着更高的频率范围工作时,GBN 将激发由电源和接地层之间所构成的平行板波导结构的谐振模式,这些模式表现为沿着径向传输的波。当 GBN 从噪声源一直向外传播到电路板的边缘时,其一部分能量向板内反射,影响信号完整性(signal integrity,SI),而另一部分能量被辐射到自由空间,导致电磁干扰(electromagnetic interference,EMI)问题[20]。EBG 结构[21-30]可以用于缓解电源/接地层间的 GBN 问题。在 EBG 结构中引入有效电桥或分形高阻抗拓扑结构可以实现超宽带(ultra-wideband,UWB)GBN 的抑制。

4.3.1 L 形桥和狭缝(LBS)

如图 4-15(a)所示,EBG 电源层的晶胞是由一个方形贴片组成的,在贴片边界处开了四个窄缝,并将四个 L 形桥放置在贴片的每一侧。LBS-EBG 的晶胞及其几何参数如图 4-15(b)所示。L 形桥的引入不仅可以改善两个相邻贴片之间的电感,从而抑制较低频率下的噪声,而且能很好地保证信号质量[31]。此外,在贴片边界处引入窄缝可以改变电流流动的路径,从而使方形贴片产生更多的谐振模式,实现宽频带下噪声的抑制。因此,根据抑制带宽的要求可以优化设计狭缝和电桥的几何形状。

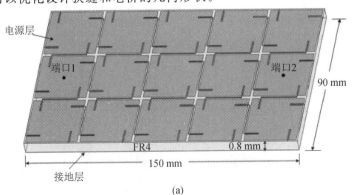

(a)

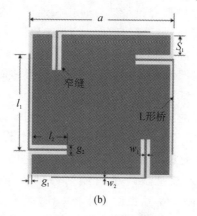

图 4-15　基于 EBG 的电源层

(a) 3D 视图；(b) 带有狭缝的 L 形桥的晶胞及其尺寸

为了验证 LBS-EBG 电源层的有效性，我们考虑一个由 3×5 个晶胞组成的、尺寸为 90 mm×150 mm 的双层 PCB 结构。图 4-16 显示了 LBS-EBG 电源/接地层的实测与仿真的 $|S_{21}|$ 结果。为了对比，图中还给出了电源和接地层均为完整的参考板时的 $|S_{21}|$ 结果。从图中可以观察到在 432 MHz～15 GHz 的频带内 $|S_{21}| \leqslant -40$ dB，实现了超宽带的抑制。

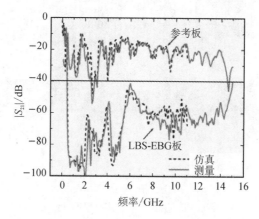

图 4-16　仿真和实测比较 LBS-EBG 板与参考板之间的 $|S_{21}|$

此外，考虑如图 4-17 所示的一个四层结构，其中两条信号迹线分别从顶层(SG1)传递到底层(SG2)，在电源层(power plane，PWR)和完整接地层(ground plane，GND)之间有

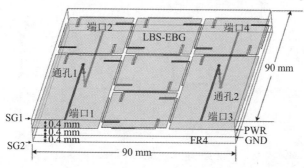

图 4-17　具有局部嵌入 LBS-EBG 结构的四层结构

两个通孔用于连接顶层与底层的信号迹线。与通孔相连的信号迹线将能量耦合到电源层，并在电源层和接地层之间产生多次反射的传播。当地弹噪声（GBN）发生并沿电源层向外传播时，一些能量被反射，一些能量则通过通孔耦合到信号迹线上从而影响信号完整性。为了解决这一问题，这里采用局部嵌入 EBG 结构的方案。具体而言，与信号迹线相对应的电源层局部区域保持不变，其他区域被 LBS-EBG 结构所取代，且所有局部区域都通过 L 形桥连接。用于传输信号的迹线的特性阻抗为 50 Ω。图 4-18 给出了所加工的四层结构的实物。我们对加载与未加载 LBS-EBG 的两种结构的四端口 S 参数进行了仿真和实测，图4-19(a)和(b)给出了 S 参数的对比曲线。从 $|S_{11}|$ 和 $|S_{21}|$ 的结果可以看出，信号端口实现了匹配，且主要的能量沿着迹线从端口 1 传输到端口 2。通过使用局部嵌入电源层的 LBS-EBG 结构，大大降低了 $|S_{31}|$，这也就意味着 GBN 被有效抑制了，从而达到了预期的目标。图4-20 和图4-21 分别显示了每层参考板和 LBS-EBG 板上的归一化电场分布。从图4-20 中可以看出，参考板中 GBN 激发的电源和接地层之间的平行板波导结构存在很强的谐振模式。但是，由于采用局部嵌入方案，LBS-EBG 板中仅存在局部谐振模式。GBN 几乎无法与系统的其他模块中的信号迹线产生耦合，如图4-21 所示。

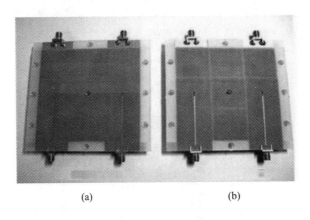

(a)   (b)

图 4-18　加工的四层结构

（a）参考板；（b）LBS-EBG 板

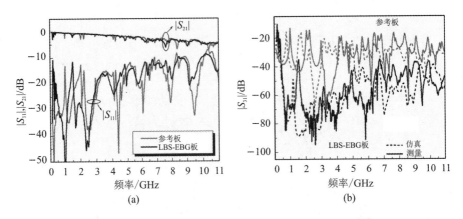

(a)   (b)

图 4-19　多层参考板和 LBS-EBG 板的 S 参数比较[31]

（a）实测的 $|S_{11}|$ 和 $|S_{21}|$；（b）仿真和实测的 $|S_{31}|$

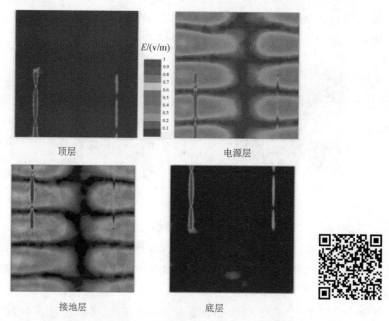

图 4 - 20　3.3 GHz 下参考板每层的归一化电场分布

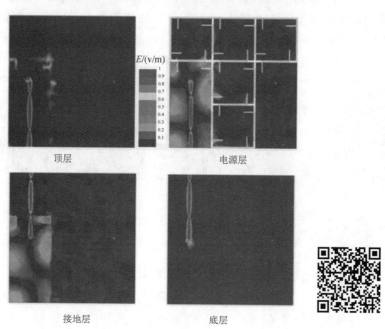

图 4 - 21　3.3 GHz 下 LBS-EBG 板每层的归一化电场分布[31]

4.3.2　分形拓扑

当在电源/接地层中使用共面 EBG 结构时，EBG 结构可以利用自身的谐振特性抑制噪声在电路板中的传播。由前面的讨论可知，EBG 结构可以等效为 LC 谐振电路，电容取决于晶胞中金属贴片的拓扑结构和两个相邻晶胞之间的间隙，而电感则取决于连接相邻晶胞的电桥。使用分形拓扑结构，可使电容分量近似不变，而带隙起始频率主要取决于电感分量。这里可以选择弯折线和 S 桥作为电感元件,因为它们可以有效地增加 EBG 的有效电感。基于分形拓扑概念,图 4-22 中给出了两种分形的结构[32]。

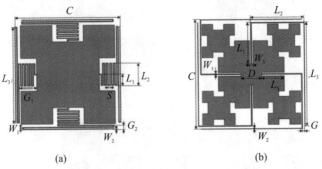

(a)   (b)

图 4-22   两种分形结构的示意图[32]
(a) 第一种设计;(b) 第二种设计

第一种结构是由一次迭代的分形高阻抗拓扑和弯折线组成的。该结构仿真的 $|S_{21}|$ 结果和实测的 $|S_{21}|$ 结果如图 4-23(a)所示。端口 1 和端口 2 之间实测的 $|S_{21}|$ 在 202 MHz 至 20 GHz 频率范围内实现了 −49 dB 的抑制。图 4-23(b)还给出了其余 S 参数的实测结果。选择端口 1 作为接收端口,噪声激励位于其他不同的测试端口。从端口 1 到端口 3 之间的 $|S_{31}|$ 曲线中可以观察到在频率 194 MHz 至 20 GHz 的范围内表现出阻带的特性,插入损耗低于 −49 dB。在端口 1 到端口 4 之间测得 −40 dB 的抑制带宽为 246 MHz 至 20 GHz,端口 1 到端口 5 之间的抑制带宽为 215 MHz 至 20 GHz。

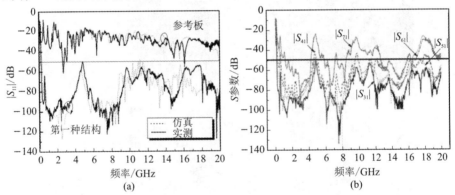

图 4-23   第一种结构不同测试端口下的噪声激励的抑制特性
(a) 仿真和实测 $|S_{21}|$;(b) 其他测量的 S 参数

第二种结构使用的是经过了两次迭代的分形高阻抗拓扑,该结构包含了缝隙和 S 桥。图 4-24(a)绘制了在端口 1 和端口 2 之间添加高阻抗拓扑前后的仿真和实测的 S 参数。由图可以看出,第二种结构也可以有效地降低噪声。从端口 1 到端口 2 之间测得的 −38 dB 抑制带宽为 249 MHz 至 20 GHz。第一种结构和第二种结构中 −40 dB 抑制带宽的下边缘分别为 190 MHz 和 251 MHz,如图 4-24(b)所示。

图 4-25 给出了一个具有单根信号迹线的四层结构,用以评估第一种结构对电源层 SI 的影响。60 mm 长的信号迹线从第一层传递到第四层,再回到第一层,该迹线具有 50 Ω 的特性阻抗。沿信号路径有两个转换通孔。第二层是由 9 个第一种结构组成的电源层,第三层是完整接地层。利用 HFSS 软件仿真该结构的 S 参数,并在 ADS 中通过设置启动编码为

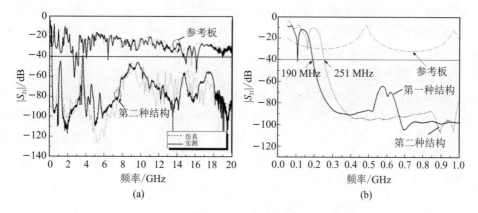

图 4-24　实测的 GBN 抑制特性

（a）第二种结构的实测和仿真 $|S_{21}|$；（b）参考板和两个结构板实测的低频 $|S_{21}|$ 特性

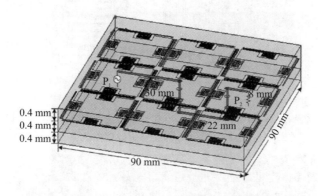

图 4-25　具有信号迹线的四层结构[32]

1.95 GHz 的随机比特流的模式源（非归零（nonreturn to zero，NRZ））生成眼图。位序列摆幅为 1 V，标称上升/下降时间为 120 ps。图 4-26 给出了分别由参考板和第一种结构作为电源层的多层板的眼图。由图可以观察到，采用参考板时，最大眼开启电压 MEO＝0.464 V，最大眼宽 MEW＝509.4 ps；而对于第一种结构形成的电源层，MEO＝0.331 V，MEW＝484.4 ps。与参考板相比，使用第一种结构的电源层，MEO 和 MEW 分别减少了 28.7％和 4.9％。

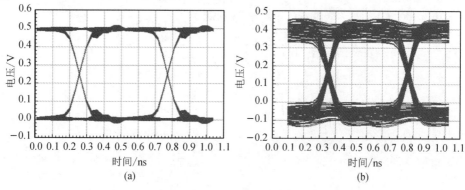

图 4-26　仿真眼图

（a）参考板；（b）由 9 个第一种结构形成的电源层

除了上面设计的具有弯折线和 S 桥的分形结构外，基于 Sierpinski 曲线的分形结构也可用于 EBG 结构设计，达到超宽带 GBN 抑制的目的[33]。如图 4-27 所示，EBG 结构由具有一次迭代的 Sierpinski 曲线和弯折线组成。对该 EBG 结构的测试板进行了加工和测量。为了对比，这里采用完整的电源层和接地层作为参考板，如图 4-28 所示。图 4-29 比较了参考板与 EBG 结构的测试板之间的 $|S_{21}|$ 性能。在 263 MHz～19 GHz 的频率范围内观察到从端口 1 到端口 2 的传输存在明显的阻带。与参考板相比，EBG 电源层的 $|S_{21}|$ 可以实现约 30 dB 的降低。图 4-30 中绘制了其他 S 参数的实测结果，包括 $|S_{11}|$ 和 $|S_{14}|$。从端口 1 到端口 4 之间的 -39 dB 抑制频带为 316 MHz 至 19 GHz。端口 1 和端口 3 之间的 -48 dB 抑制频带为 250 MHz 至 19 GHz。

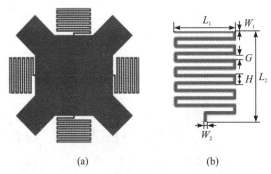

图 4-27　使用一次迭代 Sierpinski 曲线和弯折线组成的 EBG 结构[33]

（a）拓扑结构；（b）弯折线的参数

图 4-28　EBG 结构的测试板和参考板

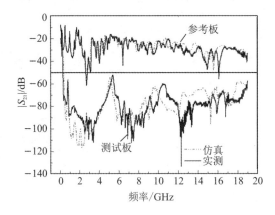

图 4-29　EBG 结构的测试板与参考板的仿真与实测 $|S_{21}|$ 的比较

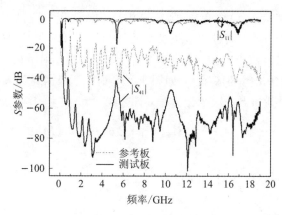

图 4 - 30　EBG 结构的测试板与参考板之间的实测 S 参数比较

4.4　用于天线设计的 EBG 基板和覆层

EBG 结构已被证明是可用于减少表面波耦合的一种有效结构，并在天线领域得到了广泛的应用。由于 EBG 结构具有表面波抑制特性和同相反射相位特性，因此 EBG 结构被广泛用作反射器。表面波抑制特性可以提高天线增益，减少后瓣，实现雷达散射截面减缩，降低阵列天线单元之间的相互耦合等。而同相反射相位特性可以用来降低天线的剖面。本节将介绍一些 EBG 结构在天线设计中的应用[34-37]。

4.4.1　EBG 在波导缝隙相控阵天线中的应用

波导缝隙相控阵(waveguide end-slot phased array，WESPA)是一种在矩形波导壁上刻蚀辐射缝隙的相控阵[37]，如图 4 - 31 所示。这些波导缝隙单元被排布成矩形的二维阵列，并且每个缝隙都由主模 TE_{10} 模馈电，同时根据所需的扫描角度进行相位调整。两个相邻单元之间的距离在 x 方向上为 dx，在 y 方向上为 dy。阵列中假定存在 $M \times N$ 个单元。波导的尺寸用 $a \times b$ 表示。缝隙的长度为 L，宽度为 W，深度为 t，如图 4 - 32 所示。对于扫描角

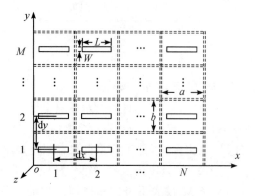

图 4 - 31　由 $M \times N$ 个单元的辐射缝隙(波导端缝隙)
　　　　　组成的矩形波导相控阵

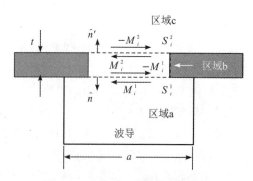

图 4 - 32　缝隙上的等效磁流分布

度(θ，ϕ)，阵列的第（m，n）个单元所需的相位为 $\exp[j(n-1)(2\pi/\lambda)\mathrm{d}x\sin\theta\cos\phi +$ $j(m-1)(2\pi/\lambda)\mathrm{d}y\sin\theta\sin\phi]$。通过调整每个单元的相位，可以在 H 平面（$\phi=0$ 或 $\phi=\pi$）和 E 平面（$\phi=\pm\pi/2$）上进行波束扫描。为了分析 WESPA，将几何结构分为三个区域：波导区域 a、腔体区域 b 和半自由空间区域 c，如图 4-32 所示。根据缝隙表面上磁场的切向分量的连续性条件，可以得到如下一组积分方程，即

$$\frac{1}{\mathrm{j}\omega\mu}\Big(k^2+\frac{\mathrm{d}^2}{\mathrm{d}x^2}\Big)\Big[\iint\limits_{S_i^1}(-M_i^1)G_a^{xx}(\vec{r},\vec{r}')\mathrm{d}s+\iint\limits_{S_i^1}(-M_i^1)G_b^{xx}(\vec{r},\vec{r}')\mathrm{d}s+$$

$$\iint\limits_{S_i^2}M_i^2 G_b^{xx}(\vec{r},\vec{r}')\mathrm{d}s\Big]=H_{it}^i(\vec{r}) \tag{4-23}$$

$$\frac{1}{\mathrm{j}\omega\mu}\Big(k^2+\frac{\mathrm{d}^2}{\mathrm{d}x^2}\Big)\Big[\iint\limits_{S_i^1}M_i^1 G_b^{xx}(\vec{r},\vec{r}')\mathrm{d}s+\iint\limits_{S_i^2}(-M_i^2)G_b^{xx}(\vec{r},\vec{r}')\mathrm{d}s+$$

$$\sum_{i=1}^{M\times N}\iint\limits_{S_i^2}(-M_i^2)G_c^{xx}(\vec{r},\vec{r}')\mathrm{d}s\Big]=0 \tag{4-24}$$

其中，M_i^1 和 M_i^2（$i=1,2,\cdots,M\times N$）是表面 S_i^1 和 S_i^2 上的等效磁流；G_a^{xx}、G_b^{xx}、G_c^{xx} 分别表示区域 a、b、c 中并矢格林函数的 xx 分量；$H_{it}^i(\vec{r})$ 是在 S_i^1 上 TE_{10} 模的磁场的 x 分量。采用矩量法（method of moments，MoM）求解式（4-23）和式（4-24）中未知的表面磁流，进而利用所得到的磁流可以求解阵列的反射系数和方向图等参数。图 4-33（a）和（b）分别显示了 WESPA 中心单元在 E 面和 H 面中的有源反射系数与扫描角度之间的关系[37]。由图可以观察到，波导缝隙阵列在某些扫描角度上 $|S_{11}|$ 具有较大的值。特别是，对于无限长缝隙阵列，在 E 面扫描角为 29°时有全反射现象（扫描盲区）。

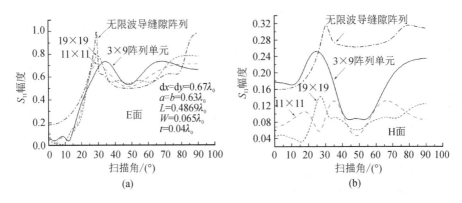

图 4-33　WESPA 中心单元的反射系数与扫描角度的关系

为了解决 WESPA 扫描"盲区"问题，在阵列中使用图 4-34(a)所示的蘑菇状 EBG 结构。假设 WESPA 天线的中心工作频率为 9.375 GHz。图 4-34(b)显示了在 EBG 结构中传播的表面模态的 $k-\beta$ 色散图[37]。第一种表面波模式（主模式）是 TM_0，它没有截止频率，第二种表面波模式是 TE_1。人们可以在频段 8.383～10.45 GHz 内观察到第一种模式 TM_0 和第二种模式 TE_1 之间的完整阻带。在此图中 Γ、X 和 M 代表不可约布里渊区中的对称点。分支 Γ-X 表示 $\beta_y=0$ 时 $\beta_x a/\pi$ 随频率的变化，分支 X-M 表示 $\beta_x=\pi/a$ 时 $\beta_y a/\pi$ 随频率的变化，分支 M-Γ 表示 $\beta_x=\beta_y$ 时 $\beta_x a/\pi$ 随频率的变化。

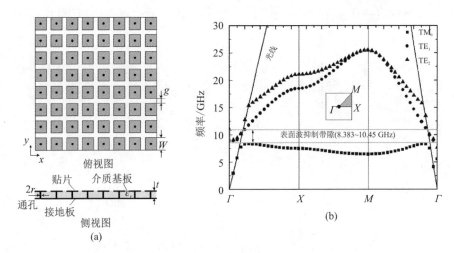

图 4 - 34　蘑菇状 EBG 结构

（a）几何形状；（b）k - β 色散图

　　将 EBG 结构与波导缝隙相控阵相集成[37]，如图 4 - 35 所示。值得指出的是，需要仔细考虑 EBG 单元尺寸与缝隙单元之间的间距。当确定阵列间距时，为了抑制栅瓣，缝隙单元之间的间距不能太大。但是较小的缝隙单元间距会因无法包含足够的 EBG 单元而不能解决扫描盲区的问题（至少需要两个单元周期才能实现表面波的抑制）。这里，合理选择单元间距，以保证在 E 面的相邻缝隙之间可以放置四个 EBG 单元。

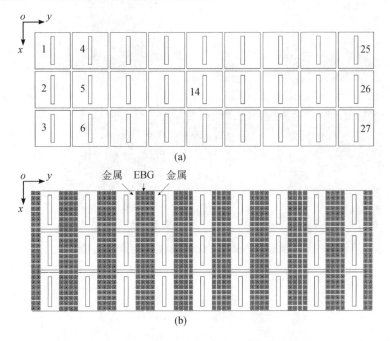

图 4 - 35　3×9 波导端缝隙相控阵的俯视图

（a）原始阵列（无 EBG）；（b）集成了 4 列单元的 EBG 阵列

　　图 4 - 36 显示了在缝隙间加载 4 列 EBG 单元的无限阵列的反射系数 S_{11} 随扫描角度的变化[37]。由图可以看到，原始阵列中对应扫描盲区的全反射现象在一定程度上被解决了，

使阵列在盲区角度附近能够工作。因此，EBG 结构的加载可以提高阵列的扫描能力。

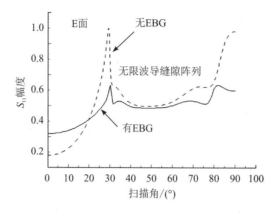

图 4 - 36　在有无 EBG 的情况下天线单元反射系数的比较

图 4 - 37(a)和(b)对比了原始阵列和加载 EBG 结构后金属地板上的归一化表面电场的分布[37]。这里的两种情况采用相同的激励和归一化标准。由图可以看出，EBG 结构的加载使得缝隙间的耦合变弱了。

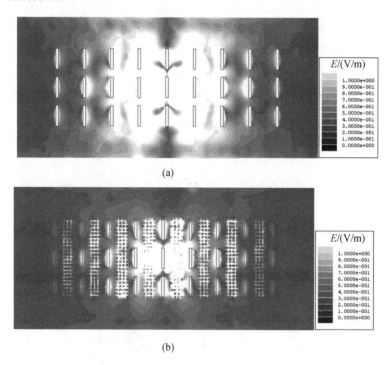

图 4 - 37　阵列地板上归一化表面电场分布
(a) 无 EBG 时；(b) 集成 4 列 EBG 单元时

4.4.2　EBG 作为相控阵天线的覆层

EBG 结构除了可以加载在阵列天线单元之间，还可以作为覆层加载到天线阵列上方[38-40]。如图 4 - 38 所示，每个天线单元均是由一个缝隙天线和一个矩形蘑菇状 EBG 阵列两部分组成的。EBG 阵列是以 3×4 的布局印制在介质基板的表面上的。缝隙天线中的缝隙刻蚀在接地板上，并与共面波导（coplanar waveguide，CPW）馈线正交放置[40]。阵列天线结构如图 4-39 所示。

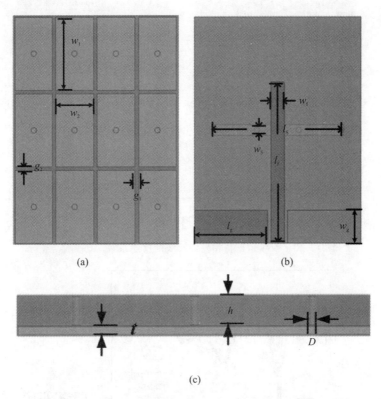

(a)　　　　　　　　(b)

(c)

图 4-38　双频超材料相控阵天线单元的几何形状
（a）前视图；（b）后视图；（c）侧视图

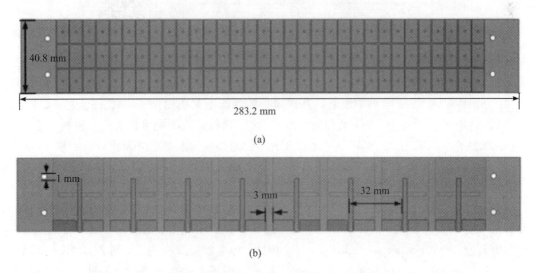

(a)

(b)

图 4-39　双频超材料相控阵天线的几何形状
（a）前视图；（b）后视图

上面所提出的阵列有两个频段满足 $|S_{11}| \leqslant -10$ dB，即低频工作频带为 3.1～3.7 GHz，相对带宽为 17.1%；高频工作频带为 5.2～6.0 GHz，相对带宽为 15.8%，如图 4-40 所示。两个工作频段中相邻端口之间的隔离度分别大于 -10 dB 和 -15 dB，如图 4-41 所示。

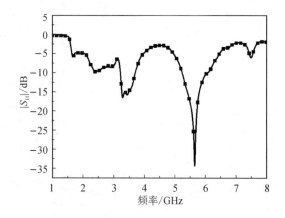

图 4-40　双频超材料相控阵天线的反射系数的仿真结果

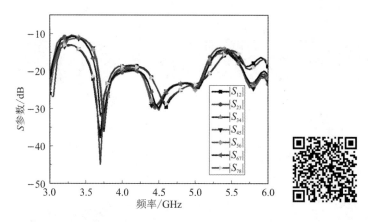

图 4-41　双频超材料相控阵天线的隔离度的仿真结果

为了阐明天线单元的双频段工作特性，下面对包含 EBG 覆层的天线单元进行分析。图 4-42 分别显示了 EBG 结构中没有贴片或通孔的情况下天线的 $|S_{11}|$ 对比图。为了比较，图 4-42 也给出了包括整个 EBG 结构时天线的 $|S_{11}|$ 曲线。从图中可以看到，包括整个 EBG 结构的天线单元可以在两个 WLAN 频段工作。但是如果没有通孔，天线只能工作于 5 GHz 的 WLAN 频段，不能在 2.4 GHz 频段工作。若去除 EBG 结构的矩形贴片，天线仅能在 5.7 GHz 左右的窄频带中工作。值得指出的是，带有通孔的矩形蘑菇状结构对于形成 2.4 GHz 工作频段至关重要。图 4-43 给出了矩形蘑菇状 EBG 单元在有/无通孔的情况下沿 x 和 y 方向的色散图。由图可以看到，在通孔存在的情况下，沿着 x 和 y 方向上分别存在零阶谐振（zeroth-order resonance，ZOR）模式。但是如果没有通孔，则 ZOR 模式将消失。通孔和矩形贴片相互作用就可以使两种 ZOR 模式重叠，进而展宽 2.4 GHz 频段的带宽。此外，在高频波段（5 GHz 频段）中，无论金属通孔是否存在，矩形贴片结构都呈现复合左右手（CRLH）传输线的特性，所激发的 TM_{10} 模和反相 TM_{20} 模可以实现宽带特性[41]。

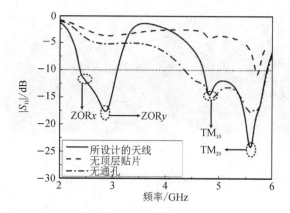

图 4-42　EBG 覆层天线单元在不同情况下的 $|S_{11}|$ 曲线[40]

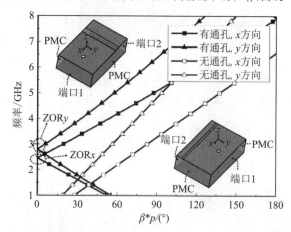

图 4-43　蘑菇状 EBG 单元在有/无通孔的情况下 x 和 y 极化方向的色散图[40]

如图 4-44 所示，对所提出的阵列天线的原型进行加工。为了对其进行馈电，设计了三个相位差分别为 0°、90° 和 130° 的微带移相器。连接三种移相器后的天线的阻抗频带

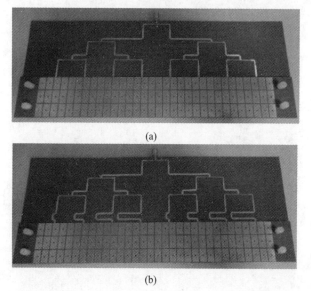

(a)

(b)

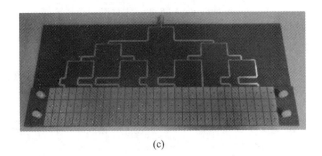

(c)

图 4-44 加载 EBG 覆层的双频阵列天线的加工原型

(a) 相位差为 0°的移相器；(b) 相位差为 90°的移相器；(c) 相位差为 130°的移相器

($|S_{11}| \leqslant -10$ dB)为 3.1~3.68 GHz 和 5.3~6.0 GHz，如图 4-45 所示，这意味着所提出的阵列天线能够同时工作在 3.5 GHz 和 5.7 GHz 两个频段。图 4-46 显示了阵列天线在 3.5 GHz 和 5.7 GHz 两个工作频率下的实测和仿真方向图。从图中可以看出，在低频段，所设计的相控阵可以实现从边射方向到端射方向的波束扫描。在较高频段，所提出的相控阵的扫描角范围覆盖$-36°\sim+36°$。需要注意的是，随着扫描角度的增加，波束宽度和旁瓣电平也有所增加，且增益相应地降低。

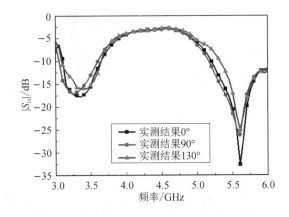

图 4-45 所提出的双频覆层阵列天线的实测反射系数

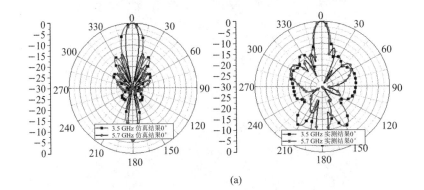

(a)

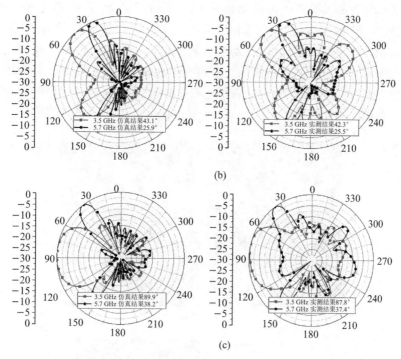

图 4 - 46　对于不同相位的激励信号在 3.5 GHz 和 5.7 GHz 处仿真和
实测的归一化辐射方向图

4.4.3　EBG 作为圆极化天线的覆层

EBG 结构作为覆层除了能够实现双频工作以外，还可以实现圆极化的辐射特性。图 4 - 47 给出了一种低剖面圆极化天线结构，它由两部分组成：一部分是 3×4 矩形贴片的 EBG 阵列，另一部分是一个平面缝隙耦合天线，其耦合缝为刻蚀在地板上的一个倾斜缝隙[42]。为了将 EBG 覆层与缝隙耦合天线集成在一起，这里仍采用共面波导（coplanar waveguide，CPW）馈电结构。通过矩形贴片和倾斜缝隙耦合以达到圆极化辐射的目的。

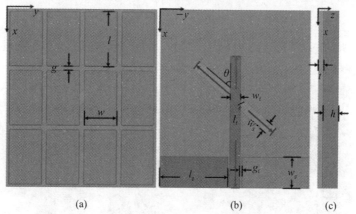

(a)　　　　(b)　　　　(c)

图 4 - 47　所提出的天线的几何形状
（a）俯视图；（b）后视图；（c）侧视图[42]

为了说明所提出的天线产生圆极化辐射的机制，我们分析了 EBG 上的表面电流随着时间变化的特性。图 4-48 显示了所提出的天线在 5.2 GHz 处从 0°到 90°相位变化过程中三个不同时刻(ωt)的表面电流分布，这里相位间隔选为 45°。当 $\omega t = 0$°时，表面电流沿$-y$轴方向流动。在 $\omega t = 45$°时，表面电流沿$-x$ 和$-y$ 轴的对角线方向流动。当 $\omega t = 90$°时，表面电流沿着$-x$ 方向流动。随着时间的演变，表面电流沿着方位角顺时针方向转动。因此，天线所辐射的电磁波为左旋圆极化(left-hand circular polarization，LHCP)波。

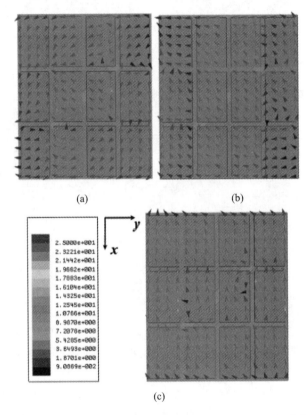

图 4-48　天线在 5.2 GHz 不同时刻处的表面电流分布[42]

(a) $\omega t = 0$°；(b) $\omega t = 45$°；(c) $\omega t = 90$°

如图 4-49 所示，对所设计的天线进行加工，并使用安捷伦 N9918A 矢量网络分析仪对其进行测量，实测和仿真的$|S_{11}|$如图 4-50(a)所示。测量得到的工作频带($|S_{11}| < -10$ dB)为

图 4-49　EBG 覆层天线的加工照片[42]

4.2～5.9 GHz，绝对带宽为 1.7 GHz，相对带宽约为 33.7%。图 4-50(b) 显示了所提出的天线在边射方向上测得的轴比(AR)和增益[42]。3 dB 轴比带宽很宽，从 4.9 GHz 到 5.9 GHz，平均增益可以达到 5.8 dBi。

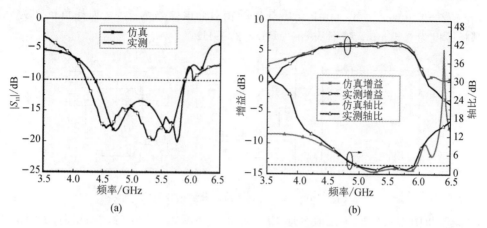

图 4-50　天线的仿真和实测特性[42]

(a)　$|S_{11}|$；(b)　轴比和增益特性

本 章 小 结

本章阐述了电磁带隙的基本理论，包括表面波抑制特性和同相反射相位特性。通过 k-β 色散图和同相反射相位曲线，阐明了表面波抑制带隙与同相反射相位带隙之间的关系，并给出了这两种特性的仿真和实测模型。最后给出了在高速电路设计中采用于 EBG 结构抑制噪声的方法以及将 EBG 作为基板和覆层的天线设计实例。

习 题

1. 推导 EBG 表面 TM 和 TE 波的表面阻抗和色散公式，即式(4-7)至式(4-10)。

2. 利用共形映射的近似方法推导式(4-1)。

3. 基于传输线等效电路方法近似推导式(4-2)。

4. 根据图 4-10 中的波导仿真模型，利用 HFSS 仿真软件仿真图 4-1 中的蘑菇状 EBG 结构，当单元分别为 3、4、5 时的传输系数。这里 $W=7.0$ mm，$g=0.35$ mm，$h=2.5$ mm，$\varepsilon_r=2.65$，$r=0.5$ mm，频率范围为 4～6 GHz。

5. 利用 HFSS 仿真软件仿真图 4-15 中 EBG 结构的色散图。这里 $a=30$ mm，$w_1=0.2$ mm，$w_2=0.1$ mm，$l_1=19.7$ mm，$l_2=7.25$ mm，$g_1=0.75$ mm，$g_2=1$ mm，$S_1=4$ mm，介质基板的相对介电常数为 4.4，损耗角正切为 0.02，介质基板厚度为 0.8 mm，频率从 300 MHz～15 GHz。

6. 根据图 4-51 所示的分形拓扑演化过程，从图 4-22(b) 中的二阶分形 EBG 结构，给出三阶分形 EBG 结构的几何尺寸和色散特性。这里 $L_s = 6.48$ mm，$W_s = 0.6$ mm，$W_1 = 0.1$ mm，$W_2 = 0.1$ mm，$L_1 = 11.7$ mm，$L_2 = 15.1$ mm，$L_3 = 29.4$ mm，$G = 0.2$ mm，$D = 6$ mm，$C = 30$ mm，介质基板的相对介电常数为 4.4，损耗角正切为 0.02，介质基板厚度为 0.4 mm，频率从 200 MHz~20 GHz。

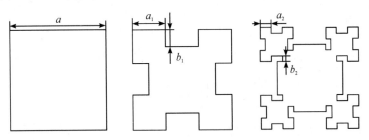

图 4-51　从 0 阶到 2 阶的分形拓扑演化

7. 绘制将图 4-22(b) 中二阶分形 EBG 结构作为图 4-25 中的电源层时的眼图。这里 MEO = 0.331 V，MEW = 484.4 ps。

8. 推导波导缝隙相控阵在缝隙处的积分方程，即式 (4-23) 和式 (4-24)。

9. 利用 HFSS 仿真软件计算图 4-38 所示的天线单元中 4×3 的 EBG 结构 (33 mm×30 mm) 在 2.4 GHz 和 5.7 GHz 的表面电流分布。这里 $w_1 = 10$ mm，$w_2 = 7$ mm，$g_1 = 1$ mm，$g_2 = 0.5$ mm，$D = 0.4$ mm，$h = 3$ mm，介质基板的相对介电常数为 4.4，损耗角正切为 0.01。

10. 对于图 4-47 天线结构 (24.5 mm×28 mm×4 mm) 中馈线与缝隙的夹角为 $180 - \theta$ ($\theta = 42°$) 时，绘制 3×4 的 EBG 结构表面在 5.2 GHz 处三个不同相位时刻 ($\omega t = 0°$，$45°$，$90°$) 的表面电流分布。这里 $l = 10.5$ mm，$w = 6.5$ mm，$g = 1$ mm，$h = 3$ mm，$l_g = 13.6$ mm，$w_g = 6$ mm，$l_f = 25.5$ mm，$w_f = 2$ mm，$g_f = 0.4$ mm，$l_s = 20$ mm，$w_s = 2$ mm，$t = 1$ mm，介质基板的相对介电常数为 4.4，损耗角正切为 0.01。

参 考 文 献

[1]　YABLONOVITCH E. Inhibited spontaneous emission in solid-state physics and electronics[J]. Physical Review Letters，1987，58(20)：2059.

[2]　JOHN S. Strong localization of photons in certain disordered dielectric superlattices [J]. Physical Review Letters，1987，58(23)：2486.

[3]　MUNK B A. Frequency selective surfaces and grid arrays [J]. New York：Wiley，1995.

[4]　VESELAGO V G. The electrodynamics of substances with simultaneously negative values of ε and μ[J]. Physics-Uspekhi，1968，10(4)：509-514.

[5]　PENDRY J B. Negative refraction makes a perfect lens[J]. Physical Review Letters，

2000，85(18)：3966 - 3969.

[6] SHELBY R A, SMITH D R, SCHULTZ S. Experimental verification of a negative index of refraction[J]. Science, 2001, 292(5514)：77 - 79.

[7] YANG F R, MA K P, QIAN Y, et al. A uniplanar compact photonic-bandgap (UC-PBG) structure and its applications for microwave circuit[J]. IEEE Transactions on Microwave Theory and Techniques, 1999, 47(8)：1509 - 1514.

[8] SIEVENPIPER D, ZHANG L, BROAS R F J, et al. High-impedance electromagnetic surfaces with a forbidden frequency band[J]. IEEE Transactions on Microwave Theory and Techniques, 1999, 47(11)：2059 - 2074.

[9] SIEVENPIPER D F. High-impedance electromagnetic surfaces[M]. Los Angeles：University of California, 1999.

[10] ENGHETA N, ZIOLKOWSKI R. Metamaterials：physics and engineering explorations[M]. John Wiley & Sons, 2006.

[11] TRETYAKOV S A, SIMOVSKI C R. Dynamic model of artificial reactive impedance surfaces[J]. Journal of Electromagnetic Waves and Applications, 2003, 17(1)：131 - 145.

[12] REMSKIR. Analysis of photonic bandgap surfaces using Ansoft HFSS[J]. Microwave Journal, 2000, 43(9)：190 - 199.

[13] LI L, CHEN Q, YUANQ, et al. Surface-wave suppression band gap and plane-wave reflection phase band of mushroomlike photonic band gap structures[J]. Journal of Applied Physics, 2008, 103(2)：023513.

[14] TRETYAKOV S. Analytical modeling in applied electromagnetics[M]. Artech House, 2003.

[15] WAIT J R. On the theory of an antenna with an infinite corner reflector[J]. Canadian Journal of Physics, 1954, 32(6)：365 - 371.

[16] YANG F, RAHMAT-SAMII Y. Reflection phase characterizations of the EBG ground plane for low profile wire antenna applications[J]. IEEE Transactions on Antennas and Propagation, 2003, 51(10)：2691 - 2703.

[17] YANG F, RAHMAT-SAMII Y. Polarization-dependent electromagnetic band gap (PDEBG) structures：designs and applications[J]. Microwave and Optical Technology Letters, 2004, 41(6)：439 - 444.

[18] HORII Y, TSUTSUMI M. Harmonic control by photonic bandgap on microstrip patch antenna[J]. IEEE Microwave and Guided Wave Letters, 1999, 9(1)：13 - 15.

[19] VAN DEN BERGHE S, OLYSLAGER F, DE ZUTTER D, et al. Study of the ground bounce caused by power plane resonances[J]. IEEE Transactions on Electromagnetic Compatibility, 1998, 40(2)：111 - 119.

[20] WU T L, CHEN S T, HWANG J N, et al. Numerical and experimental investigation of radiation caused by the switching noise on the partitioned DC reference planes of high speed digital PCB[J]. IEEE Transactions on

Electromagnetic Compatibility, 2004, 46(1): 33-45.

[21] KAMGAING T, RAMAHI O M. A novel power plane with integrated simultaneous switching noise mitigation capability using high impedance surface[J]. IEEE Microwave and Wireless Components Letters, 2003, 13(1): 21-23.

[22] WU T L, LIN Y H, WANG T K, et al. Electromagnetic bandgap power/ground planes for wideband suppression of ground bounce noise and radiated emission in high-speed circuits[J]. IEEE Transactions on Microwave Theory and Techniques, 2005, 53(9): 2935-2942.

[23] WU T L, WANG CC, LIN Y H, et al. A novel power plane with super-wideband elimination of ground bounce noise on high speed circuits[J]. IEEE Microwave and Wireless Components Letters, 2005, 15(3): 174-176.

[24] WANG X H, WANG B Z, BI Y H, et al. A novel uniplanar compact photonic bandgap power plane with ultra-broadband suppression of ground bounce noise[J]. IEEE Microwave and Wireless Components Letters, 2006, 16(5): 267-268.

[25] QIN J, RAMAHI O M. Ultra-wideband mitigation of simultaneous switching noise using novel planar electromagnetic bandgap structures[J]. IEEE Microwave and Wireless Components Letters, 2006, 16(9): 487-489.

[26] ZHANG M S, LI Y S, JIA C, et al. A double-surface electromagnetic bandgap structure with one surface embedded in power plane for ultra-wideband SSN suppression[J]. IEEE Microwave and Wireless Components Letters, 2007, 17 (10): 706-708.

[27] JOO S H, KIM D Y, LEE H Y. A s-bridged inductive electromagnetic bandgap power plane for suppression of ground bounce noise[J]. IEEE Microwave and Wireless Components Letters, 2007, 17(10): 709-711.

[28] SHI L F, ZHANG G, JIN MM, et al. Novel subregional embedded electromagnetic bandgap structure for SSN suppression[J]. IEEE Transactions on Components, Packaging and Manufacturing Technology, 2016, 6(4): 613-621.

[29] SHI L F, WEI Z, WANG C R. EBG combined isolation slots with a bridge on the ground for noise suppression[J]. International Journal of Electronics, 2016, 103 (10): 1726-1735.

[30] SHI L F, ZHOU D L. Selectively embedded electromagnetic bandgap structure for suppression of simultaneous switching noise [J]. IEEE Transactions on Electromagnetic Compatibility, 2014, 56(6): 1370-1376.

[31] LI L, CHEN Q, YUAN Q, et al. Ultrawideband suppression of ground bounce noise in multilayer PCB using locally embedded planar electromagnetic band-gap structures[J]. IEEE Antennas and Wireless Propagation Letters, 2008, 8: 740-743.

[32] HE Y, LI L, LIANG C H, et al. EBG structures with fractal topologies for ultra-wideband ground bounce noise suppression[J]. Journal of Electromagnetic Waves

and Applications, 2010, 24(10): 1365 - 1374.

[33] HE Y, LI L, ZHAI H, et al. Sierpinski space-filling curves and their application in high-speed circuits for ultrawideband SSN suppression[J]. IEEE Antennas and Wireless Propagation Letters, 2010, 9: 568 - 571.

[34] ZHANG L, CASTANEDA J A, ALEXOPOULOS N G. Scan blindness free phased array design using PBG materials[J]. IEEE Transactions on Antennas and Propagation, 2004, 52(8): 2000 - 2007.

[35] ILUZ Z, SHAVIT R, BAUERR. Microstrip antenna phased array with electromagnetic bandgap substrate [J]. IEEE Transactions on Antennas and Propagation, 2004, 52(6): 1446 - 1453.

[36] FU Y, YUAN N. Elimination of scan blindness in phased array of microstrip patches using electromagnetic bandgap materials[J]. IEEE Antennas and Wireless Propagation Letters, 2004, 3: 63 - 65.

[37] LI L, LIANG C H, CHAN C H. Waveguide end-slot phased array antenna integrated with electromagnetic bandgap structures[J]. Journal of Electromagnetic Waves and Applications, 2007, 21(2): 161 - 174.

[38] LIU W, CHEN Z N, QING X. Metamaterial-based low-profile broadband mushroom antenna[J]. IEEE Transactions on Antennas and Propagation, 2013, 62 (3): 1165 - 1172.

[39] LIU W, CHEN Z N, QING X. 60-GHz thin broadband high-gain LTCC metamaterial-mushroom antenna array[J]. IEEE Transactions on Antennas and Propagation, 2014, 62(9): 4592 - 4601.

[40] WU Z, LI L, CHEN X, et al. Dual-band antenna integrating with rectangular mushroom-like superstrate for WLAN applications [J]. IEEE Antennas and Wireless Propagation Letters, 2015, 15: 1269 - 1272.

[41] CALOZ C, ITOH T. Electromagnetic metamaterials: transmission line theory and microwave applications[M]. John Wiley & Sons, 2005.

[42] WU Z, LI L, LI Y, et al. Metasurface superstrate antenna with wideband circular polarization for satellite communication application [J]. IEEE Antennas and Wireless Propagation Letters, 2015, 15: 374 - 377.

第5章 基于石墨烯的超材料吸波器

5.1 引 言

石墨烯是由二维蜂窝晶格中紧密排列的单层碳原子组成的，它能够用于组成其他所有维度的石墨材料（见图 5-1）。它可以被包裹成准零维富勒烯、卷成准一维碳纳米管或堆叠成三维石墨，被广泛用于描述各种碳基材料的性能。石墨烯（或"二维石墨"）的发展有 60 多年的历史[1-3]。20 世纪 80 年代，人们意识到石墨烯具备了出色的（2+1）维量子电动力学的凝聚态物理性质[4-6]，这推动了石墨烯理论模型的蓬勃发展。尽管石墨烯被看作三维材料的组成部分，但一般认为石墨烯不以自由状态存在，并且在形成曲面结构（如烟尘、富勒烯和纳米管）时不稳定，因此起初人们对它的研究也仅仅停留在学术讨论上。直到 2004 年，英国曼彻斯特大学物理学家安德烈·盖姆和康斯坦丁·诺沃肖洛夫在进行超薄材料的研究中成功利用微机剥离法从石墨中分离得到石墨烯[7]，对石墨烯的研究才进入实验阶段[8]，尤其是后续的实验[9-10]证实了它的载流子确实是无质量的狄拉克费米子，由此引发了石墨烯的"淘金"热潮[11]。

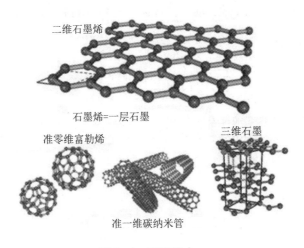

二维石墨烯

石墨烯=一层石墨

准零维富勒烯　　　　三维石墨

准一维碳纳米管

图 5-1 石墨形式

石墨烯是一种单层石墨，厚度只有 0.34 nm，它由 sp2 杂化态的碳原子构成，按照每个碳原子与其他三个碳原子键合的方式排列而成。因此，石墨烯是一种平面纳米材料，其蜂窝晶格由两个相互交叠的三角形亚晶格形成。石墨烯具有非常出色的物理性能（见表 5-1），它经常被称为"神奇的材料"。在室温下，利用各种设备测量得到的石墨烯载流子迁

移率是 $8000 \sim 10\,000$ cm$^2 \cdot$ V$^{-1} \cdot$ s^{-1}，但在悬浮的石墨烯中载流子迁移率可以高达 $200\,000$ cm$^2 \cdot$ V$^{-1} \cdot$ s^{-1}。室温下，石墨烯载流子传输的平均自由程为 $300 \sim 500$ nm，而石墨烯电阻率很大程度上取决于栅极电压。在低能量 E 处，石墨烯的电子和空穴的色散关系是线性的，且有着简单的形式 $E = \pm h|k|v_F$，其中 v_F 为费米速度，$k = \mathrm{i}k_x + \mathrm{j}k_y$ 表示载流子的波数。线性色散关系由两条相交于狄拉克点的直线组成。远离狄拉克点的载流子输运是单极的，而在狄拉克区域的载流子输运是双极的，并发生强烈的重组[12-15]。

表 5 - 1　石墨烯的主要性能

参数	值	备 注
热导率	5 000 W/(m·K)	优于大多数晶体的热导率
杨氏模量	1.5 TPa	大于钢的杨氏模量的十倍
迁移率	40 000 cm$^2 \cdot$ V$^{-1} \cdot$ s^{-1}	室温下(固有迁移率)，悬浮的石墨烯的最大迁移率为 200 000 cm$^2 \cdot$ V$^{-1} \cdot$ s^{-1}
平均自由程(弹道输运)	约 400 nm	室温下
费米速度	$c/300 = 1 \times 10^6$ m/s	室温下

从最初用胶带机械地剥离石墨烯开始，石墨烯在金属或半导体衬底上的生长方法在短短几年时间就发展成先进的化学气相沉积(chemical vapor deposition，CVD)法[16]。目前石墨烯的制备方法主要有四种(见表 5 - 2)。第一种是胶带机械剥离法，这种方法产量较低，但质量是目前最高的。第二种是外延晶体生长法，该方法在碳化硅(silicon carbide，SiC)衬底上外延生长石墨烯，这种方法必须加温至 1000℃ 以上[17]。第三种是氧化-还氧法，该方法以氧化石墨烯(graphene oxide，GO)为基础，将其分散在肼中，并沉积在各种衬底上形成单层或少层均匀的石墨烯薄膜[18]。第四种是 CVD 法，该方法是利用 CVD 技术制备石墨烯，从产量和可重复性的角度来看，这是上述几种方法中最具有前景的。在 CVD 技术的基础之上，部分学者开展了石墨烯的微机电开关系统的制备和测试[19]。此外，CVD 技术也成功地实现了在柔性铜衬底上对 76.2 cm(30 英寸)石墨烯薄膜的卷对卷生产，并进一步将其用于柔性电子产品，例如将石墨烯薄膜用作透明电极[20]的触摸屏等。

表 5 - 2　石墨烯的制备方法

初始材料	制备方法的简要描述	产量	质量	面积
高度有序的热解石墨	高度有序地重复剥离热解石墨	低	非常高	小
碳化硅	高温下硅原子还原工艺	低	适中	大(3~4 英寸晶圆)
石墨烯氧化物	石墨烯氧化物的肼氧化-还原法	高	适中	大
混合气体	CVD 法	非常高	高	非常大(30 英寸)

石墨烯作为一种平面的碳原子单层结构，以其高的光学透明度、高的柔韧性、高的电子迁移率和可控的导电性，近年来备受关注。单层石墨烯薄膜具有 97%～98% 的光学透明度和 125～6000 Ω/sq 的无掺杂方阻，这使得其在许多应用中具有低方阻和高光学透明度的

特性，如透明电极[21]、光调制器[22]、偏振器[23]、等离子体器件[24-26]、光电探测器[27]、超透镜[28]、隐形器件[29]和吸波器[30]等。随着可重复的大面积的石墨烯的出现，制备具有更高导电性的大规模器件很有可能实现[31-34]。然而，当前制备和转移高质量、大规模、高导电性的单层石墨烯薄膜仍面临着不小的挑战。

石墨烯因其特殊的物理性质，被广泛应用于许多不同的领域。在文献[35]中，Hanson对悬浮石墨烯的理论表征进行了讨论，在微波频段下，文献[36]至[38]中分别通过共面波导(coplanar waveguide，CPW)、矩形波导及圆柱谐振腔等方式对悬浮石墨烯进行了实验表征。此外，有源的石墨烯场效应管混频器[39]得到了广泛的研究，同时各种基于石墨烯的超表面[40]也被提出用于设计动态可控的射频器件。由于石墨烯具有较高的方阻，因此单层和多层石墨烯在微波频段下具有良好的吸波特性和弱的近场辐射行为[41-44]。图5-2给出了石墨烯在电子工程领域的典型应用。

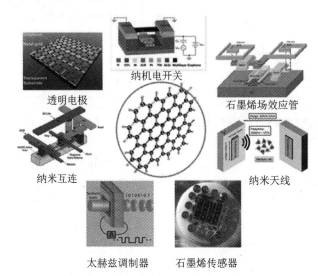

图5-2 石墨烯在电子工程领域的典型应用

随着工作频率的不断增加和电子设备集成度的不断提高，通信系统中的电磁干扰(electromagnetic interference，EMI)问题日益严峻[45]。为了降低电子器件间的相互干扰，一个可行的措施是使用电磁屏蔽盒。在过去的二十年中，人们一直在努力寻找有效的屏蔽材料，如金属、金属网[46]、掺杂碳纳米管[47]、复合碳纳米管柔性薄膜[48]和导电聚合物[49]等，不过这些材料都存在一定的局限性。石墨烯的出现对解决电磁干扰问题具有重要意义。雷达吸波材料(radar absorbing materials，RAM)在特定带宽内能够显著降低目标的可观测雷达散射截面[50]，但传统的吸波器有着角度敏感、带宽窄、尺寸大等缺陷[51]。因此，降低宽带吸波器的角度敏感性和厚度，并拓宽其吸波带宽成为了吸波器设计中的迫切需求，石墨烯正是能够满足这些性能需求的主要候选材料之一。

自从2008年Landy等人[52]首次在理论和实验上对超材料吸波器开展研究以来，超材料吸波器(Metamaterial absorbers，MA)已经得到了广泛的探索和快速的发展。此后，在包括光学[53]、近红外[54]、中红外[55]、太赫兹(terahertz，THz)[56-60]和毫米波波段[61]等频谱中，超材料吸波器设计都展示了良好的性能。超材料吸波器的概念在太赫兹频段尤其重要，这是因为在该频段中很难找到具有强频率选择性的太赫兹吸波器[62]。在太赫兹频段中，理想超材料吸波器有许多重要的技术应用，包括传感器[63]、热辐射体[64]和成像器件[65]等。当超材料吸波器的吸收率随外界的刺激而发生改变时[66]，这种吸波器就称为可调超材料吸波器。可调超材料吸波器在波束偏折天线、高光谱成像和动态频率选择空间光调制器等领域都有着广泛的应用。石墨烯由于具有有限的导电性、结构柔性和光学透明性，在超材料吸波器领域具有重要的应用前景。

本章首先总结基于石墨烯的 Salisbury 屏吸波器、Jaumann 吸波器和频率选择表面 (frequency selective surface，FSS)吸波器的建模方法；其次讨论利用化学气相沉积(CVD)方法制备的大面积多层石墨烯的微波吸收和近场辐射特性，详细介绍几种基于石墨烯的超材料吸波器及其应用，包括用于抑制不需要的腔体谐振模式的石墨烯透明屏蔽盒、用于吸收传输线主模的石墨烯准横电磁(TEM)波微带吸波器、具有低剖面灵活可调的宽带微波石墨烯 FSS 吸波器、可在宽频带内吸收平面波能量的毫米波(MMW)石墨烯光学透明吸波器、具有可快速电控吸收和反射特性的石墨烯太赫兹吸波器；最后通过加工实测验证石墨烯在电磁波吸波领域的特性。

5.2　石墨烯的模型

5.2.1　石墨烯的电子模型

如图 5-3 所示，无限大石墨烯层位于两种不同介质的分界面上，例如 xoz 平面上，在 $y \geqslant 0$ 区域内的介质参数为 μ_1, ε_1，在 $y < 0$ 区域内的介质参数为 μ_2, ε_2，并且所有材料参数都可以是复数。石墨烯层可以被看成厚度为零的表面，其表面电导率为 $\sigma(\omega, \mu_c, \Gamma, T)$。这里 ω 为角频率，μ_c 为化学势，Γ 是与能量无关的散射率，T 为温度。

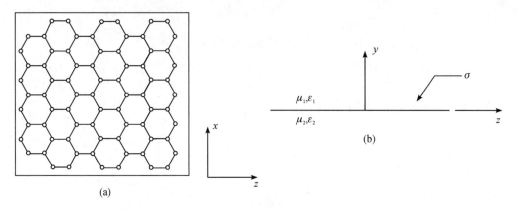

图 5-3　石墨烯电子模型
（a）石墨烯示意图(俯视图)，(其中小圆圈代表碳原子)；
（b）石墨烯在两介质分界面处的电导率(侧视图)

对石墨烯表面电导率的研究中，学者们已经给出了一些理论计算公式[67-74]，这里我们使用基于 Kubo 公式的表达式[75]，即

$$\sigma(\omega,\mu_c,\Gamma,T)=\frac{je^2(\omega-j2\Gamma)}{\pi\hbar^2}\left[\frac{1}{(\omega-j2\Gamma)^2}\int_0^\infty\varepsilon\left(\frac{\partial f_d(\varepsilon)}{\partial\varepsilon}-\frac{\partial f_d(-\varepsilon)}{\partial\varepsilon}\right)d\varepsilon-\right.$$

$$\left.\int_0^\infty\frac{f_d(-\varepsilon)-f_d(\varepsilon)}{(\omega-j2\Gamma)^2-4(\varepsilon/\hbar)^2}d\varepsilon\right]\tag{5-1}$$

其中：e 是电子的电荷量；$\hbar=h/2\pi$，是约化普朗克常数；$f_d(\varepsilon)=(e^{(\varepsilon-\mu_c)/k_BT}+1)^{-1}$，是费米-狄拉克分布，$k_B$ 是玻尔兹曼常数。我们假设不存在外部磁场，因此局部的电导率可以看成各向同性的，即不存在霍尔电导率。式(5-1)中的第一项源于带内贡献，第二项源于带间贡献。对于孤立的石墨烯薄膜，其化学势 μ_c 与载流子密度 n_s 的关系可以表示为

$$n_s=\frac{2}{\pi\hbar^2v_F^2}\int_0^\infty\varepsilon\left[f_d(\varepsilon)-f_d(\varepsilon+2\mu_c)\right]d\varepsilon\tag{5-2}$$

其中 $v_F\approx9.5\times10^5$ m/s，是费米速度。载流子密度可以通过栅极电压或化学掺杂等手段加以控制。对于在 $T=0$ K、$n_s=\mu_c=0$ 的未掺杂和无栅极偏压的情况下，式(5-1)中的第一项可以计算为

$$\sigma_{intra}(\omega,\mu_c,\Gamma,T)=-j\frac{e^2k_BT}{\pi\hbar^2(\omega-j2\Gamma)}\left(\frac{\mu_c}{k_BT}+2\ln(e^{-\mu_c/k_BT}+1)\right)\tag{5-3}$$

值得注意的是，在 $\mu_c=0$ 的情况下，式(5-3)最早是在文献[76]中针对石墨推导出来的(在文献[76]的推导中引入了一个因子来考虑石墨烯层之间的距离)，对应于单壁碳纳米管在无限大半径范围内的带内电导率[77]。当将石墨烯的表面电导率写成复数形式 $\sigma=\sigma'+j\sigma''$ 时，有 $\sigma'_{intra}\geqslant0$，$\sigma''_{intra}<0$。从后面的讨论可以看出，电导率的虚部对石墨烯薄膜所引导的表面波传播起着重要作用[68]。当 $k_BT\ll|\mu_c|$ 时，带间电导率可以近似为[78]

$$\sigma_{inter}(\omega,\mu_c,\Gamma,0)\approx\frac{-je^2}{4\pi\hbar}\ln\left(\frac{2|\mu_c|-(\omega-j2\Gamma)\hbar}{2|\mu_c|+(\omega-j2\Gamma)\hbar}\right)\tag{5-4}$$

对于 $\Gamma=0$ 且 $2|\mu_c|>\hbar\omega$，有 $\sigma_{inter}=j\sigma''_{inter}$ 和 $\sigma''_{inter}>0$；对于 $\Gamma=0$ 且 $2|\mu_c|<\hbar\omega$，σ_{inter} 是复数，即

$$\sigma'_{inter}=\frac{\pi e^2}{2h}=\sigma_{min}=6.085\times10^{-5}\text{ S}\tag{5-5}$$

且当 $\mu_c\neq0$ 时，有 $\sigma''_{inter}>0$。

5.2.2 平面波反射和透射系数

考虑图5-3(b)所示的平面分层的媒质，上半空间为第一层媒质，下半空间为第二层媒质。假设电流源位于第一层中，即

$$\vec{J}^{(1)}(\vec{r})=\hat{\alpha}\frac{j4\pi r_0}{\omega\mu_1}\delta(\vec{r}-\vec{r}_0)\tag{5-6}$$

其中 $\hat{\alpha}=\hat{x}$ 或 $\hat{y}$，$\vec{r}_0=\hat{y}y_0$。电流源在第一层和第二层中产生的电场、磁可以用赫兹位 $\Pi^{(n)}(\vec{r})(n=1,2)$ 加以表示，即

$$\begin{cases}\vec{E}^{(n)}(\vec{r})=(k_n^2+\nabla\nabla)\Pi^{(n)}(\vec{r})\\\vec{H}^{(n)}(\vec{r})=j\omega\varepsilon_n\nabla\times\Pi^{(n)}(\vec{r})\end{cases}\tag{5-7}$$

其中，

$$\begin{cases} \mathit{\Pi}^{(1)}(\vec{r}) = \mathit{\Pi}^{\mathrm{p}}_1(\vec{r}) + \mathit{\Pi}^{\mathrm{s}}_1(\vec{r}) = \int_{\Omega} \left[\overline{\overline{G}}^{\mathrm{p}}_1(\vec{r}, \vec{r}') + \overline{\overline{G}}^{\mathrm{s}}_1(\vec{r}, \vec{r}') \right] \dfrac{\vec{J}^{(1)}(\vec{r}')}{\mathrm{j}\omega\varepsilon_1} \mathrm{d}\vec{r}' \\[4mm] \mathit{\Pi}^{(2)}(\vec{r}) = \mathit{\Pi}^{\mathrm{s}}_2(\vec{r}) = \int_{\Omega} \left[\overline{\overline{G}}^{\mathrm{s}}_2(\vec{r}, \vec{r}') \right] \dfrac{\vec{J}^{(1)}(\vec{r}')}{\mathrm{j}\omega\varepsilon_1} \mathrm{d}\vec{r}' \end{cases} \tag{5-8}$$

这里波数 $k_n = \omega\sqrt{\varepsilon_n\mu_n}\,(n=1, 2)$。入射并矢格林函数为

$$\overline{\overline{G}}^{\mathrm{p}}_1(\vec{r}, \vec{r}') = \overline{\overline{I}}\, \frac{\mathrm{e}^{-\mathrm{j}k_1 R}}{4\pi R} = \overline{\overline{I}}\, \frac{1}{2\pi} \int_{-\infty}^{+\infty} \mathrm{e}^{-p_1|y-y'|}\, \frac{\mathrm{H}^{(2)}_0(k_\rho\rho)}{4p_1} k_\rho \mathrm{d}k_\rho \tag{5-9}$$

其中 $p_n^2 = k_\rho^2 - k_n^2\,(n=1, 2)$，$\rho = \sqrt{(x-x')^2 + (y-y')^2}$，$R = |\vec{r} - \vec{r}'| = \sqrt{(y-y')^2 + \rho^2}$，$\overline{\overline{I}}$ 为单位并矢，$\mathrm{H}^{(2)}_0$ 为零阶第二类 Hankel 函数。散射并矢格林函数为

$$\overline{\overline{G}}^{\mathrm{s}}_1(\vec{r}, \vec{r}') = \hat{y}\hat{y}\, G^{\mathrm{s}}_{\mathrm{n}1}(\vec{r}, \vec{r}') + \left(\hat{y}\hat{x}\, \frac{\partial}{\partial x} + \hat{y}\hat{z}\, \frac{\partial}{\partial z} \right) \overline{\overline{G}}^{\mathrm{s}}_{\mathrm{c}1}(\vec{r}, \vec{r}') +$$
$$(\hat{x}\hat{x} + \hat{z}\hat{z}) G^{\mathrm{s}}_{\mathrm{t}1}(\vec{r}, \vec{r}') \tag{5-10}$$

$$\overline{\overline{G}}^{\mathrm{s}}_2(\vec{r}, \vec{r}') = \hat{y}\hat{y}\, G^{\mathrm{s}}_{\mathrm{n}2}(\vec{r}, \vec{r}') + \left(\hat{y}\hat{x}\, \frac{\partial}{\partial x} + \hat{y}\hat{z}\, \frac{\partial}{\partial z} \right) G^{\mathrm{s}}_{\mathrm{c}2}(\vec{r}, \vec{r}') +$$
$$(\hat{x}\hat{x} + \hat{z}\hat{z}) G^{\mathrm{s}}_{\mathrm{t}1}(\vec{r}, \vec{r}') \tag{5-11}$$

$$\overline{\overline{G}}^{\mathrm{s}}_{\beta 1}(\vec{r}, \vec{r}') = \frac{1}{2\pi} \int_{-\infty}^{+\infty} R_\beta\, \frac{\mathrm{H}^{(2)}_0(k_\rho\rho)\mathrm{e}^{-p_1(y+y')}}{4p_1} k_\rho \mathrm{d}k_\rho \quad (\beta = \mathrm{t, n, c}) \tag{5-12}$$

$$\overline{\overline{G}}^{\mathrm{s}}_{\beta 2}(\vec{r}, \vec{r}') = \frac{1}{2\pi} \int_{-\infty}^{+\infty} T_\beta\, \frac{\mathrm{H}^{(2)}_0(k_\rho\rho)\mathrm{e}^{(p_2 y - p_1 y')}}{4p_1} k_\rho \mathrm{d}k_\rho \quad (\beta = \mathrm{t, n, c}) \tag{5-13}$$

这里

$$R_{\mathrm{t}} = \frac{M^2 p_1 - p_2 - \mathrm{j}\sigma\omega\mu_2}{M^2 p_1 + p_2 + \mathrm{j}\sigma\omega\mu_2} = \frac{N^{\mathrm{H}}(k_\rho, \omega)}{Z^{\mathrm{H}}(k_\rho, \omega)} \tag{5-14}$$

$$R_{\mathrm{n}} = \frac{N^2 p_1 - p_2 + \dfrac{\sigma p_1 p_2}{\mathrm{j}\omega\varepsilon_1}}{N^2 p_1 + p_2 + \dfrac{\sigma p_1 p_2}{\mathrm{j}\omega\varepsilon_1}} = \frac{N^{\mathrm{E}}(k_\rho, \omega)}{Z^{\mathrm{E}}(k_\rho, \omega)} \tag{5-15}$$

$$R_{\mathrm{c}} = \frac{2p_1 \left[(N^2 M^2 - 1) + \dfrac{\sigma p_2 M^2}{\mathrm{j}\omega\varepsilon_1} \right]}{Z^{\mathrm{H}} Z^{\mathrm{E}}} \tag{5-16}$$

$$T_{\mathrm{t}} = \frac{(1 + R_{\mathrm{t}})}{N^2 M^2} = \frac{2p_1}{N^2 Z^{\mathrm{H}}} \tag{5-17}$$

$$T_{\mathrm{n}} = \frac{p_1(1 - R_{\mathrm{n}})}{p_2} = \frac{2p_1}{Z^{\mathrm{E}}} \tag{5-18}$$

$$T_{\mathrm{c}} = \frac{2p_1 \left[(N^2 M^2 - 1) + \dfrac{\sigma p_1}{\mathrm{j}\omega\varepsilon_1} \right]}{N^2 Z^{\mathrm{H}} Z^{\mathrm{E}}} \tag{5-19}$$

其中 $N^2 = \varepsilon_2/\varepsilon_1$，$M^2 = \mu_2/\mu_1$。若电流源位于 $y_0 \gg 0$ 的位置处，其将辐射出单位幅度、$\hat{\alpha}$ 极化的均匀平面波垂直入射到第一层媒质与第二层媒质的交界面。此时反射系数 R 和透射系

数 T 可以通过将 $k_\rho = 0$ 代入式(5-14)和式(5-17)中得到,即

$$R = \frac{\eta_2 - \eta_1 - \sigma\eta_1\eta_2}{\eta_2 + \eta_1 + \sigma\eta_1\eta_2} \tag{5-20}$$

$$T = \frac{2\eta_2}{(\eta_2 + \eta_1 + \sigma\eta_1\eta_2)} \tag{5-21}$$

式中 $\eta_n = \sqrt{\mu_n/\varepsilon_n}$ 为区域 n 中的波阻抗。对于 $\sigma = 0$,平面波反射系数和透射系数退化为两个理想介质的情况;对于 $\sigma \to \infty$,则对应于理想导体的情况,有 $R \to -1$ 和 $T \to 0$。对于 $\varepsilon_1 = \varepsilon_2 = \varepsilon_0$ 和 $\mu_1 = \mu_2 = \mu_0$ 的特殊情况,可得

$$R = -\frac{\dfrac{\sigma\eta_0}{2}}{1 + \dfrac{\sigma\eta_0}{2}}, \quad T = \frac{1}{\left(1 + \dfrac{\sigma\eta_0}{2}\right)} \tag{5-22}$$

式中 $\eta_0 = \sqrt{\mu_n/\varepsilon_n} \approx 377\ \Omega$。反射系数与文献[67]中垂直入射的结果一致。

5.2.3 石墨烯引导的表面波

Sommerfeld 积分中的极点奇异性表示由介质引导的表面波[79-81]。例如,由赫兹偶极电流 $\vec{J}(\vec{r}) = \hat{y} A_0 \delta(x)\delta(y)\delta(z)$ 激发的区域 1 中的表面波的电场为

$$\vec{E}^{(1)}(\rho_0) = \frac{A_0 k_\rho^2 R_n'}{4\omega\varepsilon_1} e^{-p_1 y} \left[\left(\hat{x}\frac{x}{\rho_0} + \hat{z}\frac{z}{\rho_0} \right) H_0^{(2)\prime}(k_\rho\rho_0) - \hat{y}\frac{(k_1^2 + p_1^2)H_0^{(2)}(k_\rho\rho_0)}{k_\rho\sqrt{k_1^2 - k_\rho^2}} \right] \tag{5-23}$$

式中 $R_n' = N^E/(\partial Z^E/\partial k_\rho)$,$H_0^{(2)\prime}(\alpha) = \partial H_0^{(2)}(\alpha)/\partial\alpha$,$\rho_0 = \sqrt{x^2 + z^2}$。从式(5-23)中可以看出,表面波的电场中包含了因子 $e^{-p_1 y}$,因此在 $\mathrm{Re}(p_n) > 0 (n=1,2)$ 的正常黎曼面上,电场随着远离石墨烯表面的距离的增加而指数衰减。

1. 横电(TE)表面波

由式(5-14)至式(5-19)可知,沿传播方向 ρ 的横电(TE)表面波的色散方程为

$$Z^H(k_\rho, \omega) = M^2 p_1 + p_2 + \mathrm{j}\sigma\omega\mu_2 = 0 \tag{5-24}$$

值得注意的是 $p_2^2 - p_1^2 = k_0^2(\mu_{r1}\varepsilon_{r1} - \mu_{r2}\varepsilon_{r2})$,这里 ε_{rn} 和 $\mu_{rn}(n=1,2)$ 代表相对介电常数和相对磁导率。因此对于 $M \neq 1$ 的情况,式(5-24)可求解为

$$k_\rho = k_0 \sqrt{\mu_{r1}\varepsilon_{r1} - \left[\frac{M^2\sigma\eta_0\mu_{r2} \mp \sqrt{(\sigma\eta_0\mu_{r2})^2 - (M^4-1)(\mu_{r1}\varepsilon_{r1} - \mu_{r2}\varepsilon_{r2})}}{M^4 - 1} \right]^2} \tag{5-25}$$

对于 $M=1$ 的情况,即 $\mu_{r1} = \mu_{r2} = \mu_r$,式(5-24)可化简为

$$k_\rho = k_0 \sqrt{\mu_r\varepsilon_{r1} - \left[\frac{(\varepsilon_{r1} - \varepsilon_{r2})\mu_r + \sigma^2\eta_0^2\mu_r^2}{2\sigma\eta_0\mu_r} \right]^2} \tag{5-26}$$

进一步,若 $N=1$,即 $\varepsilon_{r1} = \varepsilon_{r2} = \varepsilon_r$,式(5-26)变为

$$k_\rho = k_0 \sqrt{\mu_r\varepsilon_r - \left(\frac{\sigma\eta_0\mu_r}{2} \right)^2} \tag{5-27}$$

考虑 $\varepsilon_r = \mu_r = 1$，则式(5-27)变为

$$k_\rho = k_0 \sqrt{1 - \left(\frac{\sigma\eta_0}{2}\right)^2} \qquad (5-28)$$

对于放置于空气中的单层石墨烯而言，如果 σ 是实数，且 $\sigma\eta_0 < 1$，则 $k_\rho < k_0$ 为实数，石墨烯表面上存在一个快波传输模式。如果 σ 是实数，且 $\sigma\eta_0 > 1$，则 k_ρ 为纯虚数，石墨烯表面上沿着横向存在一个衰减的模式。但在这两种情况下，$p_n = p_0 = \sqrt{k_\rho^2 - k_0^2} = -j\sigma\omega\mu_0/2$，为纯虚数，不满足 $\mathrm{Re}(p_n) > 0 (n = 1, 2)$ 条件，因此，该 TE 模式是在非正常黎曼面上，该结构的辐射是由漏波模式产生的。

如果 σ 是纯虚数，即 $\sigma = j\sigma''$，由式(5-27)可知，$k_\rho > k_0$，从而存在一个慢波传播模式。此时，$p_0 = \sigma''\omega\mu_0/2$。当带间的电导率大于带内的电导率时，有 $\sigma'' > 0$，则 $\mathrm{Re}(p_0) > 0$，因此该慢波模式在正常黎曼面上。

一般而言，σ 为复数，即 $\sigma = \sigma' + j\sigma''$，$p_0 = (\sigma'' - j\sigma')\omega\mu_0/2$。若 $\sigma'' > 0$，该表面波模式在正常黎曼面上。

2. 横磁(TM)表面波

对于横磁(TM)表面波，其色散方程为

$$Z^{\mathrm{E}}(k^\rho, \omega) = N^2 p_1 + p_2 + \frac{\sigma p_1 p_2}{j\omega\varepsilon_1} = 0 \qquad (5-29)$$

这里仅考虑置于空气中的单层石墨烯情况。在这种情况下，$p_0 = -j2\omega\varepsilon_0/\sigma$，且

$$k_\rho = k_0 \sqrt{1 - \left(\frac{2}{\sigma\eta_0}\right)^2} \qquad (5-30)$$

对于实数的 σ，$p_n = p_0 = \sqrt{k_\rho^2 - k_0^2} = -j2\omega\varepsilon_0/\sigma$，为纯虚数，不满足 $\mathrm{Re}(p_n) > 0 (n = 1, 2)$ 条件，该 TM 模式在非正常黎曼面上。

考虑 σ 为纯虚数，即 $\sigma = j\sigma''$，有 $k_\rho > k_0$，存在一个慢波传播模式。此时，$p_0 = -2\omega\varepsilon_0/\sigma''$。当带内的电导率大于带间的电导率时，有 $\sigma'' < 0$，$\mathrm{Re}(p_0) > 0$，因此该慢波模式在正常黎曼面上。

对于一般的复数 $\sigma = \sigma' + j\sigma''$，$p_0 = -(\sigma'' + j\sigma')2\omega\varepsilon_0/\sqrt{\sigma'^2 + \sigma''^2}$。若 $\sigma'' < 0$，该表面波模式在正常黎曼面上。

总之，对于置于均匀媒质中的单层石墨烯，当 $\sigma'' > 0$ 时存在 TE 表面波；当 $\sigma'' < 0$ 时，存在 TM 表面波。对于 $\sigma'' = 0$ 时，不存在表面波。

5.3　基于石墨烯的吸波器的建模

5.3.1　基于石墨烯的 Salisbury 屏吸波器的建模

图 5-4(a)描述了基于石墨烯的 Salisbury 屏吸波器的示意图。它包括一个石墨烯层、一个接地层以及放置在它们之间的一个相对介电常数为 ε_r、厚度为 h 的介层基板层。单层

石墨烯薄膜可以看成一个极薄的表面，用表面电导率加以表征，在低频时可以用带间电导率的贡献即式(5-3)表示。

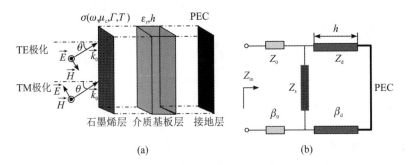

图 5-4 基于石墨烯的 Salisbury 屏吸波器示意图

(a) 结构；(b) 等效电路

根据传输线理论，介质基板层可建模为传播常数为 β_d、特性阻抗为 Z_d 的短传输线，石墨烯层可由表面阻抗 $Z_s = 1/\sigma_s = R_s + jX_s$ 表示，其中 R_s 为表面电阻，X_s 为表面电抗，如图 5-4(b) 所示。自由空间的传播常数表示为 β_0，特性阻抗表示为 Z_0。由图 5-5(a) 可知，R_s 与频率无关，而 X_s 随频率缓慢上升。在 $T=300$ K 与 $\mu_c = 0$ eV 条件下，当 Γ 从 0.1 meV 增加到 1.1 meV 时，R_s 从 72 Ω/sq 增加到 792 Ω/sq，而 X_s 保持不变。如图 5-5(b) 所示，若 Γ 固定为 1 meV，且 μ_c 变化范围为从 0 到 1 eV，那么 R_s 和 X_s 都将显著减小。在微波频段，X_s 比 R_s 小得多，可以忽略不计，因此 R_s 主要决定了石墨烯层的电阻率。在实际应用中，R_s 可采用多层结构或场偏置的方式加以调控。

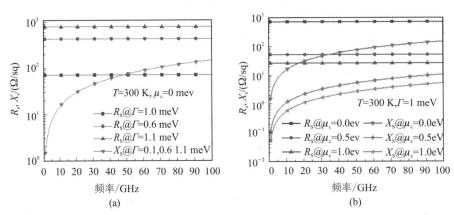

图 5-5 石墨烯在微波频段和室温下的表面电阻和表面电抗

(a) 在不同的散射率下；(b) 在不同的化学势下

对于入射角为 θ 的 TE 和 TM 极化波，特性阻抗、传播常数等参数的一般表达式为[82]

$$k_0 = \frac{\omega}{c}, \quad \beta_0 = k_0 \cos\theta, \quad \beta_d = k_0 \sqrt{\varepsilon_r - \sin^2\theta} \tag{5-31}$$

$$Y_0^{TE} = \frac{\cos\theta}{\eta_0}, \quad Y_0^{TM} = \frac{1}{\eta_0 \cos\theta} \tag{5-32}$$

$$Y_d^{TE} = \frac{\sqrt{\varepsilon_r - \sin^2\theta}}{\eta_0}, \quad Y_d^{TM} = \frac{\varepsilon_r}{\eta_0 \sqrt{\varepsilon_r - \sin^2\theta}} \tag{5-33}$$

其中 c 为真空中的光速，ω 为角频率，$\eta_0 = \sqrt{\mu_0/\varepsilon_0}$ 为自由空间的波阻抗。图 5-4 中基于石墨烯的 Salisbury 屏吸波器的输入阻抗为

$$Z_{in}^{TE, TM} = \frac{Z_s Z_d^{TE, TM}}{Z_d^{TE, TM} - jZ_s \cot(\beta_d h)} \qquad (5-34)$$

考虑到接地层的全反射效应，基于石墨烯的吸波器的反射系数 S_{11} 和吸收率 A 可分别表示为

$$S_{11}^{TE, TM} = \frac{Z_{in}^{TE, TM} - Z_0^{TE, TM}}{Z_{in}^{TE, TM} + Z_0^{TE, TM}} \qquad (5-35)$$

$$A^{TE, TM} = 1 - |S_{11}^{TE, TM}|^2 \qquad (5-36)$$

式(5-35)表明当 $Z_{in} = Z_0$ 时，吸收率达到最高，吸收峰对应着反射零点。举例来说，我们假设所使用的石墨烯薄膜的化学势为 0.2 eV，散射率为 5 meV，那么其对应的表面电阻为 645 Ω/sq，这是因为这个值非常接近从微波腔测量[44]中提取的 3 层石墨烯样品的表面电阻 0.6 kΩ/sq。该石墨烯样品选用 $\varepsilon_r = 3.8$ 的石英作为介质基板。图 5-6 为基于石墨烯的微波吸波器在不同石英厚度下的吸收光谱。第一个吸收峰出现在固有谐振频率 $f_0 = c/(4h\sqrt{\varepsilon_r})$ 处，其他的吸收峰位于 $f_i = (2i-1)f_0 (i=1, 2\cdots)$。随着厚度 h 的增大，谐振频率和吸波带宽都会相应减小。

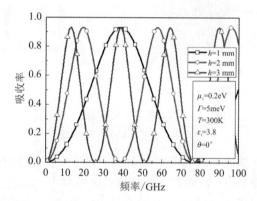

图 5-6　不同石英厚度下的基于石墨烯的 Salisbury 屏吸波器的吸收光谱

对于石英厚度 $h = 1.3$ mm 的斜入射情况，不同入射角下基于石墨烯吸波器的吸收光谱如图 5-7 所示。随着入射角从 0° 增加到 60°，TE 极化的吸收峰和谐振频率缓慢上升；而

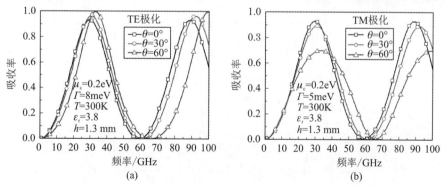

图 5-7　不同入射角下基于石墨烯的 Salisbury 屏吸波器的吸收光谱
(a) TE 极化；(b) TM 极化

对于 TM 极化，吸收峰明显下降，尤其是在 $\theta=60°$ 时下降显著。总体来说对于大多数入射的情况，基于石墨烯的透明 Salisbury 屏结构都可以看成一个有效的吸波器。

5.3.2　基于石墨烯的 Jaumann 吸波器的建模

为了在较宽的频率范围内吸收垂直入射的平面波，我们进一步考虑一种基于多层石墨烯的 Jaumann 吸波器，如图 5-8(a)所示。该吸波器是由金属地、多层石墨烯薄膜和介质基板层组成的。基于传输线理论，该吸波器的等效电路如图 5-8(b)所示。在 TE 和 TM 两种极化波照射下，该吸波器的输入阻抗可以使用如下迭代公式加以计算：

$$Z_{i,\text{in}} = \frac{Z_s Z_d [Z_{i-1,\text{in}} + jZ_d \tan(\beta_d h)]}{Z_d [Z_{i-1,\text{in}} + Z_s] + j\tan(\beta_d h)[Z_d^2 + Z_{i-1,\text{in}} Z_s]} \quad (i=1, 2 \cdots, N) \quad (5-37)$$

反射系数和吸收系数可以根据式(5-35)和式(5-36)加以计算。

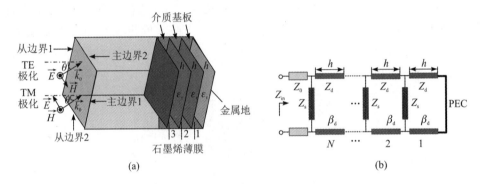

图 5-8　宽带石墨烯 Jaumann 吸波器

(a) 仿真模型；(b) 等效电路

图 5-9 给出了由电路模型计算的吸波特性和 HFSS 仿真软件仿真得到的吸波响应($N=1$，2，3)，两者吻合良好。假设石墨烯薄膜的散射率为 5 meV 且化学势为 0.2 eV，对应于可以通过多层 CVD 技术实现的 645 Ω/sq 的表面电阻，介质基板的相对介电常数为 1.8，厚度为 1 mm(例如透明的 PTFE 薄膜)。当 $N=1$ 时，吸波器在 56 GHz 附近有 93% 的吸收率，而当 $N=2$，3 时石墨烯吸波器在 20 GHz 到 100 GHz 之间有 2 个或 3 个吸收峰，从而实现了较宽的吸收带。

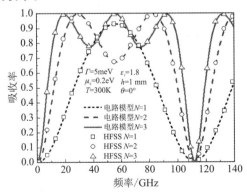

图 5-9　宽带石墨烯 Jaumann 吸波器的吸收光谱

5.3.3　基于石墨烯的 FSS 吸波器的建模

图 5-10 所示为基于石墨烯的 FSS 吸波器的侧视图。在基板的上表面印制 FSS 图案以产生谐振效应，而在基板下表面放置导体板来阻挡电磁波的传播，从而实现电磁波的捕获和吸收。这里建立了该吸波结构的传输线模型，其中 Z_0 为空气的特性阻抗。这里将图案化的石墨烯薄膜作为表面电阻为 $Z_s = R_s + jX_s$ 的导电薄膜处理。这是由于石墨烯薄膜厚度与工作波长相比非常小，阻抗的实部由石墨烯产生，而虚部由拓扑结构的谐振产生。

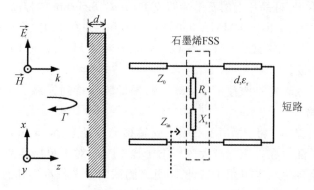

图 5-10　具有接地板的石墨烯 FSS 吸波器及其等效传输线模型

将基板等效为传输线，ε_r 和 d 为基板的相对介电常数和厚度。当平面波入射到基于石墨烯的 FSS 吸波器上时，吸波器的输入阻抗 Z_{in} 为

$$Z_{in} = \frac{Z_s \cdot jZ_c \tan(k_z d)}{Z_s + jZ_c \tan(k_z d)} \tag{5-38}$$

式中：$Z_c = \omega\mu_0/k_z$，为基板的特性阻抗；$k_z = \sqrt{k^2 - k_0^2 \sin^2\theta}$，为沿 z 方向的传播常数，其中 $k = \omega\sqrt{\mu_0\varepsilon_0\varepsilon_r}$，为基板中的波数；$\theta$ 表示平面波入射角。为简单起见，这里我们只考虑垂直入射的情况。吸波器的反射系数可表示为

$$S_{11} = \frac{Z_{in} - Z_0}{Z_{in} + Z_0} \tag{5-39}$$

对于有导体背板的吸波器，由于波的传播被底层的导体板阻挡，因此吸收率可由式(5-36)加以求解。

5.4　多层石墨烯的微波吸波器与辐射器

5.4.1　样品制备及表征

实验室及工业界较为常用的单层石墨烯材料制备方法是 CVD 法。基于热 CVD 工艺，利用德国爱思强（Aixtron)公司的 Black Magic 设备可以制备石墨烯。多层石墨烯制备步骤如下：

（1）将 500 nm 厚的铜磁控溅射到 4 英寸、200 nm 热氧化硅〈100〉晶片上。

（2）在气压为 4 MPa，氢气和氩气单位体积流量比为 20∶1500 的环境中，850℃下退火晶片 30 min。

（3）通过在氢气（浓度为 99.98%）和氩气（浓度为 99.998%）的稀释下，引入单位体积流量为 7 的甲烷，来引发石墨烯的生长。

（4）将所有样品在超高纯度氮气（浓度为 99.999%）下冷却至 300℃，然后对设备的腔室进行排气。使用两个 K 型双金属热电偶式温度计和表面红外干涉仪监测温度，压强和温度分别精确到 ±0.1 MPa 和 ±1℃。

（5）将铜/二氧化硅/硅晶片上的石墨烯切成 17 mm×8.5 mm 的样品，然后以 4000 r/min 的转速旋涂聚甲基丙烯酸甲酯（PMMA 950 A4）30 min，并在 180℃下退火 1 min。

（6）将样品浸入过硫酸铵（$(NH_4)_2S_2O_8$）水溶液刻蚀剂（2.2 g/100 mL 去离子水）中 12 h，以刻蚀掉铜基板。

（7）使用显微镜载玻片将漂浮的 PMMA/石墨烯膜转移到去离子水中，并冲洗几次以去除刻蚀剂和残留物。

（8）对于单层石墨烯，将 PMMA 石墨烯膜转移到直径为 24.6 mm、厚度为 1.25 mm 的熔融石英衬底上，随后在一个标准大气压下干燥 24 h。对于单层样品，转移膜仅占据石英衬底的一半，剩余的另一半可用于紫外-可见光测试的参考校准。对于多层样品，将石墨烯膜转移到更大的晶片衬底上，以便加工 PMMA/双层的石墨烯。

（9）在过硫酸铵中再次刻蚀掉双层石墨烯的基板，在去离子水中冲洗并将石墨烯膜转移到石英基板上，然后用丙酮剥离 PMMA 以制备双层石墨烯样品。

（10）将剩余的 PMMA/双层石墨烯膜再次转移到更大的切片衬底上，重复上述步骤直到生成 5 层的石墨烯样品为止，如图 5-11(a)所示。

悬浮单层石墨烯的不透明度为 2.3±0.1%[83]。通过紫外-可见光检测器可确定堆叠的石墨烯样品的数量。图 5-11(b)显示了 1~5 层石墨烯的拉曼光谱原位数据。厚度为 1.27 mm 的最纯的石英衬底在整个探测光学窗口（200~1000 nm）的透射率大于 90%。单层和多层石墨烯样品在 250~300 nm 处呈现了显著的吸收特征，在 600~1000 nm 处几乎是均匀吸收，且随着层数的增加吸收率增加。5 层样品的吸收率仅比 4 层样品高 0.7%，这说明该样品更可能是一部分区域为 4 层、一部分区域为 5 层。

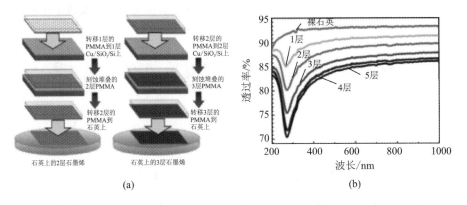

(a)   (b)

图 5-11　多层石墨烯的制备及拉曼光谱

(a) 多步转移-刻蚀循环示意图；(b) 石英和不同堆叠的石墨烯的光谱光学透射率

5.4.2　多层石墨烯的微波腔吸收器

石墨烯的电阻率可以采用微波腔吸收技术加以测定，测定方法与在毫米波频段通过对薄膜测量透射的功率进而测定其表面阻抗的方法类似，其中源和功率计通过介质波导耦合。这里采用一种简单的适用于大面积样品测试的圆柱形微波腔，即通过直接将石墨烯-石英样品放置在腔的底座上，如图 5－12(a)所示。高度为 $H = 40$ mm、半径为 $R = 26$ mm 的圆柱形空腔工作于 TE_{111} 模式。两个 1 mm 长的探针分别位于微波腔的 $H/4$ 和 $3H/4$ 处，实现弱耦合的外部激励。矢量网络分析仪（Agilent N5230）的两个端口分别与两个探针的 SMA 相连。含石英衬底的石墨烯置于底座上，其表现类似于 Salisbury 屏吸波器，这既降低了探针间的传输系数又减小了腔的品质因数。随着石墨烯层数的增加，其电导率也随之提高，所产生的效应就越加明显。

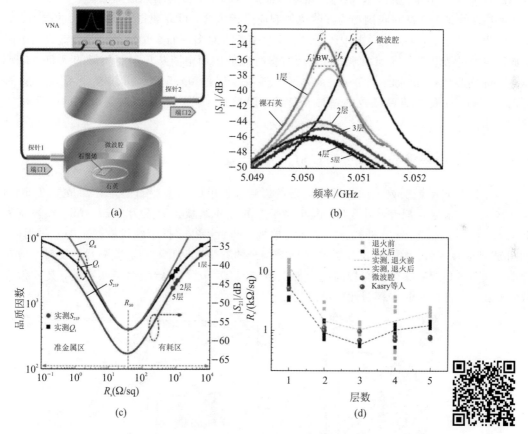

图 5－12　基于微波腔的石墨烯电导率测试

(a) 微波腔测量装置；(b) 石墨烯加载的微波腔透射光谱；
(c) 计算和测量的品质因数和谐振峰与表面电阻的关系（R_{s0} 为最大吸收点，它作为两个工作区域的交界点）；
(d) 退火前后的直流表面电阻

当一个纯的石英衬底放置在腔体中，由于介质的微扰，谐振频率从 f_0 向低频略微偏移到 f'_0。对于石英上的单层石墨烯，从图 5－12(b)所示的透射响应曲线可以看出，其谐振峰相应地降低，3 dB 带宽（$BW_{3dB} = f_R - f_L$）增加，腔体的总品质因数 $Q_t = f'_0 / BW_{3dB}$ 降低。

对于石英上的 2 层石墨烯，谐振峰值出现了约 10 dB 的显著降低，而层数从 3 层到 4 层的增加过程中峰值下降的速率变缓。有趣的是，正如光学透过率测量结果所示，5 层样品的峰值并没有进一步降低，它表现出了与 4 层样品类似的变化趋势。在微波频段下，石墨烯的复电阻率具有恒定的实部（电阻）和可以忽略不计的虚部（电抗）[35,85]。因此，利用这里所述的微波腔在一个频率上测得的表面电阻可以代表一个宽频带内的电阻率。图 5-12(c) 给出了采用 Ansys HFSS 全波仿真得到的石墨烯加载腔体的品质因数和谐振峰与表面电阻的关系。石墨烯加载腔体的总品质因数可定义为 $Q_t = 1/(1/Q_c + 1/Q_q + 1/Q_g)$，其中，$Q_c$、$Q_q$、$Q_g$ 分别表示空腔、石英加载腔体和石墨烯加载腔体的品质因数。最小品质因数（或最小谐振峰）对应于最大吸收点。假设最大吸收点处的表面电阻记为 R_{s0}。当 $R_s < R_{s0}$ 时，石墨烯表现为准金属材料，其品质因数与表面电阻成反比；而当 $R_s > R_{s0}$ 时，石墨烯表现为一种有耗介质，其品质因数与表面电阻成正比。在这里，我们将这两个区域分别标记为"准金属区"和"有耗区"。在有耗区，测量的谐振峰和品质因数随层数的增加而降低。

利用曲线拟合方法对实测与仿真的透射响应进行拟合，可以获得多层石墨烯的电阻，如图 5-12(d) 所示。为了对比，图中还给出了 Kasry 等人对多层石墨烯掺杂前的直流表面电阻的微波腔测量结果[84]。不难发现，微波腔测量得到的表面电阻从单层石墨烯的 5.26 kΩ/sq 急剧下降到 2 层石墨烯的 1.1 kΩ/sq，进一步从 3 层的 0.96 kΩ/sq 缓慢下降到 5 层的 0.72 kΩ/sq，这表明随着层数的增加，表面电阻单调下降，且从 1 层到 2 层的下降幅度很大。

5.4.3　多层石墨烯的微波近场辐射

为了评估石墨烯层数对微波近场辐射的影响，将单层和多层石墨烯样品放置在 50 Ω 微带线上，形成电容耦合贴片天线，其中微带线的介质基板是厚度为 1.57 mm、长×宽为 60 mm×40 mm 的 Duroid 材料（$\varepsilon_r = 2.2$）。单极子探针平行于微带馈线放置在 xoy 平面内，如图 5-13(a) 所示。图 5-13(b) 给出了微带耦合的石墨烯贴片与裸石英贴片的反射系数对比曲线。由于单层石墨烯具有较高的表面电阻（5.3 Ω/sq），因此相对于裸石英，其反射系数略有减小，此时吸收和辐射效应可以忽略不计。

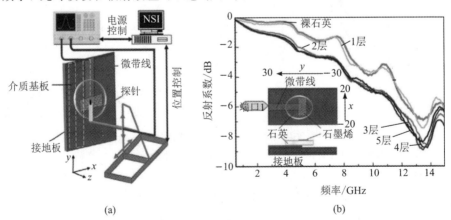

(a)　　　　　　　　　　　　　(b)

图 5-13　多层石墨烯的微波近场辐射

(a) 测量装置示意图；(b) 多层石墨烯贴片的反射系数

与微波腔测量结果的变化趋势类似，2 层石墨烯在 2～14 GHz 之间的反射系数相比于 1 层石墨烯情况有明显的降低，而从 3 层到 5 层的石墨烯的增加，反射系数的减小不太明显，且无明显的谐振现象。全波仿真结果显示了在准金属区域的石墨烯贴片天线具有谐振效应。我们知道当表面阻抗足够小（通常小于 0.01 Ω/sq）时，微波谐振就可以产生。为此，需要进一步提升石墨烯薄膜的表面电导率才能实现微波石墨烯贴片天线。与常用的铜贴片天线相比，有耗石墨烯贴片的吸波特性导致了远场辐射效率降低。这里我们通过近场测量的方式得到了多层石墨烯的辐射特性。图 5-14 给出了单层石墨烯和多层石墨烯在 xoz 和 yoz 面上，5 GHz 和 8 GHz 处的归一化辐射振幅。作为参考，裸石英的结果也在图 5-14 中给出了。在 5 GHz 处，多层石墨烯和石英的归一化辐射近场在 xoz 面是对称的。但石墨烯-石英样品由于表面阻抗的影响，其辐射要小于纯的石英，且随着石墨烯层数的增加辐射进一步降低。类似的趋势也可以在 yoz 面观察到。所不同的是在 yoz 面中，5 GHz 处辐射近场是关于 y 轴反对称分布的，最大值偏移在 $y=15$ mm 的位置，而在 8 GHz 处，最大辐射近场位于 $y=0$ mm 的附近。

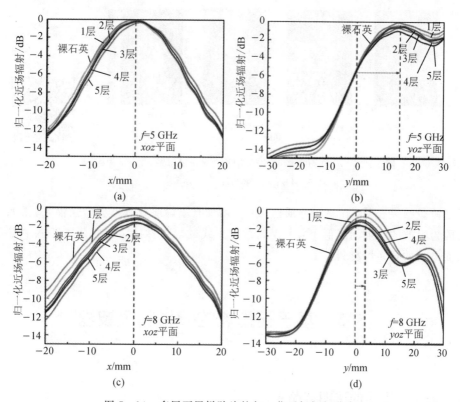

图 5-14　多层石墨烯贴片的归一化近场振幅分布

图 5-15 显示了在石英上的单层、3 层和 5 层石墨烯与裸石英的近场辐射分布图。如图 5-15(a)所示，在 5 GHz 时，层数越多，石墨烯贴片辐射越小。在 8 GHz 时，随着微带线的耦合效应减弱，石英和多层石墨烯的近场辐射峰值位置从 $y=15$ mm 移至 $y=0$ mm，如图 5-15(b)所示。同时，相对于裸石英，石墨烯层数越多，辐射振幅降低也越明显。由于石墨烯在微波频率下是有损耗的，因此其吸收效应会强烈影响贴片的辐射特性。从远场辐射的全波仿真结果可知，

在有耗介质区域的辐射峰值增益甚至小于－5 dBi，远小于相同几何形状的铜贴片天线的 6 dBi，略小于裸石英的辐射峰值增益。这表明具有大表面电阻的石墨烯贴片表现得像吸波体而不是天线，这也在之前的近场测量中得到了验证。然而，在准金属区具有较低的表面电阻($R_s<10$ Ω/sq)的情况下，通过对石墨烯进一步掺杂或电偏置，可以使石墨烯贴片的峰值增益增加到可接受的水平(>0 dBi)。如果石墨烯贴片的辐射效率得到提升，那么它就可以在透明、柔性贴片天线等领域中广泛应用。

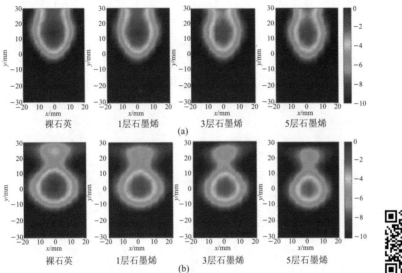

图 5-15　多层石墨烯贴片的实测的近场辐射图
(a) 5 GHz；(b) 8 GHz

近场测量结果表明，在有耗介质区域中，增加石墨烯层数并不会增强辐射；相反，辐射振幅会因为吸波的增加而降低。为了提高贴片天线的辐射性能，在准金属区域中需要具有更低表面电阻的石墨烯材料。

5.5　基于石墨烯的超材料吸波器

5.5.1　基于石墨烯的透明屏蔽罩

如前文所述，随着工作频率的不断增加和电子设备集成化程度的提高，通信系统的电磁干扰问题日益严重，其中一个基本的解决方案就是使用电磁屏蔽盒[45]。如图 5-16(a)所示，金属屏蔽盒的空腔谐振模式会产生两个不利的问题。第一个是由于腔模的出现，不同射频模块之间的相互耦合会明显增加；第二个是金属壳与电磁干扰的强耦合会降低其屏蔽效应(SE)[86]。

为了同时解决上述这两个问题，必须抑制屏蔽盒的空腔谐振模式。此外，为了保持外壳良好的光学透明度，可以使用如图 5-16(b)所示的石墨烯、铟锡氧化物(ITO)等透明材料。ITO 薄膜的表面电导率为 0.11 S/sq(方阻为 9 Ω/sq)，采用 ITO 设计透明的屏蔽盒可以反射外部环境的 EMI 并增加薄膜的 SE。然而，由 ITO 或其他导电材料制成的高反射腔经常会在某些频率处激发不需要的腔共振模式。因此利用石墨烯的电磁吸收特性可以设计出一种由 ITO 和石墨烯组成的复合结构，用以抑制不必要的电磁共振，而且石墨烯薄膜一旦附着在石英底部，石墨烯层就会产生表面电流，此时电流由于石墨烯的损耗特性会被吸收，从而可降低共振的强度[87]。

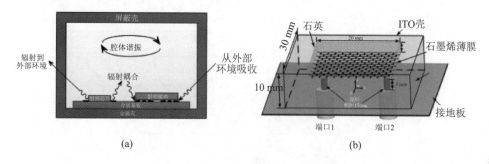

图 5-16　基于石墨烯的透明屏蔽盒

(a) 封装微波模块在谐振频率下的 EMI 现象；(b)仿真和实验用的腔体模型

　　实验装置如图 5-17 所示，图 5-17(a)给出了一个镀有 PET 薄膜的铝箔所制成的矩形金属壳，所提出的透明壳如图 5-17(b)所示，其中方阻为 9 Ω/sq 的 ITO 薄膜用于形成腔体，而铝箔胶带被用在腔体连接处以确保良好接触。石英衬底上的石墨烯附着在外壳的内壁上，石英和石墨烯-PET 的尺寸分别为 20mm×20mm×2.8 mm 和 20 mm×20 mm。在图 5-17(d)中，一对 3 mm 长的 SMA 连接器被安装在尺寸为 100 mm×100 mm 的铜板上，用于激励和测量谐振腔模式。

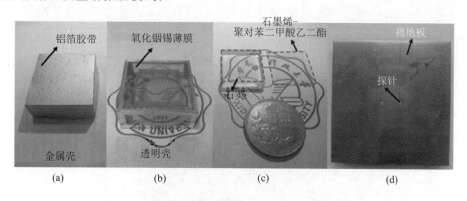

图 5-17　屏蔽盒加工实物图

(a) 铝箔胶带制成的矩形金属壳；(b) ITO 薄膜实现的透明壳；
(c) 实验使用的石英和 CVD 石墨烯(涂在 PET 上)；(d) 铜板上两个 SMA 连接器的示意图

　　这里采用 CVD 法制备单层石墨烯薄膜，然后将其转移到 PET 衬底上。单层石墨烯的方阻约为 500 Ω/sq，方阻可以通过控制转移条件以及后续处理方法进行调整[37, 88-90]。

　　图 5-18 给出了传统的金属屏蔽盒与透明屏蔽盒传输系数的仿真与实测结果(S_{21})。结果表明，金属屏蔽盒在 7.1 GHz 和 11.2 GHz 处存在两种谐振模式(TE_{101} 和 TE_{201})，以这

两种谐振模式的传输系数作为参考，对于石墨烯屏蔽盒，TE_{101} 和 TE_{201} 模式均被抑制了约 17 dB。使用 Agilent N9918A 矢量网络分析仪测量得到的实测数据与 HFSS 仿真软件得到的仿真结果吻合良好。图 5 - 17(b)中所提出的透明屏蔽盒与金属屏蔽盒相比主要有两个优点：第一，它可以用于电子系统，其中光学透明度是一个必需的特点；第二，石墨烯（方阻为 500 Ω/sq）对电磁波的吸收效果显著。

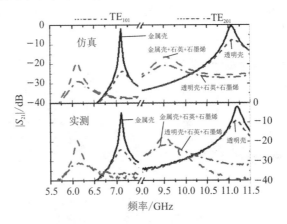

图 5 - 18   金属屏蔽盒（ME）与 ITO 透明屏蔽盒（TE）的透射系数

通过观察两种屏蔽盒内的电场分布，可以发现降低石墨烯方阻能够进一步抑制腔共振模式。图 5 - 19 为 ITO 外壳电场强度等高线图（俯视图，$y = 6$ mm），图 5 - 19(a)和(d)显示了石英衬底上不含石墨烯的 ITO 外壳的电场分布。不同方阻的石墨烯薄膜对共振模式的场强有着很大的影响。图 5 - 19(b)和(e)表明 ITO 外壳的 TE_{101} 和 TE_{201} 模式将被方阻为 5000 Ω/sq 的石墨烯薄膜抑制，而图 5 - 19(c)和(f)表明当石墨烯方阻进一步降低至 500 Ω/sq 时，模式被进一步抑制。值得注意的是，基模 TE_{101} 的抑制效果好于 TE_{201} 模式的情况，这可能与设计中使用的石墨烯/石英衬底的厚度有关。这里 TE_{101} 和 TE_{201} 的电场强度结果分别对 3000 V/m，6000 V/M 进行归一化。

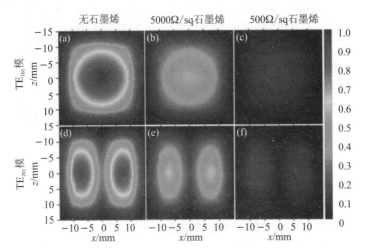

图 5 - 19   ITO 外壳归一化电场强度分布的对比等高线图

最终，将 ITO 与石墨烯/石英衬底集成，设计了一种能有效抑制腔共振模式的光学透明屏蔽盒。仿真和实测结果表明所设计的屏蔽盒具有良好的性能，所提出的光学透明盒的 EMI 屏蔽效果已被充分证明。该方法在毫米波集成混合电路（MIC）、单片微波集成电路（MMIC）、微机电系统（MEMS）等领域的封装设计存在潜在的应用。

5.5.2　基于石墨烯的准 TEM 波微带吸波器

上面的屏蔽吸波器主要用来抑制屏蔽盒的谐振模式，但通常我们需要抑制主要的传输模式，比如微带传输线中的准 TEM 模式。这里采用了一种新型的交指型馈线来引入电磁共振，并利用顶部透明的石墨烯-石英吸波器与交指型馈线之间产生的耦合来吸收共振时的能量。仿真模型如图 5-20(a) 所示，制备的样品如图 5-20(b) 所示，交指型馈线有五个终端开路的枝节，长度均为 7.5 mm，宽度均为 1 mm，它们先与一个长度为 17 mm，宽度为 1 mm 的微带线段相接，再与 50 Ω 馈线连接。这里采用相对介电常数为 2.2，厚度为 1.57 mm 的 Duroid 衬底。石墨烯薄膜的尺寸为 17 mm×8.5 mm，几乎覆盖了交指型馈线区域，且被圆柱形石英板隔开。

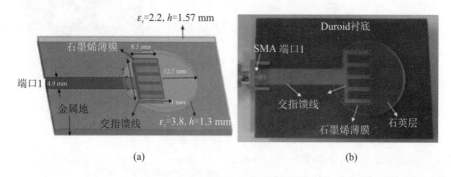

(a)　　　　　　　　　(b)

图 5-20　采用交指型馈线的石墨烯透明 TEM 波吸波器

(a) 仿真模型；(b) 加工实物

图 5-21(a) 显示了不使用石墨烯吸波器和使用石墨烯吸波器时反射系数的仿真结果。不难发现，裸露的交指型馈线在 1 GHz 到 8 GHz 之间几乎全反射。将透明石墨烯-石英吸波器加载到交指型馈线顶部后，在 4.4 GHz 处出现了一个反射零点，反射系数为 -25.3 dB，这主要是由于吸波效应造成的，此处仿真的辐射增益小于 -5 dB。在图 5-21(b) 中，测量到的反射系数在 4.6 GHz 处有一个值为 -28.9 dB 的反射零点，这与仿真结果基本保持一致。

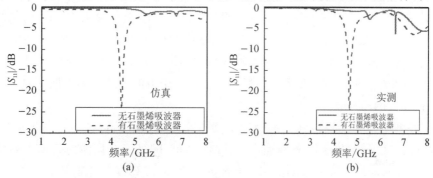

(a)　　　　　　　　　(b)

图 5-21　微带交指型馈线的反射系数

(a) 仿真的反射响应；(b) 实测的反射响应

5.5.3 基于石墨烯的微波 FSS 吸波器

如图 5-22 所示，基于石墨烯和 ITO 的宽带 FSS 吸波器采用三层结构，中间的透明衬底采用了低介电常数（相对介电常数为 2.7）的聚碳酸酯（PC），底层采用方阻为 9 Ω/sq 的 ITO 薄膜，顶层由 100 Ω/sq 的多层石墨烯的贴片阵列组成。其中贴片阵列由 $m \times n$ 个方形周期单元阵列和 $(m+1) \times (n+1)$ 个十字形单元阵列组成。高性能宽带吸收器设计的核心就是要实现吸波器与空气相匹配的阻抗条件，它可以使电磁波无反射地进入结构中，从而最大限度地吸收入射波。相比于由单个阵列单元组成的结构，这里所提出的结构可以保证在宽频带内吸波器与自由空间的阻抗匹配。图 5-22(a) 是 $m=n=2$ 的 FSS 吸波器的结构示意图，俯视图如图 5-22(b) 所示[91]。

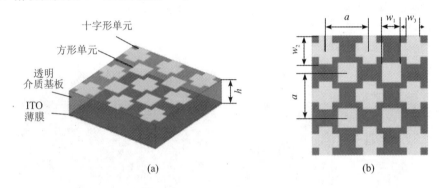

图 5-22 透明宽带 FSS 吸波器示意图

（微波吸波器的几何参数：$w_1=7$ mm，$w_2=10$ mm，$w_3=5$ mm，$a=16$ mm，$h=3$ mm；毫米波吸波器的设计参数：$w_1=3.4$ mm，$w_2=3.8$ mm，$w_3=2$ mm，$a=7$ mm，$h=1.5$ mm）

在宽频吸波器设计中，选择图 5-22 所示的几何参数可以获得两个谐振频点。利用 HFSS 电磁仿真软件计算透明吸波器的反射和透射系数，结果如图 5-23 (a) 所示。透明吸波器在 8.5~18 GHz 范围内反射系数小于 -10 dB，透射系数在 8~18 GHz 范围内小于 -27 dB，透射率接近零。图 5-23(b) 为石墨烯复合贴片阵列在不同方阻下的吸收率曲线，不难发现随着方阻的增大，吸收带宽逐渐变窄，吸收率增大。因此，这里将顶层和底层的方阻分别固定为 100 Ω/sq 和 9 Ω/sq。当方阻为 100 Ω/sq 时，吸收率大于 90% 的相对吸收带宽为 71.7%。图 5-23(c) 显示了吸收率随衬底厚度 h 的变化，可以看出当厚度 h 增大时，谐振频率降低。微波吸波器使用的基片厚度 h 为 3 mm。图 5-23(d) 给出了吸收率随着周期 a 的变化。随着 a 的增加，吸收率也随之增加。对于微波吸波器的周期 a 选为 16 mm，吸收率大于 90% 的相对吸收宽为 71.7%。

图 5-24 中显示了一种由连通的耶路撒冷十字图案组成的宽带多层石墨烯 FSS 吸波器[92]。对应的三维结构和晶胞分别如图 5-24(a) 和 (b) 所示，具体的几何参数为：$D=5$ mm，$d=3.5$ mm，$l=1.5$ mm，$t=2$ mm，$p=13$ mm。FR4 的介电常数为 4.4。仿真和计算的吸收率如图 5-24(c) 所示。当多层石墨烯方阻较低时，结构表现为双频吸收，吸收峰位于 10.5 GHz 和 20.2 GHz。随着方阻 R_s 的增大，两个吸收峰间的吸收率增大，但在两

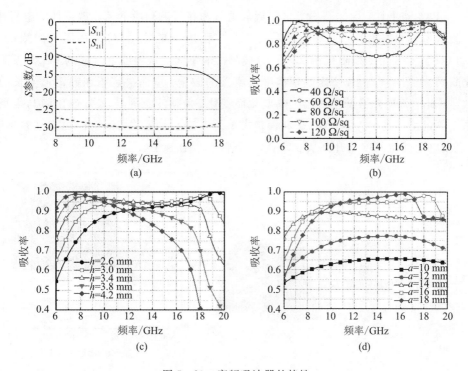

图 5-23 宽频吸波器的特性

（a）仿真 S 参数曲线；（b）在顶层表面不同方阻下的仿真吸收率；

（c）在不同衬底厚度下的仿真吸收率；（d）在复合贴片阵列的不同周期大小下的仿真吸收率

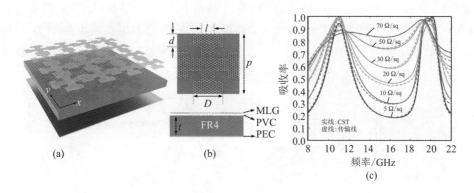

图 5-24 耶路撒冷十字图案的石墨烯 FSS 吸波器

个吸收峰处的吸收率基本不变。当 R_s 增大到 70 Ω/sq 时，两个吸收峰间的吸收率达到 0.8 以上，形成宽带吸收。

图 5-25(a)给出了在聚氯乙烯（PVC）衬底上转移多层石墨烯（MLG）的示意图。我们在温度范围为 800～1100℃、常压的条件下，采用 CVD 法在 25 μm 厚的镍箔上制备了 MLG 样品。生长过程中使用了氢气、甲烷和氩气气体，其中甲烷气体作为碳源在 MLG 生长过程中使用，H_2、CH_4 和 Ar 的单位体积流量分别为 99、42 和 71。生长时间为 10 min，生长后的石墨烯薄膜在 150℃ 下形成 75 μm 厚的 PVC 薄膜，用稀释的硝酸溶液刻蚀箔片从而在透明衬底上形成大面积石墨烯薄膜。在微波频段，石墨烯薄膜的电阻几乎保持不变，且电抗

趋于 0, 可以忽略不计, 因此石墨烯可以近似地视为在微波频段下无色散特性的电阻片。四线阻抗测试系统和非接触的波导测试系统都是广泛用于测量 MLG 表面阻抗的测试系统。图 5-25(b)显示了用四线阻抗测试系统直接测得的不同生长温度下合成的 MLG 表面电阻的变化曲线。由于生长温度决定了镍箔中溶解碳的数量, 进而决定了在镍箔上生长的石墨烯层数, 因此表面电阻会随生长温度的变化而变化。值得注意的是, MLG 电阻与生长温度的关系并不是恒定的, 会受 CVD 炉和镍箔类型的影响。从图 5-25(b)中可以清楚地看到, MLG 表面电阻随着温度的升高从 325 Ω/sq 下降到 5 Ω/sq。

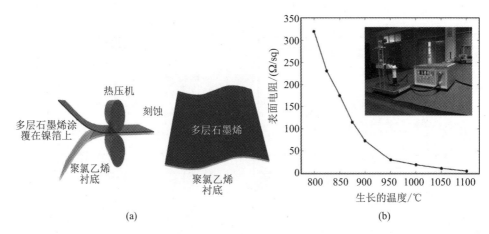

(a)　　　　　　　　　　　(b)

图 5-25　MLG 转移示意图及 MLG 表面电阻

　　如图 5-26(a)所示, 由 14×14 个晶胞(原型 1)或 11×11 个晶胞(原型 2)组成的多层石墨烯 FSS(MLGFSS), 制作在 FR4 衬底上。两种 MLGFSS 层的生长温度分别为(1100 ℃, 925 ℃, 800 ℃)和(1100 ℃, 950 ℃, 900 ℃), 分别对应于(5 Ω/sq, 40 Ω/sq, 200 Ω/sq)和(5 Ω/sq, 20 Ω/sq, 70 Ω/sq)的方阻。接地板采用厚度为 25 μm 的铜箔。

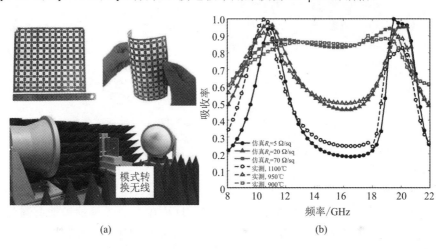

(a)　　　　　　　　　　　(b)

图 5-26　多层石墨烯 FSS 阵列

(a) 吸波器样机和测量环境; (b) 吸波器吸收系数

图 5-26(b)显示了在不同生长温度下 MLGFSS 吸波器(原型 2)吸收率的实测曲线。当生长温度为 1100℃和 950℃时,样品表现为双频吸收,测定的吸收峰位于 10.2 GHz 和 20.2 GHz。随着生长温度的降低,两个峰之间的吸收率明显增加,当生长温度降至 900℃时,样品表现为宽频吸收,在 10.3 GHz 到 20 GHz 之间吸收率在 0.8 以上。总体来看,生长温度在 1100℃~900℃之间,仿真与实测的吸收峰的频率基本吻合,而数值上存在的微小差异是由 MLG 层合成过程与吸波器制作过程的误差造成的。另外,在 18 GHz 的测量结果上可以观察到一些跳变点,这是由于实测中喇叭天线的限制,整个频段的测量结果是由两个波段(8~18 GHz 和 18~22 GHz)的测试结果组合而成的。

除此之外,文献[93]中设计了一种宽频带的柔性透明微波吸波器(FTMA),其实现方法是将石墨烯 FSS (GFSS)与作为接地板的氧化物-金属-氧化物薄膜相结合,GFSS 的晶胞是分米尺度的、且晶胞之间不是电连通的。该 GFSS 是由 CVD 法生长的单层石墨烯组成,通过硝酸的掺杂,其方阻可低至 105 Ω/sq。该吸波器具有频带宽、剖面低、光学透明度高、柔韧性好等特点,它拓展了石墨烯在隐身技术和电磁兼容设备方面的实际应用。文献[94]中提出了一种低剖面的动态可调微波吸波器,它是一种高阻抗表面和石墨烯组成的"三明治"结构。在工作中心频率为 11.2 GHz 处,所设计的吸波器可实现 -3 dB 到 -30 dB 的动态可调反射系数,该吸波器的整体厚度只有 2.8 mm,接近工作波长的十分之一。该研究为基于大尺度石墨烯的动态可调微波吸波器的设计与制备提供参考,并推动了石墨烯在微波频率下的实际应用。文献[95]中报道了一种吸收率动态可调的宽带微波吸波器,它由多层大面积石墨烯和一层随机超表面组成,通过多层石墨烯的叠加,将石墨烯方阻的可调范围降低到 80~380 Ω/sq,由于它更容易与自由空间的阻抗匹配,因此其更适合作为宽带微波吸波器的电阻膜。此外,通过选择 12 种合适的超表面单元并随机分布,可以获得更多的谐振频率和相位响应,从而既能提高微波吸波器的带宽,又能减小其剖面。通过偏置电压调节石墨烯的方阻,可以控制吸波器在 5~31 GHz 的宽频带内吸收率实现 50%~80%的动态调节。

5.5.4 基于石墨烯的毫米波宽带吸波器

在文献[96]中,CVD 石墨烯薄膜生长在 4 英寸的 $Cu/SiO_2/Si$ 晶圆上,通过光学和电子显微镜观察发现其上没有针孔。利用拉曼光谱成像和光学显微镜可以观察到该样品均匀度高,单层覆盖率大于 90%。采用旋转涂膜方式以 200 nm 厚的聚甲基丙烯酸甲酯(PMMA)作为支撑层,将薄膜转移到熔融石英衬底上,如图 5-27(a)所示。采用多次转移-刻蚀法对多层石墨烯样品进行处理,具体为将 PMMA-石墨烯薄膜多次转移到 $Cu/SiO_2/Si$ 基底的石墨烯上,并在过硫酸铵水溶液中刻蚀它们,最后将脱离的 PMMA/石墨烯转移到石英衬底上。这种方法可以避免石墨烯层之间的聚甲基丙烯酸甲酯的残留堆积。采用多层石墨烯薄膜的好处是可以降低平均表面方阻,2 层时方阻约为 0.9 kΩ/sq,3 层时方阻约为 0.6 kΩ/sq。石墨烯层数可以通过紫外-可见分光光度计来测试。使用石英衬底的 1~4 层的石墨烯在 700 nm 处的光学透过率为 85%~91%,如图 5-27(b)所示。为了对比,图中给出了 1.3 mm 厚的裸石英的紫外-可见光谱。

图 5-27(c)给出了一种宽带吸波器设计,该吸波器是由含石英的多层石墨烯薄膜组成的。图 5-27(d)显示了石英上的 2 层和 3 层石墨烯薄膜(17mm×8.5 mm)的光学图像。该宽带吸波器是通过将具有相同表面电阻的 N 个单元样品堆叠在一起并放置在地板之上来实现的。

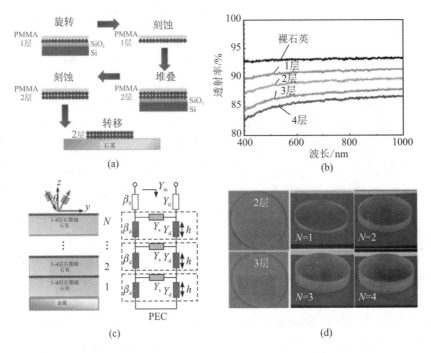

(a)

(b)

(c)

(d)

图 5-27 石墨烯-石英吸收器的示意图和光学图像

(a) 2 层石墨烯薄膜的转移示意图;(b) 裸石英和多层石墨烯薄膜的紫外-可见光谱;

(c) 吸波器的原理图及其等效传输线电路模型;(d) 光学图像(N 为石墨烯-石英单元的数量)

为了了解该吸波器结构的特性,这里采用自由空间毫米波反射测量方法对反射光谱进行测量,并根据式(5-36)通过反射光谱计算吸收光谱。实验设置如图 5-28(a)所示,在测量方法中我们使用了具有毫米波扩展头的 HP N5244A 矢量网络分析仪,其工作频率范围为 110~170 GHz。

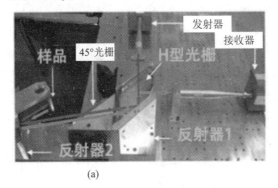
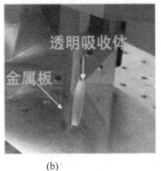

(a)

(b)

图 5-28 毫米波反射测量

(a) 实验装置的照片;(b) 吸波器的照片

H 型光栅透射垂直极化波，反射水平极化波。45°的光栅透过位于 45°方向的电场分量。

首先，测量含有 1~4 层石墨烯的单个($N=1$)吸波器，然后将两个石墨烯-石英样品堆叠在一起，构建一个 2 单元($N=2$)吸波器(见图 5-28(b))，最终一直堆叠形成 $N=5$ 的吸波器。叠层的石墨烯-石英结构背后放置一个导电地板，并固定在金属支架上，确保样品与入射波相垂直(这里只考虑垂直入射的情况)。每个石墨烯层尺寸为 17 mm×8.5 mm，覆盖了入射波的波束宽度。

图 5-29 对比了在石英上具有 1~4 层石墨烯的单个吸波器的反射光谱和吸收光谱。图 5-29(a)和(c)中的计算结果显示了化学势对吸波器反射特性和吸收特性的影响。当 $\mu_c=0$ eV，$\Gamma=7$ meV 时，对应的方阻为 5044 Ω/sq，这使得输入阻抗难以与自由空间阻抗相匹配，从而导致吸收峰低于 40%，吸收效果不佳。随着化学势以 0.1 eV 的步进递增，石墨烯的方阻降低，吸收峰升高。当 $\mu_c=0.3$ eV，$\Gamma=5$ meV 时，对应的方阻降低至 430 Ω/sq，此时它与自由空间中的波阻抗相接近。良好的阻抗匹配使得吸收峰值在 148 GHz 左右能达到 100%。从微波到远红外波段，石墨烯的表面电导率主要由带内贡献决定，带内电导率的实部(影响能量吸收或耗散[97])在 10 GHz 时随化学势线性增加[35]。类似地，在 140 GHz 处随着化学势的增加，电导率的实部也随之增加。此外，通过人工叠加单层石墨烯也可以实现表面电导率的线性增加[84]。图 5-29(d)中测量到的多层石墨烯吸收率的提升与图 5-29(c)中化学势在 0~0.3 eV 范围内变化时的仿真吸收曲线相似。其中，化学势可以通过化学掺杂或施加偏置电压来改变[35, 84, 98]。在这里，我们仅通过增加堆叠层的数量来实现吸波能力的提升。

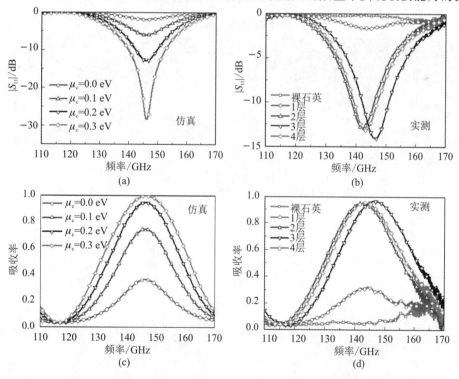

图 5-29　单个石墨烯-石英吸波器的计算光谱和测量光谱的对比

(图(a)、(c)中，$\mu_c=0.0$ eV 时，$\Gamma=7$ meV，μ_c 为其他值时，$\Gamma=5$ meV)

首先测试放置于金属板上厚度为 1.3 mm 的裸石英基板，并将测试结果作为参考。除了在高频段系统的固有噪声影响（>160 GHz）外，在整个频率范围内都观察到了全反射现象，即没有吸收的效应存在。随后测量含有 1～4 层石墨烯的单个石墨烯-石英吸波器。1 层石墨烯的吸波器在 148 GHz 处有一个大约 30% 的小吸收峰，这与 $\mu_c=0$ eV 和 $\Gamma=7$ meV 的情况类似，如图 5-29(c) 和 (d) 所示。相比之下，2 层石墨烯吸收器的吸收峰值在 95% 左右，这与 $\mu_c=0.2$ eV 和 $\Gamma=5$ meV 的仿真情况相似。较小的频率偏移是由于实际石英板的厚度变化（±2%）和石英板与地面之间的气隙（约 0.1 mm）造成的。在 3 层石墨烯情况下吸波器的吸收峰值略微增加（+1.2%），在 4 层石墨烯情况下吸波器的吸收峰值则略微下降（−1%）。从上述结果来看，多层石墨烯薄膜可用于实现一种方阻接近于自由空间阻抗的堆叠的人工石墨烯材料，但对于 3 层以上的样品，想要进一步提高方阻会面临不小的挑战，这可能是由于层之间的水残留影响了层间的良好接触。

叠层的石墨烯-石英吸波器的计算结果如图 5-30(a) 和 (c) 所示。为了简单起见，假设石墨烯薄膜具有与初始计算相同的参数 $\Gamma=5$ meV，$\mu_c=0.15$ eV，对应的方阻为 859 Ω/sq，且由 $h=1.3$ mm、$\varepsilon_r=3.8$ 的均匀石英衬底分隔。图 5-30(a) 中给出了计算的反射光谱，其反射零点数目与实测的堆叠单元的反射零点数相同，使得在保持中心频率位于 148 GHz 左右的同时展宽了吸收频带。在图 5-30(c) 的吸收光谱中也存在类似的现象，随着层数的增加，吸收峰增多，吸收带变宽。该波段内的多个吸收峰是由法布里-珀罗谐振腔的相互耦合所导致。图 5-30(b) 和 (d) 中的测量结果显示，除了反射零点的略微偏移和反射幅度增加外，实测结果与计算结果能很好地吻合。两者的差异可能是由实际样品中的参数误差、额外损耗

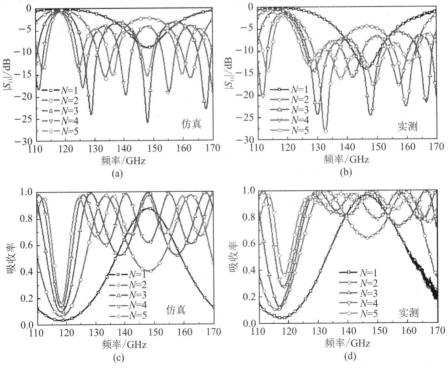

图 5-30　叠层石墨烯-石英吸波器的计算与实测光谱的对比

以及引起多次反射的相邻单元之间的小间隙造成的。对于 5 层吸波器，可在 125～165 GHz 范围内实现约 90% 的吸收率，这表明实际的毫米波吸波器具有 28% 的相对吸收带宽，且兼具了光学透明度高这一优点。

5.5.5　基于石墨烯的可切换太赫兹吸波器

可切换超材料吸波器作为一种振幅调制器，是一种吸收率可随外界激励而调节的超材料结构[66]。这里提出了一种可切换的宽带太赫兹吸波/反射器，通过改变石墨烯的化学势，可在保持宽频带(0.53～1.05 THz)的同时实现高的切换幅度(72%)；通过在金的电极和 p 型硅之间施加偏置电压，可以很容易地调节石墨烯层的电导率从而控制吸收率。在低太赫兹频段下，该超材料吸波器的工作状态可以在反射(反射率＞82%)和吸波(吸收率＞90%)之间切换。此外，在大入射角和薄的厚度(中频接近 1/6 波长)下，该超材料吸波器仍表现出良好的性能。本节将从物理角度讨论吸波原理和相关调节机制。

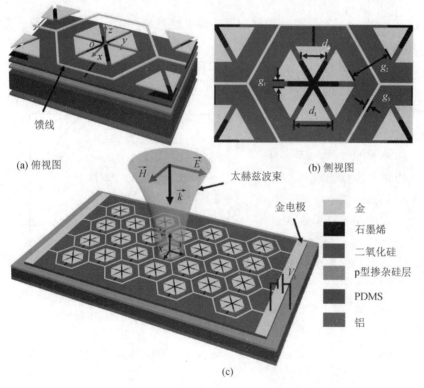

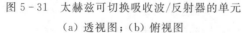

图 5-31　太赫兹可切换吸收波/反射器的单元

(a) 透视图；(b) 俯视图

图 5-31(a)和(b)示出了该可切换太赫兹宽频吸波器/反射器单元的结构，它共包含 6 层：底部的铝层、有损耗的聚二甲基硅氧烷(PDMS)层、p 型掺杂硅层、二氧化硅层、单层石墨烯层和金层。金层是由以正六边形排列的六个等边三角形的结构组成的，该拓扑结构可以提供所需的电容效应。不同等边三角形之间的距离以及相邻六边形之间的距离分别为 $g_1 = 2$ μm 和 $g_2 = 90$ μm。石墨烯贴片被设计成边长为 $d_2 = 60$ μm 的正六边形，并被放置

在二氧化硅层和金层之间，这样做的目的是提高石墨烯的使用效率，减少在反射态工作时的吸收面积，降低对石墨烯电导率变化范围的要求。石墨烯与金的拓扑结构的结合可视为石墨烯-金的混合超表面[99]。金（$t_1 = 0.5\ \mu m$）和铝（$t_5 = 1\mu m$）的电导率分别为 $4 \times 10^7\ S/m$ 和 $3.8 \times 10^7\ S/m$。这里采用了有损耗的 PDMS 层，其厚度为 $t_4 = 65\ \mu m$，介电常数为 $\varepsilon = 2.35 + j0.047$[100]。详细的几何尺寸为：$d_1 = 70\ \mu m$、$d_2 = 6\ \mu m$、$g_1 = 2\ \mu m$、$g_2 = 90\ \mu m$、$g_3 = 2\ \mu m$。Au、$SiO_2$、p 型 Si、PDMS 和 Al 层的厚度分别为 $t_1 = 0.5\ \mu m$、$t_2 = 0.3\ \mu m$、$t_3 = 0.5\ \mu m$、$t_4 = 65\ \mu m$、$t_5 = 1\ \mu m$。

如图 5-31(c)所示，整个结构采用宽度为 $g_3 = 2\ \mu m$ 的金馈线对每个单元提供等效偏置电压。用一小块矩形石墨烯连接馈线和金的拓扑结构，目的是避免发生不需要的谐振。通过在电极上施加栅极电压（静电场），便可根据需要控制石墨烯的化学势或电导率。图 5-31(a)给出了单元的三维仿真模型，通过仿真可以分析可切换的吸波器/反射器在低太赫兹范围内的特性。此外，这里利用结构的固有对称性来提高仿真效率，即在 x 和 y 方向分别采用非对称和对称边界条件[47]。

假设一个沿 y 极化的太赫兹平面波垂直入射到可切换吸波器/反射器上。基于有限元方法，仿真得到具有周期边界的晶胞的吸收光谱，如图 5-32 所示。由于底层是 $1\ \mu m$ 厚的铝层，吸收率 $A(\omega)$ 可以由式(5-36)计算得到。在无掺杂、无偏置电压且 $T = 0\ K$ 的情况下，化学势为 $\mu_c = 0\ eV$，在 $0.53 \sim 1.05\ THz$ 范围内，吸收率大于 90%，吸收带宽达到 65.8%。

为了解各部分结构对吸波特性的贡献，下面对超材料吸波器中各结构的损耗特性进行分析。无耗 PDMS 衬底下的吸收光谱与有耗情况下的吸收光谱相似，这意味着入射的电磁能量不会在介质中耗散。在不考虑石墨烯层或金的拓扑结构存在的情况下，在关注的频率范围内获得的最大吸收率分别为 2% 或 19%。在两个相邻的金贴片之间的缝隙处存在法向电场分量，这就产生了一定的电容效应。在金的拓扑结构存在的情况下，石墨烯贴片可以看作一种阻抗元件，从而降低了品质因数 Q，展宽了阻抗匹配带宽。因此良好的吸收效果很大程度上取决于金的拓扑结构和石墨烯贴片的共同作用。

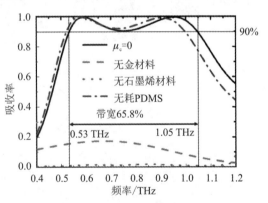

图 5-32　可切换的吸波器/反射器的吸收光谱

石墨烯薄膜的厚度较小，仅为 $0.34\ nm$ 左右，但从图 5-33(a)中可以看出，随着化学势 μ_c（即费米能级 E_F）的增加，石墨烯贴片对吸波率的影响显著。通过静电场改变石墨烯的化学势，可以调节石墨烯的电导率。当 $T = 300\ K$、$\Gamma = 1\ meV$、$f = 0.8\ THz$、$\mu_c = 0\ eV$ 时，石墨烯的表面电导率为 $(0.37 - j0.61)\ mS$，吸波器处于打开（吸收）状态。当 $\mu_c = 0.2\ eV$ 时，石墨烯薄膜的表面电导率为 $(2.1 - j3.4)\ mS$，吸收率降至 30% 以下。若采用电极/石墨烯/SiO_2/p 型 Si 结构，很容易将石墨烯的表面电导率改变 $5 \sim 6$ 倍，这与多篇文献得出的结果一致。当化学势增加到 $0.3\ eV$ 时，石墨烯的表面电导率为 $(3.1 - j5.1)\ mS$，约为 $\mu_c = 0\ eV$ 时电导率的 8

倍，此时吸波器处于关闭状态，反射率大于 82%，从而获得了较高的切换强度（>72%）。

图 5-33(b)中给出了石墨烯与金的分界面在 0.8 THz 时的表面损耗密度，其中的结果均对 $1×10^9$ W/m^2 进行了归一化处理。由于电场强烈集中在缝隙区域，缝隙区域的石墨烯贴片对吸收率的影响非常显著。当化学势从 $\mu_c=0$ eV 增加到 $\mu_c=0.3$ eV 时，石墨烯的表面电导率可变化 8 倍左右。当 $\mu_c=0.3$ eV 时，石墨烯贴片与金的拓扑结构之间的相互作用明显减弱，阻抗匹配被破坏，这会导致吸收率降低至 16%。因此，在不同的偏置电压下，该结构在低太赫兹频段下可以实现反射（反射率>82%）和吸波（吸收率>90%）的切换。

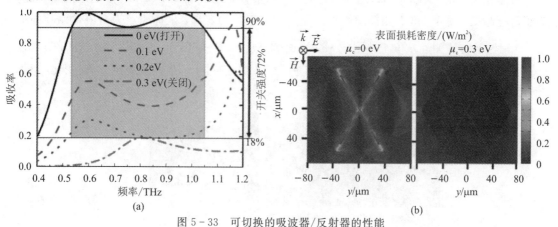

图 5-33　可切换的吸波器/反射器的性能
（a）不同石墨烯化学势 μ_c 对应的吸收光谱；（b）表面损耗密度

图 5-34 给出了 1 THz 时中心处的仿真电场强度分布。图 5-34 中垂直入射波的电场沿着 y 轴方向，图中右侧给出了横截面的示意图。

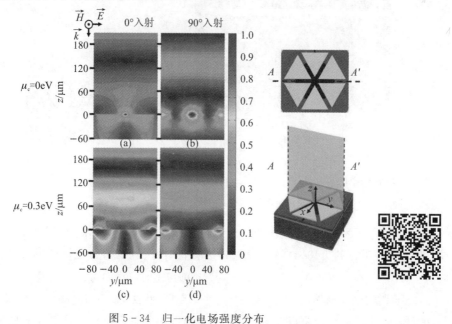

图 5-34　归一化电场强度分布

当 $\mu_c = 0$ eV 时，入射电场主要集中在相邻的金的三角贴片所形成的缝隙区域。图5-34 也验证了缝隙处存在电容效应，该电容效应与石墨烯引入的阻抗效应相互作用。当入射波相位由 0°增大到 90°时，电场峰值向吸波器的方向移动，在 $\mu_c = 0$ eV 情况下，吸波器上方明显存在行波。而当 $\mu_c = 0.3$ eV 时，图中可观察到驻波，此时产生固定的波峰且场强有所降低，吸波器则被转换为反射器。图 5-35(a) 展示了不同极化角度下垂直入射时该吸波器的吸收率，可以看出该吸波器是极化不敏感的，其内在原因是该超材料吸波器具有 C_6 对称的晶胞结构。这里的电场强度分布均采用 2.5×10^5 V/m 进行归一化。

在单元上方的 Floquet 端口施加入射波，可以很容易地实现 TE 和 TM 极化的入射情况。为了清晰起见，图 5-35 右侧插图给出极化角和入射角的定义，坐标原点为石墨烯贴片的中心。入射波的传输矢量 $\vec{k}$ 位于 xoz 或 yoz 平面(对应于 TE 或 TM)，电场沿 x 方向(TE)或在 yoz 平面内(TM)。图 5-35(b) 和(c)绘制了所设计的结构对于入射角度在 0°~70°变化时 TE 和 TM 极化下的仿真吸收光谱。

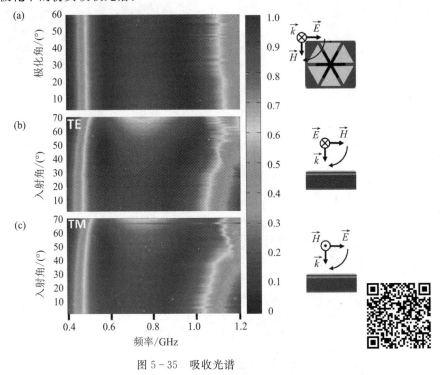

图 5-35　吸收光谱

(a) 不同极化角度的吸收光谱；(b) 不同入射角度下 TE 极化的吸收光谱；

(c) 不同入射角度下 TM 极化的吸收光谱

总而言之，通过将石墨烯-金的混合结构放置在 SiO_2/p 型 Si/ PDMS/金属地上，实现了太赫兹宽频吸波器/反射器的可切换特性。通过改变偏置电压，可以控制石墨烯贴片的化学势(费米能级)，当石墨烯的化学势在 0 eV 到 0.3 eV 之间变化时，我们可以在较宽的频率范围(0.53~1.05 THz)内实现反射器(反射率＞82％)和吸波器(吸收率＞90％)的结构转换。数值结果表明，我们所设计的吸波器可以在 58°的入射角范围内实现 TE 和 TM 极化波的宽带吸收。这种可切换的宽带反射/吸波器为主动伪装系统、光电探测器、太赫兹成像、能量收集、波束调控天线和动态光调制器的设计提供了一种新的途径。

本 章 小 结

石墨烯由于具有良好的导电性、柔性的结构和光学透明性，在超材料吸波器领域具有独特的应用潜力。本章主要介绍了基于石墨烯的超材料吸波器的理论表征、结构设计和实验验证。首先，建立了基于石墨烯的 Salisbury 屏吸波器、Jaumann 吸波器和 FSS 吸波器的模型。在此基础上，探究了 CVD 法制备的多层大面积石墨烯的微波吸收特性和近场辐射特性，并介绍了几种基于石墨烯的超材料吸波器设计，包括基于石墨烯的透明屏蔽盒、基于石墨烯的准 TEM 波微带吸波器、基于石墨烯的微波 FSS 吸波器、基于石墨烯的毫米波宽带透明吸波器以及基于石墨烯的可切换太赫兹吸波器。我们相信基于石墨烯的超材料吸波器将会有越来越广泛的应用前景。

习 题

1. 如图 5 - 36 所示，从传输线等效电路模型推导均匀平面电磁波垂直入射到单层石墨烯的反射系数和透射系数，即式(5 - 20)和式(5 - 21)。

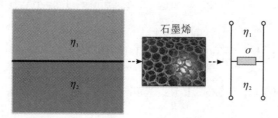

图 5 - 36　传输线等效电路模型

2. 利用 Kubo 公式，即式(5 - 3)和式(5 - 4)画出石墨烯电导率的实部和虚部对于不同的 μ_c(μ_c=0.2 eV, 0.4 eV, 0.6 eV)在频率为 0.5～3 THz 范围内的变化曲线。这里 γ=0.3581 meV, T=300 K。

3. 图 5 - 37 所示的二维石墨烯波导结构，中间石墨烯下层为 SiO_2 介质，两侧石墨烯下层为 Si 介质。仿真石墨烯波导在 TM 模式下传输的场分布。这里 W=200 nm, L=1000 nm, Γ=0.43 meV, T=3 K, μ_{c1}=0.15 eV, μ_{c2}=0.065 eV, 频率为 30 THz。

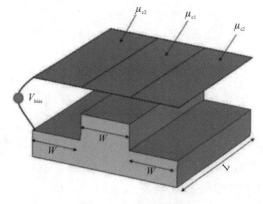

图 5 - 37　石墨烯波导

4. 根据图 5 - 4(b)中 Salisbury 屏吸波器的传输线等效电路推导输入阻抗,即式(5 - 34)。

5. 对于图 5 - 4 中的 Salisbury 屏吸波器,画出垂直入射下不同 μ_c($\mu_c = 0.2$ eV, 0.4 eV, 0.6 eV)的吸波率随频率变化的曲线。这里频率为 1～100 GHz,$\Gamma = 5$ meV,$T = 300$ K,$\varepsilon_r = 3.8$,$h = 1.3$ mm。

6. 对于空气中放置的单层石墨烯,绘制其 TM 表面波的 k_ρ 的实部与虚部随频率的变化曲线。这里 $T = 300$ K,$\mu_c = 0$ eV,$\Gamma = 0.11$ meV,频率范围为 15.2 GHz～15.2 THz。

7. 计算高度为 $H = 40$ mm,半径为 $R = 26$ mm 的圆柱形空腔中 TE_{111} 模式的谐振频率,并画出该谐振频率处位于圆柱腔的 $H/4$ 和 $3H/4$ 处横截面上的电场分布。

8. 采用全波仿真软件计算图 5 - 22 中毫米波透明宽带吸波器在垂直入射下的反射系数和传输系数。这里 $w_1 = 3.4$ mm,$w_2 = 3.8$ mm,$w_3 = 2$ mm,$a = 7$ mm,$h = 1.5$ mm,石墨烯的表面方阻为 100 Ω/sq,ITO 导电膜的表面方阻为 9 Ω/sq,介质基板相对介电常数为 2.7,频率范围为 15～45 GHz。

9. 采用全波仿真软件计算图 5 - 22 中毫米波透明宽带吸波器在 TE 和 TM 极化斜入射下的反射系数和传输系数。这里入射角 $\theta = 10°$、$20°$、$30°$,频率范围为 15～45 GHz。

10. 根据图 5 - 27(c)中给出的等效电路,利用 S 参数推导该结构的反射系数表达式。

参 考 文 献

[1] WALLACE P R. The band theory of graphite[J]. Physical Review, 1947, 71 (9): 622.

[2] MCCLURE J W. Diamagnetism of graphite[J]. Physical Review, 1956, 104 (3): 666.

[3] SLONCZEWSKI J C, WEISS P R. Band structure of graphite[J]. Physical Review, 1958, 109(2): 272.

[4] SEMENOFF G W. Condensed-matter simulation of a three-dimensional anomaly[J]. Physical Review Letters, 1984, 53(26): 2449.

[5] FRADKIN E. Critical behavior of disordered degenerate semiconductors [J]. Physical review B, 1986, 33(5): 3263.

[6] HALDANE F D M. Model for a quantum Hall effect without Landau levels: Condensed-matter realization of the "parity anomaly"[J]. Physical Review Letters, 1988, 61(18): 2015.

[7] NOVOSELOV K S, GEIM A K, MOROZOV S V, et al. Electric field effect in atomically thin carbon films[J]. Science, 2004, 306(5696): 666 - 669.

[8] NOVOSELOV K S, JIANG D, SCHEDIN F, et al. Two-dimensional atomic crystals[J]. Proceedings of the National Academy of Sciences, 2005, 102(30): 10451 - 10453.

[9] NOVOSELOV K S, GEIM A K, MOROZOV S V, et al. Two-dimensional gas of massless Dirac fermions in graphene[J]. Nature, 2005, 438(7065): 197 – 200.

[10] ZHANG Y, TAN Y W, STORMER H L, et al. Experimental observation of the quantum Hall effect and Berry's phase in graphene[J]. Nature, 2005, 438(7065): 201 – 204.

[11] GEIM A K, NOVOSELOV K S. The rise of graphene[J]. Nature Materials, 2007, 6(3): 183 – 191.

[12] GEIM A K. Graphene: status and prospects[J]. Science, 2009, 324(5934): 1530 – 1534.

[13] NOVOSELOV K S, FAL KO V I, COLOMBO L, et al. A roadmap for graphene [J]. Nature, 2012, 490(7419): 192 – 200.

[14] DU X, SKACHKO I, BARKER A, et al. Approaching ballistic transport in suspended graphene[J]. Nature Nanotechnology, 2008, 3(8): 491 – 495.

[15] NAIR RR, BLAKE P, GRIGORENKO A N, et al. Fine structure constant defines visual transparency of graphene[J]. Science, 2008, 320(5881): 1308 – 1308.

[16] SOLDANO C, MAHMOOD A, DUJARDIN E. Production, properties and potential of graphene[J]. Carbon, 2010, 48(8): 2127 – 2150.

[17] HASS J, DE HEER W A, CONRAD E H. The growth and morphology of epitaxial multilayer graphene[J]. Journal of Physics: Condensed Matter, 2008, 20 (32): 323202.

[18] TUNG V C, ALLEN M J, YANG Y, et al. High-throughput solution processing of large-scale graphene[J]. Nature nanotechnology, 2009, 4(1): 25 – 29.

[19] MILANINIA K M, BALDO M A, REINA A, et al. All graphene electromechanical switch fabricated by chemical vapor deposition [J]. Applied Physics Letters, 2009, 95(18): 183105.

[20] BAE S, KIM H, LEE Y, et al. Roll-to-roll production of 30 inch graphene films for transparent electrodes[J]. Nature Nanotechnology, 2010, 5(8): 574 – 578.

[21] BLAKE P, BRIMICOMBE P D, NAIR RR, et al. Graphene-based liquid crystal device[J]. Nano Letters, 2008, 8(6): 1704 – 1708.

[22] LIU M, YIN X, ULIN-AVILA E, et al. A graphene-based broadband optical modulator[J]. Nature, 2011, 474(7349): 64 – 67.

[23] BAO Q, ZHANG H, WANG B, et al. Broadband graphene polarizer[J]. Nature Photonics, 2011, 5(7): 411 – 415.

[24] FEI Z, RODIN A S, ANDREEV G O, et al. Gate-tuning of graphene plasmons revealed by infrared nano-imaging[J]. Nature, 2012, 487(7405): 82 – 85.

[25] TAMAGNONE M, GOMEZ-DIAZ J S, MOSIG J R, et al. Reconfigurable terahertz plasmonic antenna concept using a graphene stack[J]. Applied Physics Letters, 2012, 101(21): 214102.

[26] JU L, GENG B, HORNG J, et al. Graphene plasmonics for tunable terahertz metamaterials[J]. Nature Nanotechnology, 2011, 6(10): 630 - 634.

[27] GABOR N M, SONG J C W, MA Q, et al. Hot carrier-assisted intrinsic photoresponse in graphene[J]. Science, 2011, 334(6056): 648 - 652.

[28] ANDRYIEUSKI A, LAVRINENKO A V, CHIGRIN D N. Graphene hyperlens for terahertz radiation[J]. Physical Review B, 2012, 86(12): 121108.

[29] CHEN P Y, ALUA. Atomically thin surface cloak using graphene monolayers[J]. ACS Nano, 2011, 5(7): 5855 - 5863.

[30] ANDRYIEUSKI A, LAVRINENKO A V. Graphene metamaterials based tunable terahertz absorber: effective surface conductivity approach[J]. Optics Express, 2013, 21(7): 9144 - 9155.

[31] KIM K S, ZHAO Y, JANG H, et al. Large-scale pattern growth of graphene films for stretchable transparent electrodes[J]. Nature, 2009, 457(7230): 706 - 710.

[32] REINA A, JIA X, HO J, et al. Large area, few-layer graphene films on arbitrary substrates by chemical vapor deposition[J]. Nano Letters, 2009, 9(1): 30 - 35.

[33] LI X, ZHU Y, CAI W, et al. Transfer of large-area graphene films for high-performance transparent conductive electrodes[J]. Nano Letters, 2009, 9(12): 4359 - 4363.

[34] LI X, CAI W, AN J, et al. Large-area synthesis of high-quality and uniform graphene films on copper foils[J]. Science, 2009, 324(5932): 1312 - 1314.

[35] HANSON G W. Dyadic Green's functions and guided surface waves for a surface conductivity model of graphene [J]. Journal of Applied Physics, 2008, 103 (6): 064302.

[36] DRAGOMAN M, NECULOIU D, CISMARU A, et al. Coplanar waveguide on graphene in the range 40 MHz-110 GHz[J]. Applied Physics Letters, 2011, 99(3): 033112.

[37] GOMEZ-DIAZ J S, PERRUISSEAU-CARRIER J, SHARMA P, et al. Non-contact characterization of graphene surface impedance at micro and millimeter waves[J]. Journal of Applied Physics, 2012, 111(11): 114908.

[38] KRUPKA J, STRUPINSKI W. Measurements of the sheet resistance and conductivity of thin epitaxial graphene and SiC films[J]. Applied Physics Letters, 2010, 96(8): 082101.

[39] HABIBPOUR O, VUKUSIC J, STAKE J. A 30 GHz integrated subharmonic mixer based on a multichannel graphene FET[J]. IEEE Transactions on Microwave Theory and Techniques, 2013, 61(2): 841 - 847.

[40] FALLAHI A, PERRUISSEAU-CARRIER J. Design of tunable biperiodic graphene metasurfaces[J]. Physical Review B, 2012, 86(19): 195408.

[41] WANG C, HAN X, XU P, et al. The electromagnetic property of chemically reduced graphene oxide and its application as microwave absorbing material[J]. Applied Physics Letters, 2011, 98(7): 072906.

[42] ZHENG Z, ZHAO C, LU S, et al. Microwave and optical saturable absorption in graphene[J]. Optics Express, 2012, 20(21): 23201 – 23214.

[43] WU B, TUNCER H M, NAEEM M, et al. Experimental demonstration of a transparent graphene millimetre wave absorber with 28% fractional bandwidth at 140 GHz[J]. Scientific Reports, 2014, 4(1): 4130.

[44] WU B, TUNCER H M, KATSOUNAROS A, et al. Microwave absorption and radiation from large-area multilayer CVD graphene [J]. Carbon, 2014, 77: 814 – 822.

[45] SOHN J, HAN S H, YAMAGUCHI M, et al. Electromagnetic noise suppression characteristics of a coplanar waveguide transmission line integrated with a magnetic thin film[J]. Journal of Applied Physics, 2006, 100(12): 124510.

[46] LU Z, WANG H, TAN J, et al. Microwave shielding enhancement of high-transparency, double-layer, submillimeter-period metallic mesh [J]. Applied Physics Letters, 2014, 105(24): 241904.

[47] WANG Z, WEI G, ZHAO G L. Enhanced electromagnetic wave shielding effectiveness of Fe doped carbon nanotubes/epoxy composites[J]. Applied Physics Letters, 2013, 103(18): 183109.

[48] WU Z P, CHENG D M, MA W J, et al. Electromagnetic interference shielding effectiveness of composite carbon nanotube macro-film at a high frequency range of 40 GHz to 60 GHz[J]. AIP Advances, 2015, 5(6): 067130.

[49] KUMARAN R, ALAGAR M, DINESH KUMAR S, et al. Ag induced electromagnetic interference shielding of Ag-graphite/PVDF flexible nanocomposites thinfilms[J]. Applied Physics Letters, 2015, 107(11): 113107.

[50] DELIA U F, PELOSI G, SELLERI S, et al. A carbon-nanotube-based frequency-selective absorber [J]. International Journal of Microwave and Wireless Technologies, 2010, 2(5): 479 – 485.

[51] NAISHADHAM K, KADABA P K. Measurement of the microwave conductivity of a polymeric material with potential applications in absorbers and shielding[J]. IEEE Transactions on Microwave Theory and Techniques, 1991, 39(7): 1158 – 1164.

[52] LANDY N I, SAJUYIGBE S, MOCK JJ, et al. Perfect metamaterial absorber[J]. Physical Review Letters, 2008, 100(20): 207402.

[53] LIN C H, CHERN R L, LIN H Y. Polarization-independent broad-band nearly perfect absorbers in the visible regime[J]. Optics Express, 2011, 19(2): 415 – 424.

[54] LIU N, MESCH M, WEISS T, et al. Infrared perfect absorber and its application

as plasmonic sensor[J]. Nano Letters, 2010, 10(7): 2342 – 2348.

[55] ZHANG N, ZHOU P, CHENG D, et al. Dual-band absorption of mid-infrared metamaterial absorber based on distinct dielectric spacing layers[J]. Optics Letters, 2013, 38(7): 1125 – 1127.

[56] HUANG L, CHOWDHURY D R, RAMANI S, et al. Experimental demonstration of terahertz metamaterial absorbers with a broad and flat high absorption band[J]. Optics Letters, 2012, 37(2): 154 – 156.

[57] WEN Y, MA W, BAILEY J, et al. Planar broadband and high absorption metamaterial using single nested resonator at terahertz frequencies[J]. Optics Letters, 2014, 39(6): 1589 – 1592.

[58] SHCHEGOLKOV D Y, AZAD A K, O'HARA J F, et al. Perfect subwavelength fishnetlike metamaterial-based film terahertz absorbers[J]. Physical Review B, 2010, 82(20): 205117.

[59] YAHIAOUI R, GUILLET J P, DE MIOLLIS F, et al. Ultra-flexible multiband terahertz metamaterial absorber for conformal geometry applications[J]. Optics Letters, 2013, 38(23): 4988 – 4990.

[60] GOKKAVAS M, GUVEN K, BULU I, et al. Experimental demonstration of a left-handed metamaterial operating at 100 GHz[J]. Physical Review B, 2006, 73 (19): 193103.

[61] GRANT J, MA Y, SAHA S, et al. Polarization insensitive, broadband terahertz metamaterial absorber[J]. Optics Letters, 2011, 36(17): 3476 – 3478.

[62] NIESLER F B P, GANSEL J K, FISCHBACH S, et al. Metamaterial metal-based bolometers[J]. Applied Physics Letters, 2012, 100(20): 203508.

[63] ALVES F, KEARNEY B, GRBOVIC D, et al. Narrowband terahertz emitters using metamaterial films[J]. Optics Express, 2012, 20(19): 21025 – 21032.

[64] ALVES F, GRBOVIC D, KEARNEY B, et al. Bi-material terahertz sensors using metamaterial structures[J]. Optics Express, 2013, 21(11): 13256 – 13271.

[65] XU W, SONKUSALE S. Microwave diode switchable metamaterial reflector/ absorber[J]. Applied Physics Letters, 2013, 103(3): 031902.

[66] FALKOVSKY L A, PERSHOGUBA SS. Optical far-infrared properties of a graphene monolayer and multilayer[J]. Physical Review B, 2007, 76(15): 153410.

[67] MIKHAILOV S A, ZIEGLER K. New electromagnetic mode in graphene[J]. Physical Review Letters, 2007, 99(1): 016803.

[68] GUSYNIN V P, SHARAPOV S G. Transport of Dirac quasiparticles in graphene: Hall and optical conductivities[J]. Physical Review B, 2006, 73(24): 245411.

[69] GUSYNIN V P, SHARAPOV S G, CARBOTTE J P. Unusual microwave response of Dirac quasiparticles in graphene[J]. Physical Review Letters, 2006, 96

(25)：256802.

[70] PERES N M R，GUINEA F，NETO AH C. Electronic properties of disordered two-dimensional carbon[J]. Physical Review B，2006，73(12)：125411.

[71] PERES N M R，NETO A H C，GUINEA F. Conductance quantization in mesoscopic graphene[J]. Physical Review B，2006，73(19)：195411.

[72] ZIEGLER K. Minimal conductivity of graphene：Nonuniversal values from the Kubo formula[J]. Physical Review B，2007，75(23)：233407.

[73] FALKOVSKY L A，VARLAMOV A A. Space-time dispersion of graphene conductivity[J]. The European Physical Journal B，2007，56：281－284.

[74] GUSYNIN V P，SHARAPOV S G，CARBOTTE J P. Magneto-optical conductivity in graphene[J]. Journal of Physics：Condensed Matter，2006，19(2)：026222.

[75] WALLACE P R. The band theory of graphite[J]. Physical review，1947，71(9)：622.

[76] SLEPYAN G Y，MAKSIMENKO S A，LAKHTAKIA A，et al. Electrodynamics of carbon nanotubes：Dynamic conductivity，impedance boundary conditions，and surface wave propagation[J]. Physical Review B，1999，60(24)：17136.

[77] GUSYNIN V P，SHARAPOV S G，CARBOTTE JP. Sum rules for the optical and Hall conductivity in graphene[J]. Physical Review B，2007，75(16)：165407.

[78] CHEW W C. Waves and fields in inhomogeneous media[M]. New York：IEEE Press，1995

[79] ISHIMARU A. Electromagnetic wave propagation，radiation，and scattering[M]. New Jersey：Prentice-Hall，1991.

[80] TAMIR T，OLINER AA. Guided complex waves. Part 1：Fields at an interface [C]//Proceedings of the Institution of Electrical Engineers. IET Digital Library，1963，110(2)：310－324.

[81] PADOORU Y R，YAKOVLEV A B，KAIPA C S R，et al. Circuit modeling of multiband high-impedance surface absorbers in the microwave regime[J]. Physical Review B，2011，84(3)：035108.

[82] NAIR RR，BLAKE P，GRIGORENKO A N，et al. Fine structure constant defines visual transparency of graphene[J]. Science，2008，320(5881)：1308－1308.

[83] KASRY A，KURODA M A，MARTYNA G J，et al. Chemical doping of large-area stacked graphene films for use as transparent，conducting electrodes[J]. ACS Nano，2010，4(7)：3839－3844.

[84] HANSON G W. Dyadic Green's functions for an anisotropic，non-local model of biased graphene[J]. IEEE Transactions on Antennas and Propagation，2008，56(3)：747－757.

[85] JIAO C Q，ZHU H Z. Resonance suppression and electromagnetic shielding

effectiveness improvement of an apertured rectangular cavity by using wall losses [J]. Chinese Physics B, 2013, 22(8): 084101.

[86] ZHAO Y T, WU B, ZHANG Y, et al. Transparent electromagnetic shielding enclosure with CVD graphene [J]. Applied Physics Letters, 2016, 109 (10): 124510.

[87] SHAFOROST O, WANG K, GONISZEWSKI S, et al. Contact-free sheet resistance determination of large area graphene layers by an open dielectric loaded microwave cavity[J]. Journal of Applied Physics, 2015, 117(2): 024501.

[88] ROBINSON J A, LABELLA M, ZHU M, et al. Contacting graphene[J]. Applied Physics Letters, 2011, 98(5): 053103.

[89] LI W, LIANG Y, YU D, et al. Ultraviolet/ozone treatment to reduce metal-graphene contact resistance[J]. Applied Physics Letters, 2013, 102(18): 183110.

[90] XUE B, HU Y, WU B, et al. A wideband transparent absorber for microwave and millimeter wave application[C]//2017 Sixth Asia-Pacific Conference on Antennas and Propagation (APCAP). IEEE, 2017: 1 – 3.

[91] CHEN H, LU W B, LIU Z G, et al. Experimental demonstration of microwave absorber using large-area multilayer graphene-based frequency selective surface[J]. IEEE Transactions on Microwave Theory and Techniques, 2018, 66(8): 3807 – 3816.

[92] LU W B, WANG J W, ZHANG J, et al. Flexible and optically transparent microwave absorber with wide bandwidth based on graphene[J]. Carbon, 2019, 152: 70 – 76.

[93] ZHANG J, LIU Z, LU W, et al. A low profile tunable microwave absorber based on graphene sandwich structure and high impedance surface [J]. International Journal of RF and Microwave Computer-Aided Engineering, 2020, 30(2): e22022.

[94] XING BB, LIU Z G, LU W B, et al. Wideband microwave absorber with dynamically tunable absorption based on graphene and random metasurface[J]. IEEE Antennas and Wireless Propagation Letters, 2019, 18(12): 2602 – 2606.

[95] LI C, COLE M T, LEI W, et al. Highly electron transparent graphene for field emission triode gates[J]. Advanced Functional Materials, 2014, 24(9): 1218 – 1227.

[96] KIM KK, REINA A, SHI Y, et al. Enhancing the conductivity of transparent graphene films via doping[J]. Nanotechnology, 2010, 21(28): 285205.

[97] ZHAO Y T, WU B, HUANGB J, et al. Switchable broadband terahertz absorber/reflector enabled by hybrid graphene-gold metasurface[J]. Optics Express, 2017, 25(7): 7161 – 7169.

[98] WALIA S, SHAH C M, GUTRUF P, et al. Flexible metasurfaces and metamaterials: A review of materials and fabrication processes at micro-and nano-scales[J]. Applied Physics Reviews, 2015, 2(1): 011303.

第6章 频域和空间域可重构超表面

6.1 引 言

超表面作为一种二维(2D)超材料结构,极大地扩展了现有超材料的调制能力和应用领域[1-14]。特别是,随着数字化超表面的概念提出,数字可重构超表面在过去几年得到迅速发展。Della Giovampaola 等人提出了一种构建"数字比特超材料"的方法,具体为在空间域对"超材料数字比特单元"进行适当组合,其中"超材料的数字比特单元"代表了具有不同性质的超材料单元(例如 Ag 和 Si)[15]。在同一时间,崔铁军等人在微波频段开发了第一个二进制相位编码超表面(数字状态"0"或"1"),通过在二维空间中有序地排列编码单元从而成功地实现了电磁波的调控[16]。随后,2-比特和更高比特的编码超表面不断被提出,编码超表面在物理世界和数字信息世界之间构架起了一座桥梁。

前面所提到的器件大多具有固定的结构,通常难以实时调整,这极大地限制了超表面的应用范围。近年来可重构超表面概念的应用使得动态调控电磁波成为可能。通常,器件的可重构性可以通过使用外部电磁调制或单元可控元件来实现。一方面,与单元拓扑相关的极化多路复用技术可以根据入射电磁波的极化方向重构超表面的特性。目前已有文献报道了基于超表面的可重构极化转换器(reconfigurable polarization converters,RPC)。2015年,L. Li 提出了一种使用多层超表面的极化可重构转换器,该转换器通过旋转超表面使其对入射波的极化产生不同的响应,从而实现对反射波极化状态的调控[17]。此外,反射波束的方向或超表面的功能也可以根据入射波的极化方向进行切换[18-20]。另一方面,引入可调器件到超表面结构中,通过调节器件实现超表面响应的调控进而达到可重构的特性,如PIN 二极管或开关[21]、变容二极管或可变电阻器[22]、微机电系统(microelectromechanical systems,MEMS)[23-24]、机械部件[17]等。

由于开关的"ON"和"OFF"状态对应于二进制代码的"0"和"1",因此当采用加载有源元件的单元进行阵列排布时,可以形成可编程超表面。随着研究的深入,可编程超表面的单元控制方法从多单元同步控制过渡到离散控制,中央控制器也从微控制器单元(microcontroller unit,MCU)[25]转变为现场可编程门阵列(field programmable gate array,FPGA)[26],这极大地增强了超表面的实时信息处理能力。最近,超表面的集成度越来越高,一些研究人员已将传感器集成到单元中以使超表面可以感知环境信息[27]。随着数字超表面(智能超表面)的快速发展,这种独特的混合系统向着实时感知外部物理场(声、光、电等)变化的趋势发展，在自适应算法的加持下实现功能的自由切换，从而完成与环境的信息交互。

可编程超表面已被实验证明能够通过单个器件针对不同场景实现多个功能。一些研究人员使用可编程超表面实现了诸如波束成形和完美吸波等各种新奇的功能。Yang 在同一个可重构的超表面中集成了极化转换和波前调控等功能[28]。崔铁军的研究小组结合极化网格和 PIN 二极管设计了可编程传输反射型超表面（transmission-reflective metasurfaces，TRM）[26]。另外，除了在同一领域扩展超表面的功能，崔铁军的研究小组还进一步提出了时空编码数字超表面，这一概念的提出大大提高了可编程超表面的灵活性[12]，频率域和空间域可编程超表面和多域可重构超表面也成为了新的研究方向。然而，随着设备功能的复杂化，控制电路的集成及其自身的耦合抑制成了迫切需要解决的问题。此外，控制系统必须足够强大且需要极低的损耗，这些要求对电路和系统的实物设计提出了更多的限制，因此需要寻求在电路、系统和整体架构层面高度简化的解决方案。

与微波频段可编程超表面的调制方法不同，工作在太赫兹（terahertz，THz）频段甚至可见光频段的超表面可与先进材料（如硅基[29]或液晶[30]）相结合实现可重构特性。Shrekenhamer 等人设计了一种四色超表面吸波体，其中每个像素单元的反射和吸波全部通过电子方式动态控制[31]，这种可重构装置广泛应用于检测和压缩成像技术。此外，可重构超表面的设计方法也已扩展到其他领域，其中表面等离激元（surface plasmon polaritons，SPP）就是一个非常吸引人的研究领域。Zhou 和 Xiao 提出并实验证明了一种陷波特性的表面等离子激元滤波器，该滤波器在 C 形环的缝隙上放置了有源器件，实现了抑制 SPP 的动态调控[32]。Wang 等人提出了一种电控的可编程 SPP 波导，通过对偏置电压进行编程控制以快速实时调控波导的色散特性，该器件在不同的频段产生了三种不同的模式[33]。

本章将回顾频域和空间域可重构超表面的工作机理和设计方法，并展示利用数字超表面对电磁波独特调控的方法。具体而言，本章将先介绍可重构超表面散射电场调制方法；其次介绍空间域可重构超表面及其典型应用，包括波束扫描、成像和 OAM 波生成；最后介绍多功能和多域可重构超表面。

6.2　可重构超表面的散射电场调制方法

在一般的电磁环境中，可重构超表面可由在频率域、时间域和空间域中呈现不同电磁响应的单元组成。为此，可利用频率、时间和空间方位角相关的散射参数来设计可重构超表面。超表面的散射矩阵 S 把位于第 n 个单元同侧或两侧的入射和散射电场联系起来，即

$$\begin{bmatrix} E_x^{\text{o}} \\ E_y^{\text{o}} \\ E_u^{\text{o}} \\ \vdots \end{bmatrix} = S \begin{bmatrix} E_x^{\text{i}} \\ E_y^{\text{i}} \\ E_u^{\text{i}} \\ \vdots \end{bmatrix} \tag{6-1}$$

其中上标 i 和 o 表示入射和散射方向，下标 x、y 和 u 分别表示电场的极化方向。为了实现单元随着入射波的极化方向而在频率域、时间域和空间域上的可调，第 n 个元件的散射矩

阵可写为

$$
\boldsymbol{S}_n = \begin{bmatrix} S_{xn}(\theta,\,\varphi,\,f,\,t) & & & \\ & S_{yn}(\theta,\,\varphi,\,f,\,t) & & \\ & & S_{un}(\theta,\,\varphi,\,f,\,t) & \\ & & & \ddots \end{bmatrix} \tag{6-2}
$$

其中：S_{xn}、S_{yn} 和 S_{un} 是第 n 个单元与空间、时间和频域相关的散射参数；f 是工作频率；t 是瞬态时刻；θ 和 φ 分别是对应于单元散射波束的俯仰角和方位角。散射矩阵是 Jordan 标准类型，因此单元的频率域、时间域和空间域函数不会相互干扰。基于每个单元的调制场，超表面的散射场可以写为

$$
\vec{E} = \sum_{n=1} \vec{E}_n^{\mathrm{o}} = \Big(\sum_{n=1} \boldsymbol{S}_n\Big)\vec{E}_n^{\mathrm{i}} \tag{6-3}
$$

不同域中的散射参数可以表示为

$$
S_n(f) = \sum_{p=0}\Big[\frac{a_{np}}{p!}(f-f_1)^p + \frac{b_{np}}{p!}(f-f_2)^p + \frac{c_{np}}{p!}(f-f_3)^p + \cdots\Big] \tag{6-4}
$$

$$
S_n(t) = \sum_{p=0}\Gamma_{np}\int_0^{p\tau} \mathrm{e}^{-\mathrm{j}2\pi mft}\,\mathrm{d}t \tag{6-5}
$$

$$
S_n(\theta,\,\varphi) = \alpha_n^p \cdot \exp\big[\mathrm{j}k\,(x\sin\theta\cos\varphi + y\sin\theta\sin\varphi)\big] \tag{6-6}
$$

散射参数在频域中的表达式可以采用泰勒级数加以表示，如式(6-4)所示，其中 f_1，$f_2\cdots$ 是不同的谐振频率；a_{np}，b_{np}，$\cdots$ 是在相应的谐振频率处第 p 阶谐振系数。当 $p=0$（零阶）时，该单元就像一个具有固定拓扑的梯度超表面一样，此时式(6-4)可退化为

$$
S_n(f) = a_{n0} + b_{n0} + c_{n0} + \cdots \tag{6-7}
$$

此外，散射参数在时间域和空间域中的表达式可以分别写成与时间调制和空间调制系数相关的形式，如式(6-5)和式(6-6)所示。其中，Γ_{np} 是时域调制系数，α_n^p 是一组空间域调制系数，k 是波数。

对于固定结构单元而言，很难实现在不同的谐振模式下切换工作状态。因此在设计过程中，我们引入频率调制技术，根据泰勒级数自由地改变单元的谐振频率，而且利用散射参数在空间域上的调制方式在多个方向上对电磁波进行调控，这也将在后面的内容中加以分析。

6.3　空间域可重构超表面及其应用

6.3.1　可重构超表面设计与波束扫描

自 2014 年数字超材料的概念被提出以来，具有"0"和"1"比特序列的超材料被广泛地应用到各个领域之中。通过适当地选择两个相对介电常数相反的超材料比特单元[15]，可以形成数字超材料，进而实现散射、凸透镜和渐变折射率透镜。在同一时间，文献[16]也提出了编码超表面的概念。不同于文献[15]中仍以等效媒质参数表征超材料的方式，文献[16]

中创新性地用数字编码表征超材料，从而有效简化了超材料的设计和优化流程。随着数字编码概念的提出，人们利用编码超表面实现了透射或反射波束赋形设计[34-35]、相位梯度表面设计[36]、隐身斗篷设计、吸波器设计[37]等各种应用。但是编码超表面的单元是无源的，一旦设计出来就无法再改变。对比之下，将有源器件和编码超表面相结合则可以形成新颖的可编程超表面，进而实现微波、太赫兹波和全息图的动态调控[30,38-39]。

通常将微带元件与集总器件相结合所形成的可重构超表面具有非常窄的工作带宽[40]。对于传统的微带型阵列而言，单元的带宽是限制阵列增益带宽的主要因素。一些文献给出了改善单元带宽的方法，如在文献[41]中设计了一个具有变容二极管加载的单元，通过引入两个谐振点来提升单元的工作带宽。这里，我们给出一个基于 PIN 二极管的宽带可重构超表面设计。图 6-1 示出了所设计的宽带 1-比特单元的拓扑结构，该单元是由三层金属和两层介质基板组成的（下层基板为 FR4，$\varepsilon_r = 4.4$，$\tan\delta = 0.02$；上层基板为 F4B，$\varepsilon_r = 2.65$，$\tan\delta = 0.005$），顶层是一个简单的开槽方形贴片，一个 PIN 二极管放置在槽中用于连接方形贴片；中间层是射频（RF）和直流电路（DC）的金属地。直流回路如图 6-1(c) 所示，其中 PIN 二极管的型号为 Skyworks SMP1340-040LF。图 6-1(d) 显示了二极管为"ON"和"OFF"状态时 1-比特可重构单元的反射相位和反射幅度的仿真结果。从图中可以清楚地看

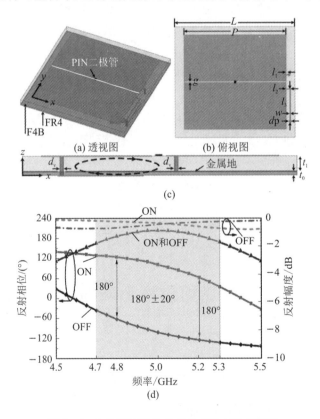

图 6-1 1-比特可重构单元的拓扑结构和特性

（a）透视图；（b）俯视图；（c）带有直流偏置的侧视图；

（d）反射相位（包括 ON 和 OFF 状态的相位差）和反射幅度在工作频带内的仿真结果

出，在 4.7～5.3 GHz 的频段，二极管在开与关的两种状态下获得了 180°±20° 的反射相位差（见三角形符号表示的曲线），工作频带内的反射损耗小于 0.9 dB。在本设计中，所提出的可重构超表面单元在 5.0 GHz 处实现了最大 200° 的相位差，在 4.8 GHz 和 5.2 GHz 处均实现了 180° 的相位差，该单元的中心频率为 5.0 GHz，相对带宽为 12.0%。

利用所提出的 1-比特宽带有源可调单元，我们设计了一个 12×12 可重构超表面阵列。如图 6-2(a)所示，在该阵列中，我们设计了可独立调节 144 个输出通道的控制板，因此超表面可以灵活地控制反射波以实现二维波束扫描。控制板由一个 8 位微控制器单元（MCU）组成，144 个发光二极管（light-emitting diodes，LED）与每个 PIN 二极管通道相串联。从 LED 阵列的发光情况就可以判断对应的相移分布的变化，进而实现所需的辐射波束。

通常，超表面天线将馈源喇叭天线产生的入射波会聚起来，并产生所需要的出射波束。如果利用集总元件，就可以独立地动态调整所有反射单元的相移，进而实现具有波束扫描功能的超表面设计。每个单元所需的相移可以采用散射电场调控方法确定。具体而言，将式(6-6)代入式(6-1)可得

$$E_{yn}^{\mathrm{o}} = \alpha_n^p \cdot \exp[jk(x\sin\theta\cos\varphi + y\sin\theta\sin\varphi)] \cdot E_{yn}^{\mathrm{i}} \qquad (6-8)$$

将式(6-8)展开，即可得到可重构超表面沿着任意方向的辐射电场：

$$E(\hat{r}) = \sum_{m=1}^{M}\sum_{n=1}^{N} F_{mn}(\vec{r}_{mn} \cdot \vec{r}_{\mathrm{f}}) \cdot A_{mn}(\vec{r}_{mn} \cdot \hat{r}_0) \cdot A_{mn}(\hat{r} \cdot \hat{r}_0) \cdot$$
$$\exp[jk_0(\alpha_{mn} + \vec{r}_{mn} \cdot \hat{r}) + j\Phi_{mn}] \qquad (6-9)$$

其中 F_{mn} 是馈源天线的方向图函数，A_{mn} 是反射单元的方向图函数，$\vec{r}_{mn}$ 是单元的位置矢量，$\vec{r}_{\mathrm{f}}$ 是馈源处的位置矢量，$\hat{r}_0$ 是出射波束的方向，α_{mn} 是馈源到单元的相移。与传统的相位差为 180° 的 1-比特超表面量化方式不同，这里采用相位差为 200° 的 1-比特可重构超表面单元进行设计。具体而言，相移量化为

$$\Phi_{mn}^{\mathrm{c}} = \begin{cases} 0^{\circ} & (0 \leqslant \Phi_{mn} < 200^{\circ}) \\ 200^{\circ} & (200^{\circ} \leqslant \Phi_{mn} < 360^{\circ}) \end{cases} \qquad (6-10)$$

其中 $\Phi_{mn} = -k_0(\alpha_{mn} + \vec{r}_{mn} \cdot \hat{r})$ 是所需的补偿相位。

图 6-2(b)给出了加工的样品，用于实现 xoz 平面上的波束扫描功能。该可重构超表面的焦径比为 0.9。图 6-2(c)和(d)分别给出了在 5.0 GHz 处 xoz 和 yoz 平面的方向图测量结果，由图可以清楚地看到，在二维 ±50° 俯仰角内获得了良好的波束扫描性能，平均副瓣电平小于 -10 dB。图 6-2(e)给出了 5.0 GHz 处 xoz 平面内的仿真和测量的增益方向图。测得的交叉极化电平比共极化电平约低 28 dB。作为对比，图 6-2(e)还给出了由连续相移单元获得的方向图，可以看出量化损耗约为 2.5 dB。测试的 1-比特超表面的最大增益为 19.22 dBi，5.0 GHz 时的口径效率为 15.26%。

此外，我们还对可重构超表面在边射方向上的增益带宽进行了探究。如图 6-2(f)所示，将实测结果与仿真结果进行对比，测得的 1 dB 增益带宽为 4.85～5.275 GHz，相对带宽为 8.4%。这也进一步验证了选择相位差为 200° 的 1-比特可重构超表面单元可以获得较宽的工作频宽。

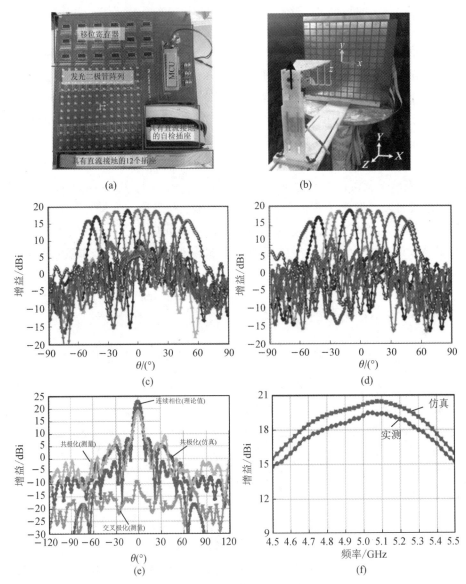

图 6-2 超表面原理样机系统、测试环境及其辐射特性

（a）控制板；（b）波束扫描的测量系统；（c）xoz 平面的方向图；

（d）yoz 平面的方向图；（e）方向图比较；（f）仿真和测量的增益带宽的比较

6.3.2 可重构超表面设计和成像应用

6.3.1 节中提出的单元拓扑结构可以很容易地扩展应用到其他频段。为此，这里采用该结构设计了一种工作在 35 GHz 的由 PIN 二极管调控的 1-比特编码单元。特别要注意的是，此处的 PIN 二极管使用的是 MACOM MADP-000907。介质基板由 FR4 和 Rogers 4350（$\varepsilon_r=3.66$，$\tan\delta=0.004$）组成。在 35 GHz 处，当 PIN 二极管工作在"ON"和"OFF"状态时所对应的相位差为 $180°$，且该单元的带宽为 5.4%。在工作频带内，回波损耗小于 2.1 dB。基于所提出的单元，我们设计并加工了具有 20×20 个单元的 1-比特可重构超表面阵列(reconfigurable metasurface，RM)，原理样机的主视图如图 6-3(a)所示。这种集成方式可以同时实现电磁波调控能力与板级高速信号处理的功能。

RM 因可以灵活地调控电磁波而被认为是一种低成本、高效率的毫米波成像解决方案。其基本原理即用瞬态的电磁脉冲波束照射目标，通过接收散射回波进而重构目标。如果切向电场 E_x^t、E_y^t 已知，则可以使用傅里叶变换来计算远区电场的分布。频谱函数可以用傅里叶变换表示为

$$F_x(\sin\theta\cos\varphi, \sin\theta\sin\varphi) = \frac{1}{\lambda^2}\iint\limits_{\text{surf}} E_x^t(x, y)\exp[jk_0(x\sin\theta\cos\varphi + y\sin\theta\sin\varphi)]\mathrm{d}x\,\mathrm{d}y$$

$$F_y(\sin\theta\cos\varphi, \sin\theta\sin\varphi) = \frac{1}{\lambda^2}\iint\limits_{\text{surf}} E_y^t(x, y)\exp[jk_0(x\sin\theta\cos\varphi + y\sin\theta\sin\varphi)]\mathrm{d}x\,\mathrm{d}y$$

$$(6-11)$$

因而远区电场可以表示为

$$\vec{E}(\theta, \varphi) \approx j2\pi\frac{e^{-jk_0 r}}{k_0 r}\{(\cos\varphi\hat{\theta} - \cos\theta\sin\varphi\hat{\varphi})F_x + (\sin\varphi\hat{\theta} + \cos\theta\cos\varphi\hat{\varphi})F_y\}$$

$$(6-12)$$

对于远场成像而言，需要通过快速扫描物体的方式来确定波束形成的区域，$(\theta_{\min}, \theta_{\max})$为俯仰角的范围，$(\varphi_{\min}, \varphi_{\max})$为方位角的范围。考虑扫描区域与 RM 的高增益波束宽度，可以计算出瞬态的电磁脉冲波束的方向，并用(θ_q, φ_q)表示，其中 $q=1, 2, \cdots, Q$。将电磁脉冲信号发送到发射器(transmitter, Tx)，也即 RM 上，采用接收器(receiver, Rx)来记录散射场信息。迭代循环这个过程，最后根据接收到的回波信号重构物体的像。原始目标和重构的图像分别如图 6-3(b)和(c)所示，1-比特 RM 位于 xoy 平面中，物体为飞机模型，与 RM 平行且距离为 10 m。由图 6-3 可以看到，从重构的图像中能清楚地识别出飞机模型的轮廓。图像中的所有数据都已归一化。图像的质量能够通过使用具有更窄波束宽度和更低副瓣电平的大孔径 RM 加以改进。与传统的雷达自适应波束成形的成像方式[42]相比，这里的 1-比特 RM 在对飞机成像过程中成本更低且更容易实现。

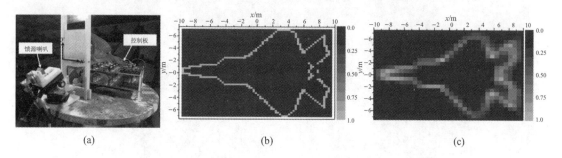

图 6-3　可重构毫米波超表面成像系统

(a) 样机和实际系统设置；(b) 原始远场毫米波成像；(c) 重构远场毫米波成像

上面给出了 1-比特 RM 对大目标进行远场毫米波成像的仿真模型。然而，由于高增益波束的波形在菲涅耳区域内是不稳定的且方向图与传输距离有关，故不适用于近场毫米波成像。因此利用随机波形成像是近场毫米波成像的一种很有前景的成像方式，即利用随机排列的高 Q 值超表面单元生成随机波形，进而在频域中实现目标成像[43-44]。根据计算成像

方法，我们可以使用矩阵形式从数学上将测量结果描述为 $g = Hf + n$。其中 g 是测量结果，H 是一个 $I \times J$ 的矩阵，每一行代表一个有 J 个像素的随机图案，f 代表目标的采样向量，n 是测量过程中的噪声系数。为了验证随机生成的编码序列是否具有低的互相干性，我们使用 RM 参数计算了 500 组近区电场分布图。图 6-4(a)给出了 500 组电场分布图中的 4 个。这 4 个场分布的互相干性仅为 0.015，低的互相干性表明这对于目标成像是一个可行的方式。在实际测量中，测量的 64 个场分布的互相干性为 0.12，如此低的互相干性足以用于图像重构。图 6-4(b)显示了在 35 GHz 下测量的 4 个实际电场分布，可以看出在扫描平面内，每个测量模式下的场分布变化很大。

为了验证近场毫米波成像的可行性，我们构建了一个虚拟的人体，采样图像和重构图像分别如图 6-4(c)和 6-4(d)所示。不难发现，虚拟人体的图像能够被正确重构。图 6-4(e)所示为采用 2000 组互相干性为 0.0133 的随机方向图重构的图像，从结果中可以清楚地看到，随着随机分布方向图数量的增加，越来越多的人体细节被恢复出来。若将频域生成的随机方向图转换成时域生成的随机方向图，则可以获得更多互相干性低的方向图，如此一来便可在不需要宽频带和高 Q 值超表面单元的情况下，也可以实现复杂图像的重构。

这里，考虑一个具有不同字母的虚拟目标作为 f，如图 6-4(f)所示，由于测量的模式只有 64 组，所以像素密度为 17×17，测量的数据对于这个简单的物体而言已经足够了。从图 6-4(g)中可以清楚地看出重构图像中的字母与原始图像中的字母一一对应，即使是不均匀的幅度也可以被有效识别。通过成像重构，进一步验证了所提出的可重构超表面具有良好的性能，这也使得其成为一种有前景的毫米波成像技术。

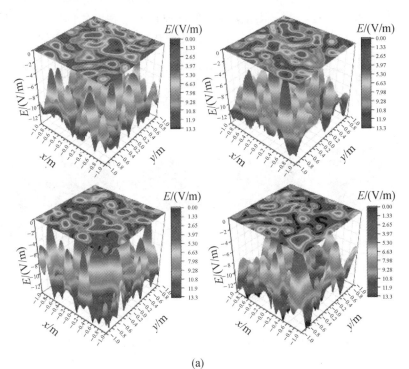

(a)

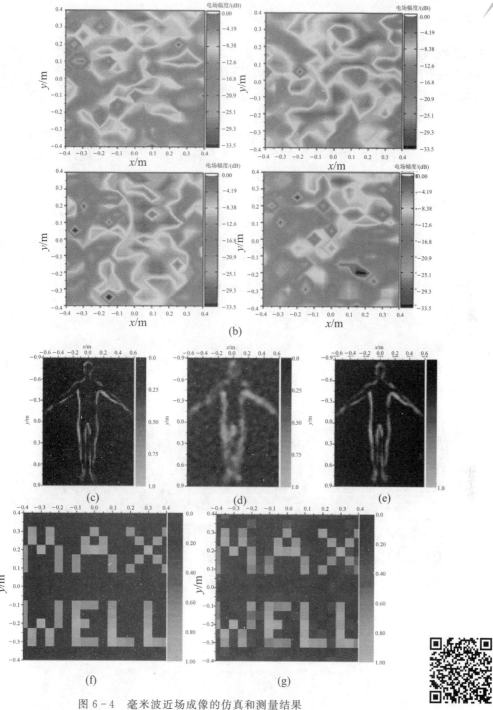

图 6 - 4　毫米波近场成像的仿真和测量结果

（a）4 个近场方向图；（b）实测的近场电场图；（c）虚拟人体成像；

（d）使用 500 组随机辐射图重构图像；（e）使用 2000 组随机辐射图重构图像；

（f）字母"MAXWELL"；（g）重构的字母"MAXWELL"

6.3.3　数字轨道角动量涡旋波发生器

携带轨道角动量(OAM)涡旋波的一个重要特性是它们能形成一个完整的正交模态集，从而建立一套不依赖于极化或频率的新数据载体。在光学领域中，螺旋相位板、柱形透镜和合成全息图等方法常被用于生成 OAM 涡旋波[45-47]。2011 年，Tamburini 等人通过实验验证了使用无线电技术可以实现非整数 OAM 涡旋波[48]。在射频频段，研究人员提出了各种方法来产生 OAM 涡旋波，例如圆形天线阵列[49]、螺旋相位板[50]、圆形和椭圆形贴片天线[51]、漏波天线、传输阵列[52]等。近年来，随着超表面技术的不断发展，利用超表面可以调控电磁波的波前相位，从而产生多个 OAM 涡旋波[53-55]。

如图 6-5(a)所示，我们利用 6.3.1 节所提出的 1-比特单元设计了一个 12×12 的数字 OAM 涡旋波发生器。为了验证所设计的 OAM 涡旋波发生器的性能，这里制作了一个中心工作频率为 5 GHz 的原理样机，其中 1-比特单元采用厚度分别为 2 mm 和 0.5 mm 的 F4B 和 FR4 的介质基板。如图 6-5(a)所示，对于 $l=1$ 和 $l=2$ 的 OAM 模态，所有 1-比特单元的工作状态都可以通过 LED 灯进行显示。基于反射超表面生成 OAM 涡旋波，所需的相位补偿的理论公式为

$$\Phi_{mn} = l\varphi_{mn} - \mathrm{j}k_0(\alpha_{mn} + \vec{r}_{mn} \cdot \hat{r}) \quad (l=0, \pm 1, \pm 2 \cdots) \tag{6-13}$$

式中 φ_{mn} 为第 (m,n) 个 1-比特单元的方位角，l 为 OAM 模态数。利用相位模糊化后的二进制编码序列来实现式(6-13)中的数字补偿相位分布。当把 PIN 二极管与二进制单元集成在一起时，数字超表面可以动态生成"0"和"1"位序列，从而灵活地辐射所需模态的 OAM 涡旋波。

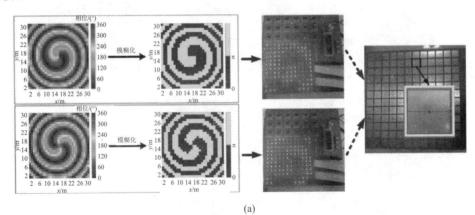

(a)

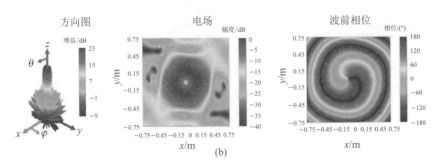

(b)

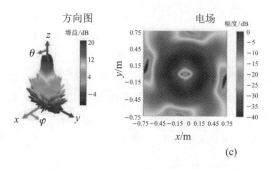
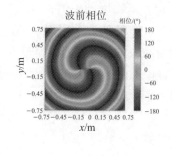

(c)

图 6-5　1-比特 OAM 涡旋波发生器的理论分析结果和实验样机
(a) OAM 相位分布、离散策略和样机；(b) $l=1$ 模态的特性；
(c) $l=2$ 模态的特性

　　为了验证所提出方法的有效性，这里建立并分析了编码反射超表面的模型。图 6-5(a) 给出了由式(6-13)计算的 OAM 模态 1 和模态 2 的模拟补偿相位及其对应的二进制补偿相位。由图可以清楚地看到，二进制补偿相位分布和模拟补偿相位分布类似，表现出了螺旋分布的特性。两种不同 OAM 模态的仿真结果如图 6-5(b) 和 (c) 所示，从图中能够清楚地看出在 4.75 GHz 处两种不同的 OAM 模态所对应的整个涡旋波前相位。若采用圆形的超表面结构，则可以明显观察到在中心处的零场特性。此外，随着 OAM 模态数的增加，辐射方向图的最大增益减小，OAM 涡旋波在采样平面会扩散。上述分析结果成功地验证了采用数字可重构超表面实现不同 OAM 模态的涡旋波是可行的。

　　文献[54]和[55]中已经从实验上报道了采用模拟型的超表面可以实现线极化多波束 OAM 波和双极化双模态 OAM 波。对比之下，由于比特型数字超表面存在相位量化上的误差，因此在产生多个 OAM 波、高阶 OAM 波以及混合 OAM 波方面还存在一定的局限性。为此，在上一节的基础之上，这里提出了一种加载变容二极管的可重构 OAM 涡旋波发生器。图 6-6(a) 给出了一个具有三层结构的可重构超表面单元，该单元结构与 6.3.1 节中的设计相似，但三层结构中 F4B 和 FR4 两个基板的厚度分别为 2.0 mm 和 0.5 mm，且变容二极管的型号为 Skyworks SMV1405。图 6-6(b) 和 (c) 给出了周期边界条件下单元全波仿真的反射幅度和反射相位随偏置电压变化的曲线。从图中可以看出，可重构单元通过调整偏置电压可以在较宽的带宽内获得所需的补偿相位，所设计的单元的反射相位覆盖了

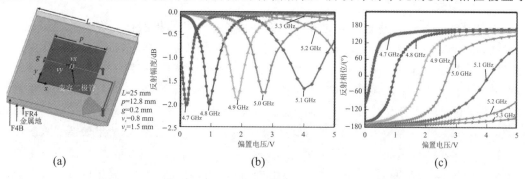

图 6-6　可重构超表面单元
(a) 拓扑结构和偏置电路的布局；(b) 反射幅度；(c) 反射系数相位

320°，在 5 GHz 时反射幅度小于 1.8 dB。我们将单元的偏置电压定为 5 V，所对应的补偿相位为 320°。值得注意的是，若需要的补偿相位大于 320°的话，仍可以近似使用 5V 的偏置电压。通过数值分析发现，这种近似处理方法对涡旋波产生的影响不大。

为了验证设计的可行性，将上述单元排成一个 30×30 的可重构超表面阵列。图 6-7(a)展示了在两个不同传播方向上($\theta=20°$，$\varphi=0°$ 和 $\theta=20°$，$\varphi=180°$)产生的两束 OAM 模态数分别为 $l=1$ 和 $l=2$ 的涡旋波，电场强度和相位图均表明所提出的超表面产生了两束涡旋波。图 6-7(b)显示了模态数为 $l=5$ 的高阶 OAM 涡旋波，其模态纯度可达 0.983。图 6-7(c)显示了包含 $l=1$ 和 $l=4$ 模态的混合 OAM 涡旋波，$l=1$ 和 $l=4$ 的权值分别为 0.411 和 0.412。利用较大的超表面产生 $l=1$ 和 $l=4$ 的混合涡旋波，可以消除寄生模式。这些分析结果表明，所设计的变容二极管加载 OAM 涡旋波发生器具有良好的灵活性和多功能性。

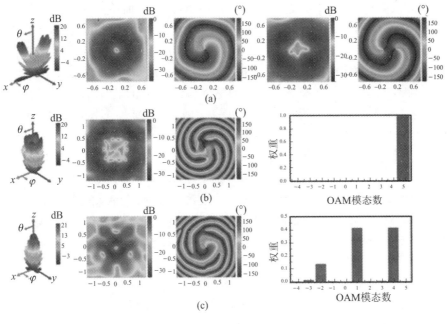

图 6-7　30×30 可重构反射超表面的仿真结果
(a) 多个 OAM 涡旋波；(b) 高阶 OAM 涡旋波；(c) 混合 OAM 涡旋波

我们还对 16×16 可重构反射超表面和控制偏置电压电路板的样机进行加工测试。为实现对 256 个变容二极管的独立调节，这里选用了 64 个数字模拟转换器(DAC)芯片作为控制板的重要组成部分，每个芯片有 4 个电压输出通道。通过切换四种状态的开关，可动态生成四模态 OAM 涡旋波。图 6-8 为仿真分析结果与实测结果的对比图，4 个波束的 OAM 模态数权值分别为 0.733 (OAM 波束 1♯，$l=1$)、0.673 (OAM 波束 2♯，$l=2$)、0.667 (OAM 波束 3♯，$l=2$) 和 0.731(OAM 波束 4♯，$l=1$)。实验结果表明，所设计的发生器产生的 OAM 涡旋波具有良好的性能。但要注意的是变容二极管结电容的变化幅度最大为±11％[56]，结电容的变化会导致反射相位随反向偏压的变化而发生畸变，从而影响电场强度分布。通过设计一个反馈电路，有可能抑制这种由结电容变化所引起的场强分布图的畸变。

可重构超表面除了上述的应用以外，还可以进一步用于实现自适应波束形成的功能。总之可重构超表面在很多应用领域都具有引人注目的前景，包括实现类似于相控阵天线的辐射波束调控、降低目标的散射特性以及实现其他功能的智能超材料等。当然，上述设计概念也可扩展到毫米波和太赫兹等更高的工作频段。

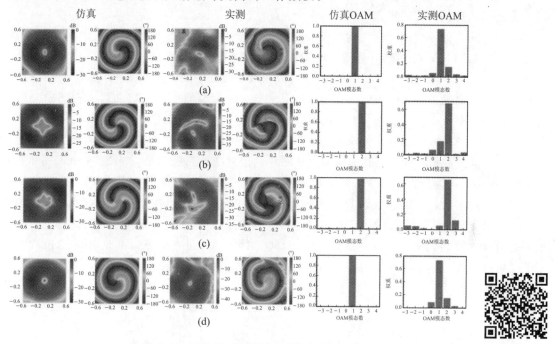

图 6-8　可重构反射超表面样机性能

（a）OAM 波束 1♯；（b）OAM 波束 2♯；（c）OAM 波束 3♯；（d）OAM 波束 4♯

6.4　多功能可重构超表面及其应用

随着小型化和多功能性的需求，越来越多具有特殊功能的器件需要被开发出来，如空间波-表面波转换器[57]、极化和波束调控超表面[35]、双模双频段阵列天线[58]等。到目前为止，可重构多功能超表面的设计形式多种多样。Huang 等人提出了一种多功能超表面，通过改变其局部相位分布从而实现在空间域中的动态波束偏折和极化转换[20]。此外，一些在频域和空间域上的多功能超表面设计也相继被提出，但是设计一种极化不敏感、实时调控反射波前和透射波前的可重构超表面仍然是一个具有挑战性的工作。

6.4.1　反射和传输可重构超表面

现有的无源透射-反射超表面（transmission-reflective metasurface，TRM）大多是由 FSS 结构组成的，其功能是根据入射波的极化方向来实现透射和反射现象的切换[59]。此外，虽然当前有源可重构 TRM 对电磁波调控能力有了很大的提升，但在极化调制方面还是存在一些问题[26,60]。为了解决这一问题，我们设计一种用于 TRM 的 1-比特可重构单元[61]，该单元是由两层内部开槽的贴片组成的，其中在有源的贴片上附加了一段微带线，PIN 二极管用于单独调整单元的 1-比特反射相位或透射相位。为了在两种工作状态下获得良好的隔离度，透射和反射功能被设计在两个不同的工作频段中。该设计在两种状态下都具有低的插入损耗和宽的工作带宽。

可重构超表面单元的几何结构如图 6-9 所示，该单元包含了两种不同的金属图案层，其中有源层的贴片上刻蚀有 O 形槽，两个 PIN 二极管（1♯和 2♯）沿 x 轴被焊接在有源贴片的 O 形槽上，另有一个 PIN 二极管 3♯ 被嵌在微带线的中间，无源层贴片上刻蚀有 U 形槽，两金属层通过在单元中心处的金属化通孔相连。两层金属贴片印刷在两个相同的介质基板（罗杰斯 RO4350B，$\varepsilon_r=3.48$，$\tan\delta=0.0037$，$H=1.524$ mm）上，它们由黏合剂（罗杰斯 RO4450F，$\varepsilon_r=3.52$，$\tan\delta=0.004$，$H=0.1$ mm）粘在一起。上层介质基板 1 的背面为金属地（GND），并焊接了 82 nH 的电感用以抑制从贴片到偏置线的高频信号。如图 6-9(b)所示，$|S_{11}|$ 的最小值约为 -2 dB。在 6.85~7.39 GHz 频率范围内，反射相位差在 $180°\pm20°$ 范围内，可以满足 1-比特反射相位调节的要求。在传输状态下，$|S_{21}|$ 在 8.0~9.0 GHz 频段内大于 -3 dB，最小插入损耗约为 0.8 dB。值得一提的是，图 6-9(e)中两种透射情况下的相位曲线在整个频带内基本平行，相位差约为 180°。综上，通过在时域内调整 PIN 二极管的状态，可以实现单元不同功能的动态切换。

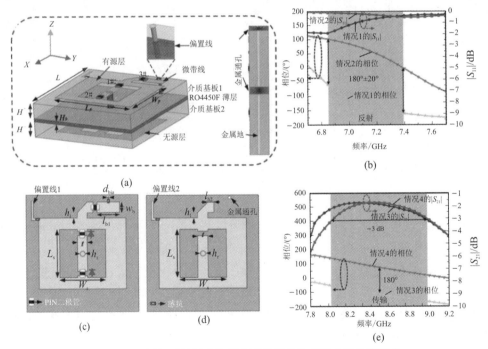

图 6-9　透射-反射可重构超表面单元的几何尺寸和仿真结果

（a）结构示意图；（b）反射态的 S 参数和相位；（c）有源层；（d）无源层；（e）传输态的 S 参数和相位[61]

基于上述单元，我们设计并仿真了一种由该单元组成的 12×12 TRM 阵列。在 6.3.3 节的基础上，采用 TRM 可以产生 OAM 波束。图 6-10 显示了对应于 TRM 单元在两种状态下的编码方案。在反射态和透射态下，由超表面产生的 OAM 波的模态数分别为 $l=1$ 和

$l=2$。在观测面上，7.3 GHz(反射态)和 8.5 GHz(透射态)处电场幅度和电场相位分别显示在图 6 - 10(a)和(b)中。由于 TRM 阵列的尺寸相对较小，两种状态下都有少量能量向其他方向辐射。这里采用波导法来测量单元的特性，为了便于与波导连接，将单元放大到与波导端口相同的尺寸，单元的有源层和无源层如图 6 - 10(c)所示。除基板和金属地的尺寸外，单元的其他参数都保持不变。从图 6 - 10(e)中可以看出，反射系数$|S_{11}|$在 7.4～7.74 GHz

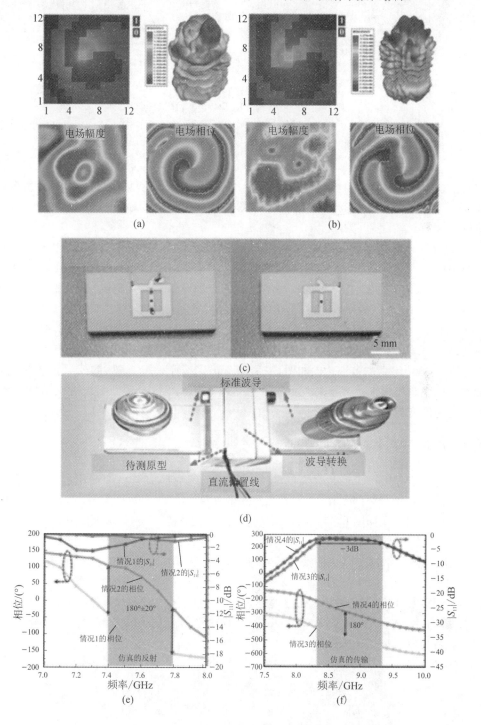

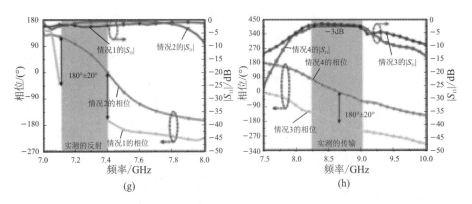

图 6-10 可重构 TRM 的仿真和测量结果

(a) $l=1$ 的反射 OAM 涡旋波；(b) $l=2$ 透射 OAM 涡旋波；(c) 单元的顶层和底层的实物图；

(d) 双端口波导的实验系统；(e) 反射态下仿真 S 参数；(f) 传输态下仿真 S 参数；

(g) 反射态下实测 S 参数；(h) 传输态下实测 S 参数

之间的幅度大于-2 dB，而反射相位满足 1-比特量化要求。此外，如图 6-10(f)所示，信号在 $8.33 \sim 9.25$ GHz 频率范围内在波导中可以传输，这与传输系数 $|S_{21}|$ 的 -3 dB 带宽相对应。

在 $7 \sim 10$ GHz 频率范围内对实际样机的特性进行测试。图 6-10(d)给出了用于测试单元反射和传输性能的系统，它由两个波导和两个同轴转换器组成，样机被放置于两个波导（波导-样本-波导）之间。波导中的实验结果如图 6-10(g)和(h)所示，样机的反射相位差在 $7.11 \sim 7.4$ GHz 之间满足 1-比特量化条件。在两种透射情况下，单元的最大损耗约为 2.8 dB。此外，测得的传输系数也略小于仿真结果，3 dB 带宽为 $8.25 \sim 9.05$ GHz。从实际的传输结果显示，整个 3 dB 带宽都可以实现 1-比特相位量化，但相位差没有保持在 $180°$ 左右，而是在 $180° \pm 20°$ 的范围内。如图 6-9 和图 6-10 所示，在透射和反射状态下，波导中单元的工作频带与周期边界下单元的工作频带略有不同。这种现象是由放大后的单元的尺寸和长宽比的变化所导致的。

6.4.2　频率-空间域可重构超表面

为了进一步扩展可重构超表面的能力，文献[62]中提出了一种通用的频率-空间域可重构超表面(frequency-spatial-domain reconfigurable metasurface, FSRM)。FSRM 单元的几何结构和详细尺寸如图 6-11(a)所示。这些金属层由两个 F4B 基板隔开，激励贴片层为方形贴片，采用平行于贴片对角线方向的间隙将贴片分为三个不同尺寸的贴片。值得一提的是，激励层的三个部分贴片的尺寸比和形状使单元在频域上具有了可重构特性，该结构中谐振频率分别为 f_1、f_2、f_3 和 f_4。矩形槽延长了感应电流运动的路径，使单元在较宽的工作频宽中能够在空间域提供 1-比特量化相位。矩形槽也给 FSRM 单元的散射矩阵 $\boldsymbol{S}$ 引入了可调因素，使得单元的谐振频率可以进一步增多(f_5, $f_6 \cdots$)。结合上述条件，该超表面单元的入射与散射电场的关系可以写为

$$\begin{bmatrix} E_x^{\mathrm{o}} \\ E_y^{\mathrm{o}} \\ E_u^{\mathrm{o}} \end{bmatrix} = \begin{bmatrix} S_{xn}(f) & & \\ & S_{yn}(f) & \\ & & S_{un}(\theta, \varphi) \end{bmatrix} \begin{bmatrix} E_x^{\mathrm{i}} \\ E_y^{\mathrm{i}} \\ E_u^{\mathrm{i}} \end{bmatrix} \qquad (6-14)$$

式中，S_{xn}、S_{yn}、S_{un} 为第 n 个单元在频域和空间域的散射参数，f 为工作频率。

当入射电磁波为线极化波时，电场沿 y 方向或 x 方向，超表面可以在频域调制线极化波，因此 FSRM 可以被看作一个多功能极化转换器（multifunctional polarization converter，MPC）。采用 2-比特（"00""01""10""11"）数字编码的四种状态来描述单元中两个 PIN 二极管的工作状态，例如状态"01"表示 PIN 二极管 1 的状态为 OFF 且 PIN 二极管 2 的状态为 ON。通过切换二极管的工作状态，激励贴片层上的贴片相互连接，从而使其谐振状态（散射参数）发生改变。如图 6-11(b)所示，−3dB 的轴比带宽和对应的反射波中心谐振频率随 PIN 二极管的状态改变而不同。图 6-11(c)显示了在不同工作状态下，u、v 方向电场分量的相位差。当入射波的电场沿 y 极化方向时，可以分别实现左旋圆极化（left-hand circularly polarized，LHCP）波和右旋圆极化（right-hand circularly polarized，RHCP）波的两种工作状态，因此 MPC 具有频域极化选择功能。更重要的是，在不同的工作状态下，MPC 可以在不同的频段实现圆极化波，这一功能被称为频率可重构极化转换。这种频率可重构性允许单元在相同频率下实现不同的极化，这种特性被称为极化可重构，MPC 的极化调制机理如图 6-11(e)所示。此外，当入射波电场沿 x 极化方向时，不同工作状态下的反射波的极化方向（LHCP 或 RHCP）会发生逆转。

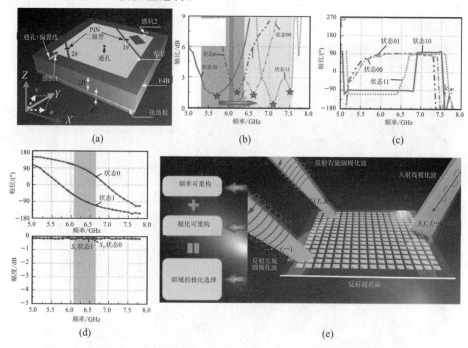

图 6-11　FSRM 的极化工作机理和极化转换条件[62]

(a) FSRM 晶胞的三维拓扑示意图；(b) 频域内反射波轴比；(c) u 与 v 方向电场分量的相位差；

(d) 单元的 1-比特反射特性；(e) MPC 的极化调制机理

当线极化入射波的极化方向与 $+x$ 轴夹角为 45°（逆时针旋转）时，FSRM 可以根据散射参数在空间域中调控入射波，此时 FSRM 就成为 1-比特可编程超表面。由于两个二极管的状态是同时反转的，因此在同一频段内单元的反射相位约为 90°（数字状态 0）。在图 6-11(d)中，在两种状态下 $|S_{11}|$ 均大于 −0.15 dB，表明该单元可以实现近乎完美的 1-比特反射特性。将所提出的单元进行周期性排列可以构造一个可编程的超表面（$M \times Q$），其

中第(m,n)个单元在空间域中的反射电场可以写为

$$\vec{E}_{mn}^{r}=\vec{E}_{mn}^{i}\cdot S_{mn}(\theta,\varphi)=\vec{E}_{mn}^{i}\cdot\alpha_{mn}\cdot\exp\left[-jk(x\sin\theta\cos\varphi+y\sin\theta\sin\varphi)+j\Phi_{mn}\right]$$
$$(6-15)$$

其中下标 mn 是第(m,n)个单元的二维序号，α_{mn} 是第(m,n)个单元的空间调制参数。为了实现对反射电场的调控，需要根据连续相位补偿公式对超表面单元的反射相位进行补偿。将连续补偿相位 Φ_{mn} 离散为

$$\Phi_{mn}^{c}=\begin{cases}-90° & (-180°\leqslant\Phi_{mn}<0°)\\ 90° & (0°\leqslant\Phi_{mn}<180°)\end{cases}\quad(6-16)$$

式(6-16)中的离散相位考虑了整个工作频带中的相位量化。在相同情况下，如果将单元的量化相位设置为其他值，那么波束偏折误差会增大，超表面辐射效率会降低。根据离散补偿相位可以确定各单元的工作状态(状态 0 或状态 1)。可调控超表面在 p 阶谐波频率处的散射远场为

$$E(\theta,\varphi)=\sum_{m=1}^{M}\sum_{n=1}^{N}|\vec{E}_{mn}^{r}|\cdot\exp(j\Phi_{mn}^{c})\quad(6-17)$$

利用式(6-17)，工作在零次谐波频率的编码超表面可以实现多种功能，例如二维波束的扫描、OAM 涡旋波束的产生、反射波束的波束分裂等，如图 6-12 所示。

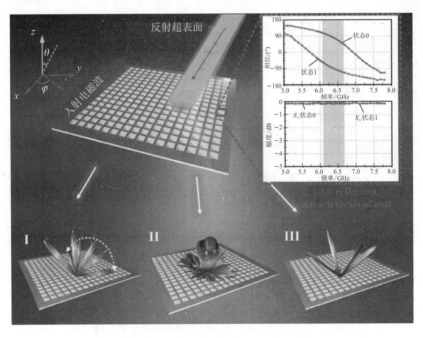

图 6-12 多功能的 1-比特可调控反射 FSRM

如图 6-13(a)所示，我们对 12×12 单元的超表面样机进行了加工测试。针对波束扫描函数，在测量中验证了四种典型的扫描角度($\theta=0°$、$15°$、$30°$、$45°$)的特性。图 6-13(b)给出了在 6.3 GHz 处的二维方向图，由图可以看出四种状态下的实际主波束方向分别为 $0°$、$14.5°$、$31.8°$和 $45°$。实测的扫描角与理论预测吻合较好。当然，通过改变超表面的编码状态可以得到更多的波束扫描角度。

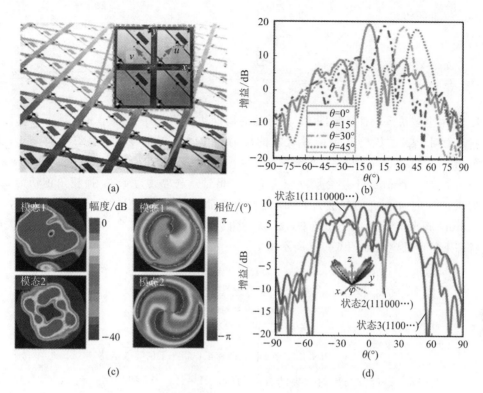

图 6-13　在 6.3 GHz 处 FSRM 1-比特可调控超表面性能的实验验证

(a) 制备的超表面；(b) 4 个扫描角下的二维辐射方向图；

(c) $l=1$ 和 $l=2$ 模态下涡旋波的近场振幅和相位分布；(d) 二维散射图

进一步地，涡旋波在不同模态下的近场振幅和相位分布分别如图 6-13(c) 所示。结果表明利用超表面可以成功地实现对不同模态涡旋波的连续控制，同时验证了 FSRM 在空间域的散射方向图。如图 6-13(d) 所示，基于三种不同的周期编码状态(11110000…，111000…，1100…)，可将两束对称散射波调控到不同偏折角度的方向上。由于入射波不是一个完美的平面波，且样机的尺寸较小，因此散射方向图的主瓣变宽，旁瓣变大，且随着偏折角的增大，主波束的对称性变差。这些误差也可以用于实现 RCS 减缩的功能。

本节中介绍的设计方案并不局限于上述的调控方式，还可通过合理的设计对电磁波的其他参数进行调控。该工作为实现具有多维度、多功能辐射特性的可编程超表面奠定了基础。所提出的超表面也可以扩展到光学和声学领域，并在其他领域中为完美调控电磁波提供了可能性。

本 章 小 结

本章回顾了可重构超表面的基本概念、工作机理和设计方法，讨论了一些经典的系统级的设计工作，展现了超表面对电磁波强大的调控能力。通过控制超表面单元的响应相位，可以实现动态的二维波束的扫描、具有 OAM 模式的涡旋波束的生成以及具有预先设定方向的特定波束的传输。

习 题

1. 利用全波仿真软件计算图 6-1 所示的周期边界下的 1-比特单元，对于 TE 和 TM 极化斜入射时 PIN 二极管开关两种状态的反射相位和反射幅度。这里 $L=33$ mm，$P=27.2$ mm，$g=0.2$ mm，$l_1=0.8$ mm，$l_2=1$ mm，$l_3=10.1$ mm，$w=0.2$ mm，$d_p=0.5$ mm，$d_v=0.7$ mm。下层介质基板为 FR4，相对介电常数为 4.4，损耗角正切为 0.02，厚度为 0.5 mm。上层介质基板为 F4B，相对介电常数为 2.65，损耗角正切为 0.005，厚度为 2.2 mm，频率范围为 4.5~5.5 GHz，入射角 $\theta=5°$，$10°$，$15°$。PIN 二极管在开和关两种工作状态下的等效电路如图 6-14 所示。

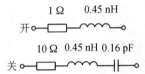

图 6-14 PIN 二极管开和关两种工作状态下的等效电路

2. 根据式(6-9)计算当反射波束的方向为 $(\theta, \varphi)=(0°, 0°)$ 和 $(\theta, \varphi)=(30°, 0°)$ 时，超表面阵列的补偿相位分布。其中超表面是一个 12×12 阵列，其单元周期为 33 mm×33 mm，馈源天线位于超表面中心的正上方，焦径比为 0.9。

3. 基于习题 2 中的相位分布，利用式(6-10)中的相位量化标准，画出数字量化后的补偿相位分布。

4. 利用式(6-11)推导一个 $M\times N$ 的超表面阵列的频谱函数。这里单元的周期为 $p_x\times p_y$，超表面单元具有恒定的切向电场 E_x^t、E_y^t，第 (m, n) 单元的中心位置为 $(mp_x-0.5(M-1)p_x, np_y-0.5(N-1)p_y)$ $(m=0, 1, \cdots, M-1; n=0, 1, \cdots, N-1)$。

5. 对于一个 $M\times N$ 的超表面阵列，单元的周期为 $p_x\times p_y$，超表面单元具有恒定的切向电场 E_x^t、E_y^t，第 (m, n) 单元的中心位置为 $(mp_x-0.5(M-1)p_x, np_y-0.5(N-1)p_y)$ $(m=0, 1, \cdots, M-1; n=0, 1, \cdots, N-1)$，试证明超表面产生的近区电场为

$$E_x=\frac{\mathrm{j}}{2}\mathrm{e}^{-\mathrm{j}k_0z}E_x^t\sum_{m=0}^{M-1}\sum_{n=0}^{N-1}F(t_1, t_2)\cdot F(t_1', t_2')$$

$$E_y=\frac{\mathrm{j}}{2}\mathrm{e}^{-\mathrm{j}k_0z}E_y^t\sum_{m=0}^{M-1}\sum_{n=0}^{N-1}F(t_1, t_2)\cdot F(t_1', t_2')$$

其中

$$F(u, v)=[C(v)-C(u)]-\mathrm{j}[S(v)-S(u)]$$

$$C(u)=\int_0^u\cos\left(\frac{\pi}{2}t^2\right)\mathrm{d}t, \ S(u)=\int_0^u\sin\left(\frac{\pi}{2}t^2\right)\mathrm{d}t$$

$$t_1=\sqrt{\frac{k_0}{\pi z}}\left[\frac{p_x}{2}+x-mp_x+0.5(M-1)p_x\right]$$

$$t_2 = \sqrt{\frac{k_0}{\pi z}} \left[-\frac{p_x}{2} + x - m p_x + 0.5(M-1) p_x \right]$$

$$t_1' = \sqrt{\frac{k_0}{\pi z}} \left[\frac{p_y}{2} + y - n p_y + 0.5(N-1) p_y \right]$$

$$t_2' = \sqrt{\frac{k_0}{\pi z}} \left[-\frac{p_y}{2} + y - n p_y + 0.5(N-1) p_y \right]$$

提示：由菲涅耳绕射理论可知，近区电场可计算为

$$E_x = \frac{\mathrm{j}}{\lambda z} \mathrm{e}^{-\mathrm{j} k_0 z} \int_{-\infty}^{\infty} \int_{-\infty}^{\infty} E_x^t(u, v) \mathrm{e}^{-\frac{\mathrm{j} k_0}{2z} \left[(x-u)^2 + (y-v)^2 \right]} \mathrm{d}u \, \mathrm{d}v$$

$$E_y = \frac{\mathrm{j}}{\lambda z} \mathrm{e}^{-\mathrm{j} k_0 z} \int_{-\infty}^{\infty} \int_{-\infty}^{\infty} E_y^t(u, v) \mathrm{e}^{-\frac{\mathrm{j} k_0}{2z} \left[(x-u)^2 + (y-v)^2 \right]} \mathrm{d}u \, \mathrm{d}v$$

6. 考虑一个 12×12 的超表面阵列，单元的周期为 33 mm × 33 mm，工作频率为 5 GHz。一个单位幅度的均匀平面波垂直入射到超表面，假设每个超表面单元的反射系数的幅度为 1，对于习题 3 中的量化相位分布，利用式(6-12)计算其远场方向图。

7. 对于习题 6 中的超表面阵列，求在近场区 $z = 5$ m 处的平面上的电场分布。

8. 对于一个 20×20 的超表面阵列，利用式(6-13)计算出射波束沿 0°方向、模态为 1 的轨道角动量涡旋波的补偿相位分布，其中，超表面的整体尺寸为 50 cm × 50 cm，馈源天线距超表面 40 cm。

9. 对于习题 8 中的超表面阵列，计算出射波束沿 $\theta = 30°$，$\varphi = 30°$，模态为 1 和 2 的轨道角动量涡旋波的补偿相位分布。

10. 利用全波仿真软件仿真，计算图 6-11(a)所示的 1-比特单元所组成的 1010…阵列的散射方向图。该单元的几何尺寸如图 6-15 所示，单元中的介质基板为 F4B，相对介电常数为 2.65，损耗角正切为 0.001，厚度为 3 mm。入射波的极化方向与 $+x$ 轴夹角为 45°。

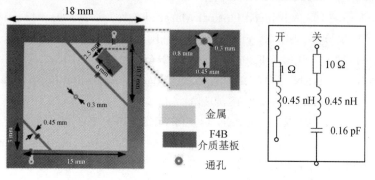

图 6-15　单元的俯视图和 PIN 二极管的等效电路

参 考 文 献

[1]　FALCONE F, LOPETEGI T, LASO M A G, et al. Babinet principle applied to the

design of metasurfaces and metamaterials[J]. Physical Review Letters, 2004, 93 (19): 197401.

[2] HIGH A A, DEVLIN R C, DIBOS A, et al. Visible-frequency hyperbolic metasurface[J]. Nature, 2015, 522(7555): 192 – 196.

[3] HUANG L, CHEN X, BAI B, et al. Helicity dependent directional surface plasmon polariton excitation using a metasurface with interfacial phase discontinuity[J]. Light: Science & Applications, 2013, 2(3): e70 – e70.

[4] NI X, KILDISHEV A V, SHALAEV V M. Metasurface holograms for visible light [J]. Nature Communications, 2013, 4(1): 2807.

[5] YU S, LIU H, LI L. Design of near-field focused metasurface for high-efficient wireless power transfer with multifocus characteristics[J]. IEEE Transactions on Industrial Electronics, 2018, 66(5): 3993 – 4002.

[6] WU P C, ZHU W, SHEN Z X, et al. Broadband wide-angle multifunctional polarization converter via liquid-metal-based metasurface[J]. Advanced Optical Materials, 2017, 5(7): 1600938.

[7] DING X, MONTICONE F, ZHANG K, et al. Ultrathin Pancharatnam-Berry metasurface with maximal cross-polarization efficiency[J]. Advanced Materials, 2015, 27(7): 1195 – 1200.

[8] LIU L, ZHANG X, KENNEY M, et al. Broadband metasurfaces with simultaneous control of phase and amplitude[J]. Advanced Materials, 2014, 26(29): 5031 – 5036.

[9] YU N, CAPASSO F. Flat optics with designer metasurfaces[J]. Nature Materials, 2014, 13(2): 139 – 150.

[10] MA X, PAN W, HUANG C, et al. An active metamaterial for polarization manipulating[J]. Advanced Optical Materials, 2014, 2(10): 945 – 949.

[11] WEI Z, CAO Y, SU X, et al. Highly efficient beam steering with a transparent metasurface[J]. Optics Express, 2013, 21(9): 10739 – 10745.

[12] ZHANG L, CHEN X Q, LIU S, et al. Space-time-coding digital metasurfaces[J]. Nature Communications, 2018, 9(1): 4334.

[13] GOLLUB J N, YURDUSEVEN O, TROFATTER K P, et al. Large metasurface aperture for millimeter wave computational imaging at the human-scale [J]. Scientific Reports, 2017, 7(1): 42650.

[14] ZHAO J, SIMA B, JIA N, et al. Achieving flexible low-scattering metasurface based on randomly distribution of meta-elements[J]. Optics Express, 2016, 24 (24): 27849 – 27857.

[15] DELLA GIOVAMPAOLA C, ENGHETA N. Digital metamaterials[J]. Nature Materials, 2014, 13(12): 1115 – 1121.

[16] CUI T J, QI M Q, WAN X, et al. Coding metamaterials, digital metamaterials and programmable metamaterials[J]. Light: Science & Applications, 2014, 3(10): e218 – e218.

[17]　LI L, LI Y, WU Z, et al. Novel polarization-reconfigurable converter based on multilayer frequency-selective surfaces[J]. Proceedings of the IEEE, 2015, 103(7): 1057 – 1070.

[18]　CAI T, WANG G M, FU X L, et al. High-efficiency metasurface with polarization-dependent transmission and reflection properties for both reflectarray and transmitarray[J]. IEEE Transactions on Antennas and Propagation, 2018, 66(6): 3219 – 3224.

[19]　YUE H, CHEN L, YANG Y, et al. Design and implementation of a dual frequency and bidirectional phase gradient metasurface for beam convergence [J]. IEEE Antennas and Wireless Propagation Letters, 2018, 18(1): 54 – 58.

[20]　HUANG C, ZHANG C L, YANG J N, et al. Reconfigurable metasurface for multifunctional control of electromagnetic waves[J]. Advanced Optical Materials, 2017, 5(22): 1700485.

[21]　KAMODA H, IWASAKI T, TSUMOCHI J, et al. 60 – GHz electronically reconfigurable large reflectarray using single-bit phase shifters [J]. IEEE Transactions on Antennas and Propagation, 2011, 59(7): 2524 – 2531.

[22]　RATNI B, DE LUSTRAC A, PIAU G P, et al. Electronic control of linear-to-circular polarization conversion using a reconfigurable metasurface [J]. Applied Physics Letters, 2017, 111(21): 214101.

[23]　ARBABI E, ARBABI A, KAMALI S M, et al. MEMS-tunable dielectric metasurface lens[J]. Nature Communications, 2018, 9(1): 812.

[24]　SCHOENLINNER B, ABBASPOUR-TAMIJANI A, KEMPEL L C, et al. Switchable low-loss RF MEMS Ka-band frequency-selective surface [J]. IEEE Transactions on Microwave Theory and Techniques, 2004, 52(11): 2474 – 2481.

[25]　HAN J, LI L, LIU G, et al. A wideband 1 bit 12×12 reconfigurable beam-scanning reflectarray: Design, fabrication, and measurement[J]. IEEE Antennas and Wireless Propagation Letters, 2019, 18(6): 1268 – 1272.

[26]　WU R Y, ZHANG L, BAO L, et al. Digital metasurface with phase code and reflection-transmission amplitude code for flexible full-space electromagnetic manipulations[J]. Advanced Optical Materials, 2019, 7(8): 1801429.

[27]　ZHANG X G, TANG W X, JIANG W X, et al. Light-controllable digital coding metasurfaces[J]. Advanced Science, 2018, 5(11): 1801028.

[28]　YANG H, CAO X, YANG F, et al. A programmable metasurface with dynamic polarization, scattering and focusing control [J]. Scientific Reports, 2016, 6 (1): 35692.

[29]　GU J, SINGH R, LIU X, et al. Active control of electromagnetically induced transparency analogue in terahertz metamaterials [J]. Nature Communications, 2012, 3(1): 1151.

[30]　MURRAY J, MA D, MUNDAY J N. Electrically controllable light trapping for

self-powered switchable solar windows[J]. ACS Photonics, 2017, 4(1): 1 – 7.

[31] SHREKENHAMER D, MONTOYA J, KRISHNA S, et al. Four-color metamaterial absorber THz spatial light modulator [J]. Advanced Optical Materials, 2013, 1(12): 905 – 909.

[32] ZHOU Y J, XIAO Q X. Electronically controlled rejections of spoof surface plasmons polaritons[J]. Journal of Applied Physics, 2017, 121(12): 123109.

[33] WANG M, MA H F, TANG W X, et al. Programmable controls of multiple modes of spoof surface plasmon polaritons to reach reconfigurable plasmonic devices [J]. Advanced Materials Technologies, 2019, 4(3): 1800603.

[34] SHEN Z, JIN B, ZHAO J, et al. Design of transmission-type coding metasurface and its application of beam forming [J]. Applied Physics Letters, 2016, 109 (12): 121103.

[35] TAO Z, WAN X, PAN B C, et al. Reconfigurable conversions of reflection, transmission, and polarization states using active metasurface[J]. Applied Physics Letters, 2017, 110(12): 121901.

[36] ZHENG Q, LI Y, ZHANG J, et al. Wideband, wide-angle coding phase gradient metasurfaces based on Pancharatnam-Berry phase[J]. Scientific Reports, 2017, 7 (1): 43543.

[37] ZHU B, FENG Y, ZHAO J, et al. Switchable metamaterial reflector/absorber for different polarized electromagnetic waves[J]. Applied Physics Letters, 2010, 97 (5): 051906.

[38] CHEN K, CUI L, FENG Y, et al. Coding metasurface for broadband microwave scattering reduction with optical transparency[J]. Optics Express, 2017, 25(5): 5571 – 5579.

[39] LI L, JUN CUI T, JI W, et al. Electromagnetic reprogrammable coding-metasurface holograms[J]. Nature Communications, 2017, 8(1): 197.

[40] POZAR D M. Bandwidth of reflectarrays[J]. Electronics Letters, 2003, 39(21): 1490 – 1491.

[41] LIU C, HUM S V. An electronically tunable single-layer reflectarray antenna element with improved bandwidth[J]. IEEE Antennas and Wireless Propagation Letters, 2010, 9: 1241 – 1244.

[42] STEINBERG B D. Microwave imaging of aircraft[J]. Proceedings of the IEEE, 1988, 76(12): 1578 – 1592.

[43] HAN J, LI L, TIAN S, et al. Millimeter-wave imaging using 1 – bit programmable metasurface: Simulation model, design, and experiment[J]. IEEE Journal on Emerging and Selected Topics in Circuits and Systems, 2020, 10(1): 52 – 61.

[44] HUNT J, DRISCOLL T, MROZACK A, et al. Metamaterial apertures for computational imaging[J]. Science, 2013, 339(6117): 310 – 313.

[45] ALLEN L, BEIJERSBERGEN M W, SPREEUW R J C, et al. Orbital angular

momentum of light and the transformation of Laguerre-Gaussian laser modes[J]. Physical Review A, 1992, 45(11): 8185.

[46] UCHIDA M, TONOMURA A. Generation of electron beams carrying orbital angular momentum[J]. Nature, 2010, 464(7289): 737 - 739.

[47] YAO A M, PADGETT M J. Orbital angular momentum: origins, behavior and applications[J]. Advances in Optics and Photonics, 2011, 3(2): 161 - 204.

[48] TAMBURINI F, MARI E, THIDé B, et al. Experimental verification of photon angular momentum and vorticity with radio techniques [J]. Applied Physics Letters, 2011, 99(20): 204102.

[49] EDFORS O, JOHANSSON A J. Is orbital angular momentum (OAM) based radio communication an unexploited area? [J]. IEEE Transactions on Antennas and Propagation, 2011, 60(2): 1126 - 1131.

[50] YAN Y, XIE G, LAVERY M P J, et al. High-capacity millimetre-wave communications with orbital angular momentum multiplexing [J]. Nature Communications, 2014, 5(1): 4876.

[51] BARBUTO M, TROTTA F, BILOTTI F, et al. Circular polarized patch antenna generating orbital angular momentum[J]. Progress In Electromagnetics Research, 2014, 148: 23 - 30.

[52] ZELENCHUK D, FUSCO V. Split-ring FSS spiral phase plate[J]. IEEE Antennas and Wireless Propagation Letters, 2013, 12: 284 - 287.

[53] XU B, WU C, WEI Z, et al. Generating an orbital-angular-momentum beam with a metasurface of gradient reflective phase[J]. Optical Materials Express, 2016, 6(12): 3940 - 3945.

[54] YU S, LI L, SHIG, et al. Generating multiple orbital angular momentum vortex beams using a metasurface in radio frequency domain[J]. Applied Physics Letters, 2016, 108(24): 241901.

[55] YU S, LI L, SHI G, et al. Design, fabrication, and measurement of reflective metasurface for orbital angular momentum vortex wave in radio frequency domain [J]. Applied Physics Letters, 2016, 108(12): 5448.

[56] HUM S V, OKONIEWSKI M, DAVIES R J. Modeling and design of electronically tunable reflectarrays[J]. IEEE transactions on Antennas and Propagation, 2007, 55(8): 2200 - 2210.

[57] SUN S, HE Q, XIAO S, et al. Gradient-index meta-surfaces as a bridge linking propagating waves and surface waves [J]. Nature Materials, 2012, 11 (5): 426 - 431.

[58] MAO C X, GAO S, WANG Y, et al. A shared-aperture dual-band dual-polarized filtering-antenna-array with improved frequency response[J]. IEEE Transactions on Antennas and Propagation, 2017, 65(4): 1836 - 1844.

[59] CAI T, WANG G M, FU X L, et al. High-efficiency metasurface with polarization-

dependent transmission and reflection properties for both reflectarray and transmitarray[J]. IEEE Transactions on Antennas and Propagation，2018，66(6)：3219 – 3224.

［60］ CLEMENTE A，DUSSOPT L，SAULEAU R，et al. Wideband 400 – element electronically reconfigurable transmitarray in X band[J]. IEEE Transactions on Antennas and Propagation，2013，61(10)：5017 – 5027.

［61］ LIU G，LIU H，HAN J，et al. Reconfigurable metasurface with polarization-independent manipulation for reflection and transmission wavefronts[J]. Journal of Physics D：Applied Physics，2019，53(4)：045107.

［62］ LIU G Y，LI L，HAN J Q， et al. Frequency-domain and spatial-domain reconfigurable metasurface[J]. ACS Applied Materials & Interfaces，2020，12 (20)：23554 – 23564.

第7章　用于轨道角动量涡旋波生成的反射和透射超表面设计

7.1 引　言

在超材料技术的发展过程中，尽管三维(3D)块状结构可以通过灵活的设计来实现多样的功能，但其体积庞大且难以制造。于是，研究人员提出了使用简单的 2D 超表面结构来代替传统的笨重的 3D 超材料结构的想法。因为超表面结构能够采用成熟的印刷电路板(printed circuit board，PCB)工艺加以制造。如今，用于调控电磁波的超表面结构逐渐成为现代电磁理论和应用领域中发展最快的研究方向之一[1-2]。

在超表面的概念提出之前，具有类似功能且呈现二维周期性排布的反射阵列[3]、透射阵列[4]和极化转换器[5]已经被提出并长期应用于天线领域。平面反射阵列和透射阵列可以像超表面一样，通过调控电磁波的相位分布来实现波束偏转的功能。因此，从广义上讲，反射阵列和透射阵列等传统的平面二维周期性结构属于超表面的范畴。如今，超表面以其更为丰富的功能和广泛的应用成为全世界的研究热点，大量新颖的功能器件相继在微波[6]、毫米波[7]、太赫兹[8]、红外[9]和可见光[10]等领域得到验证。超表面的概念[11]为微波器件和天线提供了多样化的设计思路[12-14]。它克服了 3D 超材料体积大、损耗高、加工复杂等缺点，并且正在走向实际工程应用。

在超表面发展的同时，无线通信技术发展也极为迅速。如今，高速和超宽带设备已成为主要的无线通信技术发展方向。然而，有限的频谱资源给无线通信技术的快速发展带来了巨大挑战。近年来，携带轨道角动量(OAM)的涡旋波[15]在光学调控[16-18]、超分辨率成像[19]、光通信[20-24]等诸多领域都备受关注。OAM 涡旋波的相位项包含因子 $\exp(\mathrm{j}l\varphi)$，其中 φ 为方位角坐标，l 表示为对应于每个光子 $l\hbar$ 的 OAM 拓扑电荷(topological charge，TC)，$\hbar$ 等于普朗克常数 h 除以 2π。l 是一个整数，表示卷绕的螺旋数，l 取正数或负数分别表示波前相位沿顺时针或逆时针方向旋转。这种波也称为涡旋波，它具有由中心相位奇点产生的环形横截面轮廓[15]。在希尔伯特空间中，OAM 涡旋波理论上具有无限多个正交的模式，因此不同于广泛采用的幅度、频率、极化、相位等调制技术，基于 OAM 涡旋波的模态调制技术成了一种很有前途的无线通信技术。本章旨在介绍 OAM 涡旋波的产生，先对光学中的 OAM 涡旋波特性进行回顾，然后借助反射超表面和透射超表面讨论如何在射频波段产生携带 OAM 的涡旋波。

7.2　光学中的 OAM 涡旋波

7.2.1　涡旋波的产生

OAM 涡旋波的概念最早是在光学领域中被提出的。如图 7-1 所示，目前在光学领域中已经发展了许多方法来产生涡旋波。这些方法主要可分为两类：一类是基于腔内的方法，

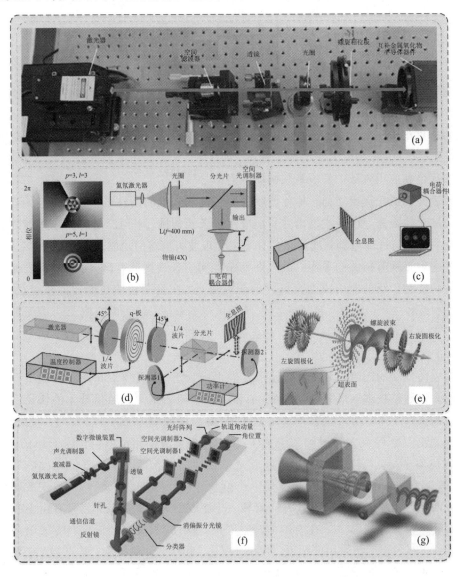

图 7-1　OAM 涡旋波的产生

(a) SPP[29]；(b) SLM[35]；(c) CGH[33]；(d) q-板[38]；(e) 超材料[39]；(f) DMD[41]；
(g) 从激光腔中直接产生涡旋波[27]

另一类是模式转换方法。第一种方法是直接从激光腔中输出涡旋波[25-27]。而第二种方法通常需要腔外的模式转换器,例如:螺旋相位板(spiral phase plate,SPP)[28-30]、计算全息图(computer-generated hologram,CGH)[31-33]、液晶空间光调制器(liquid crystal spatial light modulator,LC-SLM)[34-37]、q-板[38]、超材料[39-40]、数字微镜器件(digital micro-mirror device,DMD)[41]等。在这些方法中,螺旋相位板、计算全息图和空间光调制器(SLM)是实验中产生涡旋波的常用器件。

7.2.2　OAM 模态的测量

到目前为止,研究学者已经给出了一些检测 OAM 或光学涡旋的方法。识别 OAM 的一种常见方法是借助 Mach-Zehnder 干涉仪[42-44],直接观察涡旋波与平面波[45]、球面波[46]或其共轭波干涉后的干涉图案。双缝干涉[47]或单缝衍射[48]方法都可以用于确定拓扑电荷的大小和符号。此外,还可以通过引入一些特殊设计的几何孔径,例如环形孔径[49]、三角形孔径[50]和圆形孔径[51],利用这些孔径后面的远场衍射强度图案来表征涡旋的拓扑电荷。另外,Berkhout 等人[52]提出了一种将笛卡尔坐标转换为对数极坐标的变换方法来对 OAM 模态进行有效的排序。除此之外,利用衍射光栅也可以用于测量 OAM 的模态,这些光栅包括幅度光栅[53-56]和相位光栅[57-60]。最近,使用球面透镜[61]或单个柱面透镜[62-63]的简单测量方案也被提出并通过实验验证。

1. 螺旋相位光栅

值得注意的是,当前发表的文献主要聚焦于拉盖尔-高斯(Laguerre-Gaussian,LG)波束中与方位角相关的模态数 l,假设的径向阶数 $p=0$,但这一假设并不适用于径向高阶的 LG 涡旋波。因此,除了检测方位角的模态数外,检测与入射涡旋波束相关的径向阶数也成了一项非常重要的工作。此外,利用 LG 涡旋波的径向阶数和方位角模态数进行信息传输可以提供更多的通信模式,从而能够进一步增加系统容量。在这里,我们提出了一种通过使用螺旋相位光栅来确定 LG 涡旋波模态的方法。我们首先使用计算全息图生成光学涡旋波;随后,让 LG 涡旋波照射到加载螺旋相位光栅信息的 SLM 上;之后,直接在白屏上观察或使用 CCD 相机捕获亮点阵列衍射图案,进而确定模态数信息。仿真和实验结果都验证了该测试系统的可行性和可靠性。

下面我们将讨论如何确定涡旋波束的模态数[64]。图 7-2 给出了使用螺旋相位光栅测量涡旋波的模态数的示意图。图 7-2(a)中显示了入射 LG 涡旋波模态的横截面幅度场和相应的螺旋波前。所设计的螺旋相位光栅如图 7-2(b)所示,圆环表示光照射光栅的位置。从图 7-2(c)中可以看出,LG 涡旋波通过这样的光栅后,会在屏幕上观察到一些呈一定分布模式的明亮条纹。而且,值得指出的是,屏幕上只会出现正一阶的明亮条纹。光栅可以将能量分配到所需的衍射阶上,从而提高测试系统的灵敏度。事实证明,衍射条纹的数量和方向表征了 LG 涡旋波的径向阶数和方位角模态数的信息。

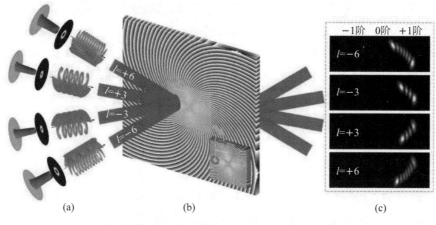

图 7-2　使用螺旋相位光栅测量 LG 涡旋波束模态指数的示意图

(a) 入射 LG 涡旋波；(b) 螺旋相位光栅；(c) 远场衍射图案

螺旋相位光栅由两个光学元件组成：涡旋相位板和全息锥透镜。由于这两个元件的相位函数可分别描述为 $q\varphi$ 和 $2\pi r/D$，因此螺旋相位光栅的传输函数可以描述为

$$t(r,\varphi) = \mathrm{e}^{-\mathrm{j}(q\varphi+2\pi r/D)} \tag{7-1}$$

其中 r 和 φ 为极坐标，q 为光栅辐条数，D 为螺旋相位光栅的径向周期。假设 LG 涡旋波入射到螺旋相位光栅上，则入射 LG 涡旋波在束腰平面 $(z=0)$ 处的电场可写为[58,60,65]

$$u(r,\varphi) = \sqrt{\frac{2p!}{\pi w_0^2(p+|l|)!}} \left[\frac{\sqrt{2}\,r}{w_0}\right]^{|l|} \mathrm{L}_p^{|l|}\left(\frac{2r^2}{w_0^2}\right)\mathrm{e}^{-r^2/w_0^2}\mathrm{e}^{-\mathrm{j}l\varphi} \tag{7-2}$$

其中：w_0 表示基模的束腰半径；$\mathrm{L}_n^{|l|}(\cdot)$ 是连带的拉盖尔多项式，p 和 l 分别表示径向阶数和方位角模态数。于是，透过光栅的复振幅可表示为

$$U_0(r,\varphi) = u(r,\varphi)\mathrm{e}^{-\mathrm{j}(q\varphi)+2\pi r/D} \tag{7-3}$$

使用以下形式的菲涅耳衍射积分求解透过光栅后且距离光栅 z 处的远场衍射强度：

$$I(\rho,\theta) = \frac{\mathrm{e}^{-\mathrm{j}kz}}{-\mathrm{j}\lambda z}\mathrm{e}^{-\mathrm{j}k\rho^2/2z}\int_0^\infty\int_0^{2\pi} U_0(r,\varphi)\mathrm{e}^{-\mathrm{j}kr^2/2z}\mathrm{e}^{\mathrm{j}k\rho r\cos(\varphi-\theta)/z}r\,\mathrm{d}r\,\mathrm{d}\varphi \tag{7-4}$$

其中：(r,φ) 为衍射平面上的极坐标；(ρ,θ) 表示远场的极坐标；$k=2\pi/\lambda$ 是参考的源波束的波数，λ 是其对应的波长。

对于式 (7-4) 而言，很难通过积分来获得解析解。因此，利用傅里叶变换，我们可以实现对远场衍射强度的数值模拟。这样，式 (7-4) 可以简化为

$$I(\rho,\theta) = \left|\frac{\mathrm{e}^{-\mathrm{j}kz}}{-\mathrm{j}\lambda z}\mathrm{e}^{-\mathrm{j}k\rho^2/2z}\times\mathcal{F}\left[u(r,\varphi)\times t(r,\varphi)\right]\right|^2 \tag{7-5}$$

其中 $\mathcal{F}$ 表示二维傅里叶变换。

根据式 (7-5)，我们可以得到 LG 涡旋波通过螺旋相位光栅后的远场强度分布，如图 7-3 所示。仿真中使用的计算参数设置如下：入射波束波长 $\lambda=632.8$ nm，束腰半径 $w_0=0.5$ mm，螺旋相位光栅辐条数 $q=80$，光栅的径向周期 $D=0.03$ mm，光栅中心与入射涡旋波中心之间的中心距离 $L=3.5$ mm。

图 7-3 显示了当径向阶数为 $p=0$ 的涡旋波入射到螺旋相位光栅上时，入射 LG 涡旋波和相应的远场衍射图案的仿真结果。从图中可以看出环形 LG 涡旋波变成包含多个亮点

的带状衍射强度分布。通过统计亮点的个数 N 可以发现方位角模态数 l 等于 $N-1$。同时，值得注意的是，亮点的方向与方位角模态数 l 的符号有关。为了方便讨论结果，强度分布的位置用黄色虚线标出，该线与横轴正方向的夹角用 α 表示。在 $\alpha<90°$ 的情况下，方位角模态数 l 的符号为正；否则，l 的符号为负。

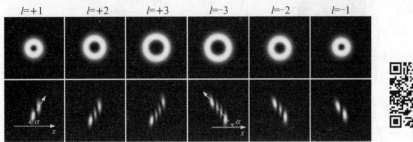

图 7-3　径向阶数 $p=0$ 的 LG 涡旋波束及其远场衍射图案

为了研究径向阶数的数值与衍射条纹之间的关系，这里还计算了径向高阶($p\neq0$)的情况。图 7-4 描绘了在带有 $l=\pm1,\pm2,\pm3$ 和 $p=1,2$ 的 LG 涡旋波照射下螺旋相位光栅的远场衍射图案。可见，多环形入射涡旋波将演变成由多个带状衍射强度组成的亮条纹阵列。与图 7-3 显示的结果不同，衍射亮条纹的数量不再等于方位角模态数值加 1，而是一个 $(p+|l|+1)\times(p+1)$ 的新值。我们设计了一种用于快速定量获取模态数信息的模式识别算法，具体识别过程如图 7-5 所示。首先，我们分析接收到的强度模式并计算亮条纹的数量($a\times b$)，a 和 b 的值分别为沿着深色和白色线方向上的亮条纹数。此外，将黄色虚线与 x 轴正方向的夹角记作 α。其次是比较 a 和 b 的值，并将较小和较大的值分别赋给变量 m 和 n。接着，判断 α 是否小于 90°，若是则设置标志 $\tau=0$，否则设置标志 $\tau=1$。由此得到径向阶数和方位角模态数的值分别表示为 $p=m-1$ 和 $l=(-1)^\tau(n-m)$。数字图像处理技术和人工神经网络也可以融入此识别过程中，用以在接收端捕获传输模式强度图[66]。

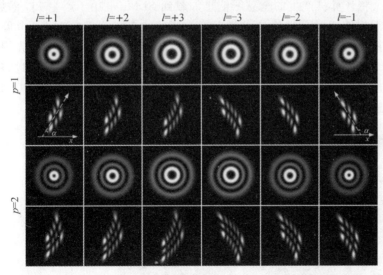

图 7-4　高阶($p\neq0$)涡旋波束及对应的远场衍射图案

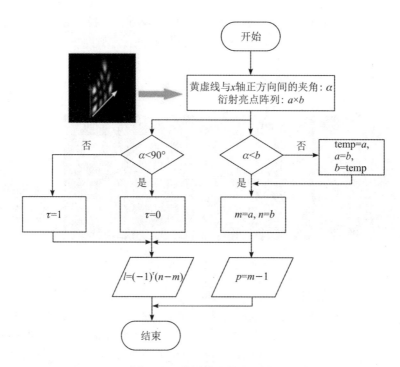

图 7 - 5　检测算法的流程图

图 7 - 6 给出了用于测量 LG 涡旋波的径向阶数和方位角模态数的实验装置。采用 2 mW 强度稳定的 He-Ne 激光器($\lambda=632.8$ nm)作为光源发射高斯光束。为避免过高的功率对光学元件造成损伤，采用中性灰度滤镜(NDF)实现对入射高斯光束的光功率衰减，然后用激光扩束器(BE)对光线进行准直和扩束。通过偏振片(P_1)后，水平线极化波束入射到计算机控制的第一个空间光调制器(SLM_1)上。通过在 BE 和 P_1 之间插入一个针孔(PH_1)，形成合适的光斑大小以匹配 SLM_1 的面板。在 SLM_1 前放置分光片(BS)，以确保光束可以垂直入射到 SLM_1 上。将计算机产生的全息图信息加载到 SLM_1 上用于产生 LG 涡旋波。被 SLM_1 反射的 LG 涡旋波通过分光片分成两束等能量的波束。一束透过另一个偏振片(P_2)和针孔(PH_2)后照射第二个 SLM(SLM_2)上，并在 SLM_2 上加载了螺旋相位光栅的信息。利用 PH_2 来选取所需的正一阶衍射光束并阻挡其他不需要的阶次的光束。通过将凸透镜 L_1($f_1=100$ mm)放置在合适的位置来实现光场变换。借助凸透镜 L_2($f_2=100$ mm)在

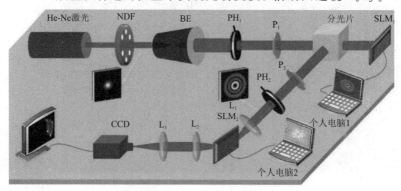

图 7 - 6　LG 涡旋波束的产生和其模态数检测的实验装置

最后一个凸透镜 L_3 ($f_3 = 120$ mm)的焦平面上呈现出 SLM_2 的图像。最后，在 L_3 的焦平面上放置一个 CCD 相机捕获远场强度图并显示在显示器上。SLM (PLUTO-NIR-011, Holoeye)的分辨率为 1920×1080 像素，像素大小为 $8.0\ \mu m$，位深为 8 比特。

基于光学测量装置开展如图 7-6 所示的实验，部分结果显示在图 7-7 和图 7-8 中。在 SLM_2 未加载任何图案的情况下，CCD 相机记录了入射 LG 涡旋波的横截面强度分布。然后，用 LG 涡旋波束照射加载螺旋相位光栅信息的 SLM_2，测量远场衍射条纹。实验参数的选择与仿真结果一致。

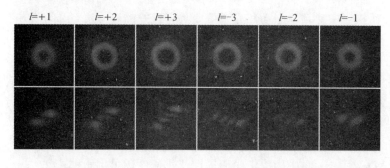

图 7-7　具有 $p=0$ 和 $l=\pm 1, \pm 2, \pm 3$ 的 LG 涡旋波及其远场衍射图案

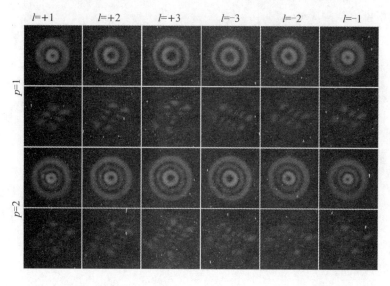

图 7-8　具有 $p=1, 2$ 和 $l=\pm 1, \pm 2, \pm 3$ 的 LG 涡旋波及其远场衍射图案

图 7-7 给出了测量具有 $l=\pm 1$、± 2、± 3 的零阶径向模态的 LG 涡旋波的实验结果，观测结果与图 7-3 所示的仿真结果一致。亮条纹的数量减去 1 表示方位角模态数的大小，通过分析这些亮条纹的方向可以很容易地确定 l 的符号。如图 7-8 所示，当 LG 涡旋波照射具有径向非零阶数的螺旋相位光栅时，仅通过计算光斑总数不能得到方位角模态数。但是，基于图 7-4 所示的通用识别算法，我们可以得到所需的信息。模态数与远场衍射条纹之间的关系仍然有效，这意味着该检测方法可以用于实际的测量场景。

值得注意的是，在我们的实验装置中，检测速度主要受到 SLM(60 Hz)和 CCD 相机(90 fps)的低刷新率的限制，这意味着每秒可以实现对 60 个入射的 LG 涡旋波(p 和 l)的最高检测率。如果采用的 SLM 设备具有更高的帧速率，则能够进一步提升最高检测率。同时，在测量装置中，光电二极管也可以代替 CCD 来捕获远场衍射强度图。

2. 渐变周期螺旋辐条光栅

根据已有报道的文献可知，可探测区域中最大能够探测出 ± 120 个 OAM 模式。为了进一步扩展对 OAM 模态的有限探测范围，我们提出了一种新的方案来确定结构化波束的 OAM 模态，该方案使用渐变周期螺旋辐条光栅（gradually changing-period spiral spoke grating，GCPSSG）[67]。实验结果表明，该方案对 OAM 模态的检测范围达到 ± 160。同时，由于 GCPSSG 在 OAM 探测中对环境振动和光束偏差具有良好的容忍度，因此该方案具有良好的鲁棒性和有效性。

采用的相位单元及其叠加过程如图 7-9 所示。为了得到理想光栅的相位函数，我们首先将 SPP 的全息图和锥透镜的全息图结合起来，然后让得到的全息图与参考文献[60]中给出的渐变周期相位光栅进行干涉。考虑到锥透镜和渐变周期相位光栅的相位分布分别用 $\mathrm{e}^{-\mathrm{j}2\pi r/D}$ 和 $\mathrm{e}^{-\mathrm{j}d\cos(\zeta)}$ 进行描述，因此 GCPSSG 的相位分布可以表示为

$$\phi(r,\varphi)=2+2\cos\left[m\varphi+2\pi r/D-d\cos(\zeta)\right] \tag{7-6}$$

式中：m 为光栅辐条数；$d=-2000$，为决定光栅周期变化速度的可调常数；$|\zeta|\leqslant\mu$，μ 为间隔最大值。根据式(7-6)生成如图 7-9 所示的 GCPSSG。在实际实验过程中，该光栅的信息加载到 SLM 时相位值范围为 $0\sim2\pi$。

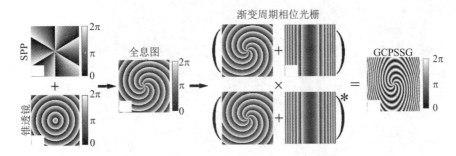

图 7-9　产生加载在 SLM 上的衍射光学掩模的原理图

拉盖尔高斯(LG)波束是一种典型的、常用的包含涡旋相位的波束。因此，我们选择 LG 波束作为涡旋波束。入射 LG 涡旋波($p=0$)在束腰平面($z=0$)处的电场为

$$u(r,\varphi)=\left[\frac{\sqrt{2}r}{w_0}\right]^{|l|}\mathrm{L}_p^{|l|}\left(\frac{2r^2}{w_0^2}\right)\mathrm{e}^{-r^2/w_0^2}\,\mathrm{e}^{-\mathrm{j}l\varphi} \tag{7-7}$$

为了在实际中验证所提出方法的有效性，这里建立了用于涡旋波的产生和检测的实验装置，如图 7-10 所示。光源采用 632.8 nm 的 He-Ne 激光器，输出功率为 2 mW。激光发出的高斯波束通过一个用于调节激光功率的中性灰度滤镜(NDF)。光束经过激光扩束器(BE)的准直和扩展后，变成近似的平面波。扩展后的波束依次入射到偏振片(P)和分光片 1 (BS_1)，并照射第一个 SLM (SLM_1)。在 SLM_1(Holoeye，Pluto-NIR-011，1920×1080 像素，8.0 $\mu\mathrm{m}$ 像素间距)前放置偏振片的原因是 SLM 只能有效调制水平线极化波束。随后，利用加载在 SLM_1 上的计算全息图(CGH)产生高质量的 LG 涡旋波。接下来，利用 BS_1 将被 SLM_1 反射的调制涡旋波分离成两束等能量的波束。其中一束通过 BS_2 照射到 SLM_2 (Holoeye，pluto-nil-011)上，并在 SLM_2 上加载 GCPSSG 的信息。通过在两个 SLM 之间插

入圆形孔径来选择正一阶涡旋波，而其他不需要的涡旋波束均被滤除。最后，在焦距 $f =$ 120 mm 的凸透镜 L 的焦平面上放置单色 CCD 相机来捕捉衍射光强图。

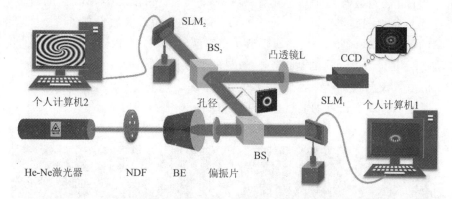

图 7 - 10　光学涡旋产生及拓扑电荷数目测量的实验装置

为了研究相位分布对检测性能的影响，我们计算了 4 个 GCPSSG 并加载到 SLM 上。参数 μ 从左到右分别设置为 $\mu = 0.8$、$\mu = 0.5$、$\mu = 0.1$ 和 $\mu = 0.01$。选取光栅周期为 $D =$ 0.25 mm，入射涡旋波的拓扑电荷数为 $l = +6$，光栅辐条数为 $m = +6$。图 7 - 11 显示了不同 μ 值的 GCPSSG 图以及 CCD 记录的相应的实测衍射图。从第一行的图中可以看出，随着 μ 的减小，GCPSSG 信息变得越来越明显。同时，通过选择合适的参数 μ，可以更清楚地看到转换后的强度图。衍射强度图在其中心处出现一个明亮的高强度的亮斑。这表明入射涡旋波被转换为高斯波[20]。此外，在光场中心的亮斑周围存在一定数量的不连续螺旋瓣。值得注意的是，衍射瓣条纹的旋转方向总是与所上传的光栅信息中拓扑电荷的符号相反。螺旋条纹数是光栅辐条数 m 的两倍，这也验证了涡旋波束的拓扑电荷测量结果的正确性。因此，利用 GCPSSG 可以很容易地确定拓扑电荷的符号和幅度信息。

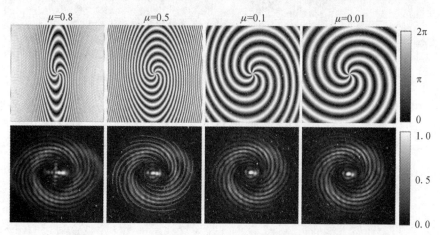

图 7 - 11　不同值的 GCPSSG 轮廓及 CCD 记录的实测衍射图

下面，通过实验过程来进一步验证我们的分析。图 7 - 12 显示了具有不同 l 的 LG 涡旋波照射带有 $m = \pm 4, \pm 6, \pm 8$ 的 GCPSSG 时的衍射图。图 7 - 12 中最左一列显示了根据文献[68]中的方法实现的多个 CGH。第二列描绘了产生的具有 $l = +4, +6, +8, -4,$

－6，－8 的 LG 涡旋波。中间三列显示了第二列涡旋波束分别通过具有 $m＝+4,+6,+8$ 的 GCPSSG 后的实验结果。除了讨论来自具有正的光栅辐条数 m 的 GCPSSG 的衍射图案外，图 7-12 右边三列还显示了通过具有 $m＝-4,-6,-8$ 的 GCPSSG 后的实验结果。由图 7-12 记录的衍射图案可以看出，对于 $l＝m$ 的情况，中心区域出现了一个明显的亮斑，对于 $l\neq m$ 的情况，中心处的强度轮廓仍然是甜甜圈的形式。在这里，亮斑区域的位置采用了虚线圆加以标记。值得一提的是，当 $|l-m|$ 的值接近于零时，会观察到一些轴上的分裂点。此时，衍射条纹仍然可以很容易地分辨出来，因为在 $l＝m$ 的情况下只有一个中心亮斑。因此，通过观察中心位置的能量分布可以得到拓扑电荷的值。

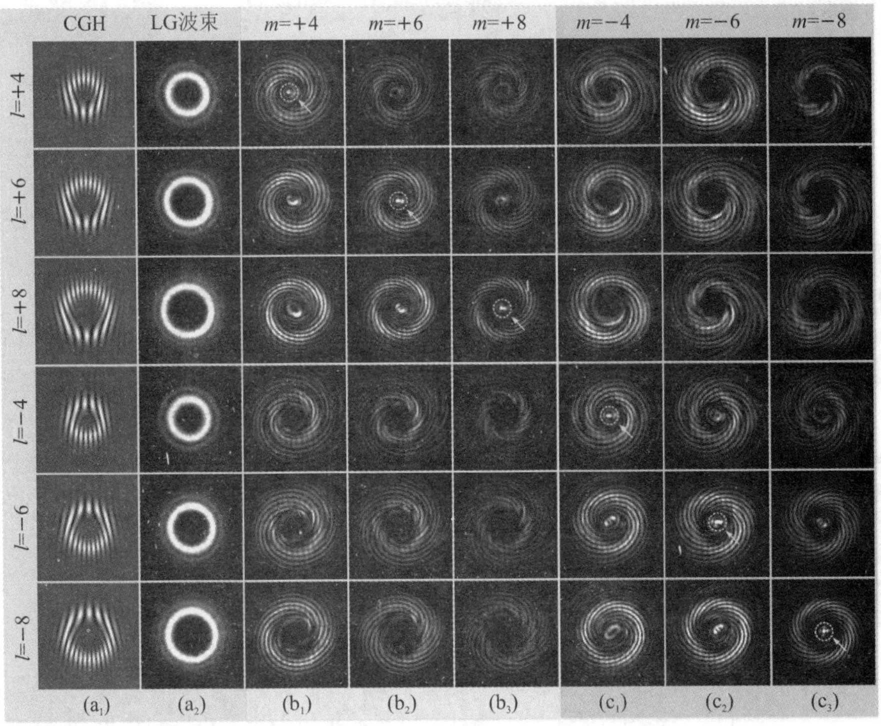

图 7-12　入射涡旋波及其衍射图

　　另外，我们注意到在图 7-12 中，随着 l 和 m 的差值的绝对值（即 $|l-m|$）的增加，中心暗区的半径会变宽。此外，当 GCPSSG 带有的 m 值为正（负）时，螺旋瓣会逆时针（顺时针）旋转。虽然衍射条纹的数量和方位不随入射光涡旋的变化而变化，条纹的旋转方向有助于准确测量拓扑电荷的符号。显然，GCPSSG 的旋转方向和相应的强度分布是相反的。基于这一事实，当中心强度达到局部最大值时，通过识别螺旋瓣的旋转方向，可以识别出 l 的符号。

　　为了进一步验证该方案的可靠性，我们通过实验演示了当 LG 波束通过 GCPSSG 的偏轴位置时的情况。部分原理图和实验结果如图 7-13 所示。图 7-13(a) 显示了具有不同拓扑电荷数的入射涡旋波束。在图 7-13(b) 中给出了辐条光栅数为 $m＝-6$ 的 GCPSSG 的情况，这里其他参数与图 7-12 中的相同。S 代表相位光栅与输入场之间的中心距离。图 7-13(d) 显示了当光栅中心与入射涡旋波束的中心距离为 $S＝2$ mm 时，测量到的衍射强度图。与图 7-12 所示结果相比，当光束照射到 GCPSSG 的偏轴位置时，呈现的衍射强度

分布类似于厄米-高斯模式，而不是螺旋瓣的条纹。此时可以清楚地发现，光强分布与入射光束的符号和值有关。通过仔细计算亮条纹的数量，可以观察到当拓扑电荷数为 l 的 LG 波束通过光栅时，会出现 $|l|+1$ 个亮条纹。条纹的方向表示拓扑电荷的符号信息。如图 7-13(c)所示，观测到的图案与仿真结果吻合良好。因此，入射波束不需要严格照射光栅的中心位置。

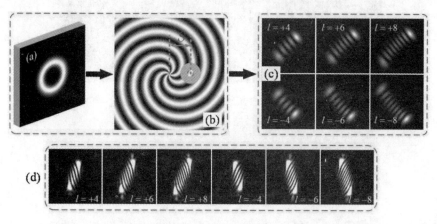

图 7-13　入射涡旋波束在不对准条件下的测量结果
(a) 入射涡旋波束；(b) 加载到 SLM_2 上的 GCPSSG；
(c) 仿真的光栅后 +1 阶衍射条纹；(d) 实测的光栅后的 +1 阶衍射条纹

此外，具有高阶 OAM 模态($l=-30$，-90，-120，-160 和 $l=+30$，$+90$，$+120$，$+160$)的 LG 波束通过 GCPSSG 后的远场衍射条纹的实验结果分别如图 7-14 和图 7-15 所示。显然，由于亮条纹的数量与涡旋波束拓扑电荷值之间的关系，当涡旋波束的拓扑电荷值较大时，条纹将变得密集。然而，高阶强度图并不像图 7-13 中所示的低阶 OAM 模态下的结果那样清晰。图 7-14 和 7-15 中的局部放大插图显示，随着模态 l 的增加，衍射亮条纹变得越来越模糊。这里由于采用了文献[57]中提出的渐变周期的方式，因此检测灵敏度有所提升。值得注意的是，对比于文献[60]中测量的拓扑电荷数范围为 ±100，基于 GCPSSG 的方法可以保持高的衍射效率的同时可以测量高达 ±160 的拓扑电荷数，这意味着所提出的检测方法可以用于实际 OAM 模态的测量。

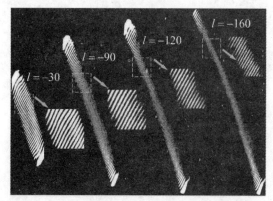

图 7-14　$l=-30$，-90，-120 和 -160 的涡旋波束通过 GCPSSG 后的衍射强度分布的实验结果

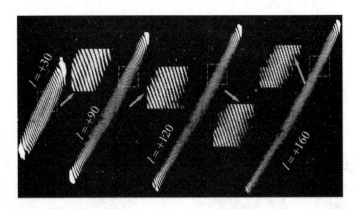

图 7-15 $l=+30$，$+90$，$+120$ 和 $+160$ 的涡旋波束通过 GCPSSG 后的衍射强度分布的实验结果

7.3 反射超表面的设计与应用

对 OAM 的研究最早起源于光学，它的产生方法和检测技术在光学领域蓬勃发展。2007 年，Thide 等人在微波频段开展了 OAM 的仿真研究，自此，产生射频的 OAM 涡旋波成为了一个热门的研究方向。本节借助于人工超表面对电磁波灵活的调控能力，实现射频波段 OAM 涡旋波的产生设计。

7.3.1 反射超表面的分析与设计

反射超表面通常由一块具有金属地的电介质基板制作而成。由于它只用于调控反射波束，因此设计过程比透射超表面简单，后者需要同时考虑反射波和透射波，如图 7-16 所示。

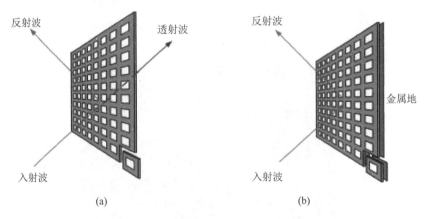

图 7-16 用于电磁波调控的超表面的几何结构
（a）透射超表面；（b）反射超表面

首先，反射超表面单元设计是实现具有良好性能的超表面的关键。一般情况下，应尽

量减小反射相位曲线的斜率，使相位变化对单元尺寸不敏感。如果相位曲线太陡，会影响工作带宽和单元制造公差。同样重要的是要确保单元有足够的尺寸变化，以产生 0°～360° 的相位。此外，相位变化最好平滑且线性[69]。目前，反射超表面单元主要有三种：相位/时间延迟线单元、尺寸可变单元、旋转角度可变单元，如图 7-17 所示。

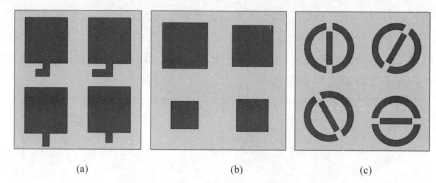

图 7-17　反射超表面单元的相位调控

（a）相位/时间延迟线单元；（b）尺寸可变单元；（c）旋转角度可变单元

对于具有相位/时间延迟线的单元而言，在单元上连接不同长度的传输线。单元接收来自馈源的电磁波，并沿传输线将其转化为导波，通过不同长度的传输线产生不同的延迟相位。对于尺寸可变单元，通过改变单元的几何尺寸来提供不同的相位。对于旋转角度可变单元，相位变化基于如下的性质：将一个圆极化天线单元绕其原点旋转一个角度，其辐射相位改变两倍旋转角度的量，其中相位的提前或延迟取决于旋转的方向[70]。

在设计反射超表面时，首先要得到单元的相移特性曲线。对于"V"形或"偶极子"形单元这种简单的结构，它们的相移特性可以通过经典解析分析来加以计算。然而，在单元结构复杂的情况下，通过解析分析几乎不可能得到单元的相移特性。因此，可以利用 HFSS 或 CST 等全波仿真软件对单元的电磁特性进行全波仿真、分析和计算。为了提取反射超表面单元的反射相移特性曲线，一般采用无限周期模型。图 7-18(a) 给出了 Floquet 端口激励下采用主从边界条件包围单元结构的模型，其适合于入射波垂直入射和倾斜入射的情况。特别地，对于垂直入射的情况，也可以采用理想导体-理想磁体的边界包围单元，如图

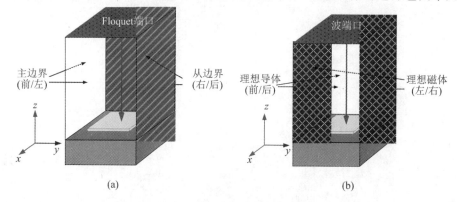

图 7-18　无限周期模型的仿真方法

（a）具有 Floquet 端口激励的主从周期边界条件；（b）具有波端口激励的 PEC-PMC 边界条件

7-18(b)所示。在一个规则的大型周期阵列中，除了靠近边缘的单元外，所有单元的特性都近似相同。而在无限周期阵列中，每个单元都有相同的特性。因此，在一个大规模的周期阵列中，几乎所有单元的基本性质都可以用相应的无限周期阵列中的单元来求解，这为大型有限阵列中的单元设计奠定了良好的基础。

典型反射超表面单元的基本特性如图 7-19 所示。一般来说，一个好的单元应该具有大于或等于 360°的相移覆盖范围，以提供从 0°到 360°的补偿相位。同时，相应的反射幅度应优于-1 dB，以保证大部分电磁功率被反射出去。为了获得更好的加工公差和带宽范围，有必要选择具有平滑的线性相移曲线的单元。

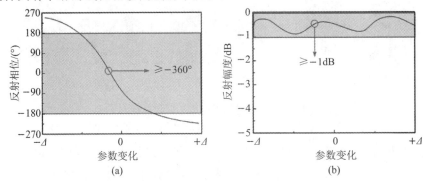

图 7-19 典型反射超表面单元的基本特性

(a) 反射相位；(b) 反射幅度

当设计反射超表面时，确定超表面上任意位置所需的补偿相位是非常重要的。为了更加直观地说明反射超表面的设计方法，图 7-20 给我们展示了一个定向波束反射超表面设计的实例。

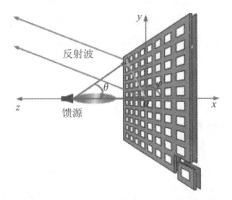

图 7-20 定向波束反射超表面的几何结构

由文献[11]可知，广义斯涅耳定律可以表述为

$$
\begin{cases}
\sin\theta_r\cos\varphi_r - \sin\theta_i\cos\varphi_i = k_0\dfrac{\partial\Phi_r}{\partial x} \\[2mm]
\sin\theta_r\sin\varphi_r - \sin\theta_i\sin\varphi_i = k_0\dfrac{\partial\Phi_r}{\partial y}
\end{cases}
\tag{7-8}
$$

根据几何关系，有

$$
\begin{cases}
\sin\theta_i\cos\varphi_i = -\dfrac{\sqrt{x^2+y^2}}{\sqrt{x^2+y^2+F^2}}\dfrac{x}{\sqrt{x^2+y^2}} = -\dfrac{x}{\sqrt{x^2+y^2+F^2}} \\[4mm]
\sin\theta_i\sin\varphi_i = -\dfrac{\sqrt{x^2+y^2}}{\sqrt{x^2+y^2+F^2}}\dfrac{y}{\sqrt{x^2+y^2}} = -\dfrac{y}{\sqrt{x^2+y^2+F^2}}
\end{cases}
\tag{7-9}
$$

式中 F 为馈源与超表面的距离。将式(7-9)代入式(7-8)可得

$$
\begin{cases}
\dfrac{\partial \Phi_r}{\partial x} = k_0\left(\sin\theta_r\cos\varphi_r + \dfrac{x}{\sqrt{x^2+y^2+F^2}}\right) \\[4mm]
\dfrac{\partial \Phi_r}{\partial y} = k_0\left(\sin\theta_r\sin\varphi_r + \dfrac{y}{\sqrt{x^2+y^2+F^2}}\right)
\end{cases}
\tag{7-10}
$$

由式(7-10)就得到了超表面上任意位置所需的补偿相位分布，即

$$
\Phi_r(x,y) = k_0\left(x\sin\theta_r\cos\varphi_r + y\sin\theta_r\sin\varphi_r + \sqrt{x^2+y^2+F^2}\right)
\tag{7-11}
$$

这里我们将频率设置为 5.8 GHz，并在超表面的轴向中心方向放置一个馈源喇叭。馈源与超表面的距离为 $F=0.4$ m。对于超表面上的不同位置，来自馈源的入射波会产生不同的入射角(θ_i,φ_i)。设反射波束的方向为(θ_r,φ_r)=($30°,0°$)，介质为空气，折射率 $n=1$，k_0 为自由空间的波长，(x,y)为超表面上的任意一点的位置，超表面大小为 500 mm×500 mm，单元间距 $D=25$ mm。如图 7-21 所示，将参数代入式(7-11)即可计算出超表面上各个位置处的补偿相位。如果选择一个实际的单元，使它的补偿相位分布与图 7-21 中的补偿相位分布一一对应，便可以得到所需的超表面阵列的拓扑结构。

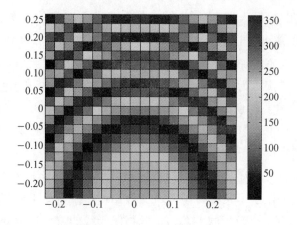

图 7-21　用于产生定向波束的反射超表面的补偿相位分布

在上述过程中，我们采用相位梯度法来计算补偿相位分布，并举例说明了计算超表面上的补偿相位分布的步骤。相位梯度法的优点是在几何关系清晰的情况下设计过程简单。然而，当几何关系非常复杂时，用相位梯度法计算补偿相位分布将会变得比较烦琐。为此，这里引入另一种简单有效的计算相移的方法——直接相移法，通过计算目标相位与初始相位的差值，可以直接得到阵列表面的相移分布。对于同样的设计问题，设反射波束方向为(θ_r,φ_r)=($30°,0°$)，根据相控阵天线原理，所需的相位分布为

$$
\Phi_r = k_0(x\sin\theta_r\cos\varphi_r + y\sin\theta_r\sin\varphi_r)
\tag{7-12}
$$

当馈源喇叭天线照射超表面时，在超表面上会产生初始相位

$$\Phi_i = -k_0\sqrt{x^2 + y^2 + F^2} \tag{7-13}$$

因此，超表面只需要提供如下的补偿相位：

$$\Delta\Phi = k_0(x\sin\theta_r\cos\varphi_r + y\sin\theta_r\sin\varphi_r) + k_0\sqrt{x^2 + y^2 + F^2} \tag{7-14}$$

我们发现式（7-14）与式（7-11）完全一致，说明两种方法设计是等价的。图 7-22 给出了直接相移法的计算过程。

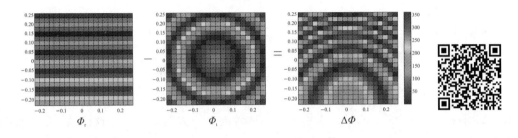

图 7-22　直接相移法的计算过程

7.3.2　产生单 OAM 涡旋波的反射超表面的设计、制作及测试

OAM 涡旋波由于其独特的性质和在光学、原子和分子物理中的潜在应用而引起了国内外学者的极大兴趣[71-72]。2007 年第一个无线电 OAM 仿真模拟，为 OAM 无线通信概念奠定了理论基础[73]。随后，由圆形天线阵列产生 OAM 无线电波束的仿真模型也被提出[74]。2012 年，采用 OAM 涡旋波首次进行的无线广播传输实验也被报道，实验结果表明，使用 OAM 无线电波可以在不增加带宽的情况下增加通信容量[75]。此后，在无线通信中，基于 OAM 的无线电及其应用成为研究热点。因此，寻找一种在射频域产生带有 OAM 涡旋波束的有效方法具有十分重要的意义。迄今为止，携带 OAM 的无线电波束可以通过螺旋相位板[76]、螺旋反射器[77]和天线阵列[78]等方式加以实现。在光学领域应用最为广泛的就是螺旋相位板，由于其结构简单、易于实现等优点，受到了越来越多人的关注[79-80]。但是，其波束发散角太大，不利于在低频无线电领域中进行远距离传输。此外，螺旋相位板的介质反射会降低波束性能，进而限制了它在射频领域的应用。将一个特别制作的抛物面天线弯曲成一个螺旋曲面能够实现一个反射式相位板。抛物线天线的波束集中效应，可以将发散的 OAM 涡旋波会聚。但是由于这种反射式相位板的结构相对复杂，同样很难产生具有不同模态的 OAM 涡旋波。

使用阵列天线产生携带 OAM 的无线电波束是一种有效的方式。然而，为了获得具有螺旋相位波前的无线电波束，需要为阵列天线提供一个复杂的馈电系统。所需的馈电系统必须保证辐射单元之间正确的相位关系和一致的功率输出，以保证 OAM 模态的纯度。此外，阵列的单元数目及阵元之间的相互耦合会影响产生 OAM 的天线阵列性能。如果要产生具有更多模态数量的 OAM 无线电波束，便需要更多的天线单元，这将大大增加系统硬件设计的复杂性和调试难度。文献[11]中，基于广义斯涅耳反射和折射定律，提出了利用

超表面产生涡旋波的设计。此后，文献[81]中提出了利用等离子体超表面产生可见光频段的光学轨道角动量波。由金制成的超表面在线偏振光激发下产生携带 OAM 的表面等离子体涡旋设计也在文献[82]中被提出。

在这里，我们提出了一种反射超表面，该超表面被设计、制作，并在实验中证明可以在射频域产生 OAM 涡旋波[83]。这里推导了所需的相移分布的理论公式，并以此为基础设计了可以产生涡旋波的超表面结构。该反射超表面避免了传输损耗，并具有灵活的相位控制能力。如图 7-23 所示，这种新的 OAM 涡旋波发生器由超表面、金属地和馈源天线组成。所提出的超表面是由一些亚波长单元构成的，无任何功分的传输线。馈源天线直接照射超表面单元，其散射场在远场区产生带有螺旋相位波前 $e^{jl\varphi}$ 的涡旋波。

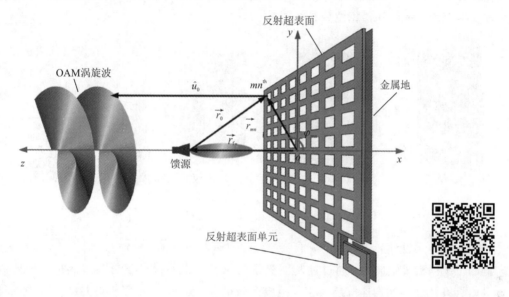

图 7-23　产生 OAM 的反射超表面结构

如图 7-23 所示，反射超表面由 $M \times N$ 个单元组成，一个位于 $\vec{r}_f$ 处的馈源激励这些单元。超表面在任意方向 $\hat{u}$ 上的散射电场可表示为[84]

$$E(\hat{u}) = \sum_{m=1}^{M} \sum_{n=1}^{N} F_{mn}(\vec{r}_{mn} \cdot \vec{r}_f) A_{mn}(\vec{r}_{mn} \cdot \hat{u}_0) A_{mn}(\hat{u}_0 \cdot \hat{u}) e^{jk_0 [|\vec{r}_{mn} - \vec{r}_f| + \vec{r}_{mn} \cdot \hat{u} + \Phi_{mn}^c]}$$

$$(7-15)$$

式中，F_{mn} 为馈源的方向图函数，A_{mn} 为反射超表面单元的方向图函数，$\vec{r}_{mn}$ 为第 (m,n) 个单元的位置向量，$\hat{u}_0$ 为期望的反射超表面的主波束方向。为了产生在期望方向 $\hat{u}_0$ 上的 OAM 涡旋波，每个反射单元所需的补偿相位可由下式得到：

$$\Phi_{mn}^c = l\varphi_{mn} - k_0 [|\vec{r}_{mn} - \vec{r}_f| + \vec{r}_{mn} \cdot \hat{u}_0] \quad (l = 0, \pm 1, \pm 2 \cdots) \quad (7-16)$$

其中，l 为期望的 OAM 模态数，φ_{mn} 为第 (m,n) 个单元的方位角，k_0 为真空中的传播常数，Φ_{mn}^c 为超表面上第 (m,n) 个反射单元所需的补偿相位。

利用电磁场叠加原理，考虑单元之间相互耦合的影响，可以计算出式(7-16)所要求的补偿相位，从而得到良好的 OAM 反射波束。理论上，对于不同的 OAM 模态数，基于亚波长超表面单元设计可以产生准连续的空间相位变化。

为了验证原理样机的有效性，这里考虑生成模态数为 $l=2$ 的 OAM 涡旋波束的设计。馈源放置于超表面前端沿轴线 $\vec{r}_f=(0,0,0.4)$m 处。需要注意的是，应避免偏离中心的馈源放置，因为在 OAM 涡旋波的中心有一个零振幅的凹陷。垂直入射时对反射 OAM 涡旋波的遮挡效应最小。

下面，需要确定在每个单元处的补偿相位，以在给定方向上产生 OAM 涡旋波。考虑图 7-23 所示的坐标系，用于产生在 $\hat{u}_0=(0,0,1)$ 方向上的涡旋波所需的渐进的相位分布 $\Phi_r=l\varphi_{mn}$。另一方面，由于馈源喇叭的照射，平面上的相位校正因子为 $\Phi_i=k_0|\vec{r}_{mn}-\vec{r}_f|$，因此，超表面所需的补偿相位为 $\Phi_{mn}^c=\Phi_r-\Phi_i$。为了产生具有 $l=2$ 的 OAM 涡旋波，计算过程和反射超表面上的补偿相位分布如图 7-24 所示。

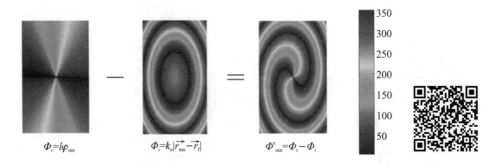

图 7-24　反射超表面上补偿相位的计算过程

超表面的单元设计如图 7-25(a)所示[83]。每个单元是由在 F4B（$\varepsilon_r=2.65$）基板的表面上印刷的三个偶极子组成的。通过控制偶极子的长度和中心偶极子与两边偶极子的比值，单元可以具有超过 360° 的连续反射相位范围[85]。图 7-25(b)示出了 5.8 GHz 处中心偶极子长度与两边偶极子长度之比 γ 为 0.6 时，反射相位随偶极子长度的变化。从图中可以看出，该单元具有良好的反射相位响应。

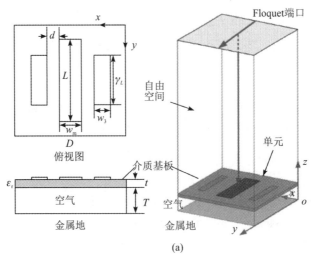

(a)

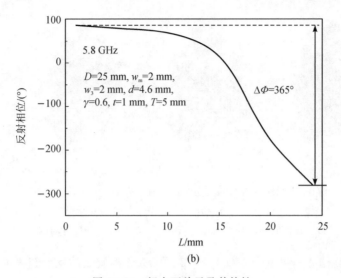

(b)

图 7 - 25 超表面单元及其特性

（a）三偶极子单元的几何结构图及无限周期仿真模型；（b）反射相位

基于三偶极子单元，我们设计了具有 $20×20$ 个单元的反射超表面，用于在 5.8 GHz 处产生 OAM 涡旋波。图 7 - 26 显示了尺寸为 50 cm×50 cm 的方形阵列。将喇叭天线作为垂直入射的馈源。喇叭馈源与超表面之间的距离为 0.4 m。采用基于有限元法（finite-element method，FEM）的全波电磁仿真方法对反射超表面进行仿真分析。

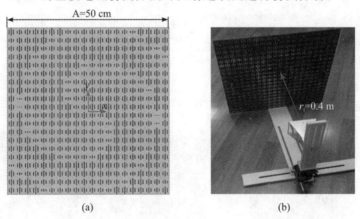

(a)   (b)

图 7 - 26 产生 OAM 涡旋波的超表面阵列及其实物图

（a）超表面阵列模型；（b）超表面的原理样机

数值仿真结果如图 7 - 27 所示，结果表明，利用反射超表面可以有效地产生具有不同模态数的 OAM 涡旋波。

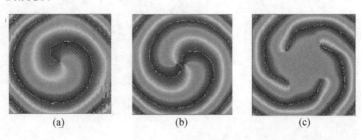

(a)   (b)   (c)

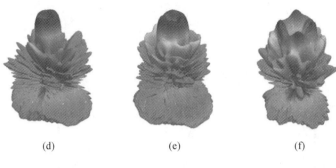

(d)　　　　　　　(e)　　　　　　　(f)

图 7-27　不同模态数的 OAM 涡旋波的数值仿真结果

(a) $l=1$ 时相位分布；(b) $l=2$ 时相位分布；(c) $l=3$ 时相位分布；

(d) $l=1$ 时 3D 方向图；(e) $l=2$ 时 3D 方向图；(f) $l=3$ 时 3D 方向图

我们设计、制作并测量了产生具有 $l=2$ 的 OAM 涡旋波的反射超表面原理样机，且采用近场平面扫描技术对 OAM 涡旋波前进行了测量，如图 7-28 所示，测量工作频率为 5.8 GHz。采用标准测量探头检测反射电场的垂直极化分量 E_v。近场采样平面设在 $z=$ 3.0 m 处，在采样平面上测量 E_v 的幅度和相位。近场采样点之间的间隔设为 10 mm。E_v 的实测幅度和相位分布如图 7-29(d) 和 (e) 所示。与图 7-29(a) 和 (b) 中仿真的 OAM 空间场分布相比可以看出，所设计的超表面产生了模态数为 $l=2$ 的 OAM 涡旋波。实测结果与仿真结果吻合良好。由于存在馈源喇叭支撑结构，测量得到的相位分布受到了略微遮挡的影响，但空间相位分布的主要特征可以清楚地被识别出来。典型的场强分布是一个甜甜圈形状的场强图。图 7-29(c) 和 (f) 分别展示了仿真和测量的远场区辐射方向图。由图可以清楚地看到，在波束中心的振幅为零，这与具有 OAM 模态的涡旋波的结果相一致。

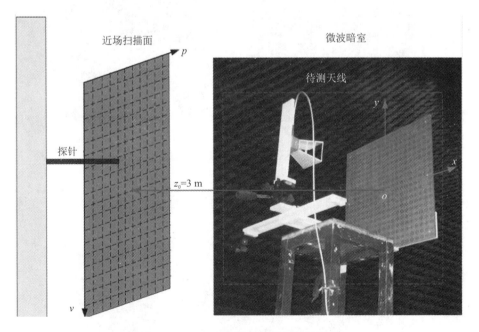

图 7-28　OAM 涡旋波测量的测试系统

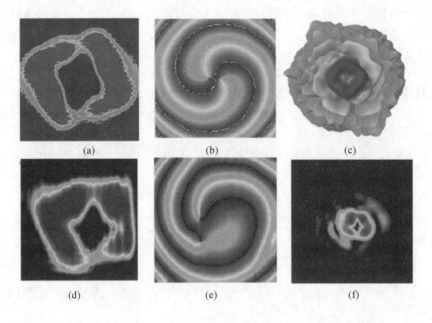

图 7 - 29　产生 OAM 的超表面原理样机的仿真与实测结果对比

（a）仿真的近区电场幅度分布；（b）仿真的近区电场相位分布；（c）仿真的远区 3D 方向图；

（d）实测的近区电场幅度分布；（e）实测的近区电场相位分布；（f）实测的远场辐射方向图的俯视图

为了观察涡旋波在传播过程中的稳定性，我们进一步仿真了在传播距离 $z = 10.0$ m 处的电场强度和相位，如图 7 - 30 所示。从图 7 - 30(a)中可以观察到一个更大的甜甜圈形状的电场强度图，我们还可以清晰地从图 7 - 30(b)中识别空间相位分布。这表明反射超表面产生的具有轨道角动量的涡旋波是稳定可靠的。

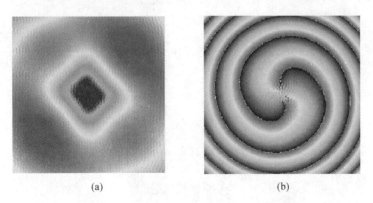

图 7 - 30　在 $z = 10.0$ m 处采样平面上的电场

（a）幅度分布；（b）相位分布

上述实测结果表明，反射超表面可以被用来在射频域内有效地产生具有轨道角动量的涡旋波。由于亚波长超表面单元的设计，涡旋相位波前可以利用近似连续分布的相位来产生，因此，可以容易地实现具有不同模态数的 OAM 涡旋波。值得指出的是，虽然目前产生 OAM 涡旋波的超表面的设计仅为单线极化，但当使用不同的反射单元时，该设计方法也可以扩展到双线极化和圆极化的情况，而这些反射单元均属于自旋角动量（SAM）调控。该结构的使用让产生带有不同模态的射频涡旋波变得更加容易，这为微波无线通信应用提供了一种简单的 OAM 涡旋波的实现方法。

7.3.3 基于反射超表面产生多个射频 OAM 涡旋波

在前面的讨论中，利用超表面可以在射频域灵活地产生带有不同 OAM 模态数的单一涡旋波。在这里，我们将展示使用单一超表面在不同方向上产生带有不同模态的多个射频 OAM 涡旋波。所提出的方法对于扩大 OAM 无线通信的覆盖范围具有显著的优势。在之前设计的工作基础上，我们根据推导出的基本理论，来设计产生多个带有相同或不同模态的涡旋波的超表面。

考虑图 7-31 所示的一个超表面，其由 $M \times N$ 个单元组成，这些单元被位于 $\vec{r}_f$ 处的馈源所激励。设第 k 个期望波束方向用单位矢量 $\hat{u}_k$ 表示。用于产生多个涡旋波的超表面设计方法就是在超表面上将与各个 OAM 涡旋波相关的孔径场进行叠加。为了利用单个馈源产生 k 个涡旋波，超表面上的切向电场可记为

$$E = \sum_{m=1}^{M} \sum_{n=1}^{N} \left\{ F_{mn}(\vec{r}_{mn} \cdot \vec{r}_f) A_{mn}(\vec{r}_{mn} \cdot \hat{u}_0) A_{mn}(\hat{u}_0 \cdot \hat{u}) \sum_k e^{j[k_0 \vec{r}_{mn} \cdot \hat{u}_k \pm l_k \varphi_k]} \right\}$$

$$(7-17)$$

式中，F_{mn} 为馈源方向图函数，A_{mn} 为单元方向图函数，$\vec{r}_{mn}$ 为第 (m, n) 个单元的位置矢量，l_k 为第 k 个波束方向上的期望 OAM 模态数，φ_k 为法平面 $\hat{u}_k$ 上的方位角。因此，可以得到每个反射超表面单元所需的补偿相位为

$$\Phi_{mn}^c = -k_0 \left| \vec{r}_{mn} - \vec{r}_f \right| + \arg \left\{ \sum_k e^{j(k_0 \vec{r}_{mn} \cdot \hat{u}_k \pm l_k \varphi_k)} \right\}$$

$$(7-18)$$

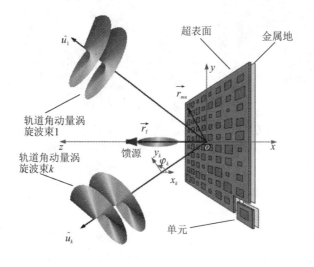

图 7-31 生成多个 OAM 涡旋波的超表面结构

　　本节选取正方形贴片作为超表面的单元。每个单元是由顶部表面印有方形贴片的厚度为 $t=1$ mm 的 F4B($\varepsilon_r=2.2$)基板组成的。基板后方为 2.7 mm 厚的空气层。通过控制贴片的边长，使单元具有连续的反射相位特性。采用有限元全波分析方法，利用图 7-32(a)所示的计算模型对反射相位特性进行分析。图 7-32(b)给出了 5.8 GHz 处的反射场相位与贴片大小的关系曲线。一旦得到所需的反射相位，就可以选择不同的贴片尺寸来满足所需的补偿相位 Φ_{mn}^c，进而产生多个 OAM 涡旋波。

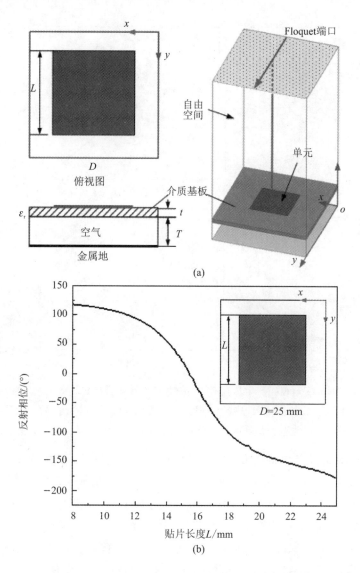

图 7-32　方形贴片单元

(a) 几何模型和无限周期模型；(b) 反射相位

　　基于图 7-32(b)所示的方形贴片单元的反射相位特性和计算补偿相位的设计公式，即式(7-18)，可以设计具有 20×20 个单元的超表面结构，用于在 5.8 GHz 处产生两个 OAM 涡旋波束[86]。超表面的整体尺寸为 50 cm×50 cm。采用喇叭天线作为垂直入射的馈源，馈源喇叭与超表面间的距离为 0.4 m。采用基于有限元法的全波电磁仿真方法对超表面进行分析。如图 7-33(a)和(c)所示，在 $\theta=+30°$，$\varphi=+90°$ 和 $\theta=+30°$，$\varphi=-90°$ 方向上利用方形贴片设计的超表面分别产生了模态为 $l=1$ 和 $l=2$ 的涡旋波。类似地，利用方形贴片也可以在 $\theta=+30°$，$\varphi=0°$ 和 $\theta=+30°$，$\varphi=+90°$ 方向上分别产生模态 $l=1$ 和 $l=1$ 的涡旋波，如图 7-33(b)和(d)所示。因此，利用所提出的超表面可以有效地产生具有不同模态数和方向的涡旋波。

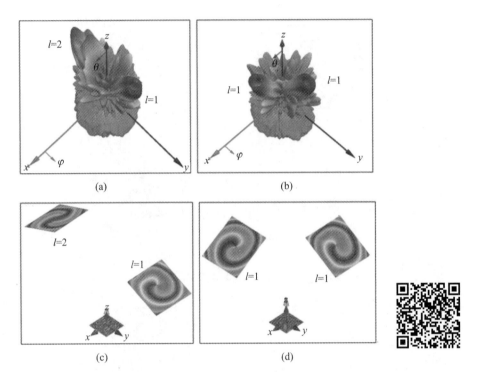

图 7-33　超表面产生具有不同模态数的 OAM 涡旋波的数值仿真结果

(a) $l=1$ 和 $l=2$ 的涡旋波的远场 3D 辐射方向图；(b) $l=1$ 和 $l=1$ 的涡旋波的远场 3D 辐射方向图；
(c) $l=1$ 和 $l=2$ 的涡旋波的相位分布；(d) $l=1$ 和 $l=1$ 的涡旋波的相位分布

　　为了进一步验证所提出的理论方法，我们分析、设计、制作并测试了用于产生两束 OAM 涡旋波的超表面样机。其中一束是 $\theta=+30°$，$\varphi=0°$ 方向带有模态 $l=2$ 的涡旋波，另一束是 $\theta=-30°$，$\varphi=0°$ 方向带有相同模态 $l=2$ 的涡旋波。由式(7-18)计算得到了同时产生两个 OAM 涡旋波所需的补偿相位，如图 7-34(a)所示。然后根据补偿相位设计超材料结构，如图 7-34(b)所示，整个阵列结构是由方形贴片单元组成的，整体尺寸为 50 cm×50 cm。数值仿真结果如图 7-35 所示，在 $\theta=+30°$ 和 $\theta=-30°$ 平面上可以识别出两个甜甜圈形状的电场强度图，同时在每个方向上可以看到相应的螺旋相位分布。这里近场观测平面放置在 $z=3$ 处并垂直于 z 轴。结果表明，利用该超表面可以有效且同时产生两个不同方向的 OAM 涡旋波。

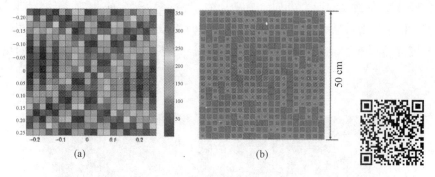

图 7 - 34 产生两束 OAM 涡旋波的超表面设计

（a）反射相位分布图；（b）阵列布局

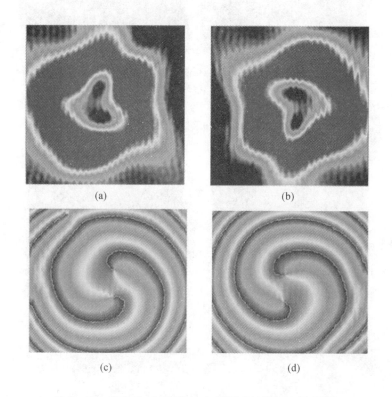

图 7 - 35 两束 OAM 涡旋波在观测面上的电场 E_v 特性

（a）在 $\theta = +30°$ 平面上的幅度分布；（b）在 $\theta = -30°$ 平面上的幅度分布；

（c）在 $\theta = +30°$ 平面上的相位分布；（d）在 $\theta = -30°$ 平面上的相位分布

在此基础上，我们设计、制作了产生两束 OAM 涡旋波的超表面样机，并采用近场平面扫描技术对 OAM 涡旋波前进行了测量。测试系统如图 7 - 36 所示，测试的工作频率为 5.8 GHz。采用标准测量探头检测反射电场的垂直极化分量 E_v。近场采样平面设置在 $z = 3.0$ m 且与 z 轴垂直的位置。近场采样点间隔为 20 mm。为了检验两束 OAM 涡旋波，在转台旋转至 $+30°$ 和 $-30°$ 时分别进行两次测量。实测的 E_v 的幅度和相位分布如图 7 - 37（a）～（d）所示。对比图 7 - 35（a）～（d）所示的 OAM 涡旋波的空间场分布仿真结果，可以看出所设计的超表面在预设的两个方向上成功产生了两束 OAM 涡旋波。实测结果与仿真结果吻合良好。由于转台旋转角度的误差，测量得到的相位分布存在略微的变形，但仍可以清楚地看出空间相位分布的主要特征。典型的电场分布是一个完美的甜甜圈形状的场强图。

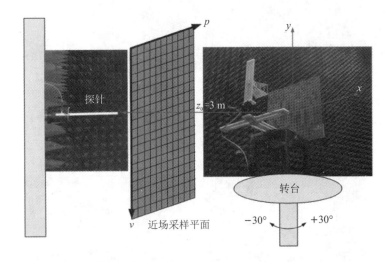

图 7 - 36　OAM 涡旋波测量的测试系统

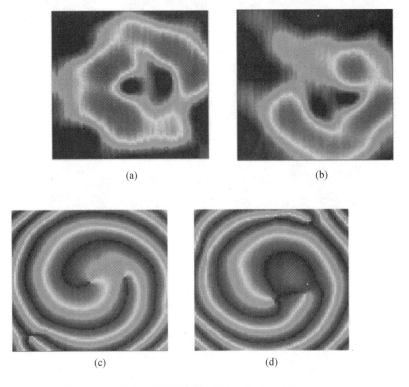

图 7 - 37　两束 OAM 涡旋波束的电场 E_v 特性

（a）在 $\theta = +30°$ 平面上的幅度分布；（b）在 $\theta = -30°$ 平面上的幅度分布；
（c）在 $\theta = +30°$ 平面上的相位分布；（d）在 $\theta = -30°$ 平面上的相位分布

仿真的三维辐射方向图如图 7-38(a)所示,位于远场区的 xoz 面上的辐射方向图的仿真与实测结果对比图如图 7-38(b)所示。由图 7-38(b)可以清楚地看出在方位角 $\theta=\pm 30°$ 上存在两个幅度零点,这意味着两个射频涡旋波同时产生。

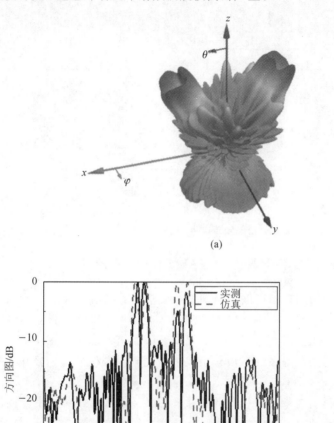

(a)

(b)

图 7-38 超表面的远场辐射特性

(a) 仿真的远场 3D 辐射方向图;(b) xoz 面上的辐射方向图的仿真与实测结果对比

图 7-39 给出了所设计的反射超表面在工作频带上辐射两束 OAM 涡旋波的特性。通过观察图 7-39(a)中不同频率下相位波前的变化可知,所提出的反射超表面的工作频带约为 5.5 GHz 至 6.5 GHz。从图 7-39(b)中远场辐射方向图也可以观察到类似的频带特性。

综上,所设计的超表面可以在射频域内同时产生多束带有轨道角动量的涡旋,这为扩大 OAM 涡旋波在微波无线通信应用中的覆盖范围提供了一种有效的实现途径。

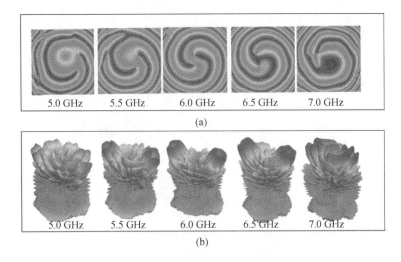

图 7-39 在不同频率下两束 OAM 涡旋波的仿真特性

(a) 相位分布；(b) 远场辐射方向图

7.3.4 基于反射超表面产生双极化双模态 OAM 涡旋波

正如前文所述，利用超表面可以灵活地产生具有单线极化的 OAM 涡旋波。本小节将展示利用反射超表面同时产生具有双模态和双线极化的 OAM 涡旋波，即该结构可以产生垂直极化和水平极化的 OAM 涡旋波。众所周知，双极化天线通常用于 802.11n 设备，以实现多线程通信。这允许设备在一个极化上发射数据，同时在另一个极化上接收数据。其优点是可以使用单个超表面来实现多线程通信，而不是使用两个独立且极化正交的 OAM 天线来实现类似的功能。本节引入具有不同臂长的交叉偶极子单元，用于设计产生带有双模态和双极化的射频涡旋波的超表面。数值仿真结果和实验结果均验证了理论分析和设计的正确性及有效性。所提出的反射超表面可用于 OAM 通信系统的极化多路复用。

考虑如图 7-40 所示的一个超表面，它是由 $M \times N$ 个交叉偶极子单元组成的，这些单

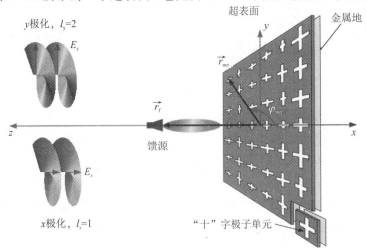

图 7-40 双极化双模态 OAM 超表面的结构

元均被位于 $\vec{r}_{\mathrm{f}}$ 处的一个馈源激励。馈源天线直接照射这些超表面单元，而这些超表面单元被设计用来散射线极化入射波，并产生具有不同涡旋相位波前和不同极化分量的反射波。

在任意方向 $\hat{u}$ 上，来自超表面的两个正交极化的辐射电场可以写为

$$
\begin{cases}
E_x(\hat{u}) = \sum_{m=1}^{M}\sum_{n=1}^{N} F_{mn}(\vec{r}_{mn}\cdot\vec{r}_{\mathrm{f}}) A_{mn}(\vec{r}_{mn}\cdot\hat{u}_0) A_{mn}(\hat{u}_0\cdot\hat{u})\cdot \mathrm{e}^{\{jk_0[\,|\vec{r}_{mn}-\vec{r}_{\mathrm{f}}|+\vec{r}_{mn}\cdot\hat{u}\,]+\mathrm{j}\Phi^x_{mn}\}} \\[2mm]
E_y(\hat{u}) = \sum_{m=1}^{M}\sum_{n=1}^{N} F_{mn}(\vec{r}_{mn}\cdot\vec{r}_{\mathrm{f}}) A_{mn}(\vec{r}_{mn}\cdot\hat{u}_0) A_{mn}(\hat{u}_0\cdot\hat{u})\cdot \mathrm{e}^{\{jk_0[\,|\vec{r}_{mn}-\vec{r}_{\mathrm{f}}|+\vec{r}_{mn}\cdot\hat{u}\,]+\mathrm{j}\Phi^y_{mn}\}}
\end{cases}
$$

$$(7-19)$$

式中，F_{mn} 为馈源方向图函数，A_{mn} 为反射超表面单元的方向图函数，$\vec{r}_{mn}$ 为第 (m,n) 个单元的位置矢量，k_0 为真空中的传播常数，$\hat{u}_0$ 为期望的反射超表面的主波束方向。为了产生反射涡旋波，并在 x 极化和 y 极化下均生成 OAM 涡旋波，每个单元所需的补偿相位可以表述为

$$
\begin{cases}
\Phi^x_{mn} = l_x\varphi_{mn} - (k_0|\vec{r}_{mn}-\vec{r}_{\mathrm{f}}|+\vec{r}_{mn}\cdot\hat{u}_0) & (l_x=0,\pm 1,\pm 2\cdots) \\[2mm]
\Phi^y_{mn} = l_y\varphi_{mn} - (k_0|\vec{r}_{mn}-\vec{r}_{\mathrm{f}}|+\vec{r}_{mn}\cdot\hat{u}_0) & (l_y=0,\pm 1,\pm 2\cdots)
\end{cases}
\tag{7-20}
$$

其中，l_x 和 l_y 分别是 x 极化和 y 极化分量中所需的 OAM 模态数。φ_{mn} 为第 (m,n) 个单元在超表面上的方位角，$\{\Phi^x_{mn},\Phi^y_{mn}\}$ 为第 (m,n) 个单元在不同极化分量上所需的补偿相位。

每个单元是由印刷在厚度为 $t=1\ \mathrm{mm}$ 的 F4B（$\varepsilon_\mathrm{r}=2.65$，$\tan\delta=0.003$）基板上表面的交叉偶极子组成的，基板下面是 5 mm 厚的空气层。通过独立控制交叉偶极子的水平臂长度 l_p 和垂直臂长度（l_v），单元在 x 极化和 y 极化下分别具有连续的独立反射相位特性，相位范围均超过 300°。采用 HFSS 软件对所提出的单元进行仿真，建立交叉偶极子单元的无限周期模型，并分析其反射相位特性，如图 7-41(a) 所示。图 7-41(b) 和 (c) 显示了工作频率为 5.8 GHz 时，y 极化反射电场的相位和幅度随 y 方向的交叉偶极子长度的变化，x 方向交叉偶极子长度对 y 极化的反射特性的影响很小。值得注意的是，由于交叉偶极子单元的正交性，x 极化的反射相位特性随 x 方向交叉偶极长度的变化响应与其在 y 极化中的情况几乎相同。

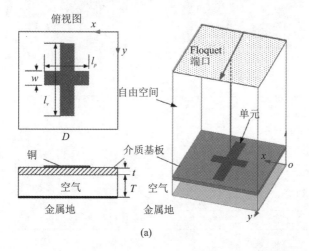

(a)

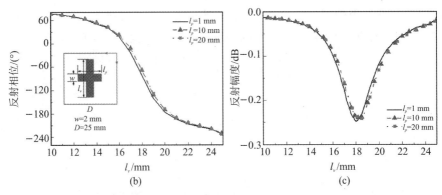

图 7-41　交叉偶极子超表面单元

(a) 单元的几何形状和无限周期仿真模型；(b) 对不同的 l_p 反射系数的相位随 l_v 的变化；

(c) 对不同的 l_p 反射系数的幅度随 l_v 的变化

为了展现设计方法的有效性，这里给出了一个产生双极化 OAM 涡旋波束的单一超表面设计方案[87]。x 极化 OAM 涡旋波的模态数为 $l_x=1$，y 极化 OAM 涡旋波的 OAM 模态数为 $l_y=2$。馈源放置在距超表面为 $\vec{r}_f=(0,0,0.4)$ m 处的位置。值得指出的是，馈源结构放置在中心是有益的，因为振幅零点位于 OAM 涡旋波的中心。当垂直入射时，馈源天线对反射 OAM 涡旋波的阻挡最小。利用式(7-20)求解所需的反射相位分布 $\{\Phi_{mn}^x, \Phi_{mn}^y\}$（如图 7-42(a)和(b)所示）就可以确定交叉偶极子的长度以满足所需的补偿相位。x 极化偶极子的阵列结构和 y 极化偶极子的阵列结构分别如图 7-42(c)和(d)所示。为了通过单一超表面产生双极化 OAM 涡旋波，来自馈源的入射波应该同时产生 x 极化和 y 极化的电场分量。因此，如图 7-42(e)所示，将馈源沿 45°方向放置以同时产生两个正交的线极化入射电磁波。最后，将图 7-42(c)和(d)中的两个阵列合成在一起，形成一个由 20×20 个交叉偶极子单元构成的超表面，其整体尺寸为 50 cm×50 cm，对应加工的超表面样机如图 7-42(f)所示。

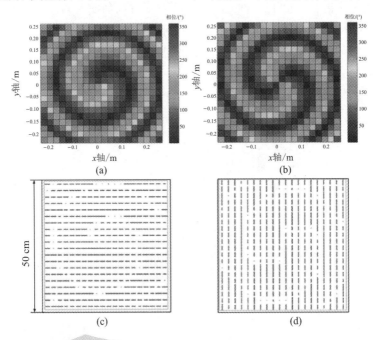

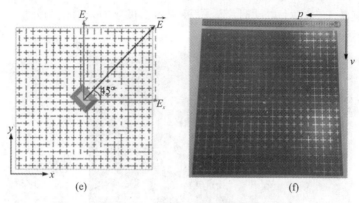

图 7-42　超表面的阵列设计

(a) x 极化 OAM 涡旋波的补偿相位分布；(b) y 极化 OAM 涡旋波的补偿相位分布；

(c) x 极化偶极子阵列结构；(d) y 极化偶极子的阵列结构；

(e) 交叉偶极子单元的双极化超表面结构；(f) 超表面的原理样机

采用基于有限元法的全波电磁仿真方法，对产生双模态双极化 OAM 的超表面进行分析。数值仿真结果如图 7-43 所示。结果表明，所提出的单个超表面可以有效地产生双极化 OAM 涡旋波。图 7-43(a)和(c)展示了 x 极化电场在 $z=3.0$ m 处的观察面上的幅度和相位分布，其 OAM 模态为 $l_x=1$。图 7-43(b)和(d)展示了 y 极化电场在 $z=3.0$ m 处的观察面上的幅度和相位分布，其 OAM 模态为 $l_y=2$。

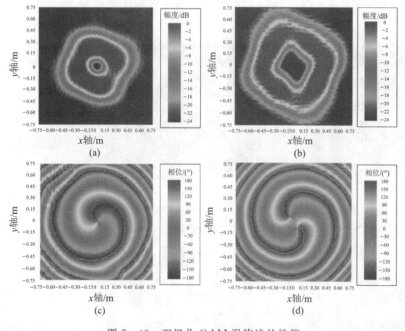

图 7-43　双极化 OAM 涡旋波的性能

(a) x 极化 OAM 涡旋波的幅度分布；(b) y 极化 OAM 涡旋波的幅度分布；

(c) x 极化 OAM 涡旋波的相位分布；(d) y 极化 OAM 涡旋波的相位分布

我们对双极化 OAM 超表面的原理样机进行了设计、制作和测量。测试系统如图 7-44 所示，采用近场平面扫描技术对 OAM 涡旋波前进行测量。将喇叭天线作为垂直入射的馈源，并沿 z 轴旋转 $45°$ 放置，以同时产生 x 极化和 y 极化的入射电场分量。馈源喇叭与超表面之间的距离为 $0.4\,\mathrm{m}$。

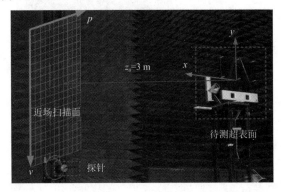

图 7-44　双极化双模态 OAM 涡旋波测量的测试系统

在微波暗室中，采用近场平面扫描技术进行测试，工作频率为 $5.8\,\mathrm{GHz}$。测试中，使用标准测量探针检测反射电场的垂直极化（y 极化）分量 E_v 和水平极化（x 极化）分量 E_p。近场采样平面设置在 $z=3.0\,\mathrm{m}$ 处。近场采样点间隔设为 $20\,\mathrm{mm}$。测量的 E_p 和 E_v 的幅度和相位分布分别如图 $7-45(a)\sim(d)$ 所示。对比仿真的 OAM 涡旋波的场分布（见图 $7-43(a)$ $\sim(d)$）可知，实测结果与仿真结果吻合良好，且可以明显识别出空间相位分布的重要特征，因此所设计的超表面实现了双极化双模态的 OAM 涡旋波。从图 $7-43$ 和图 $7-45$ 中观测到了类似甜甜圈的电场强度分布，且更高的 OAM 模态会导致更大的发散角，这与光学理论的结果一致。

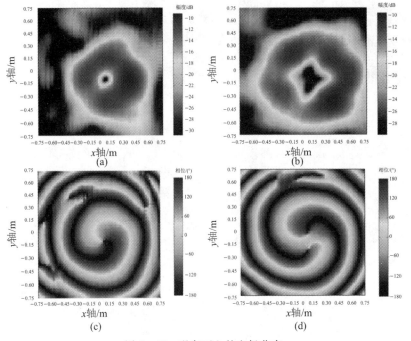

图 7-45　观察面上的电场分布

（a）水平极化（x 极化）的幅度分布；（b）垂直极化（y 极化）的幅度分布；

（c）水平极化的相位分布；（d）垂直极化的相位分布

实验表明，单个超表面可以在射频域内产生具有轨道角动量的双极化双模态涡旋波。基于交叉偶极子超表面单元的设计，可以产生带有不同极化的涡旋相位波前。因此，我们可以仅通过一个单一的设备传输具有两个正交线极化的 OAM 涡旋波。通过正交极化，可以使两种不同的信号在同一频率上传输而不受任何干扰，这为 OAM 涡旋波通信系统的极化多路复用奠定了基础。

7.4 透射超表面的设计与应用

类似于反射超表面，透射超表面(PMS)同样能够调控电磁波以产生 OAM 涡旋波。在透射阵列或透射超表面[88-93]中，每个单元的幅度通常是固定的，通过相位调控可以实现具有 OAM 的涡旋波。为了获得良好的 OAM 涡旋波的特性，通常情况下，期望透射单元具有可变的相移和低的传输损耗。具体而言，透射单元的透射系数的幅度必须在 -3 dB 以内，且透射相位可以覆盖 360°。为了实现这一特性，可以采用具有不同尺寸的多层频率选择表面结构。由图 7-46 可知，透射相位的覆盖范围随着频率选择表面层数的增加而增加，若要实现覆盖 300°以上透射相位，则需要三层或三层以上的频率选择表面结构。

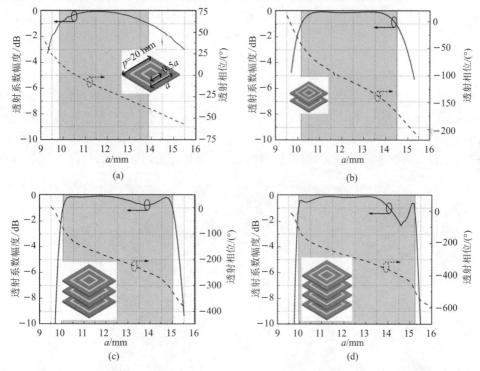

图 7-46 具有可变尺寸 a 的多层 FSS 的透射系数

(a) 单层 FSS；(b) 双层 FSS；(c) 三层 FSS；(d) 四层 FSS

7.4.1 基于相位调控的透射超表面产生 OAM 涡旋波

通过适当地设计透射超表面的透射相位，可以将馈源喇叭天线发射的球面波转换成为

OAM 涡旋波发射。图 7 - 47 给出了一种产生 OAM 涡旋波的透射超表面的设计实例。

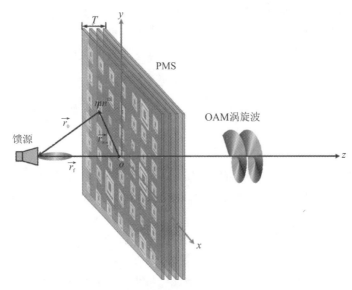

图 7 - 47　用于产生 OAM 涡旋波的透射超表面的原理图

首先，馈源喇叭天线的相位分布可以写成如下形式

$$\Phi_0 = k_0 \left[|\vec{r}_{mn} - \vec{r}_f| + \vec{r}_{mn} \cdot \hat{z} \right] \tag{7-21}$$

用于产生 OAM 涡旋波的透射超表面上各单元的补偿相位可表示为

$$\Phi_{mn}^c = l\varphi_{mn} - \Phi_0 = l\varphi_{mn} - k_0 \left[|\vec{r}_{mn} - \vec{r}_f| + \vec{r}_{mn} \cdot \hat{z} \right] \tag{7-22}$$

式中，$\hat{z}$ 为涡旋波的传播方向，φ_{mn} 为透射超表面上第 (m, n) 个单元的方位角。l 为 OAM 涡旋波的模态数。这里我们使用如图 7 - 47 所示的四层双环单元作为透射超表面单元。为了产生模态数为 $l=1$ 和 $l=2$ 的 OAM 涡旋波，透射超表面的相位计算结果如图 7 - 48 所示。通过计算透射超表面上各单元的相位，可以得到如图 7 - 49 所示的透射超表面的实际拓扑结构。

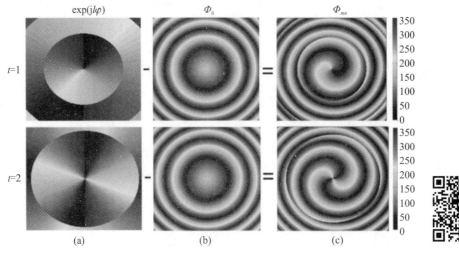

图 7 - 48　用于产生 OAM 涡旋波的透射超表面的相位分布

（a）OAM 涡旋波的相位分布；（b）喇叭天线的相位分布；

（c）透射超表面的相位分布

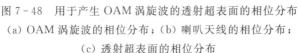

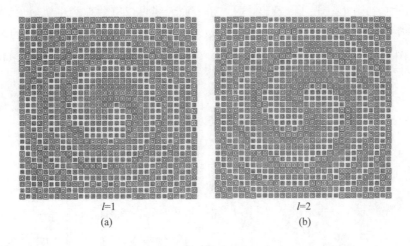

图 7-49　用于产生 OAM 涡旋波的透射超表面实际拓扑结构

(a) 模态数 $l=1$；(b) 模态数 $l=2$

图 7-50(a)仿真了透射超表面产生模态数为 $l=1$ 的 OAM 涡旋波时的透射电场分布。观测区域放置于远离透射超表面的位置，即从 16.7 个波长至 83 个波长的位置。在距离透射超表面 1 m(33 个波长)、2 m(66 个波长)和 2.5 m(83 个波长)的三个观测平面上的电场分布仿真结果如图 7-50(b)、(c)所示。

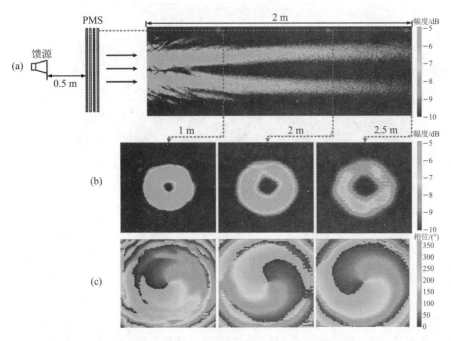

图 7-50　透射超表面产生 $l=1$ 模态的 OAM 涡旋波的特性

(a) 透射电场随传输距离的分布特性；(b) 在不同观察面上透射电场的幅度分布；

(c) 在不同观察面上透射电场的相位分布

由图 7-50 和图 7-51 可以看出，透射超表面天线可以有效地产生轨道角动量涡旋波。图 7-52 和图 7-53 分别给出了在观察面上电场的幅度和相位分布以及远场的方向图的仿真结果。从图中可以看出所设计的透射超表面产生了模态为 $l=2$ 的轨道角动量涡旋波。

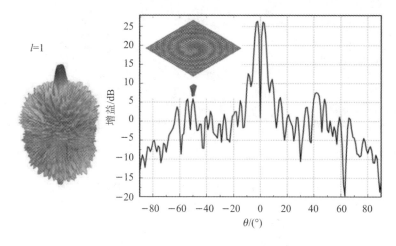

图 7-51　用于产生 OAM 模态 $l=1$ 的涡旋波的透射超表面的
仿真远场方向图

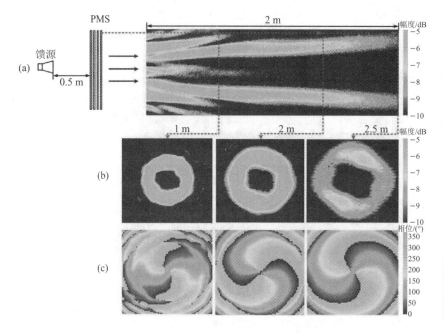

图 7-52　透射超表面产生 $l=2$ 模态的 OAM 波的特性

（a）透射电场随传输距离的分布特性；（b）在不同观察面上透射电场的幅度分布；
（c）在不同观察面上透射电场的相位分布

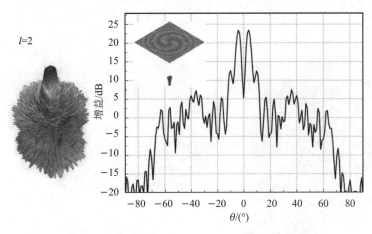

图 7-53　用于产生 OAM 模态 $l=2$ 的涡旋波的透射超表面的
　　　　　仿真远场方向图

7.4.2　基于幅相调控的透射超表面产生贝塞尔涡旋波

在自由空间中，齐次波动方程为

$$\nabla^2 \vec{E}(\vec{r},\ t) - \frac{1}{c^2}\frac{\partial^2}{\partial t^2}\vec{E}(\vec{r},\ t) = 0 \tag{7-23}$$

式中，∇^2 为拉普拉斯算子，$\vec{r}$ 为位置向量，t 为时间变量，$\vec{E}$ 为电场强度，c 为光的传播速度。对于贝塞尔波而言，在柱坐标下式(7-23)中的电场矢量 $\vec{E}$ 可以表示为

$$\vec{E}_l(\vec{r},\ t) = \vec{E}_0 J_l(k_\perp \rho) e^{jl\varphi} e^{j(\omega t - k_z z)} \tag{7-24}$$

式中，J_l 为第一类 n 阶贝塞尔函数，$(k_\perp, k_z)$ 为自由空间波数的横向和纵向分量，ρ 是径向坐标，φ 是方位角坐标，ω 为角频率，z 轴为传播方向，$\vec{E}_0$ 是一个常矢量。由式(7-24)可知，高阶贝塞尔波具有螺旋相位因子 $e^{jl\varphi}$，因此它也携带轨道角动量。当 $l=0$ 时，相位波前是平的，这也对应于零阶贝塞尔波。

由式(7-24)可以看出，为了产生高阶贝塞尔涡旋波，在透射式幅相调控超表面(APMS)上的幅度分布必须满足 $J_n(k_\perp \rho)$ 函数，且阵列的补偿相位符合 $l\varphi$。当 $l=1$ 时，式(7-24)表示一阶贝塞尔波或 J_1 波，以此类推。当发生器表面上的幅度分布均匀且相移符合 $l\varphi$ 时，可以产生具有 OAM 的传统涡旋波，但没有无衍射传输特性。大部分文献讨论了零阶贝塞尔波(J_0)发生器，由于补偿相位 $l\varphi=0$，因此这些发生器只需要调控幅度分布。然而，对于 J_1、J_2 和其他高阶贝塞尔波，发生器必须同时调控幅度和相位。

考虑一个如图 7-54 所示的由 $M \times N$ 个单元组成的多层 APMS 透射超表面[94]。它由一个位于 $\vec{r}_f$ 处的标准喇叭天线照射，其中 $\vec{r}_{mn}$ 是第 (m,n) 个单元在超表面上的位置矢量。产生的贝塞尔波束默认沿 z 轴方向传输。

为了产生贝塞尔波，各 APMS 单元上的幅度分布和补偿相位分布可写为

$$A_{mn} = J_l(k_\perp |\vec{r}_{mn}|)/D_{\text{horn}} \quad (l=0,\ 1,\ 2,\ \cdots) \tag{7-25}$$

$$\Phi^c_{mn} = l\varphi_{mn} - k_0(|\vec{r}_{mn} - \vec{r}_f|) \quad (l=0,\ 1,\ 2,\ \cdots) \tag{7-26}$$

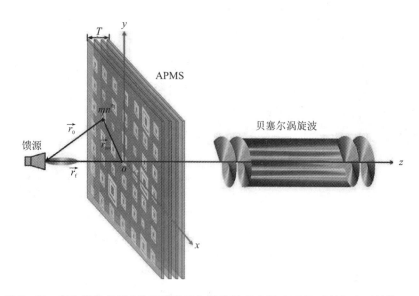

图 7 - 54　产生携带 OAM 的高阶贝塞尔涡旋波的多层 APMS 透射超表面结构

其中 l 为第一类贝塞尔函数的阶数，也是 OAM 涡旋波的模态数。φ_{mn} 是第 (m,n) 个单元的方位角，k_0 为自由空间中的波数，$k_\perp$ 为横向波数，D_{horn} 为喇叭天线的电场幅度分布。值得一提的是，如果增大波的横向波数，可以得到更窄的波束宽度，而贝塞尔波的无衍射传输距离必然将相应地减小。在这里，我们选择 $k_\perp=0.1k_0$。

图 7 - 55(a)～(d)展示了利用式(7 - 25)和式(7 - 26)计算的在 $z=T$(T 为 APMS 的厚度)的平面上典型的一阶和二阶贝塞尔涡旋波的归一化电场幅度和相位分布，它们分别对应于具有 OAM 模态数 $l=1$ 和 $l=2$ 的涡旋波。由图可以看出，贝塞尔涡旋波的电场幅度分布需要连续覆盖 0～1 的变化范围，相位覆盖范围为 0～360°。在实际应用中，APMS 单元的透射系数可以以固定的间隔从 0 到 1 进行调整，该间隔由透射单元结构尺寸的变化增量决定。在这些离散的幅度下，相位范围需要达到 360°。

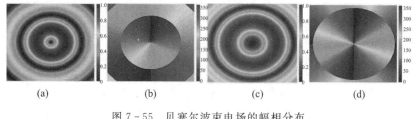

图 7 - 55　贝塞尔波束电场的幅相分布
(a) 一阶贝塞尔波的电场幅度分布；(b) 一阶贝塞尔波的电场相位分布；
(c) 二阶贝塞尔波的电场幅度分布；(d) 二阶贝塞尔波的电场相位分布

针对这一需求，我们提出了一种四层共形方环(four-layer conformal square-loop，FCSL)单元。图 7 - 56 给出了多层 FCSL 单元的结构，每层单元印刷在 1 mm 厚的基板上，基板的相对介电常数为 2.65，损耗角正切为 0.005。利用四层表面，可以获得超过 300° 的相位范围。一般情况下，当透射超表面只具有相移特性时，需要四层相同的表面才能得到大于 300° 的相位范围。这四层相同的表面之间保持一个四分之一波长的空气间隙，利用 $h+t \approx \lambda/4$ 来确定 h，其中 t 为介质基板厚度。在这里，为了同时获得足够的幅度和相位调控范围,将四层 FCSL 单元分成两组,其中每两层相同。这两组可以独立地改变其几何参数。将四层共形方环单元按空气间距 $h=5.5$ mm 级联,如图 7-56(b)所示。

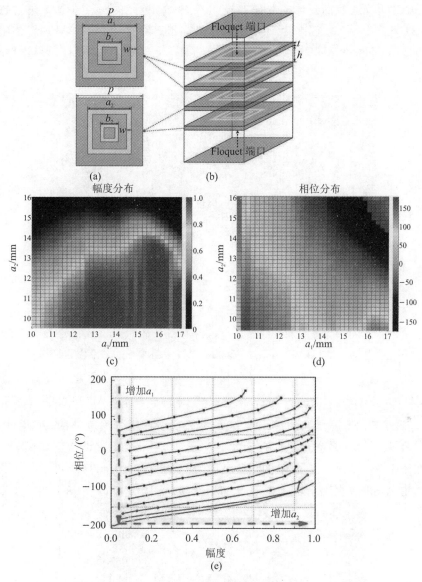

图 7-56 四层双共形方超表面单元

(a) 几何结构;(b) 无限周期单元模型;(c) 透射系数的幅度随 a_1 和 a_2 的变化;

(d) 透射系数的相位随 a_1 和 a_2 的变化;(e) 透射系数的幅相随 a_1 和 a_2 的变化曲线

图 7-56(c)、(d)分别展示了在垂直入射下,FCSL 单元在 a_1 和 a_2 的不同组合下的幅度、相位分布。图 7-56(e)给出了 10 GHz 下,透射系数的幅度和相位响应随 a_1 和 a_2 的变化曲线。在图 7-56(a)中,我们选择 $b_1=0.5a_1$、$b_2=0.5a_2$、$w=2.5$ mm、$p=20$ mm。a_1 以 0.1 mm 的步长从 10 mm 到 17 mm 变化;a_2 采用与 a_1 相同的步长,从 9.5 mm 到 16 mm 变化。由图 7-56(c)~(e)可以看出,通过独立控制 a_1 和 a_2,FCSL 单元的透射幅度可以从 0 调整到 1,

不同透射幅度下的透射相位范围约为 300°。此外，所设计的 APMS 透射超表面的幅度和相位分布是离散的，同时 300°的相位范围可以满足大部分的相位要求，这足以用于实际的设计。

基于 FCSL 单元，我们设计了带有 28×28 个 FCSL 单元的四层 APMS 透射超表面，用于在 10 GHz 下产生 OAM 模态为 $l=2$ 的二阶贝塞尔涡旋波。设计的 APMS 透射超表面总尺寸为 560 mm×560 mm×20.5 mm，原理样机如图 7-57 所示。该样机采用标准的 X 波段喇叭天线作为馈源，与 APMS 透射超表面相距 0.5 m。

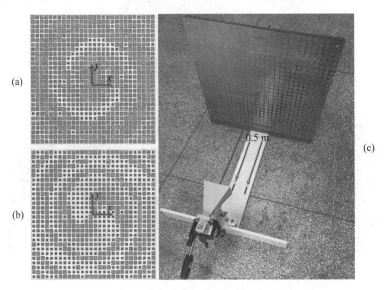

图 7-57　APMS 透射超表面

（a）第一组阵列的俯视图；（b）第二组阵列的俯视图；（c）制备的 APMS 透射超表面系统

为了验证 APMS 透射超表面系统产生的准无衍射贝塞尔涡旋波的特性，我们分别仿真和测试了距离 APMS 透射超表面孔径为 1.0 m、2.0 m 和 2.5 m 的三个观测平面上的电场分布。如图 7-58 所示，测量采用近场平面扫描技术，在 10 GHz 下进行；采用标准波导探头检测透射电场的垂直极化分量 E_v；测量的采样间隔为 10 mm，扫描平面尺寸为 0.8 m×

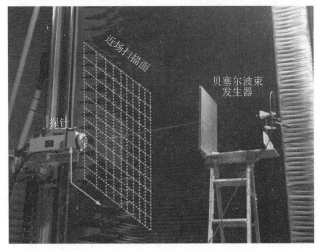

图 7-58　用于测试具有 OAM 的贝塞尔涡旋波的近场扫描测试系统

0.8 m。图 7-59(a)显示了 APMS 透射超表面产生的贝塞尔涡旋波束的电场分布仿真结果。图 7-59(b)和(c)给出了在距离 APMS 透射超表面系统的三个不同处的观测平面上仿真的贝塞尔涡旋波的电场幅度和相位分布。由图 7-59 可以看出，准无衍射电场传输距离甚至可以达到 83 个波长(2.5 m)以上。实测的 E_u 幅度和相位分布如图 7-59(d)、(e)所示。由图 7-59 可以看出，测量结果与仿真结果吻合良好。此外，在图 7-59(b)和(d)中，电场强度为甜甜圈的形状，并且当观察面远离超表面时，能量仍主要集中在观察面内部。

　　在测量装置中，由于存在一定的制造公差，且 APMS 透射超表面的放置位置在水平方向上与扫描平面存在略微的倾斜，从而导致波束形状不如仿真结果那样对称。然而，从测量结果中我们可以看到，贝塞尔涡旋波透射超表面在超过 83 个波长(2.5 m)的距离内具有准无衍射特性。此外，由图 7-59(b)和(d)可以看出，OAM 模态为 $l=2$ 的贝塞尔涡旋波产生了，并且随着探测距离的增加，OAM 的贝塞尔涡旋波比较稳定。

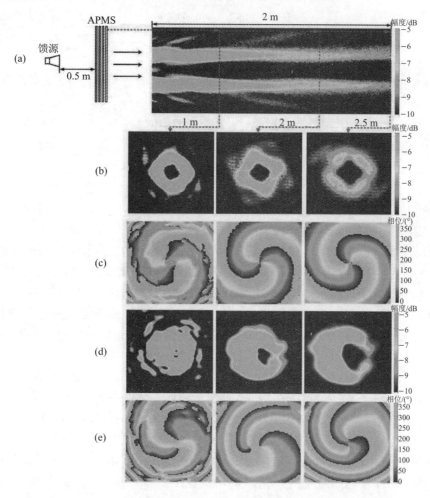

图 7-59　APMS 透射超表面的性能

(a) 模态 $l=2$ 的二阶贝塞尔波束的仿真透射电场传输特性；(b) 不同观察面上仿真电场的幅度分布；
(c) 不同观察面上仿真电场的相位分布；(d) 不同观察面上实测电场的幅度分布；
(e) 不同观察面上实测电场的相位分布

本 章 小 结

　　本章详细介绍了反射和透射超表面，这些超表面是一种全新的、强大的电磁波控制装置。根据应用场景的不同需求，反射超表面和透射超表面可以分别实现对电磁波前的灵活调控。本章主要探讨了如何利用超表面产生 OAM 涡旋波。本章首先回顾了光学系统中 OAM 涡旋波的特性及相应的接收和检测装置；随后，在射频领域，利用反射超表面和透射超表面产生各种 OAM 涡旋波。综上可以看出，反射超表面和透射超表面为基于 OAM 的射频通信提供了一种有效的实现途径。

习 　 题

　　1. 根据式(7-2)画出在束腰平面上，LG 波束电场的幅度和相位分布($l=0$, 1, 2；$p=$ 0, 1, 2)。这里 $w_0=0.5$ mm。

　　2. 利用式(7-16)计算反射超表面在 0°方向上产生模态为 $l=3$ 的 OAM 波的补偿相位分布。其中反射超表面是由 20×20 个单元组成的，整体尺寸为 50 cm × 50 cm，喇叭馈源与超表面之间的距离为 0.4 m，工作频率为 5.8 GHz。

　　3. 根据习题 2 中所求得的补偿相位分布，利用图 7-25 中的超表面单元设计产生模态数 $l=3$ 的 OAM 涡旋波的超表面阵列。

　　4. 利用式(7-18)计算反射超表面同时沿($\theta=+30°$，$\varphi=0°$)和($\theta=-30°$，$\varphi=0°$)两个方向产生模态数 $l=1$ 的 OAM 涡旋波所需的补偿相位分布。其中反射超表面是由 20×20 个单元组成的，整体尺寸为 50 cm×50 cm，喇叭馈源与超表面之间的距离为 0.4 m，工作频率为 5.8 GHz。

　　5. 根据习题 4 中所求得的补偿相位分布，利用图 7-32 中的超表面单元设计产生沿($\theta=+30°$，$\varphi=0°$)和($\theta=-30°$，$\varphi=0°$)两个方向上模态数 $l=1$ 的 OAM 涡旋波的超表面阵列。

　　6. 利用式(7-18)计算反射超表面沿($\theta=+45°$，$\varphi=0°$)方向产生模态数 $l=1$ 的 OAM 涡旋波和沿($\theta=-30°$，$\varphi=0°$)方向产生模态数 $l=2$ 的 OAM 涡旋波所需的补偿相位分布。其中反射超表面是由 20×20 个单元组成的，整体尺寸为 50 cm×50 cm，喇叭馈源与超表面之间的距离为 0.4 m，工作频率为 5.8 GHz。

　　7. 根据习题 6 中所求得的补偿相位分布，利用图 7-25 中的超表面单元设计沿($\theta=+45°$，$\varphi=0°$)方向产生模态数 $l=1$ 的 OAM 涡旋波和沿($\theta=-30°$，$\varphi=0°$)方向产生模态为 $l=2$ 的 OAM 涡旋波的超表面阵列。

　　8. 利用式(7-20)计算反射超表面沿 $\theta=90°$方向上产生 x 极化模态数 $l=2$ 的 OAM 涡旋波和 y 极化模态数 $l=1$ 的 OAM 涡旋波所需的补偿相位分布。其中反射超表面是由 20×20 个单元组成的，整体尺寸为 50 cm × 50 cm，喇叭馈源与超表面之间的距离为 0.4 m，工作频率为 5.8 GHz。

9. 根据习题 8 中所求得的被偿相位分布,利用图 7 – 41 中的超表面单元设计沿 $\theta = 90°$ 方向上产生 x 极化模态数 $l = 2$ 的 OAM 涡旋波和 y 极化模态数 $l = 1$ 的 OAM 涡旋波的超表面阵列。

10. 利用式(7 – 22)计算透射超表面在 $\theta = 90°$ 方向上产生 $l = 3$ 的 OAM 涡旋波所需的补偿相位分布,其中透射超表面是由 28×28 个单元组成的,整体尺寸为 560 mm×560 mm,喇叭馈源与超表面之间的距离为 0.5 m,工作频率为 10 GHz。

参 考 文 献

[1] GLYBOVSKI S B, TRETYAKOV S A, BELOV P A, et al. Metasurfaces: From microwaves to visible[J]. Physics Reports, 2016, 634: 1 – 72.

[2] NI X, EMANI N K, KILDISHEV A V, et al. Broadband light bending with plasmonic nanoantennas[J]. Science, 2012, 335(6067): 427 – 427.

[3] POZAR D M, TARGONSKI S D, SYRIGOS H D. Design of millimeter wave microstrip reflectarrays[J]. IEEE Transactions on Antennas and Propagation, 1997, 45(2): 287 – 296.

[4] RYAN C G M, CHAHARMIR M R, SHAKER J, et al. A wideband transmitarray using dual-resonant double square rings[J]. IEEE Transactions on Antennas and Propagation, 2010, 58(5): 1486 – 1493.

[5] YE Y, HE S. 90° polarization rotator using a bilayered chiral metamaterial with giant optical activity[J]. Applied Physics Letters, 2010, 96(20): 203501.

[6] GERMAIN D, SEETHARAMDOO D, NAWAZ BUROKURS, et al. Phase-compensated metasurface for a conformal microwave antenna[J]. Applied Physics Letters, 2013, 103(12): 124102.

[7] SAADAT S, MOSALLAEI H, AFSHARI E. Radiation-efficient 60 GHz on-chip dipole antenna realised by reactive impedance metasurface[J]. IET Microwaves, Antennas & Propagation, 2013, 7(2): 98 – 104.

[8] JANSEN C, AL-NAIB IA I, BORN N, et al. Terahertz metasurfaces with high Q-factors[J]. Applied Physics Letters, 2011, 98(5): 051109.

[9] FARMAHINI-FARAHANI M, MOSALLAEI H. Birefringent reflectarray metasurface for beam engineering in infrared[J]. Optics Letters, 2013, 38(4): 462 – 464.

[10] WANG Z, HE S, LIU Q, et al. Visible light metasurfaces based on gallium nitride high contrast gratings[J]. Optics Communications, 2016, 367: 144 – 148.

[11] YU N, GENEVET P, KATS M A, et al. Light propagation with phase discontinuities: generalized laws of reflection and refraction[J]. Science, 2011, 334 (6054): 333 – 337.

[12] AIETA F, GENEVET P, KATS M A, et al. Aberration-free ultrathin flat lenses and axicons at telecom wavelengths based on plasmonic metasurfaces[J]. Nano Letters, 2012, 12(9): 4932 - 4936.

[13] NI X, KILDISHEV A V, SHALAEV V M. Metasurface holograms for visible light[J]. Nature Communications, 2013, 4(1): 2807.

[14] NI X, WONG Z J, MREJENM, et al. An ultrathin invisibility skin cloak for visible light[J]. Science, 2015, 349(6254): 1310 - 1314.

[15] ALLEN L, BEIJERSBERGEN M W, SPREEUW R J C, et al. Orbital angular momentum of light and the transformation of Laguerre-Gaussian laser modes[J]. Physical Review A, 1992, 45(11): 8185.

[16] GRIER D G. A revolution in optical manipulation[J]. Nature, 2003, 424(6950): 810 - 816.

[17] ANDERSEN M F, RYU C, CLADé P, et al. Quantized rotation of atoms from photons with orbital angular momentum[J]. Physical Review Letters, 2006, 97 (17): 170406.

[18] MOLINA-TERRIZA G, TORRES J P, TORNERL. Twisted photons[J]. Nature Physics, 2007, 3(5): 305 - 310.

[19] PASCUCCI M, TESSIER G, EMILIANI V, et al. Superresolution imaging of optical vortices in a speckle pattern[J]. Physical Review Letters, 2016, 116 (9): 093904.

[20] GIBSON G, COURTIAL J, PADGETT M J, et al. Free-space information transfer using light beams carrying orbital angular momentum[J]. Optics Express, 2004, 12(22): 5448 - 5456.

[21] WANG J, YANG J Y, FAZAL I M, et al. Terabit free-space data transmission employing orbital angular momentum multiplexing[J]. Nature Photonics, 2012, 6 (7): 488 - 496.

[22] WILLNER A E, HUANG H, YAN Y, et al. Optical communications using orbital angular momentum beams[J]. Advances in Optics and Photonics, 2015, 7(1): 66 - 106.

[23] GUO Z, WANG Z, DEDO MI, et al. The orbital angular momentum encoding system with radial indices of Laguerre-Gaussian beam[J]. IEEE Photonics Journal, 2018, 10(5): 1 - 11.

[24] LIU Z, YAN S, LIU H, et al. Superhigh-resolution recognition of optical vortex modes assisted by a deep-learning method[J]. Physical Review Letters, 2019, 123 (18): 183902.

[25] OKIDA M, OMATSU T, ITOH M, et al. Direct generation of high power Laguerre-Gaussian output from a diode-pumped Nd: YVO$_4$ 1. 3 μm bounce laser [J]. Optics Express, 2007, 15(12): 7616 - 7622.

[26] MIAO P, ZHANG Z, SUN J, et al. Orbital angular momentum microlaser[J].

Science，2016，353(6298)：464 – 467.

[27]　ZHANG Z，GUI K，ZHAO C，et al. Direct generation of vortex beam with a dual-polarization microchip laser[J]. IEEE Photonics Technology Letters，2019，31 (15)：1221 – 1224.

[28]　UCHIDA M，TONOMURA A. Generation of electron beams carrying orbital angular momentum[J]. Nature，2010，464(7289)：737 – 739.

[29]　WANG J，CAO A，ZHANG M，et al. Study of characteristics of vortex beam produced by fabricated spiral phase plates[J]. IEEE Photonics Journal，2016，8 (2)：1 – 9.

[30]　WEI H，AMRITHANATH A K，KRISHNASWAMY S. 3D printing of micro-optic spiral phase plates for the generation of optical vortex beams[J]. IEEE Photonics Technology Letters，2019，31(8)：599 – 602.

[31]　ARLT J，DHOLAKIA K，ALLEN L，et al. The production of multiringed Laguerre-Gaussian modes by computer-generated holograms[J]. Journal of Modern Optics，1998，45(6)：1231 – 1237.

[32]　CARPENTIER A V，MICHINEL H，SALGUEIRO J R，et al. Making optical vortices with computer-generated holograms[J]. American Journal of Physics，2008，76(10)：916 – 921.

[33]　LI S，WANG Z. Generation of optical vortex based on computer-generated holographic gratings by photolithography[J]. Applied Physics Letters，2013，103 (14).

[34]　TAO S H，LEE W M，YUAN X C. Dynamic optical manipulation with a higher-order fractional Bessel beam generated from a spatial light modulator[J]. Optics Letters，2003，28(20)：1867 – 1869.

[35]　OHTAKE Y，ANDO T，FUKUCHI N，et al. Universal generation of higher-order multiringed Laguerre-Gaussian beams by using a spatial light modulator[J]. Optics Letters，2007，32(11)：1411 – 1413.

[36]　MATSUMOTO N，ANDO T，INOUE T，et al. Generation of high-quality higher-order Laguerre-Gaussian beams using liquid-crystal-on-silicon spatial light modulators[J]. Journal of the Optical Society of America A，2008，25(7)：1642 – 1651.

[37]　HERNáNDEZ-HERNáNDEZ R J，TERBORG R A，RICARDEZ-VARGAS I，et al. Experimental generation of Mathieu-Gauss beams with a phase-only spatial light modulator[J]. Applied Optics，2010，49(36)：6903 – 6909.

[38]　KARIMI E，PICCIRILLO B，NAGALI E，et al. Efficient generation and sorting of orbital angular momentum eigenmodes of light by thermally tuned q-plates[J]. Applied Physics Letters，2009，94(23)：231124.

[39]　KARIMI E，SCHULZ S A，DE LEON I，et al. Generating optical orbital angular momentum at visible wavelengths using a plasmonic metasurface[J]. Light：Science

& Applications, 2014, 3(5): e167 – e167.

[40] LIU X, DENG J, JIN M, et al. Cassegrain metasurface for generation of orbital angular momentum of light[J]. Applied Physics Letters, 2019, 115(22): 221102.

[41] MIRHOSSEINI M, MAGAñA-LOAIZA O S, O'SULLIVAN M N, et al. High-dimensional quantum cryptography with twisted light[J]. New Journal of Physics, 2015, 17(3): 033033.

[42] LEACH J, PADGETT M J, BARNETT S M, et al. Measuring the orbital angular momentum of a single photon[J]. Physical Review Letters, 2002, 88(25): 257901.

[43] WEI H, XUE X, LEACH J, et al. Simplified measurement of the orbital angular momentum of single photons[J]. Optics Communications, 2003, 223(1 – 3): 117 – 122.

[44] LEACH J, COURTIAL J, SKELDON K, et al. Interferometric methods to measure orbital and spin, or the total angular momentum of a single photon[J]. Physical Review Letters, 2004, 92(1): 013601.

[45] HARRIS M, HILL C A, TAPSTER P R, et al. Laser modes with helical wave fronts[J]. Physical Review A, 1994, 49(4): 3119.

[46] BASISTIY I V, SOSKIN M S, VASNETSOV M V. Optical wavefront dislocations and their properties[J]. Optics Communications, 1995, 119(5 – 6): 604 – 612.

[47] SZTUL H I, ALFANO RR. Double-slit interference with Laguerre-Gaussian beams [J]. Optics Letters, 2006, 31(7): 999 – 1001.

[48] GHAI D P, SENTHILKUMARAN P, SIROHI R S. Single-slit diffraction of an optical beam with phase singularity[J]. Optics and Lasers in Engineering, 2009, 47 (1): 123 – 126.

[49] GUO C S, LU LL, WANG H T. Characterizing topological charge of optical vortices by using an annular aperture[J]. Optics Letters, 2009, 34(23): 3686 – 3688.

[50] HICKMANN J M, FONSECA E J S, SOARES W C, et al. Unveiling a truncated optical lattice associated with a triangular aperture using light's orbital angular momentum[J]. Physical Review Letters, 2010, 105(5): 053904.

[51] TAIRA Y, ZHANG S. Split in phase singularities of an optical vortex by off-axis diffraction through a simple circular aperture[J]. Optics Letters, 2017, 42(7): 1373 – 1376.

[52] BERKHOUT G C G, LAVERY M P J, COURTIAL J, et al. Efficient sorting of orbital angular momentum states of light[J]. Physical Review Letters, 2010, 105 (15): 153601.

[53] ZHANG N, YUAN X C, BURGE R E. Extending the detection range of optical vortices by Dammann vortex gratings [J]. Optics Letters, 2010, 35 (20): 3495 – 3497.

[54] DAI K, GAO C, ZHONG L, et al. Measuring OAM states of light beams with gradually-changing-period gratings[J]. Optics Letters, 2015, 40(4): 562 – 565.

[55] HEBRI D, RASOULI S, YEGANEH M. Intensity-based measuring of the topological charge alteration by the diffraction of vortex beams from amplitude sinusoidal radial gratings[J]. Journal of the Optical Society of America B, 2018, 35 (4): 724 – 730.

[56] ZHANG Y, LI P, ZHONG J, et al. Measuring singularities of cylindrically structured light beams using a radial grating[J]. Applied Physics Letters, 2018, 113(22): 221108.

[57] LI Y, DENG J, LI J, et al. Sensitive orbital angular momentum (OAM) monitoring by using gradually changing-period phase grating in OAM-multiplexing optical communication systems[J]. IEEE Photonics Journal, 2016, 8(2): 1 – 6.

[58] CHEN R, ZHANG X, ZHOU Y, et al. Detecting the topological charge of optical vortex beams using a sectorial screen [J]. Applied Optics, 2017, 56 (16): 4868 – 4872.

[59] MA H, LI X, TAI Y, et al. In situ measurement of the topological charge of a perfect vortex using the phase shift method[J]. Optics Letters, 2017, 42(1): 135 – 138.

[60] LIU Z, GAO S, XIAO W, et al. Measuring high-order optical orbital angular momentum with a hyperbolic gradually changing period pure-phase grating[J]. Optics Letters, 2018, 43(13): 3076 – 3079.

[61] VAITY P, BANERJI J, SINGH R P. Measuring the topological charge of an optical vortex by using a tilted convex lens[J]. Physics Letters A, 2013, 377(15): 1154 – 1156.

[62] KOTLYAR VV, KOVALEV A A, PORFIREV A P. Astigmatic transforms of an optical vortex for measurement of its topological charge[J]. Applied Optics, 2017, 56(14): 4095 – 4104.

[63] VOLYAR A, BRETSKO M, AKIMOVA Y, et al. Measurement of the vortex and orbital angular momentum spectra with a single cylindrical lens [J]. Applied Optics, 2019, 58(21): 5748 – 5755.

[64] LI Y, HAN Y, CUI Z, et al. Simultaneous identification of the azimuthal and radial mode indices of Laguerre-Gaussian beams using a spiral phase grating[J]. Journal of Physics D: Applied Physics, 2019, 53(8): 085106.

[65] TRICHILI A, ROSALES-GUZMáN C, DUDLEY A, et al. Optical communication beyond orbital angular momentum[J]. Scientific Reports, 2016, 6(1): 27674.

[66] KRENN M, FICKLER R, FINK M, et al. Communication with spatially modulated light through turbulent air across Vienna[J]. New Journal of Physics, 2014, 16(11): 113028.

[67] LI Y, HAN Y, CUIZ. Measuring the topological charge of vortex beams with gradually changing-period spiral spoke grating[J]. IEEE Photonics Technology Letters, 2019, 32(2): 101 – 104.

［68］ LERNER V, SHWA D, DRORI Y, et al. Shaping Laguerre-Gaussian laser modes with binary gratings using a digital micromirror device［J］. Optics Letters, 2012, 37 (23): 4826-4828.

［69］ HUANG J, ENCINAR JA. Reflectarray antennas［M］. John Wiley & Sons, 2007.

［70］ NAYERI P, YANG F, ELSHERBENI AZ. Reflectarray antennas: theory, designs, and applications［M］. John Wiley & Sons, 2018.

［71］ GIBSON G, COURTIAL J, PADGETT MJ, et al. Free-space information transfer using light beams carrying orbital angular momentum［J］. Optics Express, 2004, 12(22): 5448-5456.

［72］ WANG J, YANG J Y, FAZAL I M, et al. Terabit free-space data transmission employing orbital angular momentum multiplexing［J］. Nature Photonics, 2012, 6 (7): 488-496.

［73］ THIDé B, THEN H, SJöHOLM J, et al. Utilization of photon orbital angular momentum in the low-frequency radio domain［J］. Physical Review Letters, 2007, 99(8): 087701.

［74］ MOHAMMADI S M, DALDORFF L K S, BERGMAN J E S, et al. Orbital angular momentum in radio: A system study［J］. IEEE Transactions on Antennas and Propagation, 2009, 58(2): 565-572.

［75］ TAMBURINI F, MARI E, SPONSELLI A, et al. Encoding many channels on the same frequency through radio vorticity: first experimental test［J］. New Journal of Physics, 2012, 14(3): 033001.

［76］ NIEMIEC R, BROUSSEAU C, MAHDJOUBI K, et al. Characterization of an OAM flat-plate antenna in the millimeter frequency band［J］. IEEE Antennas and Wireless Propagation Letters, 2014, 13: 1011-1014.

［77］ TAMBURINI F, MARI E, THIDé B, et al. Experimental verification of photon angular momentum and vorticity with radio techniques［J］. Applied Physics Letters, 2011, 99(20): 204102.

［78］ BAI Q, TENNANT A, ALLEN B. Experimental circular phased array for generating OAM radio beams［J］. Electronics Letters, 2014, 50(20): 1414-1415.

［79］ BRASSELET E, MALINAUSKAS M, ŽUKAUSKAS A, et al. Photopolymerized microscopic vortex beam generators: Precise delivery of optical orbital angular momentum［J］. Applied Physics Letters, 2010, 97(21): 211108.

［80］ TURNBULL G A, ROBERTSON D A, SMITH G M, et al. The generation of free-space Laguerre-Gaussian modes at millimetre-wave frequencies by use of a spiral phaseplate［J］. Optics Communications, 1996, 127(4-6): 183-188.

［81］ KARIMI E, SCHULZ S A, DE LEON I, et al. Generating optical orbital angular momentum at visible wavelengths using a plasmonic metasurface［J］. Light: Science & Applications, 2014, 3(5): e167-e167.

［82］ CHEN C F, KU C T, TAI Y H, et al. Creating optical near-field orbital angular momentum in a gold metasurface[J]. Nano Letters，2015，15(4)：2746 – 2750.

[83] YU S，LI L，SHI G，et al. Design，fabrication，and measurement of reflective metasurface for orbital angular momentum vortex wave in radio frequency domain [J]. Applied Physics Letters，2016，108(12)：121903.

[84] HUANG J，ENCINAR J A. Reflectarray antennas[M]. John Wiley & Sons，2007.

[85] LI L，CHEN Q，YUAN Q，et al. Novel broadband planar reflectarray with parasitic dipoles for wireless communication applications[J]. IEEE Antennas and Wireless Propagation Letters，2009，8：881 – 885.

[86] YU S，LI L，SHI G，et al. Generating multiple orbital angular momentum vortex beams using a metasurface in radio frequency domain[J]. Applied Physics Letters，2016，108(24)：241901.

[87] YU S，LI L，SHI G. Dual-polarization and dual-mode orbital angular momentum radio vortex beam generated by using reflective metasurface[J]. Applied Physics Express，2016，9(8)：082202.

[88] YU A，YANG F，ELSHERBENI A Z，et al. Transmitarray antennas：An overview[C]//USNC-URSI National Radio Science Meeting. 2011.

[89] ABDELRAHMAN A H，ELSHERBENI A Z，YANG F. Transmission phase limit of multilayer frequency-selective surfaces for transmitarray designs[J]. IEEE Transactions on Antennas and Propagation，2013，62(2)：690 – 697.

[90] ABDELRAHMAN A H，ELSHERBENI A Z，YANG F. Transmitarray antenna design using cross-slot elements with no dielectric substrate[J]. IEEE Antennas and Wireless Propagation Letters，2014，13：177 – 180.

[91] NAYERI P，YANG F，ELSHERBENI A Z. Design of multifocal transmitarray antennas for beamforming applications[C]//2013 IEEE Antennas and Propagation Society International Symposium (APSURSI). IEEE，2013：1672 – 1673.

[92] CLEMENTE A，DUSSOPT L，SAULEAU R，et al. Wideband 400 – element electronically reconfigurable transmitarray in X band[J]. IEEE Transactions on Antennas and Propagation，2013，61(10)：5017 – 5027.

[93] RYAN C G M，CHAHARMIR M R，SHAKER J，et al. A wideband transmitarray using dual-resonant double square rings[J]. IEEE Transactions on Antennas and Propagation，2010，58(5)：1486 – 1493.

[94] KOU N，YU S，LI L. Generation of high-order Bessel vortex beam carrying orbital angular momentum using multilayer amplitude-phase-modulated surfaces in radiofrequency domain[J]. Applied Physics Express，2016，10(1)：016701.

第8章 隐身斗篷的设计及超表面在微波吸收和RCS减缩中的应用

8.1 引　言

超材料/超表面由于其特殊的电磁特性，在众多领域展现了出色的性能优势[1-6]，为此也越来越受到学者们的关注。隐身斗篷是一种能够使被屏蔽物体隐身的装置。自2006年变换电磁学(或变换光学)作为一种强大而系统的电磁波调控理论被引入以来[7-8]，曾出现在科幻小说或科幻电影中的隐身斗篷的概念就成为了科学界研究的热点。在变换电磁学中，坐标变换用于将给定的几何空间映射为理想的、扭曲的几何空间，利用坐标变换便可以实现两个空间中的电磁场的变换。例如，利用麦克斯韦(Maxwell)方程组的形式不变性可以建立两个空间中材料参数的变换关系。基于变换电磁学理论，在微波频率下有人通过实验验证了圆柱形隐身斗篷设计的可行性[9]。随后，学者们对各种隐身斗篷[10-18]进行了理论设计和实验验证。在隐身斗篷的设计中，通过坐标变换可以引导电磁波在物体周围发生弯曲以使其平滑地绕过物体，并在斗篷外重新恢复为原始的波形。然而，当被隐身的物体放置于斗篷内部时，电磁波却无法进入斗篷内部，使得物体无法与外部空间进行通信。2009年，一种可以在斗篷装置外部隐藏物体的斗篷设计方法被提出[19]，通过引入一种称为互补介质的双负(double negative，DNG)材料，并在核心介质中插入与目标物体相关的镜像物体，便可以根据坐标变换对外部目标物体进行隐身。基于这一原理，各种不同形状和尺寸的互补型隐身斗篷被相继设计出来[20-25]。

坐标变换提供了一种直观的方法来设计隐身斗篷，但所设计的隐身斗篷的材料普遍具有较强的各向异性和非均匀性。材料参数的复杂性大大降低了这些斗篷实现隐身的可能性。除了基于坐标变换的隐身斗篷设计方法以外，散射相消方法[26-36]也被广泛用于隐身斗篷的设计中，即通过对外壳的介电常数和磁导率进行合理设计来实现所需的电磁隐身。利用解析的Mie级数理论，通过在长波近似下对具有规则形状的目标物体(如无限圆柱体和球体)添加均匀的覆层，可以使目标物体变得不可见[26-34]。相比于仅适用于规则形状目标的Mie级数理论，最近被提出的一种基于特征模的散射相消方法可以实现任意形状目标物体的隐身设计[36]。

雷达散射截面(radar cross section，RCS)减缩在一些隐身平台上已引起了人们的广泛关注，这些平台迫切需要低的RCS设计以保证其安全性。微带天线和波导缝隙天线具有辐射效率高、指向性强、易集成、结构紧凑等优点，是常用的隐身平台通信器件。但是，放置于隐身平台上的天线会产生较大的 RCS，从而破坏平台的整体隐身性能。目前文献中所报道的常用于降低天线 RCS 的方法包括对辐射贴片外形进行优化[37]、采用雷达吸波材料[38]、采用无源或有源对消技术[39]等。然而，这些方法通常会影响天线的辐射特性。随着超表面技术的发展，基于超表面的天线设计为降低天线的 RCS 提供了一种可行的途径[40-42]。

　　本章将对隐身斗篷的设计进行详细阐述，并给出基于坐标变换和散射相消的两种设计方法。其中，坐标变换的方法是一种直观且可视化的方法，在互补隐身装置的设计中提供了前所未有的灵活性；而基于散射相消的隐身斗篷设计则可以在 Mie 级数方法和特征模（characteristic mode，CM）方法的框架下解析实现。本章将通过一些具体的设计实例展示两种方法所设计的斗篷装置具有良好的隐身和幻觉性能。本章还将回顾超表面在 RCS 减缩上的应用，在此基础之上，着重介绍基于完美超材料吸波体（perfect metamaterial absorber，PMA）和人工磁导体（artificial magnetic conductor，AMC）的超表面设计及其在 RCS 减缩中的应用，并对超表面天线的性能展开全面的分析，如 PMA 的吸收特性、天线的增益、RCS 减缩等。

8.2　斗 篷 设 计

8.2.1　基于坐标变换的互补斗篷

　　根据坐标变换，当利用变换关系 $X' = T(X)$ 将一个空间变换为另一个不同形状和大小的空间时，变换空间或物理空间 X' 中的介电常数张量 $\boldsymbol{\varepsilon}'$ 和磁导率张量 $\boldsymbol{\mu}'$ 可以用原空间 X 中的介电常数张量 $\boldsymbol{\varepsilon}$ 和磁导率张量 $\boldsymbol{\mu}$ 表示为

$$\boldsymbol{\varepsilon}' = \frac{\boldsymbol{\Lambda}\boldsymbol{\varepsilon}\boldsymbol{\Lambda}^{\mathrm{T}}}{\det\boldsymbol{\Lambda}}, \quad \boldsymbol{\mu}' = \frac{\boldsymbol{\Lambda}\boldsymbol{\mu}\boldsymbol{\Lambda}^{\mathrm{T}}}{\det\boldsymbol{\Lambda}} \tag{8-1}$$

其中雅可比（Jacobian）变换矩阵表示为

$$\boldsymbol{\Lambda}_{pq} = \frac{\partial p}{\partial q} \quad (p = x', y', z'; q = x, y, z) \tag{8-2}$$

$\det(\boldsymbol{\Lambda})$ 是 $\boldsymbol{\Lambda}$ 的行列式。

1. 小型化的互补斗篷

　　基于互补介质[19]的柱形斗篷由三个区域组成，即恢复区域、互补区域和被隐藏区域，如图 8-1(a) 所示。在互补介质中放置一个与目标互补的"像"，称为"反目标"，此时被隐藏区域内部的目标在某个频率上能够与"反目标"实现光学"抵消"。通过引入核心介质材料，便可以在恢复区域中恢复正确的光路。

　　为了减小互补柱形斗篷的尺寸，将部分柱形斗篷区域（即以原点 o 为中心、圆心角为 2θ 的扇形部分）保留，并在圆扇形区的两侧引入两个三角形区域，如图 8-1(b) 所示。在这种情况下，区域 1、2、3 分别为核心区域、互补区域和被隐藏区域。应注意到的是，互补区域完全被核心区域和被隐藏区域所包围。每个区域有一个圆扇形部分（记为区域 b）和两个

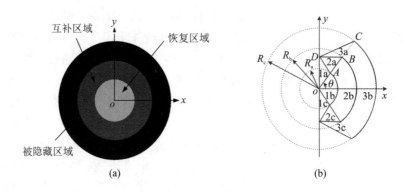

图 8-1 互补斗篷装置

(a) 互补柱形斗篷；(b) 小型化的互补斗篷[20]

三角形部分(记为区域 a 和区域 c)。在区域 b 中，从区域 3b 到区域 2b 使用了沿半径方向的线性坐标变换，即

$$r = kr' + m , \quad \theta = \theta' , \quad z = z' \tag{8-3}$$

其中，$k = (R_c - R_b)/(R_a - R_b)$，$m = R_b \cdot (R_a - R_c)/(R_a - R_b)$。在这里，$R_a$、$R_b$ 和 R_c 分别为核心区域半径、互补区域外半径和被隐藏区域外半径。根据式(8-1)，求解得到区域 2b 的材料参数为

$$\varepsilon_r' = \mu_r' = \frac{kr' + m}{kr'} , \quad \varepsilon_\theta' = \mu_\theta' = \frac{kr'}{kr' + m} , \quad \varepsilon_z' = \mu_z' = \frac{k(kr' + m)}{r'} \tag{8-4}$$

从圆扇形区域到区域 1b 采用了沿半径方向的压缩变换，即

$$r = \frac{r'' R_c}{R_a} , \quad \theta = \theta'' , \quad z = z'' \tag{8-5}$$

所得区域 1b 的材料参数为

$$\varepsilon_r'' = \mu_r'' = 1 , \quad \varepsilon_\theta'' = \mu_\theta'' = 1 , \quad \varepsilon_z'' = \mu_z'' = \left(\frac{R_c}{R_a}\right)^2 \tag{8-6}$$

在区域 a，从区域 3a 到区域 2a 以及从三角形区域到区域 1a 的变换可以统一表示为

$$\begin{cases} x' = ax + by + c \\ y' = dx + ey + f \end{cases} \tag{8-7}$$

其中，变换系数 a、b、c、d、e、f 可以根据坐标映射关系确定。例如，我们将三个点 C、B、D 分别映射到三个点 A、B、D，于是有 $a = 1$，$b = \cot(\theta) \cdot (R_a - R_c)/(R_c - R_b)$，$d = 0$ 和 $e = (R_a - R_b)/(R_c - R_b)$。因此，区域 2a 的材料参数为

$$\boldsymbol{\varepsilon}' = \boldsymbol{\mu}' = \begin{bmatrix} \dfrac{1 + b^2}{e} & b & 0 \\ b & e & 0 \\ 0 & 0 & \dfrac{1}{e} \end{bmatrix} \tag{8-8}$$

同理，区域 1a 的材料参数为

$$\boldsymbol{\varepsilon}' = \boldsymbol{\mu}' = \begin{bmatrix} a & d & 0 \\ d & \dfrac{1+d^2}{a} & 0 \\ 0 & 0 & \dfrac{1}{a} \end{bmatrix} \qquad (8-9)$$

其中，$a = R_a / R_c$、$b = 0$、$d = \tan\theta \cdot (R_a - R_c)/R_c$、$e = 1$。由于对称性，区域 a 中的材料参数与区域 c 中的相同。需注意到的是，除了区域 2b 外，整个斗篷的材料参数都是均匀的。此外，除了区域 1b 外，整个斗篷都由各向异性材料组成。图 8-2 显示了小型化互补斗篷的隐身性能。将一个相对介电常数为 2 的圆柱形非磁性物体、一个相对磁导率为 2 的矩形柱非介电物体和一个相对介电常数为 2、相对磁导率为 2 的环形柱物体，同时放置在斗篷外区域，即图 8-1 中被隐藏区域，我们可以观察到所有这些物体都实现了隐身。此外，这些物体还可以接收入射的电磁波，实现物体与外部空间的通信。图 8-3 展示了小型化互补斗篷的幻觉效果。斗篷产生的近场分布与相对介电常数为 2 的圆柱形非磁性物体的近场分布类似。

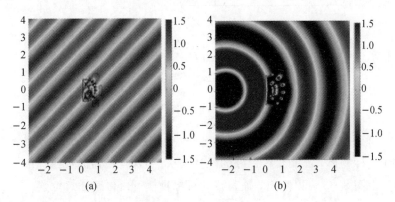

图 8-2　小型化互补斗篷的电场分布[20]

（a）斜入射波下的一个圆柱形物体、一个矩形柱物体和一个环形柱物体；
（b）线源下的一个圆柱形物体、一个矩形柱物体和一个环形柱体

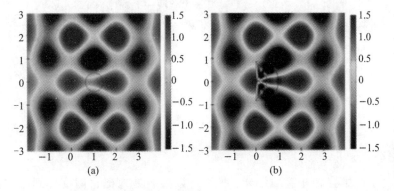

图 8-3　幻觉的电场分布[20]

（a）原始物体；（b）幻觉物体

2. 幻觉互补斗篷

通过以上的讨论，我们可以知道在互补斗篷的核心区域放置一个物体可以产生幻觉效果。基于这一概念，图 8-4 给出了幻觉互补斗篷的示意图。这里考虑一个由式(8-7)给出的具有梯形坐标变换的互补斗篷，称为"真实斗篷"。一个被标记为"核心斗篷"的物放置于真实斗篷的核心区域，从而产生一个"幻觉斗篷"。为了使目标物体隐身，将作为反目标的虚拟物体放置在幻觉互补斗篷的互补区域，从而使产生的真实反目标就位于核心斗篷的互补区域。基于该幻觉互补斗篷，物体可以灵活地位于真实斗篷的被隐藏区域之外。此外，利用幻觉效应设计的隐身斗篷可以减小核心斗篷内的反目标的尺寸。

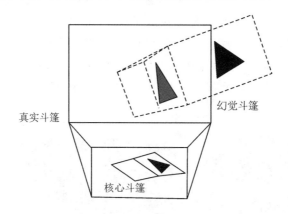

图 8-4 幻觉互补斗篷的示意图[21]

图 8-5 给出了一个幻觉互补斗篷的电场分布。一个频率为 600 MHz 的平面波入射到隐身装置上。无论有无目标物体，都能获得良好的隐身效果。此外，所需的反目标的大小沿 x 和 y 方向大大减少。由图 8-5 可以看出，被隐藏的目标物体可以位于任意位置。

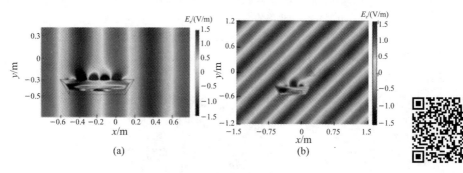

图 8-5 幻觉互补斗篷的电场分布
(a) 无目标；(b) 有目标[21]

3. 三维互补斗篷

以上讨论都是关于二维互补斗篷的设计。我们可以很容易地把它们推广到三维的情况。考虑球坐标系中的三维任意互补隐身斗篷，如图 8-6 所示。假设核心区域的边界与外部被隐藏区域的内外边界具有相同的形状，即 $R_a(\theta, \varphi) = mR_b(\theta, \varphi)$ （$0 < m < 1$）和

$R_c(\theta, \varphi) = nR_b(\theta, \varphi) \ (n > 1)$。

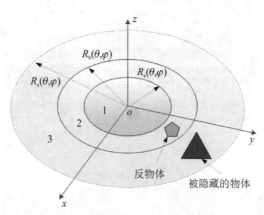

图 8 - 6　一种内外边界共形的三维任意互补斗篷[22]

从被隐藏区域到互补区域，沿径向进行坐标变换（该过程类似于式(8-3)给出的二维情况），可以获得互补区域的材料参数，即

$$\varepsilon'_{rr} = \mu'_{rr} = \frac{(r' - k_2)^2 + \left(\dfrac{(m-1)n}{1-n} \cdot \dfrac{\partial R_b}{\partial \theta}\right)^2}{k_1 r'^2} + \frac{\left(\dfrac{(m-1)n}{\sin\theta(1-n)} \cdot \dfrac{\partial R_b}{\partial \varphi}\right)^2}{k_1 r'^2} \quad (8-10)$$

$$\varepsilon'_{r\theta} = \varepsilon'_{\theta r} = \mu'_{r\theta} = \mu'_{\theta r} = \frac{(m-1)n}{k_1 r'(1-n)} \cdot \frac{\partial R_b}{\partial \theta} \quad (8-11)$$

$$\varepsilon'_{r\varphi} = \varepsilon'_{\varphi r} = \mu'_{r\varphi} = \mu'_{\varphi r} = \frac{(m-1)n}{k_1 r' \sin\theta(1-n)} \cdot \frac{\partial R_b}{\partial \varphi} \quad (8-12)$$

$$\varepsilon'_{\theta\varphi} = \varepsilon'_{\varphi\theta} = \mu'_{\theta\varphi} = \mu'_{\varphi\theta} = 0 \quad (8-13)$$

$$\varepsilon'_{\theta\theta} = \varepsilon'_{\varphi\varphi} = \mu'_{\theta\theta} = \mu'_{\varphi\varphi} = \frac{1}{k_1} \quad (8-14)$$

其中

$$k_1 = \frac{R_b - R_a}{R_b - R_c} = \frac{1-m}{1-n}, \ k_2 = \frac{R_c - R_a}{R_c - R_b} R_b = \frac{m-n}{1-n} R_b \quad (8-15)$$

与式(8-5)相似，将整个区域压缩到核心区域，可以得到核心区域的材料参数，即

$$\varepsilon''_{rr} = \varepsilon''_{\theta\theta} = \varepsilon''_{\varphi\varphi} = \mu''_{rr} = \mu''_{\theta\theta} = \mu''_{\varphi\varphi} = n/m \quad (8-16)$$

$$\varepsilon'_{r\theta} = \varepsilon'_{\theta r} = \mu'_{r\theta} = \mu'_{\theta r} = \varepsilon'_{r\varphi} = \varepsilon'_{\varphi r} = \mu'_{r\varphi} = \mu'_{\varphi r} = \varepsilon'_{\theta\varphi} = \varepsilon'_{\varphi\theta} = \mu'_{\theta\varphi} = \mu'_{\varphi\theta} = 0 \quad (8-17)$$

需要注意的是，互补区域是由各向异性、负材料参数的媒质组成，这是因为 $k_1 < 0$。而核心区域则由各向同性、正材料参数的媒质组成。

图 8-7 给出了一种三维双锥互补斗篷，其中，$R_b(\theta, \varphi) = a/(\sin\theta + |\cos\theta|)$，$R_a = 0.5R_b$，$R_c = 2R_b$，$a = 0.6$ m。在外部空气的隐身壳中放置一个 $\varepsilon_r = 3$、$\mu_r = 1$ 的立方体物体，并在互补外壳中放置反物体，以对目标物体进行隐身。这里考虑一个工作频率为 300 MHz 的线电流源。图 8-7(b)、(c)分别给出了在 $z = 0$ 平面上有无斗篷的电场分布，由图可知，采用双锥互补斗篷可以观察到良好的隐身效果。

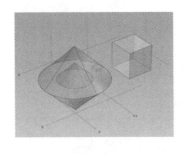

(a)

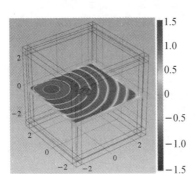
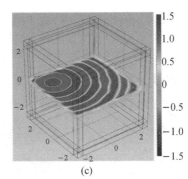

(b)   (c)

图 8-7 一种三维双锥互补斗篷[22]

（a）几何结构；（b）带有斗篷的电场分布图；（c）没有斗篷的电场分布图

8.2.2 基于散射相消的斗篷

坐标变换为设计隐身和幻觉斗篷提供了一种极其直观的可视化方法。然而，所需的材料通常是复杂的，都是非均匀且各向异性的。相对比，散射相消法利用均匀的覆层壳体，通过适当设计介电常数和磁导率，可以实现规则形状物体的电磁隐身。在本节中，我们从基于 Mie 级数方法的规则形状物体的隐身设计入手，提出一种基于特征模理论的三维任意形状物体隐身与幻觉的设计方法。

1. 对于标准形状物体的不均匀斗篷

假设一个 TM 平面波垂直入射到非均匀目标上。非均匀球体分为 n 层分段的均匀薄层。为了实现非均匀物体的幻觉和隐身，在物体上覆盖一层均匀的材料，如图 8-8 所示。

假定在球坐标下各层非磁性材料的本构关系可以表示为

$$\boldsymbol{\varepsilon}_i = \begin{bmatrix} \varepsilon_{ir} & & \\ & \varepsilon_{i\theta} & \\ & & \varepsilon_{i\theta} \end{bmatrix} \tag{8-18}$$

入射波可以写成球面波的线性叠加形式，即

$$E_\theta^{\text{inc}} = E_0 \frac{\cos\varphi}{k_0 r} \sum_{n=1}^{\infty} j^{-n}(2n+1) \hat{J}_n(k_0 r) P_n(\cos\theta) \tag{8-19}$$

其中 $\hat{J}_l(x) = \sqrt{\pi x/2} J_l(x)$，$P_n(\cos\theta)$ 为 n 阶勒让德（Legendre）多项式。这里使用时谐

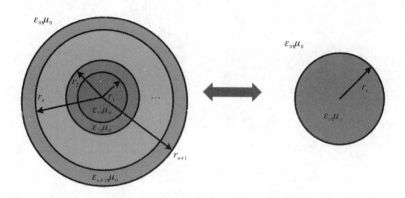

图 8-8　n 层非均匀球体的幻觉和隐身

因子 $e^{j\omega t}$，按照 Mie 级数展开过程[43]，散射场可求解为

$$E_\theta = E_0 \frac{\cos\varphi}{\omega} \sum_{m=1}^{\infty} j^{-m} \frac{2m+1}{m(m+1)} D_m \hat{H}_m^{(1)}(k_0 r) P_m^1(\cos\theta) \tag{8-20}$$

式中：D_m 为散射系数，可利用切向电场和磁场连续的边界条件加以确定；$P_m^1(\cos\theta) = dP_m(\cos\theta)/d\theta$。此外 $k_i = \omega\sqrt{\mu_0 \varepsilon_{i\theta}}$，$im = \sqrt{2m(m+1)AR_i + 0.25} - 0.5$ $(i = 1, 2, 3)$、$AR_i = \varepsilon_{i\theta}/\varepsilon_{ir}$。目标的雷达散射截面（radar cross section，RCS）σ 和散射截面（scattering cross-section，SCS）C_{sca} 分别用散射系数表示为

$$\sigma = \lim_{r\to\infty}\left[4\pi r^2 \frac{|E^{sca}|^2}{|E^{inc}|^2}\right], \qquad C_{sca} = \frac{2\pi}{k_0^2}\sum_{m=1}^{\infty}(2m+1)|D_m|^2 \tag{8-21}$$

为了实现幻觉效应，一个覆层添加在球形目标的外部，使得添加覆层的球产生的散射场与某个均匀球的散射场相似，如图 8-8 所示。采用 Mie 级数展开法，可以得到均匀球对 TM 波的散射系数 S_m 为

$$S_m = \frac{\begin{vmatrix} \hat{J}_m(k_e r_e) & \hat{J}_m(k_0 r_e) \\ \dfrac{k_e}{\omega\varepsilon_e}\hat{J}'_m(k_e r_e) & \dfrac{k_0}{\omega\varepsilon_0}\hat{J}'_m(k_0 r_e) \end{vmatrix}}{\begin{vmatrix} \hat{J}_m(k_e r_e) & -\hat{H}_m^{(1)}(k_0 r_e) \\ \dfrac{k_e}{\omega\varepsilon_e}\hat{J}'_m(k_e r_e) & -\dfrac{k_0}{\omega\varepsilon_0}\hat{H}_m^{(1)\prime}(k_0 r_e) \end{vmatrix}} \tag{8-22}$$

在长波的情况下，式（8-21）中的 SCS 主要是由 $m=1$ 的散射系数决定。因此，可以通过设置 $D_1 = S_1$ 可以得到 n 层各向异性球的幻觉条件。具体来讲，n 层非均匀球的幻觉条件可以推导为

$$\left(\frac{r_{n+1}}{r_n}\right)^{2t_{n+1}+1} = \frac{\varepsilon_{(n+1)\theta} - \dfrac{1}{2}(1+t_{n+1})\varepsilon_e^{(n)}}{\varepsilon_{(n+1)\theta} + \dfrac{1}{2}t_{n+1}\varepsilon_e^{(n)}} \cdot$$

$$\frac{r_{n+1}^3(2\varepsilon_0 + \varepsilon_e)\left(\varepsilon_{(n+1)\theta} + \dfrac{1}{2}t_{n+1}\varepsilon_0\right) + r_e^3(\varepsilon_0 - \varepsilon_e)(\varepsilon_{(n+1)\theta} - t_{n+1}\varepsilon_0)}{r_{n+1}^3(2\varepsilon_0 + \varepsilon_e)\left[\varepsilon_{(n+1)\theta} - \dfrac{1}{2}(1+t_{n+1})\varepsilon_0\right] + r_e^3(\varepsilon_0 - \varepsilon_e)\left[\varepsilon_{(n+1)\theta} + (1+t_{n+1})\varepsilon_0\right]}$$

$$\tag{8-23}$$

其中

$$\varepsilon_{\mathrm{e}}^{(n)} = \frac{2\left(\dfrac{r_n}{r_{n-1}}\right)^{2t_n+1} - 2\dfrac{\varepsilon_{n\theta} - \dfrac{1}{2}(1+t_n)\varepsilon_{\mathrm{e}}^{(n-1)}}{\varepsilon_{n\theta} + \dfrac{1}{2}t_n\varepsilon_{\mathrm{e}}^{(n-1)}}}{(1+t_n)\left(\dfrac{r_n}{r_{n-1}}\right)^{2t_n+1} + t_n\dfrac{\varepsilon_{n\theta} - \dfrac{1}{2}(1+t_n)\varepsilon_{\mathrm{e}}^{(n-1)}}{\varepsilon_{n\theta} + \dfrac{1}{2}t_n\varepsilon_{\mathrm{e}}^{(n-1)}}}\varepsilon_{n\theta} \tag{8-24}$$

$$t_i = \sqrt{2\mathrm{AR}_i + 0.25} - 0.5 \quad (i = 1, 2, \cdots, n+1) \tag{8-25}$$

值得指出的是，根据幻觉条件可以很容易推导出隐身条件，只需将式(8-23)中的 ε_{e} 和 r_{e} 替换为 ε_0 和 r_{n+1} 即可。特别是当 $\varepsilon_{ir} = \varepsilon_{i\theta}$ 时，将式(8-23)给出的幻觉和隐身条件都可以退化为各向同性媒质的情况。

同样地，我们考虑一个 n 层不均匀的圆柱目标。在半径为 r_i 的第 i 层中，介电常数张量和磁导率张量在柱坐标下分别可以表示为

$$\boldsymbol{\varepsilon}_i = \begin{bmatrix} \varepsilon_{ir} & & \\ & \varepsilon_{i\theta} & \\ & & \varepsilon_0 \end{bmatrix}, \quad \boldsymbol{\mu}_i = \begin{bmatrix} \mu_0 & & \\ & \mu_0 & \\ & & \mu_{iz} \end{bmatrix} \tag{8-26}$$

根据上述 Mie 级数方法，可以推导出非均匀各向异性圆柱体的幻觉条件为

$$\left(\frac{r_{n+1}}{r_1}\right)^2 = \Big[(\mu_{2z} - \mu_{1z}) + (\mu_{3z} - \mu_{2z})\left(\frac{r_2}{r_1}\right)^2 + (\mu_{4z} - \mu_{3z})\left(\frac{r_3}{r_1}\right)^2 + \cdots +$$

$$(\mu_{(n+1)z} - \mu_{nz})\left(\frac{r_{n-1}}{r_1}\right) + (\mu_{\mathrm{e}} - \mu_0)\left(\frac{r_{\mathrm{e}}}{r_1}\right)^2 \Big] / (\mu_{(n+1)z} - \mu_0) \tag{8-27}$$

$$\left(\frac{r_{n+1}}{r_n}\right)^{2t_{n+1}} = \frac{\varepsilon_{(n+1)\theta} - t_{n+1}\varepsilon_{\mathrm{e}}^{(n)}}{\varepsilon_{(n+1)\theta} + t_{n+1}\varepsilon_{\mathrm{e}}^{(n)}} \frac{r_{n+1}^2(\varepsilon_{(n+1)\theta} + \varepsilon_0 t_{n+1})(\varepsilon_{\mathrm{e}} + \varepsilon_0) - r_{\mathrm{e}}^2(\varepsilon_{(n+1)\theta} - \varepsilon_0 t_{n+1})(\varepsilon_{\mathrm{e}} - \varepsilon_0)}{r_{n+1}^2(\varepsilon_{(n+1)\theta} - \varepsilon_0 t_{n+1})(\varepsilon_{\mathrm{e}} + \varepsilon_0) - r_{\mathrm{e}}^2(\varepsilon_{(n+1)\theta} + \varepsilon_0 t_{n+1})(\varepsilon_{\mathrm{e}} - \varepsilon_0)}$$

$$\tag{8-28}$$

其中

$$\varepsilon_{\mathrm{e}}^{(n)} = \frac{\dfrac{\varepsilon_{n\theta} + \varepsilon_{\mathrm{e}}^{(n-1)} t_n}{\varepsilon_{n\theta} - \varepsilon_{\mathrm{e}}^{(n-1)} t_n} - \left(\dfrac{r_{n-1}}{r_n}\right)^{2t_n}}{\dfrac{\varepsilon_{n\theta} + \varepsilon_{\mathrm{e}}^{(n-1)} t_n}{\varepsilon_{n\theta} - \varepsilon_{\mathrm{e}}^{(n-1)} t_n} + \left(\dfrac{r_{n-1}}{r_n}\right)^{2t_n}}\frac{\varepsilon_{n\theta}}{t_n}, \qquad \varepsilon_{\mathrm{e}}^{(1)} = \begin{cases} \dfrac{\varepsilon_{1\theta}}{t_1} & \text{最内层为介质} \\[2mm] 0 & \text{最内层为导体} \end{cases} \tag{8-29}$$

将表达式 $\varepsilon_{\mathrm{e}} = \varepsilon_0$、$\mu_{\mathrm{e}} = \mu_0$ 和 $r_{n+1} = r_{\mathrm{e}}$ 代入式(8-27)和式(8-28)，可以得到非均匀各向异性圆柱目标的隐身条件。利用式(8-23)、式(8-27)和式(8-28)求解添加覆层的材料参数，可以实现覆层后非均匀各向异性圆柱和球形物体的隐身和幻觉效果。另一方面，在给定覆层半径的情况下，不同的各向异性参数会产生不同的隐身和幻觉效果。因此，我们可以通过优化覆层的 AR_{n+1}，找到非均匀各向异性物体的最佳隐身和幻觉性能。为了衡量最佳的隐身和幻觉效果，这里定义了如下的评价函数：

$$\sigma_1 = \frac{1}{4\pi}\int_0^\pi \int_0^{2\pi} |\sigma_{\mathrm{c}}(\theta, \varphi) - \sigma_{\mathrm{i}}(\theta, \varphi)| \sin\theta \mathrm{d}\varphi \mathrm{d}\theta \quad \text{（用于幻觉）} \tag{8-30}$$

$$\sigma_2 = \frac{1}{4\pi}\int_0^\pi \int_0^{2\pi} |\sigma_{\mathrm{c}}(\theta, \varphi)| \sin\theta \mathrm{d}\varphi \mathrm{d}\theta \quad \text{（用于隐身）} \tag{8-31}$$

其中，$\sigma_c(\theta, \varphi)$ 和 $\sigma_i(\theta, \varphi)$ 分别表示覆层圆柱体/球体的 RCS 和与之对应的幻觉物体的 RCS。因此，最佳幻觉和隐身问题变为

$$\min_{\mathrm{AR}_{n+1}} \sigma_1 \tag{8-32}$$

$$\min_{\mathrm{AR}_{n+1}} \sigma_2 \tag{8-33}$$

图 8-9 显示了由三个非磁性均匀层组成的非均匀各向异性球体的幻觉隐身装置的设计。非均匀球层的媒质和几何参数为：$\varepsilon_{1r} = 40\varepsilon_0/3$、$\varepsilon_{1\theta} = \varepsilon_{1\varphi} = 5\varepsilon_0$、$\varepsilon_{2r} = 2\varepsilon_0/0.28$、$\varepsilon_{2\theta} = \varepsilon_{2\varphi} = 2\varepsilon_0$、$\varepsilon_{3r} = 6\varepsilon_0/0.28$、$\varepsilon_{3\theta} = \varepsilon_{3\varphi} = 6\varepsilon_0$、$r_1 = \lambda_0/29$、$r_2 = 2\lambda_0/29$、$r_3 = 3\lambda_0/29$。根据式 (8-23)，我们设计了一个带有 $\varepsilon_{4r} = 9\varepsilon_0/0.055$、$\varepsilon_{4\theta} = \varepsilon_{4\varphi} = 9\varepsilon_0$ 和 $r_4 = 4\lambda_0/29$ 的各向异性覆层，使得覆层球的 RCS 与具有 $\varepsilon_e = 4.13\varepsilon_0$ 和 $r_e = 4.5\lambda_0/29$ 的各向异性球体的 RCS 相似。从图中可以看出，所给出的非均匀覆层球与幻觉球之间在 xoy 面和 xoz 面中的磁场的近场分布和远区的 RCS 均相似，从而证明了所提出的设计具有良好的幻觉效果。

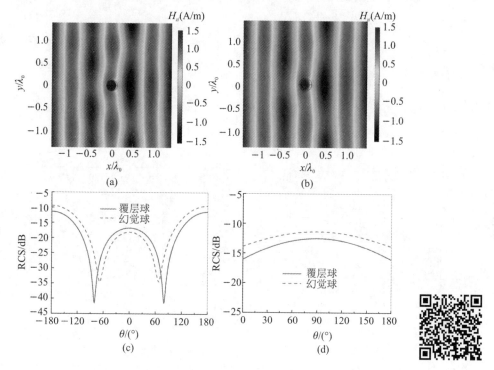

图 8-9　用于三层不均匀球体的幻觉设计

(a) 覆层球的磁场分布；(b) 幻觉球的磁场分布；(c) xoy 平面上覆层球和幻觉球的双站 RCS；
(d) xoz 平面上覆层和幻觉球的双站 RCS[34]

此外，我们设计了一种具有 PEC 核心的两层非均匀球体的隐身斗篷。非均匀球的参数为 $\varepsilon_{2r} = 35\varepsilon_0/1.68$、$\varepsilon_{2\theta} = \varepsilon_{2\varphi} = 35\varepsilon_0$、$r_1 = \lambda_0/14$ 和 $r_2 = 1.5\lambda_0/14$。为了降低非均匀球的 RCS，根据式 (8-23) 设计了带有 $\varepsilon_{3r} = 0.34\varepsilon_0$、$\varepsilon_{3\theta} = \varepsilon_{3\varphi} = 0.24\varepsilon_0$ 和 $r_3 = 2\lambda_0/14$ 的外壳。图 8-10 给出了 600 MHz 处有无覆层时 xoy 面内磁场分布的对比图。由图可以看出，添加了覆层后球体的近场具有平面的波前，从而实现了隐身效果。图 8-11 给出了 TM 和 TE 极化入射波下，在 xoz 和 xoy 平面上有无覆层球体的远区 RCS 特性。由图可以看出，通过添

加设计的覆层，产生的 RCS 大大减小，从而实现了非均匀球体的隐身。

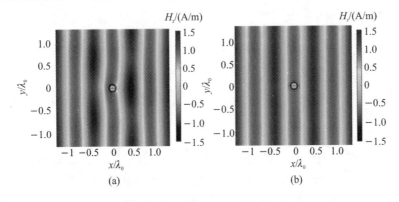

图 8-10 两层非均匀球体的隐身

(a) 无覆层的球体的磁场分布；(b) 覆层球的磁场分布[34]

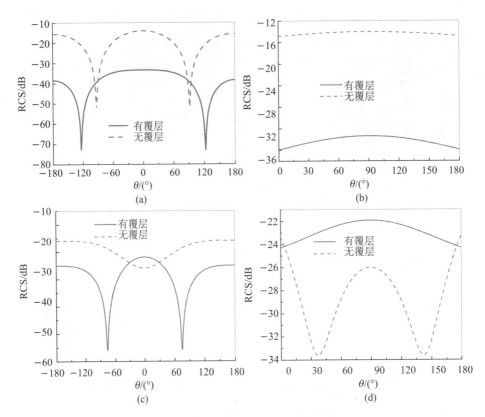

图 8-11 有无覆层的球体的双站 RCS 比较[34]

(a) TM 极化时 xoy 平面上的 RCS；(b) TM 极化下，xoz 平面上的 RCS；

(c) TE 极化时 xoy 平面上的 RCS；(d) TE 极化时 xoz 平面上的 RCS

为了进一步降低非均匀球体的 RCS，根据式(8-33)优化覆层的电各向异性比 AR。由图 8-12 可知，当 AR＝3.01 时，σ_2 达到最小值，进而获得了最小的 RCS。与之前 AR＝0.71 的设计相比，优化后的 AR 得到的 RCS 在 $\theta=0°$ 方向和 $\theta=180°$ 方向分别降低了 20 dB 和 54 dB。

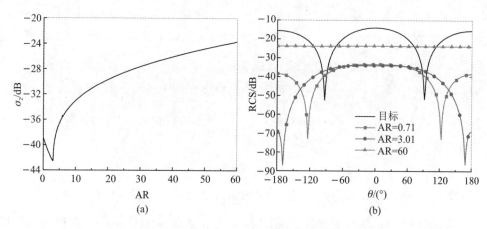

图 8-12 非均匀球体的最佳隐身效果[34]

（a）评价函数与 AR；（b）采用不同 AR 的双站 RCS

2. 任意形状物体的斗篷

基于 Mie 级数的解析表达式仅适用于规则的形状，例如无限长的圆柱体和球体。下面我们将介绍用于任意形状物体的幻觉和隐身斗篷设计的解析公式。

为了求解具有任意形状、相对介电常数为 ε_r 的物体的辐射和散射问题，这里我们采用离散偶极子矩近似（discrete dipole approximation，DDA）方法[44-49]。一个任意形状的介质散射体被离散成为 N 个边长为 d 的小立方体单元，每个立方体单元近似地视为一个具有偶极矩 $\vec{p}_k$ 的电偶极子。对于每个电偶极子而言，除了有入射场 $\vec{E}^{\text{inc}}$ 的贡献外，还有来自其他偶极矩的辐射场的贡献。因此，我们有

$$\vec{E}_i^{\text{exc}} = \vec{E}_i^{\text{inc}} + \sum_{\substack{k=1 \\ k \neq i}}^{N} \overline{\overline{G}}(\vec{r}_i, \vec{r}_k) \cdot \vec{p}_k \qquad (i=1, 2, \cdots, N) \tag{8-34}$$

其中

$$\overline{\overline{G}}(\vec{r}, \vec{r}') = \left[k^2 \overline{\overline{I}} + \nabla\nabla \right] \frac{e^{-jkR}}{R} = \frac{e^{-jkR}}{R} \left[k^2 \left(\overline{\overline{I}} - \frac{\hat{R}\hat{R}}{R^2} \right) - \frac{1+jkR}{R^2} \left(\overline{\overline{I}} - 3\frac{\hat{R}\hat{R}}{R^2} \right) \right] \tag{8-35}$$

$$\hat{R} = \frac{\vec{R}}{R} = \frac{\vec{r} - \vec{r}'}{|\vec{r} - \vec{r}'|} \tag{8-36}$$

在第 i 个偶极矩处的场 $\vec{E}_i^{\text{exc}}$ 将产生一个具有极化率 α_i 的偶极矩 $\vec{p}_i$，具体为

$$\vec{p}_i = \alpha_i \vec{E}_i^{\text{exc}} \tag{8-37}$$

将式（8-37）代入式（8-34），可以得到一个包含 $3N$ 个复线性方程的方程组，即

$$\boldsymbol{A} \cdot \boldsymbol{p} = \vec{E}^{\text{inc}} \tag{8-38}$$

式中：$\boldsymbol{A}$ 是以 $\alpha_{m'(m)}^{-1}$ 为对角元素的阻抗矩阵，这里 $m'(m)$ 是矩阵中第 m 行元素所对应的三维立方体单元的序号；$\boldsymbol{p}$ 为偶极矩向量。目前有一些方法可以用于计算偶极子的极化率 α_i。广泛采用的偶极子的极化率公式是克劳修斯-莫索蒂（Clausius-Mossotti，CM）极化率，即

$$\alpha_i^{\text{CM}} = \frac{3d^3}{4\pi} \frac{\varepsilon_i - 1}{\varepsilon_i + 2} \tag{8-39}$$

CM 极化率在长波范围内是有效的。若进一步使用晶格色散关系（lattice dispersion relation，LDR）对 CM 极化率进行高阶修正，就可以得到如下的基于 LDR 的极化率表达式

$$\alpha_i^{\mathrm{LDR}} = \frac{\alpha_i^{\mathrm{CM}}}{1 + \left(\dfrac{\alpha_i^{\mathrm{CM}}}{d^3}\right)\left[(b_1 + m^2 b_2 + m^2 b_3 S)(kd)^2 + \mathrm{j}\left(\dfrac{2}{3}\right)(kd)^3\right]} \tag{8-40}$$

其中 $b_1 = -1.891\,531\,6$、$b_2 = 0.164\,846\,9$、$b_3 = -1.770\,000\,4$，S 是与入射波的传输和极化相关的函数，其表达式为

$$S = (u_x^{\mathrm{inc}} k_x^{\mathrm{inc}})^2 + (u_y^{\mathrm{inc}} k_y^{\mathrm{inc}})^2 + (u_z^{\mathrm{inc}} k_z^{\mathrm{inc}})^2 \tag{8-41}$$

其中 k_t^{inc} 和 $u_t^{\mathrm{inc}}(t = x, y, z)$ 为入射场的入射矢量 $\vec{k}^{\mathrm{inc}}$ 和极化矢量 $\vec{u}^{\mathrm{inc}}$ 的分量。

一旦由式（8-38）求解得到偶极子矩，则对应于散射矢量 $\vec{k}^{\mathrm{sca}} = k\hat{k}^{\mathrm{sca}}$ 的 RCS 可计算为

$$\sigma = \lim_{r \to \infty} 4\pi r^2 \left|\frac{\vec{E}^{\mathrm{sca}}}{\vec{E}^{\mathrm{inc}}}\right|^2 = 4\pi k^4 \left|\sum_{m=1}^{N} \mathrm{e}^{\mathrm{j}k\vec{r}_m \cdot \hat{k}^{\mathrm{sca}}} \vec{p}_m\right|^2 \tag{8-42}$$

为了能够从物理的角度对散射和辐射的问题分析更深入，这里使用特征模（characteristic mode，CM）方法[50-52]。将式（8-38）中的矩阵 $\boldsymbol{A}$ 分为实部和虚部两个部分，即

$$\boldsymbol{A} = \boldsymbol{R} + \mathrm{j}\boldsymbol{X} \tag{8-43}$$

如果 $\boldsymbol{X}$ 不为零，基于哈林顿（Harrington）和莫茨（Mautz）的方法，我们引入如下的广义本征值方程

$$\boldsymbol{A} \cdot \boldsymbol{q}_n = \nu_n \boldsymbol{R} \cdot \boldsymbol{q}_n \tag{8-44}$$

其中 ν_n 是特征值，$\boldsymbol{q}_n$ 是特征函数。结合式（8-43）和式（8-44），可得

$$\boldsymbol{X} \cdot \boldsymbol{q}_n = \lambda_n \boldsymbol{R} \cdot \boldsymbol{q}_n \tag{8-45}$$

且 $\nu_n = 1 + \mathrm{j}\lambda_n$。

如果 $\boldsymbol{X}$ 等于零，则广义本征值方程可改写为

$$\boldsymbol{R} \cdot \boldsymbol{q}_n = \lambda_n \boldsymbol{q}_n \tag{8-46}$$

由于 $\boldsymbol{R}$ 和 $\boldsymbol{X}$ 是实对称矩阵，所以 λ_n 和 $\boldsymbol{q}_n$ 都是实数。此外，特征函数 $\boldsymbol{q}_n$ 与矩阵 $\boldsymbol{R}$、$\boldsymbol{X}$、$\boldsymbol{A}$ 正交。采用矩阵 $\boldsymbol{R}$ 对特征函数 $\boldsymbol{q}_n$ 进行归一化，我们可以得到

$$\boldsymbol{q}_m^{\mathrm{T}} \cdot \boldsymbol{A} \cdot \boldsymbol{q}_n = \begin{cases} (1 + \mathrm{j}\lambda_n)\delta_{mn} & \boldsymbol{X} \neq \boldsymbol{0} \\ \lambda_n \delta_{mn} & \boldsymbol{X} = \boldsymbol{0} \end{cases} \tag{8-47}$$

这里，我们也称 $\boldsymbol{q}_n$ 为特征偶极矩。由外加场 $\vec{E}^{\mathrm{inc}}$ 引起的偶极矩可以写成特征偶极矩的线性叠加的形式，即

$$\boldsymbol{p} = \sum_l \alpha_l \boldsymbol{q}_l \tag{8-48}$$

式中，模态展开系数 α_l 的计算公式为

$$\alpha_l = \begin{cases} \dfrac{V_l^{\mathrm{inc}}}{1 + \mathrm{j}\lambda_l} & \boldsymbol{X} \neq \boldsymbol{0} \\ \dfrac{V_l^{\mathrm{inc}}}{\lambda_l} & \boldsymbol{X} = \boldsymbol{0} \end{cases} \tag{8-49}$$

这里，$V_l^{\text{inc}} = \boldsymbol{q}_l^{\text{T}} \cdot \vec{\boldsymbol{E}}^{\text{inc}}$。将式(8-49)代入式(8-48)中，可以将 RCS 重新表示为

$$\sigma = \begin{cases} 4\pi k^4 \left| \displaystyle\sum_l \frac{V_l^{\text{inc}} V_l^{\text{sca}}}{1 + \text{j}\lambda_l} \right|^2 & \boldsymbol{X} \neq \boldsymbol{0} \\[4mm] 4\pi k^4 \left| \displaystyle\sum_l \frac{V_l^{\text{inc}} V_l^{\text{sca}}}{\lambda_l} \right|^2 & \boldsymbol{X} = \boldsymbol{0} \end{cases} \tag{8-50}$$

由式(8-50)可知，本征值 λ_n 的范围是从 $-\infty$ 到 $+\infty$，它对散射现象非常重要。当 $\lambda_n < 0$ 时，所对应的本征函数存储电能，而当 $\lambda_n > 0$ 时所对应的本征函数存储磁能。而当 $\lambda_n = 0$ 时对应的本征函数散射最强，而当 $\lambda_n = \infty$ 时本征函数成为零模式，不会产生散射场。

为了使具有任意形状和相对介电常数 ε_1 的介质物体产生与另一个具有相对介电常数 ε_e 的物体相同的散射场，在物体表面覆盖一层具有相对介电常数 ε_2 的介电壳，从而使得有覆层物体的形状与幻觉物体的形状相同，如图 8-13 所示。

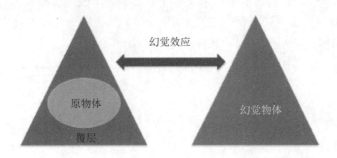

图 8-13　幻觉斗篷示意图[36]

根据 DDA 方法和 CM 方法，当覆层物体的特征值 λ_n 与幻觉物体的特征值相同时，覆层物体和幻觉物体的散射场是相同的。然而，这种严格的条件几乎是不可能实现的。一个合理的、可实现的近似条件就是让覆层物体和幻觉物体的所有特征值之和相同，这意味着覆层物体的系统矩阵的迹与幻觉物体的系统矩阵的迹相等。如果我们忽略系统矩阵中的非对角线元素，可以近似得到如下关系

$$\frac{N_1}{\beta_1} + \frac{N_2}{\beta_2} = \frac{N}{\beta_e} \tag{8-51}$$

其中

$$\beta_s = \frac{4\pi}{3d^3} \frac{\varepsilon_s + 2}{\varepsilon_s - 1} + \frac{k^2}{d}(b_1 + b_2\varepsilon_s) \quad (s = 1,\, 2,\, \text{e}) \tag{8-52}$$

在这里，N 是覆层物体和幻觉物体的偶极矩总数，N_1 和 N_2 分别是原物体和覆层外壳的偶极矩数量。

求解式(8-51)，可以得到覆层外壳的相对介电常数为

$$\varepsilon_2 = \frac{3\beta_2 d^3 - 3k^2(b_1 - b_2)d^2 - 4\pi}{6b_2 k^2 d^2} - \frac{1}{6b_2 k^2 d^2}\{9d^6[(b_1 + b_2)k^2 d^2 -$$

$$18(b_1 + b_2)k^2\beta_2 d^5 + \pi k^2 d^2(24b_1 - 120b_2) + 9\beta_2^2] - 24\pi\beta_2 d^3 + 16\pi^2\}^{\frac{1}{2}}$$

$$\tag{8-53}$$

其中

$$\beta_2 = \frac{N_2 \beta_1 \beta_e}{(N \beta_1 - N_1 \beta_e)} \tag{8-54}$$

将式(8-53)中幻觉物体的相对介电常数 ε_e 设为 1，即可得到对应的隐身条件。

考虑一个相对介电常数为 $\varepsilon_1 = 2.5$ 的酒杯状物体，如图 8-14 所示。为了使该物体隐身，根据式(8-53)设计了一个相对介电常数为 $\varepsilon_2 = 0.76$ 的覆层。如图 8-14(a)和(b)所示，在使用所设计的覆层的情况下，在 xoy 平面的 $\varphi = 0°$ 方向和 xoz 平面的 $\theta = 90°$ 方向的 RCS 减少了 5.8 dB。为了进一步减小覆层物体的散射场，采用式(8-33)给出的优化过程对覆层的相对介电常数进行优化，以实现 RCS 的最小化。该覆层的最优相对介电常数为 $\varepsilon_2 = 0.45$。如图 8-14(a)和(b)所示，通过优化覆层后，在 xoy 平面的 $\varphi = 0°$ 方向和 xoz 平面的 $\theta = 90°$ 方向的 RCS 降低了 14 dB。图 8-14(c)和(d)展示了添加覆层前物体和具有优化覆层的物体之间的近场分布比较，由图可以观察到通过覆层的添加实现了良好的隐身效果。图 8-15 和图 8-16 分别显示了对于 TE 极化波和 TM 极化波倾斜入射下，添加覆层前物体与使用优化覆层的物体的 RCS 比较。由图 8-15 和图 8-16 可以看出，无论入射波的极化程度如何，物体在 $\theta = 0°$ 方向的 RCS 都降低了 10 dB 以上。

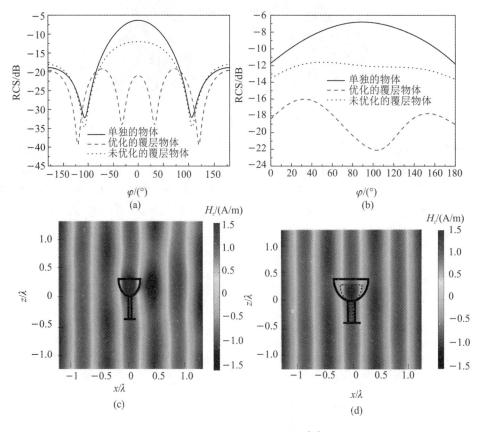

图 8-14 酒杯形物体的隐身[36]

(a) xoy 平面内添加覆层前后物体的 RCS；(b) xoz 平面内添加覆层前后物体的 RCS 比较；

(c) 覆层前的物体的近场分布；(d) 覆层后的物体的近场分布

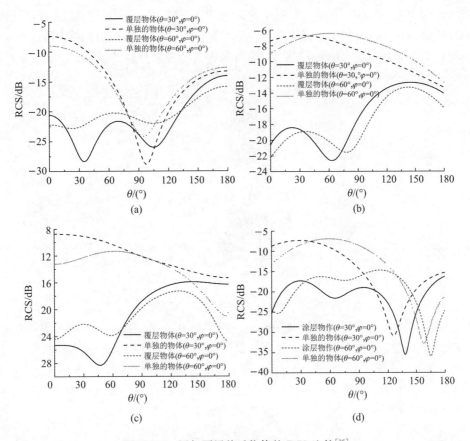

图 8 - 15　添加覆层前后物体的 RCS 比较[36]

（a）TE 极化波在 yoz 平面内的 RCS；（b）TE 极化波下 xoz 平面内的 RCS；
（c）TM 极化波下 yoz 平面内的 RCS；（d）TM 极化波下 xoz 平面内的 RCS

8.3　基于超表面的天线 RCS 减缩

8.3.1　基于超表面的微波吸波器设计

具有出色的吸波性能和超薄微结构的完美超材料吸波体是由 Landy 等人在 2008 年首次提出的[53]，如图 8 - 16 所示。完美超材料吸波体具有良好的吸波能力，其设计思想就是通过改变单元上的电谐振结构和磁谐振结构的尺寸，来调节等效介电常数 $\varepsilon(\omega)$ 和等效磁导率 $\mu(\omega)$，使完美超材料吸波体的等效阻抗与自由空间的阻抗相匹配，同时获得较大的谐振耗散。这样，透射和反射的波同时减小，以使吸收波最大化。在这之后，完美超材料吸波体成为了超材料研究的一个热点方向，目前已经实现了宽入射角吸收[54]、极化不敏感吸收[55]、多波段吸收[56]、宽带吸收[57]和可调谐吸收[58]等特性。为了拓宽完美超材料吸波体的吸收带宽，学者们提出了各种方法。例如，通过在一个晶胞中叠加不同的谐振模式，以扩宽非周期排列的超材料吸波体的带宽。分形和多层超材料结构也已被证明可以增加完美超材料吸波体的带宽。此外，类似于电磁诱导透明现象，采用磁介质基板和混合基板可以在较宽的频带内完全吸收电磁波。将加载集总元件、以布儒斯特角入射的等离子体的会聚效应和强耦合效应等与超材料结构相结合，也可以实现宽带超材料的设计。

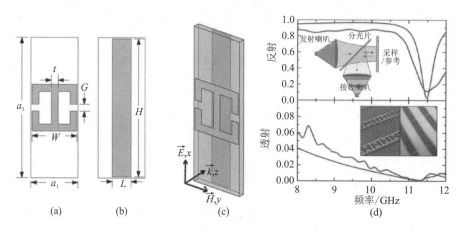

图 8-16　完美超材料吸波体及其性能[53]

本节将介绍一些具有代表性的基于超表面的微波吸波器设计。通过对超表面拓扑结构进行专门设计，微波吸波器可以获得更好的微波吸波性能，同时实现宽角和极化不敏感特性。此外，通过引入超表面结构设计，可以改善传统吸波体的缺陷，如 Salisbury 屏的窄带问题和 Jaumann 吸波体剖面高的问题。在微波频率 ω 下的反射率和透射率可以分别定义为 $R(\omega)=|S_{11}|^2$ 和 $T(\omega)=|S_{21}|^2$。因此，吸收率定义为

$$A(\omega)=1-R(\omega)-T(\omega) \tag{8-55}$$

当所设计的吸波体具有金属背板时，$T(\omega)=|S_{21}|^2=0$，因而 $A(\omega)=1-R(\omega)$。

1. 一种具有四箭头谐振结构的超材料吸波体

这里将介绍一种具有四箭头谐振（tetra-arrow resonator，TAR）结构的新型超材料吸波体，它可以在三种不同的谐振模式下工作[59]。该超材料吸波体具有简单紧凑的几何结构，是由一个被有耗电介质层分隔的两层金属构成的，如图 8-17(a)所示。顶层是 TAR 吸波体的周期性图案，最下面一层是金属地。吸波体的结构参数为 $p=10.2$ mm，$a=10$ mm，

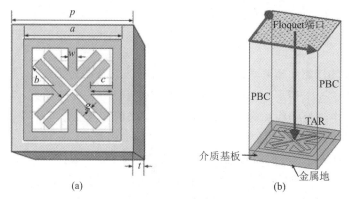

图 8-17　TAR 结构单元

(a) 几何结构；(b) 无限周期模型

$b = 5.5$ mm，$c = 3.34$ mm，$w = 0.5$ mm，$g = 0.28$ mm，$t = 2$ mm。平面电磁波照射到该结构时，可以激发 TAR 吸波体的三种不同谐振模式。如图 8-17(b)所示，我们采用无限周期模型对其进行全波电磁仿真，即在 TAR 吸波体单元周围设置周期边界条件（periodic boundary conditions，PBC）来模拟无限的 TAR 吸波体。通过调整 TAR 结构参数，可以获得一个双波段、极化不敏感、宽入射角范围的超薄吸波体。该吸波体在低频谐振频率处的电厚度约为 $\lambda/69$，在高频谐振频率处的电厚度约为 $\lambda/54$，且在 6.16 GHz 和 7.9 GHz 处吸波体的吸收率接近 100%。此外，在最低谐振频率 2.06 GHz 处，它的吸收率也接近完美，其单元周期长度约为 $\lambda/14$、厚度仅为 $\lambda/74$，实现了单波段超小型吸波体结构。三波段吸收的仿真结果如图 8-18(a)所示。当优化吸波体的周期（$p = 10$ mm）和介质基板的厚度（$t = 0.7$ mm）时，TAR 吸波体具有了两个入射角度稳定性高、极化不敏感的吸波带，如图 8-18(b)和图 8-19 所示。

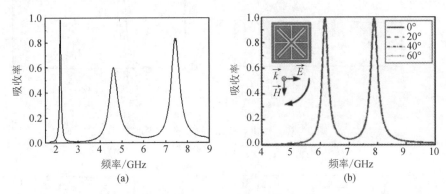

图 8-18　TAR 吸波体的仿真特性

(a) 初始 TAR 吸波体；(b) 优化后 TAR 吸波体（入射角分别为 0°、20°、40°、60°）

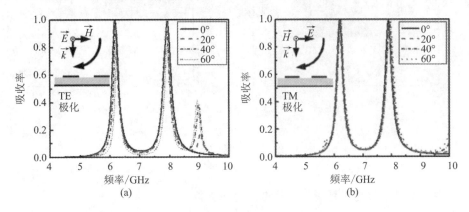

图 8-19　优化后 TAR 在斜入射（入射角分别为 0°、20°、40°、60°）时的仿真特性

(a) TE 极化波；(b) TM 极化波

　　当吸波体的表面阻抗 $Z_{\text{in}} = \eta_0 (1 + S_{11})/(1 - S_{11})$ 与自由空间波阻抗 η_0 匹配时，入射波可以无反射地进入吸波体，进入的入射波能量在有损耗的介质基板中耗散，如图 8-20 (a)所示。为了进一步研究 TAR 的吸收机理，我们对比了两种 TAR 的吸收率。一种是仅保留介质的损耗（$\varepsilon_r = 4.4$ 和 $\tan\delta = 0.02$），结构中的导体采用理想电导体；另一种是仅保留导体的损耗（$\delta = 5.8 \times 10^7$ S/m 的铜），结构中的介质变为无耗（$\varepsilon_r = 4.4$ 和 $\tan\delta = 0$）。从图 8-20(b)中可

以看出，介质基板中的介质损耗对吸收的贡献比金属中的欧姆损耗更显著。我们加工了两种几何尺寸的原型样机，即双波段 TAR 吸波器（$p=15.8$ mm，$a=11$ mm，$b=5.6$ mm，$c=3.5$ mm，$w=0.55$ mm，$g=0.57$ mm，$t=1$ mm）和超小单元的单波段 TAR 吸波器（$p=7.38$ mm，$a=5.8$ mm，$b=2.4$ mm，$c=1.29$ mm，$w=0.5$ mm，$g=0.21$ mm，$t=1$ mm）。对应的测试结果如图 8-21 所示，由图 8-21 我们可以发现在三种谐振模式下 TAR 吸波器都可以达到 90% 以上的吸收率。仿真结果与实验结果吻合较好，这验证了所设计的 TAR 吸波器的实用性和可靠性。这里吸收峰的略微频率偏移主要是加工误差造成的。

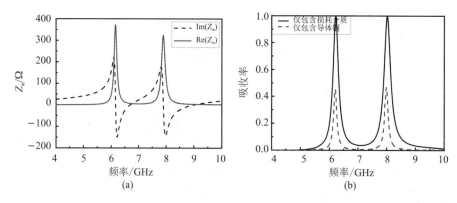

图 8-20　优化后 TAR 的吸收机理研究

（a）仿真等效表面阻抗；（b）吸收损耗贡献的比较

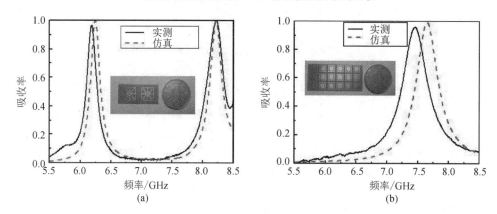

图 8-21　TAR 的实验验证[59]

（a）双波段 TAR 吸波器；（b）具有超小单元的单波段 TAR 吸波器

2. 一种超宽带、极化不敏感、宽角度的薄吸波体

这里提出了一种超宽带、极化不敏感、宽角度的薄吸波体，它由具有三种谐振模式的三层电阻超表面组成[60]。所设计的吸波体的总厚度为 3.8 mm，在最低频率下仅为 0.09λ。吸收率超过 90% 的带宽范围为 7.0～37.4 GHz，相对吸收带宽约为 137%。如图 8-22 所示，所提出的超材料吸波体单元由三层电阻超表面、三层介质基板和金属地组成。金属地由铜制成，其电导率为 $\delta=5.8\times10^7$ S/m，厚度为 0.017 mm。三层介质基板为 F4B，其相对介电常数为 2.65，损耗角正切为 0.001。电阻超表面的表面方阻为 $R_s=100$ Ω/sq。在文献[60]中给出了通过高频结构仿真器（high-srequency structure simulator，HFSS），在周期边界条件(PBC)和 Floquet 端口下获得的超材料吸波体的优化参数。

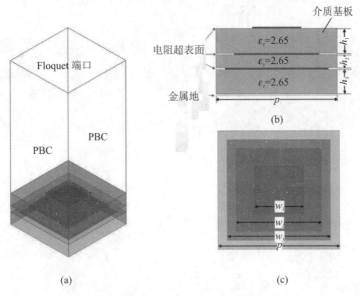

(a)

(b)

(c)

图 8-22　超材料吸波体单元的几何结构[60]

(a) 透视图；(b) 侧视图；(c) 俯视图

该吸波体的三层结构如图 8-23(a)所示。均匀平面波在多层媒质中的传播可类比于多段级联的传输线的传输。因此，等效传输线电路模型可以用于解释该结构的吸波机理，如图 8-23(b)所示。亚波长周期电阻超表面可等效为串联 RLC 电路，介质基板可等效为传输线。通过优化三种串联谐振模式可实现超宽带吸波的设计。

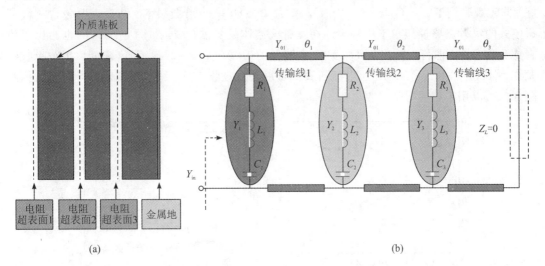

(a)

(b)

图 8-23　所提出的具有三种谐振模式的吸波体的三层吸波体结构和等效传输线电路[60]

根据图 8-23(b)所示的等效电路模型，我们可以得到总的反射系数，即

$$\Gamma = \frac{Y_0 - Y_{in}}{Y_0 + Y_{in}} \tag{8-56}$$

式中：Y_0 为自由空间的波导纳；Y_{in} 为三层吸波体的总等效导纳，可由等效网络参数 $\boldsymbol{S}$ 描述为

$$Y_{\text{in}} = \frac{S_{21}Z_L + S_{22}}{S_{11}Z_L + S_{12}} = \frac{S_{22}}{S_{12}} \quad (Z_L = 0) \tag{8-57}$$

通过将每个网络级联，可得到总网络参数 $\boldsymbol{S}$ 如下：

$$\boldsymbol{S} = \begin{bmatrix} 1 & 0 \\ Y_1 & 1 \end{bmatrix} \begin{bmatrix} \cos\theta_1 & \dfrac{\mathrm{j}\sin\theta_1}{Y_{01}} \\ \mathrm{j}Y_{01}\sin\theta_1 & \cos\theta_1 \end{bmatrix} \begin{bmatrix} 1 & 0 \\ Y_2 & 1 \end{bmatrix} \begin{bmatrix} \cos\theta_2 & \dfrac{\mathrm{j}\sin\theta_2}{Y_{01}} \\ \mathrm{j}Y_{01}\sin\theta_2 & \cos\theta_2 \end{bmatrix}$$

$$\cdot \begin{bmatrix} 1 & 0 \\ Y_3 & 1 \end{bmatrix} \begin{bmatrix} \cos\theta_3 & \dfrac{\mathrm{j}\sin\theta_3}{Y_{01}} \\ \mathrm{j}Y_{01}\sin\theta_3 & \cos\theta_3 \end{bmatrix} = \begin{bmatrix} \boldsymbol{S}_{11} & \boldsymbol{S}_{12} \\ \boldsymbol{S}_{21} & \boldsymbol{S}_{22} \end{bmatrix} \tag{8-58}$$

其中，

$$Y_i = B_i + \mathrm{j}D_i = \frac{1}{R_i + \mathrm{j}(\omega L_i - 1/\omega C_i)} \tag{8-59}$$

$$B_i = \frac{R_i\omega^2 C_i^2}{R_i^2\omega^2 C_i^2 + (\omega^2 L_i C_i - 1)^2} \tag{8-60}$$

$$D_i = -\frac{\omega C_i(\omega^2 L_i C_i - 1)}{R_i^2\omega^2 C_i^2 + (\omega^2 L_i C_i - 1)^2} \tag{8-61}$$

$Y_{01} = Y_0\sqrt{\varepsilon_r}$、$\theta_i = \beta_i h_i$、$\beta_i = 2\pi\sqrt{\varepsilon_r}/\lambda$，$i = 1, 2, 3\cdots$。我们利用式(8-56)至式(8-61)优化集总参数(R_i，L_i，C_i)以使总反射系数 $\varGamma$ 最小。等效电路模型可以借助 ADS(Advanced Design System)来构建和仿真。图 8-24(a)中计算了总等效阻抗，由图可以看出，多层吸波体的等效阻抗在 7.0～37.4 GHz 的频率范围内接近自由空间的波阻抗，实现了良好的匹配。图 8-24(b)对比了 HFSS 全波仿真和 ADS 电路仿真计算出的反射系数，两者吻合较好，同时观察到了 8.4 GHz、24.1 GHz 和 34.3 GHz 三个谐振频率。结果表明包含三种谐振模式的等效电路模型对于所提出的超宽带吸波体是非常有效的。图 8-24(b)也给出了仿真的吸收率，由图可以看出，吸收率超过 90% 的带宽在 7.0～37.4 GHz 之间，相对吸收带宽约为 137%。由此可见，三层电阻超表面可以拓宽吸收带宽，调节阻抗匹配，多模阻抗匹配理论可以用于解释宽带吸收机理。

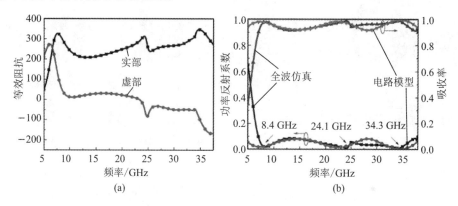

图 8-24 多层吸波体的特性分析

(a) 仿真的等效阻抗；(b) 仿真求解的反射系数和吸收率

为了验证所提出设计的正确性，我们制作了 160 mm×160 mm 大小的吸波体原型样机，如图 8-25 所示。采用丝网印刷技术在介质基板上制备了厚度为 0.03 mm 的电阻超表面。图 8-25 给出了吸波器反射系数的实测和仿真结果。由图可以看出,仿真与实测结果保持一致,测量到的－10 dB 反射系数带宽(对应于吸收率大于 90%的带宽)为 7.2～35.7 GHz。

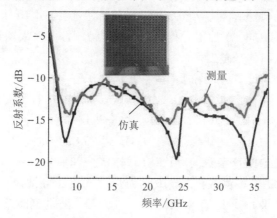

图 8-25　实测和仿真的超材料吸波体的反射系数

3. 一种宽带极化不敏感且低剖面的光学透明超材料吸波体

在包含铜等传统金属的多层超表面吸波体的基础上,本节设计了一种宽带极化不敏感、低剖面的光学透明超材料吸波体。该吸波体是由三层铟锡氧化物(indium tin oxide, ITO)和两层钠钙玻璃基板组成的。利用钠钙玻璃基板的高光学透过率,所设计的吸波体的实测可见光透过率为 86%,紫外透过率为 52%,红外透过率为 98%。该超材料吸波体的总厚度为 3.8 mm,在最低工作频率下的电厚度约为 0.086λ,因此所提出的吸波体具有非常低的剖面,吸收率大于 85%的带宽范围为 6.1～22.1 GHz。

如图 8-26 所示,所提出的透明超材料吸波体单元是由两层介质基板和三层 ITO 组成的,三层 ITO 印刷在介质基板上。所设计的两层介质基板为钠钙玻璃,相对介电常数为 5.5,厚度分别为 h_1 和 h_2。在三层 ITO 中,第 1 层是阻抗为 R_{s1}、边长为 w_1 的方形 ITO 贴片,印刷在上层介质基板的顶部。第 2 层是阻抗为 R_{s2}、具有十字缝隙的方形 ITO 贴片,印刷在上层介质基板底部,其中方形贴片边长为 w_2,十字缝隙间距为 g。第 3 层是阻抗为

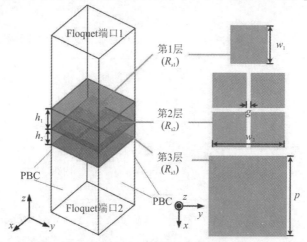

图 8-26　透明超材料吸波体单元的几何结构[61]

R_{s3}、边长为 p 的大方形 ITO 贴片，印刷在下层介质基板底部。第 1、2、3 层 ITO 均被近似看成无厚度的阻抗表面，并附着在介质基板上。应该注意的是，第 2 层 ITO 可以被看作夹在第 1 层和第 2 层玻璃之间，且在第 1 和第 2 层玻璃之间是没有空气间隙的。在制备过程中，ITO 的厚度分别为 10 nm、23 nm、185 nm，对应的表面电阻分别为 $R_{s1}=300\ \Omega/\text{sq}$、$R_{s2}=80\ \Omega/\text{sq}$、$R_{s3}=6\ \Omega/\text{sq}$。在加工过程中，ITO 层被刻蚀并嵌入钠钙玻璃中，以保持第 1 层玻璃和第 2 层玻璃之间的平整度。

为了验证所提出的设计具有良好吸收率，我们制作了一个尺寸为 280 mm×280 mm 的吸波体原型样机，并采用基于时域门的开放场测试方法对其进行了测量，如图 8-27 所示。这里利用 Anritsu Shockline MS46322A 矢量网络分析仪和两对标准增益喇叭天线（工作在 2～18 GHz、18～26.5 GHz），用于覆盖从 5 GHz 到 25 GHz 的宽频带工作频率范围。透明超材料吸波体的实测及仿真 S 参数的对比结果如图 8-28 所示。由图可以看出两个结果保持一致。我们采用光学透过率测量仪 LH1013 对原理样机在可见光、紫外光和红外光频段的光学透过率进行了测量。LH1013 采用广谱红外光源，测量值能反映薄膜在全红外波段的光学性能。LH1013 对红外光、可见光和紫外光的探测分辨率分别为 1%、0.5% 和 0.5%。如图 8-27(b) 所示，测量仪能自动显示可见光、紫外光和红外光三个光学透光值。首先在测量仪器中不放置任何东西，将三种光学透过率标定到 100%。然后将制备好的透明超材料吸波体置于测量仪器中，测得可见光透过率为 86%，紫外光透过率为 52%，红外光透过率为 98%，从而验证了所提出的透明超材料吸波体具有较高透明度。

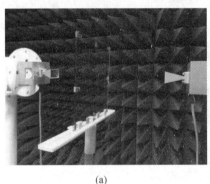

(a)　　　　　　　　　　　(b)

图 8-27　吸波体的测量

(a) 空间波测量方法的实验装置；(b) 透明超材料吸波体的透明度测量

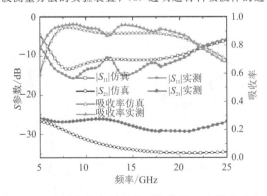

图 8-28　实测和仿真得到的吸波体的 S 参数和吸收率

8.3.2　PMA 与天线的 RCS 减缩

完美超材料吸波体的应用一直是学者们关注的一个重要方向。在波导缝隙天线或微带天线上加载完美超材料吸波体可以降低天线的 RCS。对于完美超材料吸波体而言，加载方法不同，可以获得不同的 RCS 减缩效果。与传统的雷达吸波材料相比，加载完美超材料吸波体的天线可以具有较低的 RCS，同时保持甚至提高天线的辐射性能。目标的 RCS 可以看成一个金属球的等效投影面积，该金属球与目标在同一方向上具有相同的散射功率。天线 RCS（用 σ 表示）可以分为结构模式散射（σ^{st}）和天线模式散射（σ^{an}）[62]，即

$$\sigma = |\sqrt{\sigma^{st}} + \sqrt{\sigma^{an}} \, e^{j\varphi}|^2 \tag{8-62}$$

式中 φ 为两个模式之间的相位差。结构模式散射取决于目标天线的结构特征，如金属的面、角、边等。而天线模式散射则与目标天线的辐射特性相关。天线接收到的功率可以被连接到天线输入端口的源阻抗反射，反射的能量可作为后向散射源进行二次辐射。天线模式散射与天线辐射特性的关系为

$$\sigma_M^{an} = G^2 \Gamma^2 \frac{\lambda^2}{4\pi} \tag{8-63}$$

式中 σ_M^{an} 为与天线模式散射相关的单站 RCS，Γ 为描述源阻抗与天线失配特性的反射系数，G 为天线增益，λ 为波长。由式（8-63）可知，σ_M^{an} 与 G 的平方成正比。在保证工作频段内反射性能和增益性能的前提下，通过抑制结构模式散射可以降低天线的整体带内 RCS。超材料吸波体的反射系数表示为

$$|S_{11}|^2 = \frac{|E^r|^2}{|E^i|^2} \tag{8-64}$$

其中 E^{inc} 是入射场，E^r 是反射场。RCS 的定义式为

$$\sigma = \lim_{R \to \infty} 4\pi r^2 \frac{|E^{sca}|^2}{|E^{inc}|^2} \tag{8-65}$$

式中 E^{sca} 为散射场，r 为探测距离。对于在垂直入射情况下具有 $T(\omega) = 0$ 的完美超材料吸波体而言，其单站 RCS 有 $E^{sca} = E^r$，所以 RCS 可以被重写为

$$\sigma = \lim_{R \to \infty} 4\pi r^2 (1 - A) \tag{8-66}$$

对于理想电导体（perfect electronic conduct，PEC）或铜，A 等于零。因此，与具有同等尺寸的 PEC 板相比，完美超材料吸波体的 RCS 减缩可以通过下式得到

$$\Delta\sigma = -10\log(1 - A) \text{ dB} \tag{8-67}$$

由式（8-67）可知，随着吸收率的增加，RCS 减缩量迅速增加。当 A 为 50% 时，RCS 减缩仅为 3 dB，当 A 为 90% 时，RCS 减缩达到 10 dB。值得注意的是，上述结果均是在理想条件下得到的。在本节中，波导缝隙天线和脊状波导缝隙天线阵列的部分金属地平面上覆盖了完美超材料吸波体，由于完美超材料吸波体具有高吸收率，因此天线的 σ^{st} 可以被明显降低。

1. 超薄 PMA 及其在波导缝隙天线 RCS 减缩中的应用

这里设计了一个超薄完美超材料吸波体，其是由两层被有耗介质基板隔开的金属层构成的[63]。顶层由倾斜 45° 的十字缝隙贴片按周期排列组成，底层是金属地。单元几何结构如图 8-29 所示。有耗介质基板为 FR4 基板，相对介电常数为 $\varepsilon_r = 4.4$，损耗角正切为 $\tan\delta =$

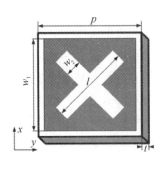

(a)   (b)

图 8-29 超薄完美超材料吸波体的单元结构及其加工样件

0.02。优化后的几何参数为：$p=9$ mm、$w_1=8$ mm、$w_2=1.6$ mm、$l=7.5$ mm、$t=$
0.5 mm。在 5.75 GHz 下，完美超材料吸波体的厚度约为 0.01λ。完美超材料吸波体的金
属部分为电导率为 $\sigma=5.8\times10^7$ S/m 的铜。

我们采用常用的印刷电路板制造工艺，制作了如图 8-29 所示的完美超材料吸波体的
实验装置。图 8-30 给出了超薄完美超材料吸波体的仿真和实测吸收率。由图可以看出，测
量得到的最大吸收率在 5.75 GHz 时为 98.8%，最大值一半处所对应的带宽为 220 MHz，
频率范围为 5.64～5.86 GHz。相对比，仿真得到的最大吸收率为 99.8%。仿真结果与实验
结果吻合较好，这验证了超薄完美超材料吸波体的可行性。需要注意的是，介质基板中的
介质损耗对吸收的贡献比金属损耗更加显著。根据等效电路理论，图 8-31 给出了垂直入射
下提取的归一化的等效阻抗 Z 的实部和虚部。超薄完美超材料吸波体在吸收峰处实现了与自
由空间的近乎完美的阻抗匹配，其中归一化的等效阻抗 Z 的实部接近 1(即 $\mathrm{Re}(Z)\approx1$)，虚部
最小化(即 $\mathrm{Im}(Z)\approx0$)。与自由空间匹配的阻抗保证了入射波在自由空间和完美超材料吸
波体的界面上反射很小。对于所有入射角，该吸波体对 TM 模式表现出比 TE 模式更好的
极化不敏感和宽角度吸收性能[63]。

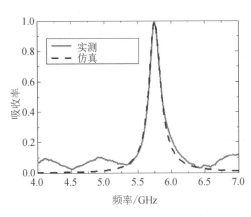

图 8-30 仿真和测量的吸收率

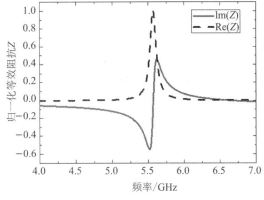

图 8-31 垂直入射情况下仿真的归一化
等效阻抗 Z 的实部和虚部

将超薄完美超材料吸波体加载在波导缝隙天线上可以降低天线的 RCS。天线参数为：
缝隙长 $L=25.6$ mm，缝隙宽 $W=2$ mm。采用一个带有 T 形接头的 C 波段标准波导在尾

部对其馈电，波导宽壁为 40.4 mm，窄壁为 20.2 mm。天线总孔径为 135 mm×135 mm。为了降低缝隙天线的 RCS，在天线的 PEC 接地平面上覆盖超薄完美超材料吸波体，如图 8-32(a)所示。为了使电磁波尽可能地向外空间辐射，同时减小超材料吸波体与缝隙之间的耦合，吸波体与缝隙之间必须留有一定的空间。测量的反射系数如图 8-33 所示。由图 8-33 可以看出，超材料吸波体对天线辐射的影响非常小。中心谐振频率从 5.55 GHz 略微偏移至 5.75 GHz。仿真结果与实测结果之间存在微小误差的原因在于：一方面，仿真模型采用的吸收边界将计算区域截断，而测量则是在自由空间中，两者存在略微的差异；另一方面，天线加工也存在一定的误差。

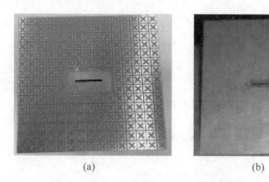

(a)　　　　　　　　　　(b)

图 8-32　有无超材料吸波体的波导缝隙天线的样品

(a) 有超材料吸波体；(b) 无超材料吸波体

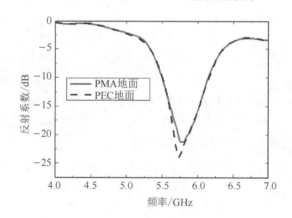

图 8-33　有无超材料吸收体的波导缝隙天线的实测反射系数

图 8-34 示出了具有相同尺寸的 PEC 地和完美超材料吸波体的波导缝隙天线的辐射方向图。测量的频率为 5.75 GHz，该频点处于实际的完美超材料吸波体的吸收带内。采用完美超材料吸波体的天线的增益比采用 PEC 地面的天线的增益低 0.6 dB。这表明，由于超材料结构与缝隙的相互作用，覆盖有完美超材料吸波体的波导缝隙天线的性能略有下降。实验结果表明，带有完美超材料吸波体的缝隙天线基本保持了原有的辐射特性。

图 8-35 给出了有无完美超材料吸波体的波导缝隙天线的单站 RCS 对比。这里入射波垂直入射到天线上。对比无 PMA 的波导缝隙天线，有 PMA 的波导缝隙天线从 5.6 GHz 到 5.87 GHz，其单站 RCS 明显降低了 7 dB 以上，而后向的 RCS 峰值在 5.75 GHz 降低了 14 dBsm，对应于图 8-30 中观察到的高吸收率频带。实验结果表明，完美超材料吸波体能

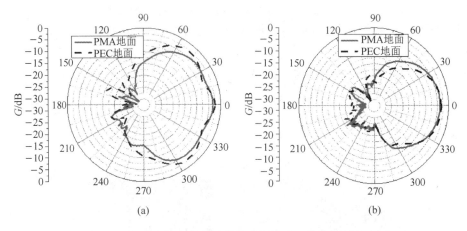

(a)　　　　　　　　　(b)

图 8-34　有无超材料吸波体的波导缝隙天线的辐射方向图

(a) E 面；(b) H 面

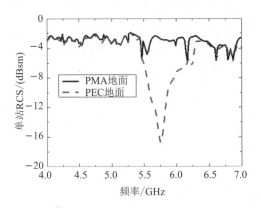

图 8-35　有无超材料吸波体的波导缝隙天线单站 RCS 测量结果对比

够有效地吸收入射波，且采用完美超材料吸波体的波导缝隙天线具有较低的 RCS 特性。

2. PMA 在阵列天线 RCS 减缩中的应用

　　采用上述方法我们设计了一个完美超材料吸波体（在 3.20 GHz 时具有 99.5％的最大吸收率），并将其加载在波导缝隙阵列天线上。图 8-36 描述了有无完美超材料吸波体时的实际波导缝隙阵列天线结构，该天线通过在波导侧面的中间开矩形缝隙实现。波导缝隙阵列天线具有 8×10 个缝隙单元，并从后部通过 T 形接头馈电。波导缝隙阵列天线的 PEC 平

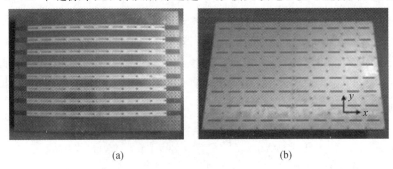

(a)　　　　　　　　　(b)

图 8-36　有无完美超材料吸波体时波导缝隙阵列天线的照片

板整体尺寸为 606 mm×402 mm。为了降低波导缝隙阵列天线的 RCS，在阵列天线的 PEC 上覆盖了完美超材料吸波体。为了避免破坏缝隙的孔径场，这里只在 E 面方向的狭缝之间使用了完美超材料吸波体。此外，为了尽可能地引导电磁波向外空间辐射，同时减小完美超材料吸波体与缝隙之间的耦合，吸波体与缝隙之间必须留有一定的空间。

图 8-37 给出了波导缝隙阵列天线有无完美超材料吸波体情况下实测和仿真的反射系数，由图可知，阵列天线在 3.195 GHz 附近呈现了良好的阻抗匹配。$|S_{11}| \leqslant 10$ dB 的仿真带宽为 3.165～3.239 GHz，实测带宽为 3.160～3.245 GHz。在波导缝隙阵列天线有无完全超材料吸波体的情况下，测量得到的反射系数保持一致，并与仿真结果吻合。结果表明，加载完美超材料吸波体不会破坏阵列天线的性能，这是因为吸波体与缝隙之间存在一定的空间。

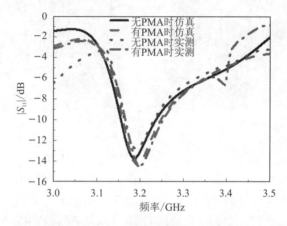

图 8-37　波导缝隙阵列天线有无完美超材料吸波体的情况下实测与仿真的反射系数

将有无完美超材料吸波体的缝隙阵列天线的辐射方向图进行比较，如图 8-38 所示。两阵列天线在 E 面和 H 面辐射方向图类似，具有完美超材料吸波体的阵列天线的仿真增益比具有 PEC 地面的阵列天线的增益低 0.15 dB。相对比，具有完美超材料吸波体的阵列天线的实测增益比具有 PEC 地面的天线阵列的增益提高了 0.77 dB。原因在于，完美超材料吸波体抑制了表面波。实测结果与仿真结果吻合良好，这表明加载的完美超材料吸波体对天线阵列辐射性能的影响较小。

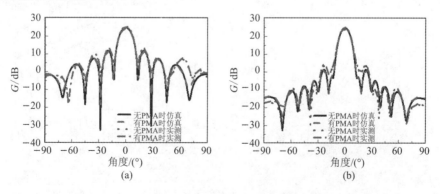

图 8-38　有无完美超材料吸波体时的波导缝隙阵列天线的辐射方向图

（a）E 面；（b）H 面

　　将加载有完美超材料吸波体的阵列天线的散射特性与具有 PEC 地面的阵列天线的散射特性进行比较，两个天线的端口都接同一个匹配负载。在暗室中通过测量加工样机的散射回波来获得 RCS 结果。测量环境如图 8 - 39 所示，采用两个喇叭天线分别作为发射器和接收器，利用喇叭天线的反射系数评估待测阵列天线的单站特性。放置在转台上的阵列天线被入射的电磁波照射，接收喇叭天线可以接收每个旋转角度下的散射波。为了避免额外的散射，在旋转设备上堆叠了圆形泡沫。在测量天线 RCS 之前，采用金属球进行校准以消除测试系统的频率响应误差。需要注意的是，这里采用了时域门来过滤其他物体的反射，并确保只分析来自待测阵列天线的反射。

图 8 - 39　测试环境及设置

　　图 8 - 40(a)和(b)中给出了在垂直入射时两种极化波照射下有无完美超材料吸波体的两种波导缝隙阵列天线的 RCS 随频率的变化曲线。对于水平极化的入射波，天线的 PEC 地面的散射对天线整体 RCS 的贡献最大，这是由于入射电磁波无法在缝隙处激发电压，因此天线的 RCS 的频率响应曲线与 PEC 地面的 RCS 的频率响应曲线类似，如图 8 - 40(a)所示。作为对比，加载了完美超材料吸波体后，从 3.16 GHz 到 3.255 GHz 的带内 RCS 有 6 dB 以上的明显降低，并且在 3.21 GHz 处，由于吸收率较强，后向 RCS 峰值降低了 9.734 dB。对于垂直极化的情况，由于入射电磁波将在缝隙处激发电压，RCS 的频率响应曲线发生波动，如图 8.40(b)所示。同时我们可以看到，加载了完美超材料吸波体后，在 3.175 GHz 到 3.25 GHz 的频带内 RCS 明显降低了 6 dB 以上，并且在 3.195 GHz 处后向 RCS 峰值降低了 9.462 dB。

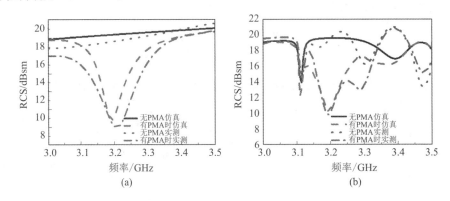

图 8 - 40　有无 PMA 地面时波导缝隙天线阵列的单站 RCS 的结果
(a) 水平极化；(b) 垂直极化

由式(8-65)可知，加载完美超材料吸波体并不能降低天线模式散射，这是因为具有 PMA 的天线的辐射性能并未被明显削弱。另外，由于与结构模式相关的垂直极化下的 RCS 可以通过加载完美超材料吸波体加以抑制，因此天线的带内 RCS 减缩也达到了预期效果。此外，我们还可以看出，天线的 RCS 减缩值与由(8-67)计算的在最大吸收率处的值并不严格对应。值得注意的是，计算值是基于通过仿真无限周期完美超材料吸波体单元得到的理想吸收率。实际上，完美超材料吸波体的加载是不连续的近似周期，这使得具有 PMA 的阵列天线的 RCS 减缩受到了一定的影响。很明显，低 RCS 天线阵列的设计可以很容易地通过在普通天线阵列中加载完美超材料吸波体来实现，而无须完全重新设计。该方法对频率选择表面天线罩在隐身技术中的应用也有一定的补充作用。

3. 分形树状 PMA 及其在微带天线 RCS 减缩中的应用

为了拓宽 PMA 的吸收带宽，这里给出一种基于树状微结构的分形完美超材料吸波体[64]。如图 8-41 所示，分形树状完美超材料吸波体(fractal tree perfect metamaterial absorber, FT-PMA)是由两层基板、一个三维分形金属树状拓扑、四个集总电阻和完整的金属地组成。介质基板采用的是厚度为 2.0 mm 的 FR4 材料。三维分形树状结构如图 8-41(b)和(c)所示。金属为铜，电导率为 5.8×10^7 S/m，厚度为 0.036 mm。顶层中的分形树状结构的宽度为 0.6 mm ($w_1 = 0.6$ mm)，长度为 9.0 mm($l_1 = 9.0$ mm)。四个集总电阻加载到分形树状结构之中。在图 8-41(c)中，铜的宽度为 0.6 mm ($w_2 = 0.6$ mm)，长度为 8.5 mm ($l_2 = 8.5$ mm)。在分形树状结构的顶层和底层的通孔半径为 0.3 mm。四个集总电阻均选 $R = 200$ Ω。我们对该分形树状完美超材料吸波体进行了制备，并在微波暗室中利用自由空间测试法对其进行了测量。如图 8-42 所示，这里使用常用的印刷电路板制造工艺在两个厚度为 2 mm 的基板上对其进行加工。

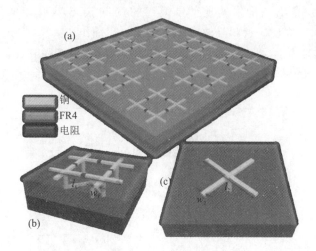

图 8-41　分形树状 PMA

如图 8-43 所示，垂直入射时，在 4.82~12.23 GHz 范围内实测的吸收率大于 0.9，相对吸收带宽为 86.9%。测量结果与仿真结果吻合较好。此外，所提出的宽带超材料吸波体表现出极化不敏感的特性。

分形树状完美超材料吸波体为天线宽频带 RCS 减缩设计提供了一种重要途径。这里基于分形树状 PMA 设计共享孔径人工复合超材料(shared aperture artificial composite

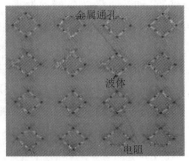

图 8-42 分形树完美超材料吸波体的照片

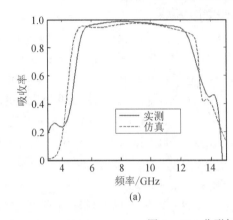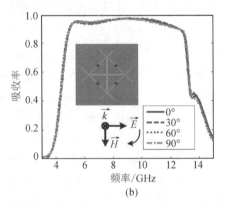

图 8-43 分形树状 PMA 的特性

(a) 实测和仿真吸收率；(b) 仿真的不同极化角度(0°、30°、60°、90°)下的吸收率

metamaterial，SA-ACM)结构来实现微带天线的宽带 RCS 减缩和增益增强的性能[65]。SA-ACM 由分形树状完美超材料吸波体和部分反射表面组成，其中分形树状 PMA 和部分反射表面在垂直维度上共享相同的孔径。SA-ACM 单元的原理图和几何参数如图 8-44 所示，其部分反射表面由蚀刻蚀平行槽的金属地组成。具体的几何参数如下：$h=4$ mm，

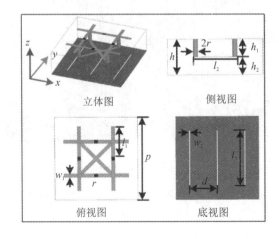

图 8-44 共享孔径人工复合超材料的几何结构

$h_1 = 2 \text{ mm}$，$h_2 = 2 \text{ mm}$，$p = 12 \text{ mm}$，$l_1 = 4.4 \text{ mm}$，$l_2 = 5.55 \text{ mm}$，$l_3 = 8 \text{ mm}$，$w_1 = 0.5 \text{ mm}$，$w_2 = 0.15 \text{ mm}$，$d = 4 \text{ mm}$，$r = 0.3 \text{ mm}$。将 SA-ACM 作为覆层加载到微带天线上后，由部分反射表面和微带天线的金属地构造的法布里–珀罗谐振腔可以提升天线的增益，而分形树状 PMA 则可以通过吸收入射波以获得低 RCS 特性。

　　在实际应用中，高效的吸波体不但需要吸收尽可能多的能量，还要对入射波方向不敏感。因此，需要对当前 SA-ACM 在不同入射角下的性能进行评估。图 8 - 45 展示了 x 和 y 极化下的吸收率，它是频率和入射角度的函数。由图可以看出，SA-ACM 在宽频带范围内的大入射角上具有高的吸收率。此外，图 8 - 46 显示了 SA-ACM 在 x 极化下的反射（S_{22}）特性。由图可以看出，在 9.7 GHz 到 10.2 GHz 的频率范围内，反射幅度超过 0.91，而相应的反射相位从 168.7° 增加到 177.4°。高反射系数和正相位梯度表明，部分反射表面与金属地相结合可用于构建法布里–珀罗谐振腔。此外，在 10 GHz 处的谐振是由上层结构和底层结构之间的耦合引起的，该耦合又是由厚度小于四分之一波长的薄介质板引起的。为了进一步理解耦合关系，图 8 - 47 给出了 xoz 平面和 yoz 平面上的电场分布。由图可以看出，在 x 极化下产生了强电场谐振，使得部分电磁波通过薄介质板传播，而在 y 极化下不产生耦合。这也表明 SA-ACM 适合于线极化天线。

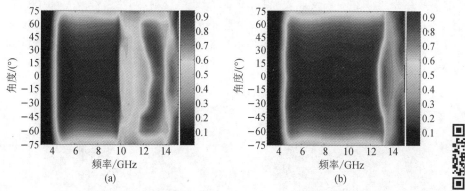

图 8 - 45　仿真的 SA-ACM 吸收率光谱

（a）x 极化；（b）y 极化

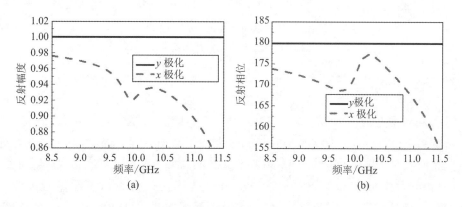

图 8 - 46　SA-ACM 的反射（S_{22}）特性

（a）反射幅度；（b）反射相位

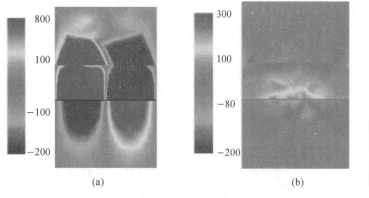

图 8-47　SA-ACM 横截面上的电场分布

(a) xoz 平面；(b) yoz 平面

进一步，我们设计了一个谐振频率为 10.0 GHz 的传统微带天线。天线的基板为 FR4，厚度为 $d=2$ mm。采用 SA-ACM 作为天线上方的覆层，所提出的天线的几何模型如图 8-48(a)所示。整个 SA-ACM 由 5×5 个单元组成，天线的横向尺寸为 60 mm×60 mm。基于 SA-ACM 的仿真结果可知，部分反射表面在 10 GHz 处的反射相位约为 $\varphi_1=174°$，而金属地在 10 GHz 处的反射相位为 $\varphi_2=180°$。天线空腔距离 L 的计算值被优化为 14.1 mm。我们对所提出的天线进行加工，其照片如图 8-48(b)所示。四个尼龙垫片被用于支撑微带天线上方的 SA-ACM。

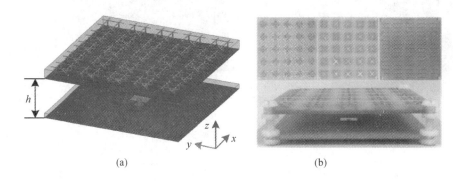

图 8-48　基于 SA-ACM 的天线

(a) 仿真模型；(b) 实物照片

实测和仿真的反射系数如图 8-49(a)所示，其中无 SA-ACM 的天线的仿真带宽为 9.5~10.9 GHz，相对带宽为 14%，而带有 SA-ACM 的天线的仿真带宽为 9.6~10.7 GHz，相对带宽为 10.8%。与无 SA-ACM 的天线相比，带有 SA-ACM 的天线的仿真的中心谐振频率由 10 GHz 偏移到 10.2 GHz。带有 SA-ACM 的天线与无 SA-ACM 的天线相比带宽有所减小，这是由于法布里-珀罗谐振腔的高 Q 因子造成的。天线增益曲线如图 8-49(b)所示。原天线在 9.5~10.9 GHz 内的增益只有约 4 dB。在微带天线上采用 SA-ACM 时，增益明显提高。在 10.2 GHz 附近，最大增益的提升约为 6.6 dB，3 dB 增益带宽为 9.7~10.7 GHz。在有无 SA-ACM 时，所测得的天线反射系数与仿真结果吻合良好。

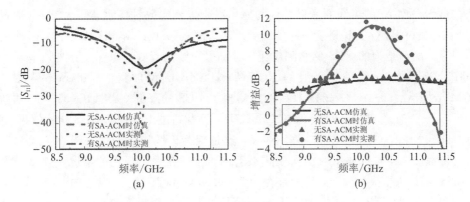

(a)　(b)

图 8-49　有无 SA-ACM 时的天线的反射系数和增益的对比

(a) 反射系数；(b) 增益

对于有无 SA-ACM 的天线，我们测量了 E 面和 H 面的辐射方向图，分别对应 xoz 平面和 yoz 平面。图 8-50 给出了有无 SA-ACM 时的天线的共极化辐射方向图和交叉极化辐射方向图的对比结果。原天线的主瓣在 E 面和 H 面都很宽，而部分反射表面的引入使得天线产生了高定向波束。从 9.7 GHz 和 10.2 GHz 处的辐射方向图中可以观察到，有 SA-ACM 的天线的交叉极化电平在 E 面小于－40 dB，而在 H 面小于－25 dB，这与无 SA-ACM 的天线相似，表明使用 SA-ACM 后，天线辐射方向图的交叉极化保持不变。

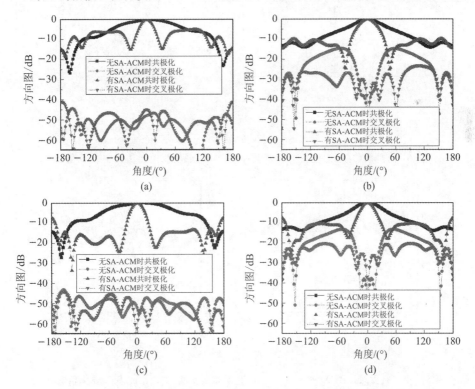

(a)　(b)

(c)　(d)

图 8-50　有无 SA-ACM 时的天线的辐射方向图的比较

(a) 9.7 GHz 时的 E 面；(b) 9.7 GHz 时的 H 面；(c) 10.2 GHz 时的 E 面；

(d) 10.2 GHz 时的 H 面

将加载 SA-ACM 的天线的散射特性与原始微带天线的散射特性进行比较，并通过在暗室中对加工的样件进行反射测量来得到实验结果。图 8-51(a)和(b)给出了在两种极化波垂直入射下，两种结构的 RCS 的实测对比。对于水平极化入射波，当入射波频率从 3 GHz 到 15 GHz 变化时，传统贴片天线的 RCS 从 −14 dBsm 增加到 −4 dBsm。然而，加载 SA-ACM 结构后在 3～15 GHz 的宽频带内实现了 RCS 的降低。从图 8-51 可以看出，在 3.8～5 GHz、6.5～9.8 GHz、12.3～12.9 GHz，都有超过 10 dB 的 RCS 减缩效果。此外，从 9.9 GHz 到 12.2 GHz，RCS 减缩不明显，这是因为天线增益的增加增强了天线模式散射，而吸收率的下降也削弱了对结构模式散射的抑制。在垂直极化的情况下，由于吸收率较强，RCS 减缩同样符合预期，特别是在 5.2～11.9 GHz 有 10 dB 以上的 RCS 减缩，这与吸收率超过 90% 的频带相类似。此外我们还分析了垂直入射时在 8 GHz 处(−90°，+90°)的方位角度范围内，RCS 随角度的变化，如图 8-52 所示。通过使用 SA-ACM，对于两个正交平面上的水平和垂直极化波，天线 RCS 在 −60°≤θ≤60° 的方位角度范围内显著降低，后向 RCS 峰值减小了 10.8 dB。这意味着入射波的大部分能量都被分形树状完美超材料吸波体吸收，而不是散射到其他方向。

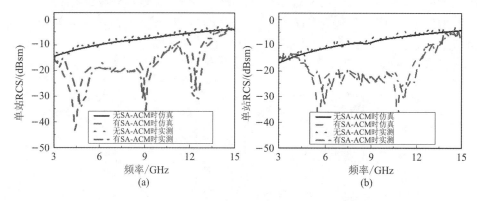

图 8-51　有无 SA-ACM 时的天线的单站 RCS 的比较
(a) 水平极化(单元仿真中 x 极化)；(b) 垂直极化(单元仿真中 y 极化)

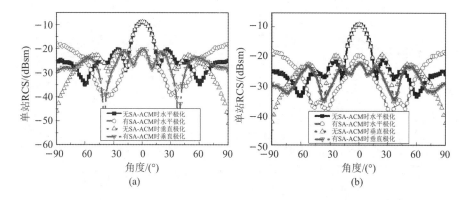

图 8-52　有无 SA-ACM 时的天线在垂直入射下实测的单站 RCS 随方位角的变化
(a) xoz 平面；(b) yoz 平面

8.3.3　AMC 与天线的 RCS 减缩

将 PEC 和人工磁导体(artificial magnetic conductor，AMC)组合在一起可以实现边射方向上的干涉相消，使后向散射能量在被不吸收的情况下被分散到不同的方向上。但是，RCS 减缩的带宽取决于 AMC 的同相反射带宽，而该同相反射只在结构谐振时才会出现。为了克服这一缺点，学者们提出了将不同尺寸或不同几何结构的 AMC 组合在一起来展宽 RCS 减缩带宽[66]。每个 AMC 的反射相位都经过精心设计并相互配合以满足相位相消准则。由于反射相位差不再依赖于谐振，因此可以在宽频带上实现有效相消。到目前为止，反射相位差一般是由至少两种不同的 AMC 结构产生的。

宽带 RCS 减缩的原理在于后向散射相消，这取决于 AMC 的反射相位差。例如，极化相关的 AMC 以栅栏状的布局正交排列。图 8-53 展示了所提出的超表面的示意图。超表面由数个条带组成。相邻的两个条带包含了拓扑结构相同但旋转了 90°的 AMC 单元。当平面波垂直照射超表面时，总反射能量是所有 AMC 条带反射能量的总和。假设两个正交方向的 AMC 的反射方向图相同，根据阵列理论可知，对于具有 $M \times N$ 个单元的天线阵列，总的反射场可以表示为[67]

$$E^r = \mathrm{EP} \cdot \mathrm{AF}_x \cdot \mathrm{AF}_y \tag{8-68}$$

$$\mathrm{AF}_x = \sum_{m=1}^{M} \mathrm{e}^{\mathrm{j}\left[(m-1)(kd\sin\theta\cos\varphi + \delta_x)\right]} \tag{8-69}$$

$$\mathrm{AF}_y = \sum_{n=1}^{N} \mathrm{e}^{\mathrm{j}\left[((n-1)(kd\sin\theta\sin\varphi + \delta_y)\right]} \tag{8-70}$$

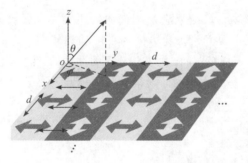

图 8-53　栅栏状超表面示意图(箭头表示 AMC 的排列方向)

其中 EP 是单元方向图，可以近似为 $\cos\theta$ 的形式。AF_x 和 AF_y 分别是 x 和 y 方向的阵列因子，k 是波数，d 是相邻单元之间的距离。单元之间沿 x 和 y 方向的渐进相移分别表示为 δ_x 和 δ_y。最大反射方向 (θ_m, φ_m) 可以由式(8-68)~式(8-70)推导得到，即

$$\theta_m = \pm\arcsin\left(\frac{\sqrt{\delta_x^2 + \delta_y^2}}{kd}\right), \quad \varphi_m = \arctan\left(\frac{\delta_y}{\delta_x}\right) \tag{8-71}$$

特别地，对于栅栏状结构，x 方向上的单元是相同的，所以 $\delta_x = 0$。因此，最大反射方向可以通过下式求得

$$\theta_m = \pm\arcsin\left(\frac{\delta_y}{kd}\right), \quad \varphi_m = 90° \tag{8-72}$$

为了评估法向方向的反射衰减，我们考虑一种简单的情况，即沿 y 方向上仅有两个相

邻单元($\theta=0°$，$\varphi=90°$，$N=2$)。式(8-68)可以简化表示为

$$E^{r} = EP \cdot (1 + e^{j\delta_y}) \tag{8-73}$$

我们可以看到，当$\delta_y = \pm 180°$时，反射波被完全抵消了。然而，由于反射相位随频率变化，$180°$的相位差在宽频带内是不稳定的。通常，与相同尺寸的PEC表面的散射电场E^{sca}相比，10 dB的RCS减缩是一个标准，即

$$10\log\left(\frac{|E^{r}|^2}{|E^{sca}|^2}\right) \leqslant -10 \text{ dB} \tag{8-74}$$

因此，有效反射相位差推导为

$$143° \leqslant |\delta_y| \leqslant 217° \tag{8-75}$$

这里，我们以$180°\pm30°$为标准开展后续的分析。应注意的是，减缩是依赖于相位差的动态变化，而不是精确值，因此工作频带也将会有所扩展。

1. 极化相关 AMC 及其在天线 RCS 减缩中的应用

传统的AMC结构通常由对称的几何结构组成，因此它们对任意极化的垂直入射平面波具有相同的相位响应。对于相位相消的情况，根据式(8-73)可知，至少要引入两个不相等的相位(φ_1和φ_2)。因此，应该仔细设计两种AMC结构。这里，我们设计了最简单的矩形贴片单元来实现极化相关的AMC设计[67]。图8-54(a)显示了矩形贴片单元的几何结构。顶层是一个矩形金属贴片，其中p_x和p_y分别为沿x轴和y轴的边长。介质基板为F4B-2，介电常数为2.65，损耗角正切为0.001，尺寸为10 mm×10 mm×3 mm。底部覆盖着一层完整的金属地，使得电磁波无法穿透。图8-54(b)展示了x极化和y极化入射下的反射幅度和相位。在4~8 GHz范围内，两个极化的幅度都保持在0.995以上，这意味着能量几乎被反射且没有被吸收。该结果满足相消原理中对单元的要求。对于矩形贴片单元，感性分量和容性分量主要与贴片沿极化方向的长度和相邻贴片之间的间隙相关。由于单元几何不对称，反射相位对入射波的极化表现出明显的相关性。当x极化入射时，在4.56 GHz处出现零值，而当y极化入射时，同相反射的频点上移至6.92 GHz。

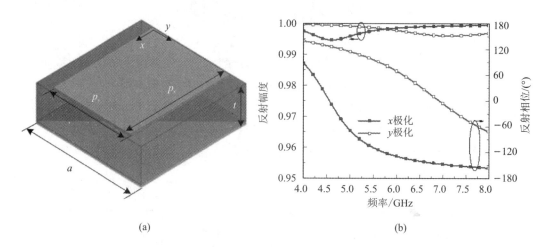

图8-54 矩形贴片单元的几何结构及其对x极化和y极化平面波的反射特性

栅栏状超表面如图8-55(a)所示，它由六个条带组成，每个条带包含24×4个优化后的极化相关的AMC单元，相邻两个条带中的单元正交排列以产生所需的相位差。超表面

的整体尺寸为 240 mm×240 mm×3 mm。图 8-55(b)显示了平面波垂直入射下的超表面 RCS，以及相同尺寸的金属表面的 RCS。在 4～8 GHz 范围内，两种极化下超表面的 RCS 都得到了明显的降低，但由于宏观布局的不对称，它们的曲线有所不同。在 x 极化情况下，在 4.72～7.02 GHz 的频带内 RCS 降低了近 10 dB。在 5.10 GHz 处可获得 39 dB 的最大降幅。6.10 GHz 附近 RCS 减缩性能的恶化是由相邻条带之间的强耦合造成的。在 y 极化的情况下，10 dB 的减缩带宽为 5.08～6.47 GHz，减缩的最大值为 24 dB，发生在 5.68 GHz 处。

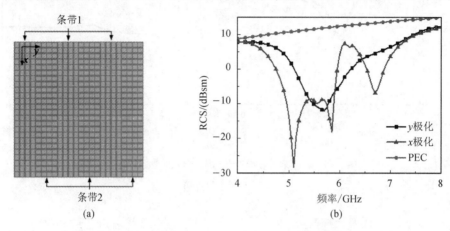

图 8-55　栅栏状超表面的布局和垂直入射下的 RCS 仿真结果

图 8-56 为超表面缝隙天线(metasurface-slot antenna，MS-slot 天线)的结构。天线孔径是一个 120 mm×120 mm 的栅栏状超表面，它由三个条带组成，中间条带中的单元与其他两个条带的单元正交放置。天线的辐射是由一个位于中心处尺寸为 25.6 mm×2 mm 的缝隙产生，一个 C 波段标准波导从后部对其进行馈电。为了比较和分析超表面的性能，我们将一个带有相同尺寸的金属地的天线作为参考天线。

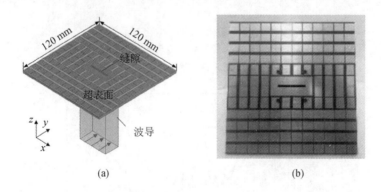

图 8-56　超表面缝隙天线的布局和超表面缝隙天线装置的照片

使用矢量网络分析仪 Agilent N5230C 测量天线的 S_{11} 参数，如图 8-57(a)所示。由于超表面与缝隙之间的耦合，超表面缝隙天线的 -10 dB 带宽范围为 5.42～5.84 GHz。超表面缝隙天线的带宽比参考天线宽 70 MHz。图 8-57(b)展示了天线的增益随频率的变化关系。MS-slot 天线在工作频段内具有稳定的增益，并始终比参考天线高约 3 dB。图 8-58 展示了在 5.58 GHz 处 MS-slot 天线和参考天线的实测方向图的对比结果。由图可以观察到，

MS-slot 天线在边射方向上具有更加窄的波束，使得增益得到增强。图 8-59 显示了 MS-slot 天线与带有金属地的参考天线相比的 RCS 减缩性能。6 dB 的 RCS 减缩抑制频带为 4.35～7.80 GHz，相对带宽为 56.8%。实验结果验证了超表面在天线增益增强和 RCS 减缩方面的有效作用。

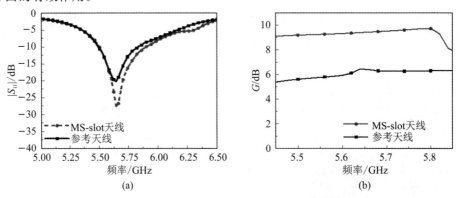

图 8-57　有无超表面时的缝隙天线的实测特性比较

（a）S 参数；（b）增益

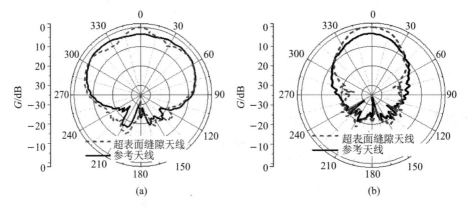

图 8-58　实测辐射方向图的比较

（a）E 面；（b）H 面

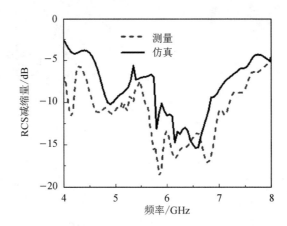

图 8-59　超表面缝隙天线与参考天线相比的 RCS 减缩性能

2. PID-AMC 及其在天线阵 RCS 减缩中的应用

下面介绍一种在维持波导缝隙阵列天线的辐射性能的同时实现超宽带 RCS 减缩的方法。我们设计了三种人工磁导体结构，它们是由三种谐振在不同频率的基本单元组成的，这些单元排列成一种新颖的正方形-三角形阵列结构，用于实现一种复合的超表面。该超表面基于相位相消原理实现了超宽带的低雷达信号特性。实验结果表明，在采用复合超表面覆盖部分阵列天线后，共极化和交叉极化的入射波能量均被抵消，从而实现了带内和带外的超宽带 RCS 减缩，同时保持良好的辐射性能。

这里设计了三种具有不同谐振频率的 AMC 结构来实现超宽带 RCS 减缩[68]。三种 AMC 结构的亚波长单元的详细尺寸如图 8 - 60(a)所示，三种 AMC 结构分别命名为 AMC1、AMC2 和 AMC3。每个亚波长单元均是由一个介质基板隔开的两个金属层组成，介质基板的介电常数为 2.65，损耗角正切为 0.002。在三种单元中，介质基板的尺寸都相同，顶部金属层具有不同的形状，底部都有一个完整的金属地作为背板，以确保电磁波无法穿透。它们详细的几何尺寸为：$P=9$ mm，$a=1.4$ mm，$a_1=2.45$ mm，$b=0.6$ mm，$b_1=2.4$ mm，$b_2=0.86$ mm，$W=0.4$ mm，$W_1=0.7$ mm，$W_2=1$ mm，$W_3=1$ mm，$L_1=7.6$ mm，$L_2=2.44$ mm，$L_3=1.1$ mm。整体阵列按照正方形-三角形的布局进行布阵，如图 8 - 60(b)所示。

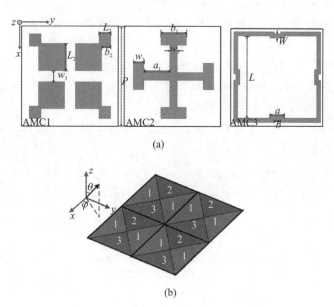

(a)

(b)

图 8 - 60　AMC 结构及其阵列布局

(a) 几何结构和尺寸；(b) 正方形-三角形阵列结构示意图

图 8 - 61 显示了周期边界包围下的每个亚波长单元在 x 极化和 y 极化入射波照射时的反射幅度和相位。对于两种极化入射波而言，每个单元在 2~21.5 GHz 范围内的幅度均保持在 0.98 左右，表明能量几乎被反射且没有被吸收。这些结果满足相位相消的要求。由图 8 - 61 可以观察到，AMC1 只在 10.9 GHz 处有一个 0°反射相位点，而 AMC2 分别在 7.15 GHz 和 18 GHz 处有两个 0°反射相位点，AMC3 分别在 3.98 GHz 和 19.18 GHz 处有两个 0°反射相位点。不同的谐振状态在超宽带范围内产生了所需的相位差，如图 8 - 62 所

示。对于垂直入射而言，除了在 4.2～6.9 GHz 之外，三个亚波长单元中每两种单元之间的相位差范围为 180°±30° 的频带都覆盖了 3.98～18.84 GHz。

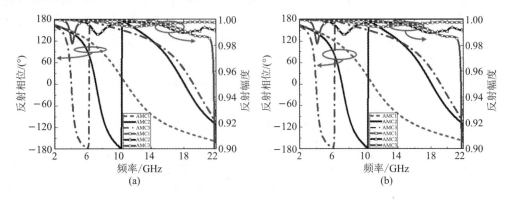

图 8-61 三种 AMC 单元的反射特性

(a) x 极化入射；(b) y 极化入射

考虑到这三种 AMC 亚波长单元在天线阵中的应用，将它们排列成正方形-三角形混合的棋盘状结构，使之能够放置在阵元之间的有限空间中。为了平衡在低频段和高频段内的 RCS 减缩性能以最大化地实现 RCS 减缩，根据图 8-62 中仿真得到的反射相位差，将 AMC1 放置在正方形-三角形结构的中间，它占整个单元结构的四分之二的面积。这样一来，AMC1 总是可以被 AMC2 和 AMC3 所包围，从而在尽可能宽的频带内产生所需的相位差，如图 8-60(b)所示。此外，该布局能显著减小镜向方向上的电磁回波，并保证在后向的空间中散射能量更均匀地分布，进而有助于双站探测下的隐身。值得指出的是，这三种 AMC 结构也可以被排列为其他的阵列形式。

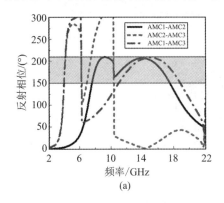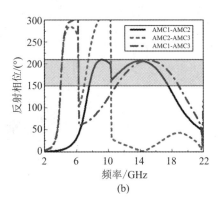

图 8-62 三个 AMC 单元中每两个单元间的反射相位差

(a) x 极化入射；(b) y 极化入射

考虑到容纳超表面(MS)的空间有限，每个 AMC 结构在应用于波导缝隙阵列天线(waveguide slot antenna array，WGSAA)时包含 4 个亚波长单元。加工的原型如图 8-63 所示，在原始天线上制备并安装了 7 个相同的超表面条带。每个条带均由 4×68 个亚波长单元组成，大小为 36 mm×615 mm。对于带有超表面的天线，测量得到的阵列天线的频率范围为 3.165～3.297 GHz，比原始天线宽 24 MHz，如图 8-64 所示。图 8-65 给出了有无超表面的波导缝隙天线阵列在 3.2 GHz 处的辐射方向图。由图 8-65 可以看出，超表面的加载使波导缝隙阵列天线在 E 面上的天线增益增加了 0.77 dB。

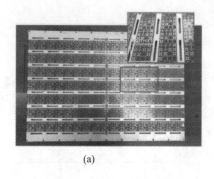 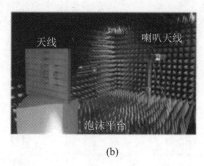

(a)　　　　　　　　　　　　　(b)

图 8-63　加载超表面的 WGSAA 加工实物与测试环境

（a）实物照片；（b）测试环境的照片

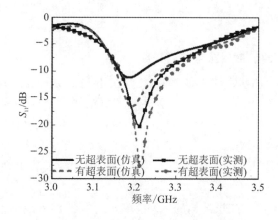

图 8-64　实测与仿真的 S_{11} 参数的比较

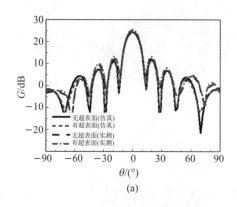 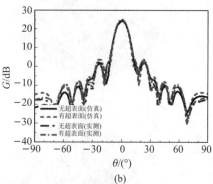

(a)　　　　　　　　　　　　　(b)

图 8-65　实测与仿真的辐射方向图的比较

（a）E 面；（b）H 面

为了评估散射性能，图 8-66 给出了 RCS 减缩的实测结果。对于交叉极化（电场沿 y 轴）和共极化（电场沿 x 轴）的入射波，分别在 10.12～18 GHz、7.2～18 GHz 的范围内实现了 6 dB 的 RCS 减缩。同时，对共极化的入射波，实现了带内的 RCS 减缩，RCS 减缩的最大值可达 −5.8 dB。这是因为共极化入射波在缝隙处产生了电压，从而实现基于相位抵消的 RCS 减缩。

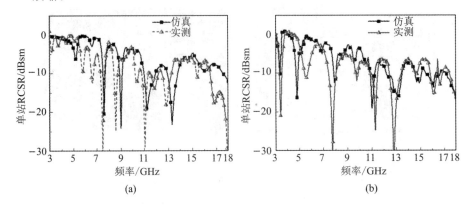

(a)   (b)

图 8 − 66 有无超表面加载的阵列天线实测和仿真的 RCS 对比
(a) 交叉极化入射；(b) 共极化入射

3. 基于编码 AMC 的低散射微带阵列天线

为了保证辐射特性，AMC 和天线都应工作在不同的频率上。这里设计一款工作在 3 GHz 的低剖面微带阵列天线，当将其放置在构建好的平台上时，最大限度地减小它在 X 波段(8～12 GHz)内的 RCS[69]。利用相位相消原理，我们设计了由两种不同结构组成的编码 AMC 地板。采用编码 AMC 地板的低散射微带阵列天线，利用 AMC 地板的宽带漫散射特性，可以降低天线的带外 RCS。采用该方法不会影响天线的辐射性能，且不会增加天线的孔径尺寸。

图 8 − 67(a)给出了两种三层结构的 AMC 单元。耶路撒冷十字金属贴片构成了 AMC1

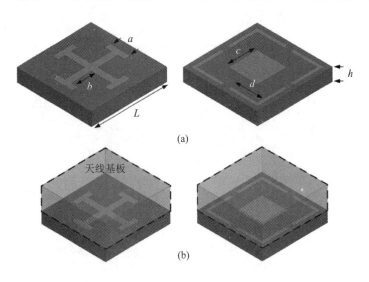

(a)

(b)

图 8 − 67 两种 AMC 单元
(a) 两种 AMC 单元的结构；(b) 具有上层天线基板的 AMC 结构

单元，带有间隙的方环和贴片构成 AMC2 单元。它们被印刷在 PTFE 介质基板上，介质基板厚度为 $h=1.5$ mm。基板的底面是完整的铜地板。AMC 单元的几何尺寸如下：$a=2.4$ mm、$b=2.4$ mm、$c=3.5$ mm、$d=3.2$ mm、$L=9$ mm。

图 8-68 为具有天线基板的两个 AMC 结构的反射相位。天线及其阵列的基板为 PTFE，其介电常数为 2.65，损耗角正切为 0.001，厚度为 3 mm。从图 8-68 中可以看出，两条曲线都向低频偏移，这是因为天线基板成了 AMC 的一部分，增加了整体的厚度。在 $6\sim14$ GHz（包括了 X 波段），两种 AMC 结构产生了所需的相位差。根据编码超表面的概念，编码 AMC 地板应通过优化两种 AMC 结构的布局来降低阵列天线的 RCS。

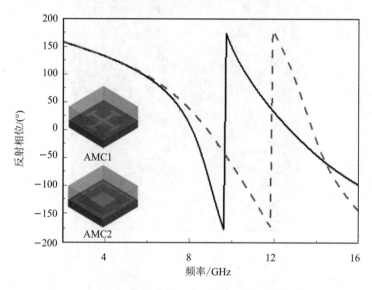

图 8-68　具有天线基板的两种 AMC 的反射相位

两种 AMC 结构分别被定义为比特"0"和"1"单元。为了满足单元仿真中的周期边界，这里采用了包含 5×5 个相同单元的超单元作为比特"0"和"1"单元，整个 AMC 地面由 4×4 个超单元组成，其散射方向图为

$$F(\theta,\varphi)=\sum_{m,n}A_{mn}e^{j\varphi_{\theta,\varphi}}e^{j\varphi_{mn}\pi} \tag{8-76}$$

$$\varphi_{\theta,\varphi}=\frac{2\pi}{\lambda}x_m(\sin\theta\cos\varphi-\sin\theta_{inc}\cos\varphi_{inc})+\frac{2\pi}{\lambda}y_n(\sin\theta\sin\varphi-\sin\theta_{inc}\sin\varphi_{inc}) \tag{8-77}$$

其中 $A_{mn}=1$，φ_{mn} 为 0 或 1，对应于阵列中的比特 0"或"1"单元，θ_{inc} 和 φ_{inc} 为入射波的俯仰角和方位角。此外，这里 $x_m=(m-0.5(M+1))d$、$y_n=(n-0.5(M+1))d$ 和 $d=0.3\lambda_{10\,GHz}$。为了将入射能量均匀地散射到各个方向上，将散射场的峰值看成一个目标函数。这里采用粒子群优化（Particle swarm optimization，PSO）算法设计 AMC 的最优布局，使得目标函数达到最小值，如图 8-69 所示。将优化的 AMC 加载在 2×2 微带阵列天线下方，其中 e 和 L_a 为方形金属贴片的宽度和天线单元的宽度（$e=27$ mm，$L_a=90$ mm）。辐射贴片由同轴探针从基板底部通过 SMA 探针馈电，如图 8-70 所示。

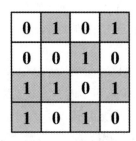

(a)

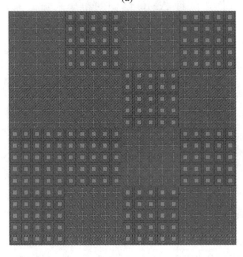

(b)

图 8-69 最优 AMC 地面的几何结构

（a）两种比特单元的分布；（b）结构布局

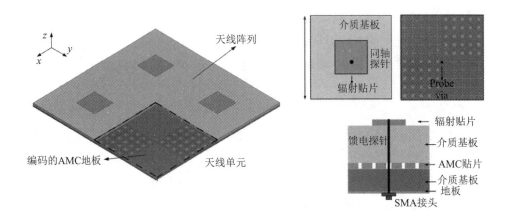

图 8-70 低散射天线阵列的几何结构

对所设计的天线阵进行加工，原型如图 8-71 所示。整个阵列由两部分组成，上层为 2×2 天线阵列辐射贴片，下层为编码 AMC 地板，两部分用塑料螺钉连接。图 8-72 给出了

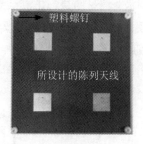

图 8 - 71　加工的低散射天线阵的原型

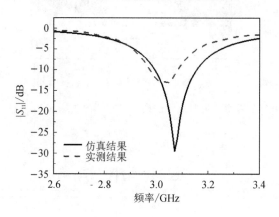

图 8 - 72　仿真反射系数与实测反射系数的比较

该低散射微带阵列天线的仿真反射系数和实测反射系数。加载编码 AMC 地板的阵列天线阻抗带宽为 2.99～3.16 GHz。在暗室中测量了该阵列天线在 3.05 GHz 时的辐射方向图。利用 1 分 4 的功分器来给天线单元等功率馈电。结果如图 8 - 73 所示，实测结果与仿真结果吻合良好。最大增益都维持在 14.13 dBi 左右，同时，有无超表面的两个阵列在 xoz 和 yoz 平面上的辐射特性几乎相同。

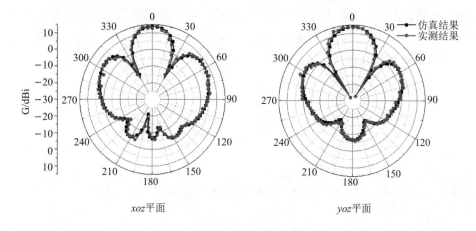

图 8 - 73　仿真和实测的辐射方向图

在图 8 - 74 中给出了加载编码 AMC 地板的阵列天线的单站 RCS 减缩的仿真与测量曲

线。对于 x 极化入射波，测量结果与仿真结果吻合良好。对于 y 极化入射波，在 12～14 GHz 内存在误差。产生误差的原因是由仿真与实测环境的差异以及阵列天线加工的制造公差和测量的误差所导致的。

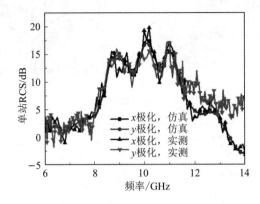

图 8-74　垂直入射时测量的两个极化下的单站 RCS 减缩特性

本 章 小 结

　　本章讨论了用于隐身的斗篷装置和用于 RCS 减缩的基于超表面的装置。通过坐标变换的方法，设计了小型化斗篷、幻觉斗篷和三维斗篷，用于实现完美隐身和幻觉效果。互补斗篷的主要挑战是材料参数的复杂性，作为对比，散射相消提供了一种简单隐身设计方法，通过将设计的均匀材料壳层包裹在目标物体上来实现隐身性能。我们分别采用 Mie 级数展开法对规则形状物体和特征模法对任意形状物体设计隐身斗篷，解析推导了两种目标的隐身斗篷和幻觉斗篷的解析公式，同时给出了通过优化覆层的材料参数来获得最佳的隐身和幻觉性能。此外，通过在微带阵列天线和波导缝隙阵列天线上加载完美超材料吸波体和人工磁导体结构，实现其雷达散射截面的减缩。实测与仿真的结果吻合良好，这也意味着基于吸波和散射抵消的两种超材料加载方式能够有效降低阵列天线的散射特性。

习 题

　　1. 球形隐身斗篷如图 8-75 所示，从虚拟空间 r 到真实空间 r' 的坐标变换为

$$r' = \frac{b-a}{b}r + a$$

其中 $0 \leqslant r \leqslant b$，$a \leqslant r' \leqslant b$。若虚拟空间的媒质为空气，利用式(8-1)求解真实空间的媒质。

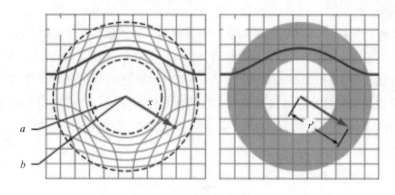

图 8-75　球形的光学变换

2. 试推导柱面波叠加公式，即

$$e^{-jkx} = \sum_{n=-\infty}^{\infty} j^{-n} J_n(k\rho) e^{jn\varphi}$$

3. 试推导 TM 极化波照射下无限长均匀介质柱的 Mie 级数的散射系数，即式(8-22)。

4. 对于一个放置在空气中的两层圆柱，最内层的媒质为 $\varepsilon_1 = 4\varepsilon_0$，$\mu_1 = 0.2\mu_0$，最外层的媒质为 $\varepsilon_1 = 2\varepsilon_0$，$\mu_1 = 0.8\mu_0$，半径比 $r_2/r_1 = \sqrt{2}$，$r_1 = \lambda_0/20$。要想两层圆柱在 300 MHz 实现隐身，则覆层的媒质参数是多少？这里假设覆层的半径为 $r = \lambda_0/10$。

5. 计算覆层的媒质参数使得一个内核为导体、外部覆盖三层媒质的球体与半径为 $4\lambda_0/15$、介电常数为 $3.874\varepsilon_0$ 的球体具有相同的散射场。这里多层球从内到外的介电常数分别为($\varepsilon_r = 17.5$，$\varepsilon_\theta = \varepsilon_\varphi = 14$)，($\varepsilon_r = 13.33$，$\varepsilon_\theta = \varepsilon_\varphi = 10$)，($\varepsilon_r = 8$，$\varepsilon_\theta = \varepsilon_\varphi = 4$)，每一层的半径分别为 $\lambda_0/15$，$\lambda_0/10$，$2\lambda_0/15$，$3\lambda_0/15$。

6. 考虑一个边长为 $0.2\lambda_0$ 的介质立方体，相对介电常数为 $\varepsilon_1 = 4.96$，其中心置于坐标原点。为了让立方体隐身，在其外部添加了一层厚度为 $0.1\lambda_0$ 的立方体壳，求解覆层的介电常数，并计算在波长为 $\lambda_0 = 30.2\ \mu m$ 的 TE 极化波沿 x 轴垂直照射下 xoy 面上的近场分布。

7. 采用仿真软件计算图 8-22 所示的多层吸波结构在 TE 和 TM 波斜入射情况下的 S_{11}。其中吸波体的结构参数为 $p = 8$ mm，$w_1 = 3.2$ mm，$w_2 = 5.6$ mm，$w_3 = 6.8$ mm，$h_1 = 1.5$ mm，$h_2 = 0.8$ mm，$h_3 = 1.5$ mm，介质基板的相对介电常数为 2.65，损耗角正切为 0.001，每一层的电阻超表面的表面方阻为 100 Ω/sq，底层金属地的电导率为 5.8×10^7 S/m。入射角分别为 15°，30°，45°，频率范围为 5～37.5 GHz。

8. 根据公式(8-56)至式(8-61)，利用 ADS 仿真软件，提取图 8-22 所示的结构的等效电路参数，并分别采用全波仿真和等效电路求解多层吸波结构的 S_{11}。

9. 利用全波仿真软件计算如图 8-55 所示的超表面和等尺寸的金属地在 TE 和 TM 极化波斜入射下的单站 RCS 结果。入射角分别为 15°，30°，45°，频率范围为 4～8 GHz。这里超表面由 6 个条带组成，每个条带包含 24×4 个 AMC 单元。每个 AMC 单元的介质基板为 F4B，相对介电常数为 2.65，损耗角正切为 0.001，$a = 10$ mm，$t = 3$ mm，$p_x = 9.5$ mm，

$p_y = 7.4$ mm。

10. 将习题 9 中的 AMC 单元组阵构成一个超表面阵列加载在波导缝隙天线的口径面上。这里超表面由 3 个条带组成，每个条带包含 12×4 个 AMC 单元，整体尺寸为 120 mm×120 mm。波导的尺寸为 40.386 mm×20.193 mm，口径面上的辐射缝隙尺寸为 25.6 mm×2 mm。利用全波仿真软件计算加载超表面前后的波导缝隙天线对于 TE 和 TM 极化波斜入射下的单站 RCS 结果。入射角分别为 15°，30°，45°，频率范围为 5～6 GHz。

参 考 文 献

[1] LI S J，CAO X Y，GAO J，et al. Analysis and design of three-layer perfect metamaterial-inspired absorber based on double split-serration-rings structure[J]. IEEE Transactions on Antennas and Propagation，2015，63(11)：5155 – 5160.

[2]   LI S J，GAO J，CAO X Y，et al. Hybrid metamaterial device with wideband absorption and multiband transmission based on spoof surface plasmon polaritons and perfect absorber[J]. Applied Physics Letters，2015，106(18)：181103.

[3] LIU T，CAO X Y，GAO J，et al. Design of miniaturized broadband and high gain metamaterial patch antenna[J]. Microwave and Optical Technology Letters，2011，53(12)：2858 – 2861.

[4] ZHENG Y，GAO J，CAO X，et al. Wideband RCS reduction and gain enhancement microstrip antenna using chessboard configuration superstrate[J]. Microwave and Optical Technology Letters，2015，57(7)：1738 – 1741.

[5] ZHENG Y，GAO J，ZHOUY，et al. Wideband gain enhancement and RCS reduction of Fabry-Perot resonator antenna with chessboard arranged metamaterial superstrate [J]. IEEE Transactions on Antennas and Propagation，2017，66(2)：590 – 599.

[6] LIU X，GAO J，XUL，et al. A coding diffuse metasurface for RCS reduction[J]. IEEE Antennas and Wireless Propagation Letters，2016，16：724 – 727.

[7] PENDRY J B，SCHURIG D，SMITH D R. Controlling electromagnetic fields[J]. Science，2006，312(5781)：1780 – 1782.

[8] SCHURIG D，MOCK JJ，JUSTICE B J，et al. Metamaterial electromagnetic cloak at microwave frequencies[J]. Science，2006，314(5801)：977 – 980.

[9] SCHURIG D，MOCK JJ，JUSTICE B J，et al. Metamaterial electromagnetic cloak at microwave frequencies[J]. Science，2006，314(5801)：977 – 980.

[10] CUMMER S A，POPA B I，SCHURIG D，et al. Full-wave simulations of electromagnetic cloaking structures[J]. Physical Review E，2006，74(3)：036621.

[11]　SCHURIG D, PENDRY J B, SMITH DR. Calculation of material properties and ray tracing in transformation media[J]. Optics Express, 2006, 14(21): 9794 - 9804.

[12]　JIANG W X, CUI T J, YANG X M, et al. Invisibility cloak without singularity [J]. Applied Physics Letters, 2008, 93(19): 194102.

[13]　LIU R, JI C, MOCK JJ, et al. Broadband ground-plane cloak[J]. Science, 2009, 323(5912): 366 - 369.

[14]　LI J, PENDRY J B. Hiding under the carpet: a new strategy for cloaking[J]. Physical Review Letters, 2008, 101(20): 203901.

[15]　CHEN H, LUO X, MAH, et al. The anti-cloak[J]. Optics Express, 2008, 16 (19): 14603 - 14608.

[16]　CASTALDI G, GALLINA I, GALDI V, et al. Cloak/anti-cloak interactions[J]. Optics Express, 2009, 17(5): 3101 - 3114.

[17]　CUI T, SMITH D, LIUR, Metamaterials theory, design, and applications[M]. New York: Springer, 2010.

[18]　WERNER D H AND KWON D.　　Transformation　electromagnetics　and metamaterials[M]. London: Springer, 2013.

[19]　LAI Y, CHEN H, ZHANG Z Q, et al. Complementary media invisibility cloak that cloaks objects at a distance outside the cloaking shell[J]. Physical Review Letters, 2009, 102(9): 093901.

[20]　SHI Y, TANG W, LIANG C H. A minimized invisibility complementary cloak with a composite shape[J]. IEEE Antennas and Wireless Propagation Letters, 2014, 13: 1800 - 1803.

[21]　SHI Y, ZHANG L, TANG W, et al. Design of a minimized complementary illusion cloak with arbitrary position[J]. International Journal of Antennas and Propagation, 2015, 2015.

[22]　SHI Y, TANG W, LI L, et al. Three-dimensional complementary invisibility cloak with arbitrary shapes[J]. IEEE Antennas and Wireless Propagation Letters, 2015, 14: 1550 - 1553.

[23]　HUO FF, LI L, LI T, et al. External invisibility cloak for multiobjects with arbitrary geometries[J]. IEEE Antennas and Wireless Propagation Letters, 2014, 13: 273 - 276.

[24]　YANG C, YANG J, HUANG M, et al. An external cloak with arbitrary cross section based on complementary medium and coordinate transformation[J]. Optics Express, 2011, 19(2): 1147 - 1157.

[25]　LAI Y, NG J, CHEN H Y, et al. Illusion optics: the optical transformation of an object into another object[J]. Physical Review Letters, 2009, 102(25): 253902.

[26] PADOORU Y R, YAKOVLEV A B, CHEN P Y, et al. Analytical modeling of conformal mantle cloaks for cylindrical objects using sub-wavelength printed and slotted arrays[J]. Journal of Applied Physics, 2012, 112(3): 034907.

[27] ALù A, ENGHETA N. Achieving transparency with plasmonic and metamaterial coatings[J]. Physical Review E, 2005, 72(1): 016623.

[28] ALù A, ENGHETA N. Polarizabilities and effective parameters for collections of spherical nanoparticles formed by pairs of concentric double-negative, single-negative, and / or double-positive metamaterial layers[J]. Journal of Applied Physics, 2005, 97(9): 094310.

[29] NI Y, GAO L, QIU C W. Achieving invisibility of homogeneous cylindrically anisotropic cylinders[J]. Plasmonics, 2010, 5: 251 – 258.

[30] WU Y, LI J, ZHANG Z Q, et al. Effective medium theory for magnetodielectric composites: Beyond the long-wavelength limit[J]. Physical Review B, 2006, 74 (8): 085111.

[31] JIANG Z H, WERNER D H. Quasi-three-dimensional angle-tolerant electromagnetic illusion using ultrathin metasurface coatings [J]. Advanced Functional Materials, 2014, 24(48): 7728 – 7736.

[32] XIANG N, CHENG Q, CHEN H B, et al. Bifunctional metasurface for electromagnetic cloaking and illusion [J]. Applied Physics Express, 2015, 8 (9): 092601.

[33] ZHANG L, SHI Y, LIANG C H. Achieving illusion and invisibility of inhomogeneous cylinders and spheres[J]. Journal of Optics, 2016, 18(8): 085101.

[34] ZHANG L, SHI Y, LIANG C H. Optimal illusion and invisibility of multilayered anisotropic cylinders and spheres[J]. Optics Express, 2016, 24(20): 23333 – 23352.

[35] TRICARICO S, BILOTTI F, ALù A, et al. Plasmonic cloaking for irregular objects with anisotropic scattering properties[J]. Physical Review E, 2010, 81(2): 026602.

[36] SHI Y, ZHANG L. Cloaking design for arbitrarily shape objects based on characteristic mode method[J]. Optics Express, 2017, 25(26): 32263 – 32279.

[37] JANG H K, LEE W J, KIM C G. Design and fabrication of a microstrip patch antenna with a low radar cross section in the X-band[J]. Smart Materials and Structures, 2010, 20(1): 015007.

[38] GENOVESI S, COSTA F, MONORCHIO A. Low-profile array with reduced radar cross section by using hybrid frequency selective surfaces [J]. IEEE Transactions on Antennas and Propagation, 2012, 60(5): 2327 – 2335.

[39] COSTA F, GENOVESI S, MONORCHIO A. A frequency selective absorbing

ground plane for low-RCS microstrip antenna arrays [J]. Progress In Electromagnetics Research, 2012, 126: 317 – 332.

[40] YANG H, YANG F, XU S, et al. A 1 bit 10×10 reconfigurable reflectarray antenna: design, optimization, and experiment[J]. IEEE Transactions on Antennas and Propagation, 2016, 64(6): 2246 – 2254.

[41] LI S J, GAO J, CAO X, et al. Broadband and high-isolation dual-polarized microstrip antenna with low radar cross section[J]. IEEE Antennas and Wireless Propagation Letters, 2014, 13: 1413 – 1416.

[42] LI S, CAO X, GAO J, et al. Broadband and miniaturization of tilted beam antenna using CSRR splits and flower-spiral structure [J]. Microwave and Optical Technology Letters, 2014, 56(1): 27 – 31.

[43] JIN J M. Theory and computation of electromagnetic fields[M]. John Wiley & Sons, 2015.

[44] PURCELL E M, PENNYPACKER C R. Scattering and absorption of light by nonspherical dielectric grains[J]. Astrophysical Journal, 1973, 186: 705 – 714.

[45] DRAINE B T. The discrete-dipole approximation and its application to interstellar graphite grains[J]. Astrophysical Journal, 1988, 333: 848 – 872.

[46] DRAINE B T, GOODMAN J. Beyond Clausius-Mossotti-Wave propagation on a polarizable point lattice and the discrete dipole approximation[J]. Astrophysical Journal, 1993, 405(2): 685 – 697.

[47] DRAINE B T, FLATAU P J. Discrete-dipole approximation for scattering calculations[J]. Josa a, 1994, 11(4): 1491 – 1499.

[48] KAHNERT F M. Numerical methods in electromagnetic scattering theory[J]. Journal of Quantitative Spectroscopy and Radiative Transfer, 2003, 79: 775 – 824.

[49] YURKIN M A, HOEKSTRA A G. The discrete dipole approximation: an overview and recent developments[J]. Journal of Quantitative Spectroscopy and Radiative Transfer, 2007, 106(1 – 3): 558 – 589.

[50] GARBACZ R, TURPIN R. A generalized expansion for radiated and scattered fields [J]. IEEE Transactions on Antennas and Propagation, 1971, 19(3): 348 – 358.

[51] HARRINGTON R, MAUTZ J. Theory of characteristic modes for conducting bodies[J]. IEEE Transactions on Antennas and Propagation, 1971, 19 (5): 622 – 628.

[52] HARRINGTON R, MAUTZ J, CHANG Y. Characteristic modes for dielectric and magnetic bodies[J]. IEEE Transactions on Antennas and Propagation, 1972, 20 (2): 194 – 198.

[53] LANDY N I, SAJUYIGBE S, MOCK J J, et al. Perfect metamaterial absorber[J].

Physical Review Letters，2008，100(20)：207402.

[54] LI S J，GAO J，CAO X Y，et al. Polarization-insensitive and thin stereometamaterial with broadband angular absorption for the oblique incidence[J]. Applied Physics A，2015，119：371 − 378.

[55] LI S J，GAO J，CAO X Y，et al. Loading metamaterial perfect absorber method for in-band radar cross section reduction based on the surface current distribution of array antennas[J]. IET Microwaves, Antennas & Propagation，2015，9(5)：399 − 406.

[56] LI S J，WU P X，XU H X，et al. Ultra-wideband and polarization-insensitive perfect absorber using multilayer metamaterials，lumped resistors，and strong coupling effects[J]. Nanoscale Research Letters，2018，13：1 − 13.

[57] LI S，GAO J，CAO X，et al. Multiband and broadband polarization-insensitive perfect absorber devices based on a tunable and thin double split-ring metamaterial [J]. Optics Express，2015，23(3)：3523 − 3533.

[58] LI S，GAO J，CAO X，et al. Wideband，thin，and polarization-insensitive perfect absorber based the double octagonal rings metamaterials and lumped resistances[J]. Journal of Applied Physics，2014，116(4)：043710.

[59] LI L，YANG Y，LIANG C. A wide-angle polarization-insensitive ultra-thin metamaterial absorber with three resonant modes[J]. Journal of Applied Physics，2011，110(6)：207402.

[60] LI L，LV Z. Ultra-wideband polarization-insensitive and wide-angle thin absorber based on resistive metasurfaces with three resonant modes[J]. Journal of Applied Physics，2017，122(5)：055104.

[61] LI L，XI R，LIU H，et al. Broadband polarization-independent and low-profile optically transparent metamaterial absorber[J]. Applied Physics Express，2018，11 (5)：052001.

[62] ZHENG Y，GAO J，XU L，et al. Ultrawideband and polarization-independent radar-cross-sectional reduction with composite artificial magnetic conductor surface [J]. IEEE Antennas and Wireless Propagation Letters，2017，16：1651 − 1654.

[63] LIU T，CAO X，GAO J，et al. RCS reduction of waveguide slot antenna with metamaterial absorber[J]. IEEE Transactions on Antennas and Propagation，2012，61(3)：1479 − 1484.

[64] CHEN T，LI S J，CAO X Y，et al. Ultra-wideband and polarization-insensitive fractal perfect metamaterial absorber based on a three-dimensional fractal tree microstructure with multi-modes[J]. Applied Physics A，2019，125：1 − 8.

[65] LI W Q，CAO X Y，GAO J，et al. Broadband RCS reduction and gain enhancement

microstrip antenna using shared aperture artificial composite material based on quasi-fractal tree[J]. IET Microwaves, Antennas & Propagation, 2016, 10(4): 370 – 377.

[66] MODI A Y, BALANIS C A, BIRTCHER C R, et al. Novel design of ultrabroadband radar cross section reduction surfaces using artificial magnetic conductors[J]. IEEE Transactions on Antennas and Propagation, 2017, 65(10): 5406 – 5417.

[67] ZHAO Y, CAO X, GAO J, et al. Broadband low-RCS metasurface and its application on antenna[J]. IEEE Transactions on Antennas and Propagation, 2016, 64(7): 2954 – 2962.

[68] CONG LL, CAO X Y, SONG T, et al. Ultra-wideband low radar cross-section metasurface and its application on waveguide slot antenna array[J]. Chinese Physics B, 2018, 27(11): 114101.

[69] ZHANG C, GAO J, CAO X, et al. Low scattering microstrip antenna array using coding artificial magnetic conductor ground[J]. IEEE Antennas and Wireless Propagation Letters, 2018, 17(5): 869 – 872.

第9章 基于超表面的无线能量传输系统

9.1 引 言

在 20 世纪初，尼古拉·特斯拉首次提出了无线能量传输（wireless power transfer，WPT）技术[1-3]。一般来说，按照工作机理分类，WPT 可分为应用于短距离、中距离（小于 1 米）的磁感应耦合式和磁谐振耦合式（magnetic coupling resonances，MCR），以及应用于长距离（大于 1 米）的（微波或激光）辐射式。磁感应耦合式 WPT 是一种已投入实际使用的有效技术，但是它仅仅能应用于较短的距离[4-5]。磁谐振耦合式 WPT 是一种基于电磁谐振理论的非辐射式 WPT，主要依赖于近场谐振耦合，所能实现的传输距离一般是传输设备大小的数倍[6-7]。辐射式 WPT 依赖于电磁波或激光器的传输，可广泛应用于空间传输和卫星、太阳能电站等远距离场景。当前，高效和小型化的 WPT 系统能够促进微型机器人、医疗、采矿和便携式电子设备的发展。但无论是在效率还是在传输系统的尺寸上，上述三种 WPT 在实际应用中都有各自的局限性。

图 9-1 给出了磁谐振耦合式 WPT 系统的等效电路示意图[8]，源线圈的电路参数为 L_S 和 C_S，设备线圈的电路参数为 L_D 和 C_D，R_S 和 R_D 分别为源线圈和设备线圈的电阻。通常，源线圈和设备线圈的谐振频率相同，并且系统的工作频率也要调整至与谐振频率一致，即 $f = 1/2\pi\sqrt{L_S C_S} = 1/2\pi\sqrt{L_D C_D}$。在这种工作模式下，WPT 系统能够获得折中的传输距离和传输效率。

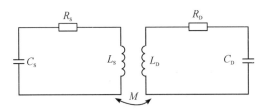

图 9-1 磁谐振耦合式 WPT 系统的等效电路示意图

利用具有磁响应的超材料结构可以提升 WPT 系统的效率[9-10]。2011 年，D. R. Smith 等人提出了一种近场超材料透镜的能量传输系统，并对该系统进行了深入的分析。结果表明，当负载超过特定阈值时，即使实际的磁损耗角正切的数量级达到 0.1，集成超材料结构的能量传输效率仍可以比自由空间的传输效率高出一个数量级[11]。目前，超材料的单元尺寸约为谐振波长的 1/10，当工作频率较低时，超材料的大尺寸使其很难在实际场景中加以应用。因此，基于超材料的 WPT 系统的设计关键就集中在小尺寸、低损耗和工作频率低于射频频率的超材料设计上。此外，超材料对传输效率的影响也是 WPT 系统所必须考虑的因素之一。超材料能够通过对结构的合理设计来定制任意的等效介电常数和磁导率的值[12-13]。在具有零折射率的超材料(zero-index metamaterials，ZIM)[13]的各种特殊性质中，隧穿效应是其中最有趣的现象之一[14]。M. G. Silveirinha 和 N. Engheta 提出，利用近零介电常数(epsilon-near-zero，ENZ)的超材料作为连接两个波导之间狭窄的耦合通道中的填充介质可以实现超耦合和电磁波能量的压缩[15-16]。微波频率下的超耦合现象在实验上已被证实[17-20]。A. Kurs 等人在 2007 年提出了一种使用强耦合磁谐振螺旋线圈的新技术[6]，以近 40% 的传输效率实现了超过两米的能量传输，并成功点亮了一个 60 W 的灯泡。磁谐振耦合式 WPT 系统是由一个或多个具有相同固有频率的部件组成的。基于经典电路分析理论，WPT 系统可以用集总电路元件(L、C、R)模型加以描述[21]。

近年来，反射超表面的出现为微波辐射式 WPT 的实现提供了一种有效的途径。通过对超表面的波前相位调节形成电磁近场聚焦(near-field focusing，NNF)效应，进而可以实现高效远距离的无线能量传输。近场聚焦是天线的菲涅耳区域和近场区域的一种特性[22-23]，从理论上来讲，它可以会聚来自以 $2D^2/\lambda$ 为边界的近场区域中发射源的电磁波。当前，NFF 可以通过各种天线结构加以实现，如抛物面反射器[24]、介质透镜天线[25]、微带相控阵[26-29]、菲涅耳区平面(FZP)透镜[30-31]等。但抛物面反射天线加工困难，微带阵列的馈电复杂，FZP 透镜的效率低，这些困难都阻碍了 NFF 技术在 WPT 上的发展。除此之外，研究者还提出了一种微带漏波天线设计来作为相控阵的一种更简单的替代方案[32-33]。但到目前为止，在 WPT 中同时兼顾效率和成本的发射机还有待进一步探索。

此外，WPT 需要满足更加多样化和灵活性的实际要求。如何更好地控制聚焦波束一直是研究人员关注的问题。2013 年，有学者试图利用高斯阵列控制激励的幅度以减少多余的波瓣，并且基于高阶贝塞尔波束方法，通过圆形天线阵列在 20 GHz 实现近场多个聚焦波束[34]。2016 年，一种工作在 Ka 波段利用基片集成波导(SIW)技术的 NFF 阵列被提出，其中金属圆孔被设计成为移相器与辐射单元[35]。通过合理排列金属圆孔的尺寸，副瓣电平可以小于 −18 dB。2017 年，一种可重构的全息超表面口径被设计来实现动态的 NFF[36]。2018 年，文献[37]提出了一种工作在 9.25～10.5 GHz 范围内具有 78～249 mm 的可控焦距的微带阵列。

本章将介绍我们提出的两种基于超材料/超表面的 WPT 系统，包括磁耦合谐振式 WPT 系统和微波辐射式 WPT 系统。对于磁耦合谐振式 WPT 系统，我们设计了高亚波长磁负(magnetic negative，MNG)超材料和双负(double negative，DNG)超材料，并将其用于无线能量传输系统中，以提高 WPT 效率。由于在 MCR-WPT 系统中 ENZ 的超材料可以表现出隧穿效应，因此采用等效媒质模型对 WPT 系统进行理论分析。对于微波辐射式 WPT 系统，在总结反射超表面的综合设计过程的基础之上，将其用于具有多馈电和多焦点特性的近场聚焦 WPT 设计。通过设计超表面单元和应用相位合成技术，平面反射超表面可以调节从特定馈源发射的电磁波，在近场区域的预设位置形成近场聚焦波束，以实现多馈源合成和多焦点分配的高效无线能量传输方案。所设计的阵列采用了两种单元结构，即具有单极化特性的三偶极子结构和具有双极化特性的交叉偶极子结构。此外，我们对所设计的超表面样机进行了加工和测试，测试结果与仿真结果证明了近场聚焦反射式超表面在实际 WPT 应用中具有稳定性和可行性。

9.2　用于 MCR-WPT 系统的
高亚波长超材料的设计

DNG 材料是一种典型的超材料，具有负磁导率和负介电常数，可以产生负的折射率等新奇特性，所以将 DNG 超材料应用于电子器件设计之中可以有效地提升器件的性能。然而，到目前为止，对于工作在低频（例如 100 MHz 或更低的频率上）的超材料还鲜有报道。低频覆盖了一些常用的设备，如电视、收音机和 WPT 系统等[6]。超材料单元的尺寸通常为 $\lambda/10$。对于低频应用来说，该尺寸将变得很大。Vanderellit 等人在 UHF 频段提出了一种基于集总元件的高亚波长负折射率超材料[5]。集总元件的引用使高亚波长单元的实现成为可能，其总体尺寸约为 400 MHz 下工作波长的 1/75。Chen 等人提出了一种具有负磁导率特性的高亚波长平面磁性超材料[38]。从目前所报道的文献可以看出，在较低频率下工作的 DNG 或 NRI 超材料的设计仍然是一项具有挑战性工作。

9.2.1　高亚波长 DNG 超材料的设计

为了获得同时具有负介电常数和负磁导率的材料，J. B. Pendry 首先提出了一种由长线阵列和 SRR 阵列组成的复合结构[39]。在复合材料结构中，基于 Drude 模型，金属线阵列结构表现出了负介电常数的特性，而基于 Lorentz 模型，SRR 结构在特定极化的入射波照射下在一个窄频带内呈现了负磁导率的特性。D. R. Smith 等人对这种左手材料进行了实验验证[12,40]。为了将 DNG 超材料应用在射频上，我们设计了一种高亚波长的 DNG 超材料，它在 HF 频段具有小型化的特点。该超材料是由两面印制了金属图案的双层结构组成的，正面印制与圆形贴片相连的方形螺旋金属线，而背面印制弯折金属线。正面和背面的金属图案分别如图 9-2(a) 和 (b) 所示。

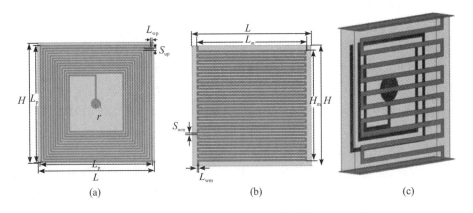

图 9-2　所设计的 DNG 超材料

(a) 方形螺旋拓扑的正视图；(b) 弯折线拓扑后视图，(c) 3D 视图

当电磁波的磁场强度 $\vec{H}$ 垂直于螺旋平面入射时，螺旋金属线上产生感应电流，且螺旋

臂之间将积聚电荷。因此，螺旋臂可以看成一个串联的 RLC 谐振电路，其满足色散的洛伦兹模型，能够实现负的等效磁导率。当电磁波的电场 $\vec{E}$ 垂直于弯折金属线的长臂入射时，被激励的弯折金属线产生电感效应。若将每个铜金属带看成终端短路的传输线时，它呈现出满足 Drude 模型的特性。这里在介质两侧印制了与弯折线两端相连的两条金属带，从而使所设计的超材料的特性满足 Lorentz-Drude 模型。此外，两个拓扑结构之间的强耦合有助于超材料的小型化设计[41]。

DNG 超材料在磁谐振频率附近具有等效的负磁导率，而在直流到等离子体频率范围内具有等效的负介电常数。因此，在磁导率和介电常数同时为负的频率范围内，超材料的折射率为负。结构参数如表 9-1 所示。介质基板厚为 1 mm，铜箔厚度为 0.017 mm。铜的表面镀上了银。金属条带的宽度是基板厚度的几倍。理论上，金属条的长度与介质基板长度相同，但为了实验的方便，我们使其长度略大于基板长度。介质基板的相对介电常数为 2.6，损耗角正切为 0.015。

表 9-1　DNG 超材料的结构参数（单位：mm）

H	L	r	L_p	L_{wp}	S_{wp}	L_m	H_m	L_{wm}	S_{wm}
78	78	3	75	0.63	0.96	76.8	76.8	0.9	0.6

TEM 波导法可以方便地仿真超材料单元的特性[42-43]，但由于在低频段基于波导的实验装置过大，很难采用该方法对其进行测量。为此，这里采用了另一种简单的探针法来测试反射系数和透射系数。探针的一端与一条金属条带连接，探针的另一端与另一金属条带连接，电场垂直于金属条带。所制备的 DNG 超材料测试系统的正视图和后视图照片分别如图 9-3（a）和（b）所示。

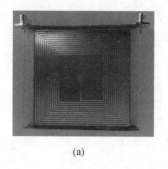 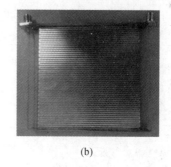

(a) (b)

图 9-3　加工的 DNG 超材料单元和探针实验

（a）正视图；（b）后视图

9.2.2　高亚波长 DNG 超材料的特性

如图 9-4 所示，为了验证该方法的有效性，我们对比了根据 TEM 波导法与探针法所反演出的等效媒质参数的仿真结果。由图可以看出，用探针法得到的结果与用 TEM 波导法得到的结果吻合较好。值得指出的是，采用 TEM 波导法时，端口的特性阻抗为 377 Ω，而采用探针法时，端口的特性阻抗为 50 Ω。因此，两种方法反演的等效介电常数和磁导率应对不同的特征阻抗进行归一。利用探针法可以测试低频 DNG 超材料。

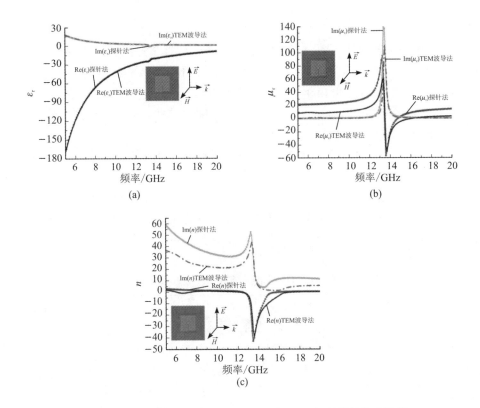

图 9-4　TEM 波导法和探针法反演 DNG 超材料的仿真结果

（a）等效介电常数；（b）等效磁导率；（c）等效折射率

图 9-5 显示了磁谐振频率为 13.4 MHz 时，超材料基板中部的电场和磁场的幅度分布。从图中可以看到，两侧拓扑结构之间存在强谐振耦合。在 13.4 MHz 时，DNG 超材料的单元尺寸约为工作波长的 1/280。两个拓扑结构之间的强耦合使得超材料实现了小型化。

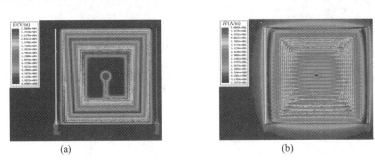

图 9-5　DNG 超材料衬底中部平面电场和磁场的仿真幅值分布

（a）电场；（b）磁场

9.2.3　集成超材料的 WPT 系统

这里提出了一种将耦合环与高亚波长超材料相结合的改进 WPT 系统[44-45]。当在两个耦合环之间放置一个或多个 NRI/MNG 超材料时，耦合机制可能转变为谐振耦合，从而提高传输距离和传输效率。

1. 集成单个超材料 WPT 系统

1）集成单 NRI 超材料的 WPT 系统

图 9-6 显示了集成单 NRI 超材料的 WPT 系统模型，该系统在两个耦合环之间只放置一个超材料单元。R 为铜环的外径，r_{in} 为铜线的直径。D 是两个环之间的距离。d_1 和 d_2 分别是超材料到两个环之间的距离。在本例中，R 为 35 mm，r_{in} 为 2 mm，d_1、d_2 和 D 是可变的。NRI 超材料的结构尺寸如表 9-1 所示。

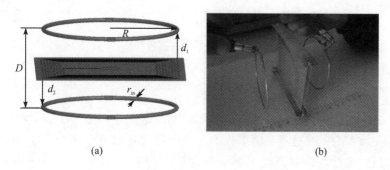

(a)　　　　　　　　　　　　　(b)

图 9-6　集成单 NRI 超材料单元的 WPT 系统

(a) 三维示意图；(b) 该系统的测试照片

将 NRI 超材料恰好置于两个铜环中间，$d_1 = 40$ mm，$d_2 = 40$ mm，在距离 $D = 80$ mm 处 S 参数随频率变化的测试结果如图 9-7(a)所示。图 9-7(b)给出了在 14.6 MHz 频率下，当距离 D 变化时，采用和不采用 NRI 超材料的 WPT 系统的实测 S_{21}。在测试中，铜环是对称放置和对称移动的。图 9-8(a)显示了在 NRI 超材料的负折射率频率处改进的 WPT 系统的磁场分布，图 9-8(b)显示了在偏离负折射率频率处改进的 WPT 系统的磁场分布。对比图 9-7 和图 9-8 可以看出，在负折射率的频率处，改进的 WPT 系统具有强的谐振耦合。从图 9-7 中我们还可以发现，与不使用超材料的 WPT 系统相比，使用超材料的 WPT 系统所获得的效率有了很大的提升。

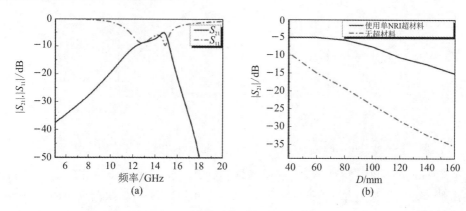

图 9-7　集成单 NRI 超材料的 WPT 系统的 S 参数随频率变化的曲线以及有无超材料的 WPT 系统随距离变化时实测的 $|S_{21}|$ 对比曲线

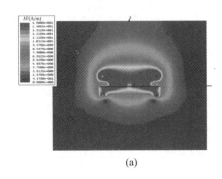
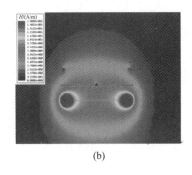

(a)   (b)

图 9-8　集成单 NRI 超材料的 WTP 系统的磁场

(a) 在 NRI 超材料的负折射率频率处的磁场；

(b) 偏离 NRI 超材料的负折射率频率处的磁场

2）集成单 SMMNG 超材料的 WPT 系统

在单个 NRI 超材料中，若将介质基板两侧印制的两条金属条带去掉，则产生的超材料就只具有负磁导率特性。在这里，超材料的一侧印制的是螺旋金属线，另一侧印制的是弯折金属线，我们称这种改变后的超材料结构为 SMMNG（spirals-meander MNG）超材料。将 SMMNG 置于两个耦合环之间，产生的 WPT 系统模型如图 9-6(a) 所示。图 9-9 显示了在 14.6 MHz 时，集成 NRI 超材料和 SMMNG 超材料的 WPT 系统的实测 $|S_{21}|$ 随距离变化的对比结果。从图 9-9 中可以看出，在这两种情况下 WPT 系统的效率几乎是类似的。结果表明，由于负磁导率的特性提升了系统的传输效率，此时该 WPT 系统仍在磁谐振机制下工作。

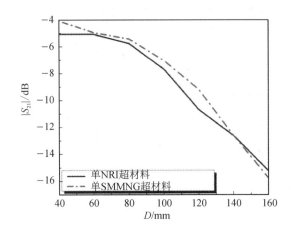

图 9-9　集成单 NRI 超材料和单 SMMNG 超材料的 WPT 系统的实测 $|S_{21}|$

为了验证 MNG 超材料对 WPT 系统的增强作用，我们进一步采用了另一种由 Chen 等人提出的 MNG 超材料结构 SSMNG（spiral-spiral MNG）[16]，如图 9-10(a) 所示。该 MNG 超材料是由两侧刻蚀方形螺旋金属线而形成的双层设计。如图 9-10(b) 所示，根据 WPT 系统的工作频率，我们设计加工了 SSMNG。正反面的两个螺旋金属线是反对称放置的。

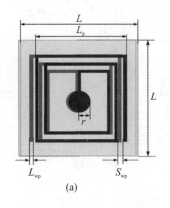
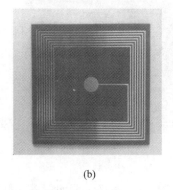

(a)　　　　　　　　　　　　(b)

图 9-10　SSMNG 超材料的结构图及样品俯视图

(a) 结构图；(b) 样品的俯视图

对 SSMNG 超材料的等效介电常数 ε_r 和等效磁导率 μ_r 进行提取，结果如图 9-11(a) 和(b)所示[43-44]。在计算等效材料参数时，超材料的周期为 78 mm。从图 9-11 中可以看出，SSMNG 超材料具有负的等效磁导率。详细的结构参数如表 9-2 所示。介质基板的相对介电常数为 2.6，损耗正切为 0.015，介质基板厚度为 1 mm，铜箔厚度为 0.017 mm，铜的表面镀银。

表 9.2　SSMNG 超表面的结构参数(单位：mm)

L	L_p	L_{wp}	S_{wp}	r
78	70.4	0.6	1	5

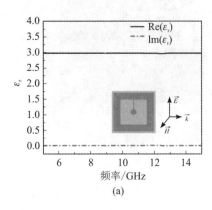
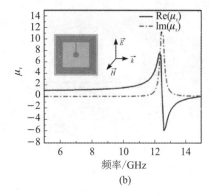

(a)　　　　　　　　　　　　(b)

图 9-11　SSMNG 超材料的等效介电常数和等效磁导率

如图 9-12(a)所示，我们将 SSMNG 超材料应用到 WPT 系统中。两个耦合环之间只放置 SSMNG 超材料的一个单元。耦合环的参数与使用单 NRI 超材料的 WPT 系统保持一致。图 9-12(b)显示了在 14.6 MHz 频率下对称放置两个铜环时，采用和不采用 SSMNG 超材料的 WPT 系统的测试结果。由图可以看出，SSMNG 超材料的引入显著提高了 WPT 系统的效率，这也证明了 WPT 系统在两个耦合环之间放置负磁导率超材料后，其在磁谐振耦合机制下工作。

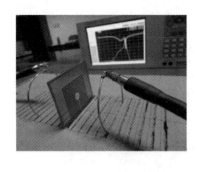
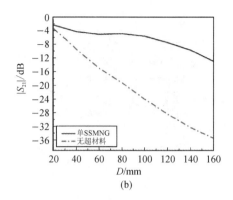

(a)　　　　　　　　　　　　(b)

图 9 - 12　集成单 SSMNG 超材料的 WPT 系统的照片以及当距离变化时，

采用和不采用 SSMNG 超材料的 WPT 系统的实测 $|S_{21}|$

2. 集成多个超材料 WPT 系统

1) 集成双超材料的 WPT 系统

这里我们以集成双 SMMNG 超材料的 WPT 系统为例进行介绍。由于超材料很容易与源装置和负载装置相集成，因此在实际场景中，集成双超材料十分有用。超材料、源耦合环和负载耦合环的参数与上文集成单超材料的 WPT 系统保持一致。WPT 系统模型如图 9 - 13(a)所示，对应的实验系统的照片如图 9 - 13(b)所示。当超材料到两铜环的距离相等时，即 $d_1 = d_2$，WPT 系统的 S_{21} 在 14.6 MHz 频率下随着间距 D 在 10~15 mm 之间变化时的测试结果如图 9 - 14 所示。

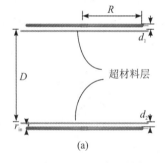
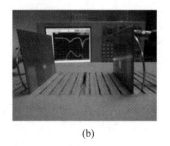

(a)　　　　　　　　　　　(b)

图 9 - 13　两个超材料的 WPT 系统示意图及系统照片

从图 9 - 14 中可以看出，在 WPT 系统中加入两个 SMMNG 超材料可以显著提高传输效率。我们还发现，当 d_1 和 d_2 太小时，传输效率很低。同样，当 d_1 和 d_2 过大时，传输效率也很低。这是因为当 d_1 和 d_2 很小时，匹配变差，而当 d_1 和 d_2 较大时，超材料和铜环之间的耦合较小。这两种情况，均会导致传输效率降低。为了解决当 d_1 和 d_2 较小时系统的传输效率低的问题，我们可以进一步优化匹配网络，使传输效率达到最大。

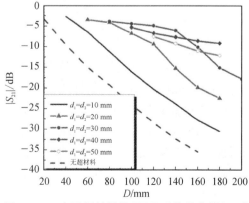

图 9 - 14　有无超材料的 WPT 系统的实测 $|S_{21}|$

2) 集成三超材料的 WPT 系统

将两个 SMMNG 超材料和一个 SSMNG 超材料(SM-SS-SM)同时加入 WPT 系统中，整个系统如图 9-15(a)所示。图 9-15(b)给出了在 14.6 MHz 频率下，无超材料、采用两个超材料和集成三超材料的 WPT 系统实测$|S_{21}|$的对比结果。从图中我们可以看出，有三个超材料的系统比有两个超材料和无超材料的系统传输效率更高。当源耦合环与负载耦合环之间的距离为 140 mm 时，集成三超材料(SM-SS-SM)的 WPT 系统的传输系数$|S_{21}|$增加了 27.3 dB，即从无 MNG 超材料的-32.4 dB 增加到集成三个 MNG 超材料的-5.1 dB。

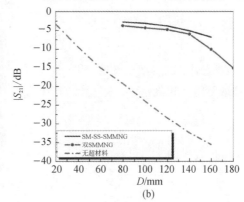

(a)　　　　　　　　　　(b)

图 9-15　集成三超材料的 WPT 系统

(a) 测试照片；(b) WPT 系统的实测$|S_{21}|$的对比曲线

9.2.4 磁谐振耦合式 WPT 系统中等效近零介电常数超材料的隧穿效应

这里采用等效网络和等效媒质模型的方法，从能量的角度，探讨包含 ENZ 超材料的磁谐振耦合式 WPT 系统的工作机理。所提出的理论分析也为重新认识磁谐振耦合式 WPT 提供了一个新的视角，同时为设计中距离高效 WPT 系统的新结构提供了理论基础。

1. WPT 系统的广义谐振及等效媒质分析

一个复杂的开放谐振系统可以用一个广义多端口网络(如图 9-16 所示)加以描述，其中，T_1，T_2，$\cdots$，T_n 为每个端口的参考平面，$\boldsymbol{a}=[a_1, a_2, \cdots, a_n]^{\mathrm{T}}$ 是归一化入射波，$\boldsymbol{b}=[b_1, b_2, \cdots, b_n]^{\mathrm{T}}$ 是归一化反射波[46]。

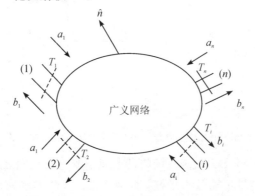

图 9-16　广义多端口网络

对于一个多端口网络系统，它遵循如下法则：

$$-\oiint_{\Omega} \frac{1}{2}(\vec{E} \times \vec{H}^*) \cdot \hat{n}\, \mathrm{d}s = -\sum_{i=1}^{n} \int_{T_i} \frac{1}{2}(\vec{E}_t \times \vec{H}_t^*) \cdot \hat{n}\, \mathrm{d}s$$

$$= P_L + \mathrm{j}2\omega(W_m - W_e) \qquad (9-1)$$

其中，$P_L = \frac{1}{2}\iiint_V \sigma|\vec{E}|^2\mathrm{d}\upsilon$，$W_m = \frac{1}{4}\iiint_V \mu|\vec{H}|^2\mathrm{d}\upsilon$，$W_e = \frac{1}{4}\iiint_V \varepsilon|\vec{E}|^2\mathrm{d}\upsilon$，分别表示系统内的损耗功率、系统内储存的磁场能量和电场能量。利用矩阵形式，我们很容易地将式(9-1)重写为

$$\frac{1}{2}[\boldsymbol{I}]^+[\boldsymbol{V}] = P_L + \mathrm{j}2\omega(W_m - W_e) \qquad (9-2)$$

其中 $\boldsymbol{I}$ 和 $\boldsymbol{U}$ 是端口的等效电流和电压。"+"符号代表厄米转置操作。进一步，$\boldsymbol{a}$、$\boldsymbol{b}$ 和 $\boldsymbol{I}$、$\boldsymbol{U}$ 之间的关系可用下式表示：

$$\begin{cases} \boldsymbol{U} = \boldsymbol{a} + \boldsymbol{b} \\ \boldsymbol{I}^+ = \boldsymbol{a}^+ - \boldsymbol{b}^+ \end{cases} \qquad (9-3)$$

将式(9-3)代入式(9-2)可得

$$\frac{(\boldsymbol{a}^+\boldsymbol{a} - \boldsymbol{b}^+\boldsymbol{b})}{2} + \mathrm{jIm}(\boldsymbol{a}^+\boldsymbol{b}) = P_L + \mathrm{j}2\omega(W_m - W_e) \qquad (9-4)$$

进而，可以得到如下方程

$$\begin{cases} \boldsymbol{a}^+(\boldsymbol{E} - \boldsymbol{S}^+\boldsymbol{S})\boldsymbol{a} = 2P_L \\ \mathrm{Im}(\boldsymbol{a}^+\boldsymbol{S}\boldsymbol{a}) = 2\omega(W_m - W_e) \end{cases} \qquad (9-5)$$

这里，$\boldsymbol{E}$ 是单位矩阵。值得注意的是，上式的推导过程中采用了散射参数的关系式 $\boldsymbol{b} = \boldsymbol{S}\boldsymbol{a}$。对于复杂的谐振 WPT 系统，谐振条件可以通过电场能量和磁场能量相等进行定义，即

$$W_m = W_e \qquad (9-6)$$

由此，我们得到了广义谐振方程

$$\mathrm{Im}(\boldsymbol{a}^+\boldsymbol{S}\boldsymbol{a}) = 0 \qquad (9-7)$$

传统磁谐振耦合式 WPT 系统可以等效为二端口网络，如图 9-17 所示。

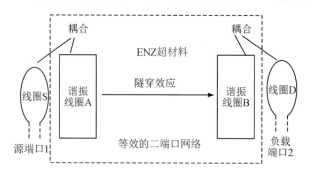

图 9-17　磁谐振耦合式 WPT 系统的等效二端口网络

对于磁谐振耦合式 WPT 系统，系统的谐振频率随收发线圈之间耦合系数的变化而变化。在谐振频率处系统能量传输效率最高，此时 WPT 系统的等效网络参数应符合广义谐振方程。此外，在准静态假设下，可以根据等效媒质理论反演等效介电常数和等效磁导

率[47-48]。NRW 方法是一种有效的等效媒质参数提取方法，它是由 Nicholson-Ross-Weir 提出的[49-51]。如图 9-17 所示，谐振线圈 A 和 B 可以看作放置在自由空间中的超材料结构。利用 NRW 方法可以得到这种对称谐振结构的等效本构参数。基于这一分析过程可以发现，在广义谐振条件下，磁谐振耦合式 WPT 系统的等效介电常数 ε_r 近似为零。也就是说，这种磁谐振耦合式 WPT 系统本质上可以看作一种 ENZ 超材料结构。

2. WPT 系统的隧穿效应

这里介绍一个印制在厚度为 1 mm 的 FR4 基板上的一对平面螺旋线圈组成的 WPT 系统。介质基板的宽度 a 为 300 mm，长度 b 为 350 mm。在线圈的中心处，印制了一个方形线圈($c=140$ mm)用于激励或接收能量，它通过金属通孔与背面的平行传输线端口相连。谐振线圈匝数比为 11.75，初始边长为 153 mm，末端边长为 268 mm。整个 WPT 系统的仿真模型如图 9-18 所示。发射和接收线圈尺寸相同，二者之间的距离为 0.5 m。

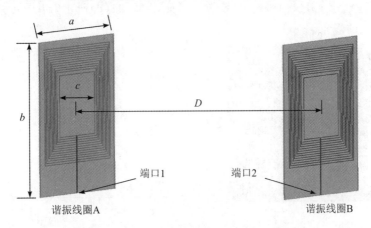

图 9-18　印刷一对平面螺旋线圈的 WPT 系统

利用 NRW 方法，可以得到图 9-18 所示对称结构的等效媒质参数。首先定义如下参数：

$$V_1 = S_{21} + S_{11},\ V_2 = S_{21} - S_{11} \tag{9-8}$$

其中，S_{11} 和 S_{21} 是等效网络的 S 参数。计算以下辅助量：

$$Y = \frac{1 - V_1 V_2}{V_1 - V_2} = \frac{1 + \Gamma^2}{2\Gamma} \tag{9-9}$$

$$\Gamma = Y \pm \sqrt{Y^2 - 1} \tag{9-10}$$

在 WPT 系统中，D 是两个螺旋线圈之间的距离，与工作波长相比非常小。根据 $|\Gamma| < 1$ 的条件来确定式(9-10)中的正负号。此时等效媒质参数可以表示为

$$k = \frac{1}{jD}\left(\frac{(1 - V_1)(1 + \Gamma)}{1 - \Gamma V_1} \right) \tag{9-11}$$

$$\mu_r = \frac{2}{jk_0 D} \frac{1 - V_2}{1 + V_2} \tag{9-12}$$

$$\varepsilon_r = \left(\frac{k}{k_0} \right)^2 \frac{1}{\mu_r} \tag{9-13}$$

其中，$k_0 = 2\pi/\lambda_0$，λ_0 代表自由空间中的波长。为了验证 WPT 系统的 ENZ 超材料模型，我

们对 WPT 系统进行了全波仿真和实验测量。在实验中，我们使用矢量网络分析仪（Agilent FieldFox 9918A）测试了平面螺旋线圈 WPT 系统的 S 参数。线圈 A 通过一根同轴电缆连接到端口 1，线圈 B 通过另一根同轴电缆连接到端口 2。值得指出的是，矢量网络分析仪需要进行正确的校准操作。图 9-19(a)为实验系统的演示图。图 9-19(b)给出了仿真和实测的 S 参数，可以看出在 8.20 MHz 附近可以获得高效的能量传输。全波仿真结果与实测结果吻合良好。图 9-20 给出了 WPT 系统在谐振和非谐振状态下的矢量磁场分布对比图。由图可以看出，在工作频率处存在较强的磁耦合。实际 WPT 系统中 S_{11} 和 S_{21} 的实部和虚部的实测结果分别如图 9-21(a)和(b)所示。由图 9-21(a)可以看出，在 8.12 MHz 处，S_{11} 的虚部刚好接近于零，这对应于式(9-7)的广义谐振条件。同样，如图 9-21(c)和(d)所示，我们使用 NRW 方法来提取等效媒质参数，可以看到在 8.12 MHz 处，等效介电常数接近于零，这个频率点非常接近最大能量传输频率点。在这种情况下，这个 WPT 系统可以被视为一个等效的 ENZ 超材料结构。等效磁导率如图 9-21(d)所示，由图可知，该 WPT 系统会出现磁谐振的现象。

(a)

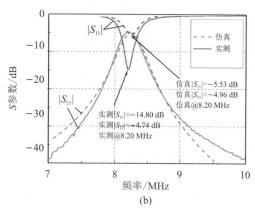

(b)

图 9-19 印刷一对平面螺旋线圈的 WPT 系统的性能

(a) 实验系统的演示图；(b) S 参数幅度的测试结果

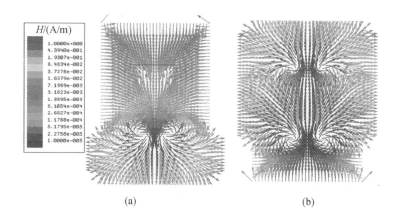

(a)   (b)

图 9-20 印刷一对平面螺旋线圈的 WPT 系统的磁场分布

(a) WPT 系统在非谐振频率处的磁场；(b) WPT 系统在谐振频率处的磁场

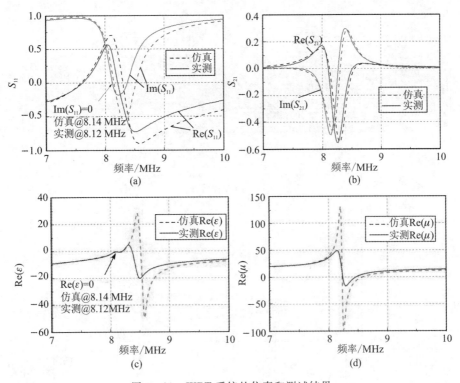

图 9 - 21　WPT 系统的仿真和测试结果

（a）S_{11} 的实部和虚部；（b）S_{21} 的实部和虚部；（c）等效相对介电常数；（d）等效相对磁导率

　　为了验证印制一对平面螺旋线圈的 WPT 系统的隧穿效应，我们设置了如图 9 - 22 所示的仿真模型。在仿真设置中，将与图 9 - 19 所示的 WPT 实验系统尺寸相同的谐振线圈 A 和 B 放置在距离为 0.9 m 的狭窄通道中且 $t = 0.45$ m，$l = 0.9$ m，$h = 0.95$ m。入射电磁波的极化受平行板波导的约束。在数值仿真中，我们将前后边界设置为理想磁导体（PMC）边界，将上下边界设置为理想电导体（PEC）边界。

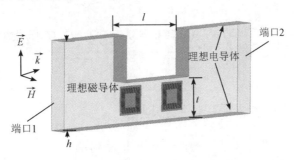

图 9 - 22　印制一对平面螺旋线圈的 WPT 系统的隧穿效应仿真模型

（ $t = 0.45$ m，$l = 0.9$ m，$h = 0.95$ m）

　　坡印廷矢量的仿真结果如图 9 - 23(a) 所示，由图可以看出电磁波通过狭窄通道时出现了明显的压缩现象。由于系统省略了用于激励的一匝方环线圈和一条平行传输线，谐振频率产生了略微的偏移。从图 9 - 23 (b) 中可以看出，隧穿效应和超耦合现象发生在 8.58 MHz 处，此时 $|S_{21}| = -5.4$ dB。而若没有线圈时在 8.58 MHz 处，$|S_{21}| = -16.5$ dB。当系统存有线圈，在谐振频率之外，例如在 7.0～10.0 MHz 之间，$|S_{21}|$ 只有 -15 dB。

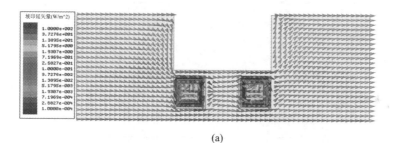

(a)

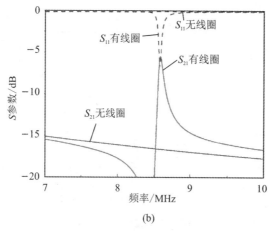

(b)

图 9-23 隧穿现象的仿真结果

(a) 坡印廷矢量的正视图；(b) 有无线圈时的 S 参数的幅度对比

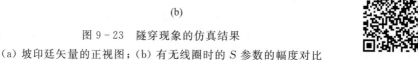

根据上述的理论分析、计算仿真和实验测量可知，一个基于等效网络和等效媒质理论的分析方法可用于分析谐振 WPT 系统。结果表明，高传输效率可归因于等效的 ENZ 介质及其隧穿效应。

9.3　用于微波 WPT 系统的 NFF 反射超表面

9.3.1　反射超表面的多波束相位综合理论

WPT 技术的目的是将电磁能量同时有效地传输到单个或多个设备上。超表面可以独立灵活地调节相移，因而可以将多个馈源的功率通过空间功率合成的方式聚焦到多个焦点位置处。如图 9-24 所示，多馈源照射超表面，在近场区域的不同位置能得到多个反射波焦点，从而把无线能量有效地传输到所设计的位置处。超表面上的场分布能够通过在每个焦点区域电场同相叠加的方式来加以确定。为了在 $\vec{d}_n = (x_n, y_n, z_n)$（$n = 1, 2, \cdots, N$，$N$ 是焦点总数）处产生焦点，反射超表面上的电场可以表示为

$$E_{\mathrm{R}}(x_i, y_i) = A_{\mathrm{R}}(x_i, y_i) \cdot \mathrm{e}^{\mathrm{j}\varphi_{\mathrm{R}}(x_i, y_i)} = \sum_{n=1}^{N} A_n(x_i, y_i) \cdot \mathrm{e}^{\mathrm{j}\varphi_n(x_i, y_i)} \quad (9-14)$$

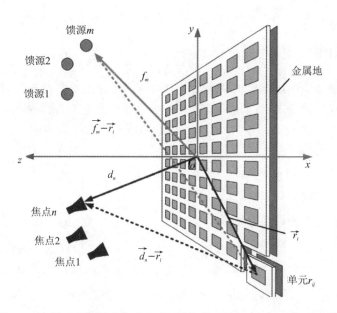

图 9 - 24　用于多馈源多焦点 WPT 系统的反射超表面的几何示意图

其中：(x_i, y_i)是超表面上第 i 个单元的中心坐标；$A_n(x_i, y_i)$和 $\varphi_n(x_i, y_i)$分别是位于 $\vec{r}_i = (x_i, y_i, z_i)$处的第 i 个超表面单元对第 n 个焦点所需的振幅和相位。一般情况下，振幅 $A_n(x_i, y_i)$可以认为是均匀分布或锥削分布，而相位分布 $\varphi_n(x_i, y_i)$是一个渐变的相位。因此，补偿的总相位分布为

$$\varphi_R(x_i, y_i) = \arg\left\{ \sum_{n=1}^{N} \left[D_n e^{-jk_0 |\vec{d}_n - \vec{r}_i|} \right] \right\} \tag{9-15}$$

式中：D_n 为所设计焦点处的电场振幅，k_0 为自由空间波数。此外，还需要考虑多个馈源对超表面进行照射，在所设定的位置处实现空间能量的合成。为了保证产生平面波，所需的相位修正因子为

$$\varphi_F(x_i, y_i) = \arg\left\{ \sum_{m=1}^{M} \left[E_m e^{jk_0 |\vec{f}_m - \vec{r}_i|} \right] \right\} \tag{9-16}$$

其中，$\vec{f}_m = (x_m, y_m, z_m)$表示馈源 m 的位置，$E_m(x_i, y_i)$是馈源 m 照射第 i 个单元处的电场振幅。$\varphi_F(x_i, y_i)$代表所有 M 个馈源照射第 i 个单元的总的相移因子。在对复数场分布进行求和后，可以得到第 i 个单元上所需的总相移 $\Delta\varphi(x_i, y_i)$：

$$\Delta\varphi(x_i, y_i) = \varphi_R(x_i, y_i) - \varphi_F(x_i, y_i) \tag{9-17}$$

　　通过调整每个超表面单元的相移，可以实现多馈源多焦点 WPT 系统所需的相位分布。由于反射超表面上的振幅分布变化对聚焦位置影响不大，对于超表面单元，入射场的振幅是由馈源的辐射方向图决定的。因此除了单元损耗会导致反射系数略微减小以外，每个单元的反射系数振幅基本上是相同的。设计的主要参数就是各单元的反射相位或各单元的相移。若已知反射超表面包含 I 个单元，则在 $\vec{R}$ 处超表面的散射电场可表示为

$$E(\vec{R}) = \sum_{m=1}^{M} \sum_{i=1}^{I} \frac{|F_m(\vec{r}_i - \vec{f}_m)|}{|\vec{r}_i - \vec{f}_m|} e^{-jk_0 |\vec{r}_i - \vec{f}_{mi}|} G_i(\vec{R}_i) \frac{e^{-jk_0 |\vec{R}_i|}}{|\vec{R}_i|} \tag{9-18}$$

式中：F_m 为馈源 m 的辐射方向图函数；$G_i(\vec{R}_i)$ 为第 i 个反射单元的方向图函数；$\vec{R}_i = \vec{R} - \vec{r}_i$。

9.3.2 四种 NFF 情况

利用反射超表面，通过调控馈电喇叭发射的电磁波，在特定目标位置可以形成近场聚焦波束，从而实现高效的 WPT。这里，利用超表面单元的相位调节能力，结合相位合成技术来精确地实现四种近场聚焦现象，即单馈源单焦点（single-feed and single-focus，SFSF）、单馈源双焦点（single-feed and dual-focus，SFDF）、双馈源单焦点（dual-feed，and single-focus，DFSF）和双馈源双焦点（dual-feed and dual-focus，DFDF）。

1. 单馈源单焦点(SFSF)情况

首先，我们考虑单个馈源生成单个焦点的情况，也称点对点(P2P)情况。在这种情况下，喇叭馈源被置于中心轴上，即 $\vec{f}_m = (0, 0, f)$，此时为垂直入射的情况（假设中心工作频率为 2.45 GHz，且 $f = 1$ m），如图 9 − 25(a)所示。焦点可以设置在近场区域的任意位置，例如 $\vec{d}_n = (1, 0, 2)$ m，此时超表面上第 i 个单元所需的相移为

$$\Delta\varphi(x_i, y_i) = k_0(|\vec{f}_m - \vec{r}_i| + |\vec{d}_n - \vec{r}_i|)$$
$$= k_0(|(-x_i, -y_i, -1)| + |(1 - x_i, -y_i, 2)|)$$

$$(9 - 19)$$

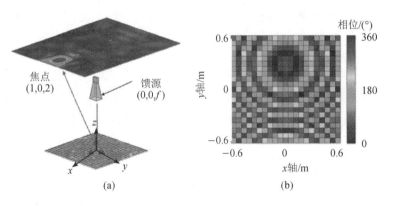

图 9 − 25　单馈源单焦点情况($f = 1$ m)示意图
(a) 仿真模型和焦平面电场强度图；(b) 所需的超表面相移分布图

图 9 − 25(b)给出了超表面上的相移分布图。为了实现超表面的设计，这里选择单元的周期为 60 mm×60 mm（约为自由空间波长的一半）。该单元由印制在 F4B($\varepsilon_r = 2.65$)基板上的三个金属偶极子组成。基板厚度为 1 mm，与金属地之间的空气间隔为 10 mm。单元的模型将在下一节进行详细分析。根据图 9 − 25(b)所示相移分布，就可以构成超表面阵列。这里所设计的超表面是由 21×21 单元组成的，具体模型如图 9 − 25(a)所示。从图中的仿真结果可以看出，单个焦点出现在了预设的位置上。

2. 单馈源双焦点(SFDF)情况

这里考虑单个馈源同时产生两个焦点（点对多点(P2M)）以实现多波束的应用。此时，超表面需要被设计成在单个馈源照射下在给定的位置处产生两个聚焦波束。如图 9 − 26(a)

所示，两个对称焦点分别位于笛卡尔坐标系 yoz 平面上的 $(0,-1,1)$ m 和 $(0,1,1)$ m 处，喇叭馈源沿 z 轴放置在坐标 $(0,0,0.5)$ m 处。当中心工作频率设为 2.45 GHz 时，所需要的超表面相移分布为

$$\Delta \varphi_i = k_0 \, | \, \vec{f}_m - \vec{r}_i \, | - \arg \Big\{ \sum_{n=1}^{2} \big[D_n \mathrm{e}^{-jk_0 \, | \, \vec{d}_n - \vec{r}_i \, |} \big] \Big\} \tag{9-20}$$

超表面上的相移分布如图 9 - 26(b)所示。根据图 9 - 26(a)的仿真结果可以看出，两个焦点出现在了所需的位置上。

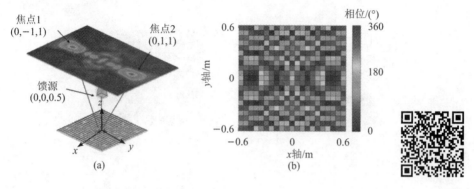

图 9 - 26　单馈源与双焦点情况示意图

（a）焦平面上双焦点及其电场强度的仿真模型；（b）所需的超表面相移分布

3. 双馈源单焦点(DFSF)情况

超表面另一个应用场景就是作为一个空间能量合成器。采用双馈源照射超表面，在设计的位置处能得到一个高功率强度的单焦点。由互易定理可知，在超表面上所需的相移与式(9-20)相似，即

$$\Delta \varphi_i = \arg \Big\{ \sum_{m=1}^{2} \big[F_m \mathrm{e}^{jk_0 \, | \, \vec{f}_m - \vec{r}_i \, |} \big] \Big\} + k_0 \, | \, \vec{d}_n - \vec{r}_i \, | \tag{9-21}$$

在这个例子中，两个馈源对称地放置在坐标系 yoz 平面上的 $(0,\sin(\pi/4),\cos(\pi/4))$ m 和 $(0,-\sin(\pi/4),\cos(\pi/4))$ m 处，设计的焦点被置于 $(0,0,1)$ m 处。在这种情况下，所需要的超表面上的相移分布如图 9 - 27(b)所示。从图 9 - 27(a)所示的仿真结果看出，在 2.45 GHz 处，场强峰值恰好出现在 $(0,0,1)$ m 位置，这与理论设计一致。

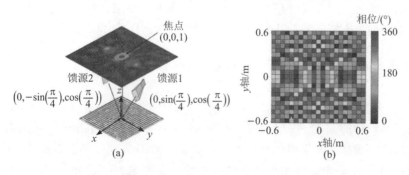

图 9 - 27　双馈源单焦点情况示意图

（a）焦平面上的仿真模型和电场强度；（b）所需的相移分布

4. 双馈源双焦点(DFDF)情况

图 9-28(a)给出了双馈源双焦点超表面设计，用于在 2.45 GHz 处产生不同位置的近场焦点。在这个例子中，在 yoz 平面上 $(0,\sin(\pi/4),\cos(\pi/4))$ m 和 $(0,-\sin(\pi/4),\cos(\pi/4))$ m 处放置两个馈源，在 xoz 平面上 $(\sin(\pi/4),0,\cos(\pi/4))$ m 和 $(-\sin(\pi/4),0,\cos(\pi/4))$ m 处产生对称的两个焦点。超表面所需的相移由下式给出：

$$\Delta\varphi_i = \arg\left\{\sum_{m=1}^{2}\left[F_m e^{jk_0|\vec{f}_m-\vec{r}_i|}\right]\right\} - \arg\left\{\sum_{n=1}^{2}\left[D_n e^{-jk_0|\vec{d}_n-\vec{r}_i|}\right]\right\} \tag{9-22}$$

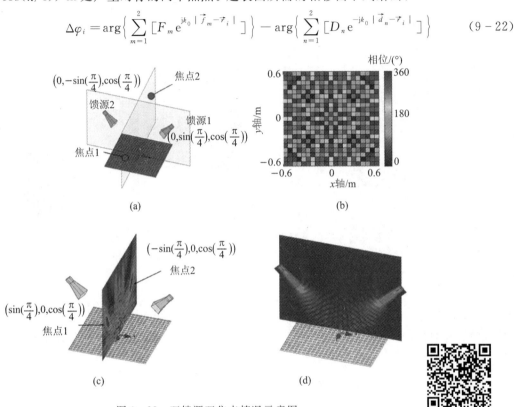

图 9-28　双馈源双焦点情况示意图
(a) DFDF 情况的仿真模型，(b) 超表面的相移分布；
(c) xoz 平面上的电场强度分布；(d) yoz 平面上的电场强度分布

计算结果如图 9-28(b)所示。图 9-28(c)的仿真结果表明，在设计的焦点处，xoz 平面上准确地出现了两个场强峰值，这与预设场景一致。从图 9-28(d)中还可以看出，在另一个平面上没有焦点出现，这验证了设计方法的有效性和正确性。

9.3.3　5.8 GHz 三偶极子单元的 NFF 反射超表面

1. 超表面单元设计

反射单元是超表面设计的关键。一般情况下，应尽量减小单元的反射相位曲线的斜率，使相位变化对单元尺寸不敏感。如果相位曲线太陡，单元的加工误差可能会造成工作带宽等性能指标的恶化。但依然要确保单元有足够的尺寸变化来产生 360° 的相位范围。此外，单元也要有良好的相位变化的平滑性和线性特性。综合考虑以上因素，我们选择如图 9-29 所示的三偶极子单元。它是一个多谐振结构，可以提供更大的相位覆盖范围。通过控制偶极子的长度和中心主偶极子与两个副偶极子的长度的比值，使单元具有 360°以上的连续反射相位。该单元由 F4B($\varepsilon_r = 2.65$)基板组成，顶部表面印有三个偶极子。介质基板的厚度为 1.0 mm，基板下方有 5.0 mm 的空气层，底部有金属地。三个偶极子的宽度为 2.0 mm，主偶极子与两个副偶极子的长度比 γ 为 0.6。

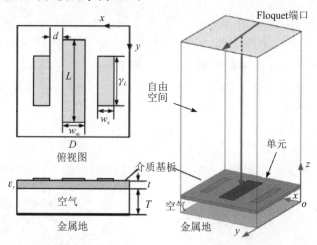

图 9 - 29　三偶极子单元的几何形状和基于有限元算法的无限周期模型

对于点对点(P2P)/点对多点(P2M)的 WPT 超表面的分析和设计，准确预测不同入射波条件下散射单元的相移特性至关重要。对图 9 - 29 所示单元，利用 Ansys HFSS 建立无限周期模型，分析三偶极子单元的反射相位。具体而言，在仿真模型中，该单元采用周期边界条件(PBC)，通过设置 Floquet 端口激励来计算单元的反射相位。这里采用对称的副偶极子和单线极化的结构来简化分析(需要指出的是，该模型对于非对称设计或双极化设计也是可行的)，沿两个方向的周期为 25 mm。图 9 - 30 显示了当平面波垂直入射到反射表面时，单元的反射相位随主偶极子长度的变化曲线。中心工作频率设置为 5.8 GHz。仿真结果表明，三偶极子单元具有良好的 360°以上的反射相位响应，这得益于主偶极子与副偶极子之间的多谐振和相互耦合效应。

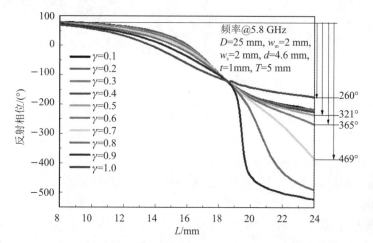

图 9 - 30　三偶极子的反射相位特性与主偶极子长度的关系

2. P2P 情况

这一部分的目标是设计一个工作在中心频率为 5.8 GHz 的 P2P WPT 超表面（单馈源单焦点）。在 P2P 情况下，利用设计的超表面可以有效地将无线能量从馈源传输到焦点。这里采用偏置馈电结构以避免喇叭馈源及其支撑结构的遮挡效应。喇叭馈源的相位中心位于 $(0, -0.3\sin(\pi/8), 0.3\cos(\pi/8))$ m 处，目标是在 yoz 平面上 $(0, \sin(\pi/8), \cos(\pi/8))$ m 处产生一个中心频率为 5.8 GHz 的反射焦点。为此，我们设计了一个具有 20×20 三偶极子单元、尺寸为 500 mm×500 mm 的 P2P 超表面，所需的超表面上的相移分布如图 9-31(a) 所示。超表面上每个三偶极子单元对应的长度，如图 9-31(b) 所示。所产生的超表面阵列如图 9-31(c) 所示。观测面被放置在 $z = 92$ cm($\cos(\pi/8) \approx 0.92$) 处。由图 9-31(d) 可以看出，电场强度在 5.8 GHz 焦平面上所设计的位置处实现了聚焦。换句话说，馈源提供的能量传输到了所设计的聚焦位置，这验证了理论设计的正确性。在上述分析和设计的基础上，我们制作了 P2P 的超表面原理样机，并对其进行了测试，如图 9-32(a) 所示。

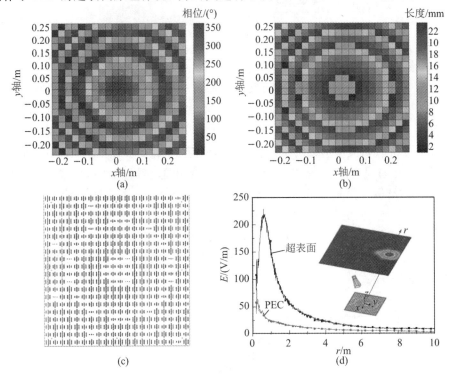

图 9-31　用于 P2P 情况的 NFF 超表面

(a) 超表面上的相移分布；(b) 超表面上每个三偶极子的长度（单位：mm）；

(c) 基于三偶极子单元的超表面几何拓扑结构；(d) 焦平面上的电场强度分布

我们在微波暗室中进行了近场扫描测试。测试频率为 5.8 GHz，馈源采用 2~18 GHz 的宽带喇叭天线。喇叭馈源相位中心在笛卡尔坐标系中的 $(0, -0.3\sin(\pi/8), 0.3\cos(\pi/8))$ m 处，偏移角为 22.5°。测试的实验系统环境如图 9-32(b) 所示。需要注意的是发射天线和接收天线都是垂直极化的。使用工作在 5.8 GHz 的标准探头可以检测到反射电场的垂直分量。在距超表面 0.92 m 处尺寸为 1.1 m×1.1 m 的近场扫描面上测试了电场分布，其中采样间隔为 10 mm。所测得的焦点中心大约位于 $(-8, 33)$ cm 处。实测电场强度的空间分布如图 9 - 32(c)所示，图 9 - 32(c)的实测结果与图 9 - 31(d)所示的仿真结果吻合较好。

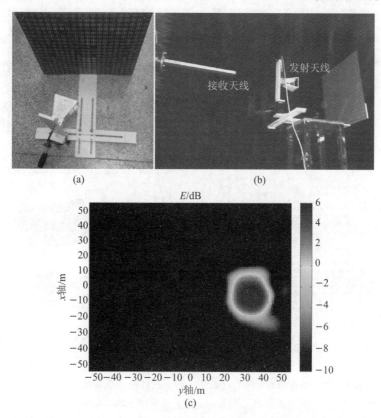

图 9 - 32　P2P 情况下的超表面的实测性能

(a) 加工的 P2P 超表面；(b) 微波暗室测试系统；(c) 扫描平面上的归一化电场强度分布

3. P2M 情况

下面对工作在 5.8 GHz 的 P2M 超表面情况（单馈源双焦点）进行实验验证。此时，超表面仍由 20×20 个三偶极子构成，整体尺寸为 500 mm×500 mm。在这种情况下，由喇叭馈源发射的能量可以有效地传输到两个预设的位置处。喇叭馈源与上述 P2P 情况一致。不同的是，此时的超表面需要有两个特定的传输焦点。这里，两个对称焦点的位置分别为 $(-0.3, \sin(\pi/8), \cos(\pi/8))$ m 和 $(0.3, \sin(\pi/8), \cos(\pi/8))$ m。在这种情况下，通过式 (9-20) 可以计算出如图 9 - 33(a)所示的超表面上所需的相移分布，而对应的超表面中三偶极子单元的长度分布如图 9 - 33(b)所示，所产生的超表面阵列如图 9 - 33(c)所示。仿真的 5.8 GHz 焦平面上横向电场分布如图 9 - 33(d)所示，电场强度最大的位置恰好发生在所设计的两个焦点处。

图 9 - 34(a)给出了具有两个特定焦点的超表面样机。采用近场平面扫描技术对电场幅度分布进行测试，结果如图 9 - 34(b)所示，一个焦点位于(33，34) cm，另一个焦点位于 (35，-32) cm。这里采样平面尺为 1.1 m×1.1 m，距离超表面 0.92 m，采样间隔为 10 m。对比图 9 - 34(b)和图 9 - 33(d)可以看到，两个焦点的仿真结果和测试结果吻合良好。由于支撑结构对喇叭馈源产生了部分阻挡，导致测得的电场强度不完全对称。然而从图 9 - 34(b)可以看出，在指定的位置出现了两个最大强度的电场焦点，这与图 9 - 33(d)的仿真结果相对应。

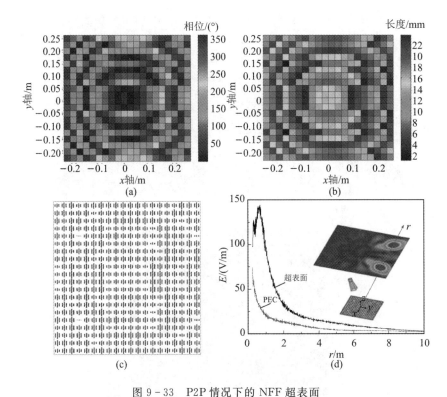

图 9 - 33　P2P 情况下的 NFF 超表面

（a）所需的超表面相移分布；（b）超表面上每个三偶极子单元的长度（单位：mm）；

（c）超表面的几何拓扑；（d）焦平面上的电场强度

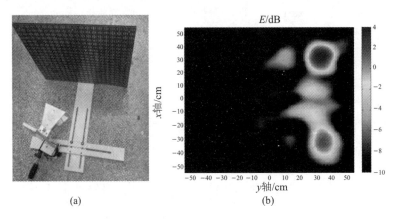

图 9 - 34　P2M 情况下的超表面的实测性能

（a）加工实物；（b）采样面上的归一化电场强度分布图

4. 无线能量传输效率分析

一个具有良好性能的 P2P/P2M WPT 超表面的设计可以获得高的 WPT 效率。WPT 效率 η 可定义为总聚焦功率 (P_2) 与馈源总辐射功率 (P_0) 之比，即

$$\eta = \eta_1 \eta_2 = \frac{P_2}{P_0} \tag{9-23}$$

式中：η_1 表示从喇叭馈源到超表面的能量传输效率，即 $\eta_1 = P_1/P_0$，P_1 为超表面捕获的功

率；η_2 表示从超表面到焦点的近场传输效率，即 $\eta_2 = P_2/P_1$，其中 P_2 为焦点处捕获的总功率。因此，WPT 总效率可由式(9-23)求得。在本节中，P_1 和 P_2 可以利用坡印廷定理通过数值积分来计算。P_1 通过在超表面的整个口径上对坡印廷矢量进行积分获得，即图 9-35(a)中的 Γ 平面。P_2 是 N 个焦点处获得的功率的总和，其中每个焦点所获得的功率是通过在包含相应焦点的小区域上(即图 9-35(a)中的 Ω 平面)对坡印廷矢量数值积分得到的。在图 9-31 所示的超表面的例子中，偏馈单焦点的超表面的中心频率为 5.8 GHz，我们计算了对应的 WPT 效率，在图 9-35(b)中标记为(1-1)。双焦点超表面的 WPT 总效率为两个焦点的效率之和，在图 9-35(b)中标记为(1-2)。图 9-35(b)中标记 PEC 的曲线是用相同尺寸的 PEC 取代超表面后的 WPT 效率。在这种情况下，观察面上并没有焦点。从图 9-35 中可以看出，由于聚焦传输特性，所提出的近场聚焦超表面的 WPT 效率达到 70%。为了进一步提高 WPT 效率，需要降低溢出的功率。对于标记为(1-1)情况，WPT 效率为 50% 的带宽范围为 5.5~6.5 GHz，相对带宽约为 16.7%。对于标记为(1-2)情况，WPT 效率为 50% 的带宽范围为 5.6~6.6 GHz，相对带宽也约为 16.4%。

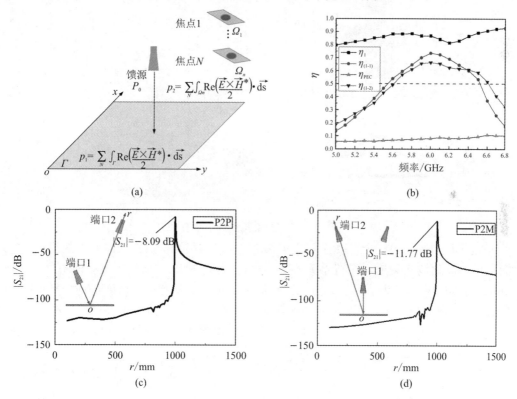

图 9-35　WPT 的效率分析

(a) 计算示意图；(b) 不同超表面样机对应的 WPT 效率；(c) P2P；(d) P2M

为了确定 P2P/P2M WPT 超表面具有近场聚焦特性，我们比较了不同观测平面上的 WPT 效率。对于图 9-31 所示的超表面，焦点位于 $z = 0.92$ m 的平面内。从图 9-35(c)和(d)中可以看出，WPT 效率在设计的聚焦平面处最大，当观测平面位于聚焦平面附近时，WPT 效率也较高。但当观测平面远离聚焦平面时，效率变低。这也证明了所提出的超表面具有近场聚焦特性。

9.3.4　基于交叉偶极子单元的 10 GHz 双极化超表面

1. 双极化超表面单元设计

为了实现双极化独立调控，并考虑制作成本，本节所使用的超表面单元为单层交叉偶极子结构，如图 9-36 所示。该结构可以实现 330°左右的相移范围，同时保证了双极化的独立调节。它在材料为 F4BM-2(ε_r=2.2)的介质基板上层刻蚀十字形金属枝节，通过改变单元的周期和衬底厚度可以得到不同的反射特性。减小单元周期以改善相移曲线的线性度，但相移范围会减小。增加介质衬底厚度，相移曲线的线性度就变好，但相移范围也会相对减小。通过全波仿真优化设计，该结构参数选择为：$D=15$ mm，$H=3$ mm，$W=1$ mm。仿真模型如图 9-36 所示。

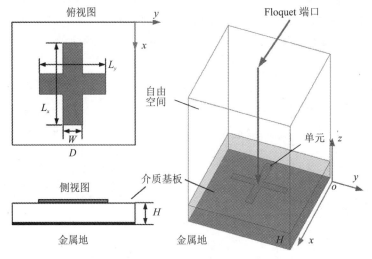

图 9-36　单层交叉偶极子结构

该超表面单元的另一个重要特征是具备独立调节双极化入射波的能力。为了分析单元性能，当 y 极化波入射时，保持单元在 x 方向上的三种固定长度不变，即 $L_x=3$，8，13 mm。图 9-37(a)给出了对于 x 方向三种固定的长度下反射相位随单元 y 方向上长度的变化曲线。由图可以看出，对于不同的 x 方向上的单元长度，反射相位几乎没有变化。类似地，在图 9-37(b)中可以观察到 x 极化入射波情况下的相位变化。这很好地验证了交叉

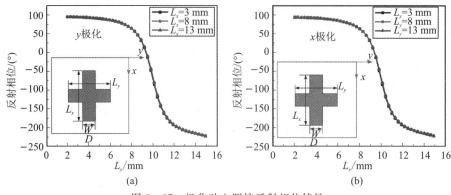

图 9-37　极化独立调控反射相位特性

偶极子单元的双极化独立调控特性，从而可以根据入射波极化的变化设置不同的聚焦位置和聚焦特性，进一步拓宽反射超表面的应用范围。

2. 单馈源单焦点设计

为了设计一种双极化单馈源单焦点的反射超表面，馈源位置设为 $\vec{f}_m = (0, 0, 0.2)$ m，垂直照射反射超表面，工作频率为 10 GHz。y 极化入射波所产生的焦点设为 $(0.3, 0, 1)$ m，x 极化入射波所产生的焦点设为 $(-0.3, 0, 1)$ m。图 9-38 所示的反射超表面上的相位分布为

$$\Delta\varphi(x_i, y_j) = k_0(|\vec{f}_m - \vec{r}_i| + |\vec{d}_n - \vec{r}_i|) \tag{9-24}$$

每个单元上印制的交叉偶极子的尺寸取决于所需要的超表面单元的反射相位，如图 9-38 所示。利用图 9-37 给出的单元的反射相位与单元尺寸之间的关系和图 9-38 给出的超表面上的相位分布，设计的超表面对应的尺寸拓扑如图 9-39 所示。在图 9-39 中不同颜色下显示了反射超表面交叉偶极子在 y 和 x 方向上的枝节长度分布。所设计的反射超表面由 26×26 个单元组成，仿真模型的俯视图如图 9-40 所示。超表面的每个交叉偶极子单元宽度均为 1 mm。设计的超表面整体尺寸为 390 mm×390 mm，厚度为 3 mm。这里基板材料选为 F4BM-2$(\varepsilon_r = 2.2)$。

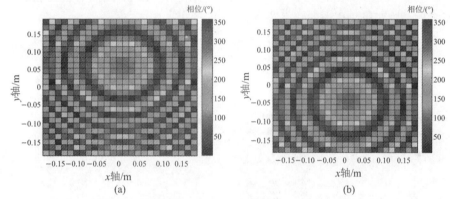

图 9-38　单馈源单焦点反射超表面的相位分布
（a）y 极化激励；（b）x 极化激励

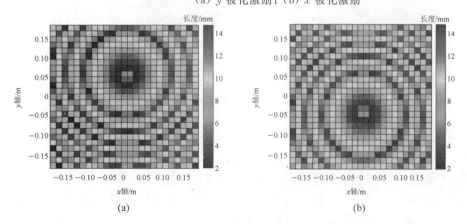

图 9-39　单馈源单焦点反射超表面尺寸拓扑
（a）y 极化激励；（b）x 极化激励

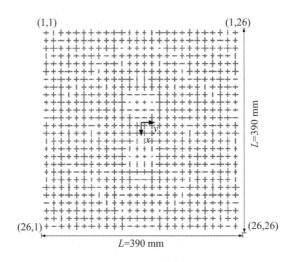

图 9-40 双极化单馈源单焦点反射超表面的几何结构

由于超表面单元具有双极化独立调节能力，焦点位置可以根据不同极化入射波进行灵活设置。由图 9-41 可以看出，当入射波极化方向发生变化时，焦点的位置也随之发生变化，从而实现了对双极化焦点的独立调节。

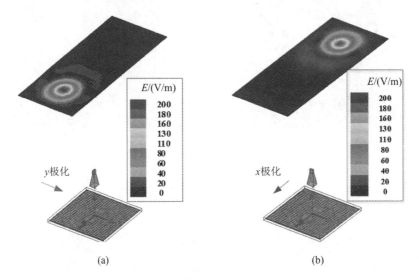

图 9-41 单馈源单焦点超表面全波仿真结果

（a）y 极化激励；（b）x 极化激励

3. 不同能量传输比的单馈源双焦点设计

上面的例子给出的都是在不同焦点处的聚焦能量是相同的，这里给出一个双极化不同能量传输比的单馈源双焦点反射超表面的设计实例。垂直照射的馈源放置在 $\vec{r}_m = (0, 0, 0.2)$ m 处，工作频率为 10 GHz。y 极化情况下的两个焦点分别位于 $(0.3, 0, 1)$ m 和 $(-0.3, 0, 1)$ m，这两个焦点的电场幅度之比为 $D_1 : D_2 = 1 : 1$。图 9-42(a)所示的超表面的相位分布可由下式加以计算：

$$\Delta\varphi(x_i,\ y_j) = k_0 \,|\,\vec{f}_m - \vec{r}_i\,| - \arg\left\{ \sum_{n=1}^{2} \left[D_n \, \mathrm{e}^{-\mathrm{j}k_0\,|\,\vec{d}_n - \vec{r}_i\,|} \right] \right\} \tag{9-25}$$

图 9-42(b)显示了超表面在 y 极化照射下的尺寸拓扑。同时，对于 x 极化的入射波，我们将 $D_1 : D_2$ 的幅度比调为 $1 : 2.2$。两个焦点分别设为 $(0, 0.3, 1)$ m 和 $(0, -0.3, 1)$ m。最终设计的几何模型如图 9-43 所示。

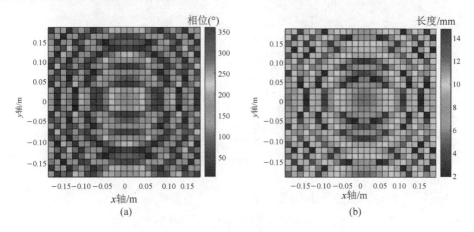

图 9-42　y 极化激励的单馈源双焦点超表面

（a）相位分布；（b）尺寸拓扑

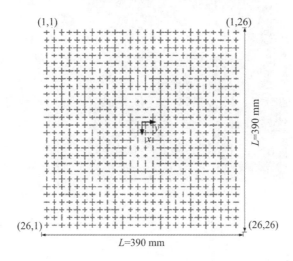

图 9-43　双极化不同能量传输比的单馈源双焦点反射超表面的几何结构

　　y 极化激励下的仿真结果如图 9-44(a)所示。由图可以看出，两个焦点都位于所设定的位置处，电场强度分布几乎均匀。这就很好地实现了所设计超表面的等功率分布。然后让喇叭馈源绕 z 轴旋转 $90°$，即喇叭馈源在方位面上旋转，入射角不变。而入射波的极化从 y 极化变为 x 极化，仿真结果如图 9-44(b)所示。由图可知，两个预设焦点位置不变，电场强度分布有明显的强度变化，实现了双焦点不相等的功率分布。下一步，让喇叭馈源绕 z 轴旋转 $45°$，可以同时激发两种极化的入射波。如图 9-45 所示的仿真结果表明，通过多焦点设计和独立调节双极化实现了四个焦点。但值得指出的是，由于喇叭馈源不是理想的点源，因此通过旋转喇叭馈源45°难以实现入射波两种极化分量相等，且焦点电场强度分布也存在一定差异。

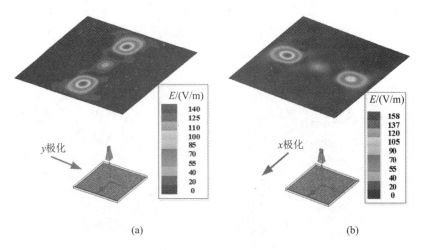

(a)　　　　　　　　　　　　　　　(b)

图 9-44　单馈源双焦点超表面全波仿真结果

(a) y 极化激励；(b) x 极化激励

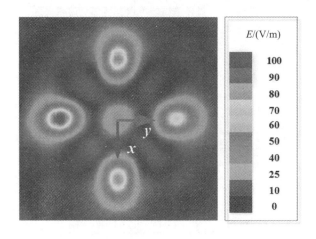

图 9-45　双极化条件下单馈源双焦点超表面电场强度分布的全波仿真结果

4. 近场扫描测试

根据上一节的全波仿真结果，我们制作了相同尺寸和参数的反射超表面实物。采用工作频率为 2~18 GHz 的宽带喇叭作为馈源，放置在 $(0,0,0.2)$ m 处对超表面垂直照射。实验系统如图 9-46(a) 所示。在微波暗室中采用平面近场扫描法对所设计的 NFF 反射超表面进行测试。扫描平面的范围为 1 m×0.4 m，10 GHz 标准探头与超表面之间的距离为 1 m，这与全波仿真中的参数一致，测试系统如图 9-46(b) 所示。对于单馈源单焦点的测试，我们通过绕 z 轴旋转喇叭馈源来获得不同的极化激励。图 9-47(a) 和 (b) 分别为 y 极化和 x 极化的测试结果。对比图 9-41 可以看出，实测结果与仿真结果吻合较好，这进一步验证了 NFF 设计的有效性。

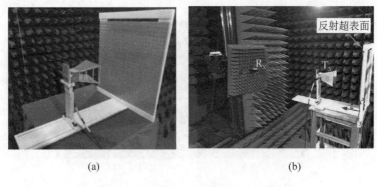

(a)　　　　　　　　　　　　(b)

图 9 - 46　所设计的反射超表面测试系统

（a）单馈源单焦点双极化超表面原型；（b）近场扫描测试系统

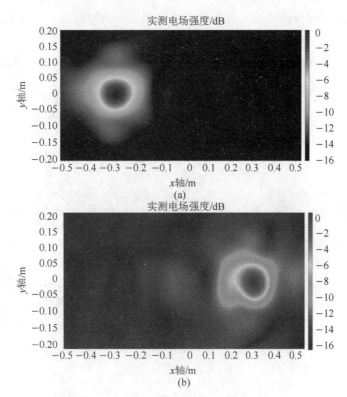

图 9 - 47　单馈源单焦点的归一化反射电场强度分布的测试结果

（a）y 极化激励；（b）x 极化激励

　　双焦点聚焦系统也可以通过改变喇叭馈源绕 z 轴的旋转角度来实现。如果在方位面上将喇叭馈源旋转 $40°$，且入射角不变，入射波则分解为两种强度不同但极化方向正交的入射波。对应的测试结果如图 9 - 48 所示。由图可以发现，两个焦点分别产生于预设的位置，即 x 激励下的 $(-0.3,0,1)$ m 和 y 极化下的 $(0.3,0,1))$ m。由于喇叭馈源不是理想的点源，加上支撑结构的遮挡效应，在实际测试中焦点位置不是完全对称的。而实测的最大电场强度位置与设计的位置基本一致，这验证了反射超表面实现 NFF 的有效性。

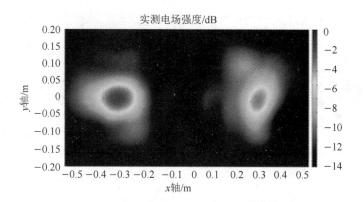

图 9-48　喇叭馈源旋转 40°时单馈单聚焦反射超表面反射电场强度归一化测量结果

对于具有不同能量传输比的单馈源双焦点的情况，我们制作了对应的反射超表面，并进行了测量。图 9-49(a) 为 y 极化激发下等功率传递的实测电场分布，图 9-49(b) 为 x 极化激发下不等功率传递的实测电场分布。与图 9-44 相比，实测结果与仿真结果吻合较好。

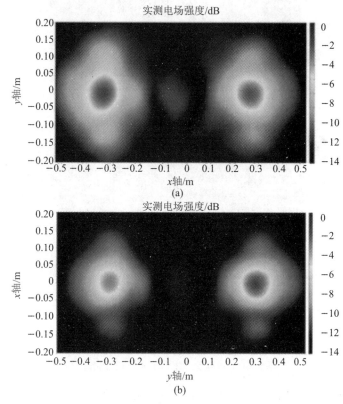

图 9-49　不同能量传输比的单馈源双焦点超表面的归一化反射电场强度测试结果

（a）y 极化激励；（b）x 极化激励

5. 10 GHz 的 NFF-WPT 系统的测试

为了表明 NFF 的性能优势，我们开展了 NFF-WPT 系统的测试。传输系统如图 9-46 所示，所有装置及其参数与近场扫描测试参数相同，即单馈源单焦点的 WPT 系统。

如图 9-50 所示，我们设计制作了一种工作在 10 GHz 的缝隙耦合超表面天线作为接收天线[52-53]。它是由三层结构组成：顶层为 4×4 蘑菇状超表面结构，第二层为缝隙耦合地板，底层为金属微带馈线。上层基板厚度 $h_1=1.5$ mm，下层基板厚度 $h_2=0.8$ mm。两种基板均采用介电常数为 2.65 的 F4B 材料制成。超表面天线的尺寸为 18 mm×18 mm×2.3 mm。设计的天线几何结构如图 9-50 所示，优化后的尺寸如表 9-3 所示。图 9-51 显示了仿真和实测的天线的 $|S_{11}|$。

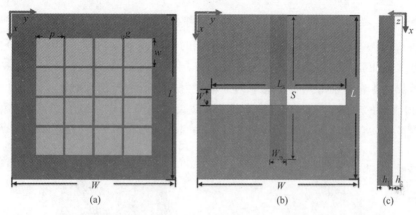

图 9-50　缝隙耦合超表面天线的几何形状

（a）4×4 蘑菇状超表面的俯视图；（b）微带线缝隙结构俯视图；（c）侧视图

表 9-3　所设计的超表面天线的尺寸（单位：mm）

p	g	w	L	W	h_1	L_s	W_s	W_m	S	h_2
3.2	0.2	3	18	18	1.5	15	1.82	1.85	15.8	0.8

为了检测接收功率，我们将接收天线作为负载与功率传感器（RS-NRP18S）连接。接收天线放置在预设的聚焦位置，即 (0.3，0，1) m。功率传感器可以检测超表面天线接收到的功率。值得一提的是，接收天线的尺寸小于 2 cm，因此它可以完全放置在聚焦区域中功率密度最高的位置，这有助于验证 NFF 的实际传输性能。

作为与 NFF 的传输性能的对比情况，我们保持发射功率和工作频率与 NFF 的传

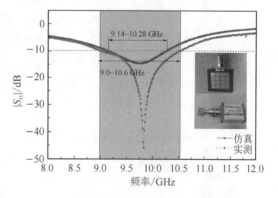

图 9-51　实测和仿真的反射系数

输情况一致，同样的喇叭馈源直接指向与 NFF 的传输情况中相同的接收天线位置，即预设的焦点位置。由于传输距离和接收天线相同，可以通过比较接收天线获得的无线能量来验证 NFF 的聚焦传输性能。测试结果如表 9-4 所示，可以发现在相同距离下，使用 NFF 的接收功率比未使用 NFF 的接收功率高 15 dB。在加功率放大器（$P_A=25$ dB）或不加功率放大器的情况下进行多次试验，均可获得稳定的结果。因此，结合之前的近场扫描测试，验证了由反射超表面实现的 NFF 传输系统在 WPT 方面的优越性和高效性。

表 9-4 在使用 NFF 和未使用 NFF 情况下超表面天线的接收功率

	NFF	无 NFF
$P_{in} = -2$ dBm	$-18 \sim -20$ dBm	-35 dBm
$P_{in} = -2$ dBm$+P_A$	5 dBm	-10 dBm

6. 双极化超表面的分析

1) NFF 反射超表面和传统的定向波束反射阵之间的对比

本章所提出的 NFF 反射超表面不同于传统的定向波束反射阵。NFF 用于包括菲涅耳区域的近场区域聚焦，而传统的定向波束反射阵用于远场区域的辐射。为了进一步分析两者特征的差异，首先分别对两种情况下的远场辐射方向图进行仿真对比。如图 9-52 所示，NFF 反射超表面的辐射方向图中主波束较宽，波束指向与焦点位置方向一致。相对比，定向波束反射阵的辐射方向图中主波束较窄，电场强度分布较集中。

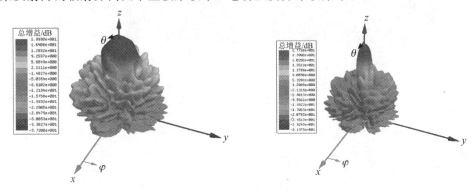

图 9-52 远场辐射特性

(a) NFF 反射超表面；(b) 传统定向波束反射阵

其次，在近场区域对两种情况下的波束聚焦特性进行仿真分析与比较。NFF 超表面的焦点设置在 $(0, 0, 1)$ m，主波束方向设为 $(\theta, \varphi) = (0°, 0°)$。我们将观测平面放置在距离超表面和反射天线阵列 1 米处。在这种情况下，1 米距离内的区域是在近场区域内。通过全波仿真，可以获得参考面上电场强度分布，如图 9-53 所示。很明显，NFF 反射超表面电场强度

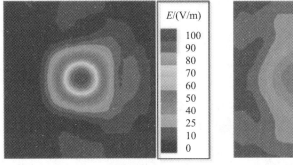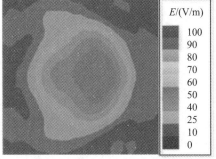

图 9-53 近场区域参考面上的电场强度分布

(a) NFF 反射超表面；(b) 传统定向波束反射阵

分布的能量聚焦更为明显。NFF 反射超表面的聚焦孔径面积比传统定向波束反射阵的聚焦孔径面积小。这也说明了 NFF 传输的特点，即波束集中在近场区域，而在远场区域相对发散。

2）反射超表面的 NFF 传输效率分析

反射超表面的 NFF 传输效率 η_{rm} 是由 P_d（在参考面上收集的聚焦区域的功率）和 P_g（从馈源收集的超表面口径的功率）的比值决定。需要说明的是，这里的反射超表面的 NFF 传输效率 η_{rm} 与前面提到的 η_2 相同，主要反映了反射超表面会聚电磁波的能力。如图 9-54 所示，S_d 和 S_g 分别为观测面近场聚焦孔径和 NFF 反射超表面物理口径。P_d 和 P_g 可以用基于坡印廷定理的数值积分来计算。从馈源辐射的无线能量照射反射超表面。对超表面口径进行坡印廷矢量积分，可根据图 9-54 中的公式计算超表面口径收集的功率 P_g。经过超表面的调控和反射后，无线能量以聚焦波束的形式照射在聚焦区域上，P_d 可以通过同样的方式对聚焦区域进行坡印廷矢量积分获得。

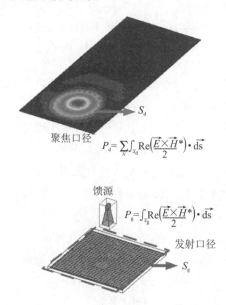

聚焦口径　　$P_d = \sum_N \int_{S_d} \mathrm{Re}\left(\dfrac{\vec{E}\times\vec{H}^*}{2}\right)\cdot\vec{ds}$

馈源　　$P_g = \int_{S_g} \mathrm{Re}\left(\dfrac{\vec{E}\times\vec{H}^*}{2}\right)\cdot\vec{ds}$

发射口径

图 9-54　反射超表面的 NFF 传输效率计算示意图

通过全波仿真可以得到如图 9-55 所示的反射超表面的 NFF 传输效率曲线。图 9-55 所示的 4 条曲线分别为：① MTS 表示超表面的能量收集效率，定义为 NFF 超表面孔径功率与喇叭功率的比值；② 1T1R1P 表示单馈源单焦点单极化激励下的 NFF 传输效率；③ 1T2R1P 表示单馈源双焦点单极化激励下的 NFF 传输效率；④ 1T1R2P 表示双极化激励下单馈源单焦点的 NFF 传输效率。其中，对于③和④，超表面的整个 NFF 传输效率为各焦点效率之和。

由图 9-55 可以看出，1T1R1P 在工作频率为 10 GHz 时，效率 η_{rm} 的最大值为 71.6%。NFF 传输效率为 50% 的频带为 9.2～10.5 GHz，相对带宽为 13%。1T2R1P 和 1T1R2P 曲线具有类似的趋势。与单焦点的情况相比，这两种情况下的最大效率有略微的下降。极化分量的分解和多波束的设计会引入一定的波束色散，这会使聚焦区域的总功率降低。对于 1T2R1P，相对带宽为 13%（9.4～10.7 GHz），最大效率 η_{rm} 为 68.3%；对于

1T1R2P，相对带宽约为 12%（$9.2\sim10.4$ GHz），最高效率 η_{rm} 为 65.9%。对于 WPT 系统，在上述几种情况下，均能保证相对带宽为 50% 的情况下 NFF 传输效率性能。

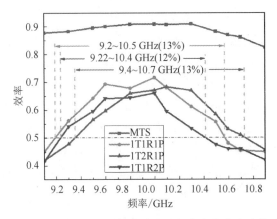

图 9-55　反射超表面 NFF 传输效率随频率变化的全波仿真结果

3）NFF 传输效率的分析

理论上，在发射天线的近场区域，即 $R\leqslant2D^2/\lambda$，可以实现高效的 NFF 传输。但实际上，微波很难保持与理想光束一样的传播特性。无论采用哪种天线，如微带相控阵或反射超表面，都不能将电磁波完全聚焦到空间中某些特定的理想点上。由此产生的现象值得注意：当发射天线口径不变，NFF 传输距离增大时，虽然焦点仍在近场区域，但波束的聚焦能力下降，换句话说，NFF 不能保证同一发射口径在整个近场区域内的有效能量传输；聚焦区域中心的电场强度一般不是径向传输路径方向上电场强度最大的点，这一结果已经在文献[22]和[54]中加以证实了。

将 y 极化的喇叭馈源设置在 $(0,0,0.2)$ m 处，并考虑处于不同聚焦距离的焦点。预设的焦点分别在 $(0.3,0,0.5)$ m、$(0.3,0,1)$ m、$(0.3,0,2)$ m、$(0.3,0,5)$ m 处，即径向聚焦距离分别为 0.5 m、1 m、2 m、5 m。这里设计了一种单馈源单焦点 NFF 反射超表面，尺寸为 390 mm$\times390$ mm（$13\lambda\times13\lambda$），工作频率为 10 GHz。

上述四种情况下电场强度分布的全波仿真结果及电场强度随径向距离的变化曲线如图 9-56 所示。当焦点位于 0.5 m 的径向距离时，电场强度最大值出现在 0.4 m 处；当焦点分

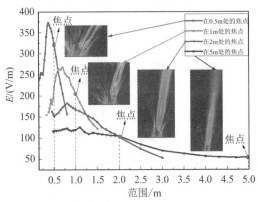

图 9-56　全波仿真了不同聚焦距离下的电场强度分布及电场强度随径向距离变化曲线

别位于 1 m、2 m 和 5 m 的径向距离时，电场强度最大值分别出现在 0.7 m、0.8 m 和 1.1 m 处。对于聚焦距离为 5 m(167λ)的情况，聚焦波束在到达聚焦区域前就发散了。这表明 NFF 性能与发射口径的电尺寸之间存在约束关系。设置的聚焦距离越远，聚焦区域中心的电场强度与径向最大电场强度的差值越大，波束的收敛能力越弱。当预设的聚焦距离过长时，即使聚焦仍在近场区域内，波束也会发生发散，难以实现理想的 NFF 传输。

图 9-57 给出了反射超表面的焦点分别在(0.3, 0, 0.5)m，(0.3, 0, 1)m 和(0.3, 0, 2)m 处聚焦平面的电场强度分布。由图不难发现焦点距反射超表面的距离越近，聚焦波束越窄，聚焦区域越小，聚焦区域中心点的电场强度就越高。

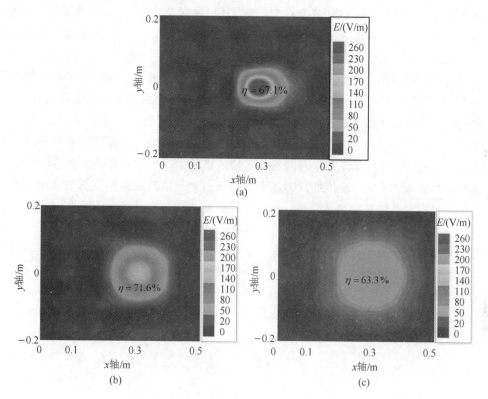

图 9-57　聚焦平面上电场强度的全波仿真结果
(a) (0.3, 0, 0.5)m；(b) (0.3, 0, 1)m；(c) (0.3, 0, 2)m

但值得注意的是，在聚焦平面上的电场强度的集中分布并不等同于聚焦平面上主波束的高 NFF 传输效率。将坡印廷矢量在聚焦孔径上积分，计算上述情况下的 NFF 传输效率，径向距离分别为 0.5 m、1 m 和 2 m 对应的结果是 67.1%、71.6% 和 63.3%。在 1 m(33.3λ) 的情况下，NFF 传输效率最大，波束也相对集中。当焦点设置为 0.5 m(16.7λ)时，在焦平面上的电场强度最大，但由于它太接近反射超表面，在反射超表面孔径上方形成强耦合场，在其他方向形成强副瓣，从而降低了 NFF 的传输效率。因此并不意味着预设的聚焦距离越接近反射超表面，聚焦波束的 NFF 传输效率就越高。

本 章 小 结

目前在学术界和工业界备受关注的无线能量传输技术大致可以分为两个方向，即对于短距离应用的磁耦合技术和对于远距离应用的微波辐射技术。在本章中，我们致力于通过引入电磁超材料/超表面来突破上述两种技术背景下 WPT 系统的效率瓶颈。

本章介绍了高亚波长负折射率的超材料和负磁导率的超材料，用于无线能量传输应用。由于超材料的负磁导率和磁谐振特性，当将其集成到 WPT 系统时，其能量传输机制就转变为谐振耦合形式。它可以使新的 WPT 系统在超材料的负折射率频率或负磁导率频率下产生共振。通过理论分析、计算仿真和实验验证，应用等效网络和等效媒质理论，本章提出了一种新的磁谐振耦合 WPT 系统的理论分析模型。结果表明，高能量传输效率可归因于等效 ENZ 超材料的隧穿效应。本章还对平面螺旋线圈构建的近零介电常数超材料在 HF 波段的电磁隧穿现象进行了数值仿真和实验验证。本章所提模型为重新认识磁谐振 WPT 理论提供了一个新的视角，并为今后设计新型的中距离高效 WPT 系统结构提供了新的思路。该广义谐振方程可用于设计一种新型的多输入多输出(MIMO)无线能量传输系统。

此外，本章总结了一个通用的反射超表面设计过程，来高效地实现具有多馈源和多焦点特性的无线能量传输近场聚焦应用。通过设计具有单极化特性的"三偶极子"结构和具有双极化特性的"交叉偶极子"结构，进而在 5.8 GHz 和 10 GHz 处实现了 NFF 反射超表面。通过对测量结果与仿真结果的分析和比较，证明了近场聚焦反射超表面在实际无线能量传输应用中的稳定性和可行性。它的提出有望为大功率 MIMO 无线能量分集与综合提供一种有效的解决方案。

习　　题

1. 对于图 9-6 所示的单个 NRI 超表面 WPT 系统，保持接收线圈不动，采用全波仿真软件计算当发射线圈平行于超表面横向移动时收发线圈的 $|S_{11}|$ 和 $|S_{21}|$ 随频率的变化结果。这里 NRI 超表面的几何尺寸为 $H=78$ mm，$L=78$ mm，$r=3$ mm，$L_p=75$ mm，$L_{wp}=0.63$ mm，$S_{wp}=0.96$ mm，$L_m=76.8$ mm，$H_m=76.8$ mm，$L_{wm}=0.9$ mm，$S_{wm}=0.6$ mm，介质基板的相对介电常数为 2.6，损耗角正切为 0.015，厚度为 1 mm。收发线圈的几何尺寸为 $R=35$ mm $r_{in}=2$ mm，$d_1=40$ mm，$d_2=40$ mm，$D=80$ mm。频率范围为 6～18 MHz。横向移动距离为 10 mm，20 mm，30 mm。

2. 对于图 9-15 所示的 WPT 系统，保持两个 SMMNG 超材料不动，利用全波仿真软件计算当中间 SSMNG 超材料从发射端向接收端移动时收发线圈的 $|S_{11}|$ 和 $|S_{21}|$ 随频率的变化结果。这里 SMMNG 超材料的几何尺寸与习题 1 中的 NRI 超材料的几何尺寸一致，所不同的是去掉了 NRI 超材料中介质基板两侧印制的两条金属条带，而收发线圈的几何尺寸

与习题 1 保持一致。SSMNG 超材料的几何尺寸为 $L = 78$ mm，$L_p = 70.4$ mm，$L_{wp} = 0.6$ mm，$S_{wp} = 1$ mm，$r = 5$ mm，介质基板的相对介电常数为 2.6，损耗正切为 0.015，基板厚度为 1 mm。$d_1 = d_2 = 30$ mm，$D = 140$ mm。频率范围为 6～18 MHz。距发射端 SMMNG 超材料的距离分别为 35 mm，70 mm，135 mm。

3. 利用式(9-7)推导二端口 WPT 网络的广义谐振方程。

4. 利用式(9-19)计算单馈源单焦点的超表面相位分布，其中喇叭馈源位于(0, 0, 1)m 处，焦点位于(2, 0, 2)m 处，超表面是由 21×21 单元组成的，单元的周期为 60 mm×60 mm，工作频率设为 2.45 GHz。

5. 计算单馈源三焦点的超表面相位分布，其中馈源喇叭位于(0, 0, 0.5)m 处，三个焦点位于(0, −1, 1)m、(0, 1, 1)m、(1, 1, 1)m 处，超表面是由 21×21 单元组成的，单元的周期为 60 mm×60 mm，工作频率设为 2.45 GHz。

6. 利用图 9-29 所示的超表面单元和图 9-29 中该单元的反射相位特性，根据习题 5 中的相位分布，设计超表面的结构分布。这里超表面单元的几何尺寸为 $D = 25$ mm，$w_m = 2$ mm，$w_s = 2$ mm，$d = 4.6$ mm，$t = 1$ mm，$T = 5$ mm。超表面单元的介质基板为 F4B，相对介电常数为 2.65。

7. 利用式(9-21)计算双馈源单焦点的超表面相位分布，其中喇叭馈源位于(0, $\sin(\pi/4)$, $\cos(\pi/4)$) m 和(0, $-\sin(\pi/4)$, $\cos(\pi/4)$) m 处，焦点位于(0, 1, 1) m 处，超表面是由 21×21 单元组成的，单元的周期为 60 mm×60 mm，工作频率设为 2.45 GHz。

8. 计算双馈源三焦点的超表面相位分布，其中喇叭馈源位于(0, $\sin(\pi/4)$, $\cos(\pi/4)$) m 和(0, $-\sin(\pi/4)$, $\cos(\pi/4)$) m 处，三个焦点位于($\sin(\pi/4)$, 0, $\cos(\pi/4)$) m、($-\sin(\pi/4)$, 0, $\cos(\pi/4)$) m 和($\sin(\pi/4)$, 0, $-\cos(\pi/4)$) m 处，超表面是由 21×21 单元组成的，单元的周期为 60 mm×60 mm，工作频率设为 2.45 GHz。

9. 计算双极化单馈源单焦点的超表面相位分布，其中馈源喇叭位于(0, 0, 0.2) m 处，x 极化的焦点位于(0, −0.3, 1) m 处，y 极化的焦点位于(0, 0.3, 1) m 处，超表面是由 26×26 单元组成的，超表面整体尺寸为 390 mm×390 mm，工作频率设为 10 GHz。

10. 利用图 9-36 所示的超表面单元和图 9-37 中该单元的反射相位特性，根据题目 9 中的相位分布，设计超表面的结构分布。这里超表面单元的几何尺寸为 $D = 15$ mm，$W = 1$ mm，$H = 3$ mm。超表面单元的介质基板为 F4BM，相对介电常数为 2.2。

参 考 文 献

[1]　TESLA N. Apparatus for transmitting electrical energy. U. S. Patent. 1,119,732 [P]. 1914.

[2]　TESLA N. Nikola Tesla: lectures, patents, articles [M]. Nikola Tesla Museum, 1956.

[3]　TESLA N. Colorado Springs Notes 1899—1900 [J]. Nikola Tesla Museum,

Published by Nolit, Beograd, Yugoslavia, 1978, 19.

[4] HUANG D, URZHUMOV Y, SMITH D R, et al. Magnetic superlens-enhanced inductive coupling for wireless power transfer[J]. Journal of Applied Physics, 2012, 111(6): 064902.

[5] VANDERELLI T A, SHEARER J G, SHEARER R, U. S. patent 7,027,311 [P], 2006.

[6] KURS A, KARALIS A, MOFFATT R, et al. Wireless power transfer via strongly coupled magnetic resonances[J]. Science, 2007, 317(5834): 83 – 86.

[7] ERENTOK A, ZIOLKOWSKI R W, NIELSEN J A, et al. Lumped element-based, highly sub-wavelength, negative index metamaterials at UHF frequencies [J]. Journal of Applied Physics, 2008, 104(3): 034901.

[8] CANNON B L, HOBURG J F, STANCIL DD, et al. Magnetic resonant coupling as a potential means for wireless power transfer to multiple small receivers[J]. IEEE Transactions on Power Electronics, 2009, 24(7): 1819 – 1825.

[9] CHOI J, SEO CH. High-efficiency wireless energy transmission using magnetic resonance based on negative refractive index metamaterial [J]. Progress in Electromagnetics Research, 2010, 106: 33 – 47.

[10] WANG B, TEO K H, NISHINO T, et al. Experiments on wireless power transfer with metamaterials[J]. Applied Physics Letters, 2011, 98(25): 254101.

[11] URZHUMOV Y, SMITH D R. Metamaterial-enhanced coupling between magnetic dipoles for efficient wireless power transfer[J]. Physical Review B, 2011, 83 (20): 205114.

[12] SMITH D R, PADILLA W J, VIER D C, et al. Composite medium with simultaneously negative permeability and permittivity[J]. Physical Review Letters, 2000, 84(18): 4184.

[13] PENDRY J B, HOLDEN A J, ROBBINS D J, et al. Magnetism from conductors and enhanced nonlinear phenomena[J]. IEEE Transactions on Microwave Theory and Techniques, 1999, 47(11): 2075 – 2084.

[14] SILVEIRINHA M, ENGHETA N. Design of matched zero-index metamaterials using nonmagnetic inclusions in epsilon-near-zero media[J]. Physical Review B, 2007, 75(7): 075119.

[15] SILVEIRINHA M G, ALU A, EDWARDS B, et al. Overview of theory and applications of epsilon-near-zero materials[C]//URSI General Assembly. Citeseer, 2008, 97: 44.

[16] SILVEIRINHA M, ENGHETA N. Tunneling of electromagnetic energy through subwavelength channels and bends using ε-near-zero materials[J]. Physical Review Letters, 2006, 97(15): 157403.

[17] SILVEIRINHA M G, ENGHETA N. Theory of supercoupling, squeezing wave

energy, and field confinement in narrow channels and tight bends using ε near-zero metamaterials[J]. Physical Review B, 2007, 76(24): 245109.

[18] CHENG Q, LIU R, HUANG D, et al. Circuit verification of tunneling effect in zero permittivity medium[J]. Applied Physics Letters, 2007, 91(23): 234105.

[19] EDWARDS B, ALù A, YOUNG ME, et al. Experimental verification of epsilon-near-zero metamaterial coupling and energy squeezing using a microwave waveguide [J]. Physical Review Letters, 2008, 100(3): 033903.

[20] LIU R, CHENG Q, HAND T, et al. Experimental demonstration of electromagnetic tunneling through an epsilon-near-zero metamaterial at microwave frequencies[J]. Physical Review Letters, 2008, 100(2): 023903.

[21] SAMPLE A P, MEYER D T, SMITH J R. Analysis, experimental results, and range adaptation of magnetically coupled resonators for wireless power transfer[J]. IEEE Transactions on Industrial Electronics, 2010, 58(2): 544 – 554.

[22] SHERMAN J. Properties of focused apertures in the Fresnel region[J]. IRE Transactions on Antennas and Propagation, 1962, 10(4): 399 – 408.

[23] HANSENR. Focal region characteristics of focused array antennas[J]. IEEE Transactions on Antennas and Propagation, 1985, 33(12): 1328 – 1337.

[24] SHAFAI L, KISHK A A, SEBAK A. Near field focusing of apertures and reflector antennas[C]//IEEE WESCANEX 97 Communications, Power and Computing. Conference Proceedings. IEEE, 1997: 246 – 251.

[25] BOR J, CLAUZIER S, LAFOND O, et al. 60 GHz foam - based antenna for near-field focusing[J]. Electronics Letters, 2014, 50(8): 571 – 572.

[26] BUFFI A, NEPA P, MANARA G. Design criteria for near-field-focused planar arrays[J]. IEEE Antennas and Propagation Magazine, 2012, 54(1): 40 – 50.

[27] TOFIGH F, NOURINIA J, AZARMANESH MN, et al. Near-field focused array microstrip planar antenna for medical applications[J]. IEEE Antennas and Wireless Propagation Letters, 2014, 13: 951 – 954.

[28] SIRAGUSA R, LEMAîTRE-AUGER P, TEDJINI S. Tunable near-field focused circular phase-array antenna for 5. 8 GHz RFID applications[J]. IEEE Antennas and Wireless Propagation Letters, 2011, 10: 33 – 36.

[29] STEPHAN K D, MEAD J B, POZAR DM, et al. A near field focused microstrip array for a radiometric temperature sensor[J]. IEEE Transactions on Antennas and Propagation, 2007, 55(4): 1199 – 1203.

[30] KARIMKASHI S, KISHK A A. Focusing properties of Fresnel zone plate lens antennas in the near-field region [J]. IEEE Transactions on Antennas and Propagation, 2011, 59(5): 1481 – 1487.

[31] MININ I V, MININ O V. Basic principles of Fresnel antenna arrays[M]. Springer Science & Business Media, 2008.

[32] MARTíNEZ-ROS A J，GóMEZ-TORNERO JL，CLEMENTE-FERNáNDEZ F J，et al. Microwave near-field focusing properties of width-tapered microstrip leaky-wave antenna[J]. IEEE Transactions on Antennas and Propagation，2013，61(6)：2981 - 2990.

[33] GóMEZ-TORNERO J L，BLANCO D，RAJO-IGLESIAS E，et al. Holographic surface leaky-wave lenses with circularly-polarized focused near-fields—Part I：Concept，design and analysis theory[J]. IEEE Transactions on Antennas and Propagation，2013，61(7)：3475 - 3485.

[34] LEMAITRE-AUGER P，SIRAGUSA R，CALOZ C，et al. Circular antenna arrays for near-field focused or multi-focused beams[C]//2013 International Symposium on Electromagnetic Theory. IEEE，2013：425 - 428.

[35] CHENG Y J，XUE F. Ka-band near-field-focused array antenna with variable focal point[J]. IEEE Transactions on Antennas and Propagation，2016，64(5)：1725 - 1732.

[36] YURDUSEVEN O，MARKS D L，GOLLUB J N，et al. Design and analysis of a reconfigurable holographic metasurface aperture for dynamic focusing in the Fresnel zone[J]. IEEE Access，2017，5：15055 - 15065.

[37] LI P F，QU S W，YANG S，et al. Near-field focused array antenna with frequency-tunable focal distance[J]. IEEE Transactions on Antennas and Propagation，2018，66(7)：3401 - 3410.

[38] CHEN W C，BINGHAM C M，MAK KM，et al. Extremely subwavelength planar magnetic metamaterials[J]. Physical Review B，2012，85(20)：201104.

[39] PENDRY J B. Negative refraction makes a perfect lens[J]. Physical Review Letters，2000，85(18)：3966.

[40] SHELBY R A，SMITH D R，SCHULTZ S. Experimental verification of a negative index of refraction[J]. Science，2001，292(5514)：77 - 79.

[41] LI L，FAN Y，YU S，et al. Design，fabrication，and measurement of highly sub-wavelength double negative metamaterials at high frequencies[J]. Journal of Applied Physics，2013，113(21)：213712.

[42] High Frequency Structure Simulator，Ansys Corporation.

[43] SMITH D R，VIER D C，KOSCHNYT，et al. Electromagnetic parameter retrieval from inhomogeneous metamaterials[J]. Physical Review E，2005，71(3)：036617.

[44] FAN Y，LI L，YU S，et al. Experimental study of efficient wireless power transfer system integrating with highly sub-wavelength metamaterials[J]. Progress In Electromagnetics Research，2013，141：769 - 784.

[45] FAN Y，LI L. Efficient wireless power transfer system by using highly sub-wavelength negative-index metamaterials[C]//2013 IEEE International Wireless Symposium (IWS). IEEE，2013：1 - 4.

[46] COLLIN R E. Foundations for microwave engineering [M]. John Wiley & Sons，2007.

[47] SMITH D R, SCHULTZ S, MARKO ŠP, et al. Determination of effective permittivity and permeability of metamaterials from reflection and transmission coefficients[J]. Physical Review B, 2002, 65(19): 195104.

[48] CHOMA J, CHEN W K. Feedback networks: theory and circuit applications[M]. World Scientific Publishing Company，2007.

[49] ZIOLKOWSKI RW. Design, fabrication, and testing of double negative metamaterials[J]. IEEE Transactions on Antennas and Propagation，2003，51(7): 1516 – 1529.

[50] NICOLSON A M, ROSS G F. Measurement of the intrinsic properties of materials by time-domain techniques [J]. IEEE Transactions on Instrumentation and Measurement，1970，19(4): 377 – 382.

[51] WEIR W B. Automatic measurement of complex dielectric constant and permeability at microwave frequencies[J]. Proceedings of the IEEE, 1974, 62(1): 33 – 36.

[52] LIU W, CHEN Z N, QING X. Metamaterial-based low-profile broadband mushroom antenna[J]. IEEE Transactions on Antennas and Propagation，2013，62 (3): 1165 – 1172.

[53] WU Z, LI L, CHEN X, et al. Dual-band antenna integrating with rectangular mushroom-like superstrate for WLAN applications [J]. IEEE Antennas and Wireless Propagation Letters，2015，15: 1269 – 1272.

[54] CHOU H T, HUNG T M, WANG N N, et al. Design of a near-field focused reflectarray antenna for 2.4 GHz RFID reader applications[J]. IEEE Transactions on Antennas and Propagation，2010，59(3): 1013 – 1018.

第 10 章 用于无线能量收集系统的整流超表面

10.1 引 言

无线能量传输(wireless power transfer,WPT)技术实现了不需要电线的电力传输[1],与传统的物理连接方式相比,它具有更好的灵活性和可持续性。WPT 的概念可以追溯到 19 世纪特斯拉的设想,不过他的实验由于当时缺乏射频(RF)技术而以失败告终[2-3]。随着无线通信和无线传感的迭代更新,WPT 技术在过去的几十年里经历了从理论验证到商业化发展的进程[4]。

如今,人工智能(artificial intelligence,AI)和第五代(fifth generation,5G)通信的发展将物联网定位为未来的趋势。大量低功耗、小型化、智能化的移动终端设备和无线传感器网络(wireless sensor network,WSN)节点在世界范围内大规模布局[5-6]。这些无线设备能否在各种复杂环境中持续地工作是一个至关重要的问题。针对目前电池功率寿命有限的情况,环境能量收集技术为低功耗设备的持续电源供应提供了一种解决方案,使设备在无须更换电池的情况下,可以主动或被动地从环境中获取能量[7-9]。环境中可以收集的能量有很多种,如太阳能、热能、动能、无线射频/微波能等。收集这些环境中的能源受很多因素限制,例如天气、时间、位置等。然而,无线技术的快速发展使射频/微波电磁(microwave electromagnetic,EM)能量在某种程度上突破了上述因素的限制。由频谱分布可知,环境中可利用的 EM 能量具有非常广泛的频谱范围,包括 RF/微波[5-9]、红外热辐射[10-12]、太阳能[9,13]等。现在,太阳能已经在工业和商业环境中得到了有效利用,但它也面临着巨大的挑战,比如转换效率低(约为 23%),而且仅限于在白天时间和良好的天气条件下使用。红外热辐射能量收集是把从地球到寒冷的外层空间的热流收集起来,这部分辐射到外层空间的能量约等于入射到地球上的太阳辐射能量。它在可再生能源应用方面有着很大的潜力,但目前的研究也只是在理论层面上进行的,实际的实现方式还存在众多困难[14]。在 20 世纪 90 年代初,环境能量收集(ambient energy harvesting,AEH)的概念被提出。环境能量收集就是从环境信号中获取能量。环境中信号的功率谱主要分布在 TV、GSM、LTE、Wi-Fi 等无线通信频段,到目前为止,典型的功率密度为 2 $\mu W/m^2 \sim 10\ mW/m^2$[5-6,8]。表 10-1 对三种主要的电磁能源进行了比较和总结。我们发现,虽然环境中存在的射频功率密度最低,但如果考虑时间、天气和位置,与太阳能和红外热能辐射相比,它表现出最广泛的可用性。随着物联网和智慧城市的发展,环境中的射频能量正在向全天候、全时段、宽频范围共存的状态发展，使得微波或射频能量无处不在，低功耗设备可以借助无线电波连续不断地收集周围的能量。因此，环境射频能量收集是 WPT 系统低功耗发展的必然趋势[1, 6]，目前作为主要的或辅助的功率供给方式，环境射频能量收集技术已应用于低功耗消费电子、医疗植入设备、物联网传感器节点等领域。本章主要介绍环境射频能量收集技术。

表 10 - 1　各种环境电磁能源对比

能源	波长范围	功率密度	适用条件
太阳能[9, 13]	0.15～4.0 μm	5～100 mW/cm² (内部) 0.1～1 mW/cm² (外部)	• 在日照期间 • 不可连续的应用 • 受天气、位置、时间的影响
红外 热辐射能[10-12]	8～13 μm	0.27 mW/cm²	• 需要温差 • 昼夜持续使用 • 受天气和环境的影响
射频、 微波能[5-9]	0.1 mm～3000 m	2μW/m²～10 mW/m²	• 不受天气影响 • 全天使用 • 宽频谱范围 • 连续和普遍的可用性

WPT 和 AEH 常以不同的方式应用。WPT 主要用于点对点的定向功率传输，功率范围基本在瓦级以上。它需要系统地考虑发射部分、传输的媒质和接收部分。它通常是窄带和高功率的。然而，AEH 通常是宽带低功率的，主要集中在空间对点的能量捕获，尤其是在接收部分，功率范围从毫瓦到微瓦级以下。其中整流天线是 WPT 和 AEH 研究中最关键的收集器件之一。目前，整流天线被广泛应用于许多 WPT 或 AEH 中，如长距离、高功率应用的大规模阵列整流天线[15-16]和低功率应用的宽带或多波段自适应(如频率、功率)整流天线[17-25]。

此外，超材料(metamaterials，MM)在许多领域引起了人们的广泛关注[26]。超表面(metasurface，MS)作为二维的超材料，是由亚波长单元周期或准周期排列而成的平面结构，其最初的概念始于 2011 年[27]。MS 由于其优良的性能和简单的结构，从微波波段到光学波段都有广泛的应用。到目前为止，MS/MM 已经应用于近场 WPT 系统，如谐振耦合系统[28-29]、医疗植入装置[30-31]、近场聚焦发射器[32-33]等。因此，MS/MM 增强了电磁波近场的传输特性，在效率和距离上改善了 WPT 系统的性能[34-35]。

本章首先对超表面技术在环境射频能量收集上的最新进展、现有挑战和未来方向进行讨论，并比较超表面和基于天线的 AEH 系统的性能。其次，介绍两种用于 AEH 设计的超表面实例。一种是由亚波长蝴蝶形闭环单元(butterfly-type closed-ring，BCR)组成的超表面阵列结构，其具有小型化、宽角度、极化不敏感的特性；另一种是双带、宽角度和极化独立的整流超表面。最后介绍一种将表面贴装元件(如整流二极管)集成到超表面结构中的新方法，进而简化环境能量收集器的结构。

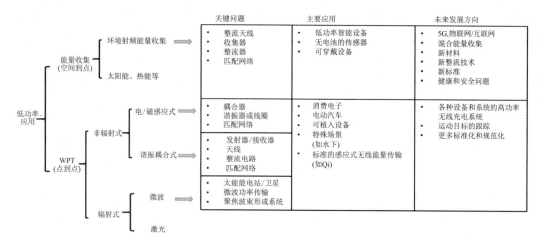

图 10-1　WPT 和 AEH 的分类、特点、关键问题、主要应用和未来发展方向

10.2　超表面应用于环境射频能量收集的进展和展望

　　近年来，一些文献报道了采用 MS 提高 AEH 性能的研究工作，其主要分为两个方向。一个是在接收整流天线中引入 MS 的思想或增加 MS 结构来提高天线性能[36-38]，另一个是直接使用 MS 代替接收天线作为能量收集器。第二个方向的灵感来自于 2008 年提出的所谓的完美电磁吸波器[39]。对于能量收集器来说，目标是最大化地捕获射频波，然后将其输入整流电路，完成空间射频能量到可用电路功率的转换，而不是像吸波器那样将能量耗散到结构中。

　　2012 年，文献[40]中展示了利用超材料单元实现能量收集的设计。它是由工作在 5.8 GHz 的 9×9 个平面单层的亚波长 SRR 结构组成的。电阻负载放置于每个单元的间隙位置。该设计在 SRR 的强谐振频率处来存储射频能量。在这里，MS 取代了传统的天线作为能量收集器，将能量收集效率重新定义为收集器输出端接收到的可用功率与收集器物理面积上的入射功率之比，这一定义与天线的辐射效率不同。MS 阵列收集器由于单元间的强谐振和耦合，使得其比相同物理口径下的天线具有更高的能量收集效率。它通过控制电磁波，匹配自由空间与负载间的阻抗，从而达到增强 AEH 的性能，这也是目前 MS 收集器设计的发展趋势。传统的平面 SRR 结构在无接地板的情况下增加了传输损耗，因此能量收集效率小于 80％，且与入射角有关。文献[41]中给出了在光学波段下基于平面 SRR 结构的相关设计工作。此外，具有传输线的 SRR 单元也面临着能量收集效率低的挑战[42]。2015 年，一种改进的 SRR 平面阵列作为能量收集器被提出[43]，它是由亚波长的电-电感-电容（electric-inductive-capacitive，ELC）单元组成的。与 SRR 不同的是，ELC 单元中使用了金属通孔连接顶部和底部的接地板，从而将谐振表面电流引入通孔与接地板之间的负载中，这种方式类似于同轴馈电的贴片天线。所产生的 ELC 收集器的最大收集效率可达 97%，具有与完美的电磁吸波器相媲美的性能。因此，基于该结构，人们提出了各种改进的能量收集器设计。例如，文献[44]和文献[45]中提出了一个以具有金属背板的互补分裂环(ground backed complementary split-ring，G-CSRR)结构组成的 11×11 阵列收集器，它与具有相同尺寸和工作频率的 5×5 微带天线阵列相比，具有更高的收集效率和更宽的工作带宽。

为了进一步展宽 MS 能量收集器的带宽，根据半功率带宽(Half Power bandwidth，HPBW)标准，文献[46]设计了一种宽带 G-CSRR 阵列，该阵列的每个单元均包含了 4 个收集端口，在 5.5 GHz 时带宽是传统的 G-CSRR 的 4 倍。此外，采用环形结构的 MS 阵列被提出，该阵列可在 6.2～21.4 GHz 频段内实现宽带能量收集[47]。对于环境射频能量收集，宽频带或多频段收集器可以在更宽的频率范围内收集和积累更多的能量，但目前提出的 HPBW 带宽标准可能会降低宽带 MS 收集器的性能。一种有效的解决方案就是通过参考天线和电磁吸波器的带宽标准来完善 MS 收集器的带宽定义。

为了最大限度地接收来自未知方向和随机位置的电磁波，收集器需要具有极化和入射角不敏感的特性。目前，利用紧凑的旋转中心对称 SRR 结构设计的收集器可在三个频带内实现极化不敏感和宽接收角度的性能[48]。另一种采用"omega"模式的 MS 设计也实现了多极化能量收集[49]。这两种结构与宽带收集器类似，每个单元都设计了 4 个收集端口，这显著提高了收集器的性能，但也给阵列收集器的整体复杂性带来了挑战。为此，人们利用结构简单的紧凑单波段收集器构建 AEH 系统，并减少 MS 每个单元的收集端口[50-51]。此外，研究人员提出了一种亚波长多模蝴蝶形闭环超表面，该超表面更容易在实际的三个工作波段上实现高效的 AEH[52]。这种 MS 具有结构简单、小型化的特点，实现了极化不敏感和宽角收集的特性，但在收集端口仍存在阻抗高、匹配困难的问题。

近年来，一些新颖的特性也被引入 MS 收集器的设计之中。例如，三维全金属 SRR 结构被设计来降低介质损耗，提高收集效率和带宽[53]。具有电容加载的 SRR 结构可用于选择接收左手圆极化或右手圆极化的入射波[54]。可编程的闭环超表面结构可使收集器设计实现全自动化，在获得较高的收集效率的同时提高收集端口的阻抗匹配[55]。此外，使用柔性材料可提高环境收集器的共形能力[56]。

上述用于 AEH 的 MS 收集器由于没有整流的器件，因此只能将收集到的能量分配到 MS 阵列的每个单元之中。事实上，在 2013 年就有学者提出了 5×1 线性整流 SRR 阵列，在 900 MHz 时，对于输入功率电平为 24 dBm，该结构的最大射频到直流的功率转换效率(RF-DC 效率)为 36%[57]。随后，一种工作在 2.45 GHz 的三层夹层结构的整流 MS 收集器被设计。它利用一个包含 64 个输入端口和一个输出端口的合路网络，将周期阵列中的所有 ELC 单元连接到一个整流电路上。对于 10 dBm 的输入功率电平，其整流效率最高可达到 67%[58]。另一种基于电谐振环的夹层 MS 结构被提出，在 12 dBm 的输入功率电平下所获得的 RF-DC 效率为 40%[59]。此外，通过优化上述的单极化单元，一个类似的双极化整流 MS 收集器也被设计，在 9 dBm 的输入功率电平下获得了 70% 的收集效率[60]。最近，一种工作在 2.45 GHz 的改进的三层结构也被提出，该结构没有使用射频合路网络，对于 5 mW/cm² 入射功率密度，其 RF-DC 效率可高达 66.9%[61]。

当将整流功能集成到 MS 收集器时，由于存在多个负载和大规模射频或直流合路网络，因此需要添加额外的阻抗匹配电路，这对已有的整流 MS 结构而言会大大增加结构的复杂度，从而导致收集效率下降。一种有效的解决方案是将 MS 与整流二极管共面集成设计，以提高 MS 收集器的整体性能。早在 2014 年就有学者提出了共面最优匹配整流表面的概念，将整流二极管嵌入 I 型 MS 结构中实现空间太阳能电站(SPS)的应用，在 0 dBm 的入射功率电平下 RF-DC 效率为 28%[62]。随后，针对 AEH 的应用，集成了二极管的极化不敏感的栅格方环 FSS 共面设计也被提出，但随着 FSS 阵列尺寸的增大，RF-DC 效率随之降低，同时也带来了阻抗匹配的挑战[63]。最近，一种单层整流 MS 周期阵列的概念被提出并用于 AEH[64]。该结构是由开口线 MS 构成的，其与二极管相集成实现了良好的匹配，它不需要功率合路网络，而是采用一根细的高电感导线将所有的单元连接在一起。仿真结果表明对于 0 dBm 的入射功率电平，该结构的整流效率可达 50%。此外，最近的整流天线的研究表明，当将二极管集成到整流天线表面时，对于中、高的入射功率电平而言可以实现高的整流效率[65-67]。这为整流器-MS 一体化的 AEH 收集器的设计提供了好的研究思路。

伴随着近年来的研究和发展，用于 AEH 的 MS 收集器已经从单频段发展到多频段或宽频带，从单极化发展到多极化，甚至极化不敏感和宽角接收，从而所设计的收集器可以有效地从环境射频源中捕获能量。图 10-2 总结了用于 AEH 的 MS 收集器的重大进展和发展。每一代的 MS 收集器都有各种各样的结构形式，以提高性能或增加功能。但本质上，MS 收集器主要通过强电/磁共振或电小单元(等效于 RLC 谐振器)的耦合来捕获和转换电磁能量。

表 10-2 用于 AEH 的不同 MS 性能比较

参考文献 （年份）	频率/GHz	P/λ_0	最大收集效率 /%	核心设计结构和优点
[40](2012)	5.8	0.18	76	SRR 谐振器，电小尺寸
[43](2015)	3	0.08	97	ELC 谐振器，效率近似为 1
[45](2015)	5.55	0.34	93	互补 SRR 谐振器，效率高
[49](2017)	5.8	0.30	93.1	改良 SRR 谐振器 极化独立和宽接收角度
[50](2018)	5.8	0.32	88	改进的电谐振环 简单结构 极化独立和宽接收角度
[51](2018)	2.5	0.13	90	电小方形闭口谐振环 简单尺寸 极化独立和宽接收角度
[46](2015)	5.48	0.19	95	互补 SRR 谐振器 宽带
[47](2017)	6.2~21.4	0.44	96	方形谐振环，宽带

参考文献 （年份）	频率/GHz	P/λ_0	最大收集效率 /%	核心设计结构和优点
[48](2016)	1.75，3.8，5.4	0.18	90	改进的 SRR 谐振器，三频带 极化独立和宽接收角度
[52](2017)	0.9，2.6，5.7	0.08	90	多模闭口谐振环 三频带，小型化 极化独立和宽接收角度
[53](2016)	2.45	0.22	97	开口谐振环，三维全金属结构
[54](2016)	2.47	0.18	97.2	环形 SRR 谐振器，极化选择
[55](2018)	2.45，6	0.09	95	闭环谐振器、编码实现
[56](2019)	5.33	0.13	86	改进的互补 SRR 谐振器 可弯曲
[57](2013)	0.9	0.12	36@ 24 dBm	带整流的 SRR 谐振器
[58](2016)	2.45	0.12	67@ 10 dBm	带整流的 ELC 谐振器
[59](2017)	3	0.15	40@ 12 dBm	带整流的电谐振环
[60](2017)	2.4	0.14	70@ 9 dBm	闭环谐振结构，集成整流功能 双极化
[61](2016)	2.45	0.16	66.9@ 5 mW/cm²	带有整流的 ELC 谐振器
[62](2014)	2.18	0.21	28@ 0 dBm	带有整流的 I 形谐振器
[63](2013)	1	0.12	25@ −6 dBm	FSS 谐振器，双极化 集成整流设计
[64](2017)	6.75	0.67	50@ 0 dBm	开口线谐振器 带有整流的集成化设计

注：P 为 MS 单元的周期，λ_0 为工作频率处的自由空间波长。

　　MS 在 AEH 发展和应用上既具有广阔的前景又面临着技术的挑战。与传统天线相比，MS 收集器可以最大限度地提高 MS 单位物理面积的收集效率。正如本节所述，大多数现有的 MS 收集器和商用的能量收集器适用于 0 dBm 以上的输入功率，在现实环境中的弱功率密度场景下高效的能量收集技术的发展仍然面临着巨大的挑战[1, 58-61]。除了发展低功率的半导体器件[6]外，还需要考虑 MS 收集器的小型化、高效率、自适应的性能，从而实现各种环境下灵活高效的能量收集。MS 收集器的发展也将不断得益于 MS 在设计理念、结构制造和多用途应用等方面的进展。

　　MS 在许多领域都取得了令人振奋的进展。近年来，MS 正朝着小型化、自适应、可编程和数字化方向发展[68-80]。智能 MS 的发展将 MS 对电磁波的调控能力提升到更高的水平，这不仅丰富了 MS 在跟踪、成像等研究领域的应用，而且对 MS 的其他应用也具有重要意义。这些趋势也为 MS 在 AEH 中的应用提供了潜在的参考和发展思路。

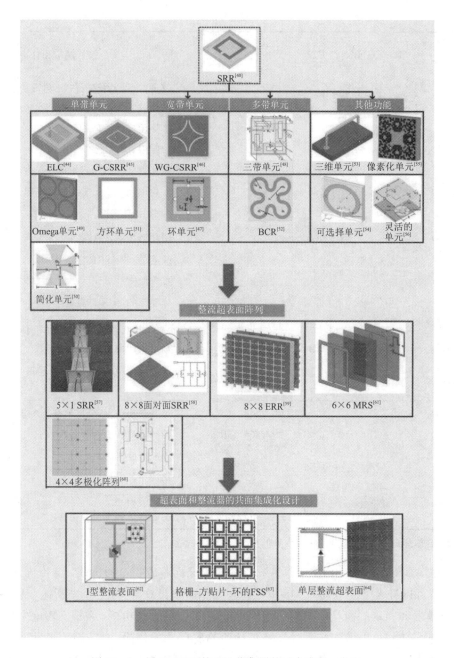

图 10-2　用于 AEH 的 MS 收集器的重大进展、发展

　　整流天线和整流电路的最新发展对 MS 收集器同样产生了重大影响，为阻抗、频率和输入功率的自适应动态范围下的能量收集提供了很好的设计思路[18-25]。其他独特的特性，如柔性材料[81]、可重构或可调设计[82]、量子驱动算法[83]等也可能提高 MS 收集器的性能。

　　此外，MS 也可以与天线甚至不同类型的收集器结合在一起使用，从而同时实现多种功能，这不仅能够大大提高 MS 收集器的性能，也有利于其他能源的应用，如多服务天线[84]、混合射频和太阳能收集器[85]等。这些为 MS 的多领域发展和实际能源应用带来巨大的机遇。

10.3　用于无线能量收集的超表面设计

前一节阐述了超表面应用于环境射频能量收集的进展和展望。本节以三波段极化不敏感、宽角度、小型化的超表面为例，介绍如何设计和验证用于 AEH 的超表面。

图 10-3 给出了用于环境射频能量收集的超表面单元设计的演化。在方形谐振环（方环）的基础上，演变出了旋转对称蝴蝶形闭口谐振环（butterfly-type closed resonant ring，BCR）结构。基本的方环结构可以实现宽角度、任意极化、单频段能量收集。方环演化为闵可夫斯基分形环，可获得多波段、小型化的特性。这种分形环被进一步优化，就形成了蝴蝶形闭口谐振环。

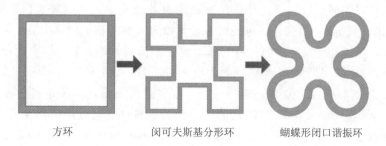

方环　　　　　　　闵可夫斯基分形环　　　　　蝴蝶形闭口谐振环

图 10-3　用于功率收集的多模谐振环超表面单元设计的演化

当入射波照射到蝴蝶形闭口谐振环超表面时，超表面产生两个方向相同的对称环形电流，并流向收集端口的负载。无论入射波的极化和角度如何，表面电流都能沿闭口谐振环流向负载收集端口。对于开口谐振环，由于不同极化入射波产生的开放式表面电流不能完全流到收集端口，很难在单环结构上实现角度和极化稳定性良好的单端口收集。图 10-4 显示了用于能量收集的 BCR 单元的几何形状。单元的顶层是一个 BCR 结构，它由四个对称的四分之三圆组成，由等宽的半圆圆弧连接。

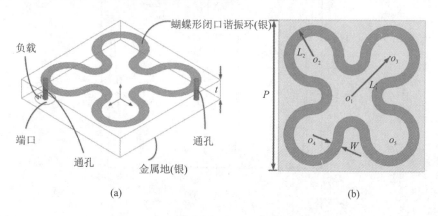

(a)　　　　　　　　　　　　　　　　(b)

图 10-4　用于能量收集的 BCR 单元的模型

四分之三圆的圆心位于 O_2、O_3、O_4 和 O_5，外圆的半径 $L_2 = 5.5$ mm。整个单元的中

心位于 O_1，O_1 和 O_2（O_3，O_4，O_5）之间的距离是 $L_1 = 9.9$ mm。环带的宽度 $W = 1.84$ mm，BCR 超表面单元的周期是 $P = 26.9$ mm。BCR 阵列的周期大约是 $\lambda_0/12$，这里 λ_0 是最小工作频率 900 MHz 处的波长。F4B 介质基板的相对介电常数为 2.65，其厚度为 4.0 mm，损耗角正切为 0.001。电介质基板的背面是金属地。为了收集和传输入射的电磁能量，将位于 BCR 角落的金属化通孔接在能量收集端口的负载上。一个阻值为 2776 Ω 的电阻放置在通孔和金属地之间，以模拟负载的输出端口。注意，整个单元有两个中心对称的金属通孔。一个通孔连接到收集端口的负载上传输和收集能量，另一个通孔直接连接谐振环与金属地，以增加谐振结构的电感值，延长表面电流的传输路径，从而使整个结构实现小型化。在保证相同的谐振工作频率的条件下，如果去除掉与谐振环和金属地相连接的金属通孔，BCR 超表面单元的周期则需要增加到 44 mm。

与吸波器相比，能量收集超表面结构将射频能量捕获到谐振结构中，然后通过收集端口将该能量转移到整流电路和负载上，而不像吸波器那样将能量耗散结构之中。因此，超表面能量收集器需要满足以下条件：① 超表面能有效地收集入射到超表面的电磁波能量，即实现阻抗匹配；② 超表面捕获的电磁波能量可以有效地转移到整流电路中。

为了验证该设计的性能，我们利用 HFSS 建立了仿真模型。采用具有周期边界条件的 Floquet 端口仿真无限周期阵列模型。设置 Floquet 端口以激发不同极化和入射角的入射波，每个单元的端口端接 2776 Ω 的电阻负载。需要强调的是，BCR 结构的参数（L_1，L_2，W，P，ε_r，t，R）直接影响着 BCR 阵列的工作频带和性能。通过同时优化几何拓扑结构、介电常数和负载电阻，可以在三个工作频段获得较高的收集效率。超表面能量收集器的收集效率计算如下：

$$\eta = \frac{P_{\text{load}}}{P_{\text{received}}} \times 100\% \qquad (10-1)$$

其中，P_{load} 为负载收集的功率，P_{received} 为入射到整个超表面孔径上的总功率。入射到的总功率可以通过坡印廷矢量在超表面孔径区域上的积分加以计算。图 10-5 显示了平面波入射时 BCR 超表面的收集效率。BCR 超表面在 900 MHz、2.6 GHz 和 5.7 GHz 有三个收集峰，相应的收集效率分别为 70%、80% 和 82%。

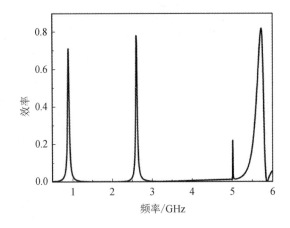

图 10-5　垂直入射下 BCR 超表面的无线能量收集效率

图 10-6 为单个 BCR 单元和 BCR 周期阵列的仿真 $|S_{11}|$ 参数。所提出的单个 BCR 单元是一种多模谐振结构，可以在多个波段工作。但是，单个的 BCR 单元的谐振频率较高，且阻抗匹配也不理想。相对比，在 BCR 阵列中，单元之间存在相互耦合，因而谐振频率有所降低，且阻抗匹配变好，实现了多波段、小型化、宽角度和极化不敏感的能量收集性能。

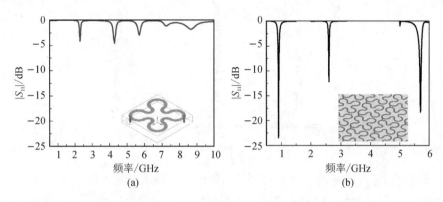

图 10-6　计算得到的单个 BCR 单元和 BCR 周期阵列的 S_{11} 参数

图 10-7 显示了 BCR 超表面的单元在三个谐振频率下的表面电流分布。需要注意的是，不同的谐振模式在 BCR 结构上激发不同的电流强度和电流流动路径。三种谐振模式产生的表面电流最大程度地流入同一个收集端口。在 900 MHz 的低频谐振模式下，BCR 上激发起一阶电流（见图 10-7(a)），在流经两个通孔间的最长路径后在单元顶部合并，最后通过金属化的通孔进入收集端口的负载上。BCR 在 2.6 GHz 中频谐振模式下产生了流经两个通孔间路径的二阶表面电流（见图 10-7(b)），而在 5.7 GHz 处的高频谐振模式下则是产生三阶的表面电流（见图 10-7(c)）。通过改变导线的长、宽和周期，可以灵活地调节三个谐振频率。由于环境中入射波的极化和角度是未知和随机的，超表面的极化不敏感性和角度稳定性对环境射频能量收集的自适应特性至关重要。

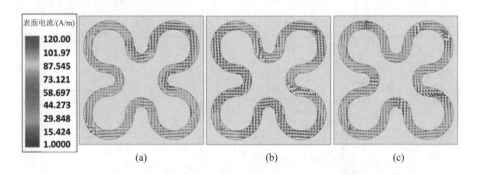

图 10-7　仿真 BCR 超表面单元上的表面电流分布

(a) 0.9 GHz；(b) 2.6 GHz；(c) 5.7 GHz

图 10-8 为垂直入射下不同极化角度所对应的能量收集效率曲线。这些结果表明，

BCR 超表面具有良好的极化稳定性。

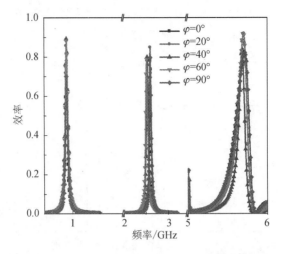

图 10-8　垂直入射下不同极化角度的能量收集效率

　　对于横电(TE)和横磁(TM)两种入射波倾斜入射的情况下,需要考虑 BCR 超表面的入射角稳定性。TE 极化斜入射是指入射波的电场矢量平行于 BCR 超表面,而 TM 极化斜入射是指入射波磁场矢量平行于 BCR 超表面。图 10-9(a)~(f)示出了三个频段中 TE 和 TM 极化斜入射下的能量收集效率曲线。对于不同入射角度的 TE 和 TM 极化斜入射,BCR 超表面都保持了较高的能量收集效率。当入射角增大时,在高频段会出现小的频率偏移,这是由于随着入射角的增加,入射到结构上的场的水平分量相应减少而垂直分量逐渐

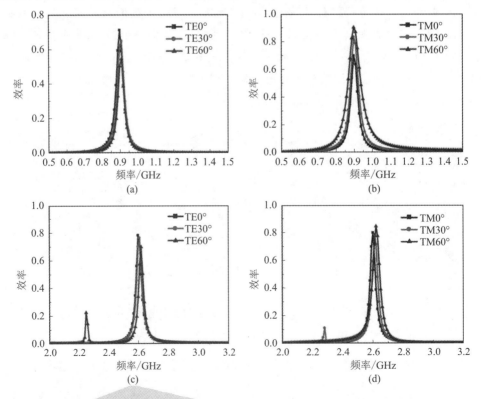

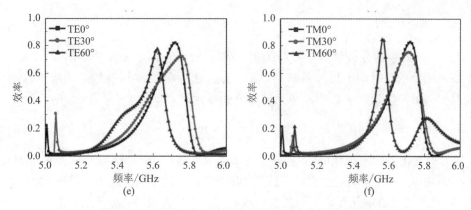

图 10-9　不同极化和入射角度下的功率收集效率特性

（a）在第一频段 TE 极化斜入射；（b）第一个频段 TM 极化斜入射；（c）第二频段 TE 极化斜入射；

（d）第二频段 TM 极化斜入射；（e）第三频段 TE 极化斜入射；（f）第三频段 TM 极化斜入射

增加。这种频率的偏移可以通过自适应整流电路进行调整。

　　为了验证所设计的 BCR 超表面的性能，我们加工了 7×7 的 BCR 超表面阵列，如图 10-10 所示，其测量装置如图 10-11 所示。采用信号发生器激励标准增益喇叭天线，将 BCR 超表面置于喇叭天线远场区域以保证平面波激励。由于 7×7 阵列的每个单元都有一个收集能量的收集端口，因此，其中心单元的特性就近似等同于一个大规模阵列中不考虑边缘效应的单元的特性，进而，可采用中心单元来估计大规模阵列的功率收集效果。我们使用频谱分析仪测试了中心单元的能量收集效率。这里负载阻抗与频谱分析仪阻抗之间需要进行阻抗匹配。由于整个频段非常宽，因此我们分别测量了每个频段的收集效率，以确保每个频段的准确性。

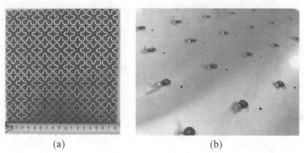

　　　　(a)　　　　　　　　　(b)

图 10-10　加工的 BCR 超表面

（a）前视图；（b）后视图

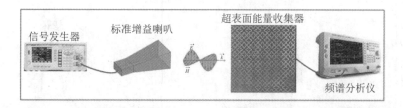

图 10-11　测量 BCR 超表面能量收集效率的实验装置

能量收集效率计算如下：

$$\eta = \frac{P_{\text{RFtotal}}}{P_r} \times 100\% \qquad (10-2)$$

其中，P_{RFtotal} 是由频谱分析仪测量的 BCR 中心单元处收集的总时间平均 RF 功率。P_r 为超表面中心单元处的总时间平均入射功率，其计算方法为将距离标准增益喇叭天线 $r = 3$ m 处超表面的入射功率强度乘以中心单元的有效孔径面积，即

$$P_r = \frac{GP_{\text{in}}}{4\pi r^2} \cdot A_{\text{e}} \qquad (10-3)$$

式中，G 为标准增益喇叭天线的增益，P_{in} 为信号发生器以 10 dBm 功率馈入标准增益喇叭天线的输入功率，r 为标准增益喇叭天线到 BCR 超表面的距离。为了计算有效面积，我们将 BCR 超表面的中心单元看成一个发射天线。仿真结果表明，中心单元的增益近似于短偶极子的增益，因此，可以用下述公式计算有效孔径面积 A_{e}，即

$$A_{\text{e}} = \frac{3\lambda^2}{8\pi} \qquad (10-4)$$

图 10-12 显示了在 TE 极化和 TM 极化斜入射时，所加工的 7×7 BCR 能量收集阵列在不同入射角度下的能量收集效率。在 TE 极化斜入射下，各频段的最大收集效率和所对应的频率点分别是 0.9 GHz 处的 65%、2.7 GHz 处的 70% 和 5.6 GHz 处的 70%。对于 TM 极化斜入射下，各频段的最大收集效率和对应的频率点分别是 0.9 GHz 处的 80%、2.7 GHz 处的 75%、5.6 GHz 处的 81%。实验结果表明，所设计的 BCR 超表面能够同时有效地收集三个频段内不同极化和角度的环境电磁波。在高频段，当入射角大于 60° 时，出现了频率偏移。测量结果与图 10-7 中的仿真结果吻合较好，从而验证了所提出的 BCR 能量收集超表面的实用性和有效性。

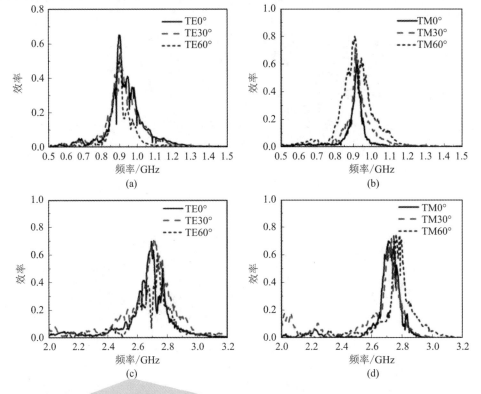

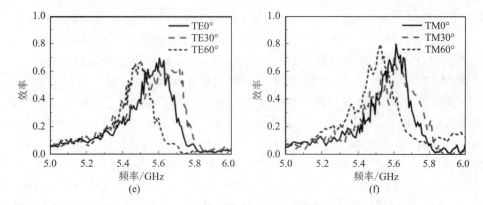

图 10-12　7×7 BCR 能量收集阵列的能量收集效率测量结果

（a）在第一频段 TE 极化斜入射；（b）第一个频段 TM 极化斜入射；（c）第二频段 TE 极化斜入射；
（d）第二频段 TM 极化斜入射；（e）第三频段 TE 极化斜入射；（f）第三频段 TM 极化斜入射

10.4　用于无线能量收集的整流超表面设计

　　值得一提的是，上一节介绍的用于 AEH 的超表面设计只能实现射频功率收集。为了实现完整的无线能量收集，即对直流能量的获取，需要进行后续的整流网络设计。"天线（阵列）＋整流（阵列）"终端可以实现射频能量收集和直流转换，称为整流天线（阵列）。在典型的整流天线阵列中，广泛使用了两种结构：一种是先合路后整流，即将整流天线阵列接收到的射频功率先合路后再将其整流成直流，如图 10-13（b）所示；另一种是先整流后合路，也就是说，先将整流电路连接到天线阵列上，将整流后的直流进行合路输出，如图 10-13（c）所示。

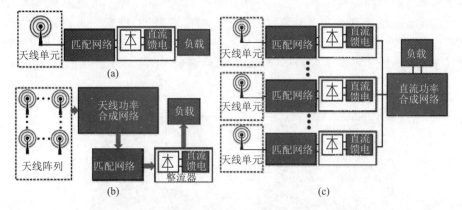

图 10-13　整流天线阵列系统

（a）一般的单整流天线系统；（b）先合并后整流的整流阵列系统；
（c）先整流后合并的整流阵列系统

　　然而，对于现有的整流天线阵列设计，上述所有配置都需要额外的射频或直流电源合路网络和匹配网络。此外，随着天线阵列规模的增大，适应不同阻抗范围的匹配网络设计存在很大的挑战性,功率合路网络庞大而复杂,可能导致更大的损耗、更高的成本和失配问题。

在本节中,我们提出了一种新颖的双波段、紧凑型、宽角度、极化不敏感的整流超表面(RMS)阵列设计。RMS 系统的框架如图 10-14 所示,该框架由三个部分组成:一个集成二极管的 MS 周期阵列,其中二极管用于将射频能量整流为直流,同时将每个单元连接起来;一个直流滤波器,用于平滑波形和消除交流分量;一个负载。由于 MS 在工作频段具有较强的谐振性和多种工作模式,因此它比天线更容易获得可调节的高阻抗特性。所以,本设计可以直接省略所提出的 MS 与非线性整流二极管输入阻抗之间的匹配网络,同时,通过 MS 单元和二极管的适当组合,在不需要射频或直流功率合路网络的情况下,可以使 MS 阵列完全集成,以保持 RMS 结构设计的简单性和紧凑性。此外,所设计的能量收集器能够在保持高收集效率的前提下,实现宽角度稳定性和极化不敏感特性。与传统整流天线相比,所提出的整流超表面具有结构紧凑、简单、制造成本低等优点,还可以适应各种输入功率范围甚至不同的二极管,非常适合小型化物联网传感器的自适应电源需求。

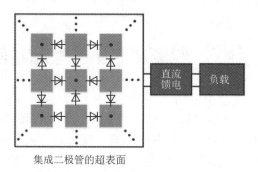

集成二极管的超表面

图 10-14 整流超表面系统的框架

10.4.1 超表面单元设计

为了将 MS 的设计与整流电路完全集成,我们引入了如图 10-15 所示的 MS 结构。该几何结构的设计思想来源于单平面紧致型光子带隙(UC-PBG)结构。UC-PBG 单元由一个方形金属贴片和连接贴片边缘中心的四根金属线组成,相邻单元间采用金属线加以连接,从而实现了电磁带隙的特性。为了实现能量收集的目的,这里在 UC-PBG 的基础上,采用

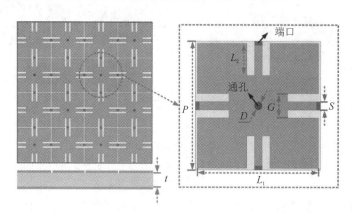

图 10-15 所提出的整流超表面的几何示意图

一个二维正方形平面周期阵列，每个单元都由单层接地介质基板上的长度为 L_1 的方形金属片和两对宽度为 S 的连接支路组成。表 10-3 示出了超表面的几何参数。

表 10-3　超表面几何参数

参数	描　述	值/mm
D	MS 单元中心金属通孔的直径	1
G	方形金属片与四个连接支路之间的间隙宽度	3
L_1	方形金属片的长度	15.5
L_2	方形金属片与四个连接支路之间的间隙长度	4
P	MS 单元的周期	16
S	四个连接支路的宽度	1
t	基板厚度	1.27

所设计的 MS 结构中包含了阻抗端口，它是直接串联在相邻单元中间的金属支路上的。为了实现二极管与 MS 单元的共面集成设计，将这些阻抗端口与整流二极管的输入阻抗共轭匹配。应该强调的是，负载端口是位于单元之间，而不是在单元内部的。负载端口与 MS 共面以集成整流二极管，并在整个 MS 中创建直流路径，而无须通过在单元上引入通孔将能量导入其他层上。方形金属片中刻蚀了宽度为 G 的四组间隙，每组间隙位于每条连接线两侧。间隙的存在增大了电容效应，而连接的支路带来了附加的电感效应。Rogers 3210 材料作为基板，相对介电常数为 10.2，损耗角正切为 0.0027，介质基板背后有金属地。基板正面蚀刻的铜的厚度为 35 μm。单元的周期为 P，单元中心的金属通孔直径为 D。

利用商用软件 HFSS 仿真 MS 结构，采用周期性边界条件的 Floquet 端口计算端口之间的反射和传输特性。这里，集总阻抗端口用于连接相邻的 MS 单元，该负载端口可用于分析 MS 结构的能量收集特性，如收集效率和阻抗匹配等。负载端口输入阻抗的实部和虚部如图 10-16 所示。由图可以看出，MS 的谐振频率分别在 2.4 GHz 和 5.8 GHz 左右。2.4 GHz 和 5.8 GHz 处输入阻抗实部达到 400 Ω 和 200 Ω 的高阻抗状态，虚部均为 0 Ω。在两个工作频带内，输入阻抗的实部变化范围为 0～400 Ω，虚部变化范围为 -180～250 Ω。

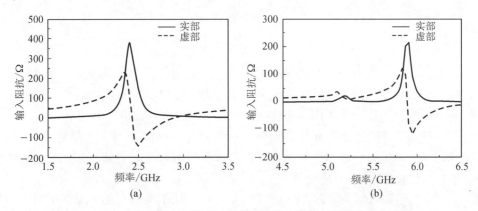

图 10-16　负载端口在两个工作频段的输入阻抗的实部和虚部曲线

MS 单元在谐振频率处的表面电流分布如图 10-17 所示。在 2.4 GHz 处，每个单元上的表面电流沿着连通方向流过 MS 单元上的最长路径，从而产生低频谐振模式。此时，MS

单元是电小尺寸，周期为 $\lambda_1/8$(λ_1 为 2.4 GHz 下的波长)。相对比，在 5.8 GHz 处相邻单元的表面电流相反，MS 单元的周期为 $\lambda_2/3$(λ_2 为 5.8 GHz 处的波长)。此时，MS 单元不再是电小尺寸。在这种情况下，MS 的阵列以差分模式工作。由于差分模式下相邻单元的电流方向相反，相邻单元之间端口上的电压差是原来的两倍。对于集成在端口上的整流二极管而言，更容易达到二极管在该工作频率下的开启电压，从而提高整流效率。因此，MS 具有两个工作在不同的谐振模式下的高阻抗谐振频率。

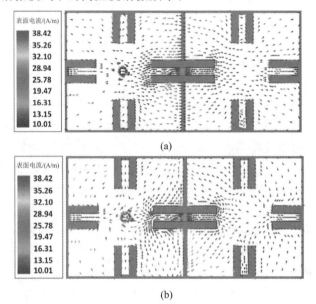

图 10-17　MS 上的表面电流分布仿真结果
(a) 2.4 GHz；(b) 5.8 GHz

　　MS 收集器的总收集效率定义如下：

$$\eta_{\text{total}} = \eta_{\text{MS}} \eta_{\text{RF-DC}} \tag{10-5}$$

式中，

$$\eta_{\text{MS}} = \frac{P_{\text{MS-load}}}{P_{\text{received}}} \times 100\% \tag{10-6}$$

$$\eta_{\text{RF-DC}} = \frac{P_{\text{DC-load}}}{P_{\text{MS-load}}} \times 100\% \tag{10-7}$$

其中：η_{MS} 为 MS 收集器未经整流的能量收集效率；$P_{\text{MS-load}}$ 是 MS 负载端口收集的功率；P_{received} 是整个 MS 上接收到的总功率，它可以通过对 MS 口径面积上的坡印廷矢量的积分加以求解；$\eta_{\text{RF-DC}}$ 为整流电路的 RF-DC 效率；$P_{\text{DC-load}}$ 为负载的输出直流功率。

　　利用式(10-6)可以计算该模型在不同极化方向和入射角下的能量收集效率。与微波吸波器的分析类似，MS 收集器入射角的稳定性可以根据两种斜入射情况加以考虑，即横电(TE)极化斜入射和横磁(TM)极化斜入射。

　　图 10-18 为不同入射角下的 MS 在 TE 和 TM 极化下的能量收集效率。对于 TE 极化，当入射角从 0°到 60°变化时，最高的收集效率始终出现在谐振频率处，在 2.4 GHz 低频谐振模式下收集效率从 92% 逐渐下降到 80%，在 5.8 GHz 高频谐振模式下收集效率从 88% 逐渐下降到 83%，两个频段的谐振频率几乎没有偏移。此外，在 2.4 GHz 谐振模式下

的半功率带宽(HPBW)从 300 MHz(入射角为 0°)略微缩小到 220 MHz(入射角为 60°)，在 5.8 GHz 谐振模式下，HPBW 从 980 MHz(入射角为 0°)缩小到 880 MHz(入射角为 60°)。这是由于随着 TE 极化波入射角的增大，入射波传播路径增加，入射波矢量的垂直分量减小，有效的电共振效应逐渐变弱，收集效率和带宽随之下降。对于 TM 极化，随着入射角的增加，带宽基本不变，但谐振频率略有偏移，这是等效磁共振效应增强的缘故。因此，尽管在 TE 和 TM 极化下有轻微的频率偏移或带宽下降，但在两种工作模式下仍然保持了较高的收集效率(>80%)。

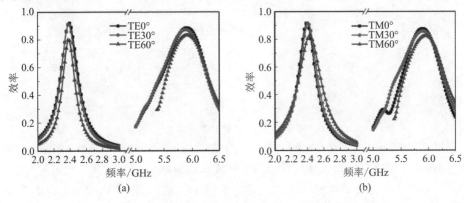

图 10 - 18　TE 极化和 TM 极化下 MS 在不同入射角下的收集效率

图 10 - 19 对比了在 MS 单元中心有无通孔时的能量收集效率。由图可以看出，在有通孔和无通孔两种情况下收集效率存在略微的频率偏移，这是由于通孔的引入改变了表面电流传播路径，增加了 MS 结构的等效电感，从而导致谐振频率发生偏移，但其收集效率仍然高于 86%。因此，在 2.4 GHz 和 5.8 GHz 两种不同的谐振模式下，所设计的 MS 单元具有输入阻抗高、效率高、入射角范围宽、极化稳定性好等优点。

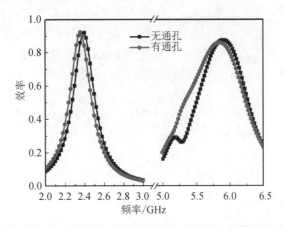

图 10 - 19　在 MS 单元中心有无通孔时的收集效率对比

10.4.2　整流电路设计

图 10 - 15 所示 MS 结构将捕获的空间电磁波能量转移到单元之间的收集端口上，并形成了一个等效的射频电压源。此时，整流二极管并联连接到这些端口上，在工作频带内，所设计的 MS 的输入阻抗将直接与整流电路的输入阻抗相匹配。这里选取原理图简单、整流

效率高的支路二极管整流电路(F 类),如图 10-20(a)所示。

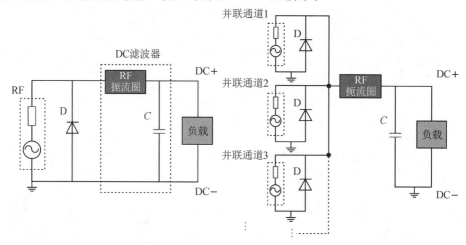

图 10-20 二极管整流电路

(a) 单支路二极管整流电路(F 类);(b) 并联多通道的单支路二极管整流电路

由图 10-20 可以观察到,射频源相当于天线或能量收集器的输出端口,并与整流二极管并联。二极管可根据频率和输入功率范围正常选择。例如,SMS-7630 适合低功率应用,HSMS-2850 适合中功率应用,HSMS-2860 可用于高功率场景。串联的射频扼流圈的作用是提供一个直流路径和阻断射频功率,并联的电容用于平滑波形和存储直流功率。这里使用了 47 nH 的芯片电感和 0.1 μF 的芯片电容。串联电感和并联电容的结构相当于一个直流滤波器。700 Ω 负载电阻作为直流电源输出且可调整阻抗匹配。

在整流阵列中整流电路支路的连接方式有串联、并联和级联。为了减少欧姆损耗和提高整流效率,部分串联和整体并联的连接方法被普遍认为是一种最佳选择。而我们所提出的 MS 阵列,为了整合结构设计,优化整流效率,采用了整个并联的整流电路,如图 10-20(b)所示。

采用 ADS 软件中的谐波平衡(HB)模拟器对整流电路进行建模仿真。图 10-21 显示了在 2.4 GHz 谐振模式下仿真的单通道和并联多通道的整流效率与输入功率的关系。以 SMS-7630 二极管为例,随着并联通道数的增加,整流效率略有提高,说明多通道并联结构具有优势。

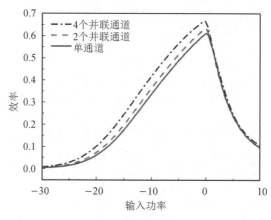

图 10-21 单通道和并联多通道整流效率随输入功率变化的仿真结果

图 10-22 显示了不同二极管的仿真输入阻抗与频率的关系。表 10-4 给出了在 2.45 GHz 和 5.8 GHz 谐振模式下三种不同二极管的输入阻抗。MS 端口阻抗可以在不改变拓扑和尺寸的情况下通过使用不同二极管的电路就可以实现阻抗的共轭匹配。

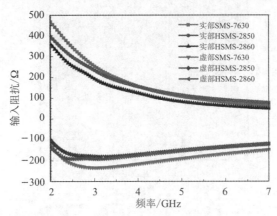

图 10-22　不同二极管的整流输入阻抗仿真结果(SMS-7630 二极管输入功率电平为 0 dBm，HSMS-2850 二极管输入功率电平为 5 dBm，HSMS-2860 二极管输入功率电平为 10 dBm)

表 **10-4**　不同二极管的整流输入阻抗

二极管类型	输入阻抗		优化功率水平
	2.4 GHz	5.8 GHz	
SMS-7630	$(365-j207)\ \Omega$	$(104-j186)\ \Omega$	0 dBm
HSMS-2850	$(313-j165)\ \Omega$	$(110-j148)\ \Omega$	5 dBm
HSMS-2860	$(269-j190)\ \Omega$	$(79-j149)\ \Omega$	10 dBm

10.4.3　超表面阵列设计

我们使用一种将整流二极管集成到超表面结构中的新方法来构建整流超表面(RMS)，如图 10-23 所示。由图可以看出，RMS 阵列由带有通孔的单元和无通孔单元(有通孔的单元和无通孔单元均占周期阵列单元总数的一半)交替排列而成。每个有通孔的单元的四个连接支路连接到整流二极管的正极，每个无通孔单元的四个连接支路连接到整流二极管的负极。在周期阵列中，有通孔的单元都采用通孔与金属地连接，形成与金属地具有相同电位的等电位面，定义为 DC-。其余没有通孔的单元用细金属线相连，细金属线等效于电感，能够建立直流路径同时阻挡射频功率，定义为正电压 DC+。具体而言，相邻的通孔单元和无通孔单元之间的不同电势导致它们之间连接的二极管两端存在电位差。根据前面提到的并联整流电路的拓扑结构，将二极管的正极和负极分别连接到相应的等电位面，从而可形成一种新的 RMS 排列方式。

图 10-24 是通过对图 10-20(b)中电路的理解和改进而提出的表面分布的等效电路。在每个相邻单元中间的端口处形成等效 RF 电压源。在整流电路中对等效 RF 电压源的阻抗(相当于 MS 单元之间端口的输入阻抗)进行匹配。并联形式的整流电路的主电路是由阵

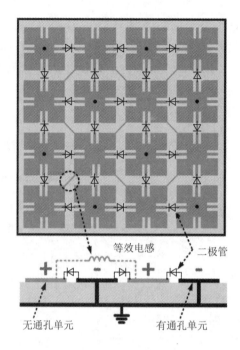

图 10-23　基于整流二极管接入新方法的整流超表面示意图

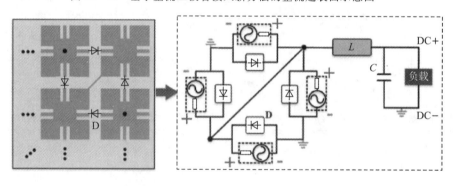

(a)

(b)

图 10-24　所设计的 RMS 的部分等效电路

列中每个端口的等效射频电压源和端口两端并联连接的整流二极管组成的。通过等电位面 DC－将所有等效整流支路的负极连接在一起，而通过等电位面 DC＋将所有等效整流支路的正极连接在一起，因此，所有的等效整流支路通过等电位面 DC＋并联，然后统一接入 F 类直流滤波器，保证直流波形平滑输出，并阻隔射频功率进入负载。为了实现高效率，支路数量的增加会导致负载电阻的降低。在这种情况下，总输出功率将会变大。

这里采用 HFSS 和 ADS 联合仿真过程研究场-路的相互影响。在 ADS 中采用频域功率源端口作为 MS 单元间功率收集端口上的等效射频电压源。ADS 中的功率源端口的阻抗通过标准 S1P 文件导入，该文件可以通过在 HFSS 中计算 MS 的输入阻抗随频率的变化获得。

如图 10－25(a)和(b)所示，在不同的输入功率电平下，通过联合仿真计算出 RMS 的反射系数和相应的效率。这个效率是式(10－1)中计算出的总 RF-DC 效率 η_{Total}，不同于图 10－18 显示的式(10－2)中计算的未经整流的效率 η_{MS}。由于集成到 RMS 中的二极管 SMS-7630 的最佳输入功率约为 0 dBm，它在此功率电平下将达到饱和电压，因此该二极管适合于低功率的应用。从图 10－25 中可以看出，当功率为 0 dBm 时，2.4 GHz 和 5.8 GHz 两种谐振模式对应的 RF-DC 效率分别是 66％ 和 55％。此外为了对比，图中还给出了 3 dBm 高功率输入和 －3 dBm 低功率输入时的结果。由图可以观察到当输入功率加倍或减半时 RMS 的两种谐振模式均保持较高的整流效率($>$50％)。

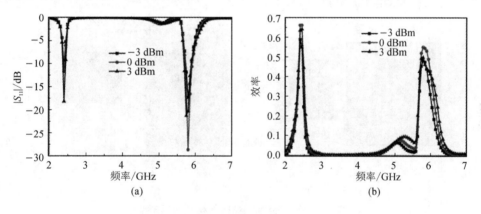

图 10－25　仿真的反射系数和 RF-DC 效率(二极管类型为 SMS-7630)

图 10－26 显示了集成不同二极管的 MS 的转换效率，其中二极管工作在相应的最优功率电平。不同二极管的输入阻抗如图 10－22 和表 10－4 所示。随着输入功率的增加，两个频带内的转换效率有所增大，考虑到对于大功率输入电平，二极管具有更高的反向击穿电压来适应高输入功率的整流，因此可以优化负载以达到相应功率级别的最佳转换效率。本节所提出的 RMS 就是一种采用固定结构参数、针对不同射频功率电平的功率自适应结构，并且不需要额外的匹配网络，目前，这在整流天线阵列的最新文献中还鲜有报道。所提出的 RMS 增加了功率的应用范围，从而适用于更多潜在的应用场景。

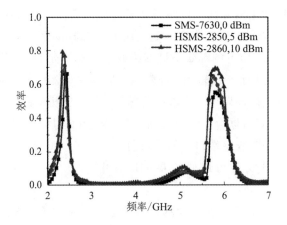

图 10 - 26　计算得到的集成不同二极管的 MS 在相应最优功率电平下的 RF-DC 效率

10.4.4　测试和验证

基于表 10 - 3 给出的参数，我们加工了一个整体尺寸为 67 mm×64 mm×1.27 mm 的 4×4 阵列结构。RMS 的结构设计和物理模型如图 10 - 27 所示。由图可以看到，将基板的一侧延长 3 mm 来放置直流偏置电路（包括芯片电容和芯片电感），使之连接到位于阵列边缘的单元上。该边缘单元的电位为 DC＋。

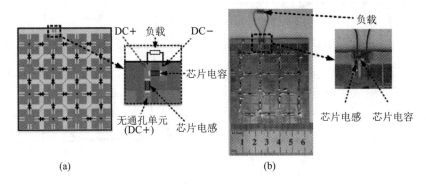

图 10 - 27　设计的 RMS 结构和加工模型

（a）结构；（b）加工模型

测量装置如图 10 - 28 所示。整个实验在微波暗室中进行，信号发生器首先产生射频功率，然后采用对应频段的标准喇叭天线进行功率的发射。将 RMS 放置在发射喇叭的远场区，以保证平面波照射到 RMS 上，并将接收到的射频功率转换为直流功率。最后，用直流电压表测量负载电阻上的直流输出电压。这里，实测的能量收集效率计算如下：

$$\eta_{\text{measurement}} = \frac{P_{\text{load}}}{P_r} \times 100\% \qquad (10-8)$$

其中，P_{load} 是输出直流功率，且有

$$P_{\text{load}} = \frac{V_{\text{out}}^2}{R_{\text{load}}} \qquad (10-9)$$

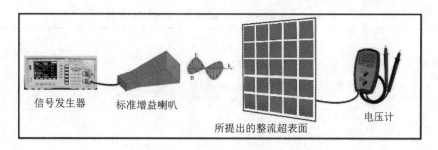

图 10 - 28　测量收集效率的实验装置

其中，V_{out} 是负载电阻两端之间的直流电压，R_{load} 是负载阻抗，P_r 是从发射喇叭到 RMS 接收到的射频功率，即

$$P_r = \frac{GP_{in}}{4\pi R^2} \cdot A_e \tag{10 - 10}$$

式中：G 为标准喇叭天线的增益；P_{in} 为信号发生器提供的发射喇叭天线的输入功率；R 是发射喇叭与接收 RMS 之间的距离；A_e 是 RMS 的有效接收口径，可以近似表示为 RMS 的物理面积。测量时，利用式(10 - 10)可以获得在不同输入功率 P_{in} 下接收到的功率 P_r。需要注意的是，因为所提出的 MS 收集器已经集成了整流的功能，因此图 10 - 25(a)仅显示了仿真的 S 参数结果。

　　图 10 - 29 显示了垂直入射下不同入射功率时 RMS 的能量收集效率。由图可以看出，RMS 在 2.4 GHz 和 5.8 GHz 谐振模式且输入功率为 0 dBm 下实测的最大效率分别是 58％和 51％。相对比，仿真的最大收集效率分别是 66％和 55％。对于 3 dBm 和－3 dBm 的输入功率电平下，实测的最大收集效率分别是 2.4 GHz 谐振模式下的 53％和 48％，5.8 GHz 谐振模式下的 45％和 40％。一般情况下，当输入功率在一定范围内变化时，各工作频段 RMS 的收集效率下降均小于 20％。表 10 - 5 对比了不同二极管的 RMS 参数。

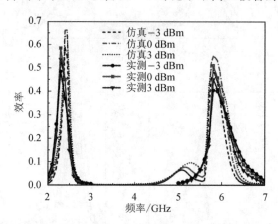

图 10 - 29　仿真并测量了不同入射功率时 RMS 的能量收集效率(二极管类型为 SMS-7630)

表 10 – 5　针对不同二极管的 RMS 参数

二极管类型	RF-DC 效率				最优功率水平
	2.4 GHz 仿真 RF-DC 效率	2.4 GHz 实测 RF-DC 效率	5.8 GHz 仿真 RF-DC 效率	5.8 GHz 实测 RF-DC 效率	
SMS-7630	66%	58%	55%	51%	0 dBm
HSMS-2850	71%	65%	64%	53%	5 dBm
HSMS-2860	79%	70%	69%	59%	10 dBm

图 10 – 30(a)和(b)给出了在不同入射角下 TE 和 TM 极化波入射时的实测 RMS 的收集效率。由图可以看出，在 TE 和 TM 极化斜入射时，RMS 有轻微的频率偏移，但随着入射角的增加，两种谐振模式对 RMS 的收集效率没有明显影响。图 10 – 30(c)给出了不同极化角下两个工作频段中的 RMS 收集效率。结果表明，在不同极化角度 φ 下，所提出的 RMS 在 2.4 GHz 谐振模式下的收集效率超过 56%，在 5.8 GHz 谐振模式下的收集效率超过 50%。值得注意的是，这个效率是 RF-DC 的整体效率。与图 10 – 6 所示的未整流的 MS 效率的仿真结果相对比，这些测量结果考虑了整个结构的 RF-DC 效率。此外，所加工的 RMS 是由一组有限单元构成的，与无限周期的仿真结果也略有不同。此外，二极管的非线性和加工误差也可能导致实验中出现小频率偏移。

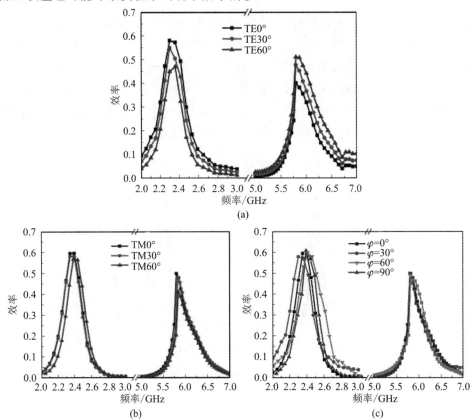

图 10 – 30　不同入射角度和极化角度下的 RMS 效率

　　为了验证图 10-26 中集成不同二极管的 RMS 的性能,这里考虑了分别集成了
SMS-7630、HSMS-2850 和 HSMS-2860 三种二极管的 RMS 结构。图 10-31 显示了在最佳
输入功率下使用不同二极管的 RMS 收集效率。根据图 10-25(b)、图 10-26、图 10-29 和
图 10-31 的结果,将使用不同二极管的 RMS 性能总结在表 10-5 中。通过引入匹配二极
管,可以在不改变其他参数的情况下,在低、中、高输入功率下有效地收集两个不同频段的
能量。图 10-32 给出了收集效率随负载电阻变化的仿真与实测结果。这里,对于加载
SMS-7630 二极管的 RMS 而言,最佳的输入功率为 0 dBm。由图 10-32 可以看出,当负载
阻抗在 700 Ω 左右时,RMS 在两个工作频段可以同时保持较高的收集效率(>50%),并且
具有一定的阻抗带宽。仿真和实验结果验证了所设计的 RMS 的有效性。

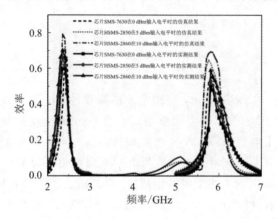

图 10-31　仿真和测量了不同二极管在最佳输入功率下的 RMS 收集效率

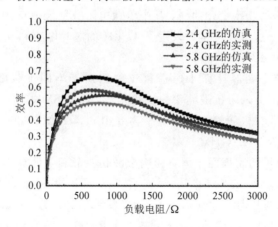

图 10-32　RMS 在两个工作频率下的收集效率与负载电阻关系的仿真与测量结果

本 章 小 结

　　本章首先回顾了无线能量传输和环境能量收集技术,并详细讨论了在无线能量传输和
环境能量收集方面超材料和超表面的应用。特别地,我们对超表面技术在环境射频能量收

集上的最新进展、现有挑战和未来方向进行了讨论，并比较了超表面和基于天线的 AEH 系统的性能。超表面不仅使 AEH 系统高效工作，而且为各种能量收集装置增加了一些潜在的功能，这对环境电磁能量收集的发展产生重要的影响。在此基础上，本章介绍了两种用于 AEH 设计的超表面实例。一种是由亚波长蝴蝶形闭口谐振环单元组成的超表面阵列结构，其具有小型化、宽角度、极化不敏感的特性；另一种是双带、宽角度和极化独立的整流超表面。进一步，介绍了一种将表面贴装元件（如整流二极管）集成到超表面结构中的新方法，进而简化环境能量收集器的结构。利用超表面的多模谐振模式和可调的高阻抗特性可以直接消除超表面与非线性整流器之间的匹配网络。以上设计经过实测验证，其优异的性能证明了超表面技术在环境能量收集领域具有巨大的应用前景。

习　题

1. 如图 10-4 所示的 BCR 单元，利用全波仿真软件，计算当 BCR 单元端接负载分别为 1000 Ω，2776 Ω，4000 Ω 时，在平面波垂直入射下的 S_{11}。这里频率范围为 500 MHz～6 GHz。BCR 单元的几何尺寸为 $L_1=9.9$ mm，$L_2=5.5$ mm，$W=1.84$ mm，$P=26.9$ mm，介质基板为 F4B，相对介电常数为 2.65，损耗角正切为 0.001，厚度为 4.0 mm。

2. 根据习题 1 中的 BCR 单元，将其组成 7×7 的超表面阵列，利用全波仿真软件，计算当 BCR 单元端接负载分别为 1000 Ω，2776 Ω，4000 Ω 时，在平面波垂直入射下的 S_{11}。

3. 利用 ADS 仿真软件，仿真图 10-20 所示的单通道和 4 通道整流电路对于不同负载电阻时的整流效率随入射功率变化曲线，其中负载电阻分别为 100 Ω，700 Ω，1500Ω，其中二极管选用 SMS-7630。这里在电路中采用了 47 nH 的芯片电感和 0.1 μF 的芯片电容。入射功率范围为 −30～10 dBm。

4. 利用 ADS 仿真软件，计算 4 通道整流电路对于不同负载电阻（100 Ω，700 Ω，1500 Ω），三种二极管的输入阻抗随频率的变化曲线，这里 SMS-7630 二极管输入功率电平为 0 dBm，HSMS-2850 二极管输入功率电平为 5 dBm，HSMS-2860 二极管输入功率电平为 10 dBm。频率范围为 2～7 GHz。

5. 如图 10-15 所示的超表面单元，利用全波仿真软件，计算当单元端接负载分别为 100 Ω，200 Ω，400 Ω，600 Ω 时，在平面波垂直入射下的 S_{11}。这里频率范围为 1.5～6.5 GHz。超表面单元的几何尺寸为 $D=1$ mm，$G=3$ mm，$L_1=15.5$ mm，$L_2=4$ mm，$S=1$ mm，$P=16$ mm，$t=1.27$ mm，介质基板为 Rogers 3210，相对介电常数为 10.2，损耗角正切为 0.0027。频率范围为 2～7 GHz。

6. 根据习题 5 中的超表面单元，将其组成 4×4 的超表面阵列，利用全波仿真软件，计算当单元端接负载分别为 100 Ω，200 Ω，400 Ω，600 Ω 时，在平面波垂直入射下的 S_{11}。频率范围为 2～7 GHz。

7. 根据习题 5 中的超表面单元，将其组成 4×4 的超表面阵列，利用全波仿真软件，计算当单元端接负载为 200 Ω 时，在 TE 和 TM 极化波倾斜入射下的 S_{11}。频率范围为 2～7 GHz，入射角度分别为 10°、20°、30°。

8. 采用 HFSS 与 ADS 联合仿真过程，仿真图 10-23 中的整流超表面在不同输入功率的发射源辐射垂直入射的电磁波时的整体效率，其中二极管为 HSMS-2850，输入功率分别为 2 dBm、5 dBm、8 dBm，整流超表面的整体尺寸为 67 mm×64 mm×1.27 mm 的 4×4 阵列结构，工作频率为 2～7 GHz。

9. 采用 HFSS 与 ADS 联合仿真过程，仿真图 10-23 中的整流超表面在不同输入功率的发射源辐射 TE 和 TM 波倾斜入射时的整体效率，其中二极管为 HSMS-2850，输入功率为 5 dBm，整流超表面的整体尺寸为 67 mm×64 mm×1.27 mm 的 4×4 阵列结构，工作频率为 2～7 GHz，入射角度分别为 10°、20°、30°。

10. 采用 HFSS 与 ADS 联合仿真过程，仿真图 10-23 中的整流超表面在不同输入功率的发射源辐射 TE 和 TM 波倾斜入射时的整体效率，其中二极管为 SMS-7630，输入功率为 0 dBm，整流超表面的整体尺寸为 67 mm×64 mm×1.27 mm 的 4×4 阵列结构，工作频率为 2～7 GHz，入射角度分别为 10°、20°、30°。

参 考 文 献

[1]　SHINOHARA N. Power without wires[J]. IEEE Microwave Magazine，2011，12(7)：S64-S73.

[2]　WU K, CHOUDHURY D，MATSUMOTO H. Wireless power transmission, technology, and applications [J]. Proceedings of the IEEE，2013，101(6)：1271-1275.

[3]　STRASSNER B, CHANG K. Microwave power transmission：Historical milestones and system components[J]. Proceedings of the IEEE，2013，101(6)：1379-1396.

[4]　SONG M, BELOV P, KAPITANOVA P. Wireless power transfer inspired by the modern trends in electromagnetics [J]. Applied Physics Reviews，2017，4(2)：021102.

[5]　PIñUELA M, MITCHESON P D, LUCYSZYN S. Ambient RF energy harvesting in urban and semi-urban environments[J]. IEEE Transactions on Microwave Theory and Techniques，2013，61(7)：2715-2726.

[6]　HEMOUR S, WU K. Radio-frequency rectifier for electromagnetic energy harvesting：Development path and future outlook[J]. Proceedings of the IEEE，2014，102(11)：1667-1691.

[7]　HEMOUR S, ZHAO Y, LORENZ C H P, et al. Towards low-power high-efficiency RF and microwave energy harvesting[J]. IEEE Transactions on Microwave Theory and Techniques，2014，62(4)：965-976.

[8]　KIM S, VYAS R, BITO J, et al. Ambient RF energy-harvesting technologies for self-sustainable standalone wireless sensor platforms[J]. Proceedings of the IEEE，2014，102(11)：1649-1666.

[9]　NIOTAKI K, COLLADO A, GEORGIADIS A，et al. Solar/electromagnetic energy

harvesting and wireless power transmission[J]. Proceedings of the IEEE, 2014, 102 (11): 1712 - 1722.

[10] BYRNES S J, BLANCHARD R, CAPASSOF. Harvesting renewable energy from Earth's mid-infrared emissions [J]. Proceedings of the National Academy of Sciences, 2014, 111(11): 3927 - 3932.

[11] BUDDHIRAJU S, SANTHANAM P, FANS. Thermodynamic limits of energy harvesting from outgoing thermal radiation [J]. Proceedings of the National Academy of Sciences, 2018, 115(16): E3609 - E3615.

[12] LI W, FAN S. Nanophotonic control of thermal radiation for energy applications [J]. Optics Express, 2018, 26(12): 15995 - 16021.

[13] POLMAN A, ATWATER H A. Photonic design principles for ultrahigh-efficiency photovoltaics[J]. Nature Materials, 2012, 11(3): 174 - 177.

[14] SHARMA A, SINGH V, BOUGHER TL, et al. A carbon nanotube optical rectenna[J]. Nature Nanotechnology, 2015, 10(12): 1027 - 1032.

[15] REN Y J, CHANG K. 5. 8 GHz circularly polarized dual-diode rectenna and rectenna array for microwave power transmission [J]. IEEE Transactions on Microwave Theory and Techniques, 2006, 54(4): 1495 - 1502.

[16] MASSA A, OLIVERI G, VIANIF, et al. Array designs for long-distance wireless power transmission: State-of-the-art and innovative solutions[J]. Proceedings of the IEEE, 2013, 101(6): 1464 - 1481.

[17] KUHN V, LAHUEC C, SEGUIN F, et al. A multi-band stacked RF energy harvester with RF-to-DC efficiency up to 84% [J]. IEEE Transactions on Microwave Theory and Techniques, 2015, 63(5): 1768 - 1778.

[18] SONG C, HUANG Y, CARTERP, et al. A novel six-band dual CP rectenna using improved impedance matching technique for ambient RF energy harvesting [J]. IEEE Transactions on Antennas and Propagation, 2016, 64(7): 3160 - 3171.

[19] SONG C, HUANG Y, ZHOUJ, et al. A high-efficiency broadband rectenna for ambient wireless energy harvesting [J]. IEEE Transactions on Antennas and Propagation, 2015, 63(8): 3486 - 3495.

[20] SONG C, HUANG Y, ZHOU J, et al. Matching network elimination in broadband rectennas for high-efficiency wireless power transfer and energy harvesting [J]. IEEE Transactions on Industrial Electronics, 2016, 64(5): 3950 - 3961.

[21] SONG C, HUANG Y, CARTER P, et al. Novel compact and broadband frequency-selectable rectennas for a wide input-power and load impedance range[J]. IEEE Transactions on Antennas and Propagation, 2018, 66(7): 3306 - 3316.

[22] SONG C, LóPEZ-YELA A, HUANG Y, et al. A novel quartz clock with integrated wireless energy harvesting and sensing functions[J]. IEEE Transactions on Industrial Electronics, 2018, 66(5): 4042 - 4053.

[23] HUANG Y, SHINOHARA N, MITANI T. A constant efficiency of rectifying

circuit in an extremely wide load range[J]. IEEE Transactions on Microwave Theory and Techniques, 2013, 62(4): 986 – 993.

[24]　LIN Q W, ZHANG XY. Differential rectifier using resistance compression network for improving efficiency over extended input power range[J]. IEEE Transactions on Microwave Theory and Techniques, 2016, 64(9): 2943 – 2954.

[25]　LIU Z, ZHONG Z, GUO Y X. Enhanced dual-band ambient RF energy harvesting with ultra-wide power range[J]. IEEE Microwave and Wireless Components Letters, 2015, 25(9): 630 – 632.

[26]　SHELBY R A, SMITH D R, NEMAT-NASSER S C, et al. Microwave transmission through a two-dimensional, isotropic, left-handed metamaterial[J]. Applied Physics Letters, 2001, 78(4): 489 – 491.

[27]　HOLLOWAY C L, KUESTER E F, GORDON J A, et al. An overview of the theory and applications of metasurfaces: The two-dimensional equivalents of metamaterials[J]. IEEE Antennas and Propagation Magazine, 2012, 54(2): 10 – 35.

[28]　WANG B, TEO K H, NISHINO T, et al. Experiments on wireless power transfer with metamaterials[J]. Applied Physics Letters, 2011, 98(25): 254101.

[29]　RANAWEERA A, DUONG T P, LEE J W. Experimental investigation of compact metamaterial for high efficiency mid-range wireless power transfer applications[J]. Journal of Applied Physics, 2014, 116(4): 043914.

[30]　AGARWAL K, JEGADEESAN R, Guo Y X, et al. Wireless power transfer strategies for implantable bioelectronics [J]. IEEE Reviews in Biomedical Engineering, 2017, 10: 136 – 161.

[31]　LI L, LIU H, ZHANG H, et al. Efficient wireless power transfer system integrating with metasurface for biological applications[J]. IEEE Transactions on Industrial Electronics, 2017, 65(4): 3230 – 3239.

[32]　YU S, LIU H, LI L. Design of near-field focused metasurface for high-efficient wireless power transfer with multifocus characteristics[J]. IEEE Transactions on Industrial Electronics, 2018, 66(5): 3993 – 4002.

[33]　ZHANG P, LI L, ZHANG X, et al. Design, measurement and analysis of near-field focusing reflective metasurface for dual-polarization and multi-focus wireless power transfer[J]. IEEE Access, 2019, 7: 110387 – 110399.

[34]　LI L, FAN Y, YU S, et al. Design, fabrication, and measurement of highly sub-wavelength double negative metamaterials at high frequencies [J]. Journal of Applied Physics, 2013, 113(21): 213712.

[35]　FAN Y, LI L, YU S, et al. Experimental study of efficient wireless power transfer system integrating with highly sub-wavelength metamaterials[J]. Progress In Electromagnetics Research, 2013, 141: 769 – 784.

[36]　ZHU N, ZIOLKOWSKI R W, Xin H. A metamaterial-inspired, electrically small rectenna for high-efficiency, low power harvesting and scavenging at the global

positioning system L1 frequency [J]. Applied Physics Letters, 2011, 99 (11): 114101.

[37]　FERREIRA D, SISMEIRO L, FERREIRA A, et al. Hybrid FSS and rectenna design for wireless power harvesting [J]. IEEE Transactions on Antennas and Propagation, 2016, 64(5): 2038 - 2042.

[38]　CHEN Z, GUO B, YANG Y, et al. Metamaterials-based enhanced energy harvesting: A review[J]. Physica B: Condensed Matter, 2014, 438: 1 - 8.

[39]　LANDY N I, SAJUYIGBE S, MOCK JJ, et al. Perfect metamaterial absorber[J]. Physical Review Letters, 2008, 100(20): 207402.

[40]　RAMAHI O M, ALMONEEF T S, ALSHAREEF M, et al. Metamaterial particles for electromagnetic energy harvesting[J]. Applied Physics Letters, 2012, 101(17): 173903.

[41]　ALSHAREEF M R, RAMAHI O M. Electrically small resonators for energy harvesting in the infrared regime [J]. Journal of Applied Physics, 2013, 114 (22): 223101.

[42]　ALSHAREEF M R, RAMAHI O M. Electrically small particles combining even- and odd-mode currents for microwave energy harvesting [J]. Applied Physics Letters, 2014, 104(25): 253906.

[43]　ALMONEEF T S, RAMAHI O M. Metamaterial electromagnetic energy harvester with near unity efficiency[J]. Applied Physics Letters, 2015, 106(15): 153902.

[44]　ALAVIKIA B, ALMONEEF T S, RAMAHI OM. Electromagnetic energy harvesting using complementary split-ring resonators[J]. Applied Physics Letters, 2014, 104(16): 163903.

[45]　ALAVIKIA B, ALMONEEF T S, RAMAHI O M. Complementary split ring resonator arrays for electromagnetic energy harvesting[J]. Applied Physics Letters, 2015, 107(3): 033902.

[46]　ALAVIKIA B, ALMONEEF T S, RAMAHI O M. Wideband resonator arrays for electromagnetic energy harvesting and wireless power transfer[J]. Applied Physics Letters, 2015, 107(24): 243902.

[47]　ZHONG H T, YANG XX, SONG X T, et al. Wideband metamaterial array with polarization-independent and wide incident angle for harvesting ambient electromagnetic energy and wireless power transfer[J]. Applied Physics Letters, 2017, 111(21): 213902.

[48]　ZHONG H T, YANG X, TAN C, et al. Triple-band polarization-insensitive and wide-angle metamaterial array for electromagnetic energy harvesting[J]. Applied Physics Letters, 2016, 109(25): 253904.

[49]　SHANG S, YANG S, SHAN M, et al. High performance metamaterial device with enhanced electromagnetic energy harvesting efficiency[J]. AIP Advances, 2017, 7 (10): 105204.

[50]　YU F，YANG X，ZHONGH，et al. Polarization-insensitive wide-angle-reception metasurface with simplified structure for harvesting electromagnetic energy[J]. Applied Physics Letters，2018，113(12)：123903.

[51]　ZHANG X，LIU H，LI L. Electromagnetic power harvester using wide-angle and polarization-insensitive metasurfaces[J]. Applied Sciences，2018，8(4)：497.

[52]　ZHANG X，LIU H，LI L. Tri-band miniaturized wide-angle and polarization-insensitive metasurface for ambient energy harvesting[J]. Applied Physics Letters，2017，111(7)：071902.

[53]　WANG S Y，XU P，GEYIW，et al. Split-loop resonator array for microwave energy harvesting[J]. Applied Physics Letters，2016，109(20)：203903.

[54]　SHANG S，YANG S，LIU J，et al. Metamaterial electromagnetic energy harvester with high selective harvesting for left-and right-handed circularly polarized waves [J]. Journal of Applied Physics，2016，120(4)：045106.

[55]　GHADERI B，NAYYERI V，SOLEIMANI M，et al. Pixelated metasurface for dual-band and multi-polarization electromagnetic energy harvesting[J]. Scientific Reports，2018，8(1)：13227.

[56]　GHANEIZADEH A，MAFINEZHAD K，JOODAKIM. Design and fabrication of a 2D-isotropic flexible ultra-thin metasurface for ambient electromagnetic energy harvesting[J]. AIP Advances，2019，9(2)：025304.

[57]　HAWKES A M，KATKO A R，CUMMER SA. A microwave metamaterial with integrated power harvesting functionality[J]. Applied Physics Letters，2013，103 (16)：163901.

[58]　XU P，WANG S Y，GEYI W. Design of an effective energy receiving adapter for microwave wireless power transmission application[J]. AIP Advances，2016，6 (10)：105010.

[59]　EL BADAWE M，ALMONEEF T S，RAMAHI O M. A metasurface for conversion of electromagnetic radiation to DC [J]. AIP Advances，2017，7 (3)：035112.

[60]　ALMONEEF T S，ERKMEN F，RAMAHI OM. Harvesting the energy of multi-polarized electromagnetic waves[J]. Scientific Reports，2017，7(1)：1 – 14.

[61]　DUAN X，CHEN X，ZHOUL. A metamaterial electromagnetic energy rectifying surface with high harvesting efficiency[J]. AIP Advances，2016，6(12)：125020.

[62]　WANG R，YE D，DONG S，et al. Optimal matched rectifying surface for space solar power satellite applications[J]. IEEE Transactions on Microwave Theory and Techniques，2014，62(4)：1080 – 1089.

[63]　KEYROUZ S，PEROTTO G，VISSER H J. Frequency selective surface for radio frequency energy harvesting applications [J]. IET Microwaves，Antennas & Propagation，2014，8(7)：523 – 531.

[64]　OUMBé TéKAM G T，GINIS V，DANCKAERTJ，et al. Designing an efficient

rectifying cut-wire metasurface for electromagnetic energy harvesting[J]. Applied Physics Letters, 2017, 110(8): 083901.

[65] ALMONEEF T S, ERKMEN F, Alotaibi M A, et al. A new approach to microwave rectennas using tightly coupled antennas[J]. IEEE Transactions on Antennas and Propagation, 2018, 66(4): 1714 – 1724.

[66] ERKMEN F, ALMONEEF T S, RAMAHI O M. Scalable electromagnetic energy harvesting using frequency-selective surfaces[J]. IEEE Transactions on Microwave Theory and Techniques, 2018, 66(5): 2433 – 2441.

[67] ASHOOR A Z, RAMAHI OM. Polarization-independent cross-dipole energy harvesting surface[J]. IEEE Transactions on Microwave Theory and Techniques, 2019, 67(3): 1130 – 1137.

[68] LI L, ZHANG X, SONG C, et al. Progress, challenges, and perspective on metasurfaces for ambient radio frequency energy harvesting[J]. Applied Physics Letters, 2020, 116(6): 060501.

[69] CUI T J, QI M Q, WAN X, et al. Coding metamaterials, digital metamaterials and programmable metamaterials[J]. Light: Science & Applications, 2014, 3(10): e218 – e218.

[70] GAO L H, CHENG Q, YANGJ, et al. Broadband diffusion of terahertz waves by multi-bit coding metasurfaces[J]. Light: Science & Applications, 2015, 4(9): e324 – e324.

[71] CUI T J, LIU S, LI L L. Information entropy of coding metasurface[J]. Light: Science & Applications, 2016, 5(11): e16172 – e16172.

[72] LIU S, CUI T J, ZHANG L, et al. Convolution operations on coding metasurface to reach flexible and continuous controls of terahertz beams[J]. Advanced Science, 2016, 3(10): 1600156.

[73] ZHANG L, WAN X, LIU S, et al. Realization of low scattering for a high-gain Fabry-Perot antenna using coding metasurface[J]. IEEE Transactions on Antennas and Propagation, 2017, 65(7): 3374 – 3383.

[74] LI L, JUN CUI T, JI W, et al. Electromagnetic reprogrammable coding-metasurface holograms[J]. Nature Communications, 2017, 8(1): 197.

[75] ZHANG L, CHEN X Q, LIUS, et al. Space-time-coding digital metasurfaces[J]. Nature Communications, 2018, 9(1): 4334.

[76] DAI J Y, ZHAO J, CHENG Q, et al. Independent control of harmonic amplitudes and phases via a time-domain digital coding metasurface[J]. Light: Science & Applications, 2018, 7(1): 90.

[77] LI L, SHUANG Y, MA Q, et al. Intelligent metasurface imager and recognizer [J]. Light: Science & Applications, 2019, 8(1): 97.

[78] MA Q, BAI G D, JING HB, et al. Smart metasurface with self-adaptively reprogrammable functions[J]. Light: Science & Applications, 2019, 8(1): 98.

[79] HAN J, LI L, LIU G, et al. A wideband 1 bit 12×12 reconfigurable beam-scanning reflectarray: Design, fabrication, and measurement[J]. IEEE Antennas and Wireless Propagation Letters, 2019, 18(6): 1268 – 1272.

[80] LIU G, LIU H, HAN J, et al. Reconfigurable metasurface with polarization-independent manipulation for reflection and transmission wavefronts[J]. Journal of Physics D: Applied Physics, 2019, 53(4): 045107.

[81] LI L, LI Y, WU Z, et al. Novel polarization-reconfigurable converter based on multilayer frequency-selective surfaces[J]. Proceedings of the IEEE, 2015, 103(7): 1057 – 1070.

[82] ZHANG X, GRAJAL J, VAZQUEZ-ROYJ L, et al. Two-dimensional MoS2 - enabled flexible rectenna for Wi-Fi-band wireless energy harvesting[J]. Nature, 2019, 566(7744): 368 – 372.

[83] NGO T, HUANG A D, GUO Y X. Analysis and design of a reconfigurable rectifier circuit for wireless power transfer[J]. IEEE Transactions on Industrial Electronics, 2018, 66(9): 7089 – 7098.

[84] PAUL K, SARMA A K. Fast and efficient wireless power transfer via transitionless quantum driving[J]. Scientific Reports, 2018, 8(1): 4134.

[85] LIN F H, CHEN Z N. Low-profile wideband metasurface antennas using characteristic mode analysis[J]. IEEE Transactions on Antennas and Propagation, 2017, 65(4): 1706 – 1713.

[86] COLLADO A, GEORGIADIS A. Conformal hybrid solar and electromagnetic (EM) energy harvesting rectenna[J]. IEEE Transactions on Circuits and Systems I: Regular Papers, 2013, 60(8): 2225 – 2234.

[87] ZHANG X, LIU H, LI L. Tri-band miniaturized wide-angle and polarization-insensitive metasurface for ambient energy harvesting[J]. Applied Physics Letters, 2017, 111(7): 071902.

[88] LI L, ZHANG X, SONG C, et al. Compact dual-band, wide-angle, polarization-angle-independent rectifying metasurface for ambient energy harvesting and wireless power transfer[J]. IEEE Transactions on Microwave Theory and Techniques, 2020, 69(3): 1518 – 1528.

第11章 信息超材料

11.1 引　言

自超材料被提出后的很长一段时间里，它独特的电磁特性都是用连续的等效媒质参数加以表征的。也就是说，对电磁场调控的理论和技术都局限在物理层面。直到 2014 年，这一局限随着数字编码超材料的出现而被打破，超材料的发展由此从物理世界延伸到数字世界，并引出了一个全新的概念：信息超材料。数字技术由于具备稳定性、精确性和安全性等优势，在信息处理、传输和存储等方面占据了主导地位。传统方式中，数字层面的信息处理和物理层面的电磁波调控是由不同专业领域的工程师设计硬件模块来分别实现的，而信息超材料的出现，为通信架构的设计提供了新的思路。与传统的等效媒质参数（介电常数和磁导率）描述的超材料不同，信息超材料通过将类似于"0"和"1"的数字编码来对应超材料单元的响应，并将其组合成超材料阵列，用作连接数字世界和物理世界之间的桥梁，从而为超材料的设计和应用提供新的思路[1-2]。例如，在设计具有多个任意散射波束的超材料时，研究者提出了数字编码的卷积运算和加法定理；利用信息熵对编码超材料所携带的信息进行定量估计，并实现新型成像系统和无线通信系统；通过对超材料进行灵活的编程，使其在无线通信、谐波调控、成像、非互易性控制和非线性控制等方面取得了许多丰硕的成果；通过与传感器相结合，超材料被赋予了感知环境和姿态的能力，能够在无须人为干预的情况下自主地对其特性进行调控；与深度学习技术相结合的智能超材料，已被提出并应用于图像重建和手势识别等领域。

编码超材料、可编程超材料和智能超材料都可以归类为信息超材料[3]。为了更加清楚地呈现信息超材料的内容，本章首先介绍编码超材料的概念和设计，讨论其在波束调控中的应用，例如漫散射、极化转换、涡旋波束生成等；然后重点介绍可编程超材料在波束调控、谐波控制、非互易性、非线性、全息成像和无线通信领域等方面的设计和应用；接着讨论具备自适应波束调控和智能成像识别功能的智能超材料；最后分别讨论信息超材料的运算定理和信息论，并对信息超材料的发展现状和方向进行总结。

11.2 编码超材料

11.2.1 基本概念和设计方法

自超材料问世以来，其独特的电磁特性通常采用连续的等效媒质参数(介电常数、磁导率或折射率)来表征，因此可将其归类为"模拟型"超材料[4]。数字超材料的概念是在数字系统和数字信号处理的二进制思想启发下由 Cui[5] 和 Engheta[6] 率先提出的，虽然这两个团队均提出了数字超材料的概念，但其研究的思路截然不同。Engheta 仍然借用介电常数来描述超材料，通过两个"超材料比特"，可以综合出各种介电常数的电磁超材料，以实现如数字凸透镜、平面梯度折射率透镜、数字超透镜等功能。与之相对比的是，Cui 放弃了使用等效媒质参数进行表征，而认为构成超材料单元的任何离散性质都可以用有限的二进制数字代码表示。典型的 1-比特编码策略是对两个具有相反相位的超材料单元进行编码，分别编码为"0"或"1"，如图 11 - 1(a)所示。

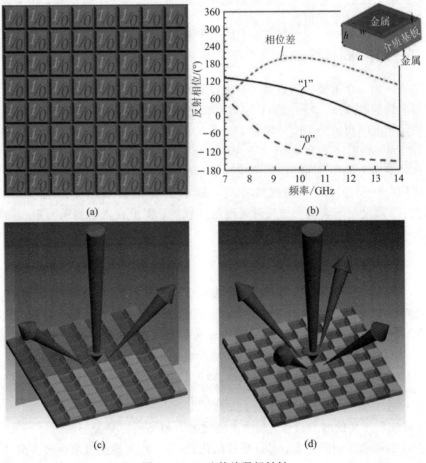

(a)　　　　　　　　(b)

(c)　　　　　　　　(d)

图 11 - 1　1-比特编码超材料

通过一个简单的亚波长方形贴片结构可实现一个典型的编码单元，该结构在介质基板的顶部刻蚀着尺寸可变的金属贴片(介质基板的厚度为 1.964 mm，边长为 5 mm，相对介电常数为 2.65，损耗角正切为 0.001)。由于该结构的背面是金属，其反射系数幅度大于0.85。当设置单元的顶部贴片边长分别为 4.8 mm 和 3.75 mm 时，两者的反射相位差在8.1～12.7 GHz 频率范围内为 135°～200°，并且在 8.7 GHz 和 11.5 GHz 处正好为 180°，如图 11 - 1(b)所示。因此，在忽略这两个单元的绝对相位后，可将它们分别编码为"0"和"1"。

与传统的"模拟型"超材料相比，"数字型"超表面至少有三个优点。第一，超表面中的单元无须在谐振条件下工作，从而可以实现更低的损耗和更宽的带宽。第二，在超表面单元的设计过程中只考虑一个参数(如 S_{11} 的相位)，这对设计人员来说更加灵活和简便；相比之下，"模拟型"超材料的设计需要获取一组 S 参数来提取目标材料的等效参数(即介电常数、磁导率或折射率[7])，这是非常复杂的过程。第三，将数字超表面单元的编码概念与数字信号联系起来是顺其自然的，因此它可以借鉴很多成熟的数字思想和技术，以实现超表面更先进的功能和应用。特别地，通过有目的地将二进制编码的超表面单元按照一定顺序排列后，超表面能够以一种更为有效和更简单的方式来调控电磁波，并产生许多有趣的现象。此外，针对超表面编码的一系列理论，如卷积运算[8]、加法定理[9]、信息熵[10-11]等被提出，电磁波的调控与信息领域中的编码都可以被综合成为一个微系统，这为通信、成像等领域发展新的架构铺平了道路。

11.2.2 空间编码超材料

编码超表面的一个重要应用是通过合理设计单元的空间分布，形成一个具有特定序列的二维阵列来调控电磁波。对于图 11 - 1(a)所示的超表面单元，"0"和"1"单元的反射相位差在较宽的频率范围内约为 180°，如图 11 - 1(b)所示。编码后的超表面单元有序地分布在超表面中，当周期编码序列为 010101…/010101…时，垂直入射到超表面上的平面波将沿着两个对称的偏转方向发生散射[5]，如图 11 - 1(c)所示。如果编码序列变为 010101…/101010…/010101…/101010…的棋盘排列，散射波将偏转到四个对称的方向，如图11 - 1(d)所示。假设超表面单元的反射强度是一致的，则垂直入射到编码超表面后的远场散射方向图可以通过以下方式定量计算：

$$f(\theta,\varphi)=f_e(\theta,\varphi)\sum_{m=1}^{N}\sum_{n=1}^{N}e^{j\{\varphi(m,n)+kD\sin\theta[(m-1/2)\cos\varphi+(n-1/2)\sin\varphi]\}} \tag{11-1}$$

式中：$\varphi(m,n)$ 是位于第 m 行、第 n 列的超表面单元的反射相位，编码单元"0"的反射相位为 0°，编码单元"1"的反射相位为 180°；$f_e(\theta,\varphi)$ 是超表面单元的远场散射表达式；D 是单元间的间距；$k=2\pi/\lambda$ 是自由空间波数；θ 和 φ 分别是俯仰角和方位角。超表面的方向性系数可以表示为

$$\text{Dir}(\theta,\varphi)=\frac{4\pi|f(\theta,\varphi)|^2}{\int_0^{2\pi}\int_0^{\pi/2}|f(\theta,\varphi)|^2\sin\theta d\theta d\varphi} \tag{11-2}$$

显然，通过对编码序列的精心设计，超表面的散射方向是很容易控制的。

对于上述的周期性编码分布，可以通过简化式(11 - 1)来预测波束偏转方向[12]，即

$$\varphi_1=\pm\arctan\frac{T_x}{T_y}, \quad \varphi_2=\pi\pm\arctan\frac{T_x}{T_y} \tag{11-3}$$

$$\theta = \arcsin\left(\lambda\sqrt{\frac{1}{T_x^2} + \frac{1}{T_y^2}}\right) \tag{11-4}$$

其中，T_x 和 T_y 分别为编码单元沿 x 方向和 y 方向的周期。除了利用编码序列实现对称偏转的散射波束以外，还可以通过卷积运算和加法定理实现更多的散射波束调控，这将在 11.5 节中详细讨论。

1. 漫散射效应

传统的 RCS 减缩方法是使电磁波弯曲绕过目标[12-13]，或者使用吸波器来减弱入射波的强度[14-15]。从式(11-1)和式(11-2)中可以看出，通过合理安排超表面单元的序列，编码超表面可以根据需求将电磁能量重新分配到某些特定的方向上。因此我们也可以通过特定的编码序列设计，将入射波偏转到更多的方向，从而产生漫散射效应。由能量守恒定理可知，减弱某一方向上的能量可以减缩表面的雷达散射截面(RCS)，因此编码超表面为实现该目标提供了一种新的设计思想。

为了证明这一思想，文献[5]中设计了一个包含 8×8 个超单元的编码超表面，每个超单元又包含 7×7 个"0"和"1"的单元，如图 11-2(a)所示。这些编码单元就是前面所述的普通方形贴片单元。根据图 11-2(b)中的全波仿真和实测结果，我们可以很容易地观察到编码超表面的宽带单站 RCS 减缩效果。实际上，RCS 减缩的性能与超单元数 N 和编码序列有关。文献[5]中还列出了不同超单元数下的优化编码，基于较大超单元数的编码序列，

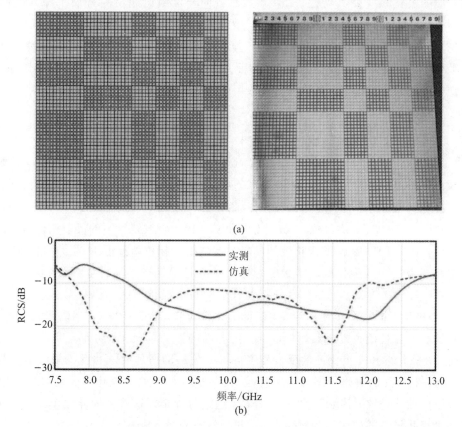

图 11-2　编码超表面的仿真模型图、实物图以及 RCS 的仿真和实测结果

RCS 减缩性能会更好。此外，编码超表面的特性对超单元尺寸 D 的变化不敏感。当 D/λ 从 0.6 到 3.0 变化时，RCS 减缩的性能几乎不变，这表明该超表面可以在较宽的带宽下工作。尽管"0"和"1"编码单元的理论相位差应该是 $180°$，但当相位差在 $145°$ 到 $215°$ 之间变化时，仍然可以实现至少 10 dB 的 RCS 减缩，这也保证了编码超表面的宽带特性。

虽然人们已经证明了利用编码超表面可以实现 RCS 减缩，但选择合适的超表面单元分布或编码序列仍是一个相当大的挑战。到目前为止，许多数值优化算法已经被用于实现编码超表面的 RCS 减缩，如混合算法、粒子群算法、模拟退火算法和遗传算法等。然而，随着超表面电尺寸的增大，优化过程将变得越来越复杂，其时间消耗和计算复杂度也变得不可接受。在此背景下，Moccia 等人研究了 RCS 减缩的理论规律，并推导出了编码超表面 RCS 减缩的性能极限[16]。在此基础上，该团队提出了一种简单而有效的设计策略，使编码序列的 RCS 减缩效果达到与性能极限相当的水平。正如研究人员所指出的，所达到的减缩结果是可以与数值优化的结果相媲美，即使对于大尺寸的超表面而言，所需要的计算资源也几乎可以忽略不计。

2. 各向异性的波束偏转

目前研究的编码超材料单元大多数是各向同性的，这意味着它对主极化和交叉极化的入射波的电磁响应是相同的。各向异性编码超材料是由各向异性的单元组成的，可以通过改变入射波的极化来改变其特性。Liu 等人对各向异性编码超材料开展了深入全面的分析[17]，尽管他们的设计针对太赫兹频段，但设计理念与微波波段相同。

首先设计一个 1-比特的各向异性单元，其结构如图 $11-3$(a)所示。它是一种亚波长结构，其顶部有一个哑铃形状的金属贴片，背面是一个金属地，以确保反射幅度接近于 1，反射相位则由哑铃的形状决定。这里反射系数用张量表示为

$$\boldsymbol{R}_{mn} = \begin{bmatrix} \hat{x}R_{mn}^{x} & 0 \\ 0 & \hat{y}R_{mn}^{y} \end{bmatrix} \tag{11-5}$$

式中，R_{mn}^{x} 和 R_{mn}^{y} 为同一个单元在 x 和 y 极化入射波照射下的反射系数。(m, n) 表示其在编码超表面上的位置。由于单元是各向异性的，通过调整单元的四个结构参数 h_1、h_2、w_1、w_2，可以独立调整 x 和 y 极化入射波下的反射系数。图 $11-3$(b)示出了 $h_1=45\ \mu m$、$h_2=20\ \mu m$、$w_1=37.5\ \mu m$、$w_2=18.5\ \mu m$ 时，x 和 y 极化入射波照射下的反射相位曲线。从图中可以看到，在 1 THz 附近 x 极化波和 y 极化波的反射相位差接近 $180°$。为此，定义 x 极化的数字状态为"1"，y 极化的数字状态为"0"。换句话说，该各向异性单元称为"1/0"编码单元，其斜杠符号之前和之后的数字分别表示在 x 和 y 极化下的编码状态。通过将单元旋转 $90°$，正交极化下的特征会发生转换，使得旋转后的单元定义为"0/1"编码单元。此外，将顶部的哑铃状贴片替换为方形贴片就可退化为各向同性的单元。当方形贴片的尺寸为 $a=45\ \mu m$ 时，x 极化波和 y 极化波的反射相位与图 $11-3$(b)所示的 y 极化入射波下的曲线一致，因此超材料单元的编码状态为"0/0"；当 $a=30\ \mu m$ 时，两个极化波的反射相位与 x 极化入射波下的曲线一致，其编码状态为"1/1"。通过合理排列这些各向异性单元，可以使超表面在两个极化波下的散射行为解耦，从而进行独立设计。

通过二维编码矩阵就可以实现各向异性编码超表面。二维编码矩阵为

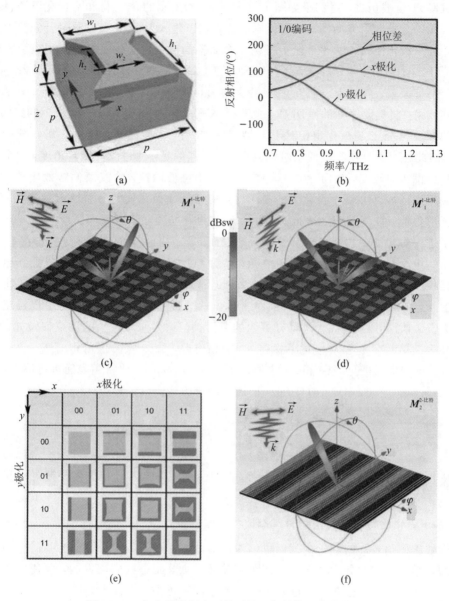

图 11-3 各向异性超表面单元的几何结构及仿真结果

$$\boldsymbol{M}_1^{1\text{-比特}} = \begin{bmatrix} 0/0 & 0/1 \\ 1/0 & 1/1 \end{bmatrix} \tag{11-6}$$

其中行表示阵列的 x 方向，列表示阵列的 y 方向。也就是说，x 极化在 y 方向下的编码序列为"010101…"，在 x 方向保持不变；y 极化在 x 方向下的编码序列为"010101…"，在 y 方向上保持不变。当设计编码超表面时，需强调一个常用的技巧：为了减小相邻编码单元之间不必要的耦合效应，采用相同的 $N \times N$ 个单元组成阵列，该阵列称为"超单元"，而超表面进一步由这种编码的超单元组成。超单元的维数 N 不是随机设置的，而应该根据具体的波束设计要求来设置，这将在后面进行讨论。在本例中 N 设置为 4，超表面由 16×16 个超单元组成。

通过 CST 全波仿真，得到了如图 11-3(c)和(d)所示的 x 极化和 y 极化下该各向异性编码超表面的远场散射方向图。由图可以看出，x 极化入射波在 yoz 平面上分裂为两束对称波束，而 y 极化波在 xoz 平面上分裂为两个对称的波束。这些现象可以用数学方法来解释：由式(11-3)可知，对于 x 极化的 Γ_x 为无穷大，因此 $\varphi_1 = \varphi_2 = \pm\pi/2$，意味着 yoz 平面上有两个对称波束；而对于 y 极化，Γ_y 为无穷大，则 $\varphi_1 = 0$，$\varphi_2 = \pi$，意味着 xoz 平面上有两个对称波束。将编码序列的周期 Γ_x 和 Γ_y 代入式(11-4)中，可以得到波束的俯仰角，在本例中俯仰角为 48°。当极化角相对于 x 轴旋转 45°时，入射波同时包含 x 极化分量和 y 极化分量，因此超表面可以产生四束对称波束。更有趣的是，通过改变旋转角度，两个正交极化的能量比例将被改变，从而导致偏转波束的大小可被调控。除波束偏转效应外，采用另一种编码序列还可以实现 y 极化下的漫散射效应，而 x 极化下的分裂波束保持不变。以上两个例子清楚地反映了编码超表面具有两个正交极化的独立调控能力。

为了进一步验证 2-比特各向异性编码超表面的强大而灵活的波束调控能力，以下例子中设计了一组 2-比特各向异性超表面单元，如图 11-3(e)所示，该单元可以独立地为两个极化波提供 4 种反射相位，分别为 0°、90°、180°和 270°，分别对应"00""01""10"和"11"编码态。在一定的编码序列下，该超表面对 x 和 y 极化波的独立调控特性与 1-比特超表面一致，服从广义斯涅耳定律[18]，但具有更大的灵活性。除了前面讨论的波束偏转外，通过设计每个超表面单元在 x 和 y 极化下保持 90°的相位差，当入射极化角相对于 x 轴偏转 45°时，超表面可产生圆极化波束。进一步地，可用如下矩阵对 2-比特超表面进行编码：

$$
\boldsymbol{M}_2^{2\text{-比特}} = \begin{pmatrix} 00/01 & 01/10 & 10/11 & 11/00 \\ 00/01 & 01/10 & 10/11 & 11/00 \\ 00/01 & 01/10 & 10/11 & 11/00 \\ 00/01 & 01/10 & 10/11 & 11/00 \end{pmatrix} \tag{11-7}
$$

从上式中可以看出两个极化在 x 方向上都能产生了相位梯度，使得圆极化波束沿着 x 轴进行了偏转，仿真结果如图 11-3(f)所示。

3. 基于极化比特和轨道角动量模态比特的波束设计

从上述编码超表面的例子中我们可以注意到，数字信息是按照特定的编码序列在空间上排列编码单元而加载到超表面上的。传统的超表面单元是各向同性的，并使用相位状态进行编码，其加载的信息决定了超表面辐射的主波束方向。理论上，数字信息可以通过识别主波束方向来加以恢复，这将产生一种新的无线通信系统的方式，其详细的过程在11.3.5 节中加以介绍。但是，不同的编码序列可以产生相同的波束方向，如图 11-4(a)所示，如果接收器数量太少而无法分辨不同序列之间的差异，则可能导致序列的信息丢失。各向异性的设计对主极化和交叉极化是独立处理的，从而可以较好地解决信息丢失问题，但其信息传输能力仍有待进一步研究。

在这种情况下，Ma 等人提出了一种矢量方法，利用极化和轨道角动量（OAM）同时将信息写入超表面，从而使接收端可以实现无损失的信息接收[19]。他们提出了一种反射型圆形编码超表面，如图 11-4(b)所示。它是一个极化转换器，可将线极化入射波转换为共极化波和交叉极化波。此外，由于相位编码单元排列不同，两个极化被分别赋予了不同的 OAM 模态。值得注意的是，极化状态和 OAM 模态都可以被巧妙地设计，并产生一个巨大的正交空间，使得信息不受损失或串扰的影响。该矢量方法不仅具有较大的信道容量，而且对通信也具有较高的安全性。

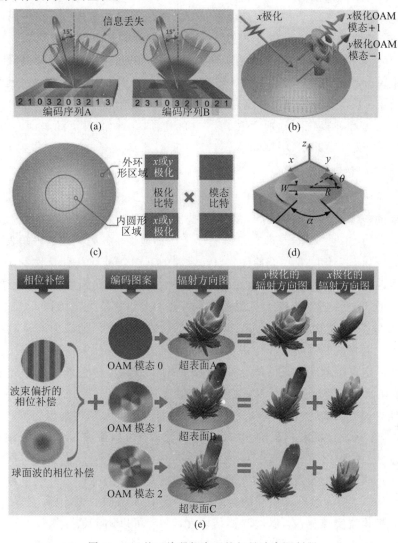

图 11 - 4　基于编码超表面的矢量波束调制器

文献[19]重点介绍了超表面单元的设计和排列，这与传统编码超表面截然不同。图 11 - 4(d)给出了超表面单元的结构，其中有两个决定超表面单元性质的重要参数，即中心金属的旋转角 θ 和对称分裂环的开口角 α。当 θ 为 $\pm 45°$ 时，入射波的极化被超表面单元转换为相应的交叉极化；当 θ 为 $0°$ 或 $90°$ 时，反射波的极化与入射波的保持一致。此外，对称分裂环的开口角 α 控制着超表面单元的反射相位。当 α 在 $30°\sim150°$ 范围内变化时，反射的共极化波和交叉极化波都能够实现 $0°\sim360°$ 的相位变化。作为实例，该文献选取了 8 个 α 值和 4 个 θ 值进行超表面单元设计，从而为编码超表面的设计提供了 32 种相位状态。

超表面单元的分布决定了超表面上的极化比特和 OAM 模态比特。图 11 - 4(c)为编码超表面的圆形空间布局，它包括两个区域，即内圆形区域和外环形区域。每个区域都可以设计成各自的反射极化状态，从而实现两种极化比特。对于每个极化，OAM 波束可以选择

5 种模态(0、±1 和±2 模态)。这意味着两个区域总共得到 10 个正交态,因而超表面可以产生($C_{10}^1 + C_{10}^2$)种不同的散射场。

文献[19]中选取了三种典型的超表面单元分布来说明这一思想。分别将内圆区域编码为交叉极化态、外圆区域编码为共极化态。三种超表面的 OAM 模态分别为 0/0、+1/−1 和+2/−2。由于采用倾斜的圆锥波纹喇叭作为激励源,因此在超材料单元的设计和排列上还考虑了波束偏折和球面波的相位补偿。图 11-4(e)中分别给出了这三种超表面最终产生的远场散射波束。从仿真结果来看,超表面 A 同时在 x 极化和 y 极化下产生 0 阶 OAM 波束;超表面 B 在 x 和 y 极化下分别产生了+1 和−1 阶 OAM 波束;超表面 C 在 x 和 y 极化下分别产生了+2 和−2 阶 OAM 波束。

4. 多功能编码超表面

当今电子系统向着紧凑化和集成化的方向发展,对设备的功能要求也越来越高,而多功能电磁器件的实现可分为两种类型。第一类是器件功能随入射电磁波的固有特性,如方向[20]、极化[12, 21]、幅度[22-23]、波形[24]、频率[25-26]等而改变。各向异性编码超表面可以看作一种随入射波极化态变化的双功能器件。当入射波的其中一种或几种特性发生变化时,器件的功能发生改变。第二类是器件功能由外部变量触发,如光照强度[27]、设备姿态[28]、数字信号[29]等。这类器件通常依赖于有源器件,而第一类通常是无源结构,其成本更低、更容易制造。Zhang 等人提出了一种具有三种独立功能的无源编码超表面[30],其功能变换可以通过改变入射电磁波的方向或极化来实现。具体而言,沿+z 方向传播的 y 极化波入射到超表面时以一定偏折角度被其反射;而沿−z 方向传播的 y 极化波入射到超表面时产生漫散射;x 极化波能够透过超表面传输并产生涡旋波束。

这三种独立调控功能通过如图 11-5(a)所示的超表面单元结构加以实现。当电磁波入射到该单元时,y 极化波沿着相反的方向反射,反射相位可以覆盖 360°;x 极化波可透过阵列传输,且透射相位可以覆盖 360°。更重要的是,对于两个入射极化方向的反射相位和透射相位均可通过改变结构参数进行独立调节。该超表面单元的结构是一个包含五层金属层的各向异性结构。需要注意的是中间的金属层是一个沿 y 方向的极化栅,它对 y 极化波实现反射、对 x 极化波实现透射。通过调整结构参数 T_x 可以调节透射相位,而 y 极化入射波的反射相位分别依赖于 R_y^1 和 R_y^2。由于相位覆盖范围接近 360°,通过超表面单元的特定排列就可以实现许多不同的功能。

文献[30]中设计了一个 30×30 的编码超表面,它能够同时实现上述三个独立调控功能。第一种功能是通过创建周期性相位梯度的编码模式 F_1,对沿+z 方向传播的 y 极化入射波实现反射偏转,如图 11-5(c)所示;第二种功能是设计优化的编码模式 F_2,对沿−z 方向传播的 y 极化入射波产生漫散射效应,如图 11-5(d)所示;第三种功能是通过编码模式 F_3 使得 x 极化入射波透过超表面并产生 OAM 波束,此时超表面被分为 16 个扇区,各扇区中超表面单元的透射相位差为 45°,这种连续旋转的相位梯度将产生+2 模态的 OAM 透射波,如图 11-5(e)和(f)所示。更多的仿真与实验结果可以查阅文献[30]。值得强调的是,这三种功能的相位补偿是由单一的超表面布局实现的。换句话说,对于超表面单元而言,可以通过调整其关键的结构参数将三种不同的相位响应整合在一起。

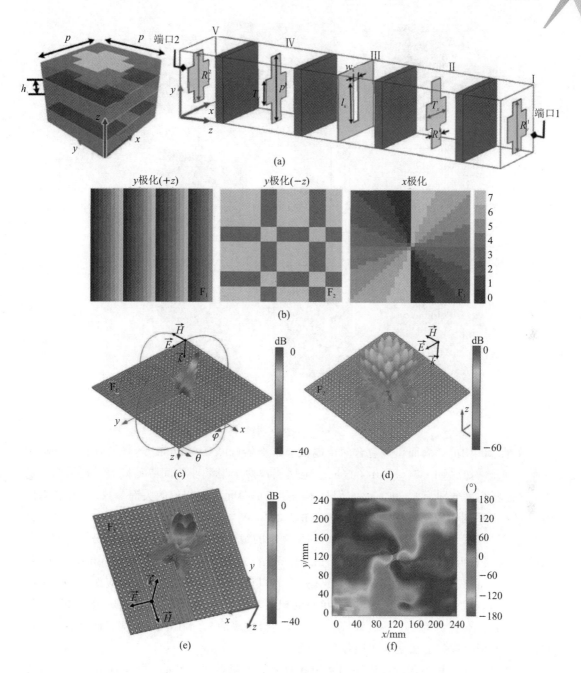

图 11-5　多功能超表面单元

5. 频率相关的双功能编码超表面

除了上述极化、方向相关的编码超表面外，Liu 等人还提出了一种频率相关的双频编码超表面[25]。如图 11-6(a) 和 (b) 所示，超表面的散射性能随入射波频率而变化。在高频时，超表面单元的编码模式为交替的"0"和"1"，从而产生对称分裂的散射波束；在低频时，编码模式变为棋盘格，将入射波分裂成四束对称的散射波束。

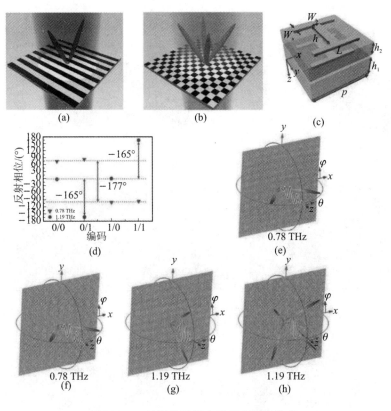

图 11 - 6　双频编码超表面概念图及仿真

文献[25]中的超表面单元包含两个电液晶谐振器（electric liquid crystal resonators）和一个金属地，如图 11 - 6(c)所示，这三个金属层被两个聚酰亚胺间隔层隔开。在结构参数中，谐振器高度分别为 h_1 和 h_2，它们是影响超表面单元反射相位的关键参数。1-比特双频编码超表面采用四种结构分别实现低频和高频的"0"和"1"编码状态，即"0/0""0/1""1/0""1/1"，斜杠前后的符号分别表示低频率和高频率的编码状态。其中，四个编码的超表面单元的谐振器高度 h_1/h_2 分别为 31 μm/21.5 μm、20 μm/30 μm、38.5 μm/30 μm 和 15 μm/35 μm。四个编码单元在 0.78 THz 和 1.19 THz 两个频率点的相位响应如图 11 - 6(d) 所示，在 0.78 THz 处，"0"与"1"两个状态的相位差约为 177°；在 1.19 THz 处，"0"与"1"两个状态的相位差约为 165°。这种特性就可以使得超表面单元在不同频段下自由选择编码状态，并在两个频率上独立地实现各自功能。

这里选择了三种不同的编码序列来仿真双频编码超表面的性能。每个序列都可以看作低频子编码序列和高频子编码序列的组合，并分别命名为 SL 和 SH。对于第一个编码序列 S1，S1L 和 S1H 分别沿着 x 和 y 方向设计为"0101…"，这里在 S1L 和 S1H 中的超单元所包含的超表面单元数目分别设为 4 和 3。在 y 极化入射波照射下，0.78 THz 和 1.19 THz 处三维远场散射方向图如图 11 - 6(e)和(g)所示。由图可以清楚地看到，较低频率的入射波在 xoz 平面上分裂为两束对称波束；相比之下，在较高的 1.19 THz 频率处，由于序列的变化方向切换为 y 方向，分裂波束被转换到 yoz 面上，其分裂波束的俯仰角与式(11 - 4)的理论预测结果一致。在第二个编码序列 S2 中，S2H[1，0；0，1]为棋盘分布，S2L 与 S1L 相同。如图 11‐6(f)和(h)所示，在 1.19 THz 处得到了 4 个对称倾斜波束，其俯仰角可由式 (11‐4)计算得到，方位角可由式(11‐3)计算获得。对序列 S1 和 S2 的结果进行比较，可以 明显看出在低频下二者保持相同的散射模式，而不受高频下序列变化的影响，这意味着两 个频率下的编码状态之间有很好的隔离效果。为了进一步证明这一结论，在第三个编码序 列 S3 中，S3L 和 S3H 的 x 方向上均采用了相同的"0101…"的编码序列，但超单元中超表 面单元的数目不同，分别为 5 和 2。由式(11‐3)和式(11‐4)可知，在两个频率下均会产生 两个对称的分裂波束，但由于序列周期不同，导致得到的俯仰角不同。最终，编码序列 S1 和 S3 的结果通过太赫兹频段的实验测试得以验证。

6. 频率编码超表面

Wu 等人基于频率相关的编码超表面(frequency-dependent coding metasurface)，建立 了频率编码相关理论[26]。该理论的核心是对超表面单元随频率变化的相位响应进行数字 化。结合上述空间编码理论，Wu 等人进一步提出了一种频域‐空域编码超材料。它可以在 不改变编码模式的情况下，利用单个编码超表面对电磁波进行多重功能重构。这类超表面 单元在初始频率上几乎具有相同的相位响应，但具有不同的频率依赖性。换句话说，它们 的相位响应随着频率的变化而分离，从而在新的频率上产生一种新的编码模式，并用以控 制电磁波，如图 11‐7(a)所示。

为了对超表面单元进行数字编码，在频域中建立了一种新的编码策略。以 1‐比特超表 面单元为例，单元可以被编码为"0‐0""0‐1""1‐0"或"1‐1"。前一位数字是初始频率下的空间 比特，其中"0"和"1"意味着相位相反的两种响应；后一位为表示超表面单元相位灵敏度的 频域编码，"0"表示低相位灵敏度，"1"表示高相位灵敏度。在数学上，超表面单元在频率上 的相位响应可以用泰勒级数加以表示，即

$$\varphi(f) = \alpha_0 + \alpha_1(f-f_0) + \alpha_2(f-f_0)^2 + \cdots + \alpha_n(f-f_0)^n + \alpha_{n+1}(f') \quad (f_0 \leqslant f' \leqslant f)$$

$$(11\text{-}8)$$

式中，α_0 为初始频率 f_0 处的第 0 阶相位响应，α_n 为该频率上的第 n 阶相位响应。传统的 编码超表面只使用了 0 阶相位。在文献[26]中除了 0 阶相位以外还使用了一阶相位，即 $\varphi(f) \approx \alpha_0 + \alpha_1(f-f_0)$。这意味着如果忽略高阶相位响应，则相位变化可以被认为是频率 的线性函数。因此，在超表面单元设计过程中既要考虑初始频率的相位响应 α_0，又要考虑 相位灵敏度 α_1，这将比之前的设计更加复杂。文献[26]中采用了顶部图案为方形块和方形 环的两个反射型单元，其相位与频率的关系曲线如图 11‐7(b)所示。很明显，两个单元在 初始频率 $f_0 = 6.0$ GHz 时表现出几乎相同的相位响应，因此对于空间比特而言它们被编码 为"0"。线性相位灵敏度可以根据下式计算

$$\begin{cases} \alpha_1^{\text{block}} = \dfrac{\varphi^{\text{block}}(f_1) - \varphi^{\text{block}}(f_0)}{f_1 - f_0} \approx -0/4.5 \text{ rad/GHz} \\[4mm] \alpha_1^{\text{loop}} = \dfrac{\varphi^{\text{loop}}(f_1) - \varphi^{\text{loop}}(f_0)}{f_1 - f_0} \approx -\pi/4.5 \text{ rad/GHz} \end{cases} \quad (11\text{-}9)$$

其中，α_1^{block} 和 α_1^{loop} 被编码为"0"和"1"来表征频率响应。因此，方形块单元和方形环单元分 别表示为"0‐0"和"0‐1"编码。

第一个 1‐比特频率编码超表面只在 x 轴上使用编码序列"0‐0""0‐1""0‐0""0‐1"进行

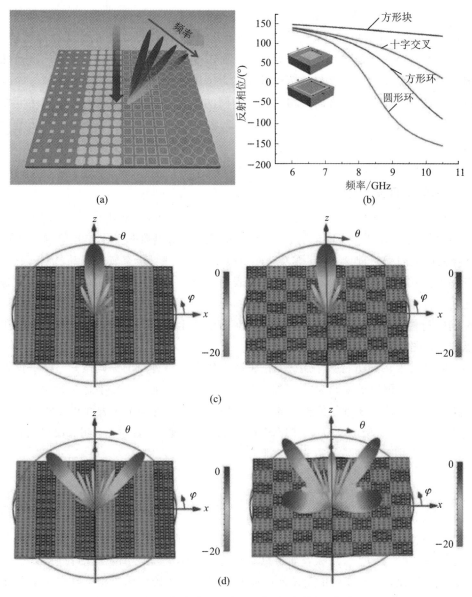

图 11-7 频率编码超表面的概念示意图及仿真

编码，其中一个超单元包含 4×4 个超表面单元；第二个 1-比特频率编码超表面在 x 轴和 y 轴上棋盘式地使用编码序列"0-0""0-1""0-0""0-1"进行编码。如图 11-7(c)所示，在初始频率 6.0 GHz 处，两个超表面单元之间的相位差几乎为零，因此可以认为两个超表面的相位分布均匀，产生了几乎相同的法向反射。在频率 $f_1 = 10.5$ GHz 处，图 11-7(b)中的两个超表面单元之间的相位差接近 180°。根据广义斯涅耳定律，散射波将发生异常偏折，两个超表面分别产生了两束和四束分裂波束，如图 11-7(d)所示。值得注意的是，当频率由初始频率向较高频率移动时，散射方向图的变化趋势是法向反射逐渐减小、偏折反射逐渐增加。

随着对频率编码超表面的深入研究，该研究团队提出了更加深入的空域-频域梯度超表面的概念[31]。除了通过式(11-8)分析超表面单元的相位响应外，还可以将一组单元产生的相位梯度表示如下：

$$\Psi(f) = \gamma_0 + \gamma_1(f - f_0) + \gamma_2(f - f_0)^2 + \cdots + \gamma_n(f - f_0)^n + \gamma_{n+1}(f')^{n+1}$$

$$(11 - 10)$$

若 γ_1，γ_2，$\cdots$，γ_n 为零时，这组单元间相位差不变，即

$$\Psi_s = \varphi(f_0) = \gamma_0 \qquad (11 - 11)$$

显然，Ψ_s 是这一组超表面单元在初始频率处的相位梯度，它被定义为空域梯度。另一方面，频域梯度被定义为频率上的相位梯度，即

$$\Psi_f = \frac{\partial \Psi(f)}{\partial f} = \gamma_1 + 2 \times \gamma_2(f - f_0) + \cdots + n \times \gamma_n(f - f_0)^{n-1} \qquad (11 - 12)$$

因此，编码超表面在工作频带上的相位梯度由空域梯度和频域梯度共同决定，表示为

$$\Psi = \Psi_s + \int_{f_0}^{f} \Psi_f \, \mathrm{d}f \qquad (11 - 13)$$

式(11 - 13)提供了一个更全面的角度来理解编码超表面在空间和频率上的相位模式。具体来说，在初始频率 f_0 处，超表面上的相位梯度是恒定的，仅由空域梯度决定；由于各单元在整个频带内表现不同，因此出现了频域梯度，且梯度的积累对表面相位分布有显著影响，导致对电磁波调控效果不同。此外，由于空域梯度和频域梯度是正交向量，它们可被视为独立变化，因此可以从两个正交维度对超表面单元进行设计。

根据广义斯涅耳定律，超材料产生的波束偏转方向为[18]

$$\theta = \arcsin\left(\frac{\lambda}{2\pi} \times \frac{\mathrm{d}\varphi}{\mathrm{d}r}\right) \qquad (11 - 14)$$

其中，$\mathrm{d}\varphi/\mathrm{d}r$ 是超表面上的相位梯度，对于只有空域梯度的超表面，它是常数。而对于空域-频域梯度超表面，θ 就是超表面工作频率的函数。通过对频域梯度进行细致的设计，可以使波束的偏转在整个频带内被调控。将式(11 - 13)代入式(11 - 14)，得到

$$\theta = \arcsin\left(\frac{\lambda}{2\pi} \times \frac{\mathrm{d}\varphi}{\mathrm{d}r}\right) = \arcsin\left[\frac{c}{2\pi f d} \times \left(\Psi_s + \int_{f_0}^{f} \Psi_f \, \mathrm{d}f\right)\right] \qquad (11 - 15)$$

其中 d 为超单元的长度，c 为自由空间中的光速。由式(11 - 15)可见，通过设计频率梯度，可以实现对电磁波扫描轨迹的调控。

除了波束轨迹的调控以外，空域-频域梯度超表面的一个更有趣的应用是对涡旋波模式进行连续调控。涡旋波具有 $m\varphi$ 的方位角变化规律，其中 φ 是方位角，m 是拓扑电荷(TC)。在数学上，通过调控方位角的相位分布可以产生 TC=m 的涡旋波。TC=m 的涡旋波的相位分布为

$$\Phi(x, y) = m \times \varphi = m \times \arctan\left(\frac{y}{x}\right) \qquad (11 - 16)$$

在初始频率 f_0 处，TC=m_0 的涡旋波可以通过调节螺旋形空间梯度获得，即

$$\Psi_s(\varphi) = 2\pi \cdot \frac{m_0}{n} \qquad (11 - 17)$$

其中 n 为超表面沿方位角方向等分割扇区数。与前面提到的波束扫描设计类似，引入频率梯度 $\Psi_f(\varphi)$，导致涡旋波 TC 在频域上转换。换句话说，OAM 的模态随着频率的变化而变化。同样频率梯度也被平均分成 n 个扇区，因此 TC 可以写成

$$m(f) = m_0 + \frac{n}{2\pi} \times \int_{f_0}^{f} \Psi_f \, \mathrm{d}f \qquad (11 - 18)$$

由于存在空域和频域梯度，涡旋波模态可以在整个工作频段内连续变化，为此，研究人员给出了 8～13 GHz，$\boldsymbol{\Psi}_s(\varphi)=\pi/4$ 和 $\boldsymbol{\Psi}_f(\varphi)=\pi/4$ 的例子。将 $\boldsymbol{\Psi}_f(\varphi)$ 代入式(11-18)可以获得 TC，即 $m(f)=1+(f-8)/5$。如图 11-8(a)所示，当频率从 8 GHz 提高到 13 GHz 时，TC 由 1 增加到 2。

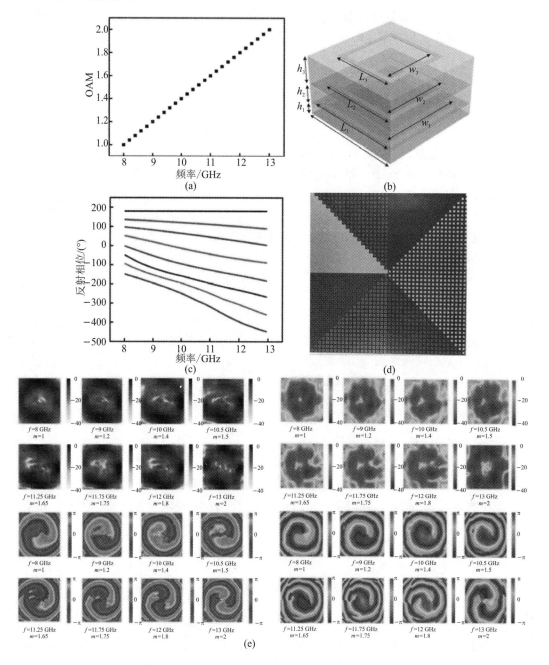

图 11-8　空域-频域梯度超表面

(a) 涡旋波轨道角动量随频率变化的设计；(b) 超表面单元的 3D 视图；

(c) 8 种超表面单元的仿真相位曲线；(d) 超表面加工的实物图；(e) 涡旋波轨道角动量随频率变化

　　频域梯度对涡旋波束的调控可以通过数值仿真和实物测量进行验证。所设计的超表面单元结构如图 11-8(b)所示，它由四层金属层组成，从上到下为三个方形环和一个金属地。通过选取 8 组适当的结构参数进行仿真，得到了图 11-8(c)所示的相位响应，其中空域梯度 $\Psi_s(\varphi) \approx \pi/4$，频域梯度 $\Psi_f(\varphi) \approx \pi/20$。图 11-8(d)示出了一个包含 40×40 个单元的超表面，8 组单元均匀分布在 8 个扇区中。图 11-8(e)给出了从 8 GHz 到 13 GHz 频率范围内的仿真结果和测量结果，其展示了涡旋波的 m 随频率从 1 到 2 的逐渐变化。

11.3　可编程超材料

11.3.1　基本原理和结构

　　当超表面单元按照一定的序列编码排列成阵列时，该序列的信息就被包含在阵列之中，并反映到编码超材料的散射特性上，如笔形波束或 OAM 波束。而对于前面提到的无源编码超材料，一旦设计完成，其功能就固定了，这意味着集成的数字信息是无法改变的。这种方式适用于概念的验证，但在实时的信息表征、处理和传输方面的局限性就显而易见了。这一局限性可以通过采用电磁响应可调的可重构单元加以突破。如果一种超材料是由这种编码状态可调的单元组成，则可以在不改变结构的情况下轻松地实现信息的加载，这种类型的超材料可归类为可编程超材料。

　　在技术实现上，可调超材料单元的设计方法有很多，包括集成半导体器件[5, 22-24]、液晶[32]、微机电系统(MEMS)[33]、二氧化钒[34]、可重构悬臂[35]等。考虑到响应时间和成本，在微波频段上首选 PIN 二极管和变容二极管作为调控器件。图 11-9(a)中给出了一个嵌入了 PIN 二极管的典型电调谐单元[5]。它是一个具有两个金属层的 PCB 结构，顶层的两个对称金属图案与 PIN 二极管相连接，其底部放置了两块金属地。单元的顶层和底层通过两个金属化通孔相连。在底部的两块金属地之间施加直流电压便可以控制二极管的工作状态。当电压为 3.3 V 时，二极管处于开状态；当电压为 0 时，二极管处于关状态。为了在 CST 中仿真该单元在这两个状态下的反射特性，需要采用如图 11-9(b)所示的等效电路对二极管建模。图 11-9(c)是二极管分别在开和关状态下的单元反射相位，由图可以看出该单元在 8.5 GHz 附近相位差约 $180°$，因此，可以将该二极管的开状态编码为数字"1"，将关状态编码为数字"0"。

　　电调谐单元的控制除了可以使用正常的直流电压源来实现，另一种控制方法就是使用 FPGA 模块，它类似可编程的控制器。图 11-9(d)中设计了一个由 30×30 个可调单元组成的超表面，为了简化控制网络，每 5 列单元采用相同的控制信号，这意味着总共需要 6 位数字来控制超表面的编码状态。随后，在 FPGA 硬件中提前烧录 000000、111111、010101、001011 四种编码序列，它们可以通过切换不同的触发器来触发，使得超表面具有四种不同的功能。图 11-9(e)中仿真和测量了在 FPGA 控制下的四种远场散射方向图。结果表明，实验和仿真之间具有良好的一致性，这为可编程超表面的可行性提供了有力的证明。需要强调的是，图 11-9(e)中的四种功能是手动切换的，它还可以通过 FPGA 的高速切换来自

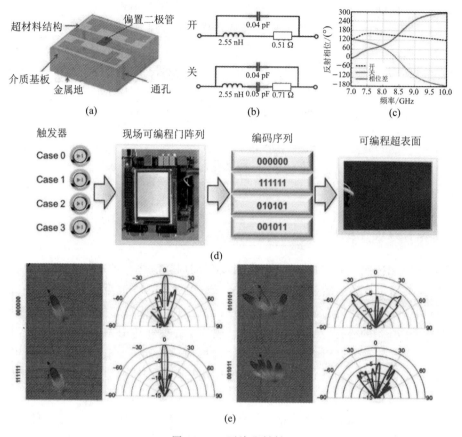

图 11-9 可编程材料

（a）嵌入 PIN 二极管的电调谐单元；（b）可调谐单元中 PIN 二极管分别在 ON 或 OFF 状态下的等效电路模型；（c）二极管分别在 ON 和 OFF 状态下单元的仿真反射相位；（d）实现 FPGA 硬件控制的可编程超表面的流程；（e）1-比特数字超表面在各种编码序列下的仿真和测量远场散射方向图

动完成（根据 FPGA 芯片的时钟速度，切换速度可以达到几纳秒）。由于高速切换具有速度优势，可编程超表面有望挖掘出大量新颖的物理现象和实际应用，如谐波的精确控制、非互易性、无线通信等，这些将在后面的内容中加以介绍。

在可编程超表面的设计过程中有几个问题需要注意：首先，与无源的数字编码超表面相比，由于所使用的可调元件中存在寄生电阻，造成电磁能量的损失，特别是在谐振频率处，因此需要通过巧妙地优化设计和使用低阻值元件来减少所带来的负面影响；其次，由于实际二极管的性能会随着频率的增加而下降，因此应该根据工作频率合理地选择器件；最后，由于所有的超表面单元是可以独立控制的，随着阵列的扩大，偏置网络将变得非常复杂。一种解决方案是将偏置走线设计在额外的板卡上，但这会增加制造的复杂性和成本。因而无线控制方法，如光信号是一种替代的解决方案[27]。

下面将介绍几种典型的可编程超材料，包括时域编码超材料、空时编码超材料和非线性超材料，它们将用于谐波控制、非互易和非线性控制等。此外，还将介绍几种基于可编程超材料的新型无线通信系统和可重构全息成像技术。

11.3.2　时域编码超材料

谐波的产生多年来一直受到人们广泛关注。在光学领域中，它依赖于高强度激光与非线性材料之间的相互作用。在微波领域，谐波的幅度和相位的精确控制需要昂贵和复杂的器件，如放大器和移相器等。而通过周期性地切换可编程超材料单元的相位响应，为产生谐波提供了一条新的途径。在这种情况下，可编程超材料也被称为时域编码超材料。

1. 谐波幅度和相位的独立控制

这里以电磁波入射到反射型时域编码超表面为例介绍谐波产生的机理[36]。将入射波、反射波和反射系数的时域形式分别记为 $E_i(t)$、$E_r(t)$ 和 $\Gamma(t)$，它们的关系为 $E_r(t) = \Gamma(t) \cdot E_i(t)$。假设入射单色波的角频率为 ω_c，则 $E_i(t) = e^{-j\omega_c t}$，那么反射波在频域中可表示为

$$E_r(\omega) = \Gamma(\omega) * [\delta(\omega - \omega_c)] = \Gamma(\omega - \omega_c) \tag{11-19}$$

其中 $\delta(\omega)$ 是狄拉克函数，"$*$"代表卷积操作。对于时不变的超表面而言，其反射系数 $\Gamma(t)$ 是恒定的，因而反射波的角频率与入射波的角频率 ω_c 相同。如果反射系数 $\Gamma(t)$ 是一个周期为 T 的周期信号，则它可以分解为无数谐波分量的叠加，即

$$\Gamma(t) = \sum_{k=-\infty}^{+\infty} a_k e^{jk\omega_0 t} \tag{11-20}$$

其中 $\omega_0 = 2\pi/T$。在频域中，若入射波为 $E_i(\omega)$，则反射波可表示为

$$E_r(\omega) = 2\pi \sum_{k=-\infty}^{+\infty} a_k E_i(\omega - k\omega_0) \tag{11-21}$$

式中，a_k 为第 k 阶谐波分量的系数。式(11-21)表明，由于反射系数周期性变化，因此，反射波产生了一系列新的频率，且谐波的频率是 $k\omega_0$（k 为非零整数）。进一步，若反射系数的相位响应具有周期方波的变化形式，即

$$\Gamma(t) = A e^{j\left\{\phi_1 + (\phi_2 - \phi_1) \sum_{n=-\infty}^{+\infty} \left[\varepsilon(t - nT) - \varepsilon\left(t - \frac{T}{2} - nT\right)\right]\right\}} \tag{11-22}$$

其中 A 是固定的反射振幅，ϕ_1 和 ϕ_2 是反射相位的两种状态，$\varepsilon(t - nT)$ 是时间上平移了 nT 的单位阶跃函数。谐波的系数 a_k 可以由公式(11-20)至式(11-22)计算得出，即

$$a_k = \begin{cases} A\cos\dfrac{\phi_2 - \phi_1}{2} e^{j\frac{\phi_2 + \phi_1}{2}} & (k = 0) \\ \dfrac{2A}{k\pi}\sin\dfrac{\phi_2 - \phi_1}{2} e^{j\frac{\phi_2 + \phi_1}{2}} & (k = \pm 1, \pm 3, \pm 5 \cdots) \\ 0 & (k = \pm 2, \pm 4 \pm 6 \cdots) \end{cases} \tag{11-23}$$

因此，频域中的反射波可以表示为

$$E_r(\omega) = 2\pi A\cos\frac{\phi_2 - \phi_1}{2} e^{j\frac{\phi_2 + \phi_1}{2}} E_i(\omega) +$$

$$\sum_{m=-\infty}^{+\infty} \frac{4A}{2m-1}\sin\frac{\phi_2 - \phi_1}{2} e^{j\frac{\phi_2 + \phi_1}{2}} E_i[\omega - (2m-1)\omega_0] \tag{11-24}$$

式(11-23)和式(11-24)表明反射波中只存在载波分量($k=0$)和奇阶谐波分量($k=\pm 1, \pm 3, \pm 5 \cdots$)，这些分量的振幅和相位与 ϕ_1、ϕ_2 有关。图 11-10(a)中分别给出了

$\phi_1/\phi_2=180°/270°$、$90°/250°$、$0°/180°$条件下的实测反射频谱。这里 ϕ_1 和 ϕ_2 的调整是通过改变超表面单元上变容管的反向偏置电压实现的，详细的过程在后面的内容中进行介绍。由图 11-10(a)可以看出，当相位差 $\Delta\phi=\phi_1-\phi_2$ 接近 $180°$ 时，载波分量的强度减弱，谐波分量的强度增强。当相位差为 $180°$ 时，载波分量的强度几乎为零，±1 阶谐波的归一化振幅

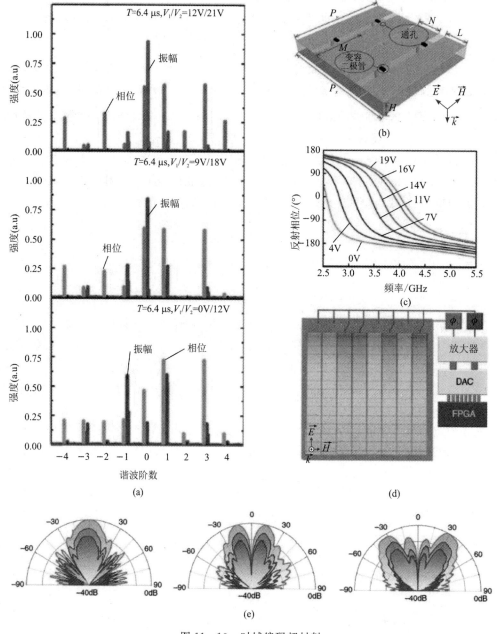

图 11-10 时域编码超材料

(a) 实测的谐波强度和相位分布；(b) 超表面单元的 3D 视图；(c) 单元反射相位随偏置电压的变化曲线；
(d) 时域编码超表面系统；(e) 超表面"00000000""00001111"和"00110011"不同编码序列下 $+1$ 阶谐波的实测 E 面散射图(红线、绿线和蓝线分别表示不同电压对 A_1、A_2 和 A_3 的散射幅度变化)

达到 0.6366，占总电磁能量的 81.05%。

　　此外，从式(11-23)、式(11-24)中得出，谐波的相位也依赖于 ϕ_1 和 ϕ_2，这意味着它们的振幅和相位相互耦合。为了实现振幅和相位的解耦，在时变反射系数上增加一个额外的时间延迟 t_0，使谐波相位可以在不影响振幅的情况下进行调节。时间延迟 t_0 会使频域上的第 k 阶谐波引入一个相移因子 $e^{-jk\omega_0 t_0}$，因此，式(11-24)可改写为

$$E_r(\omega) = 2\pi A \cos\frac{\phi_2-\phi_1}{2} e^{j\frac{\phi_2+\phi_1}{2}} E_i(\omega) +$$

$$\sum_{m=-\infty}^{+\infty}\frac{4A}{2m-1}\sin\frac{\phi_2-\phi_1}{2}e^{j[\frac{\phi_2+\phi_1}{2}-(2m-1)\omega_0 t_0]}E_i[\omega-(2m-1)\omega_0] \quad (11-25)$$

第 k 阶谐波可以重新写为

$$E_r(k\omega_0) = |A|\angle\phi$$

$$= \begin{cases} \left|A\cos\dfrac{\phi_2-\phi_1}{2}\right| e^{j\left\{\frac{\phi_2+\phi_1}{2}+\pi\left[\epsilon\left(\frac{\phi_2-\phi_1-\pi}{2}\right)+\epsilon\left(\frac{\phi_1-\phi_2-\pi}{2}\right)\right]\right\}} & (k=0) \\[3mm] \left|\dfrac{2A}{k\pi}\sin\dfrac{\phi_2-\phi_1}{2}\right| e^{j\left\{\frac{\phi_2+\phi_1}{2}-\pi[\epsilon(\phi_2-\phi_1)+\epsilon(k)]-k\omega_0 t_0\right\}} & (k=\pm1,\pm3,\pm5\cdots) \\[3mm] 0 & (k=\pm2,\pm4,\pm6\cdots) \end{cases} \quad (11-26)$$

在实际应用中，针对谐波当选择适当的 ϕ_1 和 ϕ_2 后，进一步通过时延 t_0 来调整相位。

　　采用如图 11-10(b)所示的超表面单元结构，并利用一个实际的时域编码超表面对上述的理论进行实验验证。该超表面单元除了顶部和底部的金属贴片外，还包含两侧矩形贴片和中心矩形贴片之间的四个变容二极管。顶部和底部的贴片由金属通孔相连。在底层的贴片之间施加直流偏压，可以控制变容二极管的电容，从而调节超表面单元的反射相位。该单元的相位响应随偏置电压的变化是连续的，与基于 PIN 二极管加载的单元不同，后者只有两种工作状态。图 11-10(c)中给出了单元的反射相位随偏置电压变化的曲线，当电压从 19 V 到 0 V 变化时，单元的谐振点从 4 GHz 下降到 2.6 GHz；在所关注的频率 3.7 GHz 处，相位呈线性变化，且覆盖范围约为 270°。在下面的实验中，在工作频率 $f_0 = 3.7$ GHz 处选择了一系列的偏置电压，分别为 0 V、3 V、6 V、9 V、12 V、15 V、18 V、21 V，单元所产生的相位分别为 0°、10°、30°、90°、180°、210°、250°、270°。组阵后的超表面的示意图如图 11-10(d)所示，该超表面由 7×8 个单元所组成，且每一列由相同的偏置信号控制。采用 FPGA、数模转换模块(DAC)和运算放大器为变容二极管提供直流偏置电压，并产生不同电压、周期和时延的方波控制信号。

　　第一个实验用于验证时域编码超表面的非线性特性。通过选取 $V_1/V_2 = 0$ V/12 V(A_1)，9 V/18 V(A_2)，12V/21 V(A_3)这三对偏置电压来实现时域相位变化，理论上这三对偏置电压分别对应 $\phi_1/\phi_2 = 0°/180°$，$90°/250°$，$180°/270°$ 这三对相位。图 11-10(a)给出了在 3.7 GHz 下、调制周期 $T=6.4$ μs 时实测的载波分量和谐波分量的振幅和相位。虽然不完全符合理论预测，但谐波的产生是明显的。当相位差接近 180° 时，载波抑制和谐波增强符合上述的结论。当方波周期从 6.4 μs 减小到 1.6 μs 时，相邻谐波之间的频率间隙从 156.25 kHz 增大到 625 kHz，但谐波强度不变。

　　基本上，有两种方法可用来检验加入时延后对谐波的控制效果。一种方法是直接法，

直接法是对超表面回波信号进行快速傅里叶变换来检测相位，如图 11-10(a)所示；另一种方法是检测超表面的散射特性。如果超表面上能够实现谐波的相位梯度，那么就可以观察到异常反射的波束。为此，在实验中测量了在电压为 A_1(0 V/12 V，对应 $\Delta\phi=180°$)和调制周期 $T=6.4$ μs 下的 +1 阶谐波的远场散射特性(对于 +1 阶谐波的频率为 3.700 156 25 GHz)。通过使用时延因子 $t_0=T/2=3.2$ μs，使得谐波相位与 $t_0=0$ 时的相位差为 180°。因此，定义谐波的数字单元"0"为 $t_0=0$，即不产生时延；定义谐波单元"1"为 $t_0=T/2=3.2$ μs。则对于编码序列"00000000""00001111"和"00110011"三种状态下会具有不同的谐波特性，其远场散射图如图 11-10(e)所示。从图中可以清楚地看到后两个序列的波束分裂了，并且波束的俯仰角与理论预测一致，从而验证了时延 t_0 为谐波提供的相位梯度。

另外，可以通过改变电压组合来实现谐波振幅的控制，如图 11-10(e)所示，当电压从 A1 到 A3 变化时，主波束振幅的衰减量从 0 dB 到 10 dB，而波束的方向几乎不受影响。需要指出的是，不仅是 +1 阶，所有的谐波都同时依赖于变容二极管的偏置电压和单元的时延因子。若在一个周期内采用更细小的时延分割，则可以形成多比特编码的单元，从而实现对谐波更灵活的控制。以 +1 阶谐波为例，0 (0 μs)，$T/8$ (0.8 μs)，$T/4$ (1.6 μs)，$3T/8$ (2.4 μs)，$T/2$ (3.2 μs)，$5T/8$ (4 μs)，$3T/4$ (4.8 μs)，$7T/8$ (5.6 μs)的时延 t_0 可以分别得到 0，$\pi/4$，$\pi/2$，$3\pi/4$，π，$5\pi/4$，$3\pi/2$，$7\pi/4$ 的相位，可在 3-比特编码超表面中编码为"0""1""2""3""4""5""6"和"7"，总共八个状态，这样便可以实现对谐波更精确的控制。

2. 相位调制

Zhao 等人针对时域编码超材料的谐波控制提出了更一般性的数学推导[37]。同样考虑入射波 $E_i(t)$ 照射到超表面上，反射系数为 $\Gamma(t)$，则反射波表示为 $E_r(t)=\Gamma(t)\cdot E_i(t)$，其频域可以通过傅里叶变换获得，即

$$E_r(f)=\frac{1}{2\pi}E_i(f)*\Gamma(f) \tag{11-27}$$

反射系数被定义为时间的周期函数，在一个周期上，它包含了尺度变换和时间平移的脉冲，即

$$\Gamma(t)=\sum_{m=0}^{L-1}\Gamma_m g(t-m\tau) \quad (0<|t|<T) \tag{11-28}$$

式中，$g(t)$ 是周期为 T 的脉冲函数，L 为一个周期内的脉冲数，$\tau=T/L$ 为脉冲宽度，Γ_m 为区间 $(m-1)\tau<t<m\tau$ 内的反射系数。在每一个周期中

$$g(t)=\begin{cases}1 & (0<t<\tau)\\0 & (其他)\end{cases} \tag{11-29}$$

它可以展开为傅里叶级数，即

$$g(t)=\sum_{k=-\infty}^{+\infty}c_k e^{jk2\pi t/T}=\sum_{k=-\infty}^{+\infty}c_k e^{jk2\pi f_0 t} \tag{11-30}$$

这意味着在频域中脉冲函数可以分解为无穷多个谐波的叠加，谐波频率为 kf_0，其中 k 为整数，表示谐波阶数。因此式(11-28)可重新写为

$$\Gamma(t)=\sum_{m=0}^{L-1}\Gamma_m g(t-m\tau)=\sum_{m=0}^{L-1}\Gamma_m\sum_{k=-\infty}^{+\infty}c_k e^{jk2\pi f_0 t}$$

$$= \sum_{k=-\infty}^{+\infty} \left(\sum_{m=0}^{L-1} c_k \Gamma_m \right) \mathrm{e}^{jk2\pi f_0 t} \tag{11-31}$$

傅里叶级数系数 c_k 可以通过如下计算：

$$c_k = \frac{1}{T}\int_0^T g(t)\mathrm{e}^{-j2\pi kt/T}\mathrm{d}t = \sum_{m=0}^{L-1}\frac{1}{T}\int_{m\tau}^{(m+1)\tau}\mathrm{e}^{-j2\pi kt/T}\mathrm{d}t = \sum_{m=0}^{L-1}\int_{m\tau/T}^{(m+1)\tau/T}\mathrm{e}^{-j2\pi kt/T}\mathrm{d}\frac{t}{T}$$

$$= \sum_{m=0}^{L-1}\int_{m/L}^{(m+1)/L}\mathrm{e}^{-j2\pi kt}\mathrm{d}t = \sum_{m=0}^{L-1}\frac{1}{-j2\pi k}\cdot\left(-2j\sin\frac{k\pi}{L}\right)\cdot\mathrm{e}^{-jk\pi\frac{2m+1}{L}}$$

$$= \sum_{m=0}^{L-1}\frac{1}{L}\mathrm{sinc}\left(\frac{k\pi}{L}\right)\cdot\mathrm{e}^{-jk\pi\frac{2m+1}{L}} \tag{11-32}$$

因此，式(11-20)中反射系数的傅里叶展开系数 a_k 可以进一步表示为

$$a_k = \sum_{m=0}^{L-1}\frac{\Gamma_m}{L}\mathrm{sinc}\left(\frac{k\pi}{L}\right)\cdot\mathrm{e}^{-jk\pi\frac{2m+1}{L}} = \sum_{m=0}^{L-1}\Gamma_m\mathrm{e}^{\frac{-j2km}{L}}\cdot\frac{1}{L}\mathrm{sinc}\left(\frac{k\pi}{L}\right)\mathrm{e}^{\frac{-jk\pi}{L}} = \mathrm{TF}\cdot\mathrm{UF}$$

$$\tag{11-33}$$

其中

$$\mathrm{TF} = \sum_{m=0}^{L-1}\Gamma_m\mathrm{e}^{\frac{-j2k\pi m}{L}} \tag{11-34}$$

$$\mathrm{UF} = \frac{1}{L}\mathrm{sinc}\left(\frac{k\pi}{L}\right)\mathrm{e}^{\frac{-jk\pi}{L}} \tag{11-35}$$

由式(11-33)可知，a_k 可以认为是时间因子 TF 和单元因子 UF 两部分的乘积。时间因子 TF 与一个周期内反射系数的时间编码策略有关，单元因子 UF 是脉冲宽度为 τ 的基本脉冲的傅里叶系数。因此，可以通过在时域内调节反射系数来控制谐波的振幅和相位，如振幅调制(AM)和相位调制(PM)。与 PM 相比，AM 有以下三个缺点：首先，反射波振幅的变化意味着在某一时间段内，超表面会耗散电磁能量，从而降低效率；其次，零阶谐波，即载波分量，是不能通过使用固定相位的反射系数而抵消的；第三，由调幅产生的谐波相对于中心频率在频谱上对称分布，换句话说，$+k$ 阶和 $-k$ 阶谐波的振幅相等。当在通信上应用时，其双边带频谱是不需要的，这会导致能量浪费。

由于相位调制是通过在时域内改变反射系数的相位状态实现的，因此可以避免上述调幅的局限性。这里使用几组时间编码序列来展示所提出的概念，得到的谐波强度分布如图 11-11 所示。在 1-比特编码序列中，数字 0 表示一段时间间隔内的反射相位为 $0°$，数字 1 表示反射相位为 $180°$。类似地，在 2-比特编码序列中，数字 00、01、10、11 分别表示在一段时间间隔内的反射相位分别为 $0°$、$90°$、$180°$、$270°$。第一个序列为"010101…"，周期 $T=1\ \mu\mathrm{s}$，间隔数 $L=2$(见图 11-11(a))，对应的谐波强度分布如图 11-11(b)所示。由于在一个周期内的两个反射相位相差 $180°$，因此入射的载波分量和偶阶谐波分量被完全抵消，大部分能量集中在 ±1 谐波。当编码序列为 2-比特的"00-01-00-01…"时，周期 $T=1\ \mu\mathrm{s}$，间隔数 $L=2$(见图 11-11(c))，得到的谐波强度分布如图 11-11(d)所示。此时，载波信号仍然存在，这是因为两个反射相位相差不是 $180°$。此外，还可以观察到由 1-比特编码序列引起的谐波在频谱中对称分布。但如果采用编码序列"00-01-10-11"(见图 11-11(e))和"11-10-01-00"(见图 11-11(g))，则可得到如图 11-11(f)和(h)所示的非对称谐波，并且大部分能量分别集中在 $+1$ 阶谐波和 -1 阶谐波，基波分量被完全抑制。事实上，如果采用

时域相位梯度更为平滑的 3-比特编码序列，谐波转换效率可高达 95%[38]。

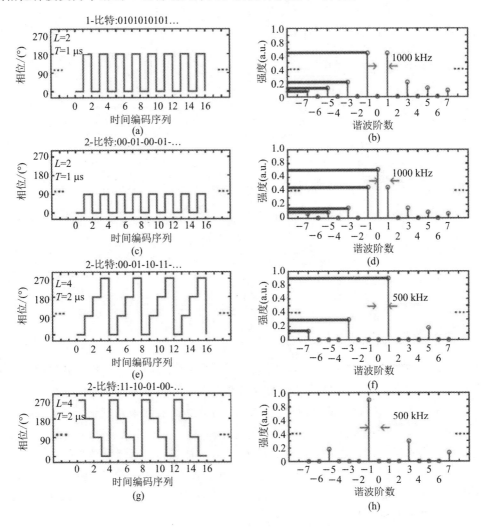

图 11-11　相位调制

11.3.3　空时编码超材料

1. 谐波控制

在上述的工作中，超表面上所有单元在时域上的行为完全相同，由相同的时间编码序列对其进行控制。电磁能量虽然在频谱上以谐波的形式重新分布，但在空域上并不被区分，即所有的谐波都被超表面垂直地反射。在此背景下，Zhang 等人提出了一种空时编码的数字超表面[39]，其每个单元的反射系数随其自身的时间编码序列独立变化，使得超表面产生的谐波振幅和相位是高度可重构的，进而使得电磁波能量在频域和空域被灵活调控。

假设在 x 方向上单元的数量和周期分别为 N 和 d_x，y 方向上的单元的数量和周期分别为 M 和 d_y，则空时编码数字超表面散射的时域远场方向图可表示为

$$f(\theta, \varphi, t) = \sum_{q=1}^{N} \sum_{p=1}^{M} E_{pq}(\theta, \varphi) \Gamma_{pq}(t) \mathrm{e}^{\mathrm{j}k_c \left[d_x(p-1)\sin\theta\cos\varphi + d_y(q-1)\sin\theta\sin\varphi \right]} \qquad (11-36)$$

式中：$E_{pq}(\theta, \varphi)$ 为编码单元 (p, q) 在中心频率 f_c 处的远场辐射方向图函数；$k_c = 2\pi/\lambda_c$ 是 f_c 处的波数，$\Gamma_{pq}(t)$ 是编码单元 (p, q) 的反射系数，它是一个周期的函数，即

$$\Gamma_{pq}(t) = \sum_{m=0}^{L-1} \Gamma_{pq}^m g(t - m\tau) \quad (0 < |t| < T) \tag{11-37}$$

与式 (11-33) 类似，$\Gamma_{pq}(t)$ 的傅立叶级数展开系数可以表示为

$$a_{pq}^k = \sum_{m=0}^{L-1} \frac{\Gamma_{pq}^m}{L} \mathrm{sinc}\left(\frac{k\pi}{L}\right) \cdot \mathrm{e}^{-jk\pi\frac{2m+1}{L}} \tag{11-38}$$

其中 k 是谐波的阶数，L 是一个周期内的间隔数。因此，第 k 阶谐波的远场散射方向图可以表示为

$$F_k(\theta, \varphi) = \sum_{q=1}^{N} \sum_{p=1}^{M} E_{pq}(\theta, \varphi) \mathrm{e}^{jk_c[d_x(p-1)\sin\theta\cos\varphi + d_y(q-1)\sin\theta\sin\varphi]} a_{pq}^k \tag{11-39}$$

　　这里采用的是具有单位反射幅度的 PM 工作模式，并考虑一个维度为 (8, 8, 8) 的三维空时编码矩阵，这意味着该超表面由 8×8 个单元组成，每个单元在一个周期内有 8 个间隔。每个单元的反射相位采用 1-比特编码策略，即 0° 和 180° 分别编码为数字"0"和"1"。

　　通过对每个单元的时间编码序列进行精心设计，谐波的散射特性就可以被精确调控。以图 11-12(a) 和 (b) 所示的序列为例，在 x 方向每一列单元具有相同的数字编码，在 y 方向每一列单元的相位依次延迟一段时间。因此，超表面的每个谐波频率处都形成了相位梯度，如图 11-12(c) 所示。事实上，该策略与采用时延的谐波相位控制具有类似的思想[36]。对于时延 t_q，第 k 阶谐波的相位变化为 $2\pi k f_0 t_q$，观察谐波的相位梯度图发现，随着谐波阶数的增加，在 y 方向上 8 个单元的相位变化越来越剧烈。根据式 (11-4) 可以预测，随着谐波从 0 阶到 -3 阶（或 +3 阶）的变化，偏转角逐渐增大，如图 11-12(d) 所示。但由于 1-比特数字编码在一个周期内不平衡，仍有很大一部分入射能量在基波上，如图 11-12(c) 所示。为了解决这一问题，可以采用二进制粒子群算法对时间编码序列进行优化，使谐波功率变得均匀。

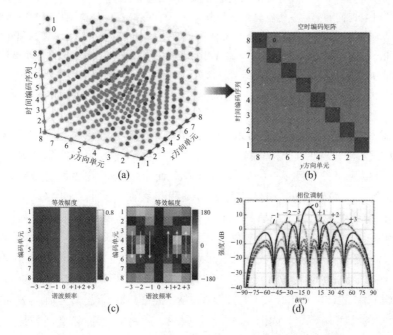

(a)　　　　　　　(b)

(c)　　　　　　　(d)

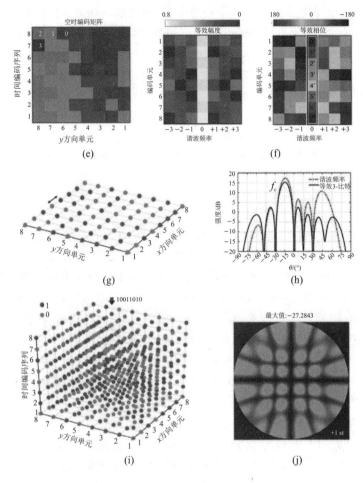

图 11-12　空时数字编码超表面

（a）1-比特时间编码的三维空时编码矩阵；（b）与图（a）对应的二维空时编码矩阵；
（c）基于图（a）在每个谐波频率处形成的等效幅度和相位梯度；（d）各谐波的偏转角；
（e）用于生成 3-比特编码分布的 2-比特时间编码矩阵；（f）基于图（e）在每个谐波频
率处形成的等效幅度和相位梯度；（g）基于 BPSO 优化的空间编码序列；（h）基于
BPSO 优化的空时编码序列；（i）2-比特空间编码序列和等效 3-比特空时编码序列产
生的方向图对比；（j）+1 阶谐波的低 RCS 的二维远场方向图

除了控制谐波波束偏转外，空时编码超表面在无须复杂的偏置电路的情况下可用于构
建多比特可编程策略。对于 1-比特编码单元而言，只对基波的相位实现 0°和 180°，相比之
下，2-比特编码单元可获得更大的 360°覆盖范围；而空时编码超表面有望在基波上建立一
个等效的 3-比特空间编码分布，并为多比特可编程超表面的设计提供了一种新的方法。这
里采用一个由 8×8 个单元组成的阵列，其中沿 y 方向的 8 列单元由 2-比特空时编码序列
控制，序列如图 11-12（e）所示，其中数字 0、1、2、3 分别对应 0°、90°、180°、270°相位。观
察图 11-12（f）所示的 8 组等效幅度和相位，可以看出电磁波的大部分能量还是集中在中心
频率处，从 −180°到 180°的相位梯度产生了 3-比特编码"0"（−135°）"1"（−90°）"2"（−45°）
"3"（0°）"4"（45°）"5"（90°）"6"（135°）"7"（180°）。根据广义斯涅耳定律，表面上的相位梯
度将导致 14.5°的波束偏转角，如图 11-12（i）所示。虽然 2-比特的空间域序列"00112233"

也可以实现相同的偏转波束。但很明显，在等效 3-比特情况下，虽然增益略有降低，但副瓣变得更低。

空时编码超表面还可以通过在空域和频域重新分配电磁能量来减缩 RCS，这比传统的低 RCS 编码超表面仅在空域调控散射更为先进。该思路从常规的空间编码超表面开始，采用 BPSO 对序列进行优化，如图 11 – 12(g)所示，使得入射波重定向到多个方向上，并产生比理想金属板低得多的散射功率。然后将随机时间编码序列 10011010 应用到空间编码序列中，即时间数字"1"表示时间间隔内空间编码序列保持不变，时间数字"0"表示时间间隔内空间编码序列的每一个数字都变为相反的状态，如图 11 – 12(h)所示。这一设计使得电磁能量被转换到所有的谐波频率上，并且在每个谐波频率上，能量都均匀分布在所有的方向，图 11 – 12(j)显示了 +1 次谐波的二维远场散射图。

2. 非互易性

除了调控谐波外，空时编码超表面还为实现非互易性提供了一种简易的方案。互易性指的是，当时间变量发生反转时，系统的性质一般会保持不变。对于电磁设备来说，这意味着当发射源和接收端交换时，电磁波所经历的响应是相同的。在某些场景中，互易关系需要被打破，以便输入输出特性不对称。传统的非互易器件，如隔离器和环行器，依赖于静磁场下的铁氧体等非互易材料，这些材料体积大、质量大、损耗大，因此很难将它们安装在超表面上，这一问题促使了科研人员对无磁性非互易技术进行研究。目前，实现非互易性的方法主要分为三大类，即线性时不变方法、线性时变方法和非线性方法[40]。基于时间调制器件的时变非互易性已在环形器和天线的设计中得到了验证[41-42]。在这里，空域和频域的互易性能够被时空编码超表面打破[43]。

图 11 – 13(a)中显示了一个俯仰角为 θ_1、频率为 f_1 的电磁波被超表面异常反射，形成俯仰角为 θ_2、频率为 f_2 的反射波。在频率为 f_2 的波反向入射到超表面的时间反演场景下，如果超表面是互易的，则反射波应该是俯仰角为 θ_1、频率为 f_1 的波。然而如图 11 – 13(a)所示，由于空时编码超表面具有非互易性，因此在时间反演情况下产生的反射波有如下特点，即 $f_3 \neq f_1$，$\theta_3 \neq \theta_1$。

在这个例子中，反射型空时编码超表面是由 N 列单元构成，每个单元的周期为 d。每列单元的反射系数是由一个间隔数为 L 的周期函数均匀调制。第 p 个单元在一个周期内的反射系数表示为 $\Gamma_p(t) = \sum\limits_{m=0,1\cdots,L-1} \Gamma_p^m g_p^m(t)$。其中 $g_p^m(t)$ 是周期为 T_0 的脉冲函数，每个单元的周期时长为 LT_0。假设一个 TM 波以俯仰角 θ_i 和方位角 $\varphi = 0°$ 入射到超表面上，对于反射系数的调制频率 $f_0 = 1/T_0$ 远小于 TM 波的频率 f_c，则式(11 – 36)中的时域远场散射方向图函数可以重写为

$$f(\theta, t) = \sum_{p=1}^{N} E_p(\theta) \Gamma_p(t) e^{jk_c(p-1)d(\sin\theta + \sin\theta_i)} \qquad (11-40)$$

式中，$k_c = 2\pi/\lambda_c$ 为频率 f_c 处的波数，$E_p(\theta) = \cos\theta$ 为第 p 个编码单元在 f_c 处的散射方向图。因此，第 k 阶谐波的远场散射方向图可以表示为

$$F_k(\theta) = \sum_{p=1}^{N} E_p(\theta) e^{j2\pi d(p-1)(\sin\theta/\lambda_r + \sin\theta_i/\lambda_c)} a_p^k \qquad (11-41)$$

式中，$\lambda_r = c/(f_c + mf_0)$ 是第 k 阶谐波的波长，$\Gamma_p(t)$ 的傅里叶系数 a_p^k 为

$$a_p^k = \sum_{m=0}^{L-1} \frac{\Gamma_p^m}{L} \operatorname{sinc}\left(\frac{k\pi}{L}\right) e^{-jk\pi(2m+1)/L} \tag{11-42}$$

假设 $N=16$，$L=4$，所采用的 2-比特空时编码矩阵如图 11-13(b) 所示。沿时间轴，每个单元的反射相位在一个周期内的 4 个间隔内依次偏移 $90°$；沿空间轴，相邻的单元之间的相移也为 $90°$，从而形成了清晰的空时相位梯度分布。根据之前的论述，很大一部分电磁能量将会分布到 $+1$ 阶谐波频率 $f_c + f_0$ 上，如图 11-13(c) 所示。在第 k 阶谐波频率 $f_c + kf_0$ 处，对应波数为 $k_c + k\Delta_0 = 2\pi(f_c + kf_0)/c$，相邻单元的相位差计算为

$$\Delta\Psi_k = -2\pi kf_0 \cdot \frac{T_0}{L} = -\frac{k\pi}{2} \tag{11-43}$$

因此，$+1$ 阶谐波的相位梯度为

$$\frac{\partial\Psi}{\partial x} = \frac{\Delta\Psi_1}{d} = -\frac{\pi}{2d} \tag{11-44}$$

从图 11-13(d) 中能观察到对应的相位梯度分布。假设入射波的频率为 f_c，入射角为 θ_1，则入射角 θ_1 与 $+1$ 阶的反射角 θ_2 的关系为[44]

$$(k + \Delta k)\sin\theta_2 = k\sin\theta_1 + \frac{\partial\Psi}{\partial x} \tag{11-45}$$

若超表面被俯仰角为 θ_2、频率为 $f_c + f_0$ 的电磁波从法向矢量另一侧入射时，则主反射波发生在频率为 $f_c + 2f_0$ 的 2 阶谐波处，且反射角 θ_3 与 θ_2 的关系为

$$(k + 2\Delta k)\sin\theta_3 = (k + \Delta k)\sin\theta_2 - \frac{\partial\Psi}{\partial x} \tag{11-46}$$

从式 (11-45) 和式 (11-46) 中，我们有

$$\sin\theta_2 = \frac{k\sin\theta_1 + \dfrac{\partial\Psi}{\partial x}}{k + \Delta k} = \frac{\sin\theta_1 - \dfrac{\lambda_c}{4d}}{1 + \dfrac{f_0}{f_c}} \tag{11-47}$$

$$\sin\theta_3 = \frac{k}{k + 2\Delta k}\sin\theta_1 = \frac{\sin\theta_1}{1 + \dfrac{2f_0}{f_c}} \tag{11-48}$$

这里定义一个描述时间反演的反射波与入射波之间的角度偏移因子，即

$$\delta = |\sin\theta_3 - \sin\theta_1| = \frac{\sin\theta_1}{1 + \dfrac{f_c}{2f_0}} \tag{11-49}$$

上述推导意味着在时间反演情况下，反射波发生在频率 $f_c + 2f_0$ 处。当 $\theta_1 \neq 0$ 时，其反射方向与原始入射方向不同，并且 θ_3 随着比值 f_0/f_c 和 θ_1 的增加而增加。

图 11-13(e) 显示了在 $f_c = 5$ GHz，$f_0 = 250$ MHz，$d = \lambda_c/2$，$\theta_1 = 60°$ 时，空时编码超表面产生的各谐波的计算方向图结果，从图中可以看出，主要的 $+1$ 阶谐波 ($f_c + f_0$) 比其他谐波强了近 10 dB，其反射角为 $20.3°$。而在图 11-12(f) 所示的时间反演场景中，却是 $+2$ 阶谐波 $f_c + 2f_0$ 占主导地位，反射角变为了 $51.2°$，这与式 (11-47) 和式 (11-48) 计算的理论角度一致 ($\theta_2 = 20.40°$，$\theta_3 = 51.93°$)。

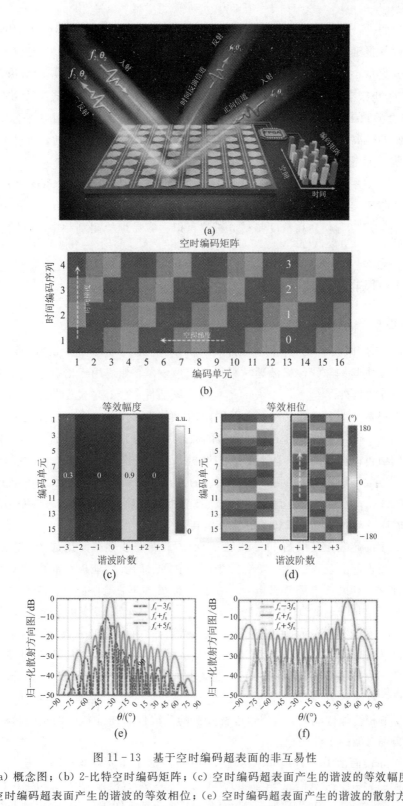

图 11－13　基于空时编码超表面的非互易性

（a）概念图；（b）2-比特空时编码矩阵；（c）空时编码超表面产生的谐波的等效幅度；
（d）空时编码超表面产生的谐波的等效相位；（e）空时编码超表面产生的谐波的散射方向图；
（f）时间反演情况下每个谐波的散射方向图

值得指出的是，虽然空时编码超表面理论上展示了非互易现象，但使用 PIN 二极管加载的超表面硬件很难进行实验验证。观察式(11-49)可知，增大入射角 θ_1 或减小 f_c/f_0 比值均可增大分离角 δ。由于调制频率 f_0 受 PIN 二极管开关速度和控制模块频率的限制，它比中心频率 f_c 小很多，所以通过减小 f_c/f_0 来增大分离角的这种方式是无效的。另一方面，降低 f_c 会导致工作波长的增加，这就要求更大的超表面的尺寸，且在平面波入射时天线与超表面间的距离也随之增加，这容易导致暗室吸波效果变差。因此，通过 PIN 二极管集成的可编程空时超表面，更容易从频谱中观察到非互易现象。例如，当 $f_c=9.5\text{ GHz}$，$f_0=1.25\text{ MHz}$，$d=14\text{ mm}$，$\theta_1=34°$ 时，可以得到 $f_c+f_0=9.501\,25\text{ GHz}$ 且 $\theta_2=0.27°$ 的 +1 阶主反射波束；当时间反演后，可以得到 $f_c+2f_0=9.5025\text{ GHz}$ 的 +2 阶主反射波束，并且此时 $\theta_3=33.7°$。显然，高精度频谱分析仪可以很容易地检测到频率差，但很难测量到角度差 $\theta_3-\theta_1$。

11.3.4 可编程非线性超材料

1. 可重构非线性超材料

在 20 世纪末的微波领域中，非线性超材料的研究受到了分裂环谐振器(SRR)等强谐振结构的启发[45]，大量的非线性微波超材料得以快速发展，如应用于谐振移位器件[46-47]、吸波器[48-50]、非互易器件[40,51-52]、谐波的产生与混频器件[53-54]、自聚焦器件[55]等，但这些器件的可重构性仍然是一个长期的挑战，因而阻碍了其进一步的应用。在此背景下，基于有源的可编程结构，研究者们提出了一种新型的数字可重构非线性超表面[56]。首先，该超表面的非线性阈值可以灵活调整，且不依赖于谐振条件；其次，超表面单元的线性或非线性的工作状态可以数字切换，从而可以通过编程的方式动态调整线性和非线性单元的空间分布。通过这种方式，可编程超表面的概念被推广到非线性领域中。图 11-14(a)给出了一个具体实例，描述了与入射波功率相关的波束偏转。

这里所提出的超表面是由图 11-14(a)所示的有源非线性单元组成的。它是一个三层 PCB 结构，包括顶部的金属贴片和变容二极管、中间层的反射地板和底层的电路。两个金属通孔将顶部贴片和底部电路连接起来。在非线性模式下，电路感知入射波的功率强度，并产生一个直流电信号返回到顶部的变容二极管。由于变容二极管的电容决定了单元的性能，因此它可以随着入射波强度的改变而改变。图 11-14(b)给出了该单元的非线性相位响应，这意味着当超表面上的入射功率密度增强时，单元的反射相位从 56° 降低到 -125°。由于该方案采用了有源工作的机制，它可以通过对电路的使能引脚施加数字信号来动态控制单元的非线性：当编码为"1"时，单元工作在与功率相关的非线性模式；当编码为"0"时，非线性消失，反射相位保持不变。这样，超表面上的非线性与线性单元的空间分布可以被重新排列，以实现对波的多种调控。

假设一个超表面由 16×16 个单元组成，其中 2×2 个单元被当成一个超单元。选择三种常用的编码序列：序列 1(沿 y 轴为"00110011")、序列 2(沿 y 轴为"01010101")、序列 3(沿 x 轴和 y 轴为"00110011")，如图 11-14(c)所示。基于图 11-14(b)中的非线性的相位数据，再利用式(11-1)计算得到如图 11-14(c)所示的远场散射方向图。按从上往下的顺序观察三种不同编码序列在 5.20 GHz 处的归一化远场散射方向图,当功率密度从 39 dBm/m² 下降到 27 dBm/m²,异常偏转波束逐渐减少,而法向反射随着入射功率的降低而增加,这是因为线性和非线性单元之间的相位差减小。最后,当功率密度最低时,法向反射成为主导,三种序列得到了相似的散射波束(见图 11 - 14(c)最后一行)。该设计表明,通过改变数字序列,可以实现散射波束随入射功率调控的目的。

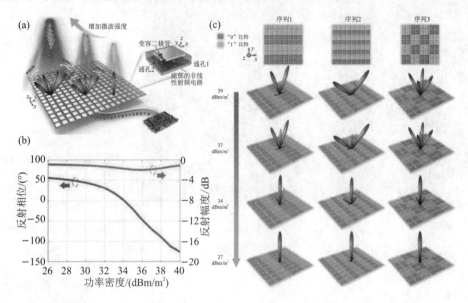

图 11 - 14　数字可重构非线性超表面
(a)概念示意图;(b)超表面单元的相位响应随功率密度变化的特性;
(c)三种不同编码序列的归一化远场散射方向图

2. 数字非线性超材料的非互易性

正常情况下,超材料遵循时间反演对称性,这意味着它的输入和输出是互易的。前面我们讨论了由空时编码超表面实现的非互易性,它可以被归类为时变类型。除了时变和时不变方法外,非线性超材料也可以实现非互易性[29]。传统方法中,非线性超表面的非互易性依赖于法诺谐振,即谐振条件下超表面非对称,在某个固定的工作频率下,前向和后向入射波的传输系数不同。但这种非互易性存在一些局限性,例如带宽窄、阈值固定和存在滞后效应等。这里,基于可编程超材料的概念,发展了一种数字非互易的解决方案来克服上述局限性,并且它的传输特性是基于数字化定义的,可以根据不同的需求灵活定制。

这里的非线性超表面的非互易性基于一种"模拟-数字-模拟"的工作机制,该机制是由集成了两个电磁探测器和一个数字控制模块的可调透射超表面来实现的,其数字控制模块包括一块 FPGA 和两个模拟-数字-模拟(ADA)模块。透射超表面的单元如图 11 - 15(c)所示,该单元由 4 个金属层组成,最上层沿 x 轴放置了一个变容二极管。如图 11 - 15(d)所示,通过改变变容二极管两端的反向偏置电压可调节单元的透射系数。电磁探测器由接收天线和检波电路组成,如图 11 - 15(e)所示。为了捕获来自前向和后向的入射波,两个探测器背对放置。数字控制模块如图 11 - 15(f)所示。

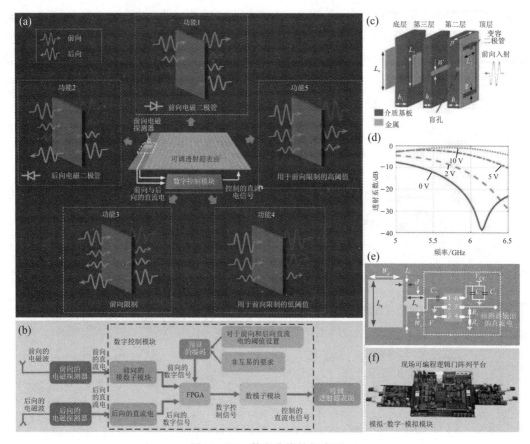

图 11-15　数字非线性超表面

（a）非线性超表面可实现的五个非互易功能；（b）非线性超表面的数字化非互易过程；
（c）可调的透射超表面单元的 3D 视图；（d）单元的透射系数随变容二极管反向偏置电压的变化曲线；
（e）电磁探测器的电路结构；（f）数字控制模块示意图

　　非线性超表面的非互易性的实现过程可依次分为几个有源和数字的过程，如图 11-15（b）所示。超表面上的两个探测器分别捕获前向和后向的电磁波，并将其强度传递到 AD 子模块中，由 AD 子模块将其转换为数字信号，该数字信号包含了电磁波的强度和方向信息。FPGA 提前加载了所需非互易功能的代码，通过读取输入的数字信号后产生相应的数字控制信号，然后通过 DA 子模块转换为模拟控制信号，在其精确的控制下，透射超表面实现了非互易特性。这种基于编码超表面实现非互易的器件称为电磁二极管，图 11-15 中展示了该器件的五种动态可切换的非互易传输函数，即电磁二极管具有方向可逆和阈值可调的功能。阈值可调功能类比于电路中使用的电子二极管，它允许高于一定阈值的电磁波单向传播，或者低于一定阈值的电磁波传播。上述这些功能难以集成到一个传统的设备中，但它们可以很容易地集成到超表面上。该方法不仅可以调节阈值，而且还可以设置传播方向，为电磁波调控提供了一种更加灵活的解决方案。

11.3.5　新的无线通信系统

　　在现代无线通信系统中，信息传输和信道编码是通过基带的数字调制的方式加以实现的。众所周知，数字调制技术包括幅移键控(ASK)、频移键控(FSK)和相移键控(PSK)，它们分别将数字基带信号调制到载波的振幅、频率和相位，如图 11-16(a)所示。由于数字信号的频率相对于载波频率来说太低，所以会先通过数模转换器(DAC)将其转换为模拟信号，再通过混频器调制为高频载波。高频信号在被天线辐射之前，会通过功率放大器放大，图 11-16(b)简要地描述了这一过程。本节将介绍几种基于可编程超表面的新型无线通信系统，即直接数字调制(DDM)、二进制频移键控(BFSK)和正交相移键控(QPSK)。与传统系统中所需的器件不同，这些新的通信系统只包含 FPGA 和可编程超材料，因此，大大降低了硬件成本，且可以减少信息的失真。

1. 直接的数字调制

与 ASK、FSK 或 PSK 不同，Cui 等人提出通过超表面产生的远场方向图直接对数字信息进行调制[57]。如图 11-16(a)所示的 DDM 方式，垂直的单波束编码为"0"，分裂的双波束编码为"1"。如果远场中的接收器识别这两种方向图，则可以根据方向图与超表面的数字编码序列之间的映射关系来恢复出传输的数字信号。为了在接收终端处获得正确的信息，可放置多个接收器，以便识别远场方向图的轮廓。一个或者多个关键的接收器所接收到的信号的丢失都会造成信息恢复失败，因此，DDM 系统本质上是一个保密通信系统。相反，对于传统的无线通信系统而言，位于发射器信号覆盖区域内的任意接收器都可以用来恢复信号，因此需要特定的技术来进行信息的加密。

这里我们定义两个概念，即信息编码和硬件编码。发送的二进制代码称为"信息编码"，用于调控超表面生成特定远场方向图的数字序列称为"硬件编码"。例如，数字基带信号 0 或 1 是信息编码，对应的单波束和双波束的编码序列"00000"和"01010"是硬件编码。虽然使用单波束或双波束的编码策略是直接的，但它是一种传输速率非常低的 1-比特信息编码。在另一端，接收器的密集分布可以更好地获取远场方向图特性，但同时也会产生更高的费用和更复杂的算法。此外，传输比特数受到背景噪声的影响。因此，为了在有限的系统复杂度下获得更高的传输速率和鲁棒性，文献[57]中提出了一种信道估计算法和优化算法，以增加可用数字比特的数量。

如图 11-16(c)~(f)所示，构建的 DDM 通信系统原型包括了发射部分和接收部分，发射部分由可编程超表面和控制单元组成，接收部分包括处理单元和天线。可编程超表面包含了 35×35 个单元，通过调整每个单元中 PIN 二极管的偏置电压，在 10.15 GHz 处实现了约 180°的反射相位，并且反射幅度大于 0.98。超表面单元被分为 7 个控制列(每 5 列超表面单元形成了一个控制列)，因此超表面可以产生总共 $2^6=64$ 个不同的散射方向图。散射的电磁能量由两个接收天线接收，并通过处理后转换为数字信号，最后由集成在 MCU 中的信道估计算法和优化算法来恢复出原始的数字信息。如图 11-16(g)和(h)所示，该系统成功地传输和恢复了图像，平均传输速率为 124 B/s。需要强调的是，实验中仅使用了一维的可编程超表面，即超表面中的单元是按列调控的，如果使用二维可编程超表面，每个单元都是可控的，则传输速率可进一步提高。

图 11-16 无线通信系统及数字调制

(a) ASK、FSK、PSK 以及基于辐射方向图调制的 DDM；(b) 传统无线通信系统的示意图；
(c) DDM 系统中的可重构编程超表面样机；(d) DDM 系统中的发射控制单元；(e) DDM
系统中的接收处理单元；(f) DDM 系统中的接收天线；(g)被传输的原始图像；(b) 2-比特
传输模式下的接收图像

2. 二进制频移键控

从 11.3.2 节可知，通过一个具有相反编码序列（00-01-10-11 和 11-10-01-00）的可编程超表面，可以有效地将入射波的中心频率转换为 $+1$ 阶和 -1 阶的谐波。这些谐波可以作为两个不同的频率来设计 BFSK 通信系统[37]。系统示意图如图 11-17(a) 所示，它由 FPGA 和超表面两个部分组成。首先，FPGA 根据待发送的信息生成比特流，例如 01011101，这个比特流在 DDM 调制中称为信息编码。其次，为了将每一个比特位映射到 BFSK 中相应的谐波频率上，需要合理设置可编程超表面的编码序列，也就是 DDM 调制中的硬件编码。最后，包含了信息的电磁波由超表面向外辐射。

为验证该思想，我们在暗室环境下开展了 BFSK 传输实验。如图 11-17(b) 所示，首先信号源产生 3.6 GHz 的载波信号，并通过超表面对信号进行调制；随后，伴随着时间调制产生的 ± 1 阶谐波（$f_c \pm 312.5$ kHz）被接收天线接收，并通过软定义无线电（SDR）平台 USRP-2943R 对 BFSK 信号进行解调。这里给出一个通信实例，将一张彩色图像进行信号调制并由 SDR 接收器接收且恢复。图 11-17(c) 和 (d) 分别为接收角度 $\alpha = 0°$ 和 $\alpha = 30°$ 时恢复的图像。图 11-17(e) 和 (f) 给出了系统存在干扰信号时的传输特性，这里干扰信号的频率为 $f_c + 550$ kHz。实测结果表明，该系统能够稳定传输信号，其传输速率可达 312.5 kb/s。

3. 正交相移键控

为了提高通信速率，文献[58]中提出了一种基于可编程超表面的 QPSK 方案。与 BFSK 不同的是，在相位调制中，比特流的每一个比特都直接由超表面的相位状态表征，而不需要周期性调控单元。例如，BFSK 中需一个编码序列"1110010011100100"表示"0"比特，如图 11-11(g) 所示；而同样的一串序列编码在 QPSK 调制中可包含 16 个信号比特。换句话说，硬件编码和信息编码是完全相同的，这就实现了更高的调制效率，从而达到更高的传输速率。

为了验证这一概念，这里设计了一个可重构编码超表面的原型，如图 11-18 所示。它由 8×16 个加载了变容二极管的超表面单元组成，通过改变变容二极管的偏置电压，可以实现对超表面相位状态的调整。测量结果如图 11-18(a) 所示，当偏置电压从 0 到 21 V 变化时，在 4 GHz 处的相位范围达到 255°，反射幅度大于 0.56，这对于 QPSK 系统来说已经足够了。考虑损耗和调制需求，选择了四组用于 QPSK 调制的反射幅度和相位，如表 11-1 所示。此外，图 11-18(b) 为 QPSK 系统使用的 2-比特星座图，图中散点分别代表了二进制数字 00、01、10、11 的星座点。随着偏置电压的增加，相位沿轨迹变化，其中同相分量和正交分量分别表示该点的反射系数的实部和虚部。也就是说，一个点的反射幅度用它到原点的距离来表示，反射相位用辐角来表示。由图可以看出，虽然各个星座点的幅度并不完全相等，但可以通过一些成熟的信号处理算法对信息进行有效恢复。

QPSK 传输系统的架构如图 11-18(c) 所示，接收终端采用的是 USRP-2943，各种不同比特速率的随机二进制比特流被系统的发射端发射，并在接收端接收且恢复出来。该系统最终通过实时视频传输对其进行原理验证和演示，从图 11-18(d) 中可以看到，发射终端和接收终端分别位于工作台的左右两侧，距离为 2.5 m。通过 QPSK 调制，该系统成功地传输了分辨率为 480p（640×480）的视频，并由接收终端实时恢复，传输速率可达 1638.4 kb/s。需要强调的是，通过优化该超表面单元的偏置电压波形和超表面单元的相位曲线，该传输速率有望进一步提高。

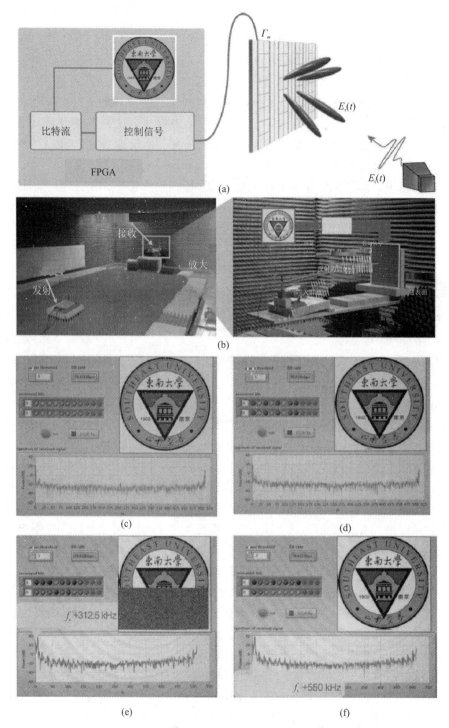

图 11-17 基于可编程超表面的 BFSK 无线发射系统

（a）终端示意图；（b）BFSK 无线通信系统的测试场景；（c）接收角 $\alpha=0°$ 时系统接收图像；
（d）接收角 $\alpha=30°$ 时 BFSK 系统的接收图像；（e）BFSK 系统在 $f_c+312.5$ kHz 干扰信号存在
时的接收稳定性测试；（f）BFSK 系统在 f_c+550 kHz 干扰信号存在时的接收稳定性测试

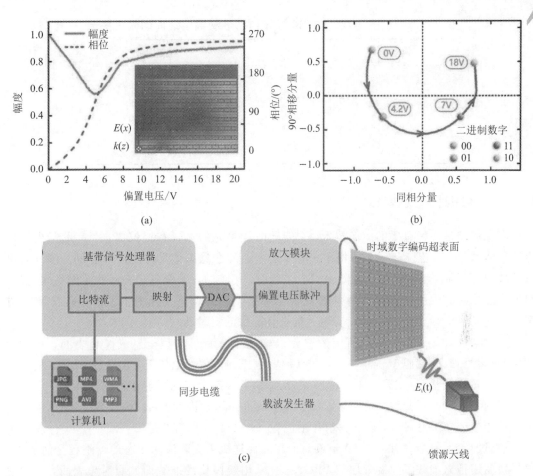

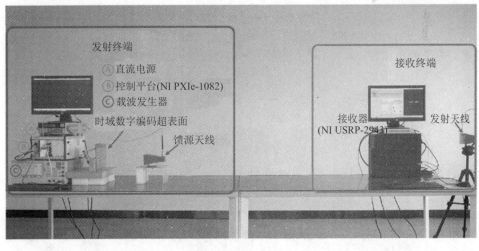

图 11-18　基于可编程超表面的 QPSK 传输系统

（a）用于 QPSK 调制的超表面及其测量的反射特性曲线；（b）QPSK 调制的星座图；

（c）示意图；（d）基于超表面的无线通信系统测试场景

表 11 - 1　偏置电压、QPSK 符号和二进制数字之间的映射关系

偏置电压	QPSK 符号	二进制数
0 V	$1e^{-j221.4°}$	00
4.2 V	$0.66e^{-j151.2°}$	01
7 V	$0.64e^{-j28.8°}$	11
18 V	$0.89e^{-j32.4°}$	10

11.3.6　可编程全息成像

全息成像是一种重要的成像技术，它能同时记录光的振幅和相位信息，有助于更好地重建物体的像。与传统全息图像相比，基于超表面的全息图像具有更高的空间分辨率、更低的噪声、更高的精度和更高的效率[59-60]。然而，传统的无源全息超表面的性能是固定的，只能生成非常有限的图像。可编程超表面的兴起为微波全息成像提供了可重构的解决方案[61]，这意味着单个超表面可以实现大量全息图像的实时动态切换。

这里采用如图 11 - 19(a)所示的单元以构建 1-比特可编程全息成像超表面，与前面 PIN 二级管加载的编码超表面一样，在高偏置电压和低偏置电压下，加载的 PIN 二极管分别工作在开和关状态。在 7.8 GHz 处，单元的两个状态之间的反射相位差接近 180°，因此可将两种条件下的单元编码为"1"或"0"状态。通过采用改进的 Gerchberg-Saxton 算法对超表面的相位分布进行设计，以获得物体的图像。

这里加工了一个含有 20×20 个单元的超表面样机来实验演示动态的可编程全息成像。该样机使用预先加载了控制程序的 FPGA，并采用线极化的准平面波照射超表面，最后通过标准波导探头(分辨率为 5 mm×5 mm)在近场成像区域进行扫描。图 11 - 19(b)给出了实测的成像字母"LOVE PKU! SEU! NUS!"，这与仿真结果非常吻合。为了获得较好的成像效果，成像的距离设为 400 mm。此外，利用数字超表面的可重构性，便可以实现对全息

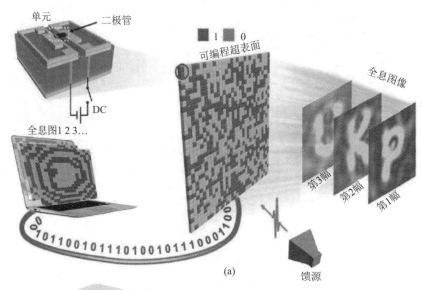

(a)

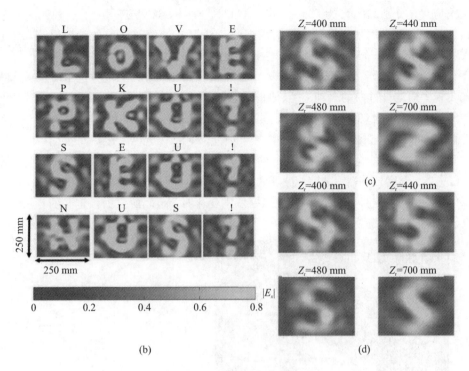

图 11 - 19　可编程全息超表面

（a）概念图；（b）测试的全息成像"LOVE PKU! SEU! NUS!"；（c）字母"S"在自适应
编程前不同观测距离上的像；（d）字母"S"在自适应编程后不同观测距离上的像

图像的多次自适应编程，使得距离在 400～700 mm 之间都有不错的成像效果，且工作频带
也能进一步展宽。图 11 - 19(c)和(d)为自适应编程前后不同观测距离下的全息图像。

11.4　智能超材料

11.4.1　自适应智能超表面

前面提到的数字可编程超材料，它们的功能都是基于人为的指令和预先编码来实现
的。智能超材料可以主动感知周围的环境，并根据预先设计的算法对特定的场景作出反应，
不再需要人为的指令来控制[62]。在此过程中，需要一个机制来进行决策和调控（传感器-反
馈-调节）。这通常由传感器、微控制单元（MCU）和 FPGA 来实现。

这里以一种机载智能超表面与卫星通信的场景为例进行介绍。如图 11 - 20(a)所示，当
飞机的姿态和飞行方向发生变化时，这种超表面可以自适应地调节辐射波束以对准卫星。
为了实现这种智能的工作模式，图中使用了陀螺仪来监测超表面的运动姿态，并将 3 轴坐
标上的角度数据返回给 MCU。在 MCU 的控制下，FPGA 自动计算出编码序列并用于在所
需的方向上实现波束聚焦。该概念由 2-比特可编程超表面进行验证，其单元如图 11 - 20
(b)所示，在每个单元上集成两个 PIN 二极管（SMP1320，SKYWORKS），以获得四种不同

的相位响应，并分别编码为"00""01""10"和"11"。此外，这里还采用了一种基于传感器数据的快速反馈算法，用来根据传感器的数据快速获取任意偏转波束的编码序列，然后通过FPGA 在 PIN 二极管阵列上进行偏置电压的调控。

图 11 - 20(c)演示了多种不同的波束，无论超表面沿俯仰角(φ)或方位角(θ)如何旋转，主波束都实现了向北极方向的自动跟随(即指向卫星方向)。此外，通过快速算法的调制，实现了如图 11 - 20(d)所示的双波束动态转向。当超表面从 0°旋转到 60°时，其中一个波束始终指向北极，而另一个波束随着超表面旋转进行波束扫描，使得两波束夹角从 27°变为 87°。

这里所提出的智能超表面有望集成更多的传感器(见图 11 - 20(e))，其中包括陀螺仪传感器、光传感器、湿度传感器、高度传感器和热传感器等，以开发出更多维度的传感功能。以图 11 - 20(f)所示的光传感器为例，当环境亮度发生变化时，超表面根据预定义的算法将散射方向图从双波束转换为低散射模式。

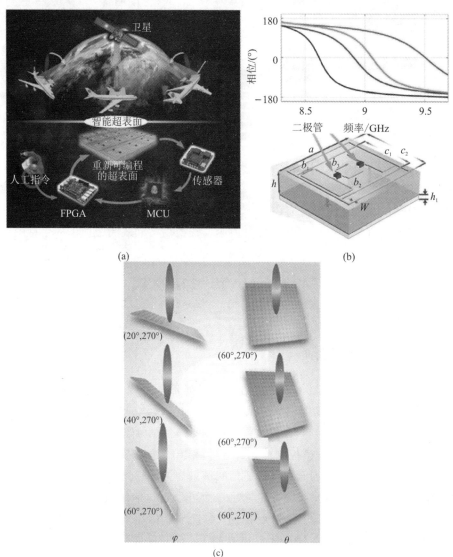

(a)

(b)

(c)

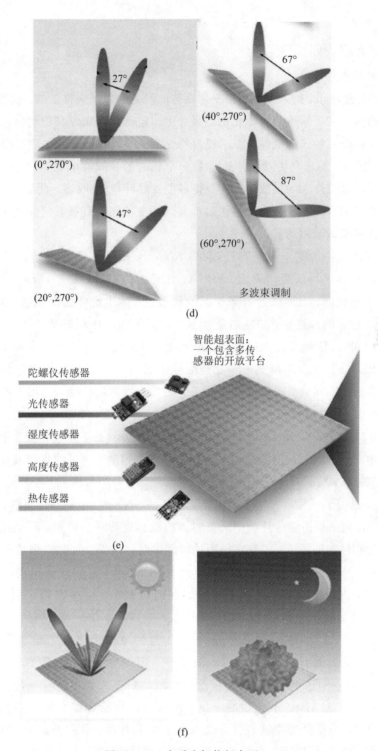

(d)

(e)

(f)

图 11-20　自适应智能超表面

(a) 概念图及智能超表面的工作流程示意图；(b) 2-比特智能超表面单元及其相位响应；
(c) 单波束沿北极方向的自动跟随；(f) 一波束始终指向北极，另一波束随超表面旋转；
(d) 集成了不同传感器的智能超表面；(f) 不同环境照射下的双波束散射和低 RCS 散射

11.4.2 智能超表面

物联网、智慧城市、智慧家庭，主要是靠智能设备的发展来推动的。机器学习技术的进步也推动了超材料从可编程到智能化的发展，比如超材料在成像和识别领域的应用[63]。射频技术作为一种非接触式的成像方法，已经在定位跟踪、手势识别、呼吸监测等方面产生了重要影响，然而，重建全场景图像通常是一个耗时的非线性电磁逆问题，因此射频在实时成像方面仍面临着巨大的挑战，并且需要多个发射器和/接收器。此外，目前大多数设备的功能都是固定的[64-68]，这意味着它们很难实现任务的实时切换，例如从整个人体的场景切换到对人体局部区域的场景。

Li 等人提出了一种基于人工神经网络（ANN）驱动的智能超表面成像器和识别器系统[63]。该系统包含了可编程超表面、FPGA、ANN（如图 11-21(a)所示）。它能够实现人体全身高分辨率成像、人体任意局部位置的聚焦、人体生命体征识别这三种不同的功能，并可实现不同功能的自适应、快速智能切换。该系统的工作频率是 2.4 GHz。也就是说，可以利用商用 WiFi 信号实现上述功能。事实上，该系统既可以工作在有源模式下也可以工作在无源模式下。在有源模式下，射频信号由天线 1 发射到被探测区域，后被目标反射回来，并由天线 2 接收；而在无源模式下，两根天线都用作接收，用于收集目标反射的环境 WiFi 信号。反射型可编程超表面包含 32×24 个单元，每个单元包含了一个 PIN 二极管（SMP1345-079LF），图 11-21(b)给出了在开和关状态下单元的反射特性，从中可以明显看出两个状态下的相位差约为 $180°$。在 FPGA 的控制下，可编程超表面可以根据需要动态地调控波束模式。

Li 等人还使用了一种包含三个卷积神经网络（CNN）的一个神经网络簇，用于实时数据处理，从而使识别结果能够与环境中采集的微波数据进行一一映射。所采用的人工神经网络经过大量标记样本的训练，能够在很短的时间内获得结果。数据流和控制流的三个模块示意图如图 11-21(c)所示，第一个 CNN 是 IM-CNN-1，它对智能超表面采集到的微波数据进行处理，进而重建整个人体的图像。在此过程中，可编程超表面由 FPGA 控制，并作为一个空间电磁调制器，以压缩感知的方式采集样本的信息。利用 8×10^4 对的标记样本对 IM-CNN-1 进行训练，使其可在 0.01 s 内快速地重建出一幅高分辨率的人体图像。此外，采用著名的 Fast R-CNN[69]方法在整个图像中寻找感兴趣的区域，并采用改进的 Gerchberg-Saxton（G-S）算法将可编程超表面的散射模式集中在感兴趣的区域上，并读取目标点。这种方法消除了不必要的干扰，使得回波信噪比提高了 20 dB。第二个 CNN 称为 IM-CNN-2，用于处理微波数据，以识别手势和呼吸。该过程采用了 80 000 个手势样本对 IM-CNN-2 进行训练，使得平均识别准确率达到 95%。即使在 5 cm 厚的木墙背面做手势，该系统的手势识别性能也基本保持稳定。

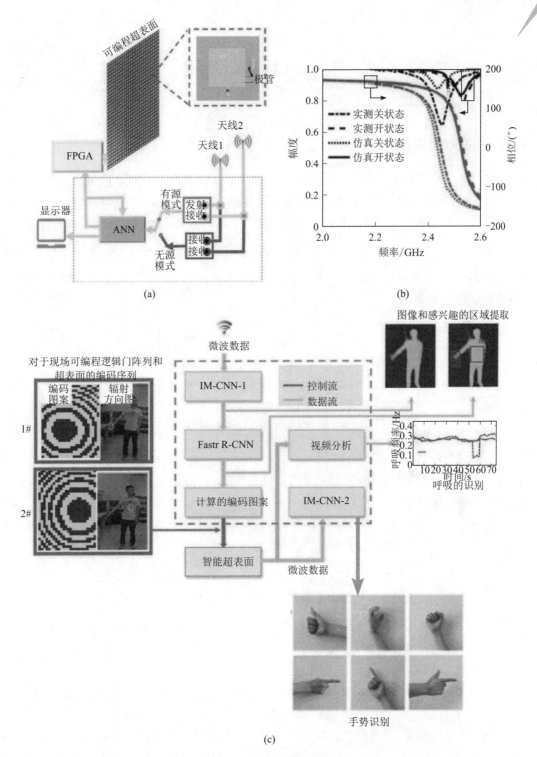

图 11-21 智能超表面系统

（a）智能超表面系统的基本架构；

（b）超表面单元的反射幅度响应和相位响应；

（c）利用深度学习 CNN 聚类处理微波数据的流程

11.5 运 算 定 理

11.5.1 编码超表面上的卷积操作

众所周知，利用傅里叶变换，一个时域的信号可以分解为一些频域信号的叠加，换句话说，时域和频域通过傅里叶变换联系起来。同样地，在编码超表面中，可以将编码模式和散射方向图联系起来[8]。这就意味着给定编码模式，编码超表面的散射特性可以表征为

$$\vec{E}(\theta, \varphi) = jk(\hat{\theta} \cos\varphi - \hat{\varphi} \sin\varphi \cos\theta) P(u, v) \tag{11-50}$$

其中：$\vec{E}(\theta, \varphi)$ 是远场区的散射电场；$P(u, v)$ 是在编码超表面上的切向电场 $E(x, y)$ 的二维傅里叶变换，即

$$P(u, v) = \int_{-\frac{Np}{2}}^{\frac{Np}{2}} \int_{-\frac{Np}{2}}^{\frac{Np}{2}} E(x, y) e^{jk_0(ux+vy)} dx dy \tag{11-51}$$

对比式(11-50)和式(11-51)可以发现，傅里叶变换可以应用于编码超表面的设计，对应的卷积运算可以将预先设计的散射波束辐射到新的方向上。

在信号处理领域，时域信号 $f(t)$ 乘以时移因子 $e^{j\omega_0 t}$，对应于频域信号 $f(\omega)$ 与 Dirac-delta 函数 $\delta(\omega - \omega_0)$ 的卷积，即

$$f(t) \cdot e^{j\omega_0 t} \overset{\text{FFT}}{\Longleftrightarrow} f(\omega) * \delta(\omega - \omega_0) = f(\omega - \omega_0) \tag{11-52}$$

这意味着，通过频域卷积，时域信号对应的频率分量在没有失真的情况下平移了 ω_0。对应到编码超表面中，编码超表面上的电场分布和远区的散射方向图是一对傅里叶变换对，因此可以分别用 x_λ 和 $\sin\theta_0$ 替换 t 和 ω_0，得到

$$E(x_\lambda) \cdot e^{jx_\lambda \sin\theta_0} \overset{\text{FFT}}{\Longleftrightarrow} E(\sin\theta) * \delta(\sin\theta - \sin\theta_0) = E(\sin\theta - \sin\theta_0) \tag{11-53}$$

式中：$x_\lambda = x/\lambda$ 为电长度；θ 为散射波束与法线方向的夹角；$E(\sin\theta)$ 是编码序列 $E(x_\lambda)$ 的散射模式；$e^{jx_\lambda \sin\theta_0}$ 描述了沿某一方向散射的相位梯度，其散射方向图为带有偏转角 θ_0 的笔形波束。式(11-53)可以解释为，编码序列 $E(x_\lambda)$ 与相位梯度 $e^{jx_\lambda \sin\theta_0}$ 相乘，使得 $E(\sin\theta)$ 在角坐标上偏离原方向并朝向 θ_0。

在实际应用中，两个编码序列相乘是通过在对应位置的二进制数相加来实现的。例如，两个 2-比特序列 S1(00112233001122330011 2233…) 和 S2(33322211100033322211 1000…) 相卷积得到 S3(33030000101111212222 3233…)。为了验证该卷积操作的有效性，这里采用了两组 2-比特编码序列在超表面上进行乘法运算，它们的编码模式如图 11-22(a) 和 (b) 所示，四个不同的亮度从暗到亮分别代表"0""1""2""3"四位数字，分别描述了构成超表面的单元的反射相位为 0°、90°、180°、270°。第一种编码序列是中心为编码单元"2"、周围为编码单元"0"的十字形编码；第二种编码序列是一个梯度编码序列"01230123…"，它们的散射

方向图分别如图 11 - 22(d)和(e)所示。两组序列相乘得到了编码序列和对应的散射方向图，如图 11 - 22(c)和(f)所示。从图中观察到，第一个十字形的编码序列的初始波束沿着法线方向，当与第二个梯度编码序列相乘后，波束方向发生了偏转。图 11 - 22(g)至(i)类比了在频域中的卷积过程，可以看到，初始峰位于零频附近，这与初始散射方向图类似(见图 11 - 22(d))。理想狄拉克函数 $\delta(\omega - \omega_0)$ 将频谱移到更高的频率，这等效于散射方向图中笔形波束发生偏转。

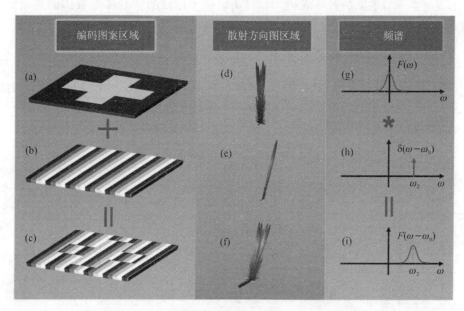

图 11 - 22　散射方向图偏转原理类比傅里叶变换

11.5.2　编码超表面的加法定理

因编码超表面具有波束调控的能力，通过直接设计的编码序列，可以很容易地实现一些简单的散射现象，例如笔形波束的偏转。然而，对于如图 11 - 22(f)所示的复杂散射模式，设计所需的编码序列则是一个挑战。为了降低设计的复杂性，一个可行的方法就是将目标分解为两个或两个以上的步骤来完成。例如，我们可以先将散射方向图指向法线方向(见图 11 - 22(d))，然后将其编码序列与梯度编码序列进行卷积运算，使波束偏向到预定角度。此外，在坐标平面上产生两个对称的分裂散射波束很容易，但单独调控其中一个波束却是一个难题。为了解决这个问题，可以先独立设计两个波束，然后把它们的编码序列叠加在一起。受此启发，Wu 等人提出了编码超表面的加法定理[9]。

在引入加法定理之前，首先介绍复数编码的定义。传统的编码超材料通常基于单元的相位响应进行编码，即相位为 0°和 180°在 1-比特情况下分别被编码为 0 和 1；0°、90°、180°、270°在 2-bit 情况下分别编码为 00、01、10、11。加法定理则采用单元的相位因子 $e^{j\varphi}$ 来定义数字态，因此，这里提出用复数平面来表示复数编码。复数编码的模是 1，它位于一个单位圆上，这个单位圆称为编码圆。任意的复数编码都可以用编码圆上的单位矢量表示，辐角 φ 是复数编码的绝对相位。1-比特、2-比特、3-比特的编码圆、复数编码及其辐角如图

11-23(a)所示。

根据上述定义,将两个复数编码的加法运算定义为

$$e^{j\varphi_1} + e^{j\varphi_2} = e^{j\varphi_0} \qquad (11-54)$$

式(11-54)表示两个复数编码(辐角分别为 φ_1 和 φ_2)相加得到一个辐角为 φ_0 的复数编码。利用矢量叠加原理进行加法操作的过程中,编码圆起到了重要的作用。这里的复数编码采用数字上方的点来与前文的数字编码加以区分,即 1-比特的 0 和 1 复数编码表示为 $\dot{0}_1$ 和 $\dot{1}_1$,2-比特的复数编码表示为 $\dot{0}_2$、$\dot{1}_2$、$\dot{2}_2$ 和 $\dot{3}_2$,其下标表示比特数。图 11-23(b)中给出了两个示例,表明两个 2-比特复数编码 $\dot{0}_2 + \dot{1}_2$ 会产生 3-比特复数编码 $\dot{1}_3$,$\dot{0}_2 + \dot{3}_2$ 会产生 $\dot{7}_3$。很明显,任何高比特复数编码都可以由低比特复数编码通过加法运算实现。加法运算的物理意义可以从微观和宏观两个角度来解释:在超表面单元层面上,它意味着两个复数编码的信息相加;在超表面阵列层面上,它意味着两种编码模式及其功能的叠加。

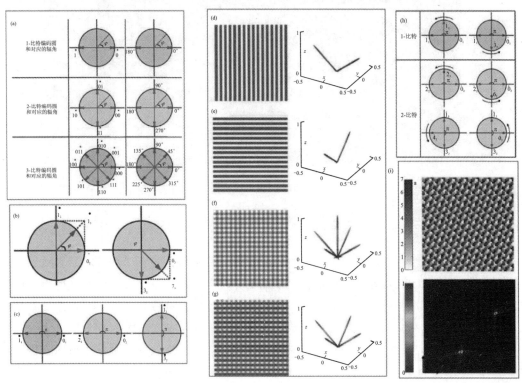

图 11-23 超表面加法定理

(a) 1-比特、2-比特、3-比特复数编码及其在编码圆中的辐角;(b) 2-比特复数编码的两种典型加法过程,$\dot{0}_2 + \dot{1}_2 = \dot{1}_3$ 和 $\dot{0}_2 + \dot{3}_2 = \dot{7}_3$;(c) 1-比特和 2-比特加法运算中"编码加法的不确定性"的三种情况;(d) P_x 的散射方向图;(e) P_y 的散射方向图;(f) 异常反射波束;(g) 对编码加法的不确定性进行定义后,得到的正确结果;(h) 对于 1-比特和 2-比特复数编码,编码加法的不确定性定义的运算规则;(i) 采用加法和卷积运算相结合的方法,可以设计出传统方法难以实现的双散射波束

如图 11-23(c)所示,加法运算中会出现一种特殊的情况:对于两个相位差为 180°的复数编码,它们在编码圆上就会沿着相反的方向,根据平行四边形法则,其相加后为零。这

种情况称为"编码加法的不确定性"，与之对应的编码单元称为"不确定的编码单元"。这种不确定性会导致叠加运算过程中信息损失。如图 11-23(d)到(f)所示，两个复数编码序列 00110011…分别在 x 和 y 方向上排列，分别称之为 P_x 和 P_y。P_x 和 P_y 的散射方向图分别在 xoz 和 yoz 平面上分裂成两个笔形波束，因此通过加法定理将两个序列叠加就会导致这些波束的叠加。然而，由于编码加法的不确定性导致 $\dot{1}_1+\dot{0}_1=\dot{0}_1+\dot{1}_1=\dot{1}_2$ 的出现，图 11-23(f)中在 $\theta=0°$ 处观察到一个不应该出现的反射波束，这是因为在加法运算中无法判断 $\dot{1}_1+\dot{0}_1=\dot{3}_2$。虽然不确定的编码单元的出现概率会随着编码位的增加而降低，但由于最常用的超表面是 1-比特、2-比特和 3-比特，因此需要定义一些规则来解决这个问题。当两个相位差为 180° 的复数编码相加时，应考虑其顺序。图 11-23(h)中给出了 1-比特和 2-比特中解决"编码加法的不确定性"的规则，即 $\dot{0}_1+\dot{1}_1=\dot{1}_2$，$\dot{1}_1+\dot{0}_1=\dot{3}_2$，$\dot{0}_2+\dot{2}_2=\dot{2}_3$，$\dot{2}_2+\dot{0}_2=\dot{6}_3$ 等。在此规则下，就可以得到如图 11-23(g)所示的预期结果。需要强调的是，由于两个波束分别来自两种不同的编码序列，因此它们可以被灵活独立调控。

此外，加法和卷积运算的结合可以产生更复杂的散射波束。这里考虑两个散射波束，第一个是沿 y 方向的序列 S1(012301230123…) 与沿 x 方向的序列 S2(0011223300112233…) 的卷积运算结果；第二个是沿 y 方向的序列 S3(333222111000333222111000…) 与沿 x 方向的序列 S4(312031203120…) 的卷积结果。将卷积后的序列进行加法运算，得到图 11-23(i)中所示的编码超表面和散射模式。这些对编码序列的数字操作，充分展示了编码超材料在电磁波调控中的优势。

11.6　信　息　论

11.6.1　信息超材料的熵

编码超材料产生的远场辐射方向图是由其编码序列所决定的，这就表明远场辐射方向图中包含了编码序列的信息。如果远场的辐射方向图在某一距离上可以被很好地获取，则所蕴含的数字信息就可以完整地被恢复出来，这就是无线通信的思路。正如 11.5.3 节所述，超材料已经被用作一种新的无线通信系统的发射设备。但是，从信息论的角度上看，一个编码超材料能携带多少信息呢？

在通信系统中，信息通过信道调制后由发射器向外辐射，然后被接收器接收，这样一个系统中的信息容量可以用香农熵来估计[70]。同样，对于编码超材料的信息系统而言，也可以采用类似于香农熵的概念来定量分析各种编码模式所携带的信息[10]，如图 11-24(a)所示。这里我们采用几何熵和物理熵的概念分别描述超材料的编码序列信息和远场散射方向图，并用归一化的香农熵来描述几何信息，即编码序列信息，其定义为

$$H_1=-N^{-1}\sum_x P(x)\mathrm{lb}P(x) \tag{11-55}$$

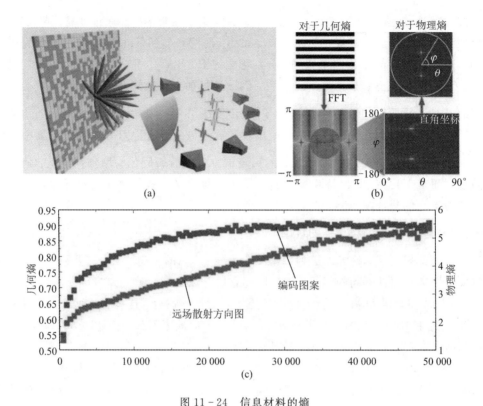

图 11-24　信息材料的熵

(a) 反射型编码超材料的信息系统；(b) 从超材料的编码序列中获得物理熵的过程；

(c) 几何熵和物理熵的变化

其中，N 为编码单元数量，$P(x)$ 为对应的概率，$x \in \{0,1\}^N$。从式(11-55)中可以看出，当在编码单元上的数字态 0 和 1 分别以 50% 的概率出现时，归一化的香农熵 H_1 达到最大值。通常超材料上的单元是通过编码方式排布的，因此相邻的超材料单元并不独立。为了简单起见，采用各向异性的马尔可夫随机场（Markov Random Field）来建模。对于一对序号为 i 和 j 的单元，香农熵可写为

$$H_1 = -\sum_{i=1}^{2}\sum_{j=1}^{2} P_{ij} \mathrm{lb} P_{ij} \qquad (11-56)$$

这里 P_{ij} 表示两个相邻编码单元的组合 $G(i,j)$ 的联合概率。对于任意的编码单元，存在四种不同的情况组合，即 $G(0,0)$、$G(0,1)$、$G(1,0)$、$G(1,1)$。这四种情况出现的概率就决定了编码超材料的二维香农熵。此外，远场散射方向图可以通过编码序列的快速傅里叶变换（FFT）来加以计算，但是需要使用坐标变换将 FFT 产生的图像变换为二维极坐标系下远场散射方向图的图像。根据远场散射方向图的图像，一个编码超材料的物理熵能够计算为

$$H_2 = -\frac{1}{2}\sum_{i=1}^{256}\sum_{j=1}^{256} P_{ij} \mathrm{lb} P_{ij} \qquad (11-57)$$

其中 P_{ij} 表示组合 $G(i,j)$（即当前像素的灰度级 i 和相邻像素的灰度级 j）的联合概率。编码超材料的物理熵能够直接估计出远场散射方向图的图像中每个像素的平均信息量。从图 11-24(b) 中可以看到，当随机编码迭代从 0 到 49 500 变化时，编码超材料的物理熵和几何熵具有单调变化的性质。在大多数情况下，编码序列的几何熵增加时，远场散射方向图的

物理熵也会更高,此时,编码序列变得更随机。换句话说,物理熵随着几何熵的增大而增大,随着随机排布的编码序列的不断迭代,最终它们互相逼近,如图 11-24(c)所示。

11.6.2　超材料的信息理论

为了更深入地理解超表面信息与其远场散射方向图之间的关系,这里从信息论的角度对超表面进行分析[11],采用通用的口径模型来表征超表面所具有的信息和对信息的处理能力。每个超表面单元都可以看成一个具有均匀幅度和相位的小口径。利用函数 $\varphi_{ij}(r)$ 来表示一个面积为 $s = a \times b$ 的矩形超表面单元,其具体形式可写为

$$\varphi_{ij}(\vec{r}) = A_{ij} \mathrm{e}^{\mathrm{j}\theta_{ij}} \cdot \Pi\left[\frac{x - a(i-1)}{a}\right] \cdot \Pi\left[\frac{y - b(j-1)}{b}\right] \tag{11-58}$$

式中,$\Pi(t)$ 为矩形函数,A_{ij} 和 θ_{ij} 分别为单元 (i,j) 的幅度和相位响应。因此,超表面的口径函数就可以表示为

$$\varphi_A(\vec{r}) = \frac{\displaystyle\sum_{i=1}^{N_x}\sum_{j=1}^{N_y}\varphi_{ij}(\vec{r})}{\sqrt{a \cdot b \cdot \displaystyle\sum_{i=1}^{N_x}\sum_{j=1}^{N_y}A_{ij}^2}} \tag{11-59}$$

其中 N_x 和 N_y 是 x 和 y 方向上的单元数目。式(11-59)中的分母是用于对口径函数进行归一化而引入的。归一化后的口径函数的平方 $\varphi_A^2(\vec{r}) = \varphi_A^*(\vec{r}) \cdot \varphi_A(\vec{r}) = |\varphi_A(\vec{r})|^2$ 就可以看作描述超表面上电磁能量分布的概率密度函数。

这里采用玻尔兹曼-香农熵来表征超表面上的能量分布。当一个单色波入射到超表面上时,在某一位置处能量分布的概率密度函数可以表示为 $P_1(\vec{r}) = \varphi_A^2(\vec{r})$。微分熵能够用于表征超表面上能量的位置不确定性,即

$$H(\vec{r}) = H(P_1(\vec{r})) = H(\varphi_A^2(\vec{r})) = -\iint \varphi_A^2(\vec{r})\ln\varphi_A^2(\vec{r})\mathrm{d}r\mathrm{d}r \tag{11-60}$$

一旦超表面的尺寸确定了,超表面口径的微分熵就存在一个上限,即 $\ln S$,其中 S 是超表面的整个尺寸。类似于信息光学中观测信息的定义[71],超表面的信息定义为相对于最大熵的减少量,即

$$I_1 = I(\vec{r}) = -\Delta H_1(\vec{r}) = H_{\max}(\vec{r}) - H_1(\vec{r}) = \ln N_x N_y + \sum_{i=1}^{N_x}\sum_{j=1}^{N_y}c_{ij}^2\ln c_{ij}^2 \tag{11-61}$$

式中,

$$c_{ij} = \left(A_{ij}^2 / \sum_{i=1}^{N_x}\sum_{j=1}^{N_y}A_{ij}^2\right)^{\frac{1}{2}} \tag{11-62}$$

海森伯格的不确定性原理描述了两个不可交换的可观测量 α 和 β 间存在的不确定性。基于微分熵,这种不确定性可表示为[72]

$$\Delta\alpha + \Delta\beta \geqslant n(1 + \ln\pi) \tag{11-63}$$

其中,$\Delta T = \iint P(\vec{\tau})\ln P(\vec{\tau})\mathrm{d}\tau\mathrm{d}\tau$,$P(\vec{\tau})$ 是随机变量 T(T 为 α 或 β)的概率密度函数,ΔT 是 T 在 n 维空间中的微分熵。

波矢量空间(k-空间)中的远区电场 $E(\vec{k})$ 是超表面上电场分布 $\varphi_A(\vec{r})$ 的傅里叶变换，因此，$\vec{r}$ 和 $\vec{k}$ 可以看成两个可观测量，它们满足交换规则 $[\hat{r}_m, \hat{k}_n] = \mathrm{j}\delta_{mn}(m, n = 1, 2)$，其中 $\hat{r}_m$ 和 $\hat{k}_n$ 是对应的算子。因此，k-空间中远场能量密度函数的微分熵可以表示为

$$H(\vec{k}) = H(P_2(\vec{k})) = H(f(\vec{k})) = -\iint f(\vec{k}) \ln f(\vec{k}) \,\mathrm{d}k\,\mathrm{d}k \qquad (11-64)$$

式中 $f(\vec{k}) = \alpha E^2(\vec{k})$ 为归一化的远场能量密度分布函数，α 为用于函数归一化的常数。另外，根据不等式(11 – 63)，$H(\vec{k})$ 受下述的不确定关系约束：

$$H(\vec{k}) = H(f(\vec{k})) \geqslant \ln(\pi e)^2 - H(\vec{r}) = \ln\frac{\pi^2 e^2}{ab} + \sum_{i=1}^{N_x}\sum_{j=1}^{N_y} c_{ij}^2 \ln c_{ij}^2 \qquad (11-65)$$

而在 k-空间中方向图的信息(I_2)可以定义为相对于最大熵的减少量，即

$$I_2 = I(\vec{k}) = H(\vec{k})_{\max} - H(\vec{k}) \leqslant \ln\frac{abk^2}{\pi e^2} - \sum_{i=1}^{N_x}\sum_{j=1}^{N_y} c_{ij}^2 \ln c_{ij}^2 \qquad (11-66)$$

至此，超表面与其远场散射方向图的信息关系可表示为

$$I_1 + I_2 = I(\vec{r}) + I(\vec{k}) \leqslant \ln\left(\frac{4\pi \cdot S}{e^2 \lambda^2}\right) \qquad (11-67)$$

式中 $S = N_x \times N_y \times a \times b$，为超表面的尺寸，$\lambda$ 为电磁波的波长。不等式(11 – 67)说明了一个重要的事实，即超表面及其远场散射方向图的信息和有一个上限值，如图 11 – 23(a)所示。

这里对包含了 40×40 个亚波长单元的超表面进行了分析，其中每个单元的电尺寸为 $\frac{\lambda}{8} \times \frac{\lambda}{8}$，图 11 – 25(b)分别给出了三个超表面的相位分布、幅度分布以及对于给定的幅度和相位产生的远场散射方向图。I_1 和 I_2 的计算结果如图 11 – 25(c)所示，由图可以看到，I_1 和 I_2 的计算结果满足不等式(11 – 67)，表明上述情况下的信息总和小于理论上限值 $\ln\left(\frac{4\pi S}{e^2 \lambda^2}\right)$。另外，从图 11 – 25(c)可以看出，如果超表面的尺寸是固定的，远场散射方向图的信息(I_2)随着超表面的信息(I_1)的增加有下降的趋势。

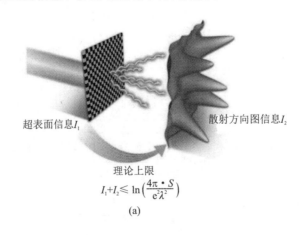

超表面信息I_1　　　　散射方向图信息I_2

理论上限

$$I_1 + I_2 \leqslant \ln\left(\frac{4\pi \cdot S}{e^2 \lambda^2}\right)$$

(a)

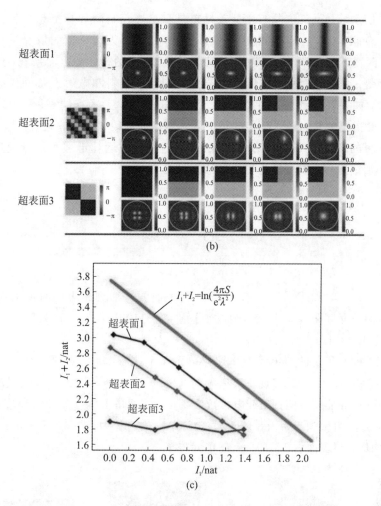

(b)

(c)

图 11 - 25　超表面的信息

（a）超表面及其远场辐射方向图之间的信息关系示意图；（b）三个超表面的
相位分布、幅度分布和远场射方向图；（c）三个超表面计算的信息点和

本 章 小 结

　　本章重点介绍了信息超材料的基本概念、原理、技术及其典型应用，回顾了信息超材料发展的三个主要阶段。第一阶段，数字编码超材料的提出为散射调控提供了一个数字化的视角，为降低超材料的设计复杂度开辟了一条新的途径。这一阶段出现了各种编码超材料，如各向异性编码超材料、多功能编码超材料、频率编码超材料等。第二阶段，通过将可调谐半导体器件和数字控制器相集成，实现了对超材料单元状态的实时调控，见证了超材料的可编程性的发展。得益于此，可以通过一个简单的系统产生谐波，并使其在空间域和时间域上实现对其振幅和相位的独立控制。此外，在微波频率上，通过数字可重构实现了可定制的非互易性和非线性。在这一阶段，人们也突破性地探索了几种基于可编程超材料

的新型无线通信系统。第三阶段的典型超材料是自适应超材料和智能超材料。结合传感器和反馈算法，智能超材料可以感知环境的变化，并在没有人为干预的情况下作出判决。此外，通过结合深度学习技术，可以设计实现低成本、实时的智能超表面系统，用于远程监测人体动作和手势。显然，信息超材料正在改变我们对超材料和电磁设备的传统认识，从目前的趋势来看，如果采用更先进的技术，如大数据、云处理、大存储等，将出现更多奇特现象和应用。需要指出的是，这一概念已经扩展到更高的频段，甚至是光学领域。

除了超材料的开发以外，本章还介绍了信息超材料的运算定理和信息理论，分别讨论了卷积运算和加法定理，以实现更先进的散射调控方式。

习　题

1. 利用式(11-3)和式(11-4)，计算均匀平面波入射到超表面时散射波束的偏转方向。这里超表面单元间距为$\lambda/5$，编码序列分别为 00110011…/00110011… 和 00110011…/11001100…/00110011…/11001100…。

2. 以图 11-26 所示的超单元为 0-比特单元和 1-比特单元，利用优化算法设计超表面的拓扑结构，在 8.57 GHz 处实现垂直入射时 15 dB 以上的 RCS 减缩。这里超表面单元的周期为 $a=7$ mm，介质基板的相对介电常数为 2.65，损耗角正切为 0.001，厚度为 1.964 mm，其中 0-比特单元的边长为 $w=4.8$ mm，1-比特单元的边长为 $w=3.75$ mm。每个超单元由 7×7 个单元构成，超表面由 12×12 个超单元构成。

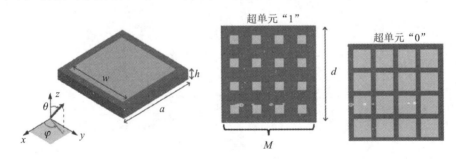

图 11-26　满散射的超表面单元及 0-比特与 1-比特的超单元

3. 根据习题 2 中的超单元，利用优化算法，设计 12×12 的超表面的拓扑结构，在 8.57 GHz 处实现 TE 极化波 $\theta=15°$方向入射时 10 dB 以上的 RCS 减缩。

4. 图 11-27 所示的各向异性超表面单元，介质基板的相对介电常数为 3，损耗角正切为 0.02，金的电导率与厚度分别为 4.56×10^7 S/m，200 nm。$h_1=45$ μm，$h_2=20$ μm，$w_1=37.5$ μm，$w_2=18.5$ μm，计算该超表面单元在频率范围为 0.7~1.3 THz 内的 TE 和 TM 两种极化垂直入射时 S_{11} 的共极化分量与交叉极化分量的幅度和相位。

5. 基于习题 4 中的超表面单元，设计超表面阵列以实现在 1 THz 垂直入射下的漫散射特性。

6. 对于如图 11-28 所示的超表面单元，在 15 GHz 处分别确定 T_x 和 R^1_y 的尺寸以实

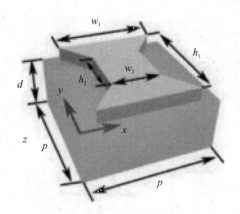

图 11 - 27　各向异性的超表面单元

现 x 和 y 极化波的 3-比特反射单元。这里超表面单元的尺寸为 $p=8$ mm，$l_s=5$ mm，$w_s=1.2$ mm，$T_y=3$ mm，$R_x=2$ mm。四层介质基板为 F4B，相对介电常数为 2.65，损耗角正切为 0.001，厚度为 1 mm。

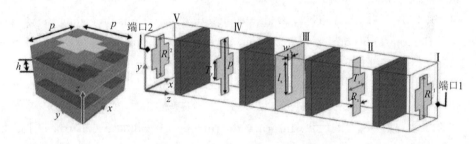

图 11 - 28　反射与透射的超表面单元

7. 根据习题 6 中的结果，设计超表面阵列，使得在 15 GHz 处实现沿 $+z$ 方向入射 y 极化波时产生四个散射波束，沿 $-z$ 方向入射 y 极化波产生两个散射波束，沿 $+z$ 方向入射 x 极化波产生漫散射。

8. 根据式 (11 - 33)，计算 3-比特相位调制下的谐波响应。这里 3-比特编码序列为 000-001-010-011-100-101-110-111…，000-001-010-011-000-001-010-011… 以及 111-110-101-100-111-110-101-100…。($L=8T=8$ μs)

9. 如图 11 - 22 所示，利用卷积定理，设计两种编码序列，使散射方向图中存在两个散射波束，并具有偏转角 $\theta=15°$。

10. 如图 11 - 23 所示，利用加法定理，设计两种编码序列，使散射方向图中存在四个散射波束。

参 考 文 献

[1]　CUI T J. Microwave metamaterials[J]. National Science Review，2018，5(2)：134 - 136.

[2] CUI T J, LI L, LIU S, et al. Information metamaterial systems[J]. Iscience, 2020, 23(8): 101403.

[3] CUI T J, LIU S, ZHANG L. Information metamaterials and metasurfaces[J]. Journal of materials chemistry C, 2017, 5(15): 3644－3668.

[4] SHELBY R A, SMITH D R, SCHULTZ S. Experimental verification of a negative index of refraction[J]. Science, 2001, 292(5514): 77－79.

[5] CUI T J, QI M Q, WAN X, et al. Coding metamaterials, digital metamaterials and programmable metamaterials[J]. Light: Science & Applications, 2014, 3(10): e218－e218.

[6] DELLA GIOVAMPAOLA C, ENGHETA N. Digital metamaterials[J]. Nature Materials, 2014, 13(12): 1115－1121.

[7] SZABO Z, PARK G H, HEDGE R, et al. A unique extraction of metamaterial parameters based on Kramers-Kronig relationship[J]. IEEE Transactions on Microwave Theory and Techniques, 2010, 58(10): 2646－2653.

[8] LIU S, CUI T J, ZHANG L, et al. Convolution operations on coding metasurface to reach flexible and continuous controls of terahertz beams[J]. Advanced Science, 2016, 3(10): 1600156.

[9] WU R Y, SHI C B, LIU S, et al. Addition theorem for digital coding metamaterials[J]. Advanced Optical Materials, 2018, 6(5): 1701236.

[10] CUI T J, LIU S, LI L L. Information entropy of coding metasurface[J]. Light: Science & Applications, 2016, 5(11): e16172－e16172.

[11] WU H, BAI G D, LIU S, et al. Information theory of metasurfaces[J]. National Science Review, 2020, 7(3): 561－571.

[12] PENDRY J B, SCHURIG D, SMITH D R. Controlling electromagnetic fields[J]. Science, 2006, 312(5781): 1780－1782.

[13] LEONHARDT U. Optical conformal mapping[J]. Science, 2006, 312(5781): 1777－1780.

[14] LANDY N I, SAJUYIGBE S, MOCK J J, et al. Perfect metamaterial absorber[J]. Physical Review Letters, 2008, 100(20): 207402.

[15] CHEN H T, ZHOU J, O'HARA J F, et al. Antireflection coating using metamaterials and identification of its mechanism[J]. Physical Review Letters, 2010, 105(7): 073901.

[16] MOCCIA M, LIU S, WU R Y, et al. Coding metasurfaces for diffuse scattering: scaling laws, bounds, and suboptimal design[J]. Advanced Optical Materials, 2017, 5(19): 1700455.

[17] LIU S, CUI T J, XU Q, et al. Anisotropic coding metamaterials and their powerful manipulation of differently polarized terahertz waves[J]. Light: Science & Applications, 2016, 5(5): e16076－e16076.

[18] YU N, GENEVET P, KATS MA, et al. Light propagation with phase discontinuities: generalized laws of reflection and refraction[J]. Science, 2011, 334 (6054): 333-337.

[19] MA Q, SHI C B, BAI G D, et al. Beam-editing coding metasurfaces based on polarization bit and orbital-angular-momentum-mode bit[J]. Advanced Optical Materials, 2017, 5(23): 1700548.

[20] CHEN K, DING G, HU G, et al. Directional janus metasurface[J]. Advanced Materials, 2020, 32(2): 1906352.

[21] MA H F, WANG G Z, JIANG W X, et al. Independent control of differently-polarized waves using anisotropic gradient-index metamaterials[J]. Scientific Reports, 2014, 4(1): 6337.

[22] LUO Z, CHEN X, LONG J, et al. Nonlinear power-dependent impedance surface [J]. IEEE Transactions on Antennas and Propagation, 2015, 63(4): 1736-1745.

[23] LI A, SINGH S, SIEVENPIPER D. Metasurfaces and their applications[J]. Nanophotonics, 2018, 7(6): 989-1011.

[24] WAKATSUCHI H, LONG J, SIEVENPIPER D F. Waveform selective surfaces [J]. Advanced Functional Materials, 2019, 29(11): 1806386.

[25] LIU S, ZHANG L, YANG Q L, et al. Frequency-dependent dual-functional coding metasurfaces at terahertz frequencies[J]. Advanced Optical Materials, 2016, 4 (12): 1965-1973.

[26] WU H, LIU S, WAN X, et al. Controlling energy radiations of electromagnetic waves via frequency coding metamaterials[J]. Advanced Science, 2017, 4 (9): 1700098.

[27] ZHANG X G, TANG W X, JIANG W X, et al. Light-controllable digital coding metasurfaces[J]. Advanced Science, 2018, 5(11): 1801028.

[28] MA Q, BAI G D, JING H B, et al. Smart metasurface with self-adaptively reprogrammable functions[J]. Light: Science & Applications, 2019, 8(1): 98.

[29] LUO Z, CHEN M Z, WANG Z X, et al. Digital nonlinear metasurface with customizable nonreciprocity[J]. Advanced Functional Materials, 2019, 29 (49): 1906635.

[30] ZHANG L, WU R Y, BAI G D, et al. Transmission-reflection-integrated multifunctional coding metasurface for full-space controls of electromagnetic waves [J]. Advanced Functional Materials, 2018, 28(33): 1802205.

[31] WU H T, WANG D, FU X, et al. Space-frequency-domain gradient metamaterials [J]. Advanced Optical Materials, 2018, 6(23): 1801086.

[32] WANG Q, ZHANG X G, TIAN H W, et al. Millimeter-Wave digital coding metasurfaces based on nematic liquid crystals[J]. Advanced Theory and Simulations, 2019, 2(12): 1900141.

［33］ ZHAO X, DUAN G, LI A, et al. Integrating microsystems with metamaterials towards metadevices[J]. Microsystems & Nanoengineering, 2019, 5(1): 5.

［34］ JEONG Y G, HAN S, RHIE J, et al. A vanadium dioxide metamaterial disengaged from insulator-to-metal transition[J]. Nano Letters, 2015, 15(10): 6318 – 6323.

［35］ PITCHAPPA P, HO C P, CONG L, et al. Reconfigurable digital metamaterial for dynamic switching of terahertz anisotropy[J]. Advanced Optical Materials, 2016, 4 (3): 391 – 398.

［36］ DAI J Y, ZHAO J, CHENG Q, et al. Independent control of harmonic amplitudes and phases via a time-domain digital coding metasurface[J]. Light: Science & Applications, 2018, 7(1): 90.

［37］ ZHAO J, YANG X, DAI J Y, et al. Programmable time-domain digital-coding metasurface for non-linear harmonic manipulation and new wireless communication systems[J]. National Science Review, 2019, 6(2): 231 – 238.

［38］ DAI J Y, YANG L X, KE J C, et al. High-efficiency synthesizer for spatial waves based on space-time-coding digital metasurface[J]. Laser & Photonics Reviews, 2020, 14(6): 1900133.

［39］ ZHANG L, CUI T J. Space-time-coding digital metasurfaces: Principles and applications[J]. Research, 2021.

［40］ CALOZ C, ALU A, TRETYAKOV S, et al. Electromagnetic nonreciprocity[J]. Physical Review Applied, 2018, 10(4): 047001.

［41］ ESTEP N A, SOUNAS D L, SORICJ, et al. Magnetic-free non-reciprocity and isolation based on parametrically modulated coupled-resonator loops[J]. Nature Physics, 2014, 10(12): 923 – 927.

［42］ HADAD Y, SORIC J C, ALU A. Breaking temporal symmetries for emission and absorption[J]. Proceedings of the National Academy of Sciences, 2016, 113(13): 3471 – 3475.

［43］ ZHANG L, CHEN X Q, SHAO R W, et al. Breaking reciprocity with space-time-coding digital metasurfaces[J]. Advanced Materials, 2019, 31(41): 1904069.

［44］ SHALTOUT A, KILDISHEV A, SHALAEV V. Time-varying metasurfaces and Lorentz non-reciprocity[J]. Optical Materials Express, 2015, 5(11): 2459 – 2467.

［45］ PENDRY J B, HOLDEN A J, ROBBINS D J, et al. Magnetism from conductors and enhanced nonlinear phenomena[J]. IEEE Transactions on Microwave Theory and Techniques, 1999, 47(11): 2075 – 2084.

［46］ WANG B, ZHOU J, KOSCHNY T, et al. Nonlinear properties of split-ring resonators[J]. Optics Express, 2008, 16(20): 16058 – 16063.

［47］ SLOBOZHANYUK A P, LAPINE M, POWELL D A, et al. Flexible helices for nonlinear metamaterials[J]. Advanced Materials, 2013, 25(25): 3409 – 3412.

［48］ SIEVENPIPER D F. Nonlinear grounded metasurfaces for suppression of high-power pulsed RF currents[J]. IEEE Antennas and Wireless Propagation Letters, 2011, 10: 1516 – 1519.

[49] LUO Z, LONG J, CHEN X, et al. Electrically tunable metasurface absorber based on dissipating behavior of embedded varactors[J]. Applied Physics Letters, 2016, 109(7): 071107.

[50] LI A, LUO Z, WAKATSUCHI H, et al. Nonlinear, active, and tunable metasurfaces for advanced electromagnetics applications[J]. IEEE Access, 2017, 5: 27439 – 27452.

[51] FERNANDES D E, SILVEIRINHA M G. Asymmetric transmission and isolation in nonlinear devices: Why they are different[J]. IEEE Antennas and Wireless Propagation Letters, 2018, 17(11): 1953 – 1957.

[52] SHI Y, YU Z, FAN S. Limitations of nonlinear optical isolators due to dynamic reciprocity[J]. Nature photonics, 2015, 9(6): 388 – 392.

[53] ROSE A, POWELL D A, SHADRIVOV I V, et al. Circular dichroism of four-wave mixing in nonlinear metamaterials [J]. Physical Review B, 2013, 88(19): 195148.

[54] FILONOV D, KRAMER Y, KOZLOV V, et al. Resonant meta-atoms with nonlinearities on demand[J]. Applied Physics Letters, 2016, 109(11): 111904.

[55] LUO Z, CHEN X, LONG J, et al. Self-focusing of electromagnetic surface waves on a nonlinear impedance surface [J]. Applied Physics Letters, 2015, 106(21): 211106.

[56] LUO Z, WANG Q, ZHANG X G, et al. Intensity-dependent metasurface with digitally reconfigurable distribution of nonlinearity[J]. Advanced Optical Materials, 2019, 7(19): 1900792.

[57] CUI T J, LIU S, BAI G D, et al. Direct transmission of digital message via programmable coding metasurface [J]. Research (Washington D. C.), 2019: 2584509.

[58] DAI J Y, TANG W K, ZHAO J, et al. Wireless communications through a simplified architecture based on time-domain digital coding metasurface [J]. Advanced Materials Technologies, 2019, 4(7): 1900044.

[59] NI X, KILDISHEV A V, SHALAEV V M. Metasurface holograms for visible light[J]. Nature Communications, 2013, 4(1): 2807.

[60] ZHENG G, MüHLENBERND H, KENNEY M, et al. Metasurface holograms reaching 80% efficiency[J]. Nature Nanotechnology, 2015, 10(4): 308 – 312.

[61] LI L, JUN CUI T, JI W, et al. Electromagnetic reprogrammable coding-metasurface holograms[J]. Nature Communications, 2017, 8(1): 197.

[62] MA Q, BAI G D, JING H B, et al. Smart metasurface with self-adaptively reprogrammable functions[J]. Light: Science & Applications, 2019, 8(1): 98.

［63］ LI L, SHUANG Y, MA Q, et al. Intelligent metasurface imager and recognizer [J]. Light: Science & Applications, 2019, 8(1): 97.

［64］ XIAO J, ZHOU Z, YI Y, et al. A survey on wireless indoor localization from the device perspective[J]. ACM Computing Surveys (CSUR), 2016, 49(2): 1 - 31.

［65］ DEL HOUGNE P, IMANI M F, FINK M, et al. Precise localization of multiple noncooperative objects in a disordered cavity by wave front shaping[J]. Physical Review Letters, 2018, 121(6): 063901.

［66］ MERCURI M, LORATO I R, LIU Y H, et al. Vital-sign monitoring and spatial tracking of multiple people using a contactless radar-based sensor[J]. Nature Electronics, 2019, 2(6): 252 - 262.

［67］ DAI X, ZHOU Z, ZHANG JJ, et al. Ultra-wideband radar-based accurate motion measuring: human body landmark detection and tracking with biomechanical constraints[J]. IET Radar, Sonar & Navigation, 2015, 9(2): 154 - 163.

［68］ HOLL P M, REINHARD F. Holography of WiFi radiation[J]. Physical Review Letters, 2017, 118(18): 183901.

［69］ REN S, HE K, GIRSHICK R, et al. Faster R-CNN: towards real-time object detection with region proposal networks [J]. Advances in Neural Information Processing Systems, 2015, 28.

［70］ SHANNON C E. A mathematical theory of communication[J]. ACM SIGMOBILE Mobile Computing and Communications Review, 2001, 5(1): 3 - 55.

［71］ FRANCIS T S. Entropy and information optics: connecting information and time [M]. CRC Press, 2018.

［72］ BIAłYNICKI-BIRULA I, MYCIELSKI J. Uncertainty relations for information entropy in wave mechanics[J]. Communications in Mathematical Physics, 1975, 44: 129 - 132.

后　记

在过去的几十年中，超材料/超表面的发展迅速，从早期的超材料，如左手材料和光子带隙结构，到最近超材料在天线、电磁干扰、无线功率传输等各个领域的开创性工作，超材料/超表面的性能和应用都在不断拓展。时至今日，超材料/超表面的设计和应用范围从射频到可见光频段均有大量的文献报道，本书只涵盖了一小部分的超材料/超表面在理论、数值和实验方面的前沿创新设计。

本书的基本理论部分介绍了超材料和超表面的理论模型，包括双负材料的电动力学、广义斯涅耳定律、数字编码超材料/超表面等。从物理机理的角度，阐述了超材料和超表面的分析和设计方法，同时介绍了基于电磁带隙结构物理特性的局域谐振腔单元（LRCC）模型、超材料结构的等效媒质理论和超表面结构的等效电路模型。此外，群论概念的引入也大大简化了超材料/超表面的对称性研究。人们还提出了一种基于多层格林函数插值的快速全波算法对超材料/超表面的周期结构进行高效仿真。

本书的应用部分涵盖了超材料和超表面几个重要的研究领域。电磁带隙结构具有表面波抑制带隙和同相反射特性，将精心设计的电磁带隙结构集成到电路之中，可以实现对超宽带地弹噪声的抑制；将电磁带隙结构应用到相控阵中，可以减少不同单元之间的耦合，克服扫描"盲区"。此外，利用电磁带隙结构作为覆层可以提高天线的性能，如双带设计、波束扫描特性、圆极化特性等。

与传统的由吸波材料构成的吸波器不同，基于超材料/超表面的吸波器可以在非常低的剖面下，达到近乎完美的吸波性能。此外，石墨烯材料具有独特的电学、光学和机械性能，包括有限的导电率、柔韧性和光学透明度，是设计吸波材料的理想材料之一。本书给出了几种基于石墨烯的吸波器设计，包括透明屏蔽罩、准 TEM 波微带吸波器、微波 FSS 吸波器、毫米波宽带吸波器、可切换太赫兹吸波器等，展示了超材料/超表面在吸波器设计中的巨大潜力。

对电磁波的振幅、相位、极化、频率等参数的灵活操控是超表面的独特应用之一。当一些可调器件如 PIN 二极管、变容二极管、现场可编程门阵列应用于超表面时，对电磁波的可重构调控甚至是实时操控变为可能。通过基于超表面反射阵列的波束扫描、可重构超表面成像设计、动态轨道角动量涡旋波发生器、反射和传输可重构超表面、频率-空间域可重构超表面等实例，展现了超表面在调控电磁波方面的优势，推动了超表面在无线通信、成像等多个领域的快速发展。

雷达和通信系统对电磁隐身和 RCS 减缩的需求迅速增加，基于超材料/超表面的隐身设计已成为研究的热点。书中讨论了一种直观的坐标变换方法，系统地设计了适合完美隐形的隐身斗篷，包括 2D/3D 隐身斗篷、幻觉斗篷、互补斗篷等。除了坐标变换方法外，基于 Mie 级数和特征模理论的散射相消技术可以分别用于规则形状斗篷和任意形状斗篷的设计。然而，理论上完美的隐身斗篷都是由高度各向异性、非均匀的复杂材料构成的。相比之下，基于超表面的 RCS 减缩设计更容易工程实现。为此，书中详细讨论了几种具有低 RCS 的超表面设计，并将超表面与天线相集成，实现了具有低 RCS 的天线及其阵列设计。

5G 通信技术推动了物联网的发展，进一步推动了无线能量传输和无线能量收集技术的发展。基于超表面的无线能量传输和无线能量收集设计引起了人们的极大兴趣。书中介绍了基于超表面的无线能量传输系统，从用于短距离应用的磁谐振耦合式 WPT 到用于中距离应用的近场聚焦，以及用于长距离（大于 1 m）应用的微波辐射，设计了负磁导率（MNG）超材料、双负超材料和负折射率（NRI）超材料，提升了基于磁谐振耦合式 WPT 的无线能量传输性能。针对近场聚焦场景，书中全面阐述了单馈源单焦点、单馈源双焦点、双馈源单焦点、双馈源双焦点等功能的超表面设计。此外，在无线能量收集方面，书中回顾了能量收集的最新技术，给出了两种超表面设计来阐述角度和极化不敏感的能量收集性能。更重要的是，书中提出了一种将整流二极管与超表面集成的新方法，以大大简化环境能量收集器的结构复杂度。

随着人工智能的进步，智能超材料已经成为了一种必然的发展趋势。超材料的数字编码为实时调整超材料的工作状态提供了一种可行的途径，将数字世界的信息引入编码超材料中，产生了信息超材料的概念。信息超材料不仅能调控电磁波，还能同时调控数字信号，以达到信息处理、传输甚至识别的功能。信息超材料与人工智能相结合，进一步使超材料向着智能方向进化。从数字超材料到信息超材料再到智能超材料，近年来的一些进展已经在理论和实验上得到验证。在此基础上，本书还讨论了信息理论、运算定理、信息超材料的无线通信系统新构架等重要概念。

总之，超材料/超表面为基础理论、设计方法和工程应用开辟了一个新领域。